农业机械维护技术

（大田种植业部分）

李　慧　张双侠　主编

中国农业大学出版社
·北京·

内容简介

本书按照农业作业机械分类编排，主要内容有：耕整地机械、播种机械、中耕机械、植保机械、节水灌溉机械、谷物收获机械、棉花收获机械、花生收获机械、薯类收获机械、甜菜收获机械、番茄收获机械、秸秆还田机及畜牧机械的结构与原理、使用与保养、故障诊断与处理、习题和技能训练。特别增编了精准农业一章，系统介绍全球导航定位系统的维护技术、无人机使用与维护、现代农业智能装备等。本书实用性、操作性、系统性强，主要供农机专业技术人员、中职和技工学生使用，也可作为新型职业农民职业教育的培训用书。

图书在版编目(CIP)数据

农业机械维护技术：大田种植业部分/李慧，张双侠主编．—北京：中国农业大学出版社，2017.12

ISBN 978-7-5655-1945-1

Ⅰ.①农… Ⅱ.①李… ②张… Ⅲ.①农业机械-机械维修 Ⅳ.①S232.8

中国版本图书馆 CIP 数据核字(2017)第 281594 号

书　名　农业机械维护技术

作　者　李　慧　张双侠　主编

策划编辑　张　蕊　张　玉　　**责任编辑**　张　玉

封面设计　郑　川

出版发行　中国农业大学出版社

社　址　北京市海淀区圆明园西路 2 号　　**邮政编码**　100193

电　话　发行部 010-62818525，8625　　读者服务部 010-62732336

编辑部 010-62732617，2618　　出　版　部 010-62733440

网　址　http://www.caupress.cn　　**E-mail** cbsszs @ cau.edu.cn

经　销　新华书店

印　刷　北京时代华都印刷有限公司

版　次　2018 年 1 月第 1 版　2018 年 1 月第 1 次印刷

规　格　787×1092　16 开本　27.5 印张　680 千字

定　价　89.00 元

编 委 会

主　编　李　慧　张双侠

副主编　田多林　曹志华

参　编　张　雨　张绍军　赵沙沙　张　旭

陈建东　赵红梅　陈　魁　于海丽

刘爱玲　王杰华　王　静　谢少华

序　言

新疆维吾尔自治区是农业大省，2000 年以来，农业机机械化水平相比全国，特别是新型农机具的推广使用，得到前所未有的提升，并展示出广阔的前景。但是，农业机械化专业人才培养严重滞后，大有青黄不接之势，特别是针对现代农机的使用维护，适用于基层农机专业技术人员和职业技术学院学生用的系统教材目前还没有，使得新型农机的使用和维护不能顺利开展，同时严重影响农机具的使用效率和寿命。

《农业机械维护技术》是针对自治区农机化现状，面向自治区农机专业技术人员、职业院校学生以及广大农民编写的。它以服务新疆大农业为宗旨，以农田作物生长规律为主线，以生产过程为逻辑构建教材体系，全面系统介绍大田种植业各环节的农业机械维护技术，特别是将近年来投入应用的新型农业机械和新技术编入教材，通俗易懂，具有很强的实用性。

全书共分十章，多数章节按农艺要求，作业机械分类，作业机械结构原理，作业机械使用、调保养、故障诊断与处理，习题和技能训等内容编排，便于讲解，学员容易理解和查阅。

本书特别增编第十章精准农业，较为系统介绍全球定位导航系统的维护技术、无人机的使用维护技术、现代农业智能装备等，这些在其他书农机类教材中不常见到。

《农业机械维护技术》将以维吾尔文、汉文两种文字出版，因目前适合少数民族使用的现代农业机械化教材十分短缺，本教材将对少数民族合理使用和维护农机具，不断的提高农机的使用寿命，充分发挥农机这一先进生产力的作用，为新疆现代农业发展起到巨大指导作用。

新疆农牧机械管理局总工程师、博士研究生导师　**裴新民**

2017 年 6 月 18 日

前言

党的十九大提出，从现在到2020年是我国全面建成小康社会的决胜期。目标是“到2020年实现国内生产总值和城乡居民人均收入比2010年翻一番”。2020年我国要实现全面小康，如何实现呢？关键是“三农”问题。农民实现小康了，中国就会实现小康。农民要实现小康，必须加快进行农业现代化的步伐，即农业工业化、产业化、机械化、水利化、信息化。

发展现代农业就是以科学发展观为指导对传统农业进行改造，打破传统农业主要从事初级农产品原料生产，农业封闭低效、自给半自给、大量经济活动人口(劳动力)从事粮食生产，农业远离城市或城乡界限明显，农民贫困的局限，按照市场经济体制和农村生产力发展要求，建立全方位的、权责利一致、种养加、产供销、贸工农一体化生产经营实体，城乡生产要素合理流动组合、资源优势互补的城乡经济社会一元化，实现农业生产“机械化、水利化和信息化”，“高产、优质、高效、生态、安全”，使农业生产的经济效益、社会效益与生态效益协调可持续发展。

农业机械化既是农业现代化的基础，也是发展现代农业的首要和必要条件。

“十二五”期间我国农业机械化取得了巨大进展，成就辉煌。耕、种、收综合机械化水平达到61%以上。这意味着在转变农业发展方式的现代化进程中，机械化生产方式替代传统农业生产方式的主导作用和地位明显增强。主要体现在：(1)我国农业开启以机械化生产方式为主导的新时代进程正在向广度和深度上加速发展；(2)用现代物质条件装备农业工程达到前所未有的新高度，全国农业机械购置年总投入已上升到近千亿元，中央财政农业机械购置补贴资金已达200亿元以上的空前高度，农机作业补贴、农机报废更新补贴及金融、信贷等配套支持政策相继出台；(3)促进农机工业快速发展，2012年农机工业总产值突破3 000亿元，成为全球农机制造第一大国，2013年全国规模以上农机企业主营业务收入超过3 570亿元，农机市场供销两旺；(4)农机工业与农业机械化实现了互促共进发展，在农机装备数量稳步增长的进程中，质量和性能明显提高，装备结构持续优化；(5)在粮食作物生产全程机械化取得重大进展的进程中，农业机械化已经向经济作物、林果业、养殖业、农产品产后处理及初加工和现代设施农业等领域拓展，积极协调推进，已取得明显成效；(6)农业机械化科技成果不断涌现，科技创新能力和新技术应用水平明显提升，自主研发、具有自主知识产权的自动化、智能化农机装备闪亮登场，赢得青睐，创新驱动发展已形成时代潮流；(7)适应经济全球化新形势，农机化发展坚持实行“引进来”“走出去”相结合的开放战略，世界农机企业巨头纷纷涌入中国，中国农机企业积极主动走向世界，努力提高利用两种资源、开拓两个市场的能力，提高对外开放水平和国际竞争力；(8)农业机械化服务体系建设取得重大进展，乡村农机从业人员已形成近5 500万人的农机化产业大军，已成为发展现代农业的生力军和主力军，目前从事第一产业的人，5个人中已有1个是农机人，以农机手为代表的新型农民，在数量上虽然还比传统农民少，但代表了新兴的新生力量，数量在日益增加，而传统农民的数量在逐年减少，直至最后退出历史舞台，新型农民是勤劳致富的带头人，是农村先进生产力的代表，已成为发展大趋势；(9)在涌现出4 200多万个农机户的基础上，已形成520多万个农机化作业服务专业户和3.8万个农机专业合作社等新型农机经营主体，农机服务组织化程度和社会化服务能力明显提高。

这一切都表明，我国农机化发展的作用和地位在进一步增强，标志着我国农业机械化发展已进入中级阶段中后期，即耕种收综合机械化水平从大于60％向大于70％进军的发展关键时期，处于由中级阶段向高级阶段跨越的过渡期和转型升级期。审时度势，“十三五”期间我国农业机械化发展将站在新的起点上继续阔步前进，基础更好，能力更强，需求更迫切，是大有可为的发展时期。但要求也更高，难度也更大，要在解决新问题、满足新需求的严峻挑战中开拓前进！

新疆的农机化事业相比全国来看，发展势头更加迅猛，前景更加广阔。但是，经调研农机专业人才队伍却严重缺乏，地区、县、乡(镇)农机部门大部分工作人员是非农机专业，如阿图什市农机部门共有工作人员400人，其中80％为非专业人员。基层农机部门录取工作人员时，如果限制农机专业就招不上工作人员(如：塔城市、伊宁市、阿尔泰、焉耆县、阿图什、乌什、和田、哈密)，只好招收相近专业或不限专业，随着老农机工作人员的不断退休，农机专业人员出现青黄不接；农民购买农机的积极性在国家购机补贴政策的实施下空前高涨，新机具、新技术不断涌现，但是针对现代农机特色，适用于农机专业技术人员和高职高专学生用的系统教材却十分缺乏，同时基层农机工作人员没有学习的资料，新型农机使用时均感困难重重，他们的知识、技能不能满足在农业生产中农机的使用和维护要求，尤其是在边远的农村，农民很多时候面对新型农机是一筹莫展。

我们编写《农业机械维护技术》力求针对自治区乃至全国农机化现状，主要面向自治区农机专业技术人员、中职和技工学生以及广大农民，对农机具的合理使用和维护技术给予指导，以期不断地提高农机的使用寿命，充分发挥农机这一先进生产力的作用。

本教材第一章、第二章、第三章由新疆农业职业技术学院李慧编写；第六章、第七章、第九章由新疆农业职业技术学院张双侠编写；第五章、第八章和第十章由新疆农业职业技术学院田多林编写；第四章由新疆昌吉市农机局曹志华编写。全书由李慧、张双侠统稿主编，由新疆维吾尔自治区农机局总工程师裴新民最终审核。在此，对为本教材提供资料和大力支持的相关企业、专业人士及领导表示衷心感谢！

由于时间紧，所编内容广度、深度和水平均有限，错误难免，希望读者多加批评指正。

编 者

2017年6月18日

目 录

第一章 绪 论

第一节 农业机械的概念、特点

一、农业机械的概念、分类及性能术语

1. 农业机械的概念

现代农业生产包含种植业、养殖业、加工业等多种行业和产前、产中、产后等多个环节。用于农业生产的机械设备都可称为农业机械，它包括动力机械与作业机械两个方面。动力机械，为作业机械提供动力；作业机械（俗称“农机具”），是田间作业的主要完成者，它能完成土壤耕作、作物播种、植物保护、田间管理和作物收获等农田作业。本书主要介绍作业机械的使用和维护。

2. 农机具的分类

有些作业机械需与动力机械以一定的方式挂接起来，形成作业机组，进行移动性作业，如耕地机组、整地机组、播种机组等；有些作业机械与动力机械以一定方式连接，进行固定性作业，如水泵机组、脱粒机组等；还有些作业机械与动力机械设计制造成一个整体，如自走式联合收割机等。

按照作业类型的不同，农机具可以分为耕作机械、播种机械、植保机械、节水灌溉机械和收获机械等。耕作机械主要有犁、耙、深松机、旋耕机和复式联合作业机等；播种机械有常量播种机、精量播种机和免耕播种机等；植保机械有喷杆喷雾机、手动喷雾器和背负式喷雾喷粉机等；节水灌溉机械有水泵、过滤器、喷微滴灌设施等；收获机械有小麦收获机、水稻收获机、玉米收获机和经济作物收获机等。

按配套动力大小的不同，农机具可以分为小型农机具、中型农机具和大型农机具。小型农机具的配套功率小于 15 千瓦，中型农机具配套功率为 15～37 千瓦，大型农机具的配套功率大于 36.75 千瓦。目前我国中小型农机具数量、种类较多，而大型、高性能农机具较缺乏。

3. 农机具常用术语

农机具的使用说明书中，一般都注明了该机具的特性和所能达到的技术要求，如机具的生产能力、配套动力、能源消耗率、工作速度、转速、扭矩及作业质量等指标。

（1）机具的生产能力（生产率）：是指单位时间内机具所完成的作业量。常用小时生产率和班次生产率来表示，对于连续作业的机械，也可用日生产率来表述机具的生产能力。

（2）能源消耗率：是指完成单位数量作业所消耗的能源。如每标准亩的耗油量、每吨原料

的耗电量、每烘干1吨成品量的煤耗量、柴油机每马力小时的燃油消耗量等。

(3)功率:分为输出功率和输入功率,对于原动机械,输出功率是指单位时间内原动机对外所发出的效能;输入功率是指从动机单位时间内所吸收的能耗。功率的单位常用千瓦或马力表示,两者之间的换算关系为:1千瓦≈1.36马力。

农用柴油机的输出功率是指净输出功率,按不同的作业用途和使用特点分为以下四种功率标准:

①15分钟功率(发动机允许连续运转15分钟的最大有效功率),适用于需要有短时良好超负荷和加速性能的汽车、摩托车等。

②1小时功率(发动机允许连续运转1小时的最大有效功率),适用于需要有一定功率储备以克服突增负荷的轮式拖拉机、机车、船舶等。

③12小时功率(发动机允许连续运转12小时的最大有效功率),适用于需要在12小时内连续运转又需要充分发挥功率的拖拉机、排灌机械、工程机械等。

④持续功率(发动机允许长期连续运转的最大有效功率),适用于需要长期持续运转的农业排灌机械、船舶、电站等。

(4)工作速度:是指单位时间内机具所走过的距离。常用千米/小时(km/h)、米/秒(m/s)等单位表示。

(5)转速:是指单位时间内旋转部件所转过的圈数。常用每分钟所转圈数来表示(r/min)。

(6)扭矩:力和力臂的乘积即为扭矩。对于旋转部件,扭矩表示在一定转速下所能克服的阻力矩的大小。

二、农机具的特点

1. 作业对象种类繁多

农业机械的作业对象有土壤、肥料、种子、农药等物料,因此要求农业机械能适应相应物料的特性;以满足各项作业的农业技术要求,保证农业增产丰收。

2. 多样性和区域性

由于农业生产过程包括许多不同的作业环节,同时各地自然条件、作物种类和种植制度等又有较大的差异,这就决定了农业机械具有多样性和区域性的特点。因此,在选择和使用农业机械时,必须以能满足当地的农业生产要求为依据。

3. 作业有季节性

大多数农业机械如耕整地机械、播种机械、谷物收获机械等作业时间受季节限制,即必须在农时限定的时间内完成相应作业。因此,要求农业机械有可靠的工作性能,有较高的生产率,并能适应作业季节的气候条件。

4. 工作环境差

多数农业机械为露天作业,因此要求农业机械应具有较高的强度和刚度,有较好的耐磨、防腐、抗震等性能,有良好的操纵性能,有必要的安全防护设施。

第二节　农业机械维护的目的、项目和方法

一、农业机械维护的目的

农业机械维护一般有两项内容，一是农业机械技术保养；二是农业机械技术检修。

(1)农业机械技术保养，是在机器工作中对机器进行的经常的维护手段。机械经过磨合试运转进入正常作业以后，在长期的生产过程中，它的技术状态又逐渐地发生变化：原来拧得紧的配合件可能又产生松动，相互运动的零件之间，由于正常磨损而使配合间隙变大、润滑油变脏……发展下去机械将无法继续正常工作，甚至会产生重大损坏。技术保养就是在机械的正常技术状态还没有遭到破坏之前，把应该紧固、调整的地方，进行紧固、调整，把脏油换掉，保持正常的润滑条件，让机械总是在良好的技术状态下工作。只有这样才能延长机械的使用寿命，保证机械高质量、高效率地工作。它是预防机器过早磨损，保证机器在规定的修理期间内保持良好技术状态的一种综合性措施。必须在严格规定的时间内按规定的操作内容进行技术保养。

(2)农业机械技术检修，是及时恢复机器的原有技术状态，及时排除故障。因为在机器使用过程中零件磨损、损坏和变形，机件配合或机件间尺寸链被破坏，以及某些组合件和机构的工作性能失常，而使机器改变了原有技术状况，或出现了某些在保养中不能排除的故障，就必须进行农业机械的检修工作。这样可保证农业机械的良好技术状态，可提高农业劳动生产率和改进对农业机械操作的性能质量。

二、农业机械维护项目

同样，农业机械维护项目也含两项内容，一是农业机械技术保养项目；二是农业机械技术检修项目。

1. 农业机械技术保养项目

根据农业机械的工作特点，保养项目应包括以下一些内容：农业机械一般是在多尘土或泥水中作业，润滑点的轴承在结构上多半是无密封装置，有些零、部件还裸露在外面，所以必须经常清除灰尘、泥土，补充清洁的润滑油，更换损坏的润滑装置(黄油嘴)。农业机械的工作部件是直接与土壤、籽粒、茎秆等工作对象接触的，因此它们的磨损较快，如果不及时在保养中打磨刃口或更换磨损了的零件，会使工作阻力显著增加，而生产效率下降。农业机械的技术状态直接影响机械的作业质量，所以在日常保养时要检查调整各部位，发现不符合技术要求的零、部件要拆下来矫正或更换。

2. 农业机械技术检修项目

农业机械在使用过程中，其工作性能会随着零件磨损、变形、腐蚀、松动、配合间隙变化等，使农业机械的技术性能、工作能力下降，甚至出现故障或事故。日常检修的项目就要根据其技术状态恶化的程度，及时采取对各部分进行系统地检查、清洁、紧固、润滑、添加、调整以及更换

某些易损零件等技术性措施。它贯穿在机器使用的全过程，归纳起来包括机器磨合试运转、各个阶段不同等级的保养、机器使用中的妥善保管和机器简单地调整。也包括作业中和作业后对机器技术状态的检查和一般故障的排除。

三、农业机械维护方法

农业机械维护方法可分为农业机械技术保养和农业机械技术检修。

农业机械技术保养的具体方法是根据各种不同机械的作业特点规定的，有些机械，例如犁或耙，工作条件恶劣，尘土较多，在每班内间隔 2～3 或 4～5 小时就要保养一次，润滑一些轴承，检查和调整工作部件的状态。一般机械都在每班作业前后进行一次保养工作，主要是清除尘土、污垢，检查工作部件的状态，检查各紧固件的紧固情况，进行必要地调整和润滑。另外还规定在完成一定工作量之后进行定期保养，它除完成日常保养内容外，还要全面地检查机械的技术状态，彻底清洗润滑部件、排除故障和更换磨损零件等工作。各种机械的技术保养内容在说明书中都有详细的规定，使用者必须切实执行。

农业机械技术检修，主要是通过调整、更换零部件和补充润滑等办法，来消除农业机械的故障产生。对农机易损件可采用下列修理法：①调整换位法：将已磨损的零件调换一个方位，利用零件未磨损或磨损较轻的部位继续工作。②修理尺寸法：将损坏的零件进行整修，使其几何形状尺寸发生改变，同时配以相应改变了的配件，以达到所规定的配合技术参数。③附加零件法：用一个特别的零件装配到零件磨损的部位上，以补偿零件的磨损，恢复它原有的配合关系。④零部件更换法：如果零件或部件损坏严重，可将零件或部件拆除，重新更换同型号零件或部件，从而恢复机械的工作能力。⑤恢复尺寸法：通过焊接（电焊、气焊、钎焊）、电镀、喷镀、胶补、锻、压、车、钳、热处理等方法，将损坏的零件恢复到技术要求规定的外形尺寸和性能。

四、农业机械维护的重要意义

任何现代机器，在工作期间的额定范围内，需要对它进行定期的保养和修理，这是合乎机器在结构上和制造技术上的规律的。主要是由于机器工作的振动、受力而产生的变化，磨损及机器生产之初的机件强度，耐磨性的不等和装配调整有不稳定性的缘故。因此，在机器的日常使用中，进行一系列的清洁、检查、调整、更换零件和润滑等维护措施，来经常地恢复它原来的装配调整性能和某些零件的尺寸形状。从而保持机器良好的动力性能和经济性能，使机器经常处于良好的技术状态，在生产上继续正常地发挥作用；预防机器过早磨损，节省油料消耗并降低修理成本，使故障停歇降低至最小限度，获得较高的机组生产率；及时查明、防止和排除农业机械的事故；延长机器的使用寿命。

习题和技能训练

1. 什么是农业机械？说明维护农业机械的重要意义。
2. 农业机械维护的方法有哪些？

第二章　耕整地机械的维护技术

第一节　概　　述

一、土壤耕作的目的

耕地是作物栽培的基础，耕地质量好坏对作物收成有显著影响。耕地的目的在于耕翻土层，疏松土壤，改善土壤结构，使水分和空气能进入土壤孔隙，并覆盖杂草、残茬，将肥料、农药等混合于土壤内，以恢复和提高土壤肥力，消灭病虫草害。

用铧式犁耕地后，由于土垡间存在较大空隙，土块较大，耕作层不稳定，地表也不够平整，不能满足播种或栽植的要求，还需要进行整地作业，以进一步破碎土块，压实表土，平整地表，混合肥料、除草剂等，为播种、插秧及作物生长创造良好的土壤条件。

二、耕整地机械的种类

耕地机械与整地机械统称为耕整地机械。

（一）耕地机械的种类

耕地机械的种类很多，按工作原理不同分为铧式犁、圆盘犁、旋耕机和深松机等。其中以铧式犁应用最广。

铧式犁有良好的翻土覆盖性能和一定的碎土能力，耕地质量较好，但阻力较大，是最主要的耕地机械。

圆盘犁的翻土、碎土性能不如铧式犁，但它能切碎干硬土块，切断草根和作物茬子，多用于生荒地和干硬土壤的耕翻。

旋耕机碎土能力强，但覆盖性能差，旋耕深度一般也较浅。它实质上是一种耕整地兼用机械，在我国南北方均有广泛使用。

深松机作业时，只松土而不翻土。它能破坏长期耕翻所形成的坚硬犁底层，改善土壤结构，是一项重要的增产技术。

（二）整地机械的种类

整地机械包括各种耙（圆盘耙、钉齿耙、弹齿耙、水田耙等）、镇压器、平地机械及开沟做畦机械等。

第二节　犁的维护技术

一、传统铧式犁

(一)构造和特点

1.牵引犁

牵引犁的构造如图 2-1 所示，主要由犁体、小前犁、犁刀等工作部件与牵引装置、行走轮、犁架、机械或液压升降机构、调节机构、安全装置等辅助部件组成。它和拖拉机之间以单点挂接，拖拉的挂结装置对犁只起牵引作用。犁本身由三个犁轮支持。耕地时，借助机械或液压机构来控制地轮相对于犁体的高度，从而达到控制耕深及水平的目的。牵引犁具有耕深和耕宽稳定、作业质量好等优点，但结构比较复杂，机动性较差，一般与大功率拖拉机配套使用。

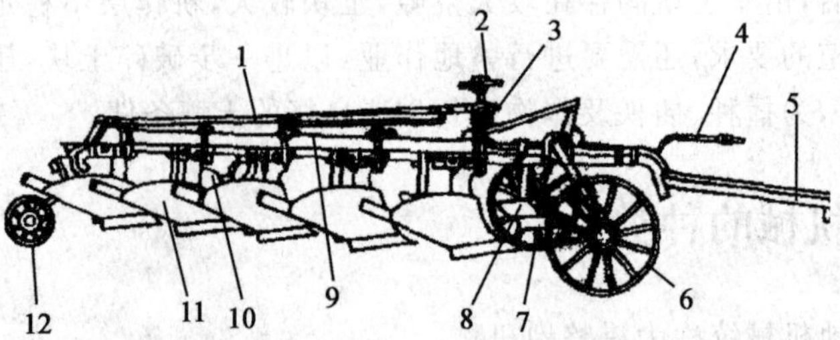

图 2-1　牵引犁

1.尾轮拉杆　2.水平调节手轮　3.深浅调节机构　4.油管　5.牵引装置　6.构轮　7.地轮　8.前犁　9.犁架　10.犁刀　11.犁体　12.尾轮

2.悬挂犁

悬挂犁的构造如图 2-2 所示，主要由犁架、犁体、悬挂架和悬挂轴等组成。根据耕作要求和土壤情况，在犁体前还可安装圆犁刀和小前犁，以保证耕地质量。有的悬挂犁设有限深轮，用来保持停放稳定，在拖拉机液压悬挂机构采用高度调节时，限深轮还可用于控制耕深。

图 2-2　悬挂犁

1.限深轮　2.悬挂架　3.犁架　4.悬挂轴　5.犁体

悬挂犁通过悬挂架和悬挂轴上的三个悬挂点与拖拉机液压悬挂机构的上、下拉杆末端球铰连接。工作时、由液压悬挂机构控制犁的升降。运输时，整个犁升起离开地面，悬挂在拖拉机上。

悬挂犁具有结构简单、重量小、成本低、机动性好等优点，得到广泛应用。但运输时，整个机组的纵向稳定性较差，因而大型悬挂犁的发展受到限制。

3. 半悬挂犁

半悬挂犁是介于悬挂犁和牵引犁之间的一种宽幅多铧犁，其构造如图 2-3 所示。这种犁的前部像悬挂犁，通过悬挂架与拖拉机液压悬挂系统铰接，后部设有限深尾轮，用液压油缸控制，升犁时尾轮不离开地面。

半悬挂犁与牵引犁相比，简化了结构，转弯半径小，操纵灵便；与悬挂犁相比，能配置更多犁体，稳定性、操向性好。

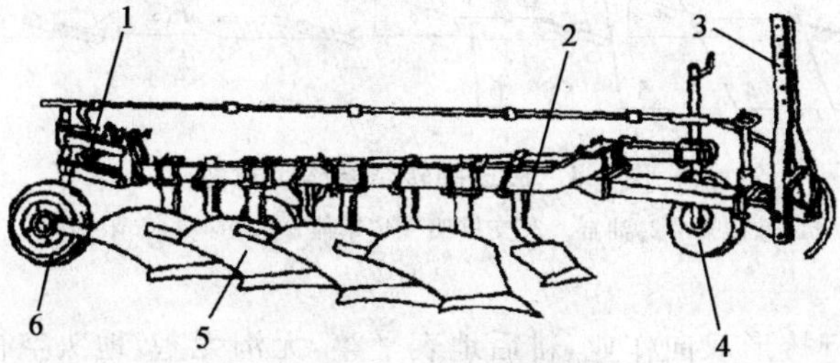

图 2-3　半悬挂犁

1. 液压油缸　2. 机架　3. 悬挂架　4. 地轮　5. 犁体　6. 限深尾轮

(二)故障诊断与维修

(1)犁不入土，犁铧刃口过度磨损，修理或更换新犁铧；犁身太轻，在犁架上加配，土质过硬更换新犁铧，调节入土角，调节限深轮；上拉杆长度调节不当，重新调整使犁有一个入土角；下拉杆限动链拉得过紧，放松链条。

(2)犁柱严重变形，校正或更换犁柱。上拉杆位置安装不当，重新安装。

(3)犁耕阻力大，犁铧磨钝修理或更换。

(4)耕深过大，调整升降调节手柄或用限深轮减少耕深。

(5)犁架因偏牵上下歪斜，重新调整犁柱。

(6)沟底不平，耕深不一致，犁架不平，将犁架调平。

(7)钻土过深，液压系统调节机构失灵，检修调整，或是将没有限深轮的犁用到置于液压系统的拖拉机上，换用带有限深轮的犁或加装限深轮。

二、液压翻转犁

(一)结构与工作原理

液压翻转犁主要由悬挂架总成、犁架、犁轮总成(包括限深轮、运输轮)、犁体、支撑架及翻转油缸(包括换向阀)等几部分组成，其结构见图 2-4。

液压翻转犁三点全悬挂于拖拉机上。工作时拖拉机液压分配器操纵柄控制双作用油缸使犁翻转。工作部件入土深度由限深轮控制。

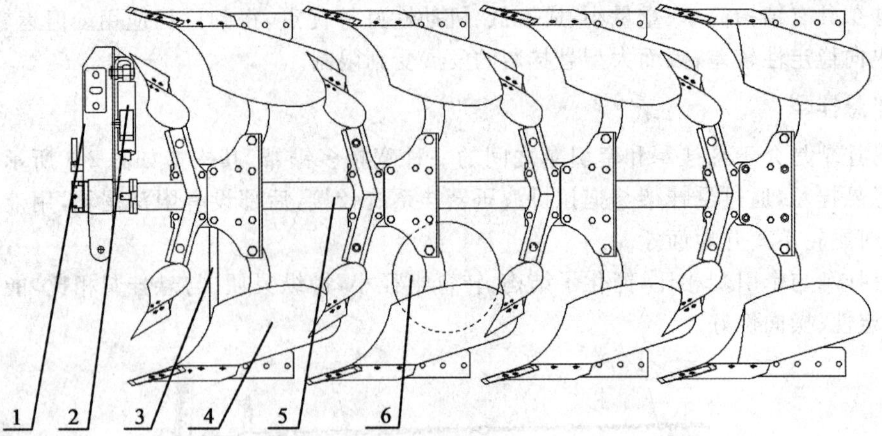

图 2-4　液压翻转犁结构示意图

1. 悬挂架　2. 油缸　3. 支撑架　4. 犁体　5. 犁架　6. 限深轮

液压翻转犁可进行梭形双向作业，耕后地表平整，无沟无垄，地头空行少，在坡地上同向耕翻，可逐年降低耕地坡度。适用于土壤比阻小于 0.9 千克/厘米^2 的棉花、玉米、小麦等旱田作物茬地耕翻作业。

（二）使用前的准备工作

1. 调整拖拉机的牵引杆

(1)将两根拖拉机提升臂调整为同一长度，可通过测量每根提升臂铰接销至十字轴销的距离进行调整，两侧对称与轮胎间尺寸一致。

(2)工作时，拧松提升臂限位链，每边放开约 2 厘米。两边轮胎的压力必须相同，否则两边的犁地深度不同。为确保拖拉机良好的工作效率，轮胎压力需跟载重量相配。

2. 与拖拉机的连接

机器与配套拖拉机连接方式均采用三点悬挂。

(1)将拖拉机液压操纵手柄置于下降位置，调整左右吊杆长度一致，先挂上左、右下拉杆，再连接上拉杆，并用锁销锁住。

(2)油管一端用附件箱中的专用接头与拖拉机液压接头相接，另一端与翻转油缸换向阀连接。

(3)给液压管路缓慢加压，同时打开拖拉机上的液压阀排气。

(4)然后关闭阀门，继续增加压力至额定压力。

液压管路排气增压完毕，工作时一旦油压下降，可能是管路中还存留有空气，按照上述指示过程重新排气。

3. 翻转操作

(1)将悬挂架上的定位锁销抽出。

(2)操纵分配器手柄，将犁架提升到最高位置。

(3)将分配器手柄置于“提升”位置不动，使犁架翻转(如翻转后，犁架不能“越中”，可适当加大油门,提高翻转惯性);当犁翻转 180°后(犁架纵梁与悬挂架挡块相抵),翻转过程结束,松开操纵手柄。

(4)犁翻转快到限位位置时,应减慢翻转速度,避免使犁架产生较大的冲击。

犁的翻转动作结束后,必须等十几秒钟才能进行下一动作。

(三)工作时机器的调整

犁的调整顺序为:深度→ 垂直度→水平度→第一犁铧宽度→入土性能的调整。

1. 耕深调整

(1)翻转犁前部的犁铧(前后的区分以限深轮为界),通过拖拉机的液压提升装置,两侧提升臂和上拉杆、中央拉杆进行调整。

(2)翻转犁后部的犁铧,通过位于中部的限深轮调整。

(3)限深轮固定板可沿机架副梁前后移动,但要避免超过最后一个犁体的位置。

(4)改变限深轮限位支座(螺栓)的长度及转动调节丝杆亦可实现耕深的调节。

2. 垂直度调整

本项调整可以在机器稳放于地上的时候进行,目的是确保犁跟地面的正确角度,与犁地深度无关。此项调整的步骤如下:

(1)操纵分配器手柄,使机器重量不再压在翻转支座上。

(2)顺时针或逆时针转动调整螺栓,以此调整犁的角度,使犁铧尖在同一水平线。

(3)翻转 180°。

(4)对另一侧的调整螺栓重复上述操作步骤。

3. 水平调节

耕作时犁架应处于水平状态,使各犁体耕深一致,但在开壤时由于第一犁体阻力过大,极易造成部件损坏,因而建议将第一犁体的耕深调到预定耕深的 2/3。

(1)纵向调节:犁架纵向不平时,表现为左、右犁铧耕深不一致。可通过改变拖拉机中央拉杆和两吊杆的长度调节。

(2)横向调节:横向不平时,表现为前、后犁铧耕深不一致,通过改变拖拉机悬挂装置的两吊杆长度来实现,也可通过改变限深轮的位置进行调节。调整悬挂架横梁上两端的挡块螺栓,使犁架水平。

4. 第一犁铧宽度调整

(1)太深:缩短上拉杆,使前铧耕浅。

(2)太浅:加长上拉杆,使前铧耕深。

(3)太宽:检查犁柱垂直度,犁托立板与地面垂直;检查拖拉机轮距,轮距内宽是否与犁型配合。

5. 入土性能的调整

犁体的入土性能差时,可将拖拉机的两吊杆适当调长。对于可调犁体入土角的犁体,通过调整螺栓改变入土角的大小,保证四个犁铧尖在同一直线上,且保证左右翻转犁体高度相等。

(四)运输

犁作业过程中进行地块转移或作业完毕后运输时,应将机器置于运输状态。

(1)清理机器上的泥土及杂物。

(2)缩短拖拉机中央拉杆,挂好安全挂钩。

(3)提升并锁住犁体(用悬挂架上的锁销)。

(4)检查所有安全标志及安全装置处于工作状态。

(5)不可在悬挂状态长距离运输本机器,长距离运输,安装尾部运输轮。

(6)拖拉机的行驶速度不得超过 15 千米/小时。

(7)装车运输时,机器必须由固定链条稳固在车上,避免前后和左右晃动。

(五)保养

1. 作业前的保养

(1)检查所有螺栓螺母是否紧固。

(2)用黄油枪润滑所有黄油嘴位置。

(3)检查轮胎压力。

2. 作业中的保养与维修

(1)检查所有易损件是否完好。

(2)应及时清除犁体和限深轮上的黏土和拖挂物。

(3)经过 2～3 个班次的工作,应向各润滑点注油一次。

(4)犁铧刃口厚度一般超过 3 毫米时,应予以锻打修复。

(5)紧固各部螺栓,检查并及时修复损坏零件。

(6)工作部件表面应清理干净,并用润滑油和柴油的混合油或其他机器保护,以避免表面氧化。

(7)每耕作季节结束后,应将限深轮、轴承等件进行拆卸清洗检查,磨损过甚的零件应更换,安装时应注满黄油。

(8)犁铧、犁壁、犁侧板等与土壤接触的表面,以及外露螺纹,入库前应除去脏物,涂上防锈油,置于干燥处,并尽可能放入室内保管。

3. 作业后的保养

(1)第一天作业后,检查所有螺栓和接合点是否紧固,以消除可能产生的松动。

(2)当一个作业季节结束后,推荐保养机具,以便于下一个作业季节使用。

a. 把机具置于停放位置;

b. 应及时消除犁体和限深轮上的黏土和拖挂物;

c. 工作部件表面应清理干净,并用润滑油和柴油的混合油或其他机器保护,以避免表面氧化;

d. 彻底润滑犁及其附件;

e. 保护液压缸活塞杆;

f. 液压管快速接头盖上护罩；

g. 给压力管泄压；

h. 存放于具有基本安全保障的棚下。

(六)常见故障及排除方法

常见故障及排除方法见表 2-1。

表 2-1　常见故障及排除方法

故障现象		解决办法
作业深度	太深	升高限深轮：方法是调节限深轮支座螺栓，使其升高，限制深度
		用液压分配器手柄控制耕深
		将拖拉机左右吊杆缩短
	太浅	调整液压分配器手柄
		将拖拉机左右吊杆放长
		降低限深轮：调节限深轮支座螺栓，使其降低，增加深度
挂接	后面深	缩短上拉杆，使后铧耕浅
	前面深	加长上拉杆，使前铧耕浅
第一犁铧	太深	缩短上拉杆，使前铧耕浅
	太浅	加长上拉杆，使前铧耕深
	太宽	检查犁柱垂直度：犁托立板与地面垂直
		检查拖拉机轮距：轮距内宽是否与犁型配合
犁铲难以入土		检查拖拉机和犁的挂接(连接点太高)降到犁铲入土深度合适为止
		降低限深轮并检查它在犁架的位置(如需要，往后移动)移至合适位置
		缩短上拉杆(增加犁铲角度)调整犁铧入土角
拖拉机负荷重打滑		调整限深轮，减少深度
		减少犁铧入土角，方法是调整犁体入土角整螺栓
		犁铧入土太深，调节到规定深度
		检查轮胎压力，轮胎气压是否正常
拖拉机稳定性不足(跑偏)		犁的挂接是否在中心，进行调整，使三点悬挂在拖拉机的中心
		升降臂与两内侧轮胎尺寸一致
		调整各犁柱间距，达到要求尺寸统一
右铧、左铧耕作深浅不一致		测量右铧尖到主梁的尺寸，翻转 180°后，测量左铧尖到主梁的尺寸，使其一致
		调整悬挂架两端的挡块螺栓，使犁架水平

三、旋耕机

(一)类型、特点、一般构造和工作过程

旋耕机是一种由拖拉机动力输出轴驱动进行工作的耕整地机具,它是以旋转刀片对土壤进行切削与粉碎的。

1. 旋耕机的类型

(1)按旋耕机刀轴的配置可分为横轴式(卧式)和立轴式(立式)。

(2)按与拖拉机的连接形式可分为牵引式、悬挂式和直接连接式。

(3)按刀轴传动方式可分为中间传动和侧边传动两种形式。

2. 旋耕机的特点

(1)旋耕机具有很强的切土、碎土能力,耕后地表平整、松软,一次作业能达到犁耙几次的效果。

(2)对土壤湿度的适应范围较大,在水田中带水旋耕后可直接插秧。

(3)它能有效地切断植被并将其混于耕作层中,也能使化肥、农药等在土中均匀混合。

(4)旋耕机作业时,所需牵引功率不是很大,但整个旋耕过程功率消耗较大,所以耕深较浅。

(5)覆盖质量较差。

旋耕机虽然还不能取代一般的耕耙作业机械,但在水田、菜园、黏重土壤、季节性强的浅耕灭茬和播前整地等作业中,已得到广泛应用。

3. 一般构造

旋耕机主要由机架、传动装置、刀辊、挡土罩和拖板等组成(图 2-5)。

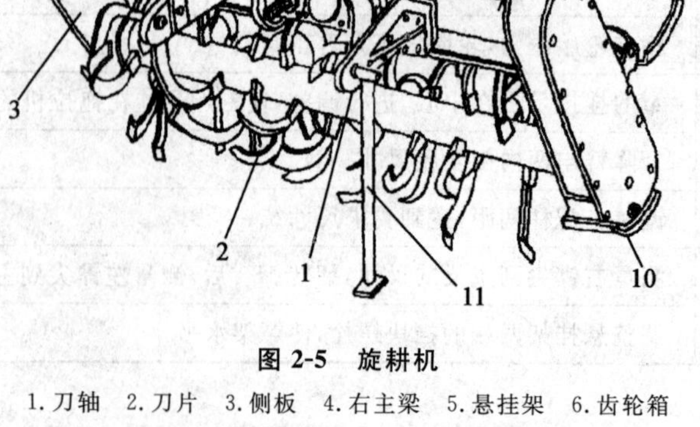

图 2-5 旋耕机

1. 刀轴 2. 刀片 3. 侧板 4. 右主梁 5. 悬挂架 6. 齿轮箱
7. 挡土罩 8. 左主梁 9. 侧传动箱 10. 防磨板 11. 撑杆

(1)机架。卧式旋耕机机架呈矩形,由左、右主梁,侧板、侧传动箱壳及作为刀轴的后梁所组成。主梁上还装有悬挂架,以便与拖拉机挂接。

(2)传动装置。传动装置包括齿轮箱和侧边传动箱。拖拉机的动力从动力输出轴由万节传动轴传至齿轮箱后,再经侧传动箱驱动刀轴旋转。

传动方式有侧边齿轮传动和侧边链传动两种形式(图 2-6)。链传动结构简单,重量轻,但链条易磨损断裂,寿命较短。齿轮传动可靠性好,但加工精度高,制造较复杂。

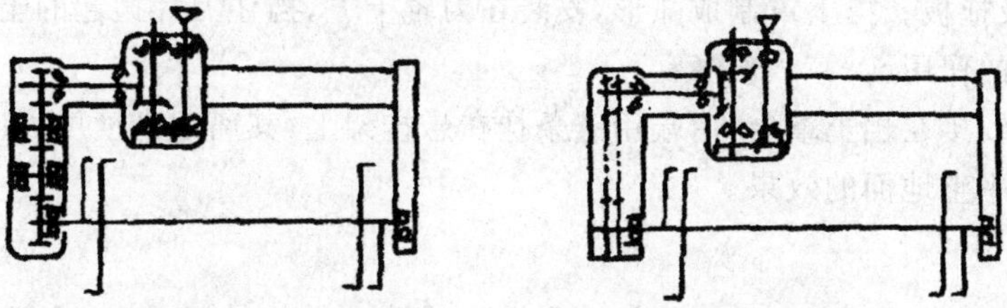

(a) 侧边齿轮传动　　(b) 侧边链传动

图 2-6　旋耕机的传动

(3)刀辊。刀辊由刀轴、刀座和刀片组成(图 2-7a)。刀轴用无缝钢管制成,两端焊有轴头,轴管上按螺旋线规律焊有刀座。刀片用螺栓固装在刀座上。也有的刀轴上焊有刀盘(图 2-7b),刀盘上沿外周有间距相等的孔位,可根据不同需要安装多把刀片。刀片是旋耕机的工作部件,常用的刀片有弯刀、凿形刀和直角刀三种(图 2-8)。

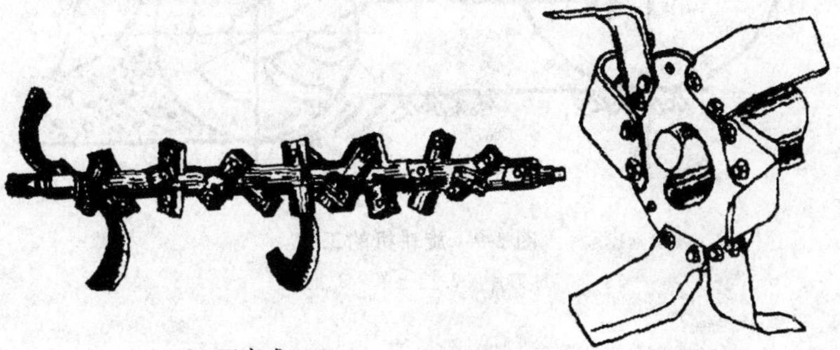

(a) 刀座式　　(b) 刀盘式

图 2-7　刀辊

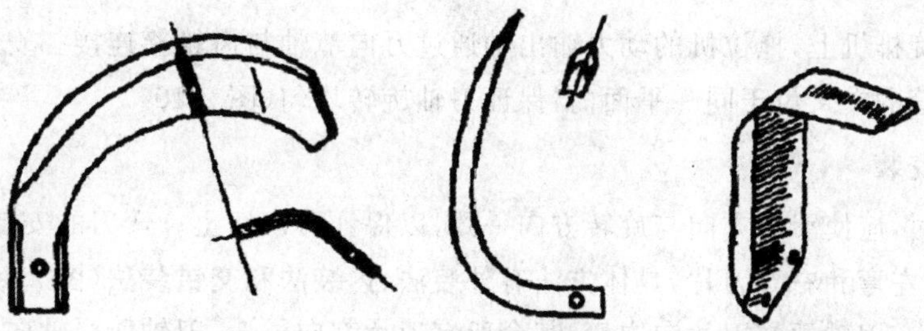

(a) 弯刀　　(b) 凿形刀　　(b) 直角刀

图 2-8　旋耕机刀片

弯刀刃口由曲线构成，有滑切作用，切割能力强，不易缠草，有较强的松土和抛翻能力，在我国应用较广。弯刀有左弯和右弯之分，在刀轴上搭配安装。

凿形刀的正面为较窄的凿形刃口，入土性能好、阻力小，适用于土质较硬、杂草较少的工作条件。在潮湿黏重土壤中耕作时，漏耕严重，缠草堵泥。

直角刀正面及侧面都有刃口，呈直线形，弯曲部分近于直角。工作时，易产生缠草堵泥现象。其碎土能力较强，所需动力较大，适于旱田碎土用。

(4)挡土罩及拖板。挡土罩制成弧形，安装在刀辊上方，挡住刀片抛起的土块，起到防护和进一步破碎土块的作用。

拖板的前端铰接在挡土罩上，后端用链条挂在悬挂架上，其离地高度可以调整。拖板的作用是增加碎土和平整地面的效果。

4. 工作过程

旋耕机工作时，刀片一方面由拖拉机动力输出轴驱动做旋转运动，一方面随拖拉机前进。刀片在前进和旋转过程中不断切削土壤，并将切下的土块向后抛扔，与挡土罩和拖板碰撞而进一步破碎后落到地面，并随即被拖板刮平(图 2-9)。

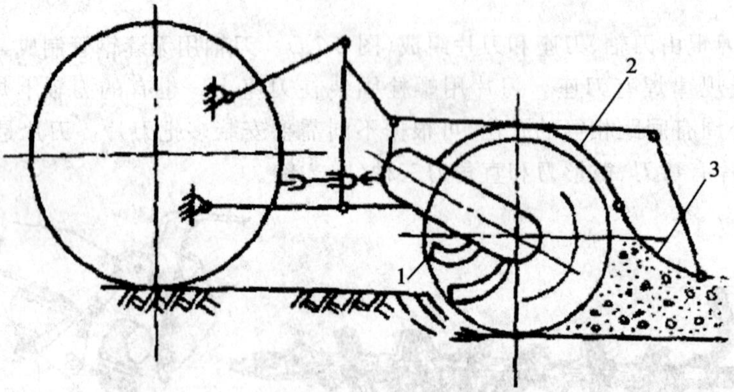

图 2-9　旋耕机的工作

1. 刀片　2. 挡土罩　3. 拖板

(二)使用与调整

1. 万向节轴的安装

在悬挂式旋排机上，拖拉机的动力输出轴通过万向节轴与齿轮箱连接。安装万向节轴时，应使方轴与套管的夹叉位于同一平面内，保证刀轴旋转均匀(图 2-10)。

2. 刀片的安装

安装刀片时，应使刃口方向与旋转方向一致，以保证刃口切土。弯刀的安装应根据作业要求，恰当地配置左弯和右弯刀片，具体方法有外装法、内装法和交错装法(图 2-11)。

(1)外装法。刀轴两端刀片向内弯，其余所有刀片都向外弯，刀轴所受轴向力对称，耕后地表中间凹下，适用于拆畦(破垄)耕作或旋耕开沟联合作业。

(2)内装法。所有刀片都对称弯向中央，刀轴所受轴向力对称，耕后地表中间凸起，适用于

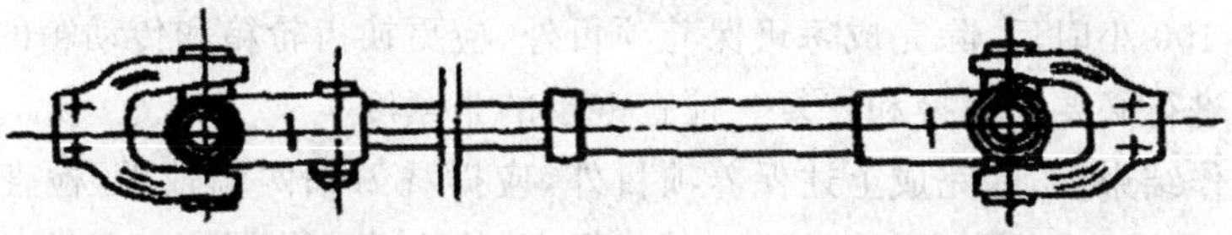

(a) 正确

(b) 错误

图 2-10　万向刀轴的安装

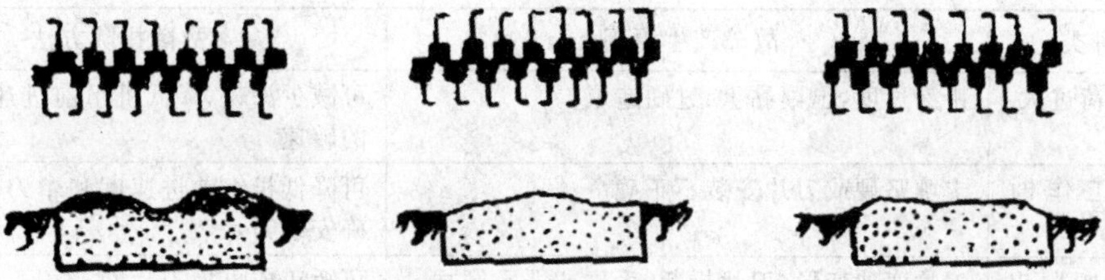

(a) 外装法　　(b) 内装法　　(c) 交错装法

图 2-11　旋耕机刀片的安装

畦作，也可使机组在畦田上跨沟耕作，起到填沟作用。

(3)交错装法。刀轴两端刀片向内弯，其余刀片左右弯刀交错对称安装，耕后地表平整，适于水田耕作或旱田犁耕后的整地作业，也可用于旋耕灭茬作业。

3. 旋耕机的调整

(1)耕深调整。轮式拖拉机配用的旋耕机，耕深一般由拖拉机液压系统用位调节控制，或安装限深滑板控制。

(2)水平调整。悬挂式旋耕机的水平调整与悬挂犁相同。前后水平的调整应保证旋耕机作业时，万向节夹角小于 10°。

(3)提升高度的调整。旋耕机在传动状态下提升过高，导致万向节夹角过大而损坏，一般要求刀片离开地面 15～20 厘米即可。在开始耕作前，应将液压操纵手柄限制在允许的提升高度位置。

(4)碎土性能的调整。碎土性能与机组前进速度及刀轴转速有关。刀轴转速一定时，增大前进速度则土块变大，减小前进速度则土块变小。机组前进速度一定时，提高刀轴转速则土块变小，降低刀轴转速则土块变大。有的旋耕机可通过改变齿轮箱传动速比来调整刀轴转速。另外，调整旋耕机拖板的高低，也能影响碎土性能和平地效果。

(三)保养与维修

(1)每班工作结束后，应检查刀片的紧固情况，检查齿轮箱的油位，清除刀轴和机罩上的积泥、缠草和油污。

(2)工作达100小时后,除完成每班保养项目外,应更换齿轮箱和传动箱的齿轮油,检查刀片的磨损情况,进行必要的更换和修复。检查链条的张紧度。

(3)每季工作结束后,除完成上述保养项目外,应拆洗刀轴两端轴承,检查油封,必要时需更换,拆下全部刀片检查校正,磨刃后涂上黄油保存,检查或整修罩壳各种连接件。

(4)长期停放时应彻底清除旋耕机上的油泥,清洗涂油后放在室内。垫高旋耕机,用支撑杆支住。外露花键轴及齿轮应涂油防锈。

(四)故障诊断与维修

旋耕机的故障诊断与维修见表2-2。

表2-2 旋耕机的故障诊断与维修

故障种类	故障产生原因	故障排除方法
旋耕机负荷过大	耕深过度,土壤黏重、过硬造成	可减少深耕,降低机组前进速度和犁刀的转速
旋耕机工作时跳动	土壤坚硬或刀片安装不正确	可降低机组前进速度和犁刀转速,并正确安装刀片
旋耕机间断抛出大土块	刀片弯曲变形,刀片折断、丢失或严重磨损	可矫正或更换刀片
旋耕后的地面起伏不平	机组前进速度与刀轴转速配合不当	可适当调整二者之间的速度
犁刀变速箱有杂声	安装时有异物落入,或由于轴承、齿轮牙齿损坏	需设法取出异物或更换轴承或齿轮
旋耕机工作时有金属敲击声	传动链条过松后与传动箱体相碰擦;犁刀轴两边刀片、左支臂或传动箱体变形后相互碰击;或刀片固定螺钉松脱引起	可检查调整传动链条张紧度,矫正或更换严重变形零件,拧紧松脱螺钉
旋耕机犁刀轴转不动	齿轮或轴承咬死;左支臂或传动箱体变形,犁刀轴弯曲变形;传动链条折断或犁刀轴缠草堵泥严重	可矫正、修复或更换严重变形、损坏零件,清除缠草积泥

第三节 圆盘耙的维护技术

一、种类及性能

圆盘耙是一种以回转圆盘破碎土壤的整地机械,主要用于旱田犁耕后的碎土整地作业。由于圆盘耙片能切断草根和作物残株,搅动和翻转表土,故也可用于除草、混肥或浅耕灭茬等作业。

1.按机重与耙片直径分

有重型、中型和轻型三种,其主要结构参数及性能见表2-3。

表 2-3　圆盘耙的类型

类型	轻型圆盘耙	中型圆盘耙	重型圆盘耙
单片机重/千克	15～25	20～45	50～65
耙片直径/毫米	460	560	660
耙深/厘米	10	14	18
适应范围	用于轻壤土的耕后耙地，播前松土，也可用于灭茬作业	用于黏壤土的耕后耙地，也可用于一般壤土的灭茬作业	用于开荒地、沼用地和黏重土壤的耕后耙地，也可用于黏壤土的以耙代耕

2. 按与拖拉机的挂结方式分

有牵引式、悬挂式和半悬挂式三种。

(1)牵引式圆盘耙。重型圆盘耙比较笨重，多为牵引式。中型和轻型圆盘耙也有牵引式，以便于实现多台联合作业。牵引式机组地头转弯半径大，运输不方便，适用于大地块作业。

(2)悬挂式圆盘耙。悬挂式圆盘耙多为中型和轻型。机组紧凑，操作方便，运输灵活。

(3)半悬挂式圆盘耙。半悬挂式圆盘耙其特点介于牵引式和悬挂式之间。

3. 按耙组的配置方式

有对置式、交错式和偏置式等(图 2-12)。

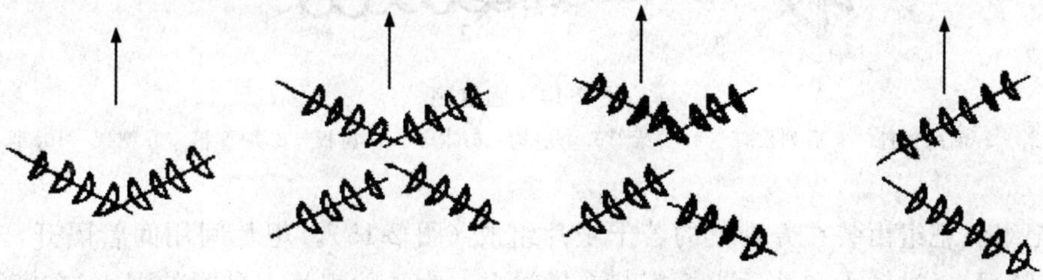

(a) 单列对置式　(b) 双列对置式　(c) 双列交错式　(d) 双列偏置式

图 2-12　耙组的配置方式

(1)对置式。对置式圆盘耙左右耙组对称布置，侧向力互相平衡，偏角调节方便，作业中可左右转弯。缺点是耙后中间留有未耙的土埂，两侧有沟(指双列的)。

(2)交错式。交错式圆盘耙是对置式的一种变形，每列左右两耙组交错配置，克服了对置圆盘耙中间漏耙留埂的缺点。

(3)偏置式。偏置式圆盘耙有一组右翻耙片和一组左翻耙片，前后布置进行工作。牵引线偏离耙组中心线，侧向力不易平衡，调整比较困难，作业中只宜单向转弯。但结构比较简单，耙后地表平整，不留沟埂。

二、构造与工作原理

1. 构造

圆盘耙一般由耙组、耙架、角度调节器、牵引或悬挂装置等部分组成，有的牵引耙上还装有运输轮(图 2-13、图 2-14)。

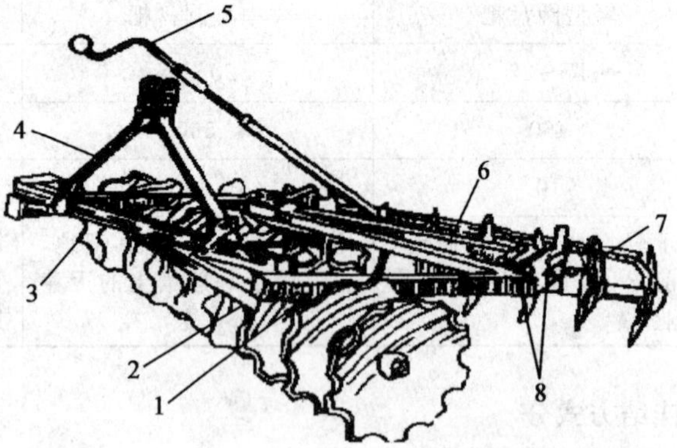

图 2-13 圆盘耙

1.前耙架 2.前耙组 3.前梁 4.悬挂架 5.水平调节丝杠 6.后耙架 7.后刮土器 8.上、下调节板

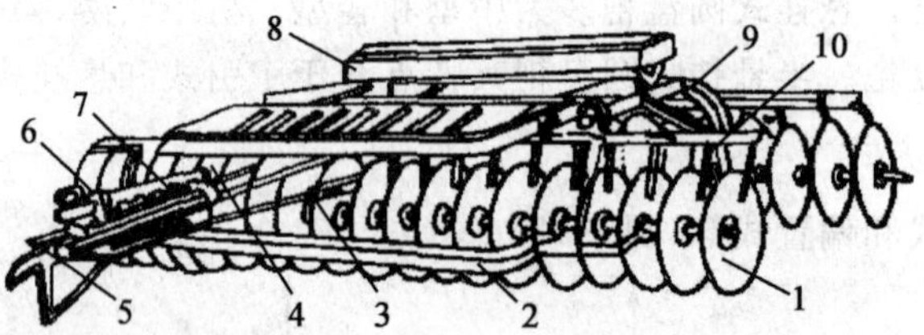

图 2-14 圆盘耙

1.耙组 2.前列拉杆 3.后列拉杆 4.主梁 5.牵引钩 6.卡子 7.齿板 8.加重箱 9.耙架 10.刮土器

(1)耙组。耙组由装在方轴上的若干耙片组成(图 2-15)。耙片间用间管隔开,轴端用垫铁和螺母紧固,通过轴承和轴承支板安装在横梁上。为清除耙片上黏附的泥土,在横梁上装有刮土铲。

①耙片。耙片是一个球面圆盘,中心有方孔,凸面周缘磨刃,以利于切割。按周缘形状不同分为全缘式和缺口式两种(图 2-16)。缺口耙片入土和切土能力较强,适用于黏重土壤。

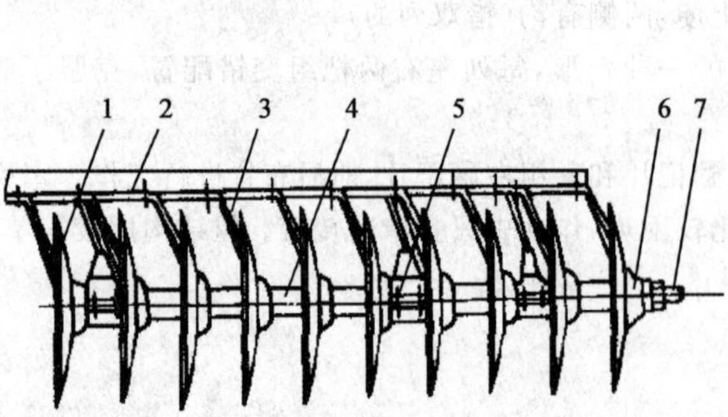

图 2-15 耙组

1.耙片 2.横梁 3.刮土器 4.间管
5.轴承 6.外垫铁 7.方轴

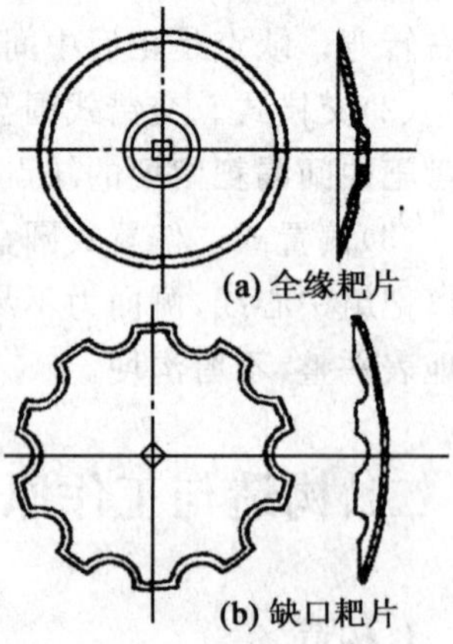

(a) 全缘耙片

(b) 缺口耙片

图 2-16 耙片

②间管。间管有普通间管和轴承间管两种。有的间管两端大小不等,安装时大头与耙片凸面相接,小头与四面相接。轴承间管用来安装轴承。

③轴承。有塑料滑动轴承和滚动轴承两种。塑料滑动轴承体积小、密封好、耗油少,更换方便,用得较多。新滚动轴承多采用外球面、内方孔、深滚道、多层密封的专用滚动轴承(图 2-17),它与轴承座为球面配合,能使轮定位,轴承内黄油每季节更换一次。

(2)耙架。耙架用来安装耙组、角度调节器和牵引(或悬挂)装置,有的耙架上还装有加重箱。耙架有挠性耙架和刚性耙架两种形式。挠性耙架对地形的适应性好,刚性耙架可保持耙组凸面端和凹面端耙深一致。

(3)角度调节器。圆盘耙工作时,耙片回转面与前进方向之间保持一定的夹角,称为偏角。角度调节器用于调节偏角大小,以适应耙深的需要。

角度调节器的形式有齿板式、插销式、压板式和液压式等多种,结构都很简单,操作也比较方便。总的调节原则是改变耙组横梁相对耙架的连接位置,从而改变偏角大小。

图 2-18 所示为牵引耙齿板式角度调节器,由齿板、上下滑板、托架和拉杆等组成。

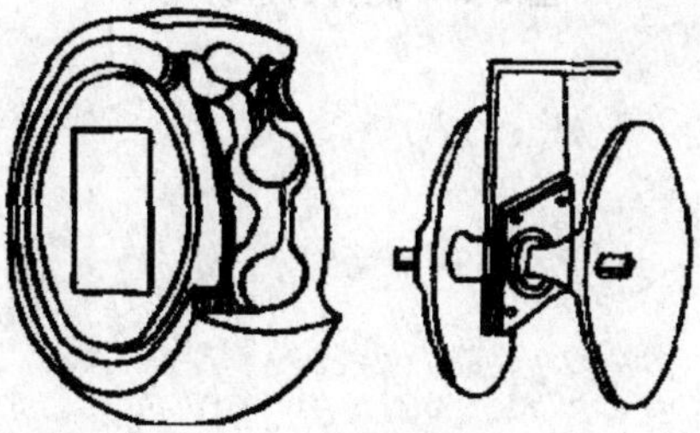

图 2-17　耙组轴承

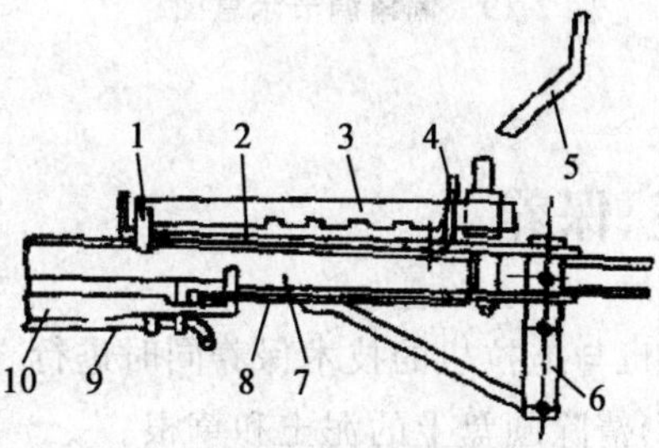

图 2-18　齿板式角度调节器

1.托板　2.上滑板　3.齿板　4 托架　5.手杆
6.牵引架　7.主梁　8.下滑板　9.后拉杆　10.前拉杆

上、下滑板与牵引架固定在一起,并能沿主梁移动。移动范围受齿板末端限制。利用手杆抬起齿板,并向前移动齿板至相应的缺口卡在托架上固定,然后向前开动拖拉机,牵引架带动滑板在主梁上前移,直到上滑板后端上弯部分碰到齿板为止。与此同时,滑板通过左、右前拉杆和后拉杆带动耙组相对机架摆转,偏角增大(图 2-19)。如需调小偏角,应通过拖拉机后退,使滑板在主梁上后移,然后将齿扳后移定位。

2. 工作原理

圆盘耙工作时,耙片回转面垂直于地面,并与前进方向成一偏角 α。耙片滚动前进,在重力和土壤阻力作用下切入土中,并达到一定的耙深。耙片回转一周,位置由 A 点至 C 点,其运动可分解为由 A 点至 B 点的纯滚动和由 B 点至 C 点的侧向移动。在滚动中,耙片刃口切碎土块,切断草根和残茬。在侧向移动中,进行推土、铲草,并使土壤沿凹面上升和跌落,从而又起到碎土、翻土和覆盖等作用。当 α 角增大时,侧移段 BC 增大,对土壤的作用力增强,使耙深增加。减小偏角,则耙深变浅。因此,圆盘耙普遍采用改变偏角的方法来调节耙深(图 2-20)。

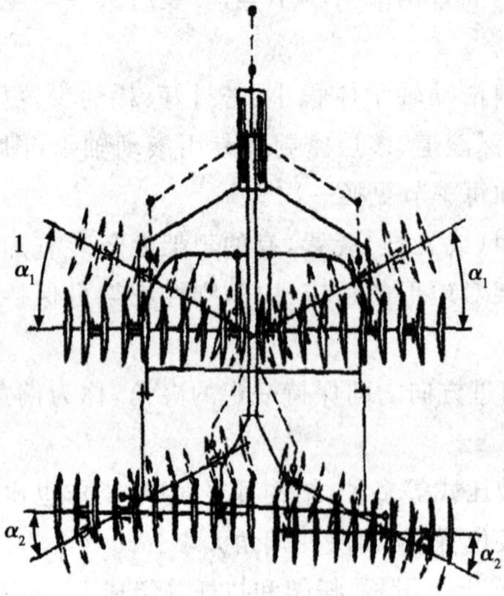

图 2-19　偏角调节示意图

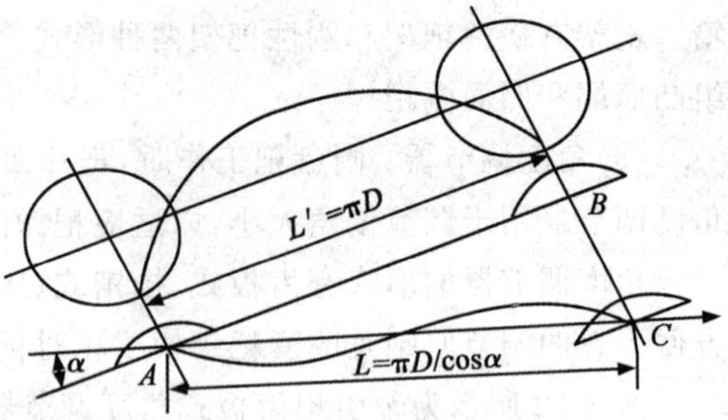

图 2-20　耙片的运动

三、保养

每班与拖拉机的技术保养同时进行。

(1)清除圆盘上的泥土和草根。

(2)检查轴端螺母及各部分螺丝是否紧固,锁片是否折到螺母边上。

(3)检查轴承端盖螺母是否拧紧,轴承径向间隙应调整适当,耙组应转动灵活。

(4)检查角度调节器和升降器丝杆,调节丝杆是否灵活或弯曲变形,刮土板是否丢失,刮土板与耙片之间的间隙应保持在 3～8 毫米。

(5)检查耙架有无破损,机架有无变形和开焊,后耙组的托轮架铁、外垫铁、加重箱和加重块等有无破裂或过大磨损。

(6)耙组轴承每班(10 小时)注黄油一次。注油时,以轴承两端溢出黄油为止。

(7)检查耙组技术状态,耙片边缘应在一条线上,偏差不超 5 毫米,各耙片距离相等,其偏差不超 8 毫米,各耙片刃口应平行,最大不平度不超过 10 毫米。

(8)运输轮、手摇千斤顶、后耙组垫铁、滚轮各拉杆、吊杆各垫片及开口销应完好无缺。

四、故障诊断与维修

圆盘耙的主要故障是耙片磨钝、耙片不入土、耙片堵塞、耙后地表不平、作业时阻力过大等。维修方法是在车床上切削磨钝的耙片,应增加耙组偏角;增加附加重量,重新磨刃或更换耙片,清除堵塞物,减速作业。

第四节　组合式联合整地机的维护技术

组合式联合整地机是与大、中型马力拖拉机配套的整地作业机械。该机将缺口耙组、圆盘耙组和平地齿板、螺旋碎土辊、镇压辊等有机地结合在一起，一次作业即可完成松土、碎土、土肥混合、平整和镇压等多道工序，形成地表平整、上实下虚的良好种床。主要用于土壤犁耕后的二次耕整作业和种床准备。

一、结构、工作原理与特点

(一)结构

该机主要由缺口耙组、圆盘耙组、平地齿板、碎土辊、镇压辊、平土框、液压机构、行走机构等部分组成(图 2-21)。

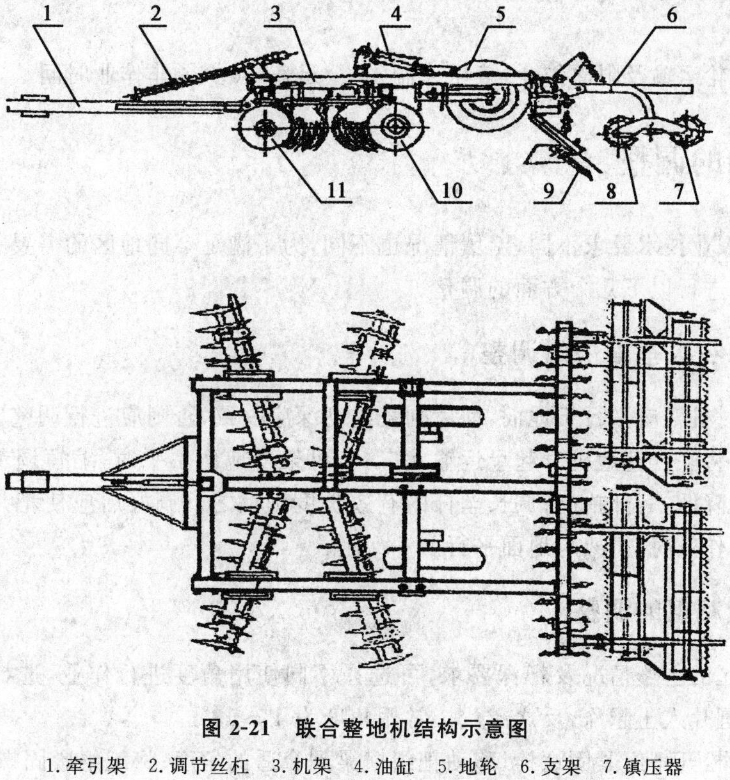

图 2-21　联合整地机结构示意图

1.牵引架　2.调节丝杠　3.机架　4.油缸　5.地轮　6.支架　7.镇压器

8.碎土辊　9.平地齿板　10.圆盘耙　11.缺口耙

(二)工作原理

机具工作时，前部的缺口耙组和圆盘耙组对土壤进行松、碎作业，随后平地齿板对土壤进行平整、破碎及压实，后续的碎土辊进一步对土壤进行破碎，镇压辊进行镇压，同时使抛起的细小土粒落在地表上，阻隔地下水的蒸发，形成上实下虚的理想种床。

该机的纵向和横向可随地仿形，工作深度为0～12厘米，由液压升降油缸和行走机构控制。

工作时将联合整地机与配套动力相连，接通液压管路和液压油缸。根据不同的土壤情况调整耙组的偏角并拧紧紧固螺栓，工作时将地轮全部升起，使联合整地机的工作部件与地面充分接触。

运输时则将耙组升起离开地面，并用锁圈将液压油缸锁紧，以防耙组突然下落。

(三)特点

(1)多种工作部件联合作业互相配合，边松边碎一次作业即可完成一定深度土壤松、碎、平整和镇压四工序，呈上实下虚、既松又碎的种床结构，具有蓄水、保墒的作用。

(2)该机在春灌地、冬灌地及新耕翻地上均能正常作业，在各种情况下均表现出较强的碎土和平整能力。

(3)用联合整地作业1～2遍，相当于用平土框、钉齿耙、轻型圆盘耙、镇压器作业3～4遍的效果。

(4)采用胶轮运输及限深作业，液压控制，安全迅速，减少了非作业时间。

二、机器的调整

由于各地农业技术要求不同，土壤情况也不同，为了满足不同地区的需要并保证良好的作业质量，机器应进行以下几个方面的调整。

(一)整机在纵垂面内的调整

机具作业时机架应平行于地面，前后列耙组耙深应一致，否则应进行调整。

调整方法：将联合整地机升起呈运输状态，若机架与地面不平时，缩短调节丝杆的有效长度，则机架前部降低，后部抬高；调长丝杆的有效长度则反之。调好后应使耙片及碎土辊与地面的高度相同，作业时，机架与地面平行。

(二)圆盘耙组的调整

按不同地区的土壤情况及耙深要求，可选择不同使用角度进行作业，选择合适的耙组偏角。角度越大圆片入土越深，反之越浅。常用角度为4°～13°。

调整方法：松开耙组紧固螺栓；移动耙组横梁到合适的角度；将耙组紧固螺栓拧紧；松开刮泥刀紧固螺栓；调整刮泥刀刃口与耙片凹面间隙到3～5毫米；拧紧刮泥刀紧固螺栓。

(三)平地齿板的调整

调整调节拉杆的长度，使平地齿板角钢下平面离开地面2～3厘米。调整耙齿长度，使其深入土中的深度为6～10厘米。

（四）碎土辊的调整

碎土辊悬臂上的压力弹簧使碎土辊对地面有一定的仿形作用，调节螺栓上的螺母位置可改变压力弹簧的长度，从而改变碎土辊的接地压力。

调整方法：将液压升起使机器成运输状态，缩短调节丝杆的有效长度，则碎土辊对地面的压力增加，调长丝杆的有效长度则反之。

三、保养

为保证联合整地机正常工作并且延长其使用寿命，保养是必需的。保养内容如下：（对联合整地机进行调整、维修、保养前，应关闭发动机，取出点火钥匙）。

（1）首次工作几小时后，检查所有螺栓和螺母是否紧固。

（2）每班工作完后，检查各部位紧固件的紧固情况，如有松动应及时拧紧。

（3）每班检查各工作部件有无变形或损坏，若发现问题，应及时予以校正或更换。

（4）行走轮上的转轴处的轴承每 2 班加注一次润滑脂，耙组轴承每班加注一次润滑脂。

（5）行走轮应保持足够的气压，不足时应及时充气。

（6）经常保持液压件表面清洁。

（7）每天消除联合整地机上泥沙、杂物，以防锈蚀。

（8）液压系统若有漏油或渗油现象，应及时找出原因并及时修好。

当一个作业季节结束后，推荐保养联合整地机，以便于下一个作业季节使用，保养内容如下：

（1）把机器置于停放位置。

（2）彻底清洗机器，去除泥土和杂物，并进行涂油防锈工作。

（3）清洗、润滑各转动部位的轴承及螺栓。

（4）将液压元件卸下，保养后用干净布包扎好所有接口处，置清洁干燥处存放。

（5）放松各部位的弹簧，使其呈自由状态。

（6）联合整地机长期存放时，不要相互叠压。

（7）对油漆剥落处和生锈的地方重新刷漆，避免其扩展。

（8）检查机器的磨损、变形、损坏、缺件情况，并及时换件，或及早采购配件，使来年的工作有保证。

（9）将机器存放在库房内，防日晒、防雨淋，最好是罩上篷盖。

（10）露天存放时应停放在平坦、干燥的场地，用支架把主梁架起来，使行走轮不承受负荷。

四、常见故障及排除方法

组合式联合整地机常见故障及排除方法见表 2-4。

表 2-4　组合式联合整地机常见故障及排除方法

故障现象	原因分析	排除办法
马力不足	作业深度太深	通过碎土辊调整作业深度
		设置满足需要的作业深度即可，无须更深
	前进速度太快	降低前进速度
	前后横挡杆的设置不正确	抬高或去掉横挡杆，尤其是后挡杆
作业后地表过于粗糙	前进速度太快	降低前进速度
	作物残留物过长	移走作物残留物
	没有横挡杆	安装横挡杆，尤其是后挡杆
作业后地表过细	前进速度太慢	提高前进速度
耙片黏土严重	土壤湿度太大	晾晒土地
	刮土刀距耙片凹面的间隙太大	调整刮土刀与耙片的间隙
耙组轴承转动不灵活，工作不正确	轴承支臂安装不正确	松开轴承支臂固定螺栓，调整其安装位置
	方轴螺母松动	拧紧方轴螺母
机具前后耙深不一致，碎土辊接地压力不足	机架前低后高，没有平行于地面	调整机具前端的调节丝杆，使机架平行于地面

第五节　动力式联合整地机的维护技术

动力式联合整地机是与大中型拖拉机配套的复式作业机械，一次可完成灭茬、旋耕、深松、起垄、镇压等多项作业，具有作业效率高的特点。

一、结构与工作原理

(一)整体结构

动力式联合整地机主要由机架、柴油发动机、减速箱、传动轴、行走限深轮、变速箱、液压升降油缸、油门控制系统、灭茬刀轴总成、旋耕刀轴总成、起垄铧等部件组成。结构见图 2-22。

(二)工作原理

机具由拖拉机牵引进行作业，拖拉机负责机具的行走和起垄作业，机具自带柴油发动机负责灭茬、旋耕作业，自带柴油机动力传递过程是：动力经万向传动轴传给减速变速箱，再进入旋耕变速箱，驱动旋耕刀轴作业。动力在旋耕变速箱内分解，另一部分进入灭茬变速箱，实现灭茬作业，具体动力分配传递路线如图 2-23 所示。机具的作业过程是首先对垄台根茬进行粉碎灭茬作业，然后是旋耕作业、垄沟深松作业、起垄铧起垄作业和镇压作业。

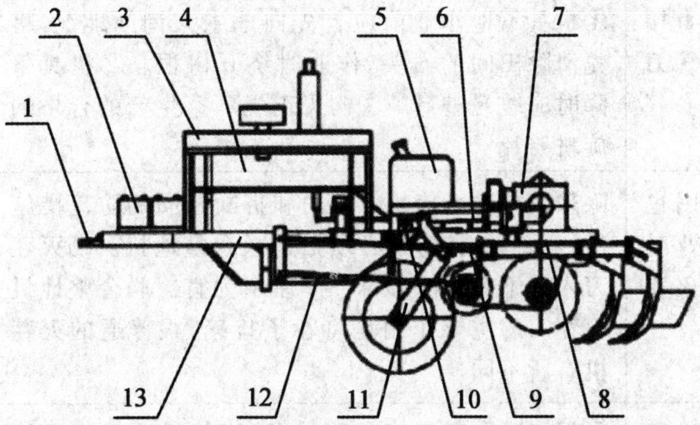

图 2-22　动力式联合整地机结构示意图

1.牵引架　2.油门控制系统　3.发动机盖　4.柴油发动机　5.减速箱　6.升降油缸　7.变速箱　8.起垄铧　9.灭茬刀轴总成　10.液压升降油缸　11.旋耕刀轴总成　12.行走限深轮总成　13.机架

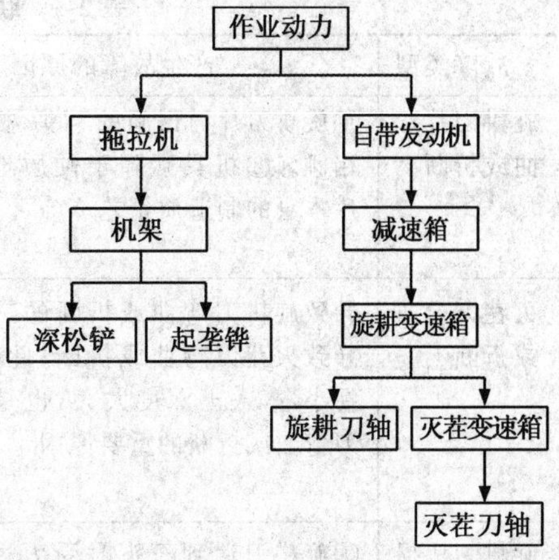

图 2-23　动力分配传递路线示意图

二、保养

(1)检查各部位螺栓是否紧固,刀片是否装反等,出现问题及时排除解决。

(2)主减速箱和链条处加注齿轮油,万向节和各轴承座注满润滑脂。

(3)拖拉机与联合整地机的联接采用标准三点式连接。在安装万向节时,应保证拖拉机动力输出轴上与联合整地机输入轴上的万向节夹叉口处于同一平面内。履带式拖拉机必须安装动力输出轴保护器。

(4)在停车状态下,从小油门到大油门各转动半小时,进行空负荷运转,检查各部件是否过热,检查是否有漏油、异音等异常现象,待一切正常时方可作业。

(5)正式作业前,通过调整拖拉机悬挂机构左右提升臂、中央拉杆及拉链,使其前、后、左、右均达到水平(以中央主减速箱上盖达到水平为准),并保证不左右摇摆,同时调整起垄部件,保证起垄犁入土正确,垄形丰满。

(6)机组起步前,应先结合动力输出轴,随着机车起步,然后再操纵液压手柄,使农具逐步入土,同时加大油门,直到达到正常耕深为止。机组作业速度可根据不同车型和地块适当选择。

(7)按时进行班次保养,要及时注油,更换易损件,紧固松动螺栓。

三、常见故障及防范措施

动力式联合整地机结构比较复杂,常见故障及防范措施如表 2-5 所示。

表 2-5 联合整地机常见故障及防范措施

故障类型	产生故障的原因	防范故障的措施
旋耕刀片弯曲或折断	①旋耕刀片与田间的石头、树根等直接相碰。②机具猛降于硬质地面。③刀片本身的制造质量差	①机具下地作业前应首先向地主人询问地况，事先清除田间的石头，作业时绕开树根。②机具下降时应缓慢进行。③购买正规厂家生产的合格的旋耕刀片
灭茬刀弯曲或折断	导致旋耕刀弯曲或折断的三个原因也导致灭茬刀弯曲或折断；此外，作业时拐小弯，入土深度太大，也是造成灭茬刀弯曲或折断的重要原因	除采取与防止旋耕刀弯曲和折断相同的防范措施外，还要：①转弯时必须抬起联合整地机。②灭茬刀入土不宜太深，以 5～6 厘米为宜。联合整地机灭茬刀的主要作用是将茬子打碎，跟普通的灭茬机有所不同
旋耕刀座损坏	①旋耕刀遇到石头时受力过大。②刀座焊接不牢。③刀座本身材质不好	①焊接时注意刀座的方位，刀座的排列是有规律的。②焊接后应检查焊接质量，必须焊实，防止虚焊。③购买材质好的刀座
轴承损坏	①齿轮箱内齿轮油不足，轴承因缺少润滑油而损坏。②轴承质量差	①及时检查两个齿轮箱的齿轮油存量，杜绝各种漏油，及时更换损坏的油封和纸垫。②及时加注黄油，更换轴承时应选购优质轴承。③联合整地机在使用一段时间后必须按照说明书的要求，及时调整各种锥轴承的间隙
齿轮损坏	①直齿轮损坏多为轴承残体进入齿轮辐所造成的断齿，也有少数是齿轮本身质量不好所致。②锥齿轮多为间隙调整不当导致早期磨损	①联合整地机工作一段时间后，应严格按照说明书要求调节锥齿轮间隙。②经常检查齿轮箱润滑油油面高度，防止轴承损坏，更换齿轮时要选用优质产品
齿轮箱体损坏	①多为轴承损坏后残体进入齿轮辐造成齿轮箱破裂。②齿轮箱碰到田间的大石头或电力、电信混凝土标志物而损坏	①经常检查齿轮箱润滑油油面高度，防止轴承损坏。②绕开地里的各种障碍物
旋耕刀轴两侧轴承座损坏	①旋耕刀刀轴接头法兰盘螺丝松动。②花键套磨损严重，间隙过大。③主齿轮箱 4 个固定螺栓松动	①及时检查和紧固各种螺栓。②主齿轮箱的固定螺栓必须采用高标号螺栓，用双螺帽锁紧，防止松动
万向节十字轴损坏	①动力输出轴与联合整地机的连接倾角过大。②十字轴缺油。③联合整地机入土时，拖拉机加油过猛。④十字轴左右摆动过大	①十字轴每 4 小时加注黄油一次，作业时勤检查十字轴的温升情况。②按要求调整动力输出轴与联合整地机的连接倾角，倾角过大可将后边旋耕部分下降，使联合整地机作业时前部抬头。③将左右调节链调好后锁上。④联合整地机刚入土时，应缓慢加大油门
灭茬刀轴、旋耕刀轴转动不灵或不转动	①多为刀轴缠绕杂物。②锥齿轮、锥轴承没有间隙卡死。③轴承损坏后其残体卡入齿轮啮合面，使齿轮不能转动。④刀轴受力过大后弯曲，导致轴承不同心	①避免刀轴被杂物缠绕。②及时调整锥齿轮、锥轴承间隙。③避免轴承损坏后的残体卡入齿轮啮合面。④防止刀轴受力过大，保持轴承同心。⑤入地工作时，必须检查并排除灭茬刀轴、旋耕刀轴转动不灵或不转动的情况，以防止造成裂箱、断轴等严重事故

第六节　动力旋转耙的维护技术

一、主要结构组成

动力旋转耙主要是由牵引架、平土板、变速箱、转子箱体、镇压辊及一些附属机构组成。如图 2-24 所示。

图 2-24　动力旋转耙

二、操作使用

1. 操作机器前的预防准备工作

(1)不要穿戴过于宽松的衣服,否则容易被转动的机器部件缠绕住。

(2)根据不同工作的需要穿戴个人安全用具(手套、鞋、耳罩等)。

(3)确保所有的操作控制装置(绳索、电缆、连杆等)安装正确,以防突然弹起而导致意外事故的发生。

(4)操作机器前,检查所有螺栓和螺母是否紧固,尤其是转动部件上的螺栓螺母。

(5)操作机器前,确保所有的安全护板安装正确并状态良好,一旦磨损或毁坏,立即更换。

2. 挂接拖拉机

(1)与拖拉机挂接或分离机器时,将控制液压提升油缸的操纵杆置于安全的位置。

(2)拖拉机三点悬挂提升系统挂接机器时,确保销子的直径与球形连轴节的直径相配。

(3)在拖拉机三点悬挂提升系统附近,操作时应注意安全,可能存在压碎和剪切的危险。

(4)进行提升操作时,禁止站在拖拉机和机器之间。

(5)运输过程中,机器的提升杆必须跟拖拉机的牵引杆固定,以防前后和左右晃动。

(6)运输机器时,必须锁住液压提升控制杆,防止机器突然下降。

3. 液压系统的注意事项

(1)注意液压系统都有一定的压力。

(2)安装液压油缸和马达时,应确保按照制造商的说明正确连接液压管线。

(3)与拖拉机的液压系统连接油管时,确保拖拉机和农具的液压管线内都没有压力。

(4)建议操作者在拖拉机和农具连接的液压接头上做出标记以避免连接错误。

(5)定期检查液压油管,一般每隔 5 年更换一次。一旦发现油管损坏立即更换。更换油管时,应使用制造商所要求的性能和质量的油管。

(6)一旦发现漏油,采取适当的预防措施以避免事故发生。

(7)所有有压力的液体,尤其是液压油,都能穿透皮肤产生严重的伤害。一旦受伤,立即医治,否则会引起感染。

(8)对液压管线进行任何操作之前,都必须放下机器,卸掉油压,关闭引擎并从钥匙孔中拔出钥匙。

三、保养

(1)检修、调整、保养、维修机器前,切断输出轴动力,关闭引擎并拔出点火钥匙。
(2)检查螺栓螺母是否紧固,如有松动立即拧紧。
(3)如果需要抬高机器进行保养,一定将其支撑稳固。
(4)更换零件时,应戴上手套并使用合适的工具。
(5)严禁丢弃任何燃油、润滑油或滤油,请注意环保。
(6)检修电路系统前确保切断电源。
(7)定期检查防护装置,尤其是那些易于磨损的装置。如有损坏,立即更换。
(8)更换的备件须符合制造商提供的性能标准。
(9)对拖拉机或农具进行电焊作业前,关闭发电机和电池电源。
(10)在检修拖拉机和牵引农具的电路之前,应首先从发电机和电池上拆下电缆。
(11)维修有张力和压力的部件时(如弹簧、压力罐等)要使用专用工具,由熟练人员操作。

四、常见的故障及其排除方法

常见的故障及其排除方法见表 2-6。

表 2-6　动力旋转耙常见的故障及其排除方法

故障	原因	解决办法
提升机器时噪声大	三点悬挂上的位置调整不当	调整上拉杆,使之与下拉杆臂平行
	超过机器允许的提升高度	降低提升高度
作业时噪声大	机器向前或向后倾斜	加长或缩短上拉杆,使之在作业时与下拉杆平行(拖拉机动力传动轴与农机具输入端平行)
	机器与拖拉机连接不稳固,左右晃动	
马力不足	作业深度太深	通过压土辊调整作业深度
		设置满足需要的工作深度即可,无须更深
	耙齿转速太高	降低耙齿转速
	前进速度太快	降低前进速度
	前面或后面安装的平土板的位置不正确	抬高或去掉平土板,尤其是去掉后平土板
作业后地表过于粗糙	耙齿转速不够	增加耙齿转速
	前进速度过快	降低前进速度
	作物残留物过长	移走作物残留物
	没安装平土板	安装平土板,尤其是后平土板

续表 2-6

故障	原因	解决办法
作业后地表过细	耙齿转速过高	调整变速箱，降低转速
	前进速度太慢	提高前进速度
	后平土板太低	抬高后平土板
		把平土板装在前面
耙齿和耙齿座磨损过快	耙齿转速过高	降低耙齿转速
		更换硬质耙齿
	土板装在了后面	根据作业情况，不是必须把平土板装在后面时，把平土板装在前面
因土壤的原因，有土块堵塞在平土板和耙齿之间	在潮湿的土壤上作业时，将平土板安装到了后面	拆下平土板
桶体式压土辊工作不稳定	刮刀片磨损或调整不当	调整刮刀片位置靠近压土辊
	刮刀被杂物阻塞	向后转动压土辊并清理杂物
	刮刀安装位置不正确	调整刮刀片位置，确保所有刮刀前端到辊桶的距离相等
因土壤的原因，有土块在桶体式压土辊前堆积	沙性土质	平土板安装在后面
		稍微加长上拉杆的长度
		降低前进速度

第七节　折叠式联合整地机简介

大型可折叠的联合整地机械（图 2-25）作业，在新疆推广使用越来越广，通过本机作业，可一次性完成松土、碎土，平整和镇压等作业，碎土能力强，地表平整，形成良好的上虚、下实、既松又碎的耕层结构，具有蓄水、保墒、优质、高效及节能的特点，达到精细耕地的目的。

常用的机型有：约翰迪尔 2310 联合整地机，牧神 1ZL-7.0 型联合整地机等。

一、主要优点

可折叠的联合整地机械作业情况见图 2-26，其优点如下：

(1)折叠后宽度变窄，易满足乡间运输的通过性和安全性。

(2)展开后工作幅宽达 7～14 米，非常适宜于大片土地的整地作业，大大调高工作效率。

(3)独特的设计结构，减少拖拉机和农具对土壤压实的副作用，保护土壤不板结。

(4)作业成本低、效率高、效果好，为播种和作物的生长创造了良好的条件，提高了作物产量。

图 2-25　折叠式联合整地机外形

图 2-26　折叠式联合整地机作业

(5)能够切碎并处理大量残茬,从而使土壤达到最佳待播状态。

二、结构特点

(1)铰链设计内部翼铰链。折叠几何融入了下垂式机内铰链设计,改善了机器的可运输性(降低高度并减小宽度),尤其适于在城区附近操作。生产者能够根据生产力和安全的地块间移动来设定机器尺寸。

(2)起翼车轮。位于翼上的开关会启动折叠电磁线圈,使其进入折叠循环。开关启动后,电磁阀将引导油流,收缩内部和外部翼车轮,以进一步减小运输宽度。

(3)可进行残茬的切碎与调节。根据所处理的残茬数量及类型的不同,机手可以调节切碎程度以及与土壤的混合;液压高度调节装置用于确保能够从拖拉机驾驶室进行实时残茬调节。

(4)低凹度圆盘耙的间隔适当,能够有效切碎残茬。允许剧烈切割动作,尽量减少筑垄,有效切割浓密残茬。将土壤向内朝机器中心移动,以获得平整的苗床,防止土壤在圆盘耙耙片内侧积聚。

(5)牢固、刚硬的机架结构可提供可靠支柱。主机架与侧翼机架由 102 毫米×102 毫米横向构件及 76 毫米×152 毫米、51 毫米×152 毫米与 51 毫米×127 毫米前后机架构件装配而成。机架的强度与刚度要高出一般机架 25%。收缩折叠型意味着侧翼灵活性强,可适应各种地面条件并可折叠便于运输。

(6)采用高密度聚合物主机架摇臂轴轴承。耕耘机主机架与侧翼机架的各个重型摇轴臂均采用高密度聚合物轴承套。该轴承套可减少操作中存在的摩擦、磨损及作用力。因此,该轴承可免除维护(无需加润滑油),同时可靠性得到提升。

(7)安装慢行车辆(SMV)标志与闪烁的警示灯。当机器行驶于公共道路时,SMV 标志与闪烁的机具警示灯有助于实现高能见度与辨识度。

(8)地轮有助于确保一致的作业深度。地轮为主机架与侧翼机架的基本配置。除了在起伏地面可保持一致作业深度外,他们还有良好的除草及耕地性能,有利于苗床深度保持一致,进而可精准播种。由于车轮碰撞石块、土垄或坑洞而产生的大部分冲击负载得到吸收而没有转移至机架,因此可实现良好耐用性,可提升运输平稳性。

(9)快速又简易的侧翼调平可减少停机时间。可轻松实现左右两侧侧翼调平。通过位于侧翼机架顶部的单一调整螺栓,可实现快速调节。机器的前后螺丝扣上配有扳手,便于调整牵引梁与侧翼。

(10)采用深度控制装置。深度指示测量装置观察作业深度的变化,单点深度控制装置由曲柄进行调节。单点深度控制装置为耕耘机上的标配,每转动五下曲柄,就能使作业深度改变25毫米,为播前整地和施撒化肥而进行的准确、可重复的深度调整,深度控制贴图标示了设定值,使机手可以重复该设定。

三、保养与维修

保养与维修,和前述联合整地机相同。

习题和技能训练

(一)习题

1.说明组合式联合整地机的组成和原理。

2.说明动力式联合整地机的常见故障及其排除方法。

(二)技能训练

1.对联合整地机进行作业前维护保养。

2.对动力旋转耙进行作业后存放维护保养。

第三章　播种机械的维护技术

第一节　概　　述

播种是农业生产过程中关键性的作业环节，良好的播种质量是保证苗全、苗壮的前提。用机械播种不仅可以减轻劳动强度、提高工效、保证质量、不误农时，而且也为后续田间管理创造良好的条件。

一、机械播种的农业技术要求

(1)播种的行距应一致，且能按照农业生产的需要调整行间距离。

(2)播种均匀，每行的种子数量应一致，而且要合乎农业技术要求，保证种子有适当的营养面积。

(3)播种深度应一致，并且使种子播到有足够水分的土层中，使种子出芽顺利，不致因过旱而旱死，或因过深而出苗困难。

(4)在播种过程中，种子经过各个机构均不致遭受损伤而妨害发芽。

(5)自从对种植提出合理密植的要求后，要求播种机的单位面积播量增加，使单位面积植株数量加多。目前，结合地区、品种、气候等条件，小麦一般每 667 米^2 播量为 10～15 千克，同时要求播种时采用窄行条播或宽行条播。夏玉米则每 667 米^2 要求达到 4 000～6 000 株，若用点播方法种植，则行株距离亦应适当缩小。春大豆用点播则行穴距离为 8 寸×6 寸(1 寸≈3.33 厘米)，每 667 米^2 要求 8 000～10 000 穴。由于密植播量增加，播种方法也与以前有所不同。

二、播种方法与播种机类型

(一)播种的方法

1. 撒播

将种子按要求的播量撒布于地表，再用其他工具覆土的播种方法，称为撒播(图 3-1)。种子分布不均，覆土深浅不一致，使种子出苗不齐，稀密不均，因此作物生长不良，成熟期也不一致，影响产量，不仅影响收获和机械化的程度，而且浪费种子。故目前精耕细作后采用很少，一般用于播种经济价值不高的绿肥作物、牧草、秧田育苗和大面积种草、植树造林的飞机撒播。撒播播种速度快；可适时播种和改善播种质量，且对整地无特殊要求。

2. 条播

按要求的行距、播深与播量将种子播成条行，然后进行覆土镇压的方式，称为条播(图3-2)。由于播种均匀，深浅一致，种子发芽整齐，出苗一致，因而作物生长和成熟一致，条播的作物便于田间管理作业，便于用机械进行收获。一般条播质量较撒播为高，应用很广，主要应用于谷物播种(如小麦、谷子、高粱、油菜)等。条播的方法有普通条播、窄行条播、宽行条播、带状条播、交叉条播、宽幅条播等6种。现分述如下：

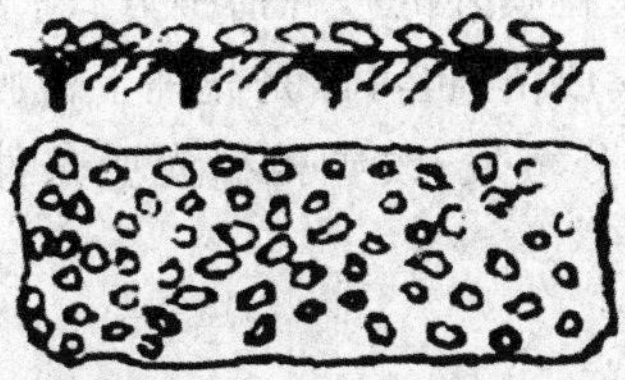

图 3-1　散播示意图

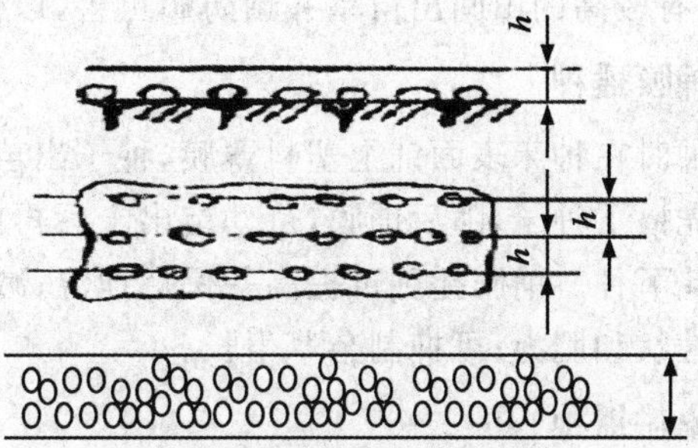

图 3-2　条播示意图

(1)普通条播：行距为10～15厘米，如播种小麦时即可用这种方法。

(2)交叉条播法：用于谷类作物或牧草作物，一般用于需要密植缺乏窄行及播量较大的条播机的地区，可以达到密植增产的目的，但播种费时，消耗动力，种子在交叉之处重叠，影响作物的生长。

(3)窄行条播法：行距为5～8厘米，能适合密植增产的要求，目前比较广泛采用。

(4)宽行条播法：行距一般为30～70厘米，出苗后能用机械中耕，故适用于播种玉米、棉花、大豆等。

(5)带状条播法：此法又名宽、窄行条播，作物的行距不等，由行距较小的2～4行作物构成一带，播种时两带间则留有较大空间，是我国劳动人民长期经验积累所创造的。目前较普遍地运用于大豆、玉米、棉花的播种。

(6)宽幅条播法：条行呈宽幅，幅宽为10～20厘米为适宜，此种方法适合密植丰产要求，目前小麦采用此法进行播种的很多。

3. 点播

按规定行距、穴距、播深将种子定点投入种穴内的方式(图3-3)。该方法可保证苗株在田间分布合理、间距均匀。某些作物如棉花、豆类等成簇播种，还可提高出苗能力。主要应用于中耕作物播种：玉米、棉花、花生等。与条播相比，节省种子、减少出苗后的间苗管理环节，充分利用水肥条件，提高种子的出苗率和作业效率。点播的方法有普通点播法、方形点播法、六角形点播法和精密播法。现分述如下：

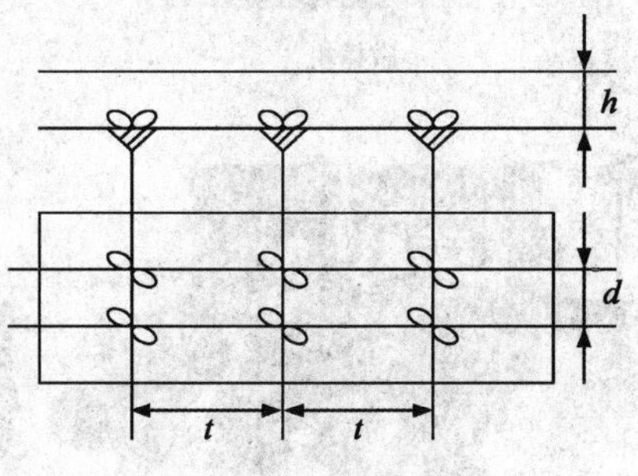

图 3-3　点播示意图

(1)普通点播法：种子集中成簇，纵向成行，横向不成行，只能进行纵向中耕，不能横向或斜向中耕，影响机械化程度，适用于机械化程度不高的中耕作物的播种。

(2)方形点播法：此法需用方形点播机播种，纵横都成行，能进行纵向和横向的机械中耕，对植株的营养面积也较适当，故较普通点播优越。

(3)六角形点播法：此法是比较新的播种方法，除能进行纵横向中耕外，还能斜向中耕，中耕机械化程度最高，且作物的营养面积分布均匀，故比方形点播更为优越。

(4)精密播法：按精确的粒数、间距与播深，将种子播入土中，称为精密播种，是穴播的高级形式。精密播种可节省种子和减少间苗工作量，但要求种子必须经过精选，土地必须整得很好，种子有较高的田间出苗率并预防病虫害，以保证单位面积内有足够的植株数。

4. 铺膜播种

播种时在种床表面铺上塑料薄膜，种子出苗后，幼苗长在膜外的一种播种方式。这种方式可以是先播下种子，随后铺膜，待幼苗出土后再由人工破膜放苗；也可以是先铺上薄膜，随即在膜上打孔下种。铺膜播种可提高并保持地温；减少土壤水分蒸发；改善植株光照条件；改善土壤物理性状和肥力；可抑制杂草生长。

5. 免耕播种

前茬作物收获后，土地不进行耕翻，让原有的秸秆、残茬或枯草覆盖地面，待下茬作物播种时，用特制的免耕播种机直接在前茬地上进行局部的松土播种；并在播种前或播种后喷洒除草剂及农药。免耕播种可降低生产成本、减少能耗、减轻对土壤的压实和破坏；可减轻风蚀、水蚀和土壤水分的蒸发与流失；节约农时。

(二)播种机的类型

播种机的类型很多(图 3-4)，一般可按下列方法进行分类。

撒播机　条播机　精密播种机

精密播种耕作机　免耕播种机　铺膜播种机

图 3-4　典型的几种不同类型播种机

精密播种铺膜滴灌机

联合整地播种机

续图 3-4

(1)按播种方式:可分为撒播机、条播机、穴播机和精密播种机。

(2)按适应作物情况:可分为谷物播种机、中耕作物播种机及其他作物播种机。

(3)按联合作业情况:可分为施肥播种机、播种中耕通用机、旋耕播种机、旋耕铺膜播种机。

(4)按动力连接方式:可分为牵引式、悬挂式和半悬挂式。

(5)按排种原理:可分为机械式、气力式和离心式。

第二节　传统播种机的维护技术

一、一般构造和工作过程

(一)谷物条播机的一般构造和工作过程

我国生产的谷物条播机,均为能同时进行施肥的机型,一次完成开沟、排种、排肥、覆土等作业,故其一般构造主要由机架、种肥箱、排种器、排肥器、输种(肥)管、升沟器、覆土器、行走轮、传动装置、牵引或悬挂装置、起落及深浅调节机构等组成,如图 3-5 所示。

工作时,播种机由拖拉机牵引行进,开沟器开出种沟,地轮转动通过传动装置,带动排种和排肥器,将种、肥排出,经输种(肥)管落入种沟,随后由覆土器覆土盖种。

(二)中耕作物播种机的一般构造和工作过程

我国目前生产的中耕作物播种机,大多数是播种中耕通用机,既可播种,也可通过更换中耕工作部件后进行中耕作业。其结构为:主梁和地轮作为通用件,主梁上按要求行距安装数组工作部件,每组工作部件由开沟器、排种器和覆土镇压装置等组成,如图 3-6 所示。工作时,播种机随拖拉机行进,开沟器开出种沟,地轮转动通过传动装置带动排种器排种,种子经排种口排出,成穴地落入种沟,然后由覆土器覆土,镇压轮压实。

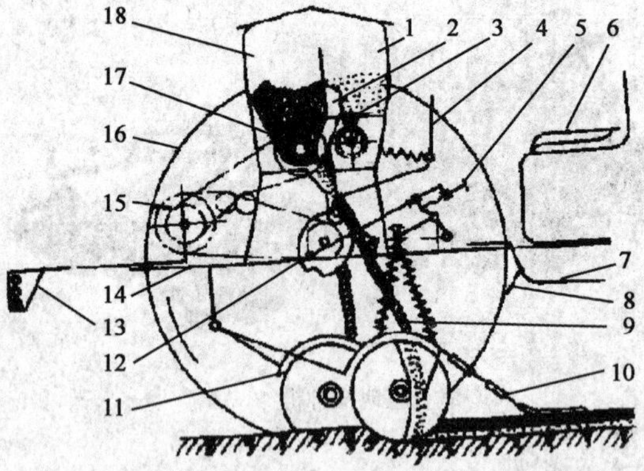

图 3-5 施肥播种机

1.肥料箱 2.排肥量调节活门 3.排肥器 4.升降手柄 5.播深调节机构 6.座位 7.脚踏板 8.刮泥刀 9.输种(肥)管 10.覆土器 11.开沟器 12.升降机构 13.牵引装置 14.机架 15.传动装置 16.地轮 17.排种器 18.种肥箱

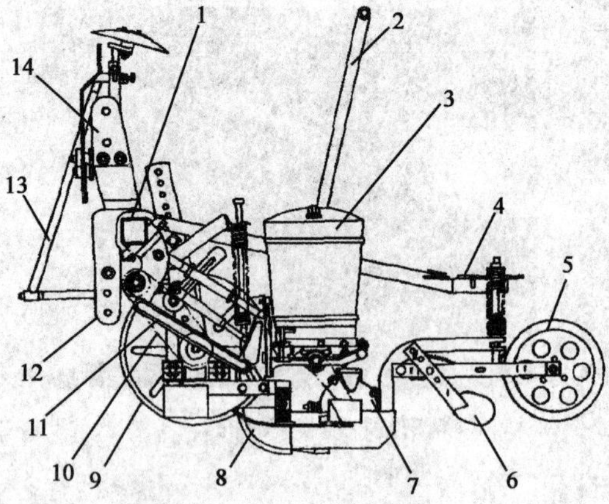

图 3-6 中耕作物播种机

1.主梁 2.扶手 3.种筒及排种器 4.脚踏板 5.镇压器 6.覆土板 7.成穴盘 8.地轮 9.地轮 10.传动链 11.仿形机构 12.下悬挂架 13.划印器 14.上悬挂架

二、调试

播种机播前主要技术指标的调整:播种量、入土深度、排种舌、行距、行数。满足适时播种、播量符合要求、播种均匀、播深一致并符合要求、行距一致、不损伤种子、无重播、无漏播、能同时施种肥等要求。

(1)根据播种量的需要,通过更换链轮选择合适的传动比,大播种量用大传动比,小播种量用小传动比。

(2)播种量的调整是通过改变排种轮的工作长度来实现的。将播种量调节手柄左右转动可改变排种轮的工作长度,播量调节手柄拨至“0”的位置,如不正确,可松开该排种轮和阻塞套的挡箍一起移至正确位置,再将挡箍的端面紧贴排种轮和阻塞套固定紧。根据播量需要扳动调节手柄至相应的播量,并拧紧螺栓固定播量调节手柄。

(3)开沟器入土深度的调整。开沟器是靠弹簧压力和自重入土的,弹簧压力越大,开沟器入土越深。应根据播种深度和土壤硬度改变弹簧的压力,调整合适的开沟深度。调整时,应使各弹簧的压力一致,使开沟器深度相等。

(4)排种舌的调整。根据种子颗粒大小不同,适当调节排种舌的开度,大粒种子排种舌开度应大,反之应小,调整后固定排种舌的位置。

(5)行距的调整。调整时,从主梁中心向两侧进行。行距以开沟器铲尖之间的距离为准。调整适当后拧紧螺栓。

(6)行数的调整。如需要少于播种机的行数时,应将多余的开沟器、输种管卸下,用盖种板在种箱底部盖住排种孔,再按需要适当调整行距即可。

三、保养

(1)播种机各部位的泥土油污必须清除干净。将种肥箱的种子和肥料清除干净。特别是肥料箱,要用清水洗干净、擦干后,在箱内涂上防腐涂料(塑料箱除外)。

(2)检查播种机是否有损坏和磨损的零件,必要时可更换或修复,如有脱漆的地方应重新涂漆。

(3)新播种机在使用后,如选用圆盘式开沟器,应将开沟器卸下,用柴油或汽油将外锥体、圆盘毂及油毡等洗净,涂上黄油再安装好。如有变形,应予以调整。如圆盘聚点间隙过大,可采用减小内外锥体间的调节垫片的办法调整。

(4)将土壤工作部件(如开沟器等)清理干净后,涂上黄油或废机油,以免生锈。

(5)为了使零件润滑充分,在工作之前要向播种机各注油点注油。并要及时检查零件,保证机器正常运行。注意不可向齿轮、链条上涂油,以免粘满泥土,增加磨损。

(6)各排种轮工作长度相等,排量一致。播量调整机构灵活,不得有滑动和空移现象。

(7)圆盘开沟器圆盘转动灵活,不得晃动,不与开沟器体相摩擦。

四、常见故障及排除方法

播种机常见故障、产生原因及其排除方法见表 3-1。

表 3-1　播种机常见故障、产生原因及其排除方法

故障种类	产生原因	排除方法
漏播	输种管被堵塞或脱落,也可能是输种管损坏向外漏种;土壤湿黏,开沟器堵塞;种子不干净,堵塞排种器	停车检查,排除堵塞。把输种管放回原位或更换输种管;在合适条件下播种;将种子清选干净
播深不一致	作业组件的压缩弹簧压力不一致;播种机机架前后不水平;各开沟机安装位置不一致;播种机机架变形、有扭曲现象	升起播种机的开沟组件,调整播种行浅的那一组弹簧压力,保证和其他各组的弹簧压力一致;正确连接、使机架前后水平;调整一致;修复并校正
播种深度不够	开沟器弹簧压力不足;开沟器拉杆变形,使入土角变小;土壤过硬;牵引钩挂接位置偏低	应调紧弹簧,增加开沟器压力;校正开沟器拉杆,增大入土角;采取提高整地质量;向上调节挂接点位置
播种行距不一致	作业组件限位板损坏或者是作业组件与机架的固定螺栓松动,致使作业组件晃动,导致播种行距不一致;开沟器配置不正确;开沟器固定螺钉松动	停止作业,检查并且紧固作业组件与机架固定的螺栓;取正确配置开沟器;重新紧固
邻接行距不正确	划印器臂长度不对;机组行走不直	校正划印器臂的长度;严格走直

续表 3-1

故障种类	产生原因	排除方法
播种量不均匀	排种器开口上的阻塞轮长度不一致，或者是播量调节器的固定螺栓松动，导致排种量时大时小；刮种舌严重磨损，外槽轮卡箍松动、工作幅度变化；地面不平，土块太多；排种轮工作长度不一致；播种舌开度不一致；播量调节手柄固定螺钉松动；种子内含有杂质；排种盘吸孔堵塞；作业速度太快；排种盘孔型不一致	重新调整排种器的开口，拧紧播量调节器上的固定螺；应保持匀速作业，更换刮种舌，调整外槽轮工作长度，固定好卡箍；采取提高耕地质量；进行播种量试验，正确调整排种轮工作长度和排种舌开度；重新固定在合适位置；将种子清选干净；排除故障；调整合适的作业速度；选择相同排种盘孔型
排肥方轴不转动	肥料太湿或者肥料过多，颗粒过大造成堵塞，致使肥料不能畅通地施入土壤	清理螺旋排肥器和敲碎大块肥料
整体排种器不排种	种子箱缺种，传动机构不工作，驱动轮滑移不转动；传动齿轮没有啮合，或者排种轴头、排种齿轮方孔磨损	应加满种子，检修、调整传动机构，排除驱动轮滑移因素；应调整、维修或更换排种轴头、排种齿轮
单体排种器不排种	排种轮卡箍、键销松脱转动，输种管或下种口堵塞；刮种器位置不对；气吸管脱落或堵塞。个别排种盒内种子棚架或排种器口被杂物堵塞	应重新紧固好排种轮，清除输种或下种口堵塞物；检查传动机构，恢复正常；调整刮种器适宜程度；安好气吸管，排除堵塞。应换用清洁的种子；更换销子；拉开插板
排种器排种，个别种沟内没有种子	开沟器或输种管堵塞(多发生在靠地轮的开沟器上)	清理堵塞物，并采取相应措施防止杂物落进开沟器
排种不停，失去控制	离合撑杆的分离销脱落或分离间隙太小	重新装上销子并加以锁定，或调整分离间隙
播种时断时续	传动齿轮啮合间隙过大，齿轮打滑；离合器弹簧弹力太弱，齿轮打滑	进行传动齿轮啮合间隙调整；调整或更换弹簧
种子破碎率高	作业速度过快，使传动速度高；排种装置损坏；排种轮尺寸、形状不适应；刮种舌离排种轮太近	应降低速度并匀速作业、更换排种装置，换用合适的排种轮(盘)，调整好刮种舌与排种轮距离
开沟器堵塞	播种机落地过猛，土壤太湿，开沟器入土后倒车	应在行进中降落农具；应停车清除堵塞物，注意适墒播种，作业中禁止倒车
覆土不严	覆土板角度不对，开沟器弹簧压力不足，土壤太硬	应正确调整覆土板角度，调整弹簧增加开沟器压力，增加播种机配重
地轮滑移率大	播种机前后不平；传动机构阻卡；液压操纵手柄处中立位置	分别采取调整拖拉机上拉杆长度；排除故障，消除阻力；应处于浮动位置

第三节　机械式精量铺膜播种机的维护技术

机械式精量铺膜播种机是复式作业机具，能一次完成平地、镇压、开沟、铺膜、压膜整形、膜边覆土、膜上打孔穴播、膜孔覆土和种行镇压等多项作业，与轮式拖拉机配套使用。

机械式精量铺膜播种机主要用于棉花的铺膜播种，更换部分部件（定做或选购件）后可适用于玉米等经济作物的铺膜播种作业。

一、结构与工作原理

（一）工作原理

机械式精量铺膜播种机与拖拉机的三点悬挂装置挂接。工作前，先将机具提离地 200 毫米左右，将地膜从膜卷上拉出，经展膜辊、压膜轮、覆土轮后拉到机具后面，用土埋住地膜的横头，然后放下机具。

随着机组的前进，机具前部的整形镇压辊将土壤表面压实，开沟圆盘将压膜沟开出；压膜轮随即将地膜两侧压入沟中，膜边覆土，圆盘紧接着将土覆在膜边上，将地膜压住。

随着穴播器的转动，种子在自重及离心力的作用下流入分种器，进入分种器的种子随穴播器转动到种箱顶部附近时，多余的种子回落到穴播器的底部。取上种子的分种器转过顶部约30°时，分种器内的种子由分种器流入动、定鸭嘴内；当此鸭嘴转动到下部时，动、定鸭嘴插入土壤中，通过穴播器与地面的接触压力打开动、定鸭嘴，形成孔穴后将鸭嘴内的种子投入孔穴内；紧接着膜上覆土圆盘将土翻入覆土轮内，覆土轮在膜上滚动时覆土轮内的导土板将土输送到种行上。至此，完成整个作业过程。

（二）结构

机械式精量铺膜播种机主要由主机架、膜床整形机构、展膜机构、压膜机构、播种机构、覆土机构等部分组成（图 3-7）。

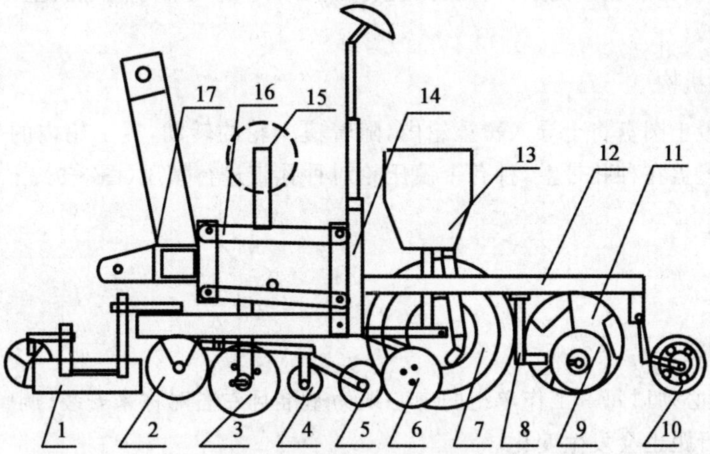

图 3-7　机械式精量铺膜播种机结构示意图

1. 整形器　2. 镇压辊　3. 开沟圆盘　4. 展膜辊　5. 压膜轮　6. 膜边覆土圆盘　7. 穴播器　8. 覆土轮牵引架　9. 膜上覆土圆盘　10. 镇压轮　11. 覆土轮　12. 覆土轮框架　13. 种箱　14. 划行器　15. 膜卷架　16. 四连杆　17. 机架

1. 主机架

组成：主机架由悬挂架、前横梁、顺梁及划行器支架等部分组成。

作用：主要用来连接膜床整形机构、展膜机构、压膜机构、穴播器框架、覆土轮框架及与拖拉机挂接。

2. 膜床整形机构

组成：由整形器(灭印器)、镇压辊组成。

作用：整形器用来将种床表面的干土推掉及将种床推平；镇压辊是用来将推平的种床表面压实，为铺膜播种做准备。

3. 展膜、压膜机构

组成：由开沟圆盘、展膜辊、压膜轮、覆土圆盘等组成。

作用：开沟圆盘与机具前进方向呈内八字形夹角(15°～20°)，随着机具的前进，开沟圆盘开出膜沟；展膜辊将地膜平展地铺放在平整好的膜床上，压膜轮将地膜两边压入开出的膜沟内，并给地膜一定的纵向和横向拉力，保证地膜与膜床贴合良好，拉伸均匀。随后膜边覆土圆盘给膜边及时覆土，压紧地膜两边，使地膜不收缩变形，从而保证种子与膜孔对正，不出现错位现象。

4. 穴播器

组成：由上种箱、输种管、下种箱(下种箱由动盘、定盘、动鸭嘴、定鸭嘴、分种器等部分组成(图 3-8)。

作用：穴播器的作用是将种子准确地播到种床里。

5. 膜边覆土机构

膜边覆土由覆土圆盘来完成。覆土圆盘将土及时地覆在铺好的地膜上，可防止地膜左右窜动和孔穴错位。

6. 膜上覆土机构

作用：膜上覆土圆盘将土导入覆土轮内，随着覆土轮的转动，覆土轮内的导土片把土输送到各个出土口，覆盖在种孔带上，种孔带镇压轮对种孔带进行镇压(图 3-9)。

二、调整

1. 整机的调整

各工作部件必须以每一工作单组的中心线为基准且左右对称来安装、调整。否则，铺膜质量得不到保证，行距也会发生变化。

2. 行距的调整

机械式精量铺膜播种机的行距是指两个穴播器鸭嘴的中心线之间的距离。铺膜播种机使用前，应根据农艺要求进行行距的调整。具体调整步骤如下：

(1)调整各单组机架之间的距离，保证各单组机架之间的距离一致。调整时，先松开主梁的连接螺栓，左、右移动各单组机架，保证各单组机架之间的距离在规定的范围内。

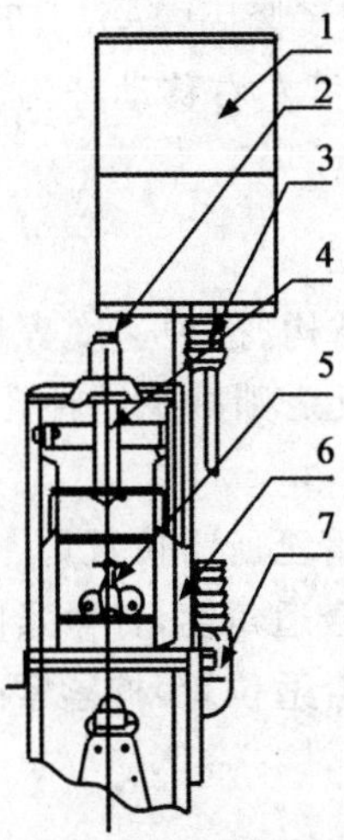

图 3-8　穴播器示意图

1. 上种箱　2. 活动鸭嘴　3. 输种管　4. 环带筒圈　5. 分种器　6. 护碗　7. 外轴

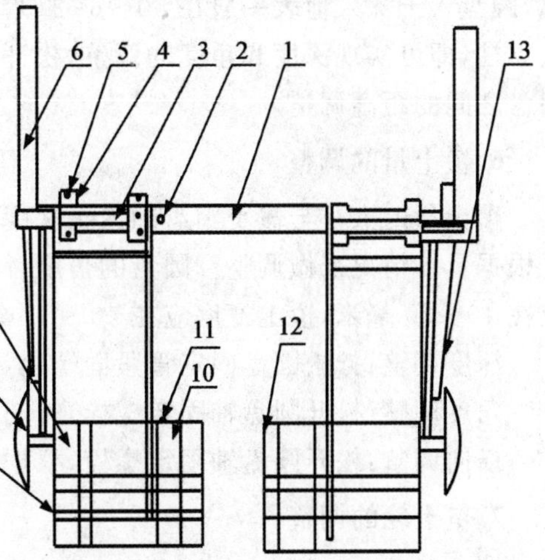

图 3-9　膜上覆土装置

1. 后梁　2. 开口销　3. 后横梁　4. 卡子　5. U 形螺栓　6. 顺梁　7. 覆土轮　8. 膜上覆土圆盘　9. 后横轴　10. 外轴　11. 调整螺栓　12. 边盖

(2)调整穴播器之间的距离。调整时，先松开后梁上的 U 形螺栓、螺母，左、右移动穴播器框架总成，使之达到规定的距离。同时，应注意以整机的中心线为基准，由主梁中心向左右逐一调整。

3. 整形器(灭印器)的调整

调整整形器时，应根据土壤情况而定。一般调整两次。第一次进行整体粗调，第二次进行微调。土壤疏松时，松开整形器的紧固螺栓，以镇压辊下平面为基准，将整形器下调 15～30 毫米，整形器的前顶端要向上抬头 5～10 毫米，调整好后拧紧整形器紧固螺栓。

黏性土壤，土块比较多时，以同样的方法进行调整，整形器往下调整 15～40 毫米。

短距离运输位置：拧松整形器紧固螺栓，将整形器移动到最上边的位置，将紧固螺栓拧紧。

4. 穴播器的调整

(1)鸭嘴：鸭嘴必须紧固可靠，不得有杂物、泥土、棉线等堵塞进种口及输种通道；活动鸭嘴必须转动灵活，无卡涩现象，否则应进行修理或更换；动、定鸭嘴开启时，其开口间隙应在 12～15 毫米；动、定鸭嘴闭合后，其开口间隙应不大于 1 毫米；否则应用手钳予以调校。

(2)下种量的调整：种量应保证在 2～5 粒/穴的范围内。如不符，应进行调整。改变分种器尾部充种三角区容积的大小可调整下种量。下种量与分种器尾部充种三角区容积的大小成正比，充种三角区容积增大，则下种量也增大。

调整方法：松开穴播器紧固螺栓，打开穴播器，把穴播器内的分种器取出，将分种器缺口处用钳子夹小或放大，然后按原位置固定即可。

5. 开沟圆盘的调整

调整开沟圆盘前，应先确定膜床宽度，一般为地膜宽度减去 15～20 厘米。先调整开沟圆盘的角度和深度，从后往前看开沟圆盘呈内八字形且与前进方向各呈 17°～20°，根据土壤情况，圆盘入土深入地表一般在50～60毫米；调整时松开顺梁上的卡子紧固螺栓，上下左右转动大立柱，即可实现深度和角度的调整；松开大立柱上的紧固螺栓即可左右移动开沟圆盘，实现圆盘之间的距离调整。

6. 覆土量的调整

覆土量的大小与覆土圆盘的入土深度、左右位置、角度、土壤结构、播种速度等均有关系，要根据具体情况来做调整。圆盘的角度、深度加大，覆土量增多；反之则减少。种孔覆土厚度应在10～20毫米，覆土宽度应在40～60毫米。

深度调整：拧松圆盘固定管紧固螺栓，根据需要移动圆盘调整管至所需位置；

角度调整：松开圆盘轴固定螺栓，转动调整管使两开沟圆盘呈合适角度，拧紧紧固螺栓；

横向调整：松开圆盘轴固定螺栓，根据需要左右移动圆盘轴至合适位置，拧紧紧固螺栓。

7. 覆土轮的调整

覆土轮主要的调整要求：覆土轮靠近膜边的第一个漏土间隙一般为15～20毫米，第二个漏土口的间隙一般为25～40毫米；漏土口的中心线一般应在鸭嘴的中心线外侧5毫米左右、种孔带镇压轮的中心线应与漏土口的中心线在同一条直线上，根据土质不同可进行适当的调整。

8. 压膜轮的调整

调整压膜轮时，应使压膜轮走在开沟圆盘开出的沟内，并使压膜轮圆弧面紧贴沟壁，产生横向拉伸力使地膜平贴于地面，保证膜边覆土状况良好，减少打孔后种子与地膜的错位。

9. 划行器臂长的调节

铺膜播种机在播种时的行走路线，可以采用梭式、向心式、离心式及套插式等不同的行程路线，使用不同的划行器。不同的对印目标，划行器的臂长也不同。现以轮式拖拉机带一台铺膜播种机、采用梭式播法、拖拉机右前轮对印为例，说明划行器臂长（从铺膜播种机中心算起）的计算公式（图3-10）：

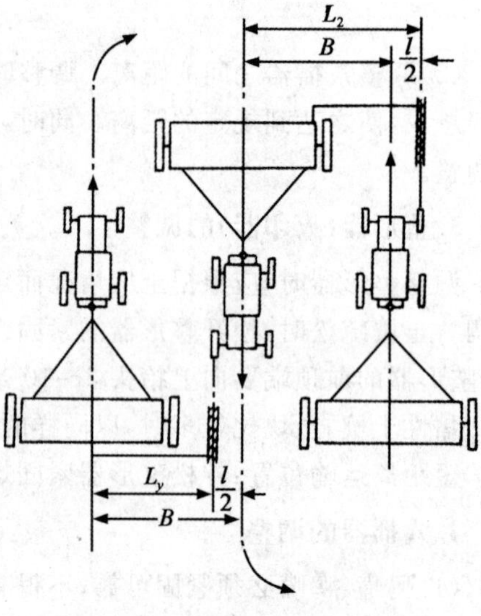

图3-10 划行器臂长的计算

$$L_{左} = B + l/2; L_{右} = B + l/2$$

式中：$L_{左}$—左划行器臂长，单位为厘米；

$L_{右}$—右划行器臂长，单位为厘米；

B—铺膜播种机工作幅宽，单位为厘米；

l—拖拉机前轮轮距，单位为厘米。

播种作业时，根据需调整划行器的长度，然后拧紧紧固螺栓。

采用多台播种机连接作业或其他行走路线时，可用同样的方法来计算划行器臂长。按计算长度调整的划行器必须进行田间校正。在田间用试验法确定划行器长度也是一种很简便的方法。

三、使用

1. 对种子、土地及地膜的要求

种子：种子应清洁、饱满，无杂物、无破损、无棉绒。

土地：土地平整、细碎、疏松，无杂草、发物，墒度适宜。

地膜：膜卷整齐，无断头、无粘连，心轴直径不小于 30 毫米，外径不大于 250 毫米，地膜厚度应不小于 0.008 毫米。

2. 播种前的试播

机具在正式播种前，用户必须先进行试播，在试播时要对机具进行一系列调整，使机具达到完好的技术状态，播种质量符合农艺标准和用户要求。

3. 试播的要求

(1)试播要在有代表性的地头进行。

(2)试播时，拖拉机的行驶速度要和正常作业时的速度一致。

(3)在试播的同时检查播种质量(播深、穴粒数、株距、行距等)是否符合农艺要求。

(4)检查前述机具的挂接调整是否符合要求。

(5)检查机具的调整是否符合要求。

(6)检查划行器的臂长是否符合要求。

4. 试播

(1)升起铺膜播种机，将地膜起头经展膜辊、压膜轮、覆土轮后压在地面上，然后降下铺膜播种机(图 3-11)。

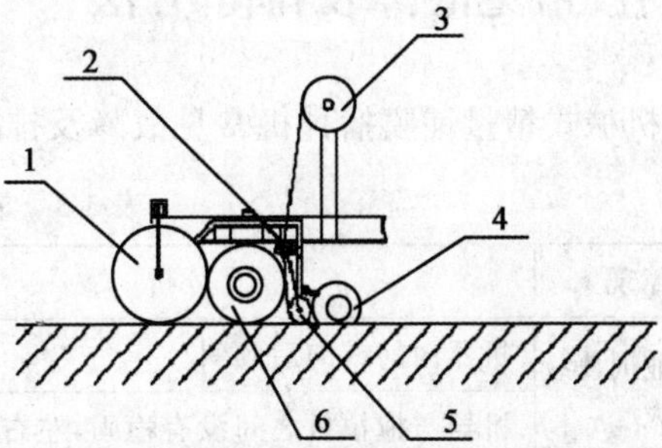

图 3-11　播种示意图

1. 镇压辊　2. 挡膜杆　3. 膜卷　4. 压膜轮　5. 展膜辊　6. 开沟圆盘

(2)调整拖拉机中央悬挂拉杆，使机架平行于地面。

(3)将膜卷调整到对称的位置，锁紧挡膜盘，保证膜卷有 5 毫米左右的横向窜动量，根据地膜宽度及农艺要求调整膜床宽度，开沟深度 5～7 厘米，圆盘角度为 15°～20°，膜边埋下膜沟 5～7 厘米。

(4)加种：给种箱加种时，应在加种的同时缓慢转动穴播滚筒 3～5 圈，做到预先充种。

(5)以正常作业时的速度行进，同时检查播种质量，包括播深、穴粒数、株距、行距、覆土质量等。

四、保养

为保证铺膜播种机正常工作并且延长使用寿命，保养是必需的。

(1)首次工作几小时后，检查所有紧固件是否紧固，如有松动，立即拧紧。

(2)每天消除铺膜播种机上泥沙、杂物，以防锈蚀。

(3)每班作业后,检查所有紧固件是否紧固,如有松动,立即拧紧。

(4)每班检查各工作部件有无脱焊、变形或损坏,若发现问题,应及时予以校正或更换。

(5)在机具到地头时,查看鸭嘴有无堵塞,上种箱、穴播器、输种管有无杂物堵塞。

(6)润滑,润滑部位及周期见表 3-2。

表 3-2 润滑部位及周期

润滑部件	润滑油种类	润滑周期
镇压辊轴承座	钙基润滑脂	一个播期
展膜辊轴套	钙基润滑脂	二班
压膜轮轴套	钙基润滑脂	二班
开沟圆盘及覆土圆盘轴承	钙基润滑脂	二班
覆土轮轴	钙基润滑脂	二班
穴播器轴套	钙基润滑脂	二班
地轮轴承座	钙基润滑脂	二班
传动链	钙基润滑脂	二班

五、常见故障及排除方法

机械式精量铺膜播种机常见故障及排除方法见表 3-3。

表 3-3 常见故障及排除方法

故障现象	原因分析	排除办法
作业时噪声大	机器向前或向后倾斜	加长或缩短上拉杆,使之在作业时与下拉杆平行
	机器与拖拉机之间没有稳固,左右晃动	稳固拖拉机的牵引杆
提升机器时噪声大	三点悬挂上拉杆的角度不当	调整上拉杆与下拉杆平行
	超过允许提升高度	降低提升高度
切破膜边	压膜轮未走在膜沟内	调整开沟圆盘或压膜轮位置,使压膜轮走在膜沟内
	压膜轮有毛刺飞边	清理除展膜辊或压膜轮上的毛刺飞边
	开沟过深	调整开沟深度
	压膜轮与膜沟过紧	压膜轮应与膜沟边保持 10～20 毫米距离
	压膜轮转动卡涩	查看压膜轮处,有无异物,使之转动灵活
膜孔与种孔错位	地膜卷张紧过度	适当调松地膜纵向拉力
	展膜辊转动不灵活	查看展膜辊,使展膜辊转动灵活
	膜边覆土量少,膜边未压紧	调整膜边覆土量,增加覆土量,调整膜卷位置

续表 3-3

故障现象	原因分析	排除办法
下种不均	鸭嘴脱落	重新铆接
	鸭嘴内有杂物	清除杂物
	鸭嘴调整不当	重新调整鸭嘴
	鸭嘴阻塞	清理鸭嘴
滚筒缠膜	地膜铺放方法不对	重新铺放地膜
	地膜张紧度不够	适当张紧地膜
	地头地膜掩埋不好	掩埋好地头地膜
	地膜质量不符要求	换合格地膜
	机具纵向不平	调整中央拉杆，使机具处于水平状态
空穴率高	鸭嘴堵塞	清理鸭嘴
	鸭嘴合页卡死	校正鸭嘴合页
	输种管堵塞	清理输种管
	存种室内不干净	清理存种室
	鸭嘴打不透地膜	重新镇压土地
播种鸭嘴夹土	鸭嘴变形	校正鸭嘴
	鸭嘴弹簧变形或损坏	更换弹簧
	土壤含水率过高	晾晒土地，使土壤含水率降低
	穴播器方向错误	将穴播器换为正确方向
种行覆土不匀或无土	覆土量不足	调整覆土圆盘，加大覆土量
	覆土轮安装方向不对	重新正确安装
	覆土轮出土口未对准种行	重新调整使之对正
	覆土轮出土口过小	调整覆土轮出土口
	覆土轮土向口外出	覆土轮导土片反向，应重新安装
开沟、覆土圆盘转动不灵活	轴承缺润滑油（脂）	加注润滑油（脂）
	轴承损坏	更换轴承
	轴承内进入脏物	清洗轴承，加注润滑油（脂）
鸭嘴穿不透地膜	地膜张紧不够	张紧地膜
	土壤中杂草及大土块过多	重新整地
	播种地面镇压过实	整地应符合种植要求，重新整地
	穴播器框架与机架后梁顶柱	调整悬挂中央拉杆，使机架保持与地面平行状态，框架限位应保持 8～12 毫米的间隙

续表 3-3

故障现象	原因分析	排除办法
排种管堵塞	排种管太长	剪短排种管
	排种管内有杂物	清理排种管内杂物
断膜	有异物挂膜	观察后排除
	覆土轮、穴播器转动不灵活	检查覆土轮及穴播器
	覆土轮离地间隙不够	调整覆土轮离地间隙
	地膜质量差	更换合格地膜
	机架不平	调整悬挂系统，使机架保持水平
	地膜卷卡涩	查看展膜支架轴套、卡轴管，加润滑油，使用转动灵活
	展膜辊不转，有卡涩现象	有杂物卡塞，查看排除轴套内杂物，注入润滑油
	地膜质量差	更换标准地膜
	展膜质量差	查看展膜辊质量或更换膜管，重新调整
膜床不平	膜床有较深的轮辙	推土框底线，应高于镇压辊底平面，10～2 毫米^2
	镇压辊壅土、卡涩	调整轴承座及端面，使滚筒转动灵活
铺膜质量不好	膜边压土不严	调整膜边覆土圆盘使之有足够的覆土量
	膜上覆土不好	调整膜上覆土圆盘角度
	膜边卷曲	垄面宽度不够，重新调整
	膜卷未放正	调正膜卷
	展膜辊、压膜轮转动不灵活	检查后排除
	机架不平	调整悬挂系统，使机架保持水平
	膜床面过宽	压入膜床沟内地膜每边不小于 80 毫米，否则应调整膜床面宽度，应使用标准地膜
	两边压膜不一致	
	膜边覆土差	地膜卷两头床位，应将地膜定位在正中，两边间距相等，拧紧定位套
	地膜蓬松	

第四节　气吸式精量铺膜播种机的维护技术

一、特点、结构与工作原理

（一）特点

(1)该机采用主副梁机架，工作单组通过平行四连杆机构与机架连接。

(2)滴灌带铺设装置直接连接在机架上简单实用。

(3)以梁架作为气吸管路,使机器结构简单,调整方便。

(4)点种器为气吸式结构,取种可靠。设计有二次分种机构,保证种子进入鸭嘴尖部的时间。

(5)各组工作部件都可以实现单独仿形,能最大限度地适应地块。

(6)设计有地膜张紧装置,使地膜与地面的贴合度好,减少打孔后种子与地膜错位。

(7)覆土滚筒采用大直径整体结构,使盛土量容积增大并提高滚筒的滚动能力。

(8)种带镇压轮采用大直径的零压胶圈,该结构不黏土并提高对种带的镇压效果。

(9)多处工作部件加装了预紧弹簧,增强了机器在工作中的稳定性和使用效果。

(二)结构

气吸式精量铺膜播种机主要由主梁总成和工作单组两部分组成(图 3-12)。主梁总成包括:大梁、下悬挂臂、风机总成、划行器、铺管装置。工作单组包括:单组机架、整地装置、铺膜装置、播种装置、种带覆土装置和种带镇压装置。另外根据用户要求还可在工作单组中加装施肥装置。

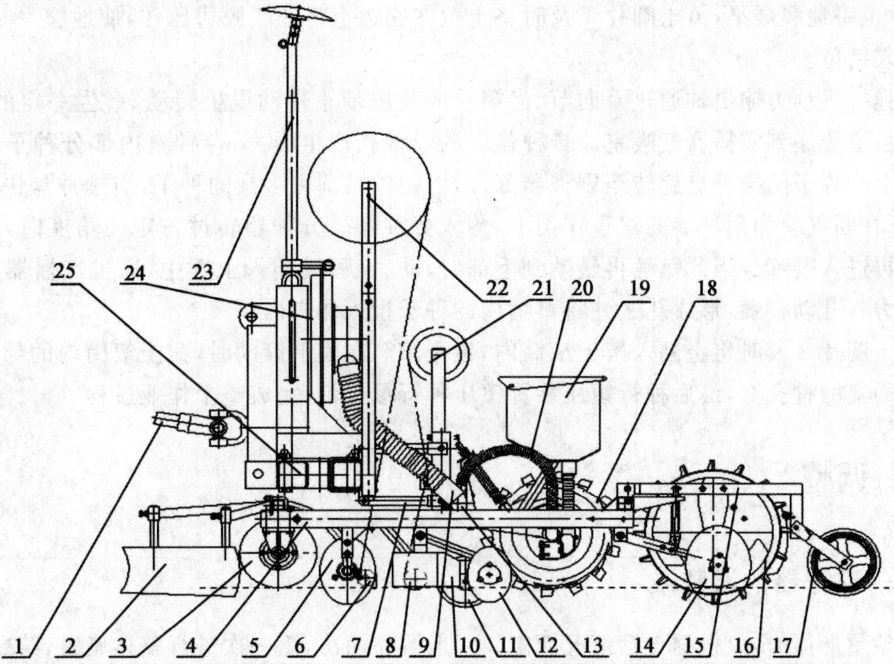

图 3-12　气吸式精量铺膜播种机侧视图

1.传动轴　2.整形器　3.镇压辊　4.铺膜框架　5.开沟圆片　6.铺管机构　7.四杆机构　8.展膜辊 1　9.吸气管 1　10.挡土板　11.压膜轮　12.覆土圆片 1　13.点种器牵引梁　14.覆土圆片 2　15.覆土滚筒 1 框架　16.覆土滚筒 1　17.种行镇压装置　18.点种器　19.种箱　20.气吸管 2　21.宽膜支架　22.滴灌支管　23.划行器　24.风机　25.大梁总成

(1)风机总成:由风机、齿箱、传动皮带、上悬挂臂组成。

(2)整地装置:由整形器、镇压辊等组成,整形器可以上、下调节。工作时推土板先推开表层干土，然后镇压辊进行镇压，使种床光整密实，有利于展膜，改善土壤吸水性。

(3)铺膜装置：由开沟圆片、压膜轮、导膜杆、展膜辊及覆土圆片1等组成。

(4)铺管装置：由滴灌支架、滴灌挡圈、滴灌管铺放架(浅埋式)等组成。

(5)播种装置：由种箱、输种管、加压弹簧、点播器及点播器固定框架等部件组成。点播器可随地形上下浮动，具有仿形效果，加压弹簧使点播器具有一定的向下压力，能较容易地扎透地膜。

(6)种带覆土装置：由覆土圆片2、覆土滚筒及覆土滚筒2框架等部件组成。

(7)种带镇压装置：由镇压轮、镇压轮牵引装置、挡土板等部件组成。

(三)工作原理

铺膜播种机由拖拉机悬挂(牵引)，工作时将拖拉机的液压操纵杆置于浮动位置，使铺膜播种机的框架处于水平位置。

随着机组的前进，推土板将拖拉机的轮胎印痕刮平，在推土板的导流作用下将不平整的土地整平，通过镇压辊的滚压作用将土壤压实，随后开沟圆盘开出膜沟。

机具行进时，地膜在导膜杆及展膜辊的作用下平铺于地面，压膜轮将地膜两侧压入膜沟中，同时也将地膜展平，覆土圆片1及时将土覆在膜边上将地膜膜边压住，使地膜平整，防止播种时种穴错位。

由拖拉机动力输出轴通过万向节、齿箱总成及皮带轮带动风机转动，产生一定的真空度，通过气吸道传递到穴播器气吸室。排种盘上的吸种孔产生吸力，存种室内部分种子被吸附在吸种孔上。种子随排种盘旋转至刷种器部位，由刷种器刮去多余的种子，当排种盘快转到底部时，种子在断气块和刮种板的双重作用下，落入分种器。分种器转过一定的角度时，分种器中的种子再进入鸭嘴。当此鸭嘴再转动到下部时，动、定鸭嘴插入土壤中，通过点播器与地面的接触压力打开动鸭嘴，形成孔穴并将鸭嘴内的种子投入孔穴内。

覆土圆片2及时将土翻入覆土滚筒内，覆土滚筒在膜上滚动时，覆土滚筒内的导流板将土送到膜面上的种孔上，最后种行镇压装置镇压种行覆土带，完成整个作业过程。

二、调整

(一)整形器的调整

调整整形器时，应根据土壤情况而定。一般调整两次，第一次进行整体调整，第二次微调。

(1)土壤疏松时：松开整形器的紧固螺栓，以镇压滚筒下平面为基准，将整形器往下调整15～30毫米，整形器的前顶端要向上抬头5～10毫米，调整好后拧紧整形器紧固螺栓。

(2)黏性土壤，土块比较多时：以同样的方法进行调整，整形器往下调整15～40毫米。

(二)穴播器的调整

(1)本机所带穴播器都是经试验台精密调试合格的产品，各零、部件安装位置较合适，一般不要拆卸。

(2)如果发现空穴率增高和出现断条现象，一先检查鸭嘴是否被泥土堵塞；二检查梳籽板是否在合适的位置；三是打开观察孔，检查种室是否有塑料薄膜等废物堵塞吸籽孔，或缠绕在梳籽板上；四是检查种子在进种口及输种过道由于有杂物、泥土、棉线等堵塞的原因，种子出现架空现象；五是检查气压是否达到要求。由于气吸管漏气或风机皮带过松等原因，可造成气压达不到要求，设计气压要求是必须大于 140 毫米汞柱；六是检查气吸盘位置是否固定（气吸盘是靠其边缘上的小凸块与点种器侧盘小槽来固定位置的，由于在更换气吸盘时小凸块没有放入侧盘小槽或螺钉没有上紧，都会出现气吸盘的位置出现偏差）；七是检查点种器的腰带位置是否符合要求（需要专业人员来操作）。

（3）根据农艺要求，如更换籽盘等必需打开穴播器。则可将穴播器总成卸下，放在干净的地方，取出种室盖，细心取出调整垫圈，卸掉两圈 M6 螺钉，拿出分籽盘，即可取出吸籽盘。安装前，首先检查大小 O 形密封圈是否在密封槽中，然后检查断气块及弹簧是否安装到位，再按图示位置安装吸籽盘。注意按原样装好调整垫圈及键条，盖好种室盖，转动穴播器无阻滞现象即可。穴播器腰带一般不要拆卸，如必须拆卸，应先做好标记，按标记装回。

（4）检查活动鸭嘴，活动鸭嘴必须转动灵活，不得锈死和卡滞。否则应及时进行修理或更换。

（5）检查活动鸭嘴与固定鸭嘴相对位置，其张开度保持在 10～14 毫米范围内，否则应予以调校。

（6）穴播器的正确方向是：穴播器工作时，从上向下看，固定鸭嘴在前，活动鸭嘴在后。

（三）行距的调整

行距是指两个穴播器鸭嘴的中心距。

（1）首先找出机具纵向对称中心平面，从机具纵向对称中心平面开始向两侧进行调整。

（2）将种箱牵引卡板 U 形卡螺母松开，然后左右移动种箱穴播器总成，使之调到所需位置，锁紧牵引卡板 U 形卡即可。

（四）开沟圆片的调整

（1）角度调整：松开圆片轴固定螺栓，根据压膜轮的位置移动圆片轴及转动安装柄使两开沟圆盘从后往前看呈内八字形且与前进方向各呈 20°角左右，并使压膜轮正好走在所开的沟内，最后将紧固螺栓紧固。

（2）深度调整：将开沟圆盘安装柄紧固螺栓拧松，在膜床与镇压辊之间支垫 70 毫米厚的木块，根据需要将开沟圆盘调整至所需深度（一般将开沟圆盘底端刃口调到膜床以下 50 毫米左右），拧紧安装柄紧固螺栓。

（五）覆土圆片 1 的调整

调整方法与开沟圆盘的调整方法基本相同。一般只需调整圆盘的角度及与地膜膜边的距离。

（六）覆土圆片 2 的调整

覆土圆片 2 的作用是给覆土滚筒内供土，可根据覆土滚筒内土的需求量大小，调整圆盘的位置和角度。

调整至合适的覆土量后将紧固螺栓紧固。

从后部看：覆土圆片呈外八字形且与前进方向各呈20°角左右。

(七)覆土滚筒1漏土口间隙的调整

(1)覆土滚筒靠近膜边的第一个漏土口的间隙一般为12～18毫米，第二个漏土口的间隙一般为15～25毫米。

(2)漏土口的中心线一般应在播种器鸭嘴的中心线外侧5毫米左右，根据土质不同可进行适当的调整。

(八)压膜轮的调整

(1)松开压膜轮吊架轴上的紧固螺栓，左右移动压膜轮，调整到合适位置后拧紧紧固螺栓即可。

(2)调整压膜轮时，应使压膜轮走在开沟圆盘开出的沟内，并使压膜轮圆弧面紧贴沟壁，产生横向拉伸力，使地膜平贴于地面，保证膜边覆土状况良好，减少打孔后种子与地膜的错位。

(九)划行器臂长的调节

(1)播种作业时，需安装划行器，并根据行距、行数和拖拉机的前轮轮距确定划行器的长度。划行器长度同时也可按驾驶员所选定的目标(即描影点)而定。

(2)放下划行器，松开划行器固定螺丝，调整划行器的长度至所需长度，再把固定螺丝拧紧。

(3)试播一趟，观察划行器的划痕是否符合要求，如不符合，再进行微调，直到符合要求为止。

(十)风机的调整

在工作，注意调节风机皮带的松紧，如风机内部有异响注意停车检修。

(十一)整机的调整

在试作业过程中观察作业质量是否满足要求，必要时调整以下部位：

(1)调整拖拉机两侧提升杆的长短，可使机器保持左、右水平。

(2)调整上拉杆的长短，可使机器保持前、后水平。

(3)机具的两个水平状态调整好后，锁定两个下牵引杆的张紧链条，保证机具作业时不摆动。

(4)限位链的调整：在工作时，限位链应偏松一点，而在提升过程和机器达到最高位置时，限位链要确保机器左、右摆动不致过大，更不能与拖拉机轮胎等碰撞。

三、使用

(一)对地膜、土地及种子的使用要求

(1)种子清洁、饱满，无杂物、无破损、无棉绒。

(2)土地平整、细碎、疏松，无杂草、杂物，墒度适宜。

(3)膜卷整齐，无断头、无粘连，心轴直径不小于30毫米，外径不大于250毫米。

(二)播种前的调试与试播

在正式播种前,必须先进行试播。

(1)对机具进行试播调整的前提条件是:机具的挂接调整符合要求,机具的前后、左右与地面呈平行状态,点播器框架保持水平,保证鸭嘴开启时间正确。

(2)试播要在有代表性的地头(边)进行。试播时拖拉机的行进速度和正常作业时的速度一样,同时要检查播种质量,包括播深、穴粒数、株距、行距、覆土质量等。

(3)悬起铺膜播种机,将地膜起头从导膜杆下面穿过,经展膜辊、压膜轮、覆土滚筒,用手将地膜起头在地面上,然后降下铺膜播种机。

(4)将宽膜膜圈调整到左右对称的位置,锁紧挡膜盘,保证膜卷有 5 毫米的横向窜动量,根据地膜宽度及农艺要求调整膜床宽度,开沟深度 5~7 厘米,圆盘角度为 20°左右,膜边埋下膜沟 5~7 厘米。

(5)连接动力传动轴,使风机转动,在小油门的条件下磨合 4 小时。

(6)加种:给种箱加种时,加种后缓慢转动穴播滚筒 1~2 圈,做到预先充种。

(7)调整拖拉机中央悬挂拉杆,使机架平行于地面。

(8)最终达到膜床平整、丰满,开沟深度、膜床宽度及采光面符合要求,宽膜膜边埋膜可靠,覆土适当,铺膜平展,孔穴有盖土,下种均匀,透光清晰等。

(三)正式播种

正式播种时需要注意以下问题:

(1)风机转速控制在 4 200~4 500 转/分钟,即吸籽盘孔气压 150~170 毫米汞柱(1 毫米汞柱≈133 帕)。

(2)行走速度控制在 3~4 千米/小时。

(3)风机每班加油一次,采用 2 号锂基低噪声润滑脂。

(4)每班清理两次穴播器种盒,注意观察吸籽盘孔是否有堵塞,或吸籽不稳现象。

(5)在地头应从观察口检查种室是否有种。

四、保养

为保证您的铺膜播种机正常工作并且延长使用寿命,保养是必需的。

(1)首次工作几小时后,检查所有螺栓和螺母是否紧固。

(2)定期给下列部件加注润滑油(脂)但要节约:

a. 开沟圆盘轴承及调整螺栓;

b. 穴播器轴承及调整螺栓;

c. 覆土圆盘轴承及调整螺栓;

d. 镇压辊轴承及调整螺栓;

e. 风机动力传动轴;

f. 风机轴承及风机传动齿箱;

g. 压膜轮轴承及调整螺栓;

h. 划行器轴承及调整螺栓。

五、常见故障及排除方法

气吸式精量铺膜播种机常见故障及排除方法见表3-4。

表3-4　常见故障及排除方法

故障现象	原因分析	排除方法
作业时噪声大	机器向前或向后倾斜	加长或缩短上拉杆，使之在作业时与下拉杆平行
	机器与拖拉机间没有稳固左右晃动	稳固拖拉机的牵引杆
提升机器时噪声大	三点悬挂上拉杆的角度不当	调整上拉杆与下拉杆平行
	超过允许提升高度	降低提升高度
切破膜边	开沟过浅	调整开沟圆盘入土深度
	压膜轮未走在膜沟内	调整开沟圆盘或压膜轮位置，使压膜轮走在膜沟内
	压膜轮有毛刺飞边	清除压膜轮上的毛刺飞边
空穴	排种器内有杂物	清除杂物
	风机皮带松弛	张紧皮带
	种箱下种口堵塞	进行疏通
	刷种器调整不当	重新调整刷种器
	鸭嘴打不透地膜	镇压土地
	鸭嘴阻塞	清理鸭嘴
滚筒缠膜	地膜膜卷放置方向不对	重新铺放地膜
	地膜张紧度不够	适当张紧地膜
	地头地膜掩埋不好	掩埋好地头地膜
	薄膜质量不符要求	换合格地膜
	机具纵向不平	调整中央拉杆，使机具处于水平状态
播种鸭嘴夹土	鸭嘴变形	校正鸭嘴
	鸭嘴弹簧变形或损坏	校正或更换弹簧
	土壤含水率过高	晾晒土地，使土壤含水率降低
断膜	有异物挂膜	观察后排除
	展膜辊、压膜轮转动不灵活	可能有异物卡住，检查后排除
	覆土滚筒、穴播器转动不灵活	检查覆土滚筒及穴播器
	覆土滚筒离地间隙不够	调节覆土滚筒离地间隙调节手柄
	地膜质量差	更换合格地膜
	机架不平	调整悬挂系统，使机架保持水平

续表 3-4

故障现象	原因分析	排除方法
种孔上覆土不匀或无土	覆土量不足	调整覆土圆片，加大覆土量
	覆土滚筒安装方向不对	重新正确安装
	覆土滚筒内大土块太多	清除
	覆土滚筒槽口未对直种孔	重新调整使之对正
鸭嘴穿不透地膜	地膜张紧不够	张紧地膜
	土壤中杂草及大土块过多或苗床过虚	重新整地
排种管堵塞	排种管太长	缩短排种管
	排种管内有杂物	清理排种管内杂物
铺膜质量不好	膜边压土不严	调整一级覆土圆片使之有足够的覆土量
	膜上覆土不好	调整二级覆土圆片角度
	膜边卷曲	垄面宽度不够，将开沟圆盘间距调整至膜宽减去10～15 厘米，将压膜轮圆弧面紧贴膜沟
	膜卷未放正	调正膜卷
	展膜辊、压膜轮转动不灵活	检查后排除
	机架不平	调整悬挂系统，使机架保持水平
开沟、覆土圆盘转动不灵活	轴承缺润滑(脂)	加注润滑油(脂)
	轴承烧死	更换轴承
	轴承内进入脏物	清洗轴承，加注润滑油(脂)

第五节 马铃薯施肥种植机的维护技术

马铃薯施肥种植机具有一次完成开沟、施肥、播种、覆土、镇压五项功能，与传统人工、半机械化或小型机械化种植方式相比不仅大大减轻了人员劳动强度，而且也减少了拖拉机拖挂机械的进地次数，更重要的是提高了作业效率和种植精度，抢占了农时。

一、主要零部件结构及作用

马铃薯施肥种植机如图 3-13 所示，由机架、肥箱及施肥装置、复合开沟器、种箱及播种架、传动装置、地轮、清种装置、覆土铧、镇压轮等几大部分组成。

(1)机架：由方管与槽钢、角钢等焊接而成，是本机的基础和骨架，在它的上面安装所有的零部件，播种行距的调整也在此上实现。

(2)肥箱及施肥装置：肥箱通过支架固定在机架上，箱底装有尼龙材质的外槽轮式施肥盒，盒出口与复合开沟器顺肥管通过塑料软管连接，传动装置带动外槽轮转动使肥料流入肥沟内。

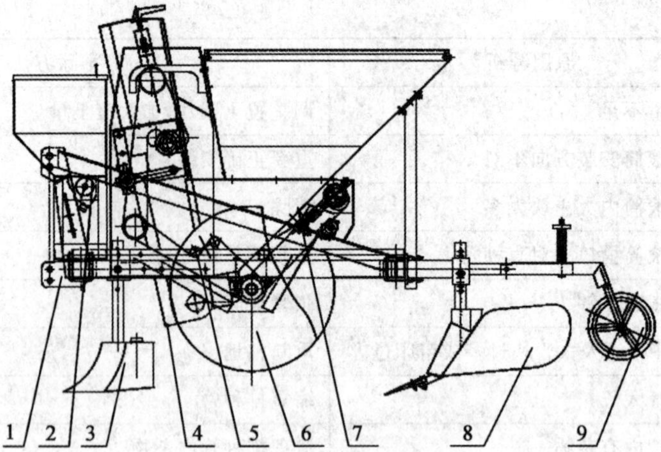

图 3-13 马铃薯施肥种植机

1.机架 2.肥箱及施肥装置 3.复合开沟器 4.种箱及播种架
5.传动装置 6.地轮 7.清种装置 8.覆土铧 9.镇压轮

(3)复合开沟器:开沟器形式采用芯铧式,上焊有顺肥管 2 根,其开沟及施肥位置处于薯种两侧方,可保证播种时肥料与薯种的隔离及后期生长养分的有效供应。两边外侧板回土后形成一定斜度的沟槽,可保证播种时使每一播种行中两排种勺落下的种薯汇流到沟底,保证了行距精度。

(4)种箱及播种架:播种架上装有上、下升运轮、安装钢制舀勺的取种带、电振动轮、种箱、清种装置等主要工作部件,是整个机器的核心。种箱为一体式结构,种箱内的薯种通过安装在取种带上的小勺逐个连续舀取,然后随上、下升运轮的转动将薯种运送至取种带最高位置,此时小勺翻转 90°后将薯种倾倒在同列安装的前一个勺的外底面,当此“前一个勺”运动到取种带最低位置时将薯种从播种架槽板中脱出后落入种植沟内,从而实现了薯种的种植。

(5)传动装置:本传动装置为侧箱式传动,其最大特点为株距调整范围广、调整极为方便。其传动原理为:由安装在地轮轴上的塔轮与中间轴里侧塔轮连接,中间轴外侧链轮露在传动箱内,它为播种架驱动链轮;中间轴塔轮还与施肥装置驱动链轮连接,驱动外槽轮施肥器;地轮轴上的塔轮又与清种轴驱动链轮连接,使播种架下种箱内的导种盘杆摆动。其中株距的调整靠传动箱内的上下传动轴间的挂轮组合来实现。

(6)地轮:工作时支撑整机重量并在拖拉机的牵引下驱动播种与施肥装置的运转,它是整个种植机的动力源。

(7)清种装置:此装置包括截流、导种、清种等机构,对舀勺式取种方式,种粒的单一化目标,只有通过这些机构联动才可能实现。截流采用转动托板与胶板来控制供种量,导种采用摆杆不断拨动种薯下移,清种通过分离杆拨动与电振动相结合来保证舀勺取种的单粒化。

(8)覆土铧:采用组装式结构,入土深度可调,翼板展开宽度可调,以适应不同种植户垄距、垄形等要求,根据垄距从中间到两边安装 3 套。其作用是将复合开沟器开出的沟沿土覆回沟内盖住种薯并形成垄型。

(9)镇压器:由镇压轮、轮架、压力弹簧、调整螺杆等组成,其作用是将覆起的土壤压实,避免垄土漏风,合土保墒,利于种薯发芽生长。

二、调整

种植机使用前应检查各部分连接处密封与牢固情况，尤其是肥管与排肥盒出口及复合开沟器顺肥管入口应连接牢靠。传动装置中各级链轮、链条处应点注润滑油脂，有黄油嘴处要加注润滑脂。用销轴将种植机的三个悬挂点与拖拉机悬挂机构的中央拉杆和纵向拉杆连接在一起，粗调各拉杆长度，协调工作与运输状态关系，紧固拖拉机悬挂机构纵向拉杆的下斜拉索，确保种植机悬挂后工作与运输状态时不摆动，在拖拉机前保险杠加配重铁块，以保证系统纵向稳定。

1. 垄距调整

如图 3-14 所示，为适应不同地区种植要求，机具有 5 种可调垄距，分别为 700、750、800、850、900 毫米。调整时移动播种架并将其固定在机架的安装孔上，以机器对称中心为准将左右侧播种架向两边移动，离对称中心最近的一组安装孔可确定垄距为 700 毫米，依此向外可确定垄距为 750、800、850、900 毫米。播种架间、播种架与传动箱间以万向轴连接，调整时万向轴两端的 U 形叉子与各传动轴以 M10 螺钉顶紧不动，只有其中间伸缩插管间可相对移动，既适应了垄距变化，同时又传递了扭矩。然后随垄距相应移动复合开沟器，关键要使各个种植开沟器开沟刃与各个播种架单体对称中心一致，且其两种植开沟器距离与确定的垄距相同。调整后分别将其固定在机架上。

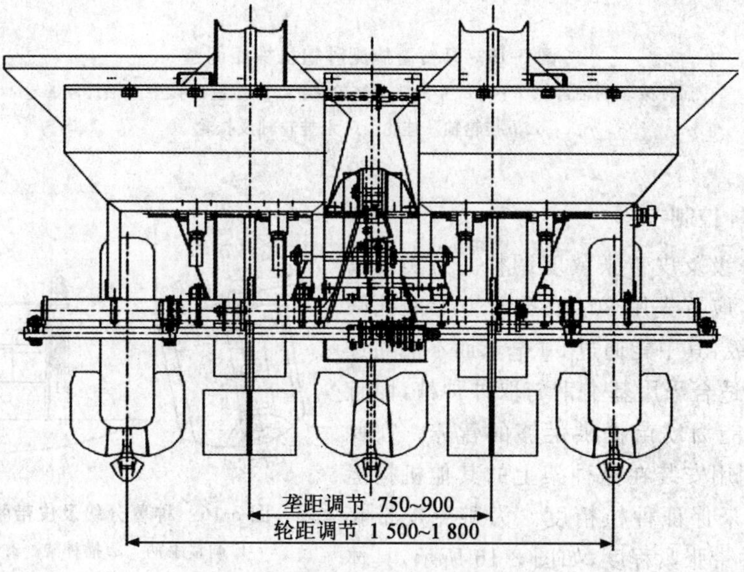

图 3-14 马铃薯施肥种植机垄距调整

2. 株距调整

如图 3-15 所示，此为安装在机架左右侧的传动箱结构图，工作过程中通过变换播种架驱动轴上的链轮 ZⅠ(从 16 至 29 计 19 种齿)与中间轴外侧链轮上的 ZⅡ(从 29 至 16 计 19 种齿)之间的链轮组合来实现株距的调整。可先松开中间张紧轮拉链使传动链条处于松弛状态，再根据实际种植株距要求选择好上下轴链轮 ZⅠ与 ZⅡ，并将其安装在各自的传动轴上，注意使传动轴上的座销插在链轮上的两个孔内，然后用自锁销锁紧，最后用拉链将链条张紧。

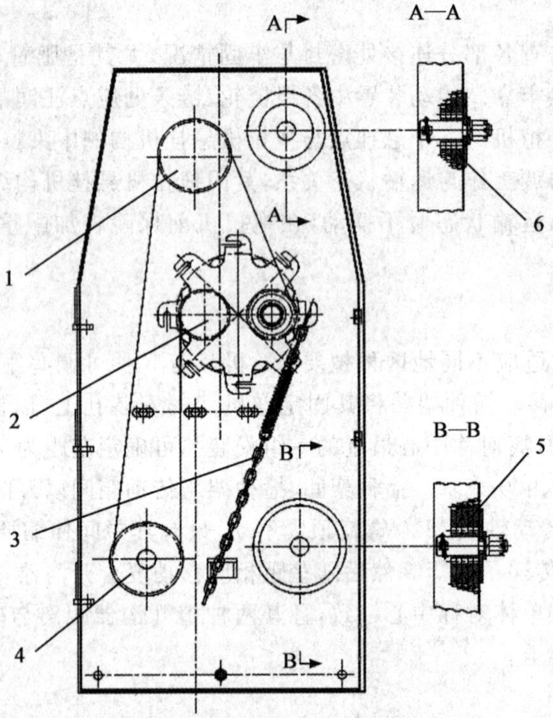

图 3-15　马铃薯施肥种植机株距调整

1. 播种架驱动轴链轮 ZⅠ　2. 中间张紧链轮 ZⅡ　3. 拉链　4. 中间轴外侧链轮
5. 下挂轮轴及挂轮　6. 上挂轮轴及挂轮

3. 精量播种控制

(1)种薯分级及皮带张紧度调整。为实现精量播种的目的，应首先用 30/50 毫米方形网孔筛对种薯进行分级，其中能通过 50 毫米而不能通过 30 毫米的不仅适合采用基本钢勺取种种植，而且薯块大小适中能为幼苗提供足够的营养。在此基础上，还需利用安装在播种架上的其他机构运动调整的配合来保证种植精度。为避免皮带打滑，应调整取种带张紧程度，如图 3-16 所示，具体可转动播种架最上端的调整手柄 1 通过压紧两侧的悬挂弹簧 3 来实现，调整时应保持两边具有相同的张紧力，以免皮带跑偏。

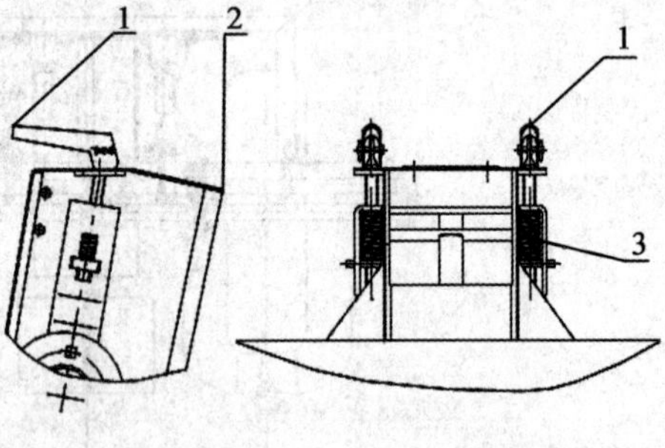

图 3-16　种薯分级及皮带张紧度调整

1. 调整手柄　2. 播种架　3. 悬挂弹簧

(2)消除重种现象的振动力调整。为减少和控制取种勺拖带两个或以上种薯，尽量消除重种现象，本机采用播种架上安装电机振动轮的方法，在小勺取种和升运时通过振动轮刺激皮带以适当的频率和幅度抖动，从而去掉小勺多舀取的种薯，能使种勺保持存留一个种薯状态而实现精量播种的目的。

首先，将电机电源线与拖拉机驾驶室内的12伏蓄电池输出电源接头相连接，连接方法为将2台电机电源线并联在蓄电池输出电源接头处并用螺母压紧，若松动会造成摩擦打火现象而影响电机正常工作。电机控制开关设置在驾驶室内，便于驾驶员操纵，电机电源线暴露在驾驶室外的部分要注意零、火线在接头处的隔离和防水，坚决避免短路现象的发生。每次播种前应先做电机电源线连接后的试运转，观察电机运转是否正常，仔细倾听电机运转时的声音是否正常，当一切均正常后再进行下面的操作。

如图3-17所示，具体可根据重种程度来调节振动力的大小，松开手轮5使振动力调整摆板4转动从而带动电机振动轮2靠近或远离取种勺安装皮带3。手轮5向上移动时振动力增大，重种程度较重时采用；手轮5向下移动时振动力减小，重种程度较轻时采用。观察振动力合适后锁紧手轮5。

(3)供种流量的调整。如图3-18所示，安装在播种架种箱下外侧的调整定位板1上连接固定着外转柄2，此外转柄2与播种架内安装的闸板属同一相位角，因此转动外转柄2也即带动闸板做同向旋转，从而改变了薯种的流动层厚度，也就改变了薯种的流量。将外转柄2向右上方旋转可使薯种流量变小，反之变大。

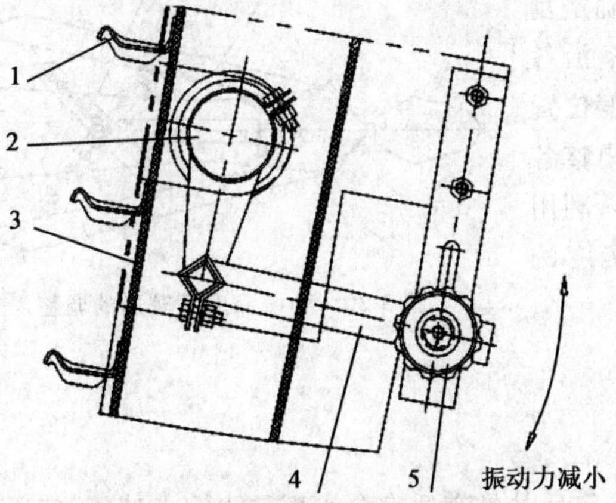

图3-17 消除重种现象的振动力调整

1.取种勺 2.电机振动轮 3.取种勺安装皮带 4.振动力调整摆板 5.锁紧手轮

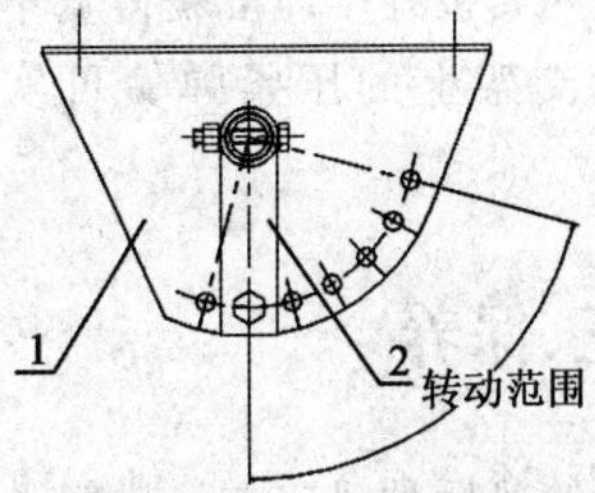

图3-18 供种流量的调整

1.调整定位板 2.外转柄

4.施肥量的调整

如图3-19所示，先调节各排肥盒的排肥量，方法是把固定在传动轴3上的排肥盒7两边的内六角卡子5松开，根据施肥量要求窜动4组排肥外槽轮6及固定轮8相对于排肥盒7两边的位置，外槽轮露在外面的部分越多则留在肥盒中的部分越少其排肥量也就越少，按此将左右肥箱下面肥盒中的外槽轮调整好后将4对内六角卡子重新固定在传动轴上。然后根据工作过程中施肥量变化要求，通过整体窜动传动轴的方法同时改变两肥盒中外槽轮露在外面的部分，具体可将锁紧螺母2松开，拧动肥量调节旋柄2能使传动轴带动8个排肥盒中的外槽轮6、固定轮8、内六角卡子5等一起相对于每组肥盒发生位置窜动，从而可简单方便地在工作过程中进行施肥量的调整。清肥插板12安装在左右肥箱靠外端下角处，换肥或作业期结束时将此插板抽出，进行肥箱的彻底清理。每个肥箱内设置有2个内置隔网13，为避免丝绳类随肥进入外槽轮内将其损坏。

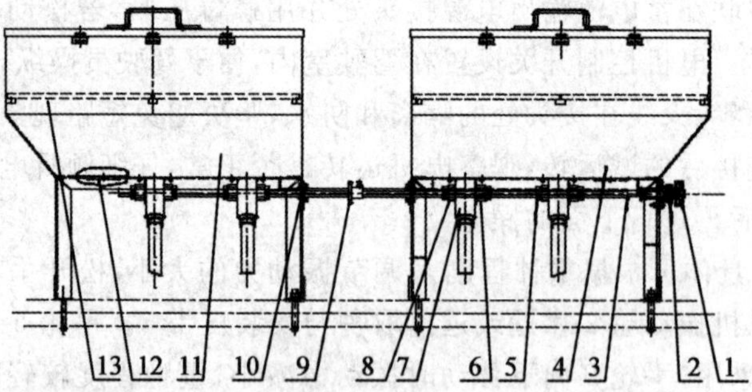

图 3-19　施肥量的调整

1. 肥量调节旋柄　2. 锁紧螺母　3. 传动轴　4. 右肥箱　5. 内六角卡子　6. 排肥外槽轮　7. 排肥盒　8. 固定轮　9. 转动链轮　10. 轴承　11. 左肥箱　12. 清肥插板　13. 内置隔网

5. 种植深度及垄形的调整

由图 3-20 所示，首先根据栽植深度要求确定复合开沟器与覆土铧的位置高度，然后将各铧柄沿各自的铧柄裤进行上下窜动，调整到合适的高度位置后用顶丝定位并锁紧。根据垄距大小适当调整各覆土铧两翼板开度即可获得宽窄不同的垄形，利用镇压轮支架上的压紧弹簧可实现垄形压实度的调整。

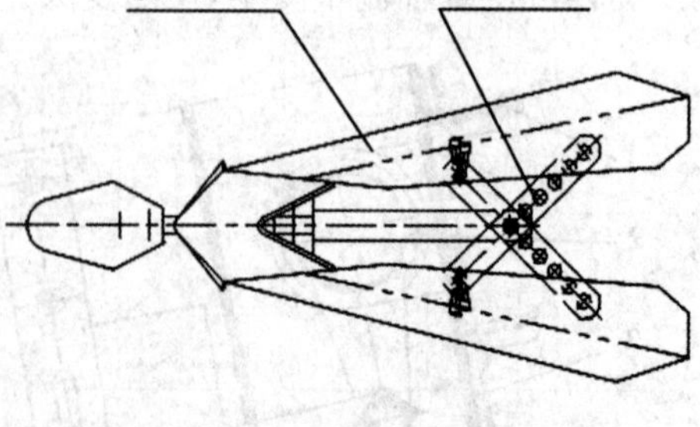

图 3-20　种植深度及垄形的调整

三、保养

马铃薯播种机应在经耕耘、松碎、洁净、平整后并具有适宜含水率的土壤上使用，使用过程中要及时保养，以保证机器可靠安全的使用，保养内容如下：

(1)对各转动部位应按使用要求每班次进行检查和注油保养，尤其是链条处除按时注油保养外，还需检查其张紧度并相应调整张紧装置，对在轴上通过移动来确定其工作位置的链轮一定要注意将其定位后用紧固螺钉锁紧。

(2)对各连接部位要经常检查其紧固程度，一有松动应马上锁紧。

(3)对在工作过程中出现的有些工作部件粘土现象要随时进行清理，以免影响正常作业。

(4)为达到精密播种及稳定作业的目标要求，花一些时间对薯种按尺寸大小实施分级是很有必要的，它能够最大限度地发挥机器的效能，不仅可以保证节省后续作业过程时间，而且使地力、肥效因精密播种而获得了最大程度的利用。

四、常见故障及其排除

马铃薯播种机常见故障及其排除方法见表 3-5。

表 3-5 常见故障及其排除方法

故障种类	产生原因	排除方法
漏种率高	1.取种带松动或因种块卡住而打滑；2.链轮齿脱链打滑；3.取种勺取不上种；4.供种流量不足；5.电机振动力过大；6.播种速度过快，拖拉机行驶速度超过 7 千米/小时	1.转动播种架上端把手调整张紧弹簧，清除卡块；2.调整链条张紧；3.种子过大，进行种子分级；4.调整闸板位置角；5.向下移动控制手轮；6.保持合理播速，最好控制在 5 千米/小时以内
重种率高	1.取种勺取种过多；2.电机停振；3.电机振动力不足	1.种子过小，进行种子分级；2.检查供电线路；3.向上移动控制手轮
施肥量不匀	1.肥料潮湿，易在肥箱中架空；2.顺肥管堵塞；3.外槽轮位置不合适	1.更换好肥料；2.通透顺肥管；3.重新调整位置
播种与施肥深度不匀	1.地不平整；2.入土角不合适，拖拉机与种植机等整个悬挂系统稳定性不好；3.开沟器深度不合适；4.土坷垃过大	1.重新整地；2.调整悬挂上、下拉杆长度，保持系统稳定；3.重新调整深度；4.进一步碎土
有尖锐噪声	1.转动处缺油；2.连接处松动出现卡碰现象	1.加油润滑；2.紧固连接并清除卡碰

第六节 旱地膜上自动移栽机的维护技术

一、结构及工作原理

1. 结构

旱地膜上自动移栽机主要由传动及行走、覆土、气路、移盘、取苗掷苗、投苗、打穴、栽植、镇压八个系统组成(图 3-21)。在机架前部连装有牵引架、压缩机、储气罐、皮带轮和齿轮箱，皮带轮连动压缩机，压缩机与储气罐连通。皮带轮、齿轮箱、旋刀顺序连动。

2. 工作原理

(1)该机与拖拉机(30～50 马力，1 马力＝735.499 瓦)配套使用，采用全悬挂式连接，由拖拉机牵引行走。

(2)拖拉机后动力输出轴带动移栽机前万向节传动轴转动，通过上变速箱输出动力带动气泵工作和覆土装置。

(3)打开 PLC 控制开关，PLC 工作，通过接近开关和电磁阀控制取苗掷苗机构的气缸、穴盘移动机构气缸和分苗箱控制开关气缸有序的工作。

(4)移栽机上的两地轮转动，通过链轮、链条和转动轴带动间歇齿轮箱的工作，取苗掷苗机构的旋转；利用偏心轮机构、连杆机构和凸轮机构使吊杯完成打孔、栽苗工序。

旱地育苗自动移栽机，主要适用于穴盘辣椒苗和番茄苗的种植。

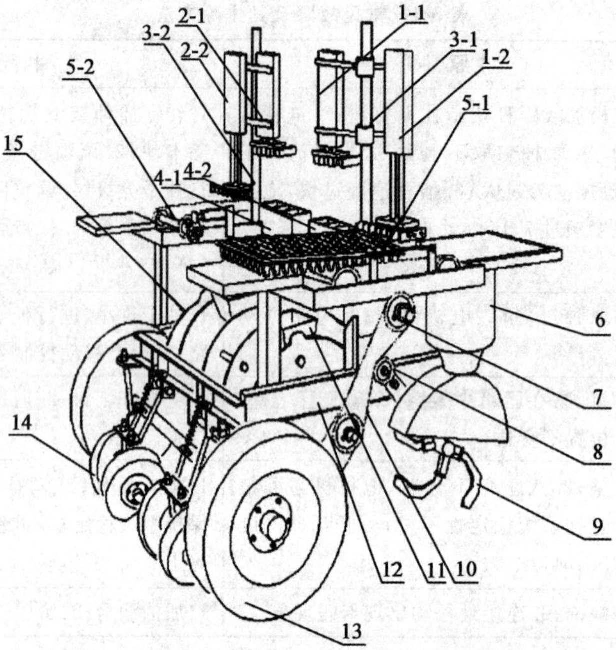

图 3-21　旱地自动移栽机结构简图

1. 取苗掷苗装置(机械手 1-1、1-2)　2. 取苗掷苗装置(机械手 2-1、2-2)　3. 间歇齿轮箱旋转轴(3-1、3-2)　4. 分苗掷苗装置(4-1、4-2)　5. 钵盘移动装置(5-1、5-2)　6. 储气罐　7. 间隙齿轮箱　8. 张紧轮　9. 覆土装置　10. 链条　11. 鸭嘴杯　12. 机架　13. 行走轮　14. 镇压轮　15. 移栽器

二、性能特点

(1)机具采用了机电气结合技术，将气压技术、PLC 控制技术和机械技术相结合，实现了移栽机无漏栽苗和伤苗现象发生，保证了秧苗移栽机质量和成活率，同时实现了移栽机自主栽苗，解决了解决了人工移栽过程中的深浅不一，株距不均，移栽效率低等缺点。

(2)机具在原半自动移栽机的基础上设计增加了 PLC 控制系统、气压系统、钵盘移动装置、取苗掷苗装置和分苗投苗装置，一次性实现栽植覆土作业，同时解决了大面积栽植作业的问题。

(3)机具采用链轮、链条等转动，传动比可靠，移栽株距准确。通过调整链轮，可实现180～350 毫米的株距；调整苗深调节器上的调整丝杠可实现 50～100 毫米的栽植深度。

(4)移栽机每小时可移栽 8 000～12 000 株，每天可实现栽植 10～25 亩。

三、保养

(1)使用前要给各个气管加少许机油；穴盘苗基质的含水率要控制在适当移栽的范围；对各指定部位加入规定量的指定润滑脂；每天使用前检查一次各紧固件有无松动或脱落，检查各个气管之间的连接是否松动。

(2)作业中要随时观察移栽机作业状态,转动部位润滑要良好。发现问题应及时注油或停车检修。

(3)每次作业结束后要及时检查各部位螺栓是否有松动现象,发现异常及时矫正。

(4)作业中应及时清理钳嘴板上的泥土,以免影响移栽质量。

(5)长期停放不用时,应涂油防锈蚀。

四、常见故障及排除

旱地自动移栽机的常见故障及排除方法见表3-6。

表3-6 常见故障及排除方法

故 障	产 生 原 因	排 除 方 法
钳嘴闭合不严	有黏土粘到钳嘴板上	清除钳嘴上的黏土
取苗执行器取苗不稳	取苗执行器的夹片上橡胶皮脱落	更换取苗执行器的夹片上橡胶皮
栽植过程出现大批漏苗	接近开关被其他杂质挡住	清除杂质

第七节 辣椒移栽机械的维护技术

一、农艺要求

(1)漏栽率≤5%、栽植频率≥55株/(分钟·行)。

(2)栽植合格率≤90%;移栽机按1穴1~2株(育种时一般为1~2株每钵)模式栽培,中晚熟菜椒及铁皮椒每亩栽苗4 000~4 500株,早熟板椒每亩栽苗4 500~5 000株,线椒每亩栽苗6 000~6 500株。

(3)播种行距为55厘米+28厘米宽窄行,为"一膜四行"种植,点播株穴距为15~18厘米。

二、结构及原理

(一)结构

辣椒铺膜移栽机一次都可完成铺膜、打孔、栽苗、覆土作业。机器主要是由铺膜装置、移栽机构和覆土装置组成的。其总体结构如图3-22所示。

铺膜装置包括:平土板1、压实辊2、膜卷3、开沟盘4、展膜辊5、压膜轮6、膜边覆土板7、滴灌带卷23、悬挂拉杆24、悬挂长拉杆25和铺膜机架27等。

移栽机构包括:调节手柄8、调节弹簧9、地轮驱动轮10、栽植器11、鸭嘴杯12、栽植器横梁13、投苗转盘20、座椅及传动装置。

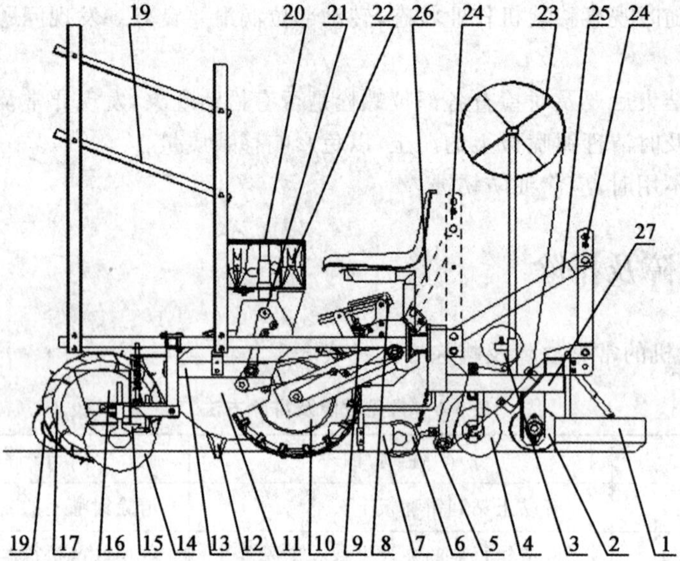

图 3-22　铺膜移栽机总体结构图

1. 平土板　2. 压实辊　3. 膜卷　4. 开沟盘　5. 展膜辊　6. 压膜轮　7. 膜边覆土板　8. 调节手柄　9. 调节弹簧　10. 地轮(驱动轮)　11. 栽植器　12. 鸭嘴杯　13. 栽植器横梁　14. 覆土圆盘　15. 分配漏斗　16. 滑土板 17. 覆土轮　18. 镇压轮　19. 钵苗从苗架　20. 投苗转盘　21. 投苗盘链轮　22. 投苗杯　23. 滴灌带卷　24. 悬挂拉杆　25. 悬挂长拉杆　26. 悬挂架固定杆　27. 铺膜机架

覆土装置包括:覆土圆盘 14、分配漏斗 15、滑土板 16、覆土轮 17、镇压轮 18 等。

(二)工作原理

本机具在平整的土地上,由拖拉机牵引,前部铺膜装置,将所需宽度的薄膜装在膜卷位置 3 处,将滴灌带卷装在 23 处,通过平土板 1 和压实辊 2 对地表整平,开沟盘 4 调节到膜宽边部位置进行开沟,滴灌带 23 和地膜 3 通过展膜辊铺展在地面上,由压膜轮 6 将地膜边压入开出的沟槽内,用覆土板 7 将土推盖在沟槽上压住膜边,完成铺膜。在每行移栽单元需要 1 操作人员,将钵苗从苗架 19 中的育苗盘中取出,人工投入投苗转盘 20,投苗转盘有六个苗杯,以一定速度旋转,栽植器 11 上的鸭嘴杯 12 也随着驱动轮 10 传来的动力带动旋转作上下运动,当一棵钵苗转至导苗筒时,投苗杯 22 张口,钵苗掉进导苗筒,此时栽植器 11 的鸭嘴杯 12 也转到顶部,接住从导苗筒导出的钵苗,并随栽植器 11 旋转至地面,将地膜扎穴孔,然后鸭嘴杯口张开将钵苗栽进地里,随后鸭嘴杯被带动上升,进行下一循环。落入穴孔的钵苗,由后部的覆土装置,通过两侧覆土圆盘 14 将土铲入覆土轮 17,通过自行滚动覆土轮 17 靠内部叶片将土提至上部,土从上部叶片上滑到斜滑土板 16 上,再流进分配漏斗 15,土从漏斗两侧流出覆盖到钵苗两侧,最后镇压轮 18 将覆土压实完成移栽作业。

三、调节

1. 移栽机主体的调节

(1)底盘栽植器横梁 13 必须保持与地表面平行,可通过驱动轮上调节手柄 8 和悬挂架 24

处的拖拉机上拉杆来进行调节。

(2)调节弹簧 9,以保证在工作时底盘横梁 13 不会触碰到转动中的苗杯轮的边缘,需要始终保持 1.5～2 厘米以上的活动空间,允许在起伏地形上的主动轮的上下的摆动量。

(3)钵苗移栽时插入土壤的深度由栽植器限深轮和驱动轮上调节手柄 8 来调节。还可以通过三点液压悬挂的连接 24 与调节弹簧 9 进行联合调整。

(4)移栽钵苗的直立率与栽植器和驱动轮之间的转速比及鸭嘴入土角度有关。因此,在调节株距更换栽植器和驱动轮上链轮时,尽量选用驱动轮链轮 Z_R 与栽植器传动链轮 Z_B 的比值大于 1.27,以保证直立率。视情况需要,适当调节栽植器下侧面的鸭嘴角度调节手柄,提高直立率。

2. 移栽机行距的调节

通过调节安装在底盘横梁上的移栽单元的间距来实现。松开与移栽单元相连的座椅底架压板上的螺母,移动移栽单元到要求行距,拧紧螺母。

3. 移栽机株距的调节

通过更换栽植器盘上安装鸭嘴杯的数量及调节传动链轮 Z_B 和驱动轮侧链轮 Z_R 的数比而定。

4. 移栽机投苗盘转速的调节

投苗盘的转速必须要与栽植器的转速匹配,才能使苗杯中的钵苗准确地落入栽植器的鸭嘴杯中。根据栽植器上鸭嘴数来配置投苗盘上输入链轮 21 齿数。链轮匹配好后,还要调整投苗杯开口时间与鸭嘴杯接苗时间的衔接。需更换的链轮装在投苗转盘下部。

5. 移栽机投苗杯与鸭嘴杯衔接的调节

为保证投苗杯中的钵苗能顺利进鸭嘴并进行移栽,就必须检查并调节两杯之间的衔接。将投苗盘链轮 21 的张紧轮松开,转动驱动轮使其中一个鸭嘴杯转至导苗筒下方出口处,再转动投苗转盘,让其中之一个投苗杯处在导苗筒上方刚进入导苗筒接口的位置,此时用投苗盘链条将两传动链轮固定并紧固张紧轮。如果投苗杯进到导苗筒上迟开或早开投苗嘴,调节导轨位置。

6. 移栽机铺膜宽度的调节

移栽机铺膜装置适应 700～1 200 毫米宽的地膜。根据需要用宽度的地膜,将其装在膜卷 3 的模架上,用挡盘将膜卷固定在模架中间,相应调节开沟盘 4、压膜轮 6 和覆土板 7 的位置和角度。松开其上的定位调节螺栓,移动或转动到合适位置再将螺栓拧紧固定。

如有必要,根据窄膜要求,更换长度短的备用展膜辊。

更换方法是:将展膜辊 5 连同吊杆一起卸下,拆下一端开口销和垫圈,将膜辊从轴上取下,并将膜辊中的轴承取下,装在需更换备件中的展膜辊焊合上,再穿上轴,调到中间位置,用垫圈和开口销定位,再装上吊杆固定到机架上。

四、使用

(1)本机器属悬挂式移栽机,必须由拖拉机在前方牵引。拖拉机必须具备标准的三点液压悬挂装置,由用户视所购机型选择合适的拖拉机。

(2)移栽机平时不用时,要平放在仓库的水平地面上。为防止移动给机器带来损伤,将驱动轮传动链条脱开传动链轮,使栽植器鸭嘴不能转动。不要让鸭嘴接触地面受力。可调节驱动轮高度或将栽植器垫起。

(3)在移动移栽机时,要使用拖拉机的后悬挂缓慢升起移栽机,确定好位置后,缓缓放下后悬挂,将移栽机平稳放置在地面上。注意:急速升降后悬挂上的移栽机与地面的撞击,将会导致机械部分的破损或变形,由此引起的故障将导致质保期的人为因素中止。

(4)机器停放在坚硬地面(地板、广场、马路等)上千万不可移动,尤其不能倒退,否则会导致机械传动部件的变形或损坏。

(5)同时在运输过程中和田间工作时,拖拉机驾驶员需避免突然地急转弯,由于单元部件相距较近,重量较大,这种动作可能会损坏机器。

五、保养

为了保证机器的正确操作,保证较长的使用寿命,制造厂家建议按照下列方法保养机器。下列维护措施必须在确认机器没有任何工作之后进行:

(1)定期检查所有关于震动的部件的螺栓。

(2)定期检查并调节固定座位的螺栓。

(3)检查调整各组链条的磨损状态。

(4)定期给带油杯的轴承加润滑油,检查并润滑横梁上的连接件。

(5)定时地去除链条上的浮土及油泥。

(6)每天作业后将投苗杯和鸭嘴杯上泥土清理干净。

(7)检查轮胎气压是否足够,气压为 200 千帕。

所有的维护操作都要在移栽机与拖拉机分离之后进行,移栽机应停放在有良好支撑的稳固地方进行。在维护期间,在任何情况下要更改移栽机的尺寸、连接螺栓的种类和机器上的任何材料,都必须使用机器原装的部件。

六、故障及排除方法

铺膜移栽机的故障及排除方法见表 3-7。

表 3-7 铺膜移栽机的故障及排除方法

故障原因	排除方法
栽植深度不够有露苗现象	1.调节驱动轮升降手柄,降低栽植器;2.调节降低限深轮高度;3.调节加长拖拉机上拉杆长度
秧苗直立度不够向一侧倒	1.调节栽植器侧下调节手柄;2.选择链轮 Z_R/Z_B 大于 1.27 的组合传动
有漏栽及掉苗现象	1.检查投苗杯落苗开口与鸭嘴的衔接;2.调节投苗杯下部导苗筒角度;3.鸭嘴粘苗堵塞,清理鸭嘴
栽植器梁不水平	1.调节驱动轮手柄;2.调节三点悬挂杆长短

续表 3-7

故障原因	排除方法
膜边覆土量不够	1.调节膜边覆土板角度、深度及距膜边位置;2.压膜轮位置不对,调节压膜轮位置
铺膜装置前平土板壅土多	1.调平推土板;2.调高推土板
有埋苗现象	1.鸭嘴扎孔太深,调节驱动轮升降手柄,升高栽植器;2.调节取土盘深度和角度,减少铲土量
膜口覆土不够	1.调大取土盘深度和角度,增大铲土量;2.减少取土盘与取土轮间的距离,增加取土量

习题和技能训练

(一)习题

1.说明谷物条播机的一般构造和工作过程。

2.如何对播种作业质量进行检查验收?

3.说明谷物条播机常见故障、产生原因及其排除方法。

4.说明铺膜播种机的结构及其工作原理。

5.如何对旱地膜上自动移栽机进行保养?

6.辣椒移栽机械进行移植作业前注意哪些调整内容?如何进行?

(二)技能训练

1.试对谷物条播机进行播前主要技术指标的调整。

2.试对铺膜播种机进行播前和播后保养。

第四章　中耕机械的维护技术

第一节　概　述

一、中耕的作用及技术要求

中耕是在作物生长期间进行田间管理的重要作业项目，其目的是改善土壤状况，蓄水保墒，消灭杂草，为作物生长发育创造良好的条件。中耕主要包括除草、松土和培土 3 项作业。根据不同作物和各个生长时期的要求，作业内容有所侧重。有时要求中耕和间苗、中耕和施肥同时进行。中耕次数视作物情况而定，一般需 2～3 次。

对中耕机的技术要求：中耕机的结构简单，使用简便；作业时稳定性好，便于操纵；中耕机与拖拉机连接简单；稍加变换就可完成各项中耕作业。

二、中耕机的类型

中耕机按可利用的动力可分为：手用中耕器、手扶动力中耕器、蓄力中耕器、机动中耕机（分牵引式和悬挂式两种）。

按用途可分为：全面中耕机、行间中耕机、通用中耕机、间苗和手用中耕机（果园、茶园、林业等用）。

按工作机构形式可分为：锄铲式中耕机、旋转式中耕机、杆式中耕机。

按工作条件可分为：旱田中耕机和水田中耕机。

第二节　中耕机的维护技术

一、锄铲式中耕机工作部件

锄铲式中耕机通常用于旱地作物的中耕，其工作部件有除草铲、松土铲、培土器等。

（一）除草铲

除草铲主要用于行间第一、二次中耕除草作业，起除草和松土作用。它分为单翼铲和双翼铲两类。双翼铲又有除草铲和通用铲之分(图 4-1)。

单翼除草铲由单翼铲刀和铲柄组成。单翼铲刀有水平切刃和垂直护板两部分。水平切刃用来切除杂草和松碎表土。垂直护板的前端也有刃口,用来垂直切土。护板部分用来保护幼苗不被土壤覆盖。工作深度一般为 4～6 厘米,幅宽有 13.5 厘米、15 厘米和 16.6 厘米 3 种。单翼除草铲因分别置于幼苗的两侧,故又分为左翼铲和右翼铲。

双翼铲由双翼铲刀和铲柄组成。双翼除草铲的特点是除草作用强、松土作用较弱,主要用于除草作业;双翼通用铲则可兼顾除草和松土两项作业,工作深度达 8～12 厘米,幅宽常用的有 18 厘米、22 厘米和 27 厘米 3 种。

(二)松土铲

松土铲主要用来松动下层土壤,它的特点是松土时不会把下层土壤移到上层来,这样便可防止水分蒸发,并促进植物根系的发育。其形式有凿形松土铲、单头松土铲、双头松土铲(图 4-2)以及垄作三角犁铲(北方称三角锥子)。

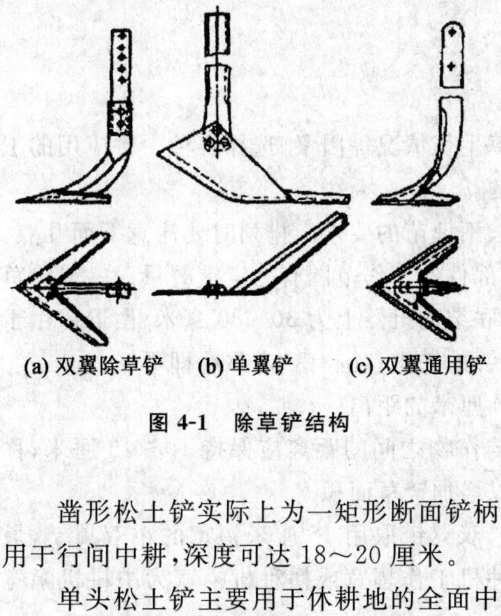

(a) 双翼除草铲　(b) 单翼铲　(c) 双翼通用铲

图 4-1　除草铲结构

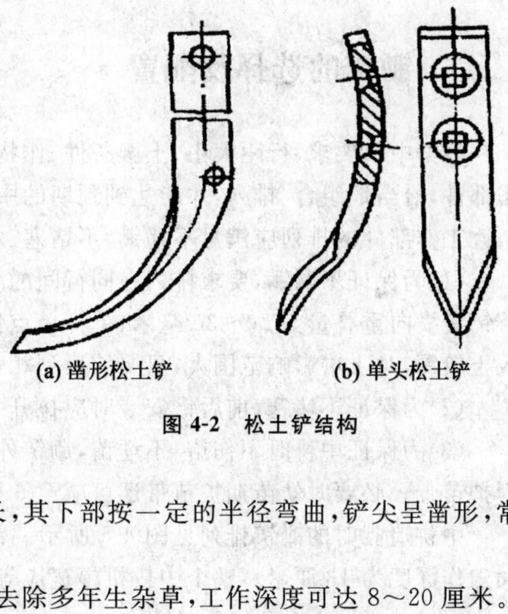

(a) 凿形松土铲　(b) 单头松土铲

图 4-2　松土铲结构

凿形松土铲实际上为一矩形断面铲柄的延长,其下部按一定的半径弯曲,铲尖呈凿形,常用于行间中耕,深度可达 18～20 厘米。

单头松土铲主要用于休耕地的全面中耕,以去除多年生杂草,工作深度可达 8～20 厘米。

双头松土铲呈圆弧形,由扁钢制成。铲的两端都开有刃口,一端磨损后可换另一端使用。铲柄有弹性和刚性两种,前者适用于多石砾的土壤,工作深度为 10～12 厘米;后者适用于一般土壤,工作深度可达 18～20 厘米。

(三)培土器

培土器用于玉米、棉花等中耕作物的培土和灌溉区的行间开沟。培土本身也具有压草作用。培土器一般由铲尖、分土板和培土板等部分组成(图 4-3)。铲尖切开土壤,使之破碎并沿铲面上升,土壤升至分土板后继续被破碎,并被推向两侧,由培土板将土壤培至两侧的苗行。培土板一般可进行调节,以适应植株高矮、行距大小以及原有垄形的变化。有些地方要求每次培土后,沟底和垄的两侧均有松土,以防止水分蒸发,可用的综合培土器(图 4-4),其特点是三角犁铲曲面的曲率很小,通常为凸曲面,外廓近似三角形,工作时土壤沿凸面上升而被破碎,然后从犁铲后部落入垄沟，而土层土基本不乱。分土板和培土板都是平板，培土板向两侧展开的宽度可以调节。

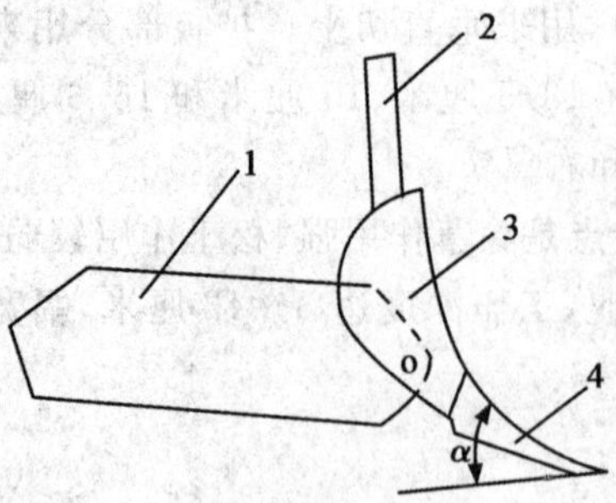

图 4-3　培土器

1.培土板　2.铲柄　3.分土板　4.铲尖

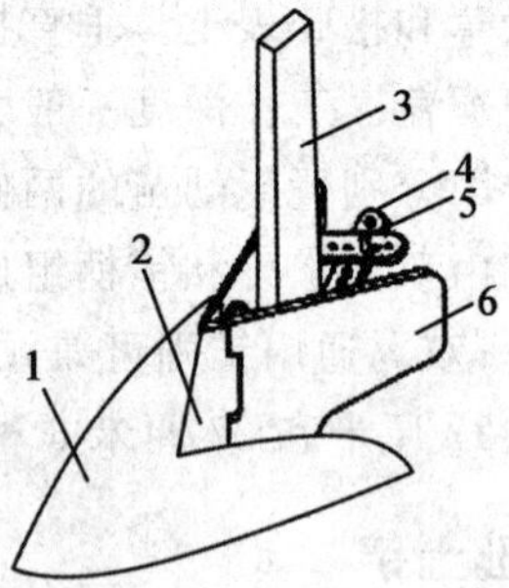

图 4-4　综合培土器

1.三角犁铲　2.分土板　3.铲柄

4.调节板　5.固定销　6.培土板

二、锄铲的选择及配置

根据中耕要求、行距大小、土壤条件、作物和杂草生长情况等因素，选择各种中耕应用的工作部件，恰当地组合、排列，才能达到预期的中耕目的。

工作部件的排列应满足不漏锄、不堵塞、不伤苗、不埋苗的要求。排列时要注意下面几点：

(1)为保证不漏锄，要求排列在同行间的各工作部件的工作范围有一定重叠量。一般除草铲铲翼横向重叠量为 20～30 毫米；单杆单点铰连式联结的机器上为 60～80 毫米；凿形铲由于入土较深，对土壤影响范围大，只要前后列相邻松土铲的松土范围有一定重叠即可。

(2)为保证不堵塞，前后铲安装时应拉开 40～50 厘米的距离。

(3)为保证中耕时不伤苗、不埋苗，锄铲外边缘与作物之间的距离应保持 10～15 厘米，称为护苗带。必要时幼苗期护苗带还可减至 6 厘米，以增加铲草面积。

中耕追肥时的锄铲排列见图 4-5 所示。深松时，双翼铲取用 15 厘米幅宽的小双翼铲，最大工作深度为 13 厘米。整个中耕机幅宽应等于播种机工作幅宽或播种机幅宽为中耕机幅宽

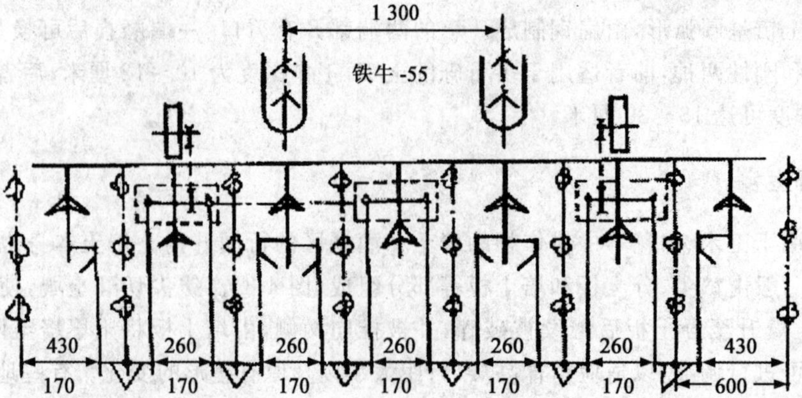

图 4-5　中耕追肥时锄铲配置(单位:厘米)

的整数倍，以免邻接行处伤苗。接合行的中耕范围应是正常各行的一半或稍多，以适应播种机邻接行行间宽度可能不一致的情况。

三、锄铲式中耕机的调整

在正式作业开始前，将中耕机械用拖拉机悬挂进行田间测试调整，检查表工作部件是否能正常作业，其主要调整有：

(1)除草铲、松土铲、培土铲安装不当，作业效果不好，重新安装调整。

(2)作业行距调整不当，重新进行安装调整，达到要求。

(3)工作部件安装不当，达不到要求的作业深度，调整其安装深度。

(4)工作部件已损坏，更换部件。

四、锄铲式中耕机的保养

(1)及时清除工作部件上的泥土、缠草，检查是否完好。

(2)润滑部位要及时加注黄油。

(3)各班作业后，全面检查各部位螺栓是否松动。

(4)施肥作业完成后，要彻底清除各部粘附的肥料。

(5)工作前检查传动链条是否传动灵活。

(6)每班作业后，应检查零部件是否有变形、裂纹等，及时修复或更换。

(7)作业结束后要妥善保管。

五、锄铲式中耕机的常见故障及其排除方法

锄铲式中耕机的常见故障及其排除方法见表 4-1。

表 4-1　锄铲式中耕机的常见故障及其排除方法

故障	故障原因	排除方法
锄草不净	工作部件重叠量小	增加锄铲重叠量
	锄铲刃口磨钝	磨刃口
	锄铲深浅调节不当	调节入土深度
	锄齿的种类或配置方法不合适	选择合适锄齿的种类或配置方法
除草不入土，仿形轮离地	锄铲尖部翘起	调节拖拉机上拉杆或中耕单组仿形机构的上拉杆长度，调平单组纵梁
	铲尖磨钝	磨刀口
	仿形四杆机构倾角过大	调节地轮高度，使主梁降低，减小四杆机构倾角

续表 4-1

故障	故障原因	排除方法
中耕后地表起伏不平	锄铲粘土或缠草	清除铲上的铁锈、油漆，定期磨刃口，及时清除粘土及杂草
	锄铲安装不正确	检查和重新安装锄铲，使每个锄铲的刃口都呈水平状态
	单组纵梁纵向不水平，前后锄铲耕深不一致	调节拖拉机上拉杆或中耕单组仿形机构上拉杆的长度，将纵梁调平
	双翼铲入土角度过大	减小双翼铲入土角
	土壤干湿不均易形成土块、泥条	选合适墒情和时间中耕
压苗、埋苗	播行不直，行距不对	调整机具行距使其适应播行
垄形低矮，坡度角大，垄顶凹陷	开沟深度浅	加深开沟深度
	培土板开度小	增大培土板开度
垄形瘦小，培土器壅土，沟底浮土过	培土板开度大	减小培土板开度
	开沟深度太深	减小开沟深度
铲苗、埋苗、漏耕	中耕机具与播种机具的工作幅宽不一致，或二者不成整倍数	将中耕机具与播种机具的工作幅宽调整不一致，或二者成整倍数
	机具行走路线错乱	更正机具行走路线
	锄齿的工作位置不正，护苗带太小、行距不等，播行不直	调整锄齿的工作位置不正，加大护苗带宽度等行距作业
	车速过高	降低车速
中耕深度不够	牵引点过高	降低牵引点
	锄齿不锋利	更换锄齿或刃磨锄齿
	中耕锄齿的调整深度不正确	调整中耕锄齿的深度
	土壤阻力过大	选合适墒情和时间中耕

习题和技能训练

(一)习题

1. 说明中耕的作用及技术要求。

2. 常见锄铲式中耕机的故障有哪些？如何排除？

(二)技能训练

试对锄铲式中耕机进行作业前技术调整。

第五章　植保机械的维护技术

第一节　概　　述

一、植保机械的农艺技术要求

(1)应能满足农业、园艺、林业等不同种类、不同生态以及不同自然条件下植物病、虫、草害的防治要求。

(2)应能将液体、粉剂、颗粒等各种剂型的化学农药均匀地分布在施用对象所要求的部位上。

(3)对所施用的化学农药应有较高的附着率,以及较少的飘移损失。

(4)机具应有较高的生产效率和较好的使用经济性和安全性。

二、植物保护的主要方法

植物保护的方法很多,按其作用原理和应用技术可分为以下几类:

1. 农业技术防治法

它包括选育抗病虫的作物品种,改进栽培方法,实行合理轮作,深耕和改良土壤,加强田间管理及植物检疫等方面。

2. 生物防治法

利用害虫的天敌,利用生物间的寄生关系或抗生作用来防治病虫害。近年来这种方法在国内外都获得很大发展,如我国在培育赤眼蜂防治玉米螟、夜蛾等虫害方面取得了很大成绩。为了大量繁殖这种昆虫,还研制成功培育赤眼蜂的机械,使生产率显著提高。又如国外研制成功用 X 射线或 γ 射线照射需要防治的雄虫,破坏雄虫生殖腺内的生殖细胞,造成雌虫的卵不能生育,以达到消灭这种害虫的目的。采用生物防治法,可减少农药残毒对农产品、空气和水的污染,保障人类健康,因此,这种防治方法日益受到重视,并得到迅速发展。

3. 物理和机械防治法

利用物理方法和工具来防治病虫害,如利用诱杀灯消灭害虫,利用温汤浸种杀死病菌,利用选种机剔除病粒等。目前,国内外还在研究用微波技术来防治病虫害。

4. 化学防治法

利用各种化学药剂来消灭病虫、杂草及其他有害动物的方法。特别是有机农药大量生产和广泛使用以来，已成为植物保护的重要手段。这种防治方法的特点是操作简单，防治效果好，生产率高，而且受地区和季节的影响较少，故应用较广。但是如果农药不合理使用，就会出现环境污染，破坏或影响整个农业生态系统，在作物植株和果实中易留残毒，影响人体健康。因此，使用时一定要注意安全。经过国内外多年来实践证明，单纯地使用某一防治方法，并不能很好地解决病、虫、草害的防治。如能进行综合防治，即充分发挥农业技术防治、化学防治、生物防治、物理机械防治及其他新方法、新途径的应用(昆虫性外激素、保幼激素、抗保幼激素、不育技术、拒食剂、抗生素及微生物农药等)的综合效用，能更好地控制病、虫、草害。单独依靠化学防治的做法将逐步减少，以至不复存在。但在综合防治中化学防治仍占着重要的地位。

三、植保机械的分类

植物保护是农林生产的重要组成部分，是确保农林业丰产丰收的重要措施之一。为了经济而有效地进行植物保护，应发挥各种防治方法和积极作用，贯彻“预防为主，综合防治”的方针，把病、虫、草害以及其他有害生物消灭于危害之前，不使其成灾。

植保机械的分类方法，一般按所用的动力可分为：人力(手动)植保机械、畜力植保机械、小动力植保机械、拖拉机配套植保机械、自走式植保机械、航空植保机械。按照施用化学药剂的方法可分为：喷雾机、喷粉机、土壤处理机、种子处理机、撒颗粒机等。

第二节 背负式喷雾机的维护技术

一、结构及工作原理

喷雾是利用专门的装置把溶于水或油的化学药剂、不溶性材料的悬浮液，各种油类以及油与水的混合乳剂等分散成为细小的雾滴，均匀地散布在植物体或防治对象表面达到防治目的，是应用最广泛的一种施药方法。

在农作物的病虫害防治工作中，喷雾器适用于水稻、棉花、小麦、蔬菜、茶、烟、麻等多种农作物的病虫害防治，也适用于农村、城市的公共场所、医院部门的卫生防疫。

喷雾机的功能是使药液雾化成细小的雾滴，并使之喷洒在农作物的茎叶上。田间作业时对喷雾机的要求是：雾滴大小适宜、分布均匀、能达到被喷目标需要药物的部位，雾滴浓度一致、机器部件不易被药物腐蚀，有良好的人身安全防护装置。

图 5-1 为一种常用的手动背负式喷雾机；它属于液体压力式喷雾机，主要由活塞泵、空气室、药液箱、喷杆、开关、喷头和单向阀等组成。工作时，操作人员将喷雾机背在身后，通过手压杆带动话塞在缸筒内上、下往复运动，药液经过进水单向阀进入空气室，再经出水单向阀、输液

管、开关、喷杆由喷头喷出。这种泵的最高压力为 800 帕左右。

图 5-2 是超低量喷雾机进行喷雾作业时的情况。此时该机属于风送式喷雾机，它由 1 个 1 千瓦发动机、1 个风机及药液箱、喷头等组成，整机质量 9 千克左右，射程可达 9 米以上，通过更换不同形式的喷头等部件，可实现喷药液和喷粉作业。药液箱通过进气管与风机的高压出口相连通，在喷雾作业时，其内的药液由药箱经另一个出液管流向喷头。喷头上带有叶片，在风机产生的高压气流作用下能高速旋转，转速一般为 8 000～12 000 转/分钟。药液先在圆盘中形成水膜，利用高速旋转产生的离心力把水膜分散成细小的雾滴向四周飞溅出去。因喷出去的药液雾滴很细(80～100 微米)，故可实现超低量喷雾。

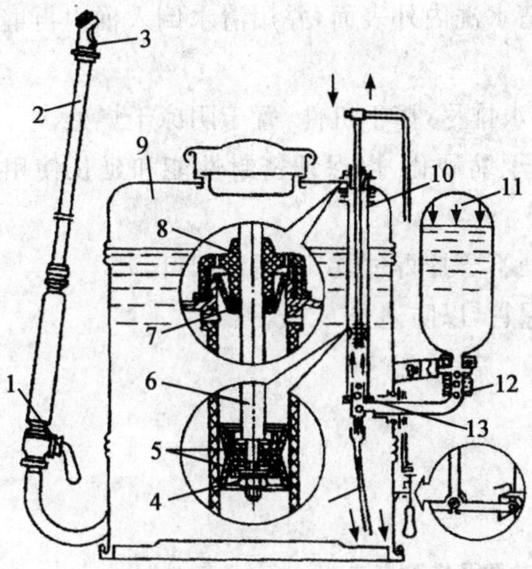

图 5-1　手动背负式喷雾机

1. 开关　2. 喷杆　3. 喷头　4. 固定螺母　5. 皮碗　6. 活塞杆　7. 毡圈　8. 泵盖　9. 药液箱　10. 缸筒　11. 空气室　12. 出水单向阀　13. 出水阀座　14. 进水单向阀　15. 吸水管

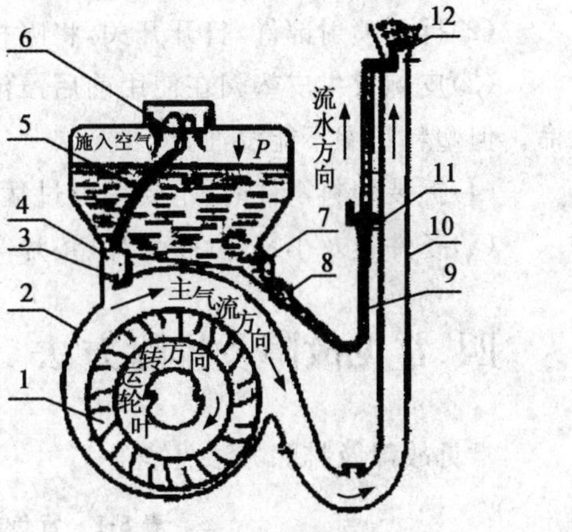

图 5-2　超低量喷雾机

1. 叶轮　2. 风机壳　3. 进气阀　4. 进气塞　5. 进气管　6. 滤网组合件　7. 出液阀门　8. 出液管　9. 输液管　10. 喷管　11. 开关　12. 喷嘴

二、使用

(1)使用装配前将缸筒内皮碗、垫圈(牛皮)滴几滴机油。

(2)根据不同用途选用适当孔径的喷头片。

(3)使用前要检查背带长度是否合适，药箱及喷射部件上各连接处有无垫圈，是否安装无误，并用清水试喷，一切正常后再使用。

(4)药液应在其他容器内配制，加药液前要关闭开关，加注药液切勿过满，应在加水线以下，然后盖紧加水盖，以免药液漏出及冒出。

(5)背上喷雾器后，应先摇动摇杆 6～8 次，使空气室内有一定压力，再打开开关进行喷洒，要边走边喷，每 3～4 步摇动摇杆 1 次，当空气室内的药液上升到安全水位线时，应立即停止打气，以防气室爆炸，发生意外事故。

(6)喷雾作业者，要戴口罩，穿长袖衫、长裤、鞋袜，戴手套等，注意人体勿与药液接触，且要顺风向喷洒，以防中毒。

(7)操作时，严禁吸烟和饮食，并且不可过分弯腰，以防药液漏出。

(8)换喷片时，受使喷片上的圆锥孔面向内，否则会影响喷雾效果。

(9)用剩的药液应存放在特定地方，妥善保管。操作完毕后应用肥皂洗手、洗脸。

(10)严禁用手拧喷雾器连杆，以免变形。

三、保养

(1)喷雾器使用完毕后，倒出药液箱内药液，用清水洗内外表面，并用清水倒入桶内再继续喷射几分钟，以免残留液侵蚀其他零件。

(2)拆下喷射部件，打开开关，将喷杆、胶管内余水排尽，擦干机件，置于阴凉干燥处。

(3)皮碗及牛皮垫圈在使用前后浸泡机油，防止干缩硬化，以保证密封性能和延长使用寿命。但塑料垫圈不能浸油。

(4)拆装塑料零件时，不要用力过猛，螺纹连接处不要拧得过紧，不漏水即可。

(5)备件包及小零件(喷头片、垫片等)，应妥善保管，以防遗失。

四、常见故障及排除方法

常见故障及排除方法见表5-1。

表 5-1　背负式喷雾器常见故障及排除方法

故障	产生原因	排除方法
接头处漏水	接头处无垫圈或损坏	检查接头处垫圈是否完整，接头零件有无缺损
药液喷洒不畅或喷不出雾	喷头阻塞	洗去污物(勿用金属物通孔)
	滤网阻塞	清洗滤网
	喷头体斜孔阻塞	清洗喷头体斜孔
	喷射部件某零件阻塞	逐级检查喷射部件
扳动摇杆感觉费力，打不进气	出水阀座玻璃球有污物	清洗或调换玻璃球
手压摇杆(手柄)感到不费力，喷雾压力不足，雾化不良	进水阀被污物堵塞	拆下进水阀，清洗
	牛皮碗干缩硬化或损坏	把牛皮碗放在动物油或机油里浸软，更换新品
	连接部位未装密封圈或密封圈损坏	加装或更换密封圈
	喷水管脱落	拧开胶管螺帽，装好吸水管
	安全网卸压	更换安全阀弹簧

续表 5-1

故障	产生原因	排除方法
手压摇杆（手柄）时用力正常，但不能喷雾	喷头堵塞	拆开清洗，注意不能用铁丝等硬物捅喷孔，以免扩大喷孔，使喷雾质量变差
	套管或喷头滤网堵塞	拆开清洗
泵盖处漏水	药液加得过满，超过泵筒上的回水孔	倒出部分药液，使液面低于水位线
	皮碗损坏	更换新皮碗
	胶管螺帽未拧紧	拧紧胶臂螺帽
各连接处漏水	螺纹未旋紧	旋紧螺纹
	密封圈损坏或未垫好	垫好或更换密封圈
	直通开关芯表面缺少油脂	在开关芯上薄薄地涂上一层油脂
直通开关拧不动	开关芯被农药腐蚀而粘住	拆下开关，放在煤油或柴油中清洗，如拆不开，可将开关放在煤油中浸泡一段时间后再卸

第三节　手摇喷粉器的维护技术

一、工作部件

喷粉器是利用风机产生的高速气流喷洒药粉，它主要由药粉箱、搅拌机构、输粉装置、风机及喷粉部件等组成。

药粉箱由薄铜板内涂有防腐油漆或由塑料制成，药粉箱内有搅拌机构，搅拌装置有机械式和气流式两种：机械式有叶片式、螺旋式和刮板式；气流式还兼有输粉作用。输粉装置是保证药粉均匀连续地输送到风机进风口或风机产生的气流中去。排粉量可通过调整排粉口的大小来控制。

手摇喷粉器的风机一般选离心式风机。离心式风机风速高，风量小。

喷粉部件由喷管和喷头组成，喷头有多种形式，如扁锥形、匙形、圆筒形等。扁锥形喷头喷出的粉流为扇形，适用于一般农作物喷粉；匙形喷头喷出的粉流有一定角度，适用于防治棉花虫害。

二、使用

手摇喷粉器的构造与工作原理大体相同，都是采用离心式风机，风机动力是来自转动手柄，通过增速齿轮带动风机叶轮旋转，在高速气流作用下形成粉流进行喷粉作业。手摇喷粉器从携带方法来分有背负式和胸挂式两种。使用方法如下：

(1)使用前，先把摇柄装好，试摇几转，观察机器是否正常。

(2)按时润滑轴承，当连续使用 150 桶粉后，要重新加油，并在桶身外部轴承小孔加入机油。

(3)药粉要干燥无杂物，装粉前应关闭开关，桶内粉量不超过 3/4。

(4)喷粉前，应摇动摇柄，使风扇叶片旋转后，旋松开关上的螺帽，调节至适当的喷粉量后再旋紧螺帽，以避免大量药粉进入风机内形成积粉，产生吸风口回粉现象。

(5)喷粉时，顺时针方向摇动手柄，摇动时应均匀一致。

(6)安全操作，操作人员应穿戴防护具(口罩、长裤、长衫、鞋袜等)。应顺风作业，以免发生中毒。

(7)在清晨或晚间有露水情况下作业时，喷头不要沾着露水，以免阻碍药粉喷出。

三、保养

(1)喷粉工作结束后，将喷粉器开关关闭，把桶内的剩余药粉全部倒出，用干布将残余药粉擦干净，将喷粉管拆下，把管子内外的残余药粉也清理干净。再空摇若干转，使残留在风箱内部的药粉吹尽，避免充药粉受潮结块而堵塞管路、腐蚀桶身及零件。

(2)按说明书规定，检查、调整各部件的技术状态，给各润滑点润滑。要保持清洁，及时清除泥污。

(3)喷药机的存放。全部作业结束后，若停放时间较长，除把药液箱、液泵和管道等用水清洗干净外，还应拆下三角皮带、喷雾胶管、喷头、混药器和吸水管等部件，将这些部件清洗干净后与机体一起放在阴凉干燥处。喷药机不能与化肥、农药等腐蚀性强的物品堆放在一起，以免锈蚀损坏。橡胶制品应悬挂在墙上，避免压、折损坏。

四、故障及其故障排除方法

故障及故障排除方法见表5-2。

表5-2 手摇喷粉器的常见故障的排除方法

故障现象	故障原因	排除方法
手柄和风机都能转动，但喷不出药或喷得很少	加粉时未关闭粉门开关，叶轮内积存大量药粉，引起堵塞	关闭粉门开关，拆下喷粉管，清除积粉
	粉门开关开度过大或手柄转动次数不够，引起药粉堵塞	清除积粉.适当减小粉门开关开度。增加手柄转动次数
	喷粉管路被堵塞	拆下喷粉管，清除管中积粉或杂物
	药量湿度太大	将药粉晒干，研细
	输粉器与粉箱底的间隙过大或过小	检查并调整输粉器与粉箱底的间隙。正常间隙应为2～3.3毫米
手柄沉重或摇不动	药粉内有杂物，堵塞搅拌片	倒出药粉，清除杂物，清理堵塞，清除粉中杂物
	齿轮箱变形或箱内部零件卡住	拆开齿轮籍，检查修理或更执零件
	粉箱底残留粉受潮结块，叶轮主轴被抱死	拆下搅拌片，清除结块药粉
手柄能摇动，但叶轮不转	齿轮与主轴间的销钉或主轴与叶轮连接的轴钉松动、脱出或折断	更换新件
出粉开关失灵	开关失去弹性	拆下风机齿轮箱部件，从桶身内取出开关片，加以调整

第四节 担架式机动喷雾机的维护技术

一、种类及特点

1.种类

担架式喷雾机由于所配用泵的种类不同而可分为两大类:担架式离心泵喷雾机(配用离心泵)和担式往复泵喷雾机(配用往复泵)。

担架式往复泵喷雾机还因所配用往复泵的种类不同而细分为3类:担架式活塞泵喷雾机(配用往复式活塞泵)、担架式柱塞泵喷雾机(配用往复式柱塞泵)和担架式隔膜泵喷雾机(配用往复式活塞隔膜泵)。

其中,担架式机动喷雾机(活塞泵)主要由担架、汽油机、三缸活塞泵、空气室、调压阀、压力表、流量控制阀、射流式混药器、吸水滤网、喷头或喷枪等组成(图5-3)。

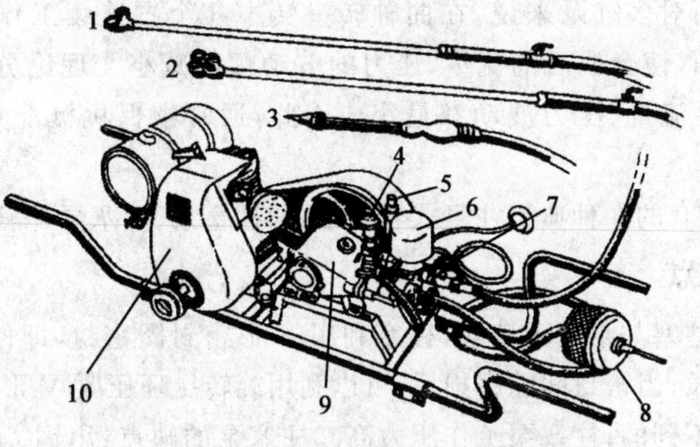

图5-3 担架式机动喷雾机(活塞泵)

1.双喷头 2.四喷头 3.喷枪 4.调压阀 5.压力表 6.空气室 7.流量控制阀 8.吸水滤网 9.三缸活塞泵 10.汽油机

2.特点

(1)虽然泵的类型不同,但其工作压力(≤2.5兆帕)相同,最大工作压力(3兆帕)亦相同。

(2)虽然泵的类型不同,泵的流量大小不同,但其多数还在一定范围(30~40升/分钟)内,尤其是推广使用量最大的3种机型的流量也都相同,都是40升/分钟。

(3)泵的转速较接近,在600~900转/分钟范围内,而且以700~800转/分钟的居多。

(4)几种主要的担架式喷雾机由于其泵的工作压力和流量相同,因而虽然其泵的类型不同,但与泵配套的有些部件如吸水、混药、喷洒等部件相同,或结构原理相同,因此有的还可以通用。

(5)担架式喷雾机的动力都可以配汽油机、柴油机或电动机,可根据用户的需求而定。

担架式喷雾机是机具的各个工作部件装在像担架的机架上,作业时由人抬着担架进行转移的机动喷雾机。由于喷射压力高、射程远、喷量大,可以在小田块里进行作业和转移,因而适用于河网地区和具备水源条件的平原、丘陵和山区防治大田作物、果树和园林的病虫害。

二、工作部件

(一)药液泵

目前担架式喷雾机配置的药液泵主要为往复式容积泵。往复式容积泵的特点是压力可以按照需要在一定范围内调节变化,而液泵排出的液量(包括经喷射部件喷出的液量和经调压阀回水液量)基本保持不变。往复式容积泵的工作原理是靠曲柄连杆(包括偏心轮)机构带动活塞(或柱塞)运动,改变泵腔容积,压送泵腔内液体使液体压力升高,顶开阀门排送液体。就单个泵缸而言,曲轴一转中,半转为吸水过程,另外半转为排水过程,同时还由于活塞运动的线速度不是匀速的,而是随曲轴转角正弦周期变化,所以排出的流量是断续的,压力是波动的;而对多缸泵来说,在曲轴转一转中几个缸连续工作,排出的波动的流量和压力可以相互叠加,使合成后的流量、压力的波动幅值减小。理论分析和试验都表明,多缸泵中三缸泵叠加后流量、压力波动都最小。因此,通常植保机械配置的往复式容积泵多为三缸泵。

担架式喷雾机配套的3种典型往复式容积泵,即柱塞泵、活塞泵、隔膜泵,各有优缺点。

1. 柱塞泵的优缺点

柱塞泵的优点:柱塞与泵室不接触,柱塞利用V形密封圈密封,即使有杂质沉淀,柱塞也不易磨损,使用寿命长;当密封间隙磨损后,可以利用旋转压环压紧V形密封圈调节补偿密封间隙,这是活塞泵做不到的;柱塞泵工作压力高。柱塞泵的缺点:用铜、不锈钢材料较多,比活塞泵重量重。

2. 活塞泵的优缺点

活塞泵的优点:活塞为橡胶碗,为易损件,与柱塞泵比较不锈钢用量少、泵缸(唧筒)简单,可用不锈钢管加工,加工较简单。活塞泵的缺点:活塞与泵缸接触密封而且相对运动,药液中的杂质沉淀,在活塞碗与泵缸间成为磨料,加速了泵缸与活塞的磨损。

3. 隔膜泵的优缺点

隔膜泵的优点:泵的排量大,泵体、泵盖等都用铝材表面加涂敷材料,用铜、不锈钢材少;制造精度要求低,制造成本低。隔膜泵的缺点是;隔膜弹性变形,使流量不均匀度增加;双缸隔膜泵流量、压力波动大,振动较大。

(二)吸水滤网

吸水滤网是担架式喷雾机的重要工作部件,但往往被人们忽视。当用于水稻田采用自动吸水，自动混药时，就显示出它的重要性。吸水滤网结构由插杆、外滤网、上下网架、滤网、滤网管、胶管及胶管接头螺母等组成。使用时，插杆插入土中，当田内水深 7～10 厘米时，水可透过滤网进入吸水管，而浮萍、杂草等由于外滤网的作用进不了吸水管路，保证了泵的正常工作。

(三)喷洒部件

喷洒部件是担架式喷雾机的重要工作部件，喷洒部件配置和选择是否合理不仅影响喷雾机性能的发挥，而且影响防治工效、防治成本和防治效果。目前国产担架式喷雾机喷洒部件配套品种较少，主要有两类：一类是喷杆；另一类是喷枪。

(1)喷杆。担架式喷雾机配套的喷杆，与手动喷雾器的喷杆相似，有些零件就是借用手动喷雾器的。喷杆是由喷头、套管滤网、开关、喷杆组合及喷雾胶管等组成。喷雾胶管一般为内径 8 毫米，长度 30 米高压胶管两根。喷头为双喷头和四喷头，该喷头与手动喷雾器不同之处是涡流室内有一旋水套。喷头片孔径有 1.3 毫米和 1.6 毫米两种规格。

(2)远程喷枪。主要适用于水稻田从田内直接吸水。并配合自动混药器进行远程（即人站在田埂上）喷洒。其结构是由喷头帽、喷嘴、扩散片、并紧帽和枪管焊合等组成。

三、保养

(1)每天作业完后，应在使用压力下，用清水继续喷洒 2～5 分钟，清洗泵内和管路内的残留药液，防止药液残留内部腐蚀机件。

(2)卸下吸水滤网和喷雾胶管，打开出水开关；将调压阀减压手柄往逆时针方向扳回，旋松调压手轮，使调压弹簧处于自由松弛状态。再用手旋转发动机或液泵排除泵内存水，并擦洗机组外表污物。

(3)按使用说明书要求，定期更换曲轴箱内机油。遇有因膜片（隔膜泵）或油封等损坏，曲轴箱进入水或药液，应及时更换零件修复好机具并提前更换机油。清洗时应用柴油将曲轴箱清洗干净后，再换入新的机油。

(4)当防汛季节工作完毕，机具长期贮存时，应严格排除泵内的积水，防止天寒时冻坏机件。应卸下三角皮带、喷枪、喷雾胶管、喷杆、混药器、吸水滤网等，清洗干净并晾干。能悬挂的最好悬挂起来存放。

(5)对于活塞隔膜泵，长期存放时，应将泵腔内机油放净，加入柴油清洗干净，然后取下泵的隔膜和空气室隔膜，清洗干净。

四、常见故障及其排除方法

担架式喷雾机常见故障及排除方法见表 5-3。

表 5-3　担架式喷雾机常见故障及排除方法

故障现象	原因	排除方法
液泵无排液量或排液不足	新的液泵或有一段时间不用的液泵,因空气在里面循环而吸不上液体	使调压阀在"加压"状态,以切断空气的循环通路,并打开截止阀。来排除空气
	吸水滤网孔堵塞或滤网露出液外	清除堵塞物,将网全部浸入液体中
	吸水滤网或回水管的接头螺母内未放垫圈	加放垫圈,拧紧螺母
	三角胶带太松,有跳动打滑现象,或发动机转速未调整到正常运转状态	调整胶带张紧度,或调整发动机转速,使液泵达到规定的转速
	活塞碗损坏或装反,不起活塞作用	更换活塞碗或调整安装方向
	活塞碗托与平阀密合处,或出水阀与平阀密合处有杂质搁住,或这些阀的平面损坏	除去杂质,阀平面损坏轻微的可用砂布打光,不能修整时应换新阀
	唧筒磨损或拉毛	更换唧筒
	出水阀弹簧折断或磨损	更换弹簧
	出水臂道如截止阀、喷枪、混药器等处堵塞	清除堵塞物,保持畅通
	柱塞密封圈未压紧或已损坏,漏水严重	压紧密封圈或更换,压注润滑脂
	隔膜破裂	更换
压力调不高,喷出药液无冲击力	调压阀压力未调好,调压柄未扳足,使回水增多,因而压力不高	把调压柄向逆时针方向扳足,再把调压轮向"高"的方向旋紧,以调高压力
	调压阀阀门与阀座之间有杂质或磨损破裂	去除杂质,更换阀门或阀座
	调压阀因污垢阻塞而卡死,不能随压力变化而上下滑动	拆开清洗,加注少量润滑油,使上下滑动灵活
	调压阀弹簧断裂	更换
压力表指示不稳定	压力表柱塞因污垢而卡死,必能随压力变化而上下滑动	拆开清洗,加注少量润滑油,使上下滑动灵活
	吸水网堵塞	清除杂物
	阀门被杂物捆住或损坏	清除杂物或更换
	隔膜气室充气不足或隔膜破裂或气嘴漏气	打气、更换隔膜或气嘴
混药器吸不上母液或混药不匀	液泵流量不足,压力不高,流速低,工作不正常	调整液泵使其工作正常
	射嘴与衬套的间隙不对或内孔磨损	用(16×20×0.6)毫米镀锌垫圈调整间隙到1.5～2.6毫米之间,或更换磨损的射嘴与衬套
	喷雾液胶管接得太长	以不超过60米为宜
	喷药滤网堵塞或塑料吸引管损坏	清除堵塞或更换吸引管
	停车时水倒流入母液,由于玻璃球磨损或T形接头的阀线损坏	更换玻璃球或T形接头
	选用的喷射部件不适当	换装适用的喷射部件

续表 5-3

故障现象	原因	排除方法
喷嘴、喷头雾化不良	喷枪喷嘴有杂质堵塞或喷嘴孔磨损过大	清除杂质或更换新喷嘴
	喷头孔堵塞，喷头片孔或旋水套磨损	清除杂质或更换喷头片、旋水套
漏水、漏油	压力表柱塞上密封环损坏，或柱塞方向装反，形成表下小孔漏水	更换密封环，调换方向（有密封环的一端向下）
	调压阀阻塞，上密封环损坏，形成套管处漏水	更换密封环
	气室座、吸水座的密封环槽内有杂质或密封环损坏，形成与唧筒或暖水管接合处漏水	清除杂质或更换密封环
	山形密封圈方向装反或损坏，形成吸水座下小孔漏水或漏油	调整安装方向或更换山形密封（按结构零件图）
	油封损坏或曲轴轴颈敲毛，形成轴承透盖近曲轴伸出端漏油	更换油封或用细砂布修整轴颈，拉毛严重的可更换曲轴
	螺钉未拧紧或衬垫损坏，形成轴承盖或轴承透盖的下方有油渗出	拧紧螺钉或更换衬垫
	螺钉未拧紧或箱盖垫片损坏，形成抽窗下方有油渗漏	拧紧螺钉或更换箱盖垫片
	柱塞密封破损	更换
泵体过热	曲轴箱润滑油太少	加油
	轴承间隙及其他配合部分间隙不当	检查、调整
	零件清洗不净或毛刺未除	清洗、去毛刺

第五节　背负式喷粉机的维护技术

一、结构与原理

背负式喷粉机是一种轻便、灵活、效率高的植物保护机械。主要适用于大面积农林作物（如棉花、玉米、小麦、水稻、果树、茶叶、橡胶树等）的病虫害防治及化学除草、仓储除虫、卫生防疫等工作。它不受地理条件限制，在山区、丘陵地区及零散地块上都很适用。

背负式喷雾喷粉机主要由机架、离心风机、汽油机、燃油箱、药箱及喷洒装置等组成，它采用气流输粉原理。

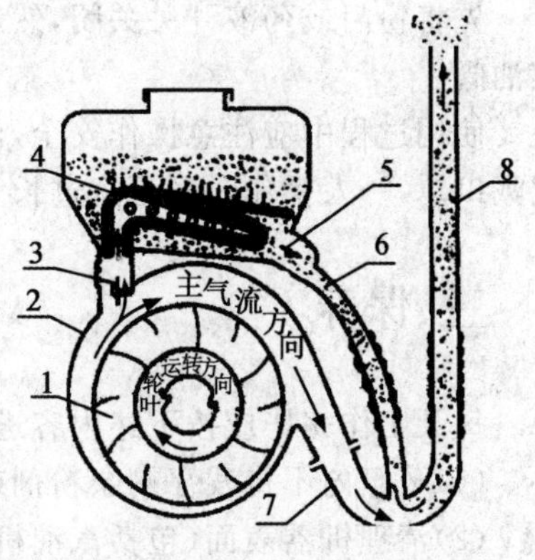

图 5-4　背负式喷粉机工作原理

1.叶轮　2.风机壳　3.进气阀　4.吹粉管　5.粉门　6.输粉管　7.输气管　8.喷管

背负式喷粉机工作原理如图 5-4 所示。汽油机带动叶轮旋转，产生高速气流，大部分气流流经喷管，少量气流经出风筒进入吹粉管、进入吹粉管的气流由于速度高又有一定压力，这时风从吹粉管周围的小孔吹出，使药箱内的药粉松散，并吹向粉门体。由于弯头中气流的流动，在输粉管下粉口处形成负压，而产生吸粉作用，将输粉管中的粉剂吸向弯头内，并被由风机产生的高速气流吹送，经过喷管而喷出。

二、使用

1. 启动前的准备

检查各部件安装是否正确、牢固；新机器或封存的机器首先排除缸体内封存的机油；卸下火花塞，用左手拇指稍堵住火花塞孔；然后用启动绳拉几次，将多余油喷出；将连接高压线的火花室与缸体外部接触；用启动绳拉动启动轮，检查火花塞跳火情况，一般蓝火花为正常。

2. 启动

(1)加燃油；(2)开燃油阀；(3)揿加油杆至出油为止；(4)调整阻风门；(5)拉启动绳启动。

3. 喷洒作业

(1)喷雾作业方法。全机具应处于喷雾作业状态，先用清水试喷，检查各处有无渗漏。然后根据农艺要求及农药使用说明书配比药液。药液经滤网加入药箱，盖紧药箱盖。

机具启动，低速运转。背机上身，调整油门开关使汽油机稳定在额定转速左右。然后开启手把开关。

喷药液时应注意：开关开启后，严禁停留在一处喷洒，以防引起药害；调节行进速度或流量控制开关(部分机具有该功能开关)控制单位面积喷量。

因弥雾雾粒细、浓度高，应以单位面积喷量为准，且行进速度一致，均匀喷洒，谨防对植物产生药害。

(2)喷粉作业方法机具处于喷粉工作状态。关好粉门与风门。所喷粉剂应干燥，不得有杂物或结块现象。加粉后盖紧药箱盖。

机具起动低速运转，打开风门，背机上身。调整油门开关使汽油机稳定在额定转速左右。然后调整粉门操纵手柄进行喷洒。

4. 停止运转

先将粉门或药液开关关闭，然后减小油门使汽油机低速运转，3～5 分钟后关闭油门，关闭燃油阀。

使用过程中应注意操作安全，注意防毒、防火、防机器事故发生。避免顶风作业，操作时应配戴口罩，一人操作时间不宜过长。

三、保养

每天工作完毕应按下述内容进行保养：

(1)药箱内不得残存剩余粉剂或药液。

(2)清理机器表面(包括汽油机)的油污和灰尘。

(3)用清水洗刷药箱，尤其是橡胶件、汽油机切勿用水冲洗。

(4)拆除空气滤清器，用汽油清洗滤网。喷撒粉剂时，还应清洗化油器。

(5)检查各部螺钉是否松动、丢失，油管接头是否漏油，各接合面是否漏气，确定机具处于正常工作状态。

(6)保养后的机具应放在干燥通风处，避免发动机受潮受热导致汽油机启动困难。

四、常见故障及其排除方法

常见故障及其排除方法见表 5-4。

表 5-4　常见故障及其排除方法

故障现象	产生原因	排除方法
粉量前多后少	机器本身存在着前多后少缺点	开始时可用粉门开关控制喷量
粉量开始就少	粉门未全开	全部打开
	粉湿	换用干粉
	粉门堵塞	清除堵塞物
	进风门未全开	全打开
	汽油机转速不够	检查汽油机
药箱跑粉	药箱盖未盖正	重新盖正
	胶圈未垫正	垫正胶圈
	胶圈损坏	更换胶圈
不出粉	粉过湿	换干粉
	进气阀未开	打开
	吹粉管脱落	重新安装
粉进入风机	吹粉管脱落	重新安装
	吹粉管与进气胶圈密封不严	封严
	加粉时风门未关严	先关好风门再加粉
叶轮组装擦机风壳	装配间隙不对	加减垫片检调间隙
	叶轮组装变形	调平叶轮组装(用木槌)
喷粉时发生静电	喷臂为塑料制件，喷粉时粉剂在管内高速冲刷造成摩擦起电	在两卡环之间连一根铜线即可，或用一金属链一端接在机架上，另一端与地面接触
喷雾量减少或喷不出来	喷嘴堵塞	旋下喷嘴清洗
	开关堵塞	旋下转芯清洗
	进气阀未打开	开启进气阀
	药箱盖漏气	盖严、检查胶圈是否垫正
	汽油机转速下降	检查下降原因
	药箱内进气管拧成麻花状	重新安装
	过滤网组合通气堵塞	扩孔疏通

续表 5-4

故障现象	产生原因	排除方法
垂直喷雾时不出雾	如无上述原因,则是喷头抬得过高	喷管倾斜一角度达到射高目的
输液管各接头漏液	塑料管因药液浸泡变软致使连接松动	用铁丝拧紧各接头或换新塑料管
手把开关漏水	开关压盖未旋紧	旋紧压盖
	开关芯上的垫圈磨损	更新垫圈
	开关芯表面油脂涂料少	在开关芯表面涂一层少量浓油脂
药箱盖漏水	未旋紧药箱盖	旋紧药箱盖
	垫圈不正或胀大	重新垫正或更换垫圈
药液进入风机	进气塞与进气胶圈配合间隙过大	更换连气胶圈或将进气塞周围一层胶布,使之与进气胶圈配合有一定紧度
	进气胶圈被药液腐蚀失去作用	更换新的
	进气阀与过滤网组合之间进气管脱落	重新安好,用铁丝紧固

第六节 牵引式和悬挂式喷杆喷雾机的维护技术

一、用途

本机主要用于喷施化学除草剂、杀虫剂或喷施微肥等。广泛用于棉花、玉米、大豆、小麦、水稻、马铃薯等农作物及中草药、牧草等植物的播前土壤处理,苗期灭草及病虫害防治。

二、结构与工作原理

(一)结构

牵引式和悬挂式喷杆喷雾机主要由机架、药箱、喷杆、吸水装置及液泵等部件组成。药液箱内装有液力搅拌管。水路系统由换向阀、过滤网等部件组成,起到控制吸水,喷洒分配与调节水路压力作用(牵引式见图 5-5,悬挂式见图 5-6)。

(1)液泵:喷雾机配置活塞式隔膜泵。

(2)喷杆:喷杆为分段结构,左右对称、坚固可靠。

(3)喷嘴:喷嘴的主要作用是将药液雾化、并将它们均匀地分布到被喷洒物的表面。喷嘴的流量、喷射角度和雾滴大小依赖于喷嘴的类型和工作压力。

喷嘴的选用和布置方式喷杆喷雾机喷洒除草剂对土壤进行处理时,要求雾滴覆盖均匀,常安装钢玉瓷铰缝喷嘴。为获得均匀的雾滴分布,通常喷杆上的喷嘴间距为 0.5 米,作业时喷嘴

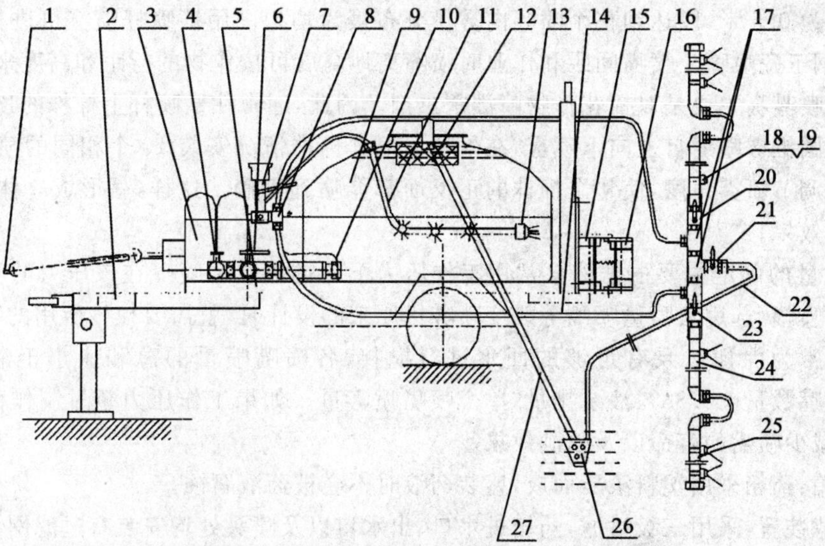

图 5-5　牵引式喷杆喷雾机示意图

1.万向节传动轴　2.牵引架　3.活塞式隔膜泵　4.药泵进水阀　5.底盘　6.放水阀　7.调压阀　8.高压出水三通　9.药箱　10.过滤器　11.搅拌管　12.滤框　13.搅拌喷嘴　14.液泵高压出水管　15.主翼喷杆桁架　17.三通　18-19.喷头　20-21.球阀　22.高压射流管　23.球阀　24.主翼喷杆　25.侧翼喷杆　26.射流泵泵体　27.上水管

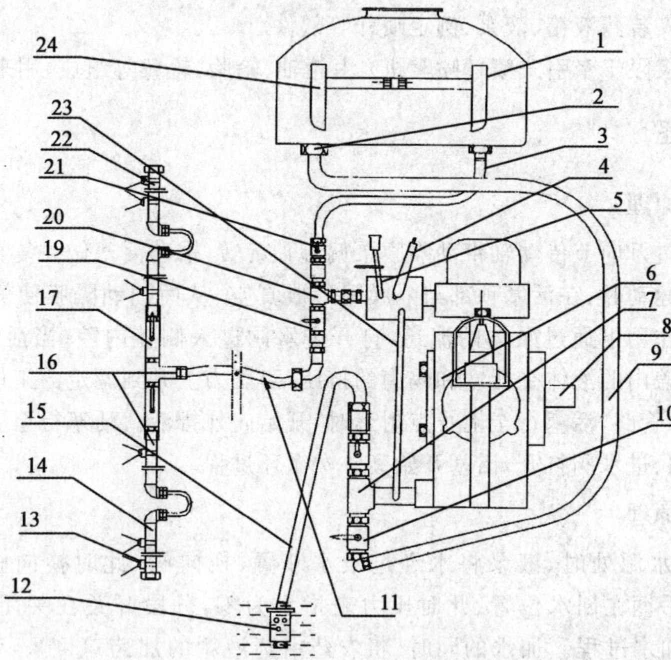

图 5-6　悬挂式喷杆喷雾机示意图

1.药液箱　2.过滤器　3.上水管　4.压力表　5.调压阀　6.活塞式隔膜泵　7.吸水阀　8.泵轴　9.出液管　10.进水阀　11.高压出水管　12.吸水头　13.喷头　14.右侧翼喷杆　15.吸水管　16.主翼喷杆　17.主翼喷杆球阀　19.喷雾球阀　20.高压出水三通　21.上水球阀　22.左侧翼喷杆　23.回水管　24.机架牵

的离地高度为 0.5 米，以达到整个喷幅内雾量分布最为均匀。用横喷杆喷雾机进行苗带喷雾时，常安装钢玉瓷喷嘴。喷嘴间距和作业时喷嘴离地高度可按作物的行距和高度来确定。

吊杆式喷雾嘴主要是对棉花作物喷洒杀虫剂。因此，通常在横喷杆上棉株的顶部位置，安装一只空心圆锥雾喷嘴自上向下喷雾，在吊杆上根据棉株情况安装 10 个相同的喷嘴，还可根据需要任意调节喷雾角度，使整个棉株的正反面都能喷到雾滴。这样，就形成立体喷雾，达到治虫的最佳效果。

喷嘴数量的确定主要根据液泵常用工作压力下的排液量和喷嘴在该压力的喷雾量来确定。当增大喷幅、选用大喷量喷嘴等改变喷雾机原来的设计时，就需要校核所用的喷嘴数量是否合适。通常为保证液泵有足够的回水进行搅拌，各喷嘴喷量的总和应小于液泵排量的 88%。即喷嘴数量<0.88×液泵排量/单个喷嘴喷雾量。如果工作压力超过制作商推荐的压力值，将会减少喷嘴的寿命以及喷洒效果。

(4)药箱：药箱采用塑料滚压而成，盛装药液时不会被药液腐蚀。

(5)过滤装置：采用三级过滤，药箱进水口、出水口以及喷头处均安装有过滤网。其中位于药箱底部的出水口处的过滤网可有效防止灰尘或者杂质进入活塞式隔膜泵中。

(6)万向节传动轴：用来将拖拉机的动力传给液泵。使用前检查万向节传动精度，必要时同时去除部分内管和外管，内、外管之间要留有间隙，以免拖拉机转弯时损坏液泵。

(7)洗手壶：塑料洗手壶的容积为 15 升，很容易接近，洗手壶内必须装清水用于洗手，或者在处理化学药品过程中喷溅到身体其他部位时，必须及时用清水清洗。

(8)机架：用来安装药液箱、液泵、例定喷杆等部件。

(9)行走装置(仅限于牵引式喷杆喷雾机) 由轮轴、轮胎、轮毂等组成，用来支撑机架。

(二)工作原理

1. 隔膜泵工作原理

动力输出轴通过万向节传动轴带动隔膜泵偏心轴旋转，推动活塞做往复直线运动，当活塞由上止点向下止点运动时，在活塞顶部与隔膜间形成真空，从而抽动隔膜使侧盖内形成真空，液体在入气压力的作用下通过泵体的流道，打开进水阀进入侧盖内腔；当活塞由下止点上行时，进水阀关闭，侧盖内的液体受活塞和隔膜的挤压，当压力上升到调定的工作压力时，出水阀打开、液体进入出水管路，活塞行至上止点附近时，开始向外排液。活塞行至上止点时，排液过程结束，出水阀关闭、进水阀打开，活塞开始又一次循环过程。

2. 喷雾机工作原理

将机组行进至水源处时，液泵将水经过吸水装置、换向阀(此时换向阀手柄在吸水位置)、调压换向阀(手柄在回水位置、此时压力表指示为零，分段开关在关闭位置)的回流管打入药液箱，完成加水过程。加水的同时，将农药由药液箱的加药口倒入，利用加水过程进行液力搅拌。

该机组在田间行走时，液泵将药箱内的药液经过过滤器、吸水换向阀(此时手柄在喷射位置)、调压换向阀(旋动调压阀手轮可调整工作压力)、球阀开关(此时在开启位置)，压力表(0.3～0.5 兆帕)，一部分药液通过分段开关经胶管进入喷杆最后经防滴喷嘴喷出。另一部分经调压换向阀回流管进入药箱进行回流搅拌。当不需要全喷幅喷雾时，可根据需要操纵分段开关,关闭部分喷嘴。由喷头喷出的药液,在克服了空气阻力、液体黏滞力和表面张力之后,分散成单个的雾滴;空气中高速运动的雾滴,由于其内部压力与表面压力不平衡,使雾滴继续变形,直至破裂成极小的雾粒,最后喷至植株的茎叶上。

关闭部分喷嘴的同时切记调压阀减压。如果工作压力超过制造商推荐的压力值,将会减少喷嘴的寿命以及喷洒效果。

三、使用

(一)喷雾机田间喷洒作业操作规程

1. 田间喷洒前的准备

(1)根据不同作物的不同生长期、不同的病虫害,选择正确的农药及合适的使用方法。

(2)根据注册许可的农药推荐用量和田块条件,选择施液量和前进速度。

(3)根据喷幅、前进速度和施液量,算出所需喷头的喷量。

2. 选择推荐压力范围

喷洒除草剂的推荐工作压力为 0.3 兆帕,喷洒杀虫杀菌剂的推荐工作压力为 0.3～0.5 兆帕。

3. 喷头或喷嘴的选用

(1)喷头要能适应施液量、压力、前进速度和喷幅要求。

(2)喷头的型式要能适合防治任务:喷洒杀虫、灭菌剂时使用圆锥雾喷头;喷洒除草剂时使用普通扇形雾喷头;行上或行间除草时使用均匀型扇形雾喷头。

(3)使用喷杆喷雾机喷洒除草剂时须使用装有防滴阀的喷头体。

4. 检查喷雾机的工作性能

(1)做好机具的准备工作,如对运动件润滑,拧紧已松动的螺钉、螺母,对轮胎充气等。

(2)给液泵加油、充气,检查固定泵的螺丝是否拧紧,驱动液泵低速试运转约 30 秒。

(3)务必使喷雾机上的全部零件、部件上确无异物且性能良好,工作可靠。

(4)检查喷头或喷嘴及内部零件有无明显的磨损、缺陷,规格和型号是否合适。

(5)用水在预定的工作压力下检查每个喷头的喷量、喷雾角和雾形是否一致和符合标准规定及药液分布。

5. 检查雾流形状和喷嘴喷量

(1)喷杆喷雾机各喷头间喷量的差异不得大于喷量平均值的±15%;在常用工作压力平均值时,喷杆上各喷头的喷量分布均匀性变异系数不得大于 20%,喷雾角及雾形有明显差异,喷量大于其他检查过的喷头喷量的平均值 20%以上的单只喷头,应予以更换。具体方法如下:在药液箱里放入一些水,原地开动喷雾机,在工作压力下喷雾,观察各喷头的雾流形状,如有明显的流线或歪斜应更换喷嘴。然后在每一个喷头上套上一小段软塑料管,下面放上容器,在预定工作压力下喷雾,用秒表计时,收集在 30～120 秒时间内每个喷头的雾液,测定每一样品的液量,并算出其变异系数,如变异系数大于 15%,则应当调整喷嘴位置或更换喷嘴,重新测定,直至所有喷头沿喷幅方向的喷雾量变异系数小于20%为止。

(2)喷雾机正常工作后，在0.3兆帕压力下关闭截流阀20秒后，在1分钟内允许2个或3个喷头滴漏，滴液总量不得大于10滴，单只喷头滴液量不得大于3滴。

(3)调压安全阀应灵敏、可靠。

(4)回流搅拌量不少于药箱体积容量的5%。

6. 校核实际施药液量

农田病虫害的防治是由单位面积所需农药量来确定的。但由于选用的喷雾机具和雾化方法不同，所需水量变化很大。应根据不同喷雾机具和施药方法的技术规定来决定田间施药液量。

7. 确定行走速度

拖拉机的行走速度，应根据实际作业情况首先测定喷头流量，并确定机具有效喷幅，可选择拖拉机相应的速挡进行作业。若计算的行走速度过低或过高，实际作业有困难时，在保证药效的前提下，可适当改变药液浓度，以改变施药液量，或更换喷头来调整作业速度。

8. 调整实际施药液量

如实际施液量不符合要求，可用下面三种方法改变：

(1)改变工作压力，由于压力要增加为4倍时，喷量才增加1倍，压力调得太高或太低会改变雾流形状和雾滴尺寸，所以只适用于施液量改变得不大的情况。

(2)改变前进速度，亦只适合于施液量变动量小于25%时。

(3)改变喷嘴的型号。

9. 给药箱加水

将机组开至水源处，把吸水装置放入水源水面以下，将吸水换向阀手柄扳到吸水位置，将调压换向阀手柄扳到回水位置，旋转调压阀手轮使压力表指针为0(此时分段开关处于关闭位置)，驱动液泵向药箱加水。

10. 配比

药箱加水后，停泵、将吸水装置取出、收起，根据农艺要求完成配比药液浓度。

11. 搅拌

搅拌农药是喷雾机作业的重要步骤之一，搅拌不均匀将造成施药量不均匀。搅拌可以在药液箱里加入约半水箱水后加入农药进行，而后边加水边加药；可湿性粉剂一类农药，要一直搅拌到一箱药液喷完为止；对于乳油和可湿性粉剂，先在小容器里加水混合成乳剂或糊状物，然后再加到存有水的药液箱中搅拌，可以搅拌得更均匀，还可将吸水换向阀手柄扳向喷雾位置、驱动液泵对药液进行充分搅拌，搅拌均匀后并将调压换向阀手柄扳到喷雾位置。

12. 起动

(1)给液泵加油、充气，检查固定泵螺丝是否拧紧。

(2)启动拖拉机，怠速运转3～5分钟。

(3)缓慢接合动力输出轴，以低速运转3～5分钟。当机器无异常声响时方可进行下一步的工作，如有异常声响应立即停机检查并排除故障。

(4)向药箱加水。

(5)药箱加满水后，停泵、将吸水装置取出、收起，根据农艺师要求完成配比药液浓度。

(6)动液泵对药液进行充分搅拌。如果使用湿粉末农药，将其加入药箱之前应首先溶解。在混合农药的过程中，发动应该在低速下运转。

(7)进行以上各步操作时严禁超速运转。

13. 田间操作

(1)展开喷杆，根据作业面宽度确定关闭或打开分配开关调节喷幅，如喷雾宽度太小，切记调压阀减压。

(2)根据地形、风力及农作物的高低由液压操纵杆调节喷头离作业面的高度。

(3)避免污染作业区，应在风速低于 8 千米/小时，温度低于 32℃时进行喷洒作业。

(4)操作者应穿戴适用、安全的用具和防护服，尽可能使人体不接触雾流。

(5)驾驶员必须使前进速度和工作压力保持稳定。

14. 停机

(1)每次工作完毕后，打开药箱底部的放水阀，将药液放尽，然后驱动液泵转动。在脱水空转状态下运转 3 分钟，以便排尽液泵和管道内的残余药液。

(2)用清水进行"喷雾"数分钟，冲洗药箱及其他部件上的泥土、残药。

(3)将喷杆折叠、调节好高度，将限位机构挂钩挂好，喷杆折叠固定后方能驶出作业场地。

15. 操作注意事项

(1)不同的药液、浓度施药量各异，使用前请咨询农艺师，以免喷洒后产生药害或达不到灭虫效果。

(2)作业时根据风力大小或雾化情况，逆时针方向旋松调压手轮(减压)，驱动液泵至所需转速，旋转调压手轮(增压)、观察压力表至所需工作压力，调至 0.3～0.5 兆帕即可作业。

(3)使用喷枪时，将喷枪开关开启，其余分段开关关闭，旋松调压手轮驱动液泵重新调压。

(4)清洗、作业后，将喷杆折叠、调节好高度，将限位机构挂钩挂好，喷杆折叠固定后方能驶出作业场地。

(5)使用喷枪和混药器时要用清水试喷，检查各接头处有无渗漏现象。

(6)喷药液时不要离作物太近，应扩散成雾使喷洒均匀。

(7)停喷时必须待水泵压力降低后才可关闭。

(8)检修喷雾机管路及液泵时必须先降低管路中的压力。在打开压力式药液箱时，要先放掉箱内的压缩空气。

(9)喷雾机在调整工作压力时，不允许超过规定的最高压力。

(10)应时刻注意喷头是否堵塞和泄漏。

(11)控制行走方向，不使喷幅与上一行重叠或漏喷。

(12)药液箱用空时易造成液泵脱水运转。

(13)作业时应避免喷杆碰撞障碍物等。

四、保养

(1)每班作业前应向泵腔内补足 14 号机油或 11 号柴油，并向泵气室充气并检查其压力。

(2)在开始工作几个小时后,检查螺栓、螺母和夹具是否紧固,特别要注意固定水箱的螺栓、螺母传动轴紧固螺栓。

(3)检查、更换已堵塞的喷嘴和防滴性能不好的喷头组件。

(4)检查、调整各部件的技术状态符合要求。

(5)给各润滑点加注润滑油、脂。每隔 50 小时或者每天,检查液泵的机油高度,检查、清洗滤芯、如必要更换滤芯,检查、清洗农药过滤网,润滑喷杆连接销;每隔 100 小时或者每天拧紧泵、车轮、水箱等固定螺栓,检查、调整轮胎压力,更换泵内机油。

(6)完成喷药作业以后,清洗水箱,并空运转喷雾机。卸下、清洗、更换喷嘴;清洗所有滤网和过滤器,清洗喷雾机的内、外侧。

(7)每工作 100 小时后,检查泵隔膜、气室膜片和进出水阀门等部件是否有损坏现象。如隔膜损坏,药液进入泵腔,应放净泵腔内机油,用轻柴油清洗后更换新机油。

(8)清洗。

①每天喷完药后都要清洗喷嘴,在喷药过程中如果发生堵塞及时清洗。

②为了避免驾驶员和工人中毒,在开始保养喷雾机之前,要清洗喷雾机。

③清水冲洗:每天喷雾作业结束后要用清水喷洒几分钟,以清除药液箱、液泵和管道内残存的药液,最后将清水排除干净。

④每喷洒一种农药之后、喷雾季节结束后或在修理喷雾机前,必须仔细地清洗喷雾机。每次加药后,应立即清除溅落在喷雾机外表面上的农药。喷雾机外表要用肥皂水或中性洗涤剂彻底清洗,并用清水冲洗。坚实的药液沉积物可用硬毛刷刷去。用过有机磷农药的喷雾机,内部要用浓肥皂水溶液清洗。

喷有机氯农药后,用醋酸代替肥皂清洗。最后,泵吸肥皂水通过喷杆和喷头加以清洗。在进行任何保养工作之前,要停止喷雾机、制动刹车闸、垫好车轮、关闭发动机。

(9)存放。

①彻底放净水路系统及各部件内的残液并用清水将药箱内、外各水路部件清洗干净,防止腐蚀管路或天寒冻坏部件。

②拆下三角皮带、喷雾胶管、喷头、混药器和吸水管等部件。

③取下铜质的喷嘴、喷头片和喷头滤网,放入清洁的柴油中清洗干净。

④用无孔的喷头片装入喷头中,以防脏物进入管路。

⑤卸下压力表,旋松调压手轮。

⑥泵内更换新润滑油,各运动部位擦拭干净,加润滑油或涂润滑脂,以防锈死。

⑦橡胶制品应悬挂在墙上,避免压、折损伤。

⑧将喷雾机置于棚内,防止药液箱被日晒。

⑨喷雾机不能与化肥、农药等腐蚀性强的物品堆放在一起,以免锈蚀损坏。

五、常见故障及排除方法

牵引式和悬挂式喷杆喷雾机常见故障及排除方法见表 5-5。

表 5-5　牵引式和悬挂式喷杆喷雾机常见故障及排除方法

主要故障	产生原因	排除方法
压力失灵或压力调不上去	泵转速低	调整动力输入转速致 540 转/分钟
	过滤滤芯堵塞	清洗滤芯
	出水管受阻	检查过滤器与泵之间的水管有没有扭曲。检查药箱到过滤器之间的水管是否堵塞
	系统泄漏	药箱加满水，打开阀门，查看是否水流顺畅，检查药箱出口和泵进口的环形卡箍是否连接好
	喷嘴堵塞	检查喷嘴流速是否达到推荐值。当流速小于规定的10%时更换喷嘴，只使用推荐制造商的喷射机
	泵进水管吸瘪或折死	更换吸水管
	泵工作隔膜破裂	更换隔膜
	隔膜泵进出水阀被杂物卡住或损坏	拆开隔膜侧盖，清除杂物或更换进出水阀
	隔膜泵调压阀座磨损或调压阀座与锥阀之间有杂物	反复扳动减压手柄几次，冲去杂物。如果没有效果则应拆开调压阀进行检查清洗或更换锥阀
	压力表损坏	修理、更换压力表
	泵进水管漏气	检查、修、更换
	调压阀内部件损坏	更换调压阀部件
	调压阀阻塞卡死	将阻塞拔下、蘸机油冲洗后重装
	调压阀锁紧螺母位置不对	重新调整锁紧螺母位置
加油杯漏水	隔膜泵的隔膜破裂	停机后检查并更换隔膜
喷头不喷雾	喷孔堵塞	清除堵塞物
	液泵不供液	检查液泵是否正常工作，清洗吸水三通阀处的过滤器
防滴喷头滴水不防滴	防滴体内的防滴片弹簧等件损坏	拆卸更换
	阀口处有夹杂物	拆卸清洗
动力不足，喷药量不足	液泵没有启动	喷雾器运转至 540 转/分钟，目视检查泵是否正在运行
	药箱缺药液	系统内的药液应保证正常运行的最少量
	滤芯不清洁	清洗滤芯，或者根据水质选择滤芯
	水管堵塞	检查过滤器与泵之间的水管有没有扭曲，检查药箱到过滤器之间的水管是否堵塞，药箱加满水，打开阀门，查看是否水流顺畅
	系统泄漏	检查过滤器密封圈是否泄漏
压力不稳	进口有空气	检查水管、过滤器垫圈等是否损坏，如有必要进行维修
	调压器阻塞	检查调压器鼻尖，清洗或更换

续表 5-5

主要故障	产生原因	排除方法
压力间断	阀关闭	即使阀是关闭的，泵运行时药液也会流过阀，只是流量很少
	泵阀开度不足	去除杂质，增加阀的开度
	泵头内部损坏	更换
压力表针振动过大，泵出水管抖动剧烈	泵空气室充气压力不足或过大	向空气室充气或放气至适当压力，检查气嘴是否漏气
	泵阀门损坏	检查更换阀门组件（切勿装反）
	泵气室膜片或隔膜损坏	更换气室膜片或隔膜片
	压力表下的阻尼开关手柄位置不恰当	调整开关手柄至合适位置
	压力过高或管路有气体贮存	全部卸压后重新加压
泵油杯口窜油水混合物	隔膜损坏	更换新的隔膜
	隔膜压盖松动	旋紧隔膜压盖
	缓冲胶圈损坏	更换缓冲胶圈
吸不上水	换向阀漏气或手柄位置不对	拆卸清洗更换密封圈或改变手柄位置
	吸水管路严重漏气或堵塞	检查泵进水管以前所有连接部位是否漏气，并旋紧卡箍、检查是否有堵塞处
	泵进、出水阀门内的阀片卡死或严重磨损	逐个拆卸泵盖检查，更换阀门组件（切勿装反）
	泵进、出水阀门弹簧折断	更换阀门弹簧
	吸水高度过大	降低吸水高度，应小于 4 米或另选水源
	泵进水管吸瘪或折死	更换吸水管
喷嘴雾化不良	有杂物堵住喷孔	拆卸后清洗
	喷嘴压力不够	调整喷嘴压力
隔膜泵气室盖漏水	空气室压力不足	给空气室充足空气
	空气室隔膜破损	更换空气室隔膜
喷雾不均匀	喷孔磨损	更换喷嘴
	喷头堵塞	清除堵塞物
水泵工作不良	气室盖固定螺栓、三通开关及接头螺母处漏气	拧紧气室盖固定螺栓，检查并拧紧三通开关心轴、密封螺母，拧紧泵接头螺母
	润滑油过多或过少	检查油位是否正确
	隔膜破裂	更换隔膜
	油封损坏或翻转	检查后正确安装，必要时可更换

第七节　植保无人机简介

植保无人机，顾名思义是用于农林植物保护作业的无人驾驶飞机，该型无人飞机由飞行平台（固定翼、单旋翼、多旋翼）、GPS 飞控、喷洒机构三部分组成，通过地面遥控或 GPS 飞控，来实现喷洒作业，可以喷洒药剂、种子、粉剂等。

近几年，植保无人机的出现对农作物病虫害的防治起到了很大的作用，但对于这一新型技术的应用许多人还存在一定的顾虑，接下来做一简要介绍。植保无人机作业见图 5-7。

图 5-7　植保无人机作业

一、植保无人机的应用

植保无人机服务农业在日本、美国等发达国家得到了快速发展。1990 年，日本山叶公司率先推出世界上第一架无人机，主要用于喷洒农药。我国南方首先应用于水稻种植区的农药喷洒。

植保无人机是一种遥控式农业喷药小飞机，体型娇小而功能强大，可负载 8～10 千克农药，在低空喷洒农药，每分钟可完成一亩地的作业。其喷洒效率是传统人工的 30 倍。该飞机采用智能操控，操作手通过地面遥控器及 GPS 定位对其实施控制，其旋翼产生的向下气流有助于增加雾流对作物的穿透性，防治效果好，同时远距离操控施药大大提高了农药喷洒的安全性。还能通过搭载视频器件，对农业病虫害等进行实时监控。

二、植保无人机特点

（1）采用高效无刷电机作为动力，机身振动小，可以搭载精密仪器，喷洒农药等更加精准。

（2）地形要求低，作业不受海拔限制。

（3）起飞调校短、效率高、出勤率高。

（4）环保，无废气，符合国家节能环保和绿色有机农业发展要求。

（5）易保养，使用、维护成本低。

（6）整体尺寸小、重量轻、携带方便。

（7）提供农业无人机电源保障。

（8）具有图像实时传输、姿态实时监控功能。

（9）喷洒装置有自稳定功能，确保喷洒始终垂直地面。

（10）半自助起降，切换到姿态模式或 GPS 姿态模式下，只需简单地操纵油门杆量即可轻松操作直升机平稳起降。

（11）失控保护，直升机在失去遥控信号的时候能够在原地自动悬停，等待信号的恢复。

（12）机身姿态自动平衡，摇杆对应机身姿态，最大姿态倾斜 45°，适合于灵巧的大机动飞行动作。

(13)GPS姿态模式(标配版无此功能,可通过升级获得),精确定位和高度锁定,即使在大风天气,悬停的精度也不会受到影响。

(14)新型植保无人机的尾旋翼和主旋翼动力分置,使得主旋翼电机功率不受尾旋翼耗损,进一步提高载荷能力,同时加强了飞机的安全性和操控性。这也是无人直升机发展的一个方向。

(15)高速离心喷头设计,不仅可以控制药液喷洒速度,也可以控制药滴大小,控制范围在10～150微米。

目前国内销售的植保无人机分为两类,油动植保无人机和电动植保无人机。

油动植保无人机具有载荷大,15～120升都可以;航时长,单架次作业范围大;燃料易于获得,采用汽油混合物做燃料等优点。不足之处有:由于燃料是采用汽油和机油混合,不完全燃烧的废油会喷洒到农作物上,造成农作物污染;售价高,大功率植保无人机一般售价在30万～200万元;整体维护较难,因采用汽油机做动力,其故障率高于电机;发动机磨损大,寿命300～500小时等。

电动植保无人机具有环保,无废气,不造成农田污染;易于操作和维护,一般7天就可操作自如;售价低,一般在10万～18万元,普及化程度高;电机寿命可达上万小时等优点。不足之处有:载荷小,载荷范围5～15升;航时短、单架次作业时间一般4～10分钟,作业面积10～20亩/架次;采用锂电作为动力电源,外场作业需要配置发电机,及时为电池充电。

三、植保无人机作业环境的选择

1.天气因素

(1)雨天严禁飞行。

(2)风力大于4级的天气暂缓作业,风力大于6级的天气严禁作业。

2.地理因素

(1)作业田块周界10米范围内无人员居住的房舍。

(2)作业田块周界10米范围内无防护林、高压线塔、电杆等障碍物。

(3)作业田块中间无影响飞行安全的障碍物或影响飞行视线的障碍物。

(4)作业田块周界或田块中间有合适飞机的起落点。

(5)作物高度应低于操作人员的视线,操作人员能够观察到飞机飞行姿态。

(6)作业田块应有适合操控人员行走的道路。

四、植保无人机飞行安全注意事项

(1)远离人群,安全永远放在第一位。

(2)操作飞机之前,首先要保证飞机的电池及遥控器的电池有充足的电,之后才能进行相关的操作。

(3)严禁酒后操作飞机。

(4)严禁在人头上乱飞。

(5)严禁在下雨时飞行。水和水气会从天线、摇杆等缝隙进入发射机并可能引发失控。

(6)严禁在有闪电的天气飞行。这是非常非常危险的。

(7)一定要保持飞机在自己的视线范围之内飞行。

(8)远离高压电线飞行。

(9)安装和使用遥控模型需要专业的知识和技术,不正确的操作将可能导致设备损坏或者人身伤害。

(10)要避免发射机的天线指向模型,因为这样是信号最弱的角度。要用发射机天线的径向指向被控的模型,并应避免遥控器和接收机靠近金属物体。

(11)2.4 吉赫的无线电波几乎是以直线传播的,请避免在遥控器和接收机之间出现障碍物。

(12)如果发生了模型坠落、碰撞、浸水或其他意外情况,请在下次使用前做好充分地测试。

(13)请让模型和电子设备远离儿童。

(14)在遥控器电池组的电压较低时,不要飞得太远,在每次飞行前都需要检查遥控器和接收机的电池组。不要过分依赖遥控器的低压报警功能,低压报警功能主要是提示何时需要充电,没有电的情况下,会直接造成飞机失控。

(15)当把遥控器放在地面上的时候,请注意平放而不要竖放。因为竖放时可能会被风吹倒,这就有可能造成油门杆被意外拉高,引起动力系统的运动,从而可能造成伤害。

五、植保无人机应用前景分析

(1)农业规模经营、全程机械化和社会化服务是现代农业发展方向,写入了十八大报告和中央一号文件。政府强力推动,国家有重大项目支持,有财政补贴和政策扶持,是推动先进高效植保机械快速发展的历史背景和重大利好。

(2)农作物病虫害专业化统防统治是要将病虫害防治主体从千家万户的农民转移到专业化的服务组织,是提高植保工作水平、提高病虫害防治效果、实现农药使用量零增长的重要抓手。

(3)专业化统防统治为先进高效植保机械提供了广阔市场,拉动资本投入,推动先进高效植保机械快速发展。同时,先进高效植保机械又促进专业化统防统治发展。事实证明,全国推进专业化统防统治的这 10 年,是我国植保机械发展最快的时期。

六、存在的主要问题

(1)植保无人机处于“风口”上。据资料介绍:全国现有生产企业 500 多家,具有自主研发能力的 126 家。湖南现有生产企业 12 家,具备产能 2 万架/年。

(2)准入门槛低,技术标准不统一;产品不完善,产品质量参差不齐;产品价格混乱;生产企业烧钱的多,盈利的少;过分炒作,过分夸大飞防的适用性和应用前景;人、机、剂、技配套不完善;飞手不能满足市场需要;机器质量不过关,未定型、更新快,价格混乱,维修服务跟不上;药剂、助剂研发跟不上,潜心研究的少,产品鱼龙混杂;飞防技术严重滞后。

(3)飞防服务成本高,效益差。飞机故障率高,维修成本高;电池持续时间短、要求组数多;运营成本高。

(4)防治效果未经历病虫大发生情况考验,存在较大风险。特别提示:由于除草剂本身存在安全性问题,飞防除草由于雾滴更细、存在漂移、重喷难免,这都会导致除草剂安全性能下降,应更为谨慎。控飞监管体系尚未建立,存在安全隐患。

总之,植保无人机有其自身优势,切合现代农业和现代植保发展方向,市场需求大,应积极发展。但植保无人机及其飞防属新鲜事物,目前在各方面都不够成熟,应稳步推进。一哄而上或拔苗助长,会给生产企业、服务组织带来经济损失,也可能给农业生产带来损失,不利于健康发展。

七、积极推进植保飞防健康发展

(1)促进植保无人机定型,打造一批龙头企业。提高准入门槛,制定行业技术标准,鼓励生产企业整合;加大研发投入,提高植保无人机智能化水平,实现喷洒作业精准化,使用操作傻瓜化;开发多用途农用无人机,实现一机多能;建立健全维修服务与飞手培训体系。

(2)多方发力,完善飞防技术。农药生产企业加强飞防农药品种、剂型、助剂的研究开发(助剂尽可能加入飞防药剂中);产、学、研、推广部门联动,加强飞防技术研究开发,明确飞防适用范围与条件,制定相关技术规程,保证飞防效果。

关于无人机的操作、维护详见第十章第三节。

第八节　超低量喷雾器简介

超低量喷雾是近年来植物保护中大力推广的一种新技术,每亩仅需喷施330毫升以下的油剂农药即可收到良好的防治效果。由于雾滴直径很小,喷洒时省工省时,又不需用水,尤其适于山地和缺水、少水地区。农民朋友在使用超低量喷雾器时,若按下列方法,不仅能大大提高工作效率,还能有效防止和及时排除各类故障的发生。

一、构成及工作原理

超低量喷雾器是一种工效和防治效果都较高的新型喷雾机械。该机既可用于农作物和果林树木的病虫害防治,又可用于仓储、温室大棚的消毒。

超低量喷雾器主要由风机、药液箱组件和喷洒部件所组成。全机由四个防震垫固定在机架上,油箱、药箱和手柄固定在机架上方。由于该机采用了气压输液原理,发动机的功率输出轴带动风扇叶轮旋转,产生高速气流,小部分气流用来冷却发动机,另一小部分气流经弯头增压管进入药液箱使药液增压,大部分气流经弯头、喷管到喷口促使转笼高速转动,药液箱药液经药液开关、节液阀流入高速旋转的转笼内,并在转笼转动房产生的离心力作用下被甩出,再由高速气流将雾滴送出喷口,喷洒在防治对象上。

二、使用及注意事项

(1)使用前的准备。在使用超低量喷雾机前，应检查机器零部件是否齐全，安装是否正确，各连接部分是否牢固可靠，转笼转动是否灵活自如；往发动机内加入汽油和机油配成的混合油时，应先向药液箱内加清水试喷，并观察药液箱及药液流过的管路有无漏液，转笼喷出的雾滴是否正常；在使用前，还要根据防治对象，在专业技术人员的指导下选择药剂种类和剂型，要以适合超低量喷雾为准。喷洒的药量可用节流阀控制。

(2)使用中的操作。喷洒农药时，须待机器各部件运行正常后，操作人员先行走，再打开输液开关，同时要始终保持步行速度一致，停止喷药时，要先关闭输液开关，然后方可关机。喷药时，要注意当时风向，应从下风向开始，喷雾方向要尽量与自然风向一致，不允许逆风喷药。田间喷雾时应用侧喷技术，喷管喷口不能对着作物，但对作物要有一定角度，角度大小要视自然风速大小来定，其原则是风速大时，角度要大，风速小时，角度要小。喷药时间不宜选择在炎热的中午进行，自然风大于 3 级时，不应施行超低量喷雾。在仓库、温室等处喷药时喷雾时间不要过长，以防止人员发生药物中毒。

当喷洒的药液进入转笼的轴承部分时，应将轴承取下，用煤油或汽油清洗，在轴承室内按说明书的要求加入适量的二硫化钼固体润滑剂或钙基润滑脂润滑，然后再装上转笼；在喷药时，喷头雾化器的转笼不要触碰作物，以防止转笼损坏；加入药液箱的药液不要过满，以防溢出，若有溢出，应立即清洗干净。每次使用后，要将药液箱、输液管内的剩余药液放出，将全机擦拭干净；喷雾作业结束后，在收藏保管前，除将油箱、药液箱内的残余油液倒干净外，还要全面清洗，金属件要涂抹防锈油，然后保存在通风阴凉干燥处。

三、故障及排除方法

(1)喷量减小或不喷雾。检修时，若查明属节流阀阀芯位置不正，可重新对好阀芯位置；若属输液开关堵塞，须清洗输液开关；若属节流阀节流孔堵塞，应清洁阀芯节流孔；若属轴头出液孔堵塞，应清洗轴头输液孔；若属药液箱增压不够或漏气，可重装增压接头，使缺口向着风机；若属药液箱盖未拧紧，应重新拧紧药液箱盖。

(2)雾粒明显粗大或转笼转速偏低。若查明属汽油机转速不够，应调整或检修汽油机；若属转笼轴承缺油，应清洗轴承并加润滑剂；若属轴承磨损，应更换新轴承；若属转笼尼龙网罩堵塞或破裂，应清洗或更换网罩。

习题和技能训练

(一)习题

1. 植物保护的主要方法有哪些？植保机械有哪些类型？

2. 简要说明背负式喷雾机结构及工作原理。

3. 简要说明手摇喷粉器的常见故障及排除方法。

4. 简要说明背负式喷粉机结构与原理。

5. 植保无人机有哪些特点?

6. 说明植保无人机飞行安全注意事项。

(二)技能训练

1. 试对担架式喷雾机进行作业前维护保养。

2. 试对牵引式(或悬挂式)喷杆喷雾机作业后进行维护保养。

第六章 节水灌溉机械的维护技术

第一节 概 述

节水灌溉机械是指具有节水功能用于灌溉的机械设备的统称。节水灌溉机械能够将水及时输送给农作物供其生长发育，是抵御旱涝灾害、确保农业生产高产稳产的有效措施。

灌溉的方式

灌溉，即用水浇地。是指有计划地把水输送到田间，以补充田间水分的不足，促使作物稳产高产的措施。灌溉原则是灌溉量、灌溉次数和时间要根据植物需水特性、生育阶段、气候、土壤条件而定，要适时、适量，合理灌溉。其种类主要有播种前灌水、催苗灌水、生长期灌水及冬季灌水等。

灌溉的方式有渗灌、地面灌溉、滴灌和喷灌等。

（一）渗灌

渗灌是微灌系统尾部灌水器为一根特制的毛管埋入田间地下一定深度，低压水通过渗水毛管管壁的毛细孔以渗流的形式湿润其周围土壤，水直接施到地表下的作物根区，其流量与地表滴灌相接近，可有效减少地表蒸发，是目前最为节水的一种灌水形式，见图 6-1。

图 6-1 渗灌示意图

渗灌优点是：灌水质量好、节省水，也节省了渠道占地，便于机耕，多雨季节还可起到排水作用。

渗灌缺点是：地下管道易淤塞，造价高，检修较困难等。

（二）地面灌溉

地面灌溉是将水从沟、渠或管道送到田地表面，然后借重力作用和毛细管作用浸润土壤的一种灌溉方法，按其湿润土壤的方式可分为畦灌、沟灌和淹灌。这种传统灌溉方式使得水容易蒸发、深层渗漏、田间浸润不均，导致水的利用率低。

近年来，波涌灌、膜上灌和低压管道输水灌溉等地面节水灌溉技术得到应用。

(1)波涌灌。是利用直径4毫米的小塑料管作为灌水器，即涌水器，将管道中的压力水通过灌水器，以小股水流或以细流状的形式局部湿润到土壤表面的一种灌水形式。这种灌溉技术抗堵塞性能比滴灌、微喷灌高，通常用它灌溉果树，国内称这种微灌技术为小管出流灌溉，见图6-2。

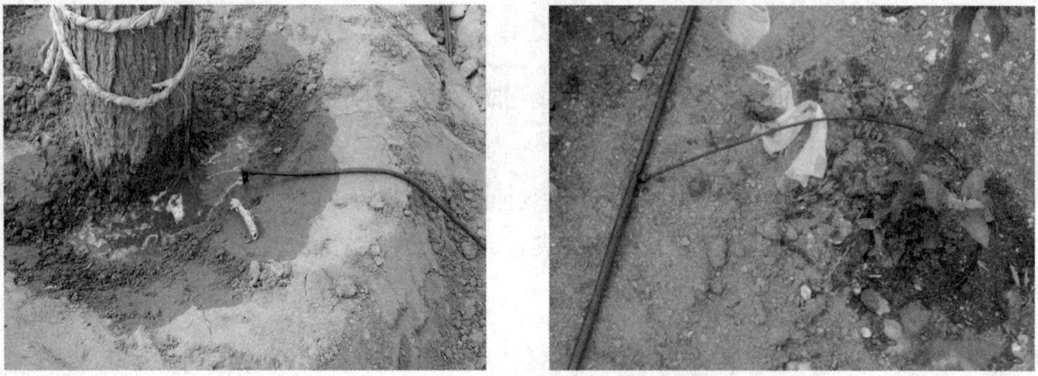

图6-2　波涌灌效果示意图

(2)膜上灌。是在地膜栽培技术的基础上，将膜侧浇水改为膜上输水，通过放苗孔和膜侧缝隙渗入，给作物供水的灌溉方法。由于水流是在地膜上面输送，防止了水的深层渗漏，防止了膜间露地的过量灌溉，同时膜内的水不易蒸发，提高了水的利用率，节水效果明显。

(3)低压管道输水灌溉。是通过管道把低压水(水压不超过0.2兆帕，过大水压破坏土壤、损伤作物)输送到田间实施灌溉的技术。与明渠输水相比，可以减少水分的蒸发与渗漏。

(三)滴灌

滴灌是通过末级管道(称为毛管)上的灌水器，即滴头，将一定压力的水，过滤后，以间断或连续的水流形式灌到作物根区附近土壤表面的灌水形式，见图6-3，图6-4。使用中可以将毛管或灌水器放在地面上，也可以埋入地下适宜深度，前者称为地表滴灌，后者称为地下滴灌。滴灌系统一般由滴管首部、输配水管网和灌水器三部分组成。其中灌溉工程首部通常由水泵及动力机、控制设备、施肥装置、水过滤净化装置、测量和保护设备等组成。其作用是从水源抽水加压，施入肥料液，经过滤后按时按量送进管网。灌溉首部是全系统的控制调度中心。

滴灌与喷灌比较，有省水和利于增产等优点。与地面灌溉比较，则更容易适应不平坦地形；但还有滴头易堵塞和造价高等缺点。

(四)喷灌

喷灌是喷洒灌溉的简称，是利用水泵加压或自然落差将水通过压力管道输送到田间，经喷头喷射到空中，形成细小的水滴，均匀喷洒在农田上，为作物正常生长提供必要的水分条件的一种先进灌水方式。如图6-5时针式喷灌系统、图6-6平移式喷灌系统和图6-7绞盘

图 6-3　滴灌

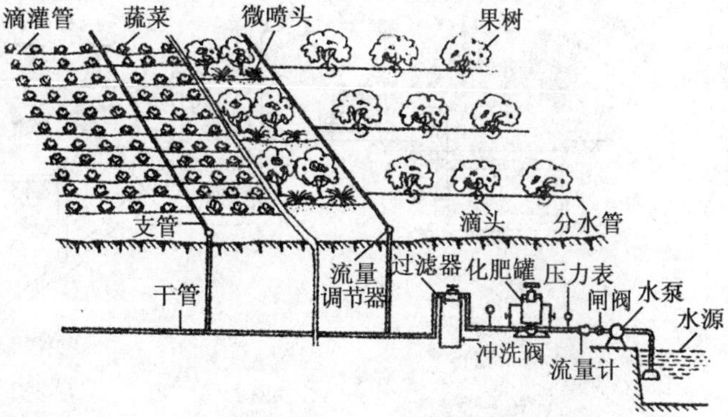

图 6-4　滴灌系统

图 6-5　时针式喷灌系统

图 6-6　平移式喷灌系统

式喷灌系统所示。这种灌溉方法与传统的地面灌溉相比有省水、省工、保持土壤团粒结构、不受地形限制和有利于增产等优点，但投资较高。

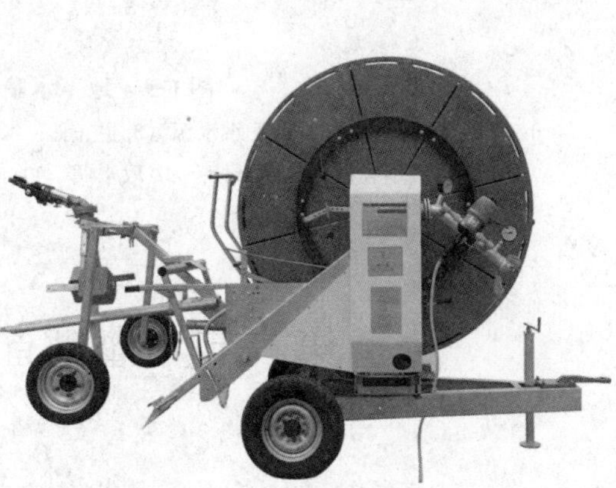

图 6-7　绞盘式喷灌系统

喷灌系统是指从水源取水到田间喷洒灌水整个工程设施的总称。喷灌系统由滴管首部、管道系统、喷头及附属设备和附属工程组成，在有条件的地区，喷灌系统还设有自动控制设备。图 6-8 为一种简单的取自地表水喷灌系统组成示意图，图 6-9 为地下水喷灌系统组成示意图。

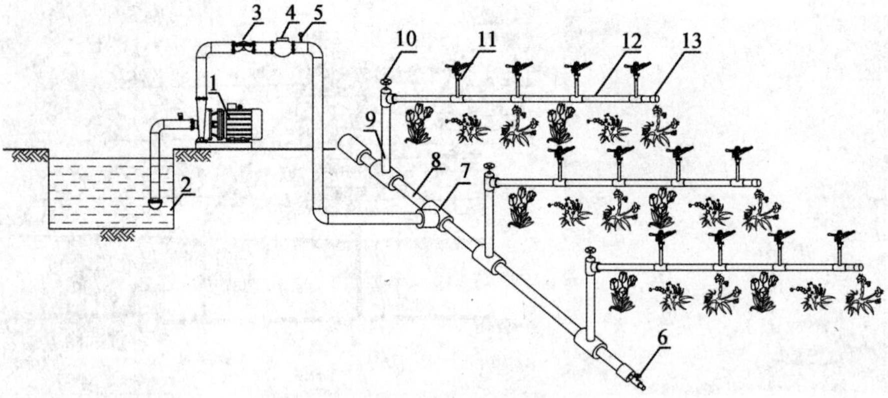

图 6-8 地表水喷灌系统组成示意图

1.动力及加压设备 2.地表水水源 3.逆止阀 4.水表 5.压力表 6.排水阀 7.地下管网连接管件 8.地下管网 9.出水栓 10.取水阀 11.喷头及连接件 12.喷灌用地面管 13.管堵

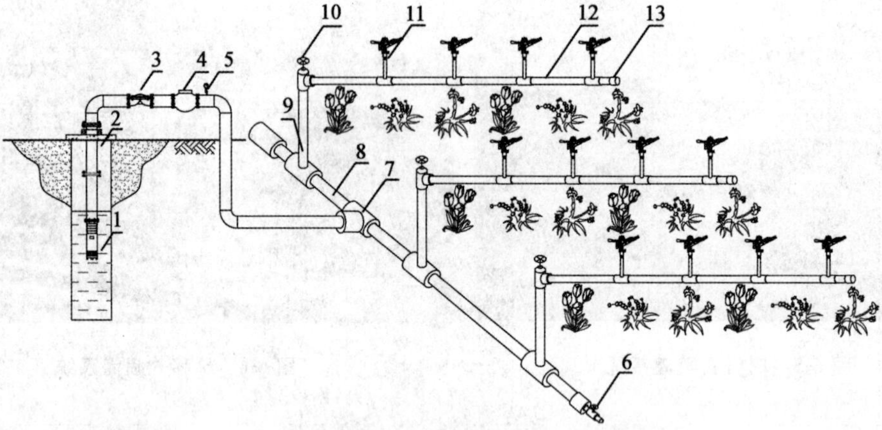

图 6-9 地下水喷灌系统组成示意图

1.动力及加压设备 2.地下水水源 3.逆止阀 4.水表 5.压力表 6.排水阀 7.地下管网连接管件 8.地下管网 9.出水栓 10.取水阀 11.喷头及连接件 12.喷灌用地面管 13.管堵

第二节 灌溉首部机电设备安装

一、灌溉首部机电设备

(一)水泵

水泵是一种将动力机的机械能转变为水的动能、压能,从而把水输送到高处或远处的机械。在农业上主要用于灌溉和排涝,因而称为排灌机械。农业上使用的水泵大多是叶片泵,它可以分为轴流泵、离心泵和混流泵 3 种。

1. 轴流泵

轴流泵靠旋转叶轮的叶片对液体产生的作用力使液体沿轴线方向输送的泵，轴流泵的主要特点是流量大而扬程较低，适于平原河网地区使用。轴流泵可分为以下多种类型。

(1)按泵轴位置分。

①立式轴流泵。如图 6-10 所示，泵轴与水平面垂直，目前农业上使用的轴流泵，大多属于这种类型。

②卧式轴流泵。泵轴与水平面平行。

③斜式轴流泵。泵轴与水平面呈一倾斜角度。

(2)按叶轮结构分。

①固定叶片轴流泵。叶轮的叶片与轮毂铸成一体。

②半调节叶片轴流泵。叶片通过螺母装于轮毂上，叶片在轮毂上的安装角度，可在停机后调整。

③全调节叶片轴流泵。叶片在轮毂上的安装角度，可在停车或不停车情况下，通过一套调整机构调节。

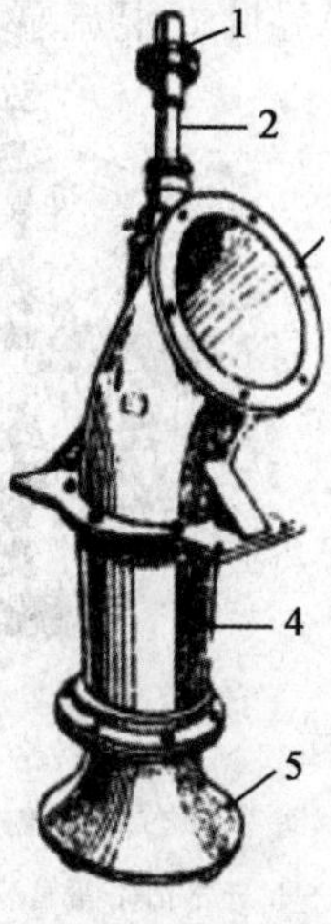

图 6-10　立式轴流泵

1. 联轴器　2. 泵轴　3. 出水弯管　4. 导叶体　5. 进水喇叭

2. 离心泵

离心泵是指靠叶轮旋转时产生的离心力来输送液体的泵，其特点是结果简单，使用维修方便，流量较小而扬程较高，广泛用于农田灌溉、工业和生活供水。

离心泵可分成多种类型，根据其转轴的立卧，可分为卧式离心泵和立式离心泵；根据轴上叶轮数目多少可分为单级(图 6-11)和多级两类；根据水流进入叶轮的方式不同，又分为单吸式(图 6-11)和双吸式(图 6-12)两种。

灌溉系统常用的输水温度不高于 80℃清水的 IS 型单级单吸清水离心泵。IS 型离心泵又分电机与泵不同轴的非直联式离心泵和电机与泵同轴的直联式离心泵。非直联式离心泵价格便宜，检修方便，但需要定时保养。直联式离心泵使用方便，不宜损坏，但价格较高。

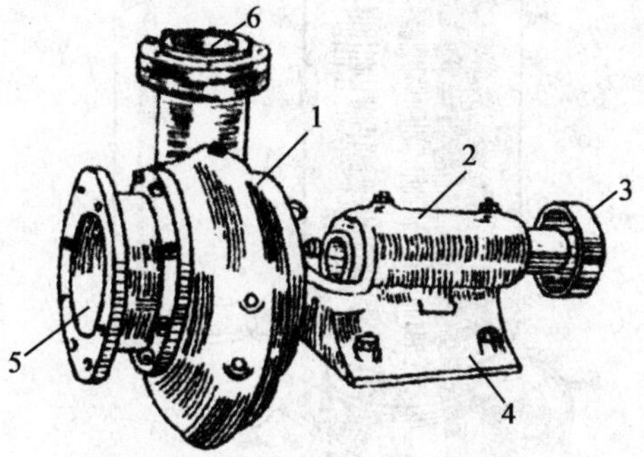

图 6-11　单级单吸离心泵外形

1. 泵体　2. 轴承盒　3. 联轴器　4. 泵座　5. 吸水口　6. 出水口

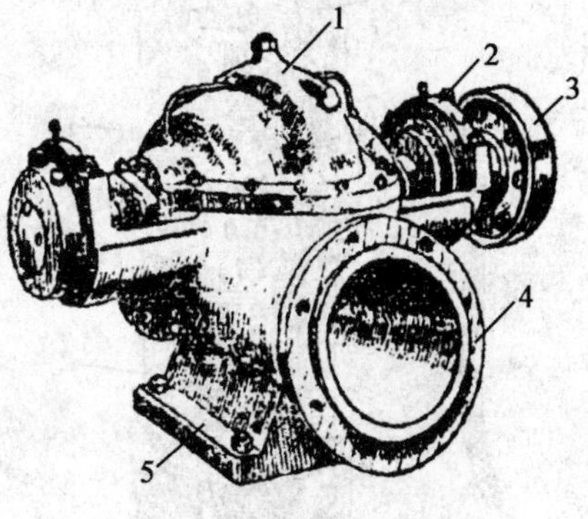

图 6-12　单级双吸离心泵外形

1. 泵盖　2. 轴承盒　3. 联轴器　4. 吸水口　5. 泵座

3. 混流泵

混流泵是介于离心泵和轴流泵之间的两种水泵，一般适于平原和丘陵区使用。它的扬程比轴流泵高，但流量比轴流泵小，比离心泵大。混流泵可分为以下两种：

(1)蜗壳式混流泵。如图 6-13 所示，外形与离心泵相似。我国的混流泵大多属于这种类型。

(2)导叶式混流泵。外形与轴流泵相似，如图 6-14 所示。

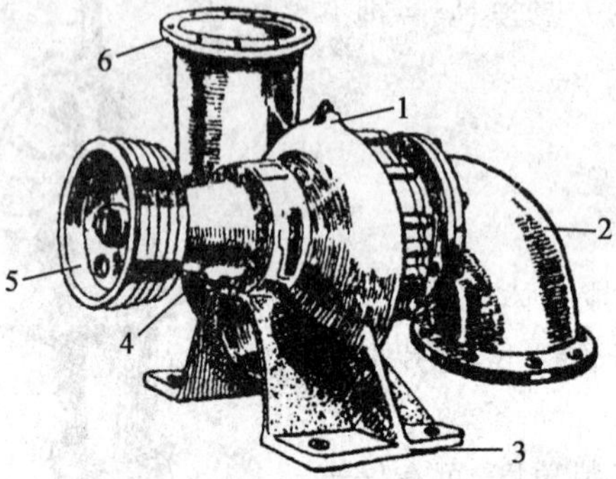

图 6-13　蜗壳式混流泵外形

1. 泵体　2. 进水活络弯管　3. 底座　4. 轴承盒　5. 皮带轮　6. 出水口

图 6-14　立式导叶式混流泵

4. 潜水泵

潜水泵按照用途可分为污水潜水泵(简称潜污泵)、井用潜水泵和小型潜水泵 3 种。图 6-15 是井用潜水泵。潜水泵是一种由立式电动机和水泵(离心泵、轴流泵或混流泵)组成的提水机械。整个机组潜入水中工作。

5. 水锤泵

如图 6-16 所示，水锤泵是利用水锤原理设计的一种水力提水机械。其特点是结构简单，使用方便，但出水量小，对水源水量的利用率低。

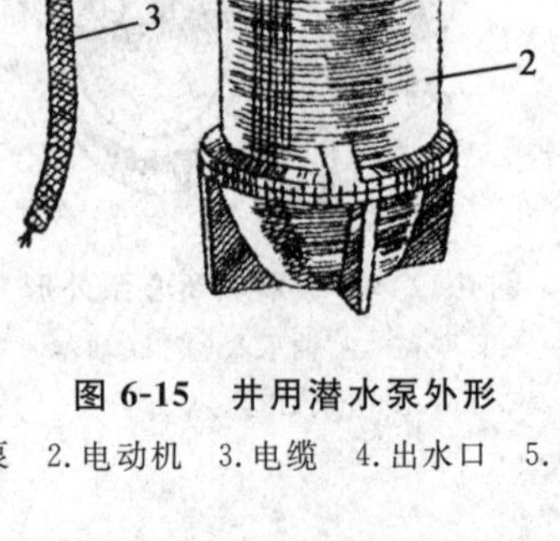

图 6-15　井用潜水泵外形

1. 水泵　2. 电动机　3. 电缆　4. 出水口　5. 吸水孔

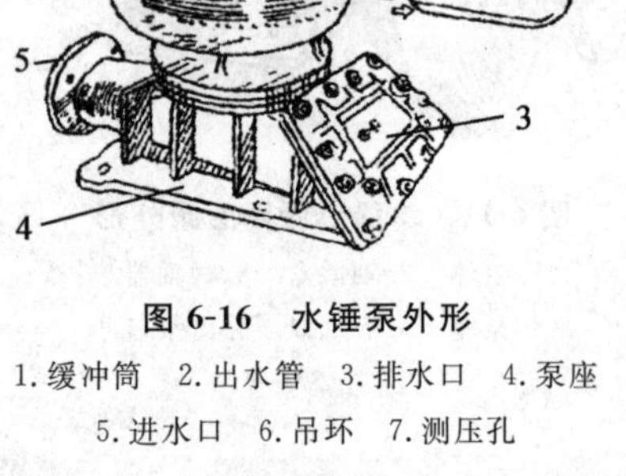

图 6-16　水锤泵外形

1. 缓冲筒　2. 出水管　3. 排水口　4. 泵座　5. 进水口　6. 吊环　7. 测压孔

水锤泵适合于山区、丘陵区等有水力资源的地方使用。

6. 水轮泵

如图 6-17 所示，水轮泵是用轴流泵、离心泵和混流泵 3 种之一（主要是离心泵）与水轮机联合组成的一种水力提水机械。

水轮泵适于山区、丘陵区等有水力资源、能获得集中水源的地方使用。

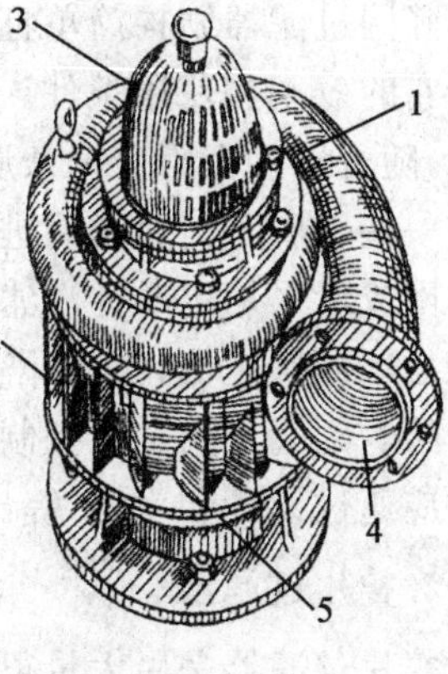

图 6-17　水轮泵外形

1. 水泵　2. 水轮机导叶　3. 进水滤网　4. 出水口　5. 水轮机

(二)过滤设备

过滤设备是将水流过滤，防止各种污物进入滴灌系统通过管网到田间堵塞滴头或在系统管网中形成沉淀。常见过滤设备有离心过滤器、砂石过滤器、筛网过滤器、叠片过滤器等，如图 6-18 所示。

各种过滤器可以在首部枢纽中单独使用，也可以根据水源水质情况组合使用。常用组合过滤设备如图 6-19 所示。

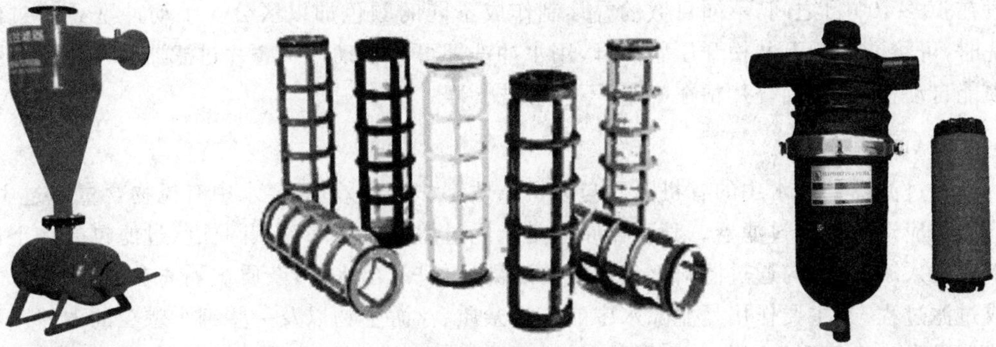

(a) 离心过滤器　(b) 网式过滤器　(c) 碟片过滤器

图 6-18　常用过滤设备

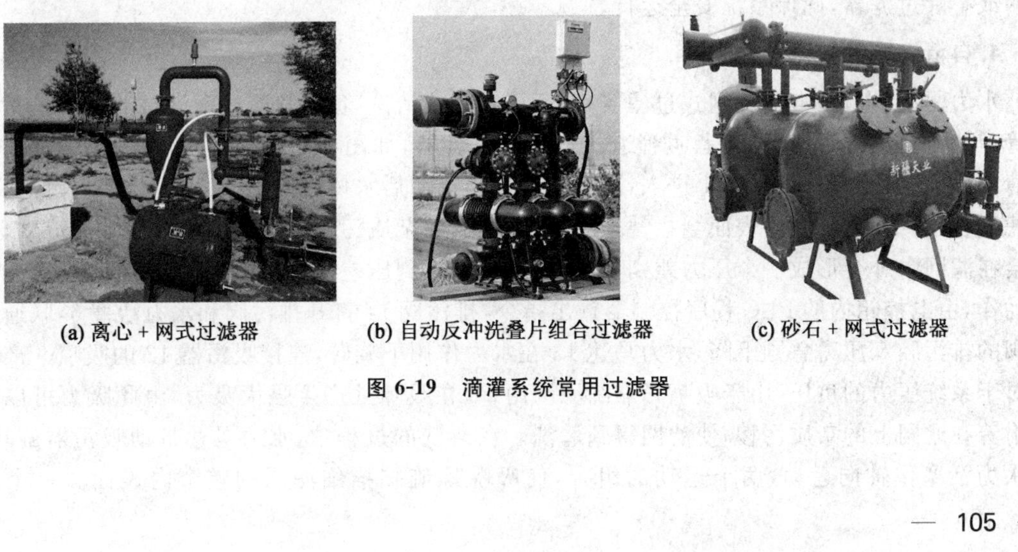

(a) 离心 + 网式过滤器　(b) 自动反冲洗叠片组合过滤器　(c) 砂石 + 网式过滤器

图 6-19　滴灌系统常用过滤器

1. 筛网过滤器

筛网过滤器结构简单且价格便宜，是一种有效的过滤设备，其滤网孔眼的大小和总面积决定了它的效率和使用条件。当水流穿过筛网过滤器的滤网时，大于滤网孔径的杂质将被拦截下来，随着滤网上附着的杂质不断增多，滤网前后的压差越来越大，如压差过大，网孔受压扩张将使一些杂质"挤"过滤网进入灌溉系统，甚至致使滤网破裂。因此，当压差达到一定值就要冲洗滤网或者采用定时冲洗滤网的办法，确保滤网前后压差在允许的范围内。筛网过滤器有手动和自动冲洗之分，自动冲洗筛网过滤器是利用过滤器前后压差值达到预设值时控制器将信号传给电磁阀或用定时控制器每隔一段时间启动电磁阀，完成自动冲洗过程。所有筛网过滤器均应通过设计和率定，提出一般水质条件下的最大过流量指标。

2. 叠片过滤器

叠片过滤器是由大量很薄的圆形叠片重叠起来，并锁紧形成一个圆柱形滤芯，每个圆形叠片一面分布着许多S形滤槽，另一面为大量的同心环形滤槽，水流通过滤槽时将杂质滤出，这些槽的尺寸不同，过流能力和过滤精度也不同。叠片过滤器单位滤槽表面积过流量范围为1.2～19.4 升/(小时·厘米^2)，过流量的大小受水质、水中有机物含量和允许压差等因素的影响，厂家除了给出滤槽表面积外还应给出滤槽的体积。叠片过滤器的过滤能力也以目数表示，一般在 40～400 目之间，不同目数的叠片制作成不同的颜色加以区分。手动冲洗叠片过滤器冲洗时，可将滤芯拆下并松开压紧螺母，用水冲洗即可。自动冲洗叠片过滤器自动冲洗时叠片必须能自动松散，否则叠片粘在一起，不易冲洗干净。

3. 砂石过滤器

砂石过滤器处理水中的有机杂质与无机杂质都非常有效，只要水中有机物含量超过 10 毫克/升，均应选用此种过滤器。其工作原理是未经过滤的有压水流从圆柱状过滤罐壳体上部的进水管流入罐中，均匀通过滤料汇集到罐的底部，再进入出水管，杂质被隔离在滤料层上面，即完成过滤过程；其主要作用是滤除水中的有机杂质、浮游生物以及一些细小颗粒的泥沙。砂石过滤器通常为多罐联合运行，以便用一组罐过滤后的清洁水反冲洗其他罐中的杂质，流量越大需并联运行的罐越多。由于反冲洗水流在罐中有循环流动的现象，少量细小杂质可能被带到并残留在该罐的底部，当转入正常运行时为防止杂质进入灌溉系统，应在砂石过滤器下游安装筛网或叠片过滤器，确保系统安全运行。

4. 自清洗网式过滤器

水力驱动(电控)自清洗网式过滤器，即负压自吸式清洗，负压自吸式清洗过滤器就是常见的管道式自动反冲过滤器，或者叫管道式自清洗过滤器，如图 6-20 所示。自清洗网式过滤器的清洗原理是：原水从进水口 1 进入，经粗滤网 8 粗过滤后水体进入细滤网 11 作精密过滤，在过滤过程中，细滤网 11 内表面会拦截杂质，不断拦截的杂质污秽在细滤网内阻碍水的流动，逐渐会在滤网内外会形成一个压力差别，当这压力差别达到压差开关 2 设定的设定值时，压差开关动作，由电控箱内的 PLC 程序控制器输出指令，排污阀 14 打开排污阀和水力活塞 6，联通排污阀的排污腔 5 压力急剧下降，水力马达 13 在水力作用下旋转，连接吸污器 12 的吸嘴 9 产生相对于系统压力的负压，由于吸嘴紧靠细滤网内壁，在吸嘴处产生强大吸力，由此吸力可以吸取附着在滤网上的杂质污秽，使滤网得到清洗。在清洗的过程中，水力马达带动吸污器旋转，而水力活塞作轴向运动，两个运动的组合，使吸嘴螺旋扫描细滤网的整个内表面。一个自清过程可保证细滤网得到全面清洗，整个清洗过程很短，时间在15秒钟左右，在清洗滤网的过程中，过滤器仍继续过滤，清洗完成后排污阀关闭，活塞推动吸污器复位，一个自清洗过程完成。

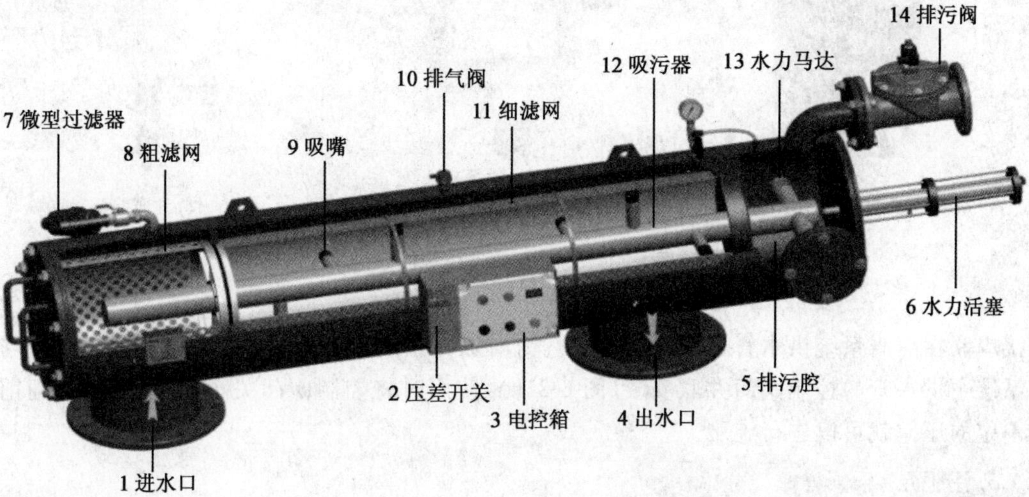

图 6-20 自清洗网式过滤器

(三)施肥设备与装置

施肥设备与装置作用是使易溶于水并适于根施的肥料、农药、化控药品等在施肥罐内充分溶解，然后再通过滴灌系统输送到作物根部。

随水施肥是滴灌系统的一大功能。对于小型滴灌系统，当直接从专用蓄水池中取水时，可将肥料溶于蓄水池再通过水泵随灌溉水一起送入管道系统。用水池施肥方法简便，用量准确均匀，同时建池容易，易于为广大农民群众所掌握。

当直接取水于有压给水管路、水库、灌排水渠道、人畜饮水蓄水池或水井时，则需加设施肥装置。通过施肥装置将肥料或农药溶解后注入管道系统随水滴入土壤中。向管道系统注入肥料的方法有3种：压差原理法、泵注法和文丘里法。

滴灌系统中常用的施肥设备有以下3种：压差式施肥罐、文丘里施肥器和注肥泵，如图6-21所示。

1. 压差式施肥罐

压差式施肥罐一般并联在灌溉系统主供水管的控制阀门上(图6-21a)。施肥前将肥料装入肥料罐并封好，关小控制阀，造成施肥罐前后有一定压差，使水流经过密封的施肥罐，就可以将肥料溶液添加到灌溉系统进行施肥。压差式施肥器施肥时压力损失较小且投资不大，应用较为普遍，其不足之处是施肥浓度无法控制、施肥均匀度低且向施肥罐装入肥料较为费事。

2. 文丘里施肥器

文丘里施肥器利用水流流经突然缩小的过流断面流速加大而产生的负压将肥水从敞口的肥料桶中均匀吸入管道中进行施肥。文丘里施肥器具有安装使用方便、投资低廉的优点，缺点是通过流量小且灌溉水的动力损失较大，一般只用于小面积的微灌系统中。文丘里施肥器可

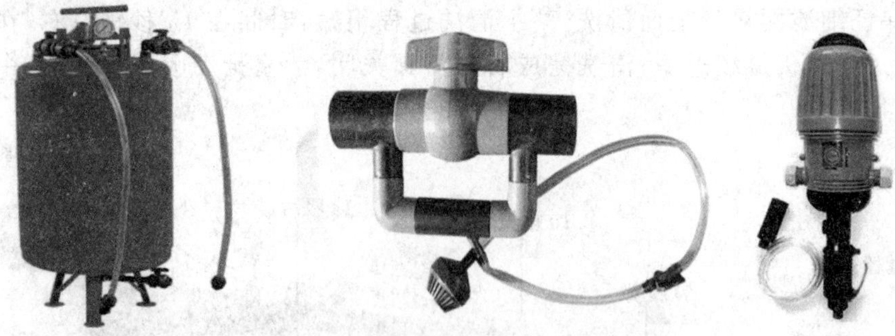

(a) 压差式施肥罐　　(b) 文丘里施肥器　　(c) 注肥泵

图 6-21　滴灌系统常用施肥装置

直接串联在灌溉系统供水管道上进行施肥。为增加其系统的流量，通常将文丘里施肥器与灌溉系统主供水管的控制阀门并联安装(图 6-21b)，使用时将控制阀门关小，造成控制阀门前后有一定的压差就可以进行施肥。

3. 注肥泵

注肥泵同文丘里施肥器相同是将开敞式肥料罐的肥料溶液注入滴灌系统中，通常使用活塞泵或隔膜泵向滴灌系统注入肥料溶液。根据驱动水泵的动力来源又可分为水力驱动和机械驱动两种。

水动注肥泵直接利用灌溉系统的水动力来驱动装置中的柱塞，将肥液添加到灌溉系统中进行施肥(图 6-21c)。水动注肥泵一般并联在灌溉系统主供水管上，施肥时将主控制阀门关闭，使水流全部流过水动注肥泵，通过注肥管的吸肥管将肥料从敞开的肥液桶中吸入管道。

水动注肥泵施肥工作所产生的供水压力损失很小，也能够根据灌溉水量大小调节肥水吸入量，使灌溉系统能够实现按比例施肥。水动注肥泵安装使用简单方便，已成为现代温室微灌系统中最受欢迎的一种施肥装置，但水动注肥泵技术含量高、结构复杂、投资较高，目前还没有国产成熟产品，基本依靠进口。

注肥泵的优点是：肥液浓度稳定不变，施肥质量好，效率高。对于要求实现灌溉液肥料原液、pH 实时自动控制的施肥灌溉系统，压差式与吸入式都是不适宜的。而注肥泵施肥通过控制肥料原液或 pH 调节液的流量与灌溉水的流量之比值，即可严格控制混合比。其缺点是：需另加注入泵，造价较高。

4. 射流泵

射流泵的运行原理是利用水流在收缩处加速并产生真空效应的现象，将肥料溶液吸入供水管(图 6-22)。射流泵的优点是：结构简单，没有动作部件；肥料溶液存放在开敞容器中，在稳定的工作情况下稀释率不变；在规格型号上变化范围大，比其他施肥设备的费用都低等。其缺点是：抽吸过程的压力损失大，大多数类型至少损失 1/3 的进口压力；对压力和供水量的变化比较敏感，每种型号只有很窄的运行范围。

以上施肥装置均可进行某些可溶性农药的施用。为了保证滴灌系统正常运行并防止水源污染，必须注意以下三点：第一，注入装置一定要装设在水源与过滤器之间，以免未溶解肥料、农药或其他杂质进入滴灌系统，造成堵塞；第二，施肥、施药后必须用清水把残留在系统内的肥

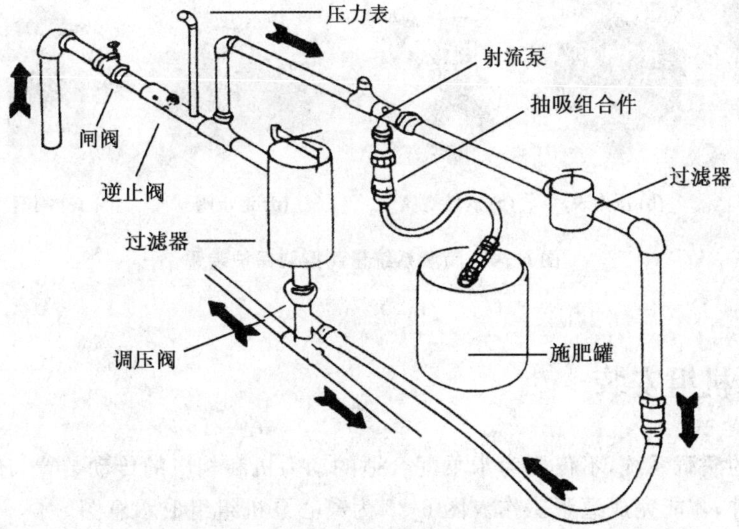

图 6-22　射流泵施肥系统

液或农药冲洗干净，以防止设备被腐蚀；第三，水源与注入装置之间一定要安装逆止阀，以防肥液或农药进入水源，造成污染。

(四)灌溉首部的附属的电气设备

灌溉首部的附属电力设备和控制保护设备有电力设备控制柜、滴灌首部量测控制保护装置。

1. 电力控制设备

为便于滴灌系统中水泵、电器设备、配电设备安全启闭、正常运行，需配套电力设备控制设备。滴灌首部常见电力设备控制设备如图 6-23 所示：普通启动柜、软启动柜及变频控制柜。

(a) 普通启动柜　(b) 软启动柜　(c) 变频控制柜

图 6-23　滴灌系统电力控制设备

2. 灌溉首部量测控制保护装置

为了保证灌溉系统的正常运行，必须根据需要，在系统中的某些部位安装阀门、流量计、压力表、流量表、逆止阀、闸阀、安全阀等，如图 6-24 所示。

(a) 水表　(b) 压力表　(c) 涡轮蝶阀　(d) 逆止阀　(e) 闸阀　(f) 空气阀

图 6-24　滴灌系统量测控制保护装置

二、水泵机组安装

一个完整的灌溉系统，不仅要为水泵配合适的动力机和相应的传动装置，还要配合理的管路和必要的附件，才能完成灌溉工作。图 6-25 为离心泵机组组成示意图。

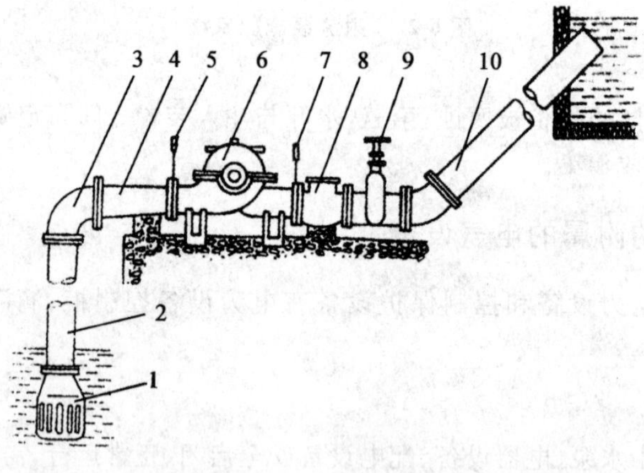

图 6-25　离心泵机组组成示意图

1.底阀　2.吸水管　3.弯头　4.变径管　5.真空表　6.水泵　7.压力表　8.逆止阀　9.闸阀　10.压水管

(一)水泵管路与附件

想正确安装水泵机组，就必须先弄清楚水泵的管路与附件的知识。

1. 进水管与出水管

水管用于输水，一般包括吸水管(又叫进水管)和压水管(又叫出水管)两部分。按制造材料不同，常用的水管有塑料管、铸铁管、钢管、钢筋混凝土管和石棉水泥管等。对于大中型固定式水泵，多采用钢管、铸铁管、钢筋混凝土管和石棉水泥管等寿命长的水管。对于临时安装和移动作业的小型水泵，进出水管多采用塑料、橡胶等轻便的水管。在选择进出水管时，要在保证强度结实的前提下，以经济、安装方便为原则，择优选取。

(1)塑料管。用于灌溉系统的塑料管道主要有三种：聚乙烯管、聚氯乙烯管和聚丙烯管。塑料管道具有抗腐蚀、柔韧性较高，能适应土壤较小的局部沉陷，内壁光滑、输水摩阻糙率小、比重小、重量轻和运输安装方便等优点，是理想的微灌用管道。目前我国已生产出内径为 200

毫米的较大口径聚氯乙烯管供工农业生产使用。由于塑料管因阳光照射引起老化，大部分灌溉管网系统埋入地下一定深度，也克服了老化问题，延长了使用寿命，埋入地下的塑料管使用寿命一般达20年以上。

①聚乙烯管(PE)。聚乙烯管有高压低密度聚乙烯管为半软管，管壁较厚，对地形适应性强，是目前国内微灌系统使用的主要管道。低压高密度聚乙烯管为硬管，管壁较薄，对地形适应性不如高压聚乙烯管。

为了防止光线透过管壁进入管内，引起藻类等微生物在管道内繁殖，增强抗老化性能和保证管道质量，要求聚乙烯管为黑色，外观光滑平整、无气泡，无裂口、沟纹、凹陷和杂质等。

聚乙烯管的优点：优异的韧性，低温抗冲击性好，低温脆化温度极低，施工简单，造价低廉，抗应力开裂性能好，具有低的缺口敏感性，高抗剪切强度和优异的抗刮痕能力，耐环境、耐候性好，适应性强，使用寿命长，重量轻，耐腐蚀，在正常条件下，最少寿命达50年。

②聚氯乙烯管(PVC)。聚氯乙烯管(图6-26)采用聚氯乙烯树脂为主要原料，添加必要的助剂，经挤出加工成型，它作为一种发展成熟的供水管材，具有耐酸、耐碱、耐腐蚀性强，耐压性能好，质轻，价格低，流体阻力小，无二次污染，符合卫生要求，施工操作方便等优越性能，是一种强度高、稳定性好、使用寿命长、性价比高的管材，大力推广PVC给水管，符合人们生活水平提高的发展需要。PVC环保给水管系统在欧美等国家已经使用了几十年，它是世界上产量最大的塑料产品之一，应用广泛。

图6-26　聚氯乙烯管

微灌用聚氯乙烯管材一般为灰色。为保证使用质量要求，管道内外壁均应光滑平整，无气泡、裂口、波纹及凹陷，对管内径 D 为40～400毫米的管道的扰曲度不得超过1%，不允许呈S形。

(2)铸铁管。铸铁管一般可承受980～1 000千帕的工作压力。优点是工作可靠，使用寿命长。缺点是输水糙率大，质脆，单位长度重量较大，每根管长较短(4～6米)，接头多，施工量大。在长期输水后发生锈蚀作用在管壁生成铁瘤，使管道糙率增大，不仅降低管道输水能力，而且含在水中的铁絮物会堵塞灌水器，对滴头堵塞尤为严重。因此，在微灌工程中，铸铁管只能用在主过滤器以前作为骨干引水管用，严禁用于田间输配水管网系统。铸铁管的规格及连接方法请参考有关资料，此处不做详解。

(3)钢管。钢管的承压能力最高，一般可达1 400～6 000千帕，与铸铁管相比它具有管壁薄、用材省和施工方便等优点。缺点是容易产生锈蚀，这不仅缩短了它的使用寿命，而且也能产生铁絮物引起微灌系统堵塞，因此在微灌系统中一般很少使用钢管材，仅限于在主过滤器之前作高压引水管道用。

(4)钢筋混凝土管。钢筋混疑土管主要有承插式自应力钢筋混凝土管和预应力钢筋混凝土管两种。钢筋混凝土管能承受400～700千帕的工作压力。优点是可以节约大量钢材和生铁,输水时不会产生锈蚀现象,使用寿命长,可达40年左右。缺点是质脆,管壁厚,单位长度重,运输困难。在微灌工程中主要用在过滤器以前作引水管道。使用当地生产的钢筋混凝土管时,一定要弄清楚规格及承压能力并严格进行质量检查,合格者才能使用。

(5)石棉水泥管。石棉水泥管是用75%～85%的水泥与15%～12%的石棉纤维(重量比)混合后用制管机卷成的。石棉水泥管具有耐腐蚀、重量较轻。管道内壁光滑、施工安装容易等优点。缺点是抗冲击力差。石棉水泥管一般可承受600千帕以下的工作压力,在微灌系统中主要用于过滤器之前作引水管道。

2. 管道连接件

管道连接件是连接管道的部件,亦称管件。管道种类及连接方式不同,连接件也不同。如铸铁管和钢管可以焊接、螺纹连接和法兰连接;铸铁管可以用承插方式连接;钢筋混凝土管和石棉水泥管可以用承插方式、套管方式及浇注方式连接;塑料管可用焊接、螺纹、套管粘接或承插等方式连接;铸铁管、钢管、钢筋混凝土管、石棉水泥管四种管道的连接方式与普通压力输水管道的连接相同。塑料管是滴灌系统的主要用管,有聚乙烯管、聚氯乙烯管和聚丙烯管等。

微灌用塑料管道的连接方式和连接件如下:

(1)接头。接头的作用是连接管道,根据两个被连接管道的管径情况,分为同(等)径和变(异)径接头两种。塑料接头与管道的连接方式主要有套管粘接、螺纹连接和内承插式三种。

(2)三通与四通(图6-27)。主要用于管道分叉时的连接,与接头一样,三通有等径和变径三通之分,根据被连接管道的交角情况又可以分为直角三通与斜角三通两种。三通的连接方式及分类和接头相同。

(a)PVC 变径三通　(b)PVC 正三通　(c)PE 低压输水软管　(d) 中心阳文三通

图 6-27　三通这与四通

(3)弯头(图6-28)。在管道转弯和地形坡度变化较大之处就需要使用弯头来连接管道,弯头有90°和45°两种,即可满足整个管道系统安装的要求。

(4)堵头(图6-29)。是用来封闭管道末端的管件。对于毛管在缺少堵头时也可以直接把毛管末端折转后扎牢。

(5)旁通(图6-30)。用于毛管与支管的连接,目前毛管和支管的连接有多种不同方式,种类较多,应结合所采用毛管和支管合理地选配。大中型固定式滴灌系统多为地埋聚氯乙

(a)PVC 弯头

(a)PE 弯头

图 6-28 弯头

烯支管，建议采用带橡胶密封圈的直插式旁通安装引管到地面后与滴灌管或滴灌带连接。若为滴灌带，建议采用螺纹压紧式接头与其相连接。国内采用较多一般情况下与聚乙烯管连接的旁通。

(a)PE 堵头

(b) 按扣堵头

图 6-29 堵头

(a) $\phi 16$ 旁通（连接滴灌带）

(b) $\phi 16$ 旁通（连接滴灌带）

图 6-30 旁通

(6)变径接头(图 6-31)。用于滴灌系统中管径发生变化时的连接，规格与管道匹配。管用规格有：ϕ200×160、ϕ250×160、ϕ200×160、ϕ160×110 等。

(7)PVC 承插直通(图 6-32)。用于相同管径 PVC 管的连接，一般用于输水管道破损后连接。规格与管道规格一致。

图 6-31 变径接头

图 6-32 承插直通

(8)PVC 法兰(图 6-33)。用于管道与管道相互连接或者管道与阀门之间的连接。常用衬垫(法兰垫片)密封。

(9)增接口(图 6-34)。用于地下管与出水栓的连接，需要配止水胶垫使用。常用规格有：ϕ110×63、ϕ125×63、ϕ160×63、ϕ250×63、ϕ250×75 等。

图 6-33　PVC 法兰

图 6-34　增接口

3. 闸阀

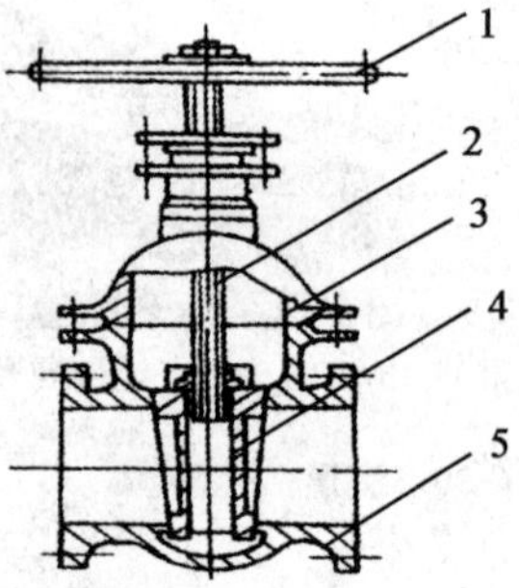

图 6-35　闸阀

1. 手轮　2. 丝杆　3. 阀盖　4. 阀板　5. 阀体

闸阀多用在离心泵上，其构造如图 6-35 所示。主要由阀盖 3、阀板 4、阀体 5 等组成。当转动手轮时，即可通过丝杆带动阀板上升或下降，从而控制管路通道的大小，或完全切断管路。

闸阀一般装在逆止阀后面。其作用如下：

(1)用真空泵抽真空引水的水泵，在开动真空泵时关闭闸阀，可封闭压水管路，防止空气进入。

(2)离心泵启动前关闭闸阀，可降低启动负荷；停车前关闭闸阀，以使动力机在轻载下平稳停车，尽量消弱水锤影响。

(3)在工作中用以调节(减小)流量，从而达到减小功率消耗。

4. 底阀和滤网

底阀和滤网一般装配成一体，俗称莲蓬头，装于进水管最下面。

底阀的功能是：保证水泵开动前向叶轮里灌引水时不漏水；当水泵工作时，在泵内吸力作用下底阀应能自动打开；停泵时，在自身重量和管内水倒流的冲力下关闭，这样可使进水管和泵内存水，以使下次启动时不用再向泵内灌水。

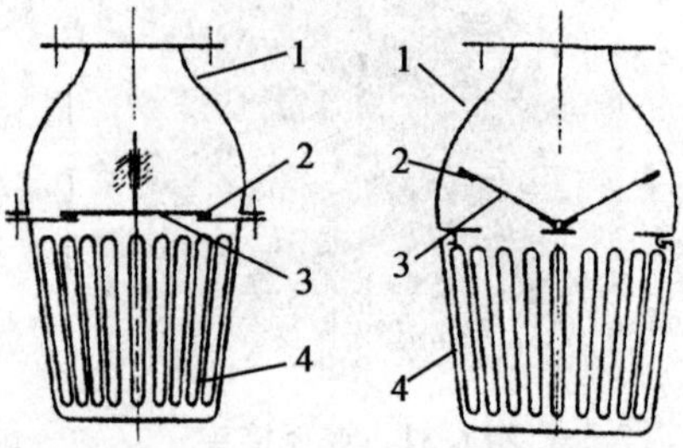

(a) 盘状活门　(b) 蝶形活门

图 6-36　底阀构造示意图

1. 阀体　2. 橡皮垫　3. 单向阀门　4. 滤网

底阀主要由阀体和体内的单向阀门组成。按单向阀门结构不同，常用的底阀有盘状活门和蝶形活门两种(图 6-36)。前者多用于进水管口径在 152 毫米以下的水泵，后者多用于 152 毫米(含 152 毫米)以上的水泵。后者在活门下面一般设有一指状杠杆，当需要将进水管内存水放出(如转移水泵)时，可通过绳索拉动，以顶开单向阀门。

底阀给进水造成很大阻力，因此对于不需灌水而能启动的水泵(如自吸泵，用抽气引水的水泵等)，就小心安装底阀。

滤网为一铸铁制的网筛，装于底阀下部，用以防止杂物或鱼虾等吸入水泵而发生事故。如无底阀，则应在进水管下部安装滤网。

5. 逆止阀和拍门

逆止阀又叫止回阀，是一个单向阀门(图 6-37)，装于水泵出水口附近。其作用是在水泵突然停车时，防止因压水管的水倒流时产生的水锤作用击坏水泵和底阀，多用在扬程较高、流量较大的离心泵上。

拍门(图 6-38)又叫出水活门，也是一个单向阀门，与逆止阀不同的是，它安装在压水管出口，其功用主要是防止水泵停车后，上水池的水倒流入下水池。拍门一般在流量大、扬程低的水泵(如轴流泵)上应用较多。

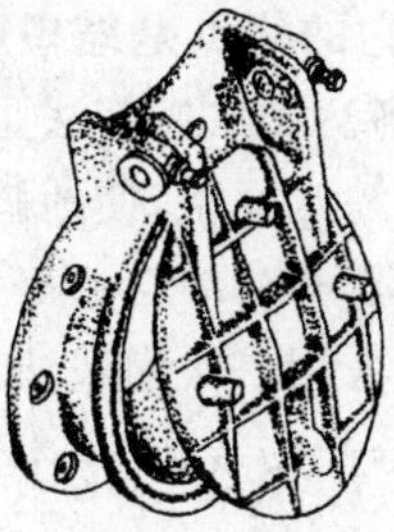

图 6-37　逆止阀

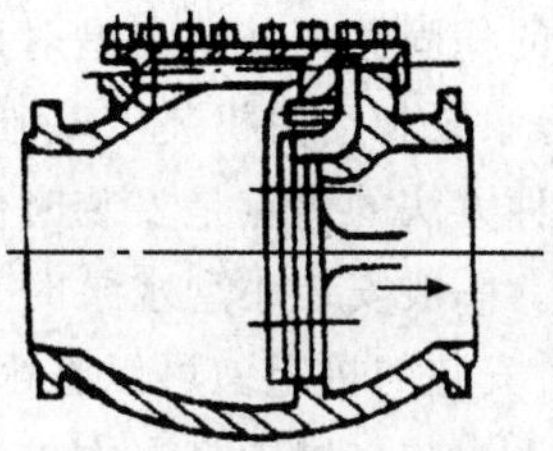

图 6-38　拍门

(二)水泵管路及附件的选用

这里主要介绍如何确定消磁管路与附件，为安装做好准备。

1. 水管直径的确定

水管直径过小，损失扬程显著增加，动力消耗增多。水管直径过大，则增加了水管投资，也不经济，在一般情况下，以进水管直径比水泵进口直径大 50 毫米为宜，出水管直径与水泵出口直径相等，但不能小于水泵出口直径。

2. 水泵附件的选择

水泵附件应根据水泵类型和流量大小、扬程高低等因素选择。底阀只用于灌引水启动的水泵，闸阀用于在工作中需要调节流量或用真空泵抽真空引水启动的水泵。逆止阀用于扬程高、流最大的离心泵。对于扬程低而流量大的轴流泵、混流泵，一般在压水管出口处安装一个拍门即可。真空表和压力表一般用在大型水泵上。

(三)水泵的安装

在这里我们主要以离心水泵为例说明水泵安装。

1. 水泵安装位置的选择

在确定水泵安装地点时，应注意以下几点：

(1)在确保安全的情况下，水泵安装位置应尽量靠近水源和陡坡，以缩短进、出水管长度，减少不必要的弯管，减少漏气的机会和扬程损失。

(2)水泵距河面或进水池水面的垂直高度，应保证在最低枯水位时吸水扬程不超过规定值，而在洪水季节不淹没动力机。

(3)水泵安装的地方，地基要坚固、干燥，以免水泵在运行中因震动造成下陷和电动机受潮。

(4)安装水泵的场地要有足够的面积，以便拆卸检修。

2. 水泵的基础

(1)固定安装的基础。一般都用混凝土浇筑。混凝土按质量可采用 1 份水泥、2 份黄沙、5 份碎石拌水制成。基础的尺寸，可较水泵动力机座(或共同底座)长、宽各大 10～15 厘米，深度比地脚螺栓深 15～20 厘米。基础应高出地面 5～15 厘米。

进行混凝土浇筑时，可采用一次灌浆法或二次灌浆法。一次灌浆法是在浇筑基础前，预先用模框同定地脚螺栓，然后一次性把地脚螺栓浇筑在混凝土内，它的优点是缩短施工期限，提高地脚螺栓的稳固性。其缺点是对地脚螺栓位置的确定要求较高。二次灌浆法是预先留出地脚螺栓孔，等水泵和动力机装上基础，上好螺母后，再向预留孔浇灌水泥浆，使地脚螺栓同结在基础内。这种方法的优点是安装时便于调节，但二次浇灌的混凝土有时结合不好，影响地脚螺栓的稳固性。一般安装小型水泵时采用一次灌浆法，大型水泵则采用二次灌浆法。

(2)临时安装的机组。可以将水泵和动力机共同安装(也可分开安装)在硬木做的底座上，把底座埋在土内或在周围打上木桩即可。

3. 安装中的注意事项

混凝土基础凝固后，即可安装水泵和动力机。安装时应该注意以下几点。

(1)有共同底座的水泵，应先安装共同底座，并注意找水平。

(2)水泵和电动机采用联轴器直接连接时，为防止机器发生震动和损坏水泵，水泵和动力机轴必须同心，检查方法如图 6-39 所示：用直尺在两联轴器上下左右 4 个方向检查，如直尺与两联轴器都能紧贴而无间隙，则表明两轴同心。如不同心，则要在水泵或电动机底座下加适当垫片调整。

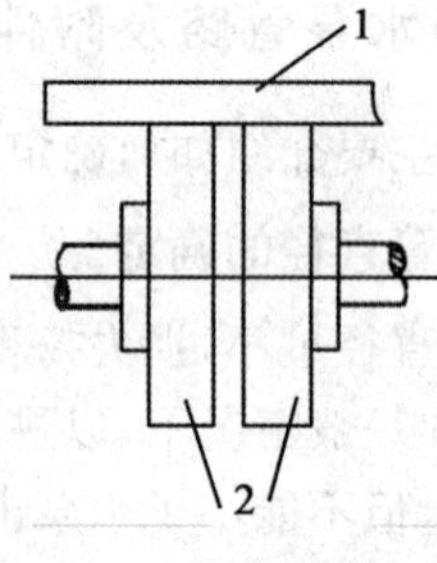

图 6-39　用直尺检查两轴同心

1. 直尺　2. 联轴器

(3)水泵与电动机联轴器间应有一定间隙，以防止水泵或电动机轴出现少许轴向移动时，两联轴器相碰，影响机组工作。口径 300 毫米以下的水泵，间隙为 2～4 毫米；口径 350～500 毫米的水泵，间隙为 4～6 毫米；口径 600 毫米以上的水泵，间隙为 6～8 毫米。此间隙必须左右一致，否则说明水泵轴与电动机轴不在同一直线上。

(4)采用皮带传动的水泵，动力机皮带轮与水泵皮带轮宽度中心线应在同一直线上，且两轴平行(开口或交叉传动)。检查方法，如两皮带同宽，可如图 6-40 所示，用一细线，一头接触 a 点，另一头慢慢向 d 点靠近，如果细线同时接触 b、c、d 三点，则符合要求。另外，对开口式皮带传动，应使松边在上，紧边在下，以增大包角。

4. 进水管的安装

进水管路安装不当，会造成水泵不出水，或影响水泵正常工作，应引起重视。

(1)进水管路必须牢固支承，不应压在水泵上，各接头处应严格密封，不得漏气。

(2)带有底阀的进水管,应垂直安装,如受地形限制需斜装时,与水平面的夹角应大于45°,且阀片方向应如图 6-41 所示,以免因底阀不能关闭或关闭不严,影响水泵工作。

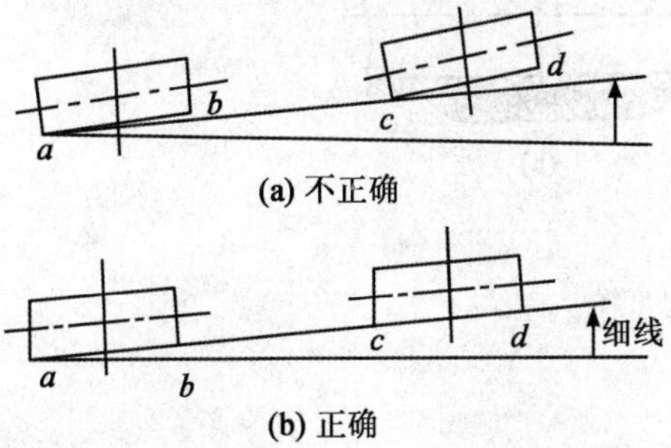

图 6-40　用细线检查两皮带轮相对位置

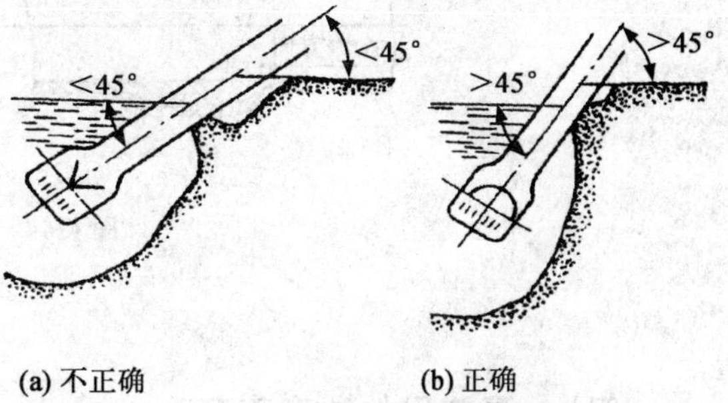

图 6-41　进水管的斜度和阀片方向

(3)弯头不能直接与水泵进口相连,而应装一段长度约为 3 倍直径的直管段,如图 6-42(a)所示。否则,将造成水泵进口水流紊乱,影响水泵效率。

(4)整个进水管路应平缓地向上升,任何部分不应高出水泵进口的上边缘,以防管内积聚空气,影响吸水[图 6-42(b、c)]。

(5)底阀应有一定的淹没深度,最低不能小于 0.5 米。底阀到池底距离,应等于或大于底阀直径(但最小不应小于 0.5 米),如图 6-43 所示。

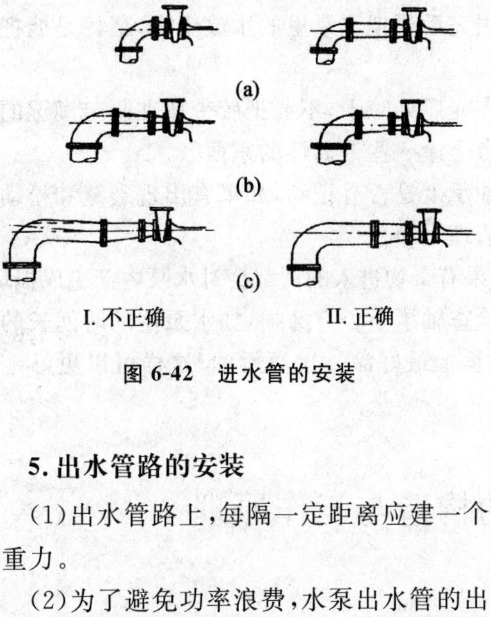

图 6-42　进水管的安装

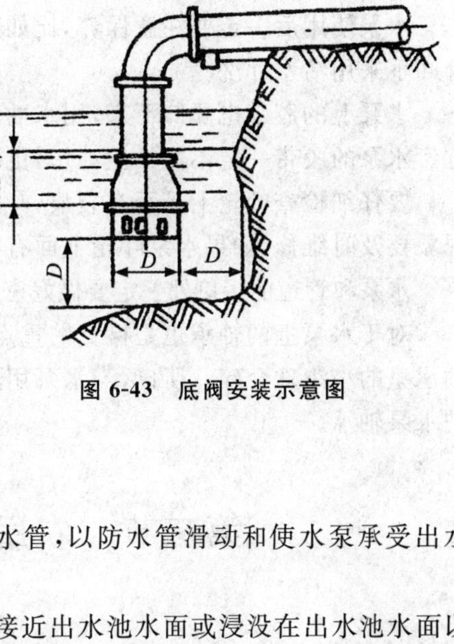

图 6-43　底阀安装示意图

5. 出水管路的安装

(1)出水管路上,每隔一定距离应建一个支座支承水管,以防水管滑动和使水泵承受出水管重力。

(2)为了避免功率浪费,水泵出水管的出口应尽量接近出水池水面或浸没在出水池水面以下,而不可过多地高出水池水面,以免浪费功率。

(3)当出水管采用插口连接时,小头顶端与大头内支承面之间要有 3～8 毫米间隙,小头与大头间的径向间隙,应以石棉水泥填塞紧实,如图 6-44(a)所示。石棉与水泥的配合比是石棉绒 30%,400 号以上水泥 70%,水为两者合量的 10%～12%。接头采用套管的水泥管,在套管与水泥管之间,也应用石棉水泥和油麻绳填塞好[图 6-44(b)]。

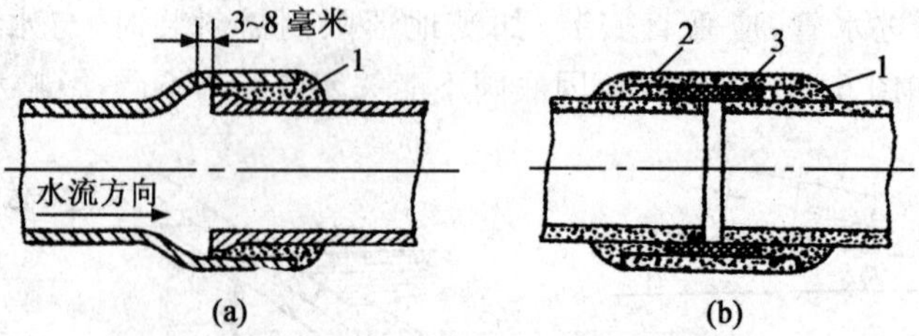

图 6-44　水管连接

1. 石棉水泥　2. 套管　3. 油麻绳

(四)水泵使用的注意事项

如果水泵有任何小的故障切记不能让其工作。如果水泵轴的填料完全磨损后要及时添加,如果继续使用水泵会漏气。这样带来的直接影响是电机耗能增加进而会损坏叶轮。

如果水泵在使用的过程中发生强烈的震动,这时一定要停下来检查一下是什么原因,否则同样会对水泵造成损坏。

当水泵底阀漏水时,有些人会用干土填入到水泵进口管里,用水冲到底阀处,这样的做法实在不可取。因为当把干土放入进水管里水泵开始工作时,这些干土就会进入泵内,这时就会损坏水泵叶轮和轴承,这样做缩短了水泵使用寿命。当底阀漏水时一定要拿去维修,如果很严重那就需要更换新的。

水泵使用后一定要注意保养,比如说当水泵用完后要把水泵里的水放干净,最好是能把水管卸下来用清水冲洗。

水泵上的胶带也要卸下来,用水冲洗干净后在光照处晾干,不要把胶带放在阴暗潮湿的地方。水泵的胶带一定不能粘上油污,更不要在胶带上涂一些带黏性的东西。

要仔细检查叶轮上是否有裂痕,叶轮固定在轴承上是否有松动,如果有出现裂缝和松动的现象要及时维修,如果水泵叶轮上面有泥土也要清理干净。

水泵和管道的接口处一定要做好密封,因为如果有杂物进入的话都会对水泵内部造成损坏。

对于水泵上的轴承也是检查的重点,用完后检查轴承是否有磨损,如水泵用的时间长的话轴承里的小滚珠会碎。所以,当水泵用过后,在轴承上最好涂一层润滑油,这样可以更好地保护水泵轴承。

第三节　农用水泵的构造与工作原理

一、离心泵的构造与工作原理

(一)单级单吸离心泵的构造

属于单级单吸离心泵类型的主要有 IS 型泵。IS 型泵的构造如图 6-45 所示,主要由泵体、叶轮、轴封装置、泵轴、轴承和托架等组成。

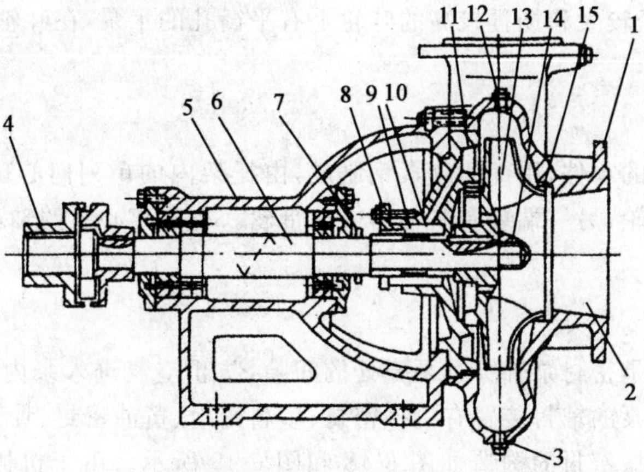

图 6-45　IS 型泵构造

1. 泵体　2. 进水口　3. 放水螺塞　4. 联轴器　5. 托架　6. 泵轴　7. 挡水圈　8. 填料压盖　9. 填料　10. 水封环　11. 后盖　12. 放气螺塞　13. 叶轮　14. 叶轮螺母和锁片　15. 减漏环

1. 泵体

泵体的作用是汇集由叶轮甩出的水并导向出水管，降低水流速度使部分动能转化成压能。泵体一般用铸铁制成，离心泵的泵体流道为蜗壳形，如图 6-46 所示。

2. 叶轮

叶轮的作用是将动力机的机械能传给水，转变成水的动能和压能，是决定水泵性能好坏的一个最主要的零件。离心泵的叶轮一般用铸铁制成，有些小型泵叶轮采用塑料制造。用于抽清水的叶轮采用封闭式，抽含有杂质液体的叶轮采用半封闭式或敞开式，如图 6-47 所示。

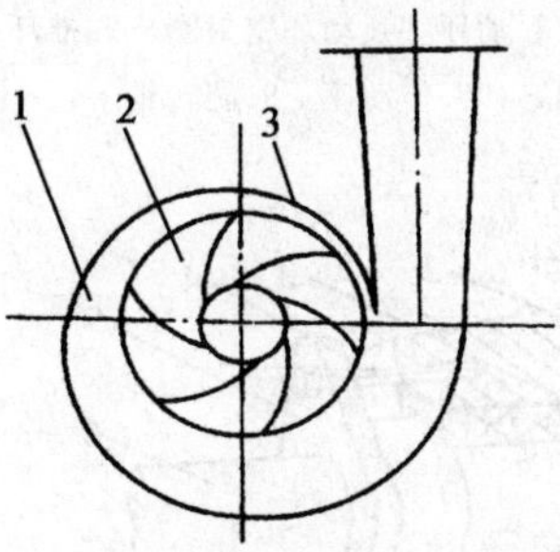

图 6-46　蜗壳形泵体示意图

1. 水流槽道　2. 叶轮　3. 泵壳

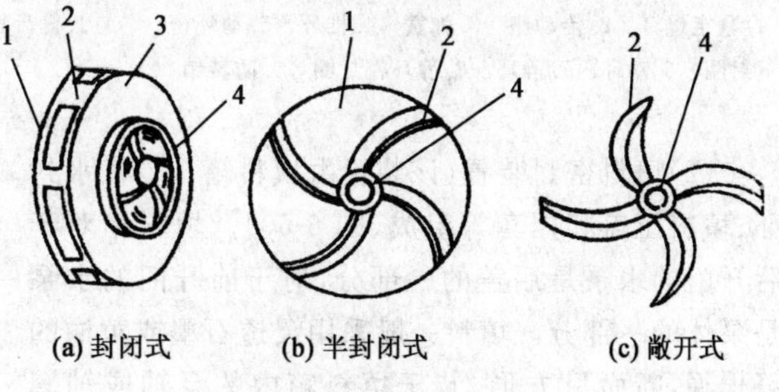

图 6-47　离心泵叶轮的种类

1. 后盖板　2. 叶片　3. 前盖板　4. 轮毂

3. 减漏环

减漏环又称口环或密封环，其作用是使叶轮与泵体之间保持较小间隙，以减少高压水的回流损失，磨损后只需更换减漏环即可。

减漏环是一个铸铁圆环，压装在叶轮进口与泵体配合处的泵体上［图 6-45(15)］，并用平头螺钉定位(有的泵不用螺钉)。一般小口径(100 毫米以下)低扬程 IS 型泵只在泵体或泵盖上装有减漏环,但口径较大和扬程较高的叶轮上有平衡孔的水泵,在叶轮配合处的后盖上也装有减漏环。

4. 泵轴

泵轴是传递动力的零件,用优质碳素钢制成,由托架内的单列向心球轴承支承,用黄油润滑。轴的一端固定叶轮,另一端装有联轴器或皮带轮。有些离心泵的轴,在与填料配合处装有轴套,以免泵轴磨损。

5. 轴封装置

轴封装置的作用是密封泵轴穿过泵壳处的间隙,防止空气进入泵内和阻止压力水从泵内大量泄漏出来。农用泵的轴封装置有机械密封、填料密封、黄油密封、骨架橡胶密封等。

(1)机械密封:机械密封的构造如图 6-48 和图 6-49 所示。由于机械密封是端面密封,磨损后能自动补偿,故密封性能好,使用寿命长,但结构复杂、成本高,安装也麻烦。常用于密封要求高的潜水电泵和自吸泵。

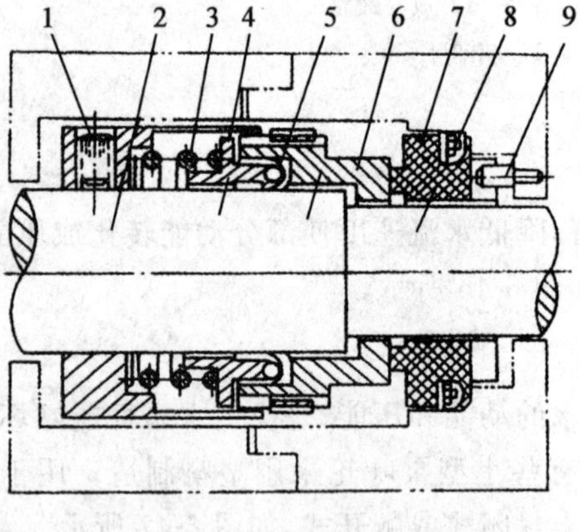

图 6-48 单端面机械密封

1. 紧定螺钉 2. 传动座 3. 弹簧 4. 推环 5. 动环密封圈 6. 动环 7. 静环 8. 静环密封圈 9. 防转销

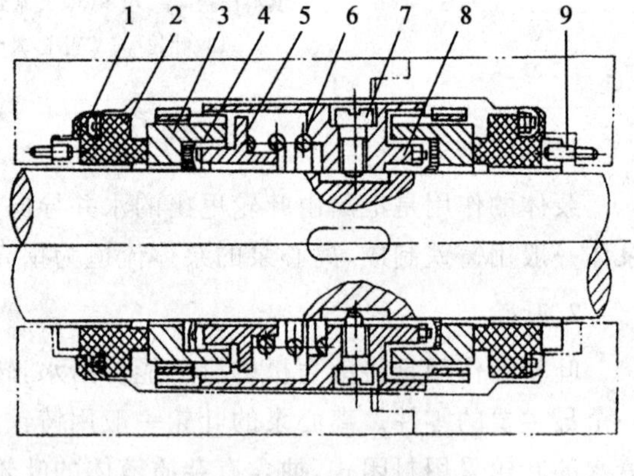

图 6-49 双端面机械密封

1. 静环密封圈 2. 静环 3. 动环 4. 动环密封圈 5. 推环 6. 弹簧 7. 紧定螺钉 8. 传动座 9. 防转销

(2)填料密封装置:该装置由填料箱、填料、水封环、填料压盖和挡套等组成(图 6-50)。填料箱对于后开门的水泵是后盖的一部分,对于前开门的水泵是泵体的一部分。填料一般采用浸透石墨或黄油的石棉绳,断面呈方形,装于填料箱内的泵轴或轴套上。水封环为一中部有凹槽、周围钻有小孔的金属或塑料圆环,一般装于填料的中部并对准泵后盖(或泵体)压力水的通道口,以便引入压力水,起润滑和冷却泵轴的作用。填料压盖用于调节填料的松紧程度,根据经验,一般从填料箱内每分钟滴 30～50 滴水为适宜。

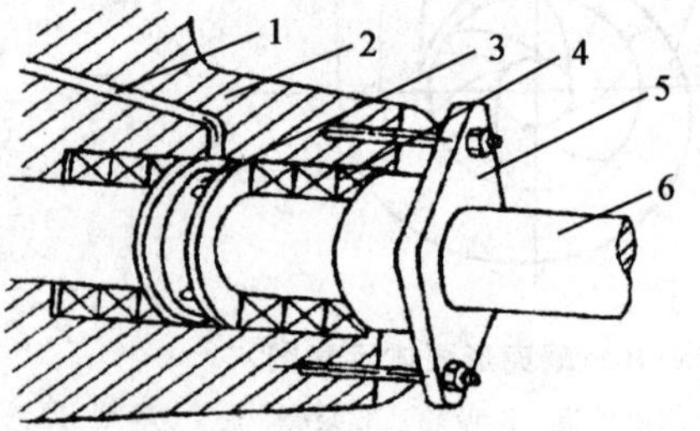

图 6-50 水泵填料密封装置

1. 引水沟 2. 填料室 3. 水封环 4. 填料 5. 填料压盖 6. 泵轴

(3)黄油密封:图 6-51 为黄油密封结构示意图。通过黄油杯 2 给槽形轴套 4 压入适量的黄油，在轴套4与填料箱1间形成油环，起到密封作用。为了防止黄油漏出和吸入泵内，在轴套两端各加1～2圈石棉填料5。黄油密封具有加注方便并能润滑泵轴的优点，减小了摩擦损失，避免了更换填料的麻烦。但由于黄油遇水后易变稀，而被吸入泵内和被水冲走，所以需要经常加注，否则将失去密封作用。

(4)骨架橡胶密封：该密封装置结构简单(图6-52)，体积小，可缩短泵轴尺寸，密封效果也较好，但对泵轴精度和安装要求则较高，且寿命也较短，所以小型泵用得较多，大型泵则少用。

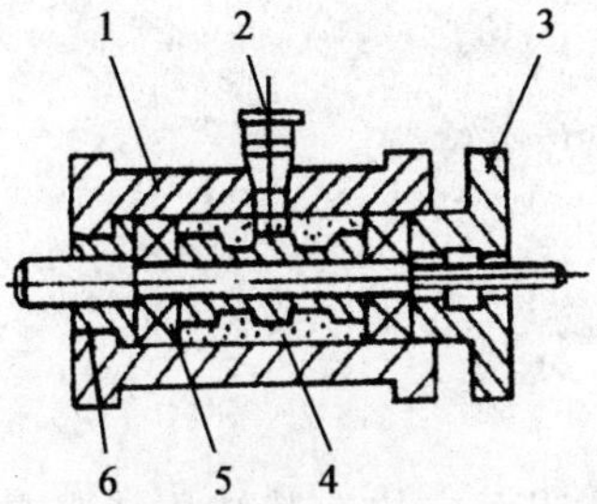

图6-51　黄油密封结构示意图

1.填料箱　2.黄油杯　3.填料压盖
4.槽形轴套　5.填料　6.填料套

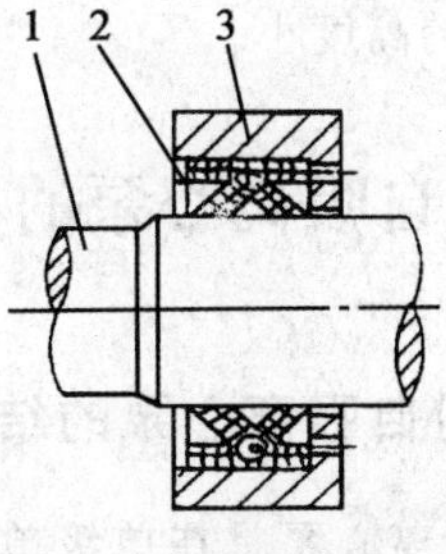

图6-52　有骨架的橡胶密封装置

1.泵轴　2.密封圈　3.外壳

(二)离心泵的工作原理

由于离心泵一般安装在离水源水面有一定高度的地方，因此它的工作是先把水吸上来，再将水压出去。也就是说，它是由吸水和压水两个过程组成的。下面我们来分析它的吸水和压水原理。

如图6-53所示，离心泵的主要工作部件叶轮2安装在蜗壳形泵壳3内，工作时由动力机通过泵轴驱动高速旋转。泵壳3上有进、出水口，吸水管4和压水管1分别与之相连。开泵前，先使吸水管和泵壳内充满水。启动后，由于叶轮高速旋转产生离心力，叶轮里的水被叶片甩向四周，被迫沿图中箭头所示方向，向压水管流动。水甩出后，叶轮中心附近出现真空，在水源水面大气压力作用下，水源的水沿吸水管被吸入叶轮内部。这时由于叶轮继续将水甩出，泵壳槽道内的压力也就逐渐升高，直至将水由压水管出口压出。如此循环工作，水泵不断吸水、压水，水源的水就被源源不断地输送到高处。

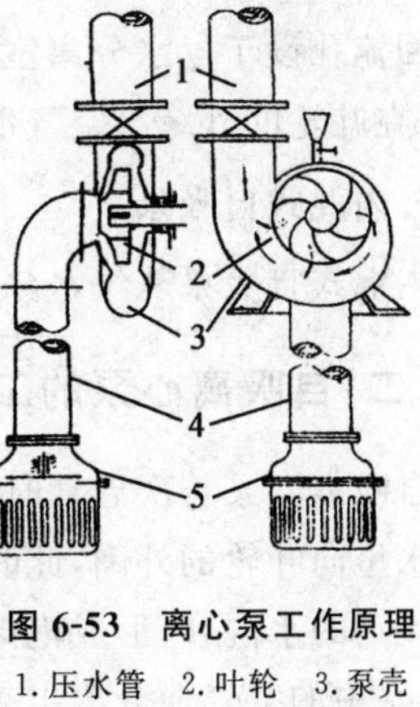

图6-53　离心泵工作原理

1.压水管　2.叶轮　3.泵壳
4.吸水管　5.底阀

由于离心泵靠大气压力和泵内压力差吸水，我们可以得出以下结论。

(1)在叶轮高于水源水面工作(即具有吸程)情况下，离心泵启动前，必须先向泵内(包括吸水管)灌水，或用真空泵抽气，以排除空气，否则因叶轮中心处形成的低压与大气压力之间的压力差，不足以吸入水源中的水，因而达不到抽水的目的。同时泵壳和吸水管必须严格密封，不得漏气和积聚空气。

(2)叶轮中心处的压力越低,水泵吸水的高度越大。由于大气压力值为98千帕,约相当于10米水柱高,而叶轮中心处的压力不可能降为零,再加上进水管路的损失等因素的影响,一般离心泵的最大吸水高度只能达到8米左右,并且与当地海拔高度有关。

(3)水流输送高度的大小,与泵内水流压力的大小有关,而压力的大小与叶轮的直径和旋转速度有关。在一定的转速条件下,叶轮直径越大,泵内产生的压力越大,水流输送的高度就越高;反之则低。对于同一台水泵,叶轮直径是一定的,当转速高时,输送的高度大;当转速低时,输送的高度小。

二、自吸离心泵的构造与工作原理

(一)自吸离心泵的结构特点

自吸离心泵是在单级单吸式离心泵的基础上改进设计而成的。其结构特点是:将单级单吸泵的进水口位置抬高,构成一个贮水室,同时,在泵的出水口设置气水分离室和回流孔道。

自吸离心泵按气、水混合的位置分为外混式与内混式。外混式自吸泵按水回流的方向,又可分为轴向回流和径向回流两种。

1. 径向回流外混式自吸泵

将蜗壳室出水流速扩大并用类似蜗壳的隔板分成内、外流道。脱气后的水沿外流道回到蜗壳室下部,在叶轮外缘与空气混合。

2. 轴向回流外混式自吸泵

回流孔设于气水分离室的底部,与蜗壳室的下部相通,脱气后的水经轴向回流孔进入蜗壳室内,在叶轮的外缘与空气混合。

3. 内混式自吸泵

内混式自吸泵从气水分离室回流的水经回流孔进入叶轮进水口或内部与空气混合。

(二)自吸离心泵的工作原理

自吸离心泵首次启动时,先从排气口给气水分离室注满水,水泵启动后,叶轮旋转将叶槽中的水甩向叶轮的外围,此时叶轮中心形成真空度,将进水管内的空气吸入贮水室,并与叶轮外缘流动的水混合,形成泡沫状的混合物。此气水混合物进入容积扩大的气水分离室后,流速降低,水中的空气便分离出来,经单向阀溢出(此时单向阀处于打开状态)。脱气后的水则沿外流道回到涡流室下部,在叶轮外缘再与吸进的空气混合。如此反复循环,将进水管内的空气抽走而完成自吸过程。当空气排尽后,气水分离室充满压力水,单向阀在压力水的作用下关闭,压力水经出水管输出,进入正常工作状态。

自吸泵不用底阀,只需向贮水室内灌满水即可自吸。机组停车后,因贮水室内已有存水,再次启动就不必再灌水。这种泵多用于喷灌机上,如图6-54所示。

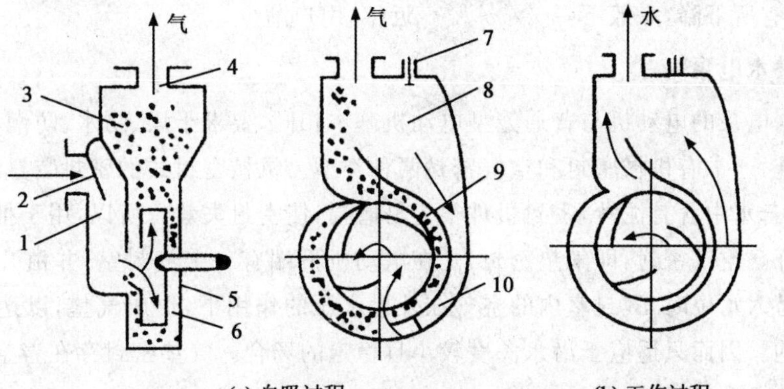

图 6-54　径向回流外混式自吸离心泵原理图

1.贮水室　2.吸水阀　3.气水混合物　4.出水口　5.叶轮
6.涡轮　7.单向阀　8.气水分离室　9.内流道　10.外流道

三、潜水泵的构造与工作原理

潜水泵的电动机装在叶轮的下面。叶轮装在电机轴的延伸端部，有单级（只有 1 个叶轮）和多级（有 2 个或 2 个以上叶轮）之分。

多级潜水泵可用于深井抽水。因水泵和电机潜入水中，没有吸水管和底阀等部件，故水力损失少。同时，启动前不用灌水，操作简便。

（一）潜水泵的典型结构

图 6-55 为 QS 型潜水电泵结构图（Q 表示潜水电泵，S 表示电动机为充水湿式）。

由于潜水电泵是在水下工作，因而对电动机有特殊要求。根据电动机防水技术措施的不同又分为充油式、干式和湿式三类。

1. 充油式潜水电泵

充油式潜水电泵是预告在电动机的内腔充满了绝缘油（变压器油或锭子油），以阻止潮气和水进入电动机，同时在电动机轴的伸出端设置良好的机械密封装置，以防止水的浸入和油的外泄。定子绕组用加强绝缘的耐油、耐水漆包线绕制。这种泵的转子由于在黏滞性较大的油中转动，功率消耗较

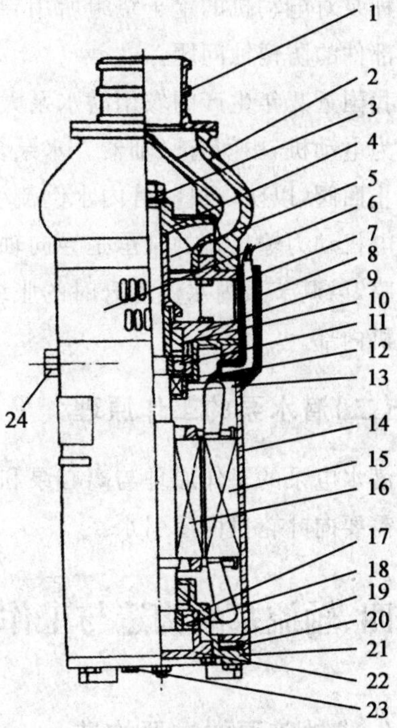

图 6-55　QS 型潜水电泵

1.出水接头　2.导叶体　3.螺母　4.叶轮　5.甩沙器
6.滤网　7.电缆　8.护套　9.进水节　10.轴套
11.轴承　12.上轴承座　13.油封　14.机壳
15.定子　16.转子　17.下轴承座
18.轴承Ⅱ　19.挡圈　20.卡簧
21.下轴承座　22.轴承端盖
23.放水螺栓　24.注水螺栓

大，因而效率有所下降，一般下降 3%～%。近年，用户渐少。

2. 干式潜水电泵

干式潜水电泵的电动机与普通笼型电动机基本相同，要求干燥、防水、防潮，因而需要有良好的密封措施，通常有机械密封和空气密封两种类型。机械密封式的密封装置结构复杂，加工工艺要求高，若水中含有泥沙，密封机件很容易磨损，使密封失效。所以，用于抽送不含泥沙的清水效果较好。空气密封，即气垫密封，是在电动机下端有一个气封室，并由几个孔道与外界相通。当泵潜入水中时，气封室内的空气在外界水压的作用下，形成气垫，以达到阻止水进入电动机的目的。因而只适应于潜水深度较小且稳定的场合。气垫密封存在着空气溶解而使水进入电动机的危险，因而使用的较少。

3. 湿式潜水电泵

湿式潜水电泵的电动机的定子是用聚乙烯尼龙等防水绝缘导线绕制而成的。电动机内部预先充满清水，转子浸在清水中，用以解决电机绕组以及水润滑轴承的冷却问题。这种电泵的密封装置结构较为简单，主要用于防止泥沙的浸入。所以其要求不像干式、充油式那样严格。但这种泵对电动机的定子绕组所用导线以及水润滑轴承所用材料均有较高的要求，并且还要考虑部件的防锈蚀问题。

我国近几年生产的农用潜水泵大部分为湿式潜水泵。其结构基本上是上部为水泵部分，下部为电动机，中间有联轴器。水泵多为离心泵或混流泵，采用水润滑轴承。在压水室的上方有一止回阀，以防停机时管内水倒流引起电机高速反转。

电机动力输出端的轴承是导向轴承，后端是推力轴承，均为水润滑轴承，电动机下端装有调压膜，以调节泵内水温上升时的胀缩压差，在电动机上端装有防沙机构甩沙盘，以防泥沙进入电机内部。

（二）潜水泵的工作原理

潜水电泵的工作原理与离心泵和混流泵是相同的，只是潜水电泵是潜入水中进行工作，因而不需要向叶轮里面灌引水。

四、轴流泵的构造与工作原理

（一）轴流泵的主要构造

轴流泵主要由叶轮（图 6-56）、进水喇叭 9、导叶体 6、出水弯管 5 和泵轴 4 等组成，如图 6-57 所示。进水喇叭 9 装于水泵下部，作用是以最小的进水阻力引导水流进入叶轮。导叶体 6 位于叶轮上方，其内铸有 6～12 片导叶，起消除水流出叶轮时的旋转运动的作用。导叶体上端逐渐扩大，能使水流速度降低，以减少水力损失，提高压力。出水弯管 5 装于导叶体上方，用以改变水流方向。

在出水弯管和导叶体中间穿过泵轴的地方，各装有一只橡胶轴承，工作中用水润滑，它由

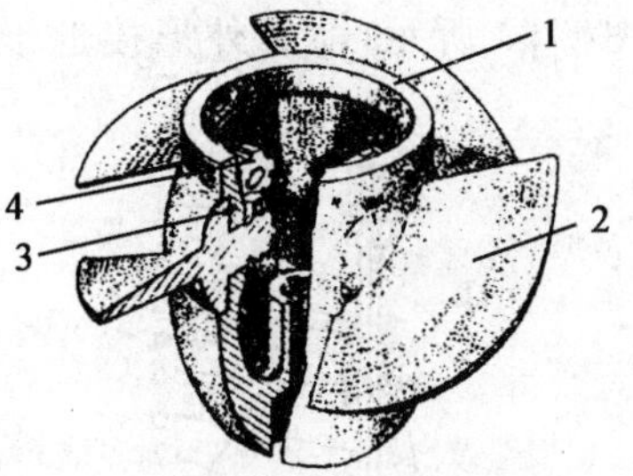

图 6-56　轴流泵的叶轮

1.轮毂　2.叶片　3.短销　4.叶片螺帽

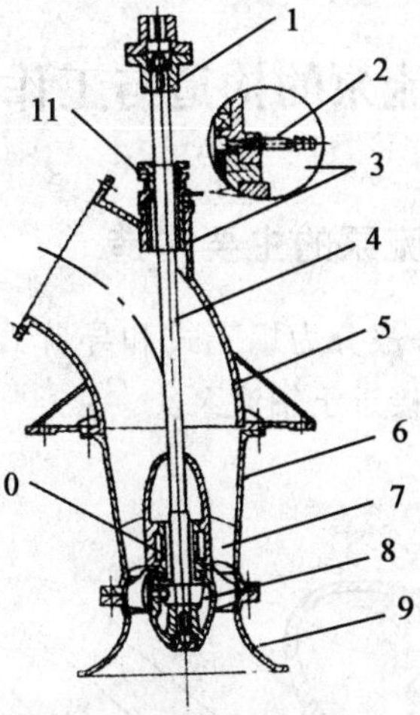

图 6-57　轴流泵构造

1.联轴器　2.短管　3、10.橡胶导轴承　4.泵轴　5.出水弯管　6.导叶体　7.导叶　8.叶轮　9.进水喇叭　11.填料

橡胶浇铸在铸铁制的外壳内(图 6-58),为了减少摩擦,加强润滑,其内孔做成多边形,并使各角处构成圆弧形的槽道,以便水流进入。由于出水弯管处的泵轴一般高出水面,因此在填料室处配有一根短管,见图 6-57(2),以备启动时用人工注入清水润滑。

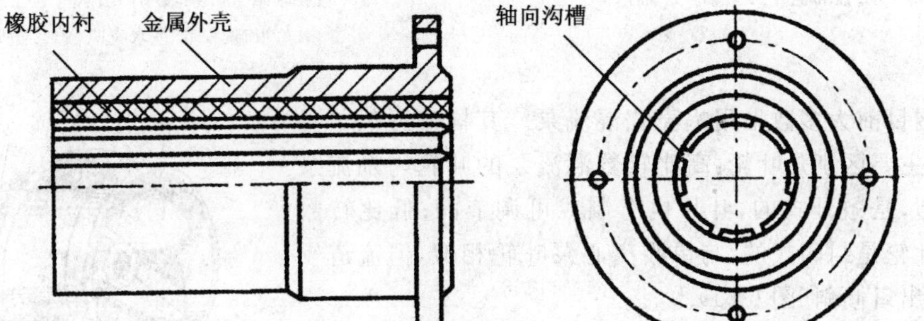

图 6-58　橡胶导轴承

轴流泵同时有传动装置(包括传动轴和电机座或皮带轮座)随机供应。在安装好后,可通过拧在传动轴上的调整螺母来调节叶轮的正确位置,从而使其与泵壳间的间隙均匀、转动灵活。

(二)轴流泵的工作原理

轴流泵与离心泵的结构不同,工作原理也不同,它是利用叶轮在旋转时叶片对水产生推力,使水从低处向高处流动。

五、混流泵的构造与工作原理

(一)混流泵的主要构造

混流泵一般分为蜗壳式和导叶式两种,如图 6-59 和图 6-60 所示,前者外形接近于离心泵,后者外形接近于轴流泵。

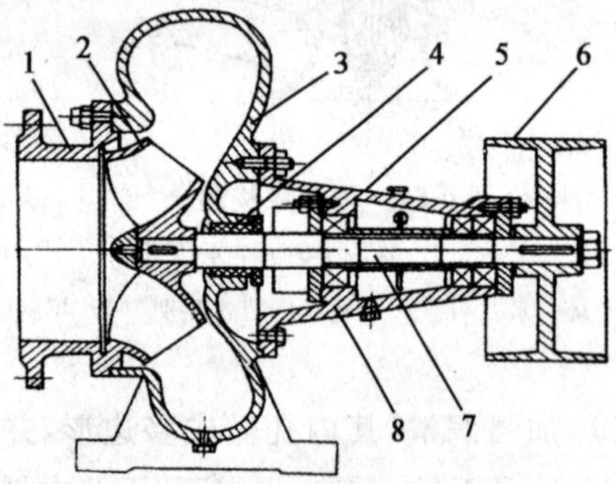

图 6-59　蜗壳式混流泵

1.泵盖　2.叶轮　3.泵体　4.填料　5.轴承
6.皮带轮　7.泵轴　8.轴承体

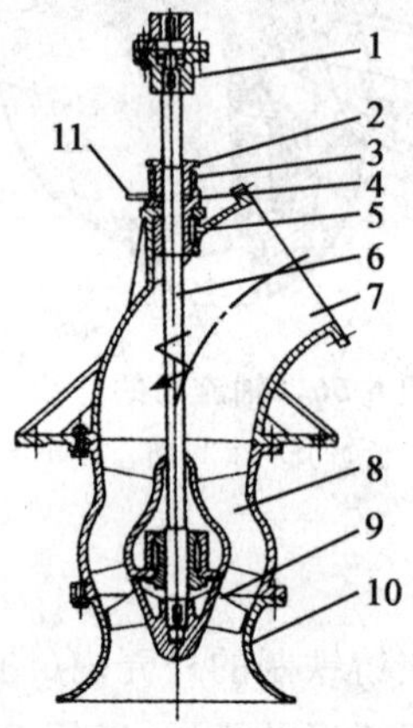

图 6-60　导叶式混流泵

1.刚性联轴器　2.填料压盖　3.填料　4.填料箱
5.橡胶轴承　6.泵轴　7.出水弯管　8.导叶体
9.叶轮　10.进水喇叭　11.短管

我国目前大多数采用蜗壳式混流泵。其构造近似单吸离心泵,主要区别是叶轮:高比转数混流泵的叶轮与轴流泵叶轮相似,是敞开式的,叶片也有制成可调节的;低比转数混流泵叶轮是封闭式的,与单吸离心泵叶轮相似,但流道较宽,叶片出口倾斜(图 6-61)。

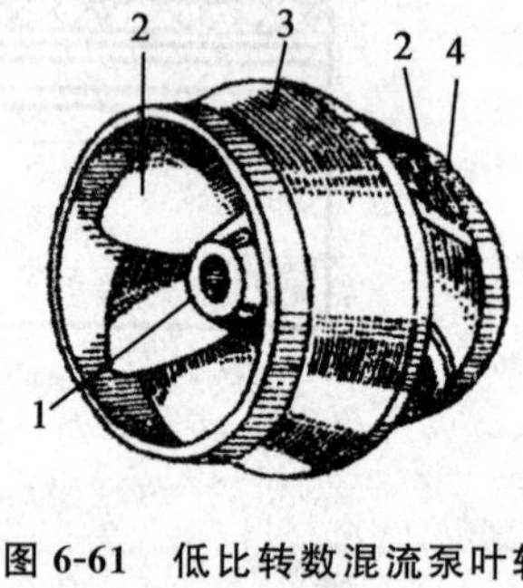

图 6-61　低比转数混流泵叶轮

1.轮毂　2.叶片　3.前盖板　4.后盖板

导叶式混流泵与轴流泵比较,前者效率略高,效率特性曲线比较平坦,即水位变化时也能保证较高的效率,因此很适于农田排灌,并节省动力;与蜗壳式混流泵比较,它的直径较小。立式结构导叶式混流泵,工作时叶轮淹在水中,不需引水设备,占地面积也小,所以在使用轴流泵的地区(大型可调叶片的轴流泵除外),代之以适当型号的导叶式混流泵是有利的。

(二)混流泵的工作原理

混流泵是介于离心泵与轴流泵之间的水泵,它的叶轮旋转时,对水既具有离心力,也具有升力。它是依靠离心力和升力的综合作用输水的。

混流泵吸收了离心泵和轴流泵的优点,又较好地克服了这两种泵的缺点,是一种较理想的泵型,很适合在农业上使用。

第四节　喷灌与微灌技术

一、喷灌技术

喷灌可以防止水分深层渗漏和地表流失，具有省水及对地形适应性强的优点，适合缺水、干旱地区使用。但喷灌系统对水源的要求较高，水中不得含有泥沙和污物；受风力影响大，在3～4级风时不宜喷灌，以防水滴被吹走，导致喷灌均匀度下降。

喷灌系统一般由水源、水泵、动力机、输水管路及喷头等部分组成。按喷灌系统各组成部分可移动的程度，分为固定式、半固定式和移动式3种类型。

(一)固定式喷灌系统

除喷头外，所有管道在整个灌溉季节或常年都是固定的。水泵和动力机安装在固定的位置，干管和支管多埋在地下，竖管伸出地面，喷头安装在竖管上。

(二)半固定式喷灌系统

动力机、水泵和主干管都是固定不动的，喷头和支管是可以移动的，如图6-62所示。

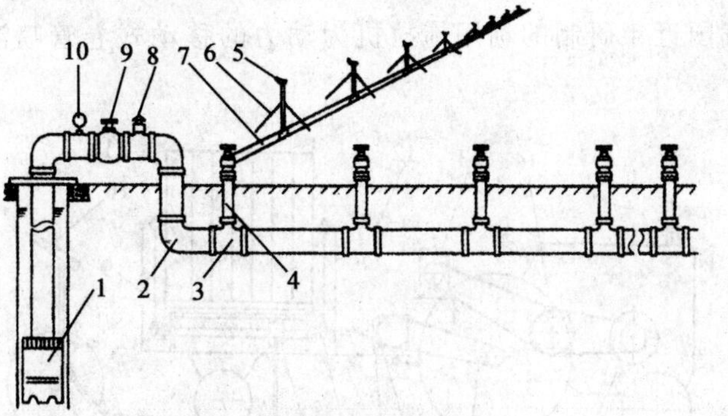

图6-62　半固定式喷灌机

1.水泵　2.主水管　3.三通管接头　4.出地管　5.喷头
6.支架　7.移动水管　8.放气阀　9.闸阀　10.压力表

(三)移动式喷灌系统

该系统的动力装置、干管、支管和喷头都是可以移动的，具有机动性强、操作方便、生产效率高等优点，是广泛应用的一种喷灌系统。从结构形式上可分为：时针式喷灌机、绞盘式喷灌机、平移式喷灌机及移动软管式喷灌机组4种。

1.时针式喷灌机(图6-63)

优点是将支管撑在高2～3米的支架上，全长可达400米，支架可以自己行走，支管的一端固定在水源处，整个支管绕中心点绕行，像时针一样，边走边灌，可以使用低压喷头，灌溉质量好，自动化程度高。

缺点是只能灌溉圆形的面积，灌溉残留面积较大。适用于地表较平的大型农场，并要求灌区内无任何高的障碍物（如电杆、树木）。

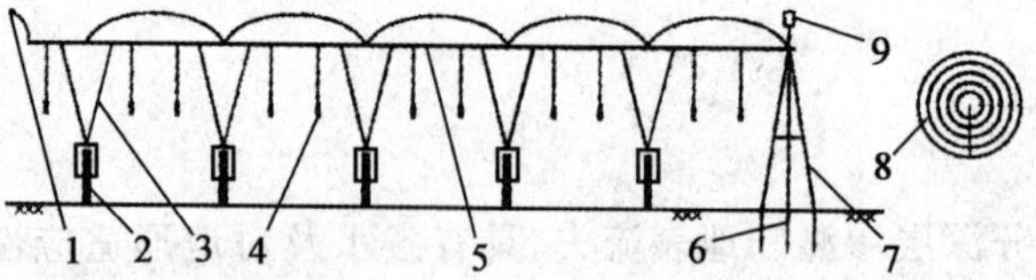

图 6-63 时针式喷灌机

1. 末段喷头 2. 地轮 3. 支架 4. 喷头 5. 桁架
6. 水泵轴 7. 固定支架 8. 运行示意图 9. 换向装置

2. 绞盘式喷灌机（图 6-64）

利用盘在大绞盘上的软管给一个或几个喷头供水灌溉土壤。

灌溉时先用外力（人力或牵引力）将软管连同喷水小车拉出，利用水涡轮（或液压马达或拖拉机驱动轮的动力）驱动绞盘旋转，逐渐将软管卷在绞盘上，并带动喷水小车移动。压力水通过软管输送到喷水小车所带的喷头，喷头在压力水的作用下实现喷射和摆动，喷头在喷水小车带动下移动和在水压驱动下摆动的复合作用下，一次可灌溉一个宽小于两倍射程的矩形田块。这种系统田间工程少，设备简单，投资也少，工作可靠。一般要求中、高压喷头，能耗较高。我国近年研制的利用拖拉机为动力的移动式卷管喷灌机，机动灵活，具有广阔的应用前景。

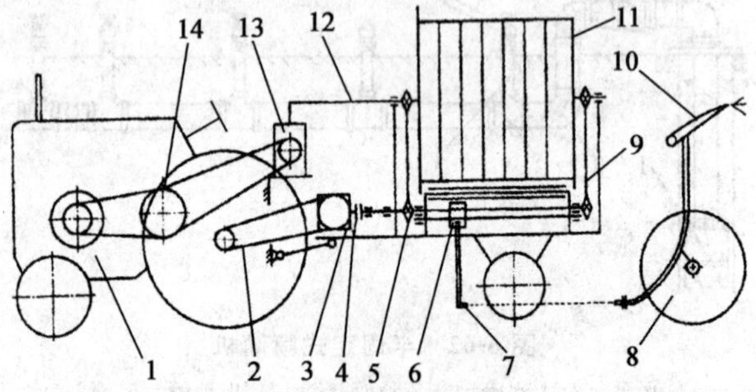

图 6-64 绞盘式喷灌机

1. 拖拉机 2. 主动驱动链 3. 减速器 4. 离合器 5. 绞盘驱动链 6. 排管器
7. 软管 8. 喷头车 9. 排管器驱动链 10. 喷头 11. 绞盘
12. 水泵出水管 13. 水泵 14. 拖拉机离合器

3. 平移式喷灌机（图 6-65）

克服了时针式喷灌机只能灌溉圆形面积的缺点，是支管做平行运动的喷灌系统，灌溉的面积呈矩形。但缺点是当机组运行到田头时，要重新牵引到原来的出发点才能进行第二次灌溉。而且平移的准直技术要求高。适宜的推广范围同时针式喷灌机。

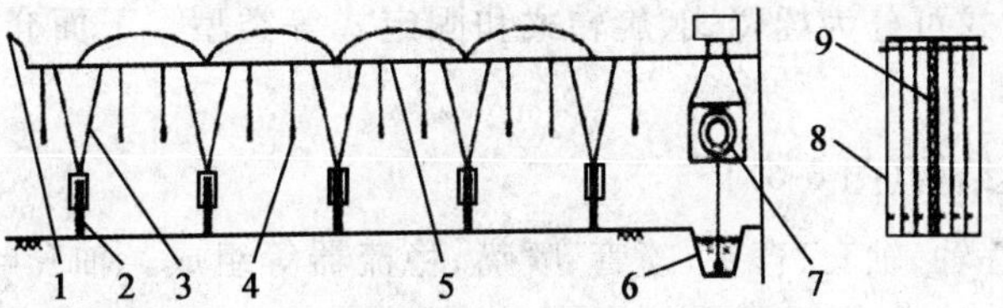

图 6-65　平移式喷灌机

1.末段喷头　2.地轮　3.支架　4.喷头　5.桁架

6、9.水渠　7.水　8.运行示意图

4.移动软管式喷灌机(图 6-66)

将喷头用软管连接到装有泵和动力机(柴油机或电动机)的小车上，每组有 1～10 个喷头。工作时，由动力机通过传动装置带动水泵工作，并将压力水送向喷头实现喷灌。当喷灌量达到农艺要求后，人工移动喷灌机组。优点是投资少，对地表的适应性好，灵活机动。缺点是灌后地面泥泞使得移动机组困难。

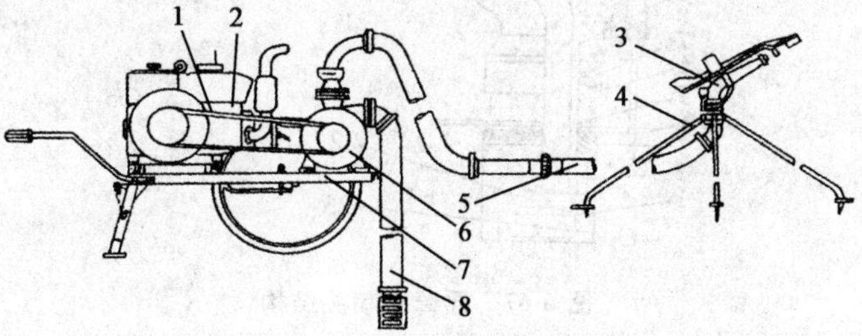

图 6-66　小型移动软管式喷灌机

1.传动装置　2.柴油机　3.喷头　4.支架

5.压水管　6.离心水泵　7.机架　8.吸水管

(四)喷头

喷头的功能是将压力水喷散成细小的水滴并均匀地喷洒在田间，按其工作压力和射程的大小，可分为低压喷头(近射程喷头)、中压喷头(中射程喷头)和高压喷头(远射程喷头)3 种，如表 6-1 所示。

表 6-1　喷头按工作压力分类情况

喷头类别	工作压力(千帕)	射程(米)	流量(米³/小时)	适用范围
低压喷头(近射程喷头)	＜200	＜15.5	＜2.5	射程近，水滴打击强度低，主要用于苗圃、菜地、温室、草坪、园林、自压喷灌的低压区或移动式喷灌机
中压喷头(中射程喷头)	200～500	15.5～42	2.5～32	喷灌强度适中，适用范围广，可用于果园、草地、菜地、大田等作物
高压喷头(远射程喷头)	＞500	＞42	＞32	喷洒范围大，但水滴打击强度也大，多用于对喷洒质量要求不高的大田作物和牧草

按喷头的运动方式可分为摇臂式、旋转式和固定式等类型。下面介绍摇臂式喷头的结构与工作原理。

1. 摇臂式喷头的结构(图 6-67)

(1)喷体。由空心轴、轴套、弯头、喷管、喷嘴、稳流器等组成。轴套与管道上的竖管连接,固定不动,空心轴可在轴套内转动,它和弯头、喷管、喷嘴连成一体,构成水的流道。喷管内装有稳流器,用于消除水流经过弯头所产生的漩涡和横向水流。喷嘴处做成锥形流道,使水流的压能最大限度地转化为动能。喷管通常也为锥形管,以便流道平滑地向喷嘴处过渡。喷头通常配有不同嘴径的喷嘴可供选用。

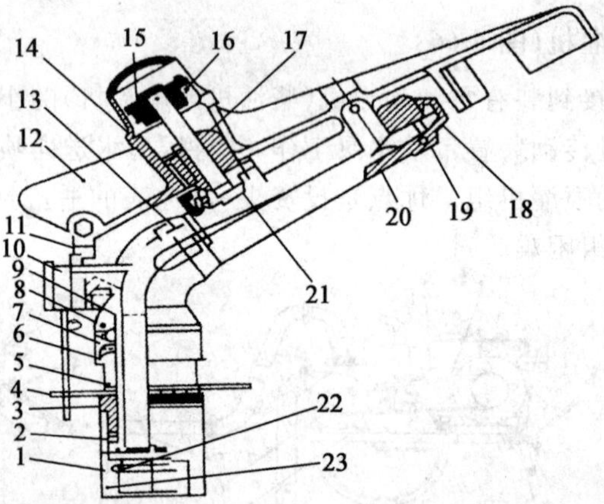

图 6-67 摇臂式喷头结构

1.空心轴 2.减磨垫 3、9、19.O形密封圈 4.限位环 5.空心轴套 6.防砂弹簧 7.弹簧罩 8.喷体 10.换向器 11.反转钩 12.摇臂 13.喷管 14.防水帽 15.弹簧座 16.摇臂弹簧 17.衬套 18.喷嘴 20.摇臂轴 21.轴端垫 22.垫片 23.接头

(2)密封装置。用于封闭空心轴与轴套之间的间隙,防止漏水。一般具有 3 层密封圈(O 形密封圈、防砂密封圈、减磨密封圈)。

(3)转向机构。由换向器、反转钩和限位环组成。用于喷头转向做扇形喷灌。换向器有转钩式、转块式、卧钩式、摆块式、挺杆式等形式。

(4)转动机构。由摇臂、摇臂轴、摇臂弹簧和弹簧座等组成,用于粉碎射流和驱动喷头旋转。

2. 摇臂式喷头的工作原理

(1)喷散。压力水经喷管内的稳流器整流后,沿锥形流道提高流速,将压能逐渐转化成动能,然后从喷嘴高速射出。射流水柱与空气碰撞并受摇臂的拍击而粉碎成细小的雨滴。

(2)转动。压力水在喷嘴射出过程中,首先冲击摇臂头部导水器上的导水板,使摇臂获得射流的作用力而向外(逆时针方向)摆动(摆动角度为 60°～120°),并将摇臂弹簧扭紧。接着摇臂在弹簧力的作用下回摆(顺时针),使导水器以一定速度进入射流水柱。由于射流对偏流板的冲击作用,使摇臂加速回摆,并撞击喷体使之顺时针方向转动 3°～5°转角。此时导水板又受到射流冲击再次外摆,进入下一循环。如此连续工作,使喷头间歇旋转。

(3)转向。转向用于扇形喷灌。喷灌前将空心轴上的限位环移到所需工作位置。当喷体按上述原理转动至换向器上的拨杆碰到限位环时，拨杆便拨动换向弹簧，迫使摆块转动到突起能与反向钩相碰的位置；此时摇臂在水力作用下，通过反向钩直接撞击摆块突起，而获得反作用力使喷头快速反转；待拨杆随喷体反转到碰撞另一个限位环时，则迫使摆块转到突起碰不到摇臂上反向钩的位置，摇臂又可自由地转动并使喷头顺时针方向旋转。

二、微灌技术

微灌即微量灌溉，是根据作物需水要求，通过低压管道系统与安装在末级管道上的灌水器（滴头、微喷头、渗灌管和微管等），将作物生长所需的水分和养分以较小的流量均匀、准确地直接输送到作物根部附近的土壤表面或土层中的灌水方式，使作物根部的土壤经常保持在最佳水、肥、气、最适宜的温度状态的灌水方法，是一种精确控制水量的局部灌溉方法。根据作物的需水要求，用管道把水送到每一棵植物的根部，使每一棵植物都得到需要的水量，减少了深层渗漏、地面径流和输水损失，并且可以通过微灌系统施肥施药。此方法适宜在水源缺乏或地形复杂的地方应用。

微灌包括滴灌、微喷灌和涌泉灌等。

（一）微灌的分类

微灌包括渗灌、涌泉灌、微喷和滴灌 4 种形式。灌水器是微灌系统的关键部件，其作用是把末级管道（毛管）的压力水均匀而又稳定地灌到作物根区附近的土壤中，它的质量好坏直接影响到微灌系统的寿命及灌水质量。不同的灌溉方法采用不同的灌水器。滴灌的灌水器是滴头，微喷灌的灌水器是微喷头，涌泉灌的灌水器是利用直径 4 毫米的小塑料管。这 3 种方式除灌水器差别较大外，其余部分基本相同，属地面微灌系统。渗灌则是将输水支管连同灌水器一同埋于耕层下的一种灌水技术。

由于微灌的灌水器出水口小，管网容易被水中的矿物质或有机质堵塞，因此对过滤设备性能要求高。

1. 渗灌

渗灌属地下暗管灌溉，是利用废旧橡胶和 PE 塑料按一定比例混合制成可以渗水的多孔管，将此渗水毛管埋入地下 30～40 毫米，压力水通过管壁上的毛细孔，以渗流的形式湿润周围土壤。渗水毛管的流量通常为 2～3 毫升/小时（图 6-68）。

渗水管的抗堵塞性能和使用寿命尚待提高。渗灌在使用中除砂粒等物理性堵塞外，还有因水中溶解盐析出后凝积在管壁中的化学性堵塞，以及细菌类的生物性堵塞。上述原因造成的堵塞会使渗水管的渗水性能不断降低直至失效。其次是渗水管的埋深、间距和渗水强度都随管道材质、土壤质地、作物、地下水埋深等因素有关，该方面的研究尚不完善。加之投资较大，一般为喷灌的 4 倍，检查、维修也比较麻烦。这些都是至今没能大面积推广的原因。

2. 涌泉灌

涌泉灌是利用直径 4 毫米的小塑料管作为灌水器，以细流（射流）状局部湿润作物附近土壤的灌溉方式，对于高大果树，通常围绕树干修一圈渗水小沟，以分散水流均匀湿润果树周围土壤。这种灌溉技术也称小管出流灌溉。

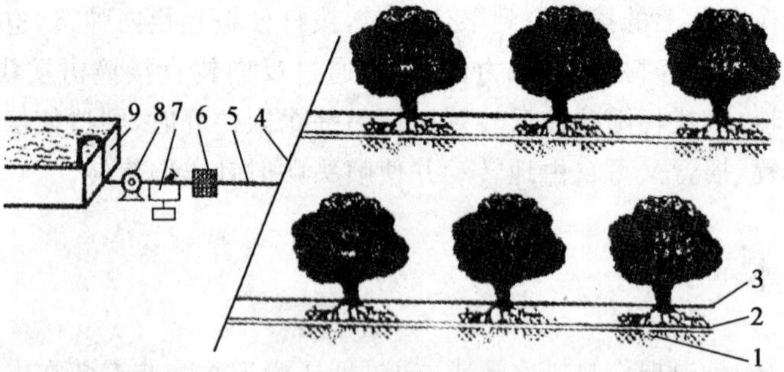

图 6-68 渗灌系统

1. 出水口 2. 渗管 3. 地表 4. 支管道 5. 主管道 6. 过滤器 7. 加肥器 8. 水泵 9. 水源

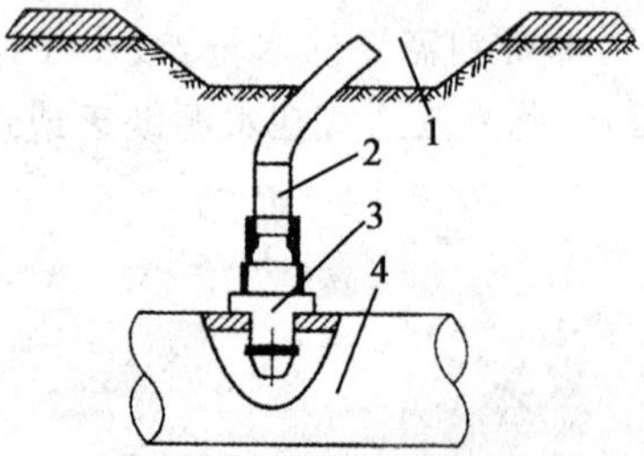

图 6-69 涌泉灌灌水器

1. 渗水沟 2. 直径 3. 接头 4. 毛管

其工作原理如图 6-69 所示。利用接在毛管上的直径 4 毫米小塑料管消减压力,使水流变成细流状施入土壤。它的工作压力低,孔口大,不易堵塞。

3. 微喷灌

微喷灌是通过管道系统将有压水送到作物根部附近,用微喷头将灌溉水喷洒在土壤表面进行灌溉的一种新型灌水方法。微喷灌与滴灌一样,也属局部灌。其优缺点也与滴灌基本相同,节水增产效果明显,但抗堵塞性能优于滴灌,而耗能又比喷灌低。同时还具有降温、除尘、防霜冻、调节田间小气候等作用。

微喷头是微喷灌的关键部件,单个微喷头的流量一般不超过 250 毫升/小时,射程小于 7 米。微喷头有固定式和旋转式两种,前者喷射范围小,水滴小,后者喷射范围大,水滴也大些。按照结构和工作原理,微喷头又可分为射流式、离心式、折射式和缝隙式 4 种。

(1)射流式微喷头。水流从喷嘴喷出后,集中成一束向上喷射到一个可以旋转的单向折射臂上,折射臂上的流道形状不仅可以使水流按一定喷射仰角喷出,还可以使喷射出的水舌反作用力对旋转轴形成一个力矩,从而使喷射出来的水舌随着折射臂做快速旋转,故它也称为旋转式微喷头。旋转式微喷头一般由折射臂、支架、喷嘴等部件构成,如图 6-70 所示。

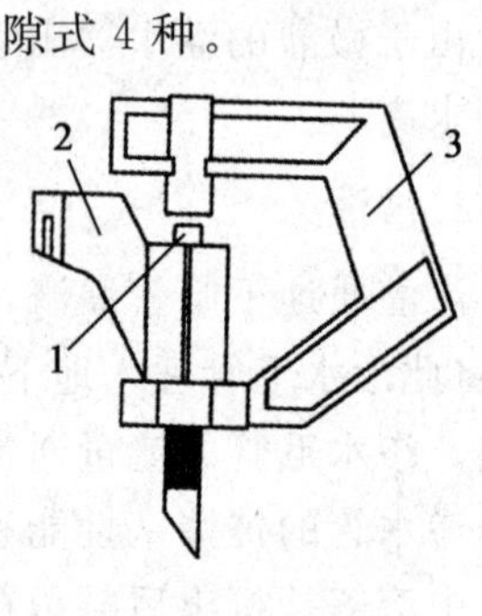

图 6-70 射流式微喷头

1. 喷嘴 2. 折射臂 3. 支架

旋转式微喷头的射程较大,灌水强度较低,水滴细小。由于其运动部件加工精度要求较高,并且旋转部件容易磨损,因此使用寿命较短。

(2)折射式微喷头。折射式微喷头主要由喷嘴、折射锥和支架 3 个部件组成,如图 6-71 所示。水流由喷嘴垂直向上喷出;遇到折射锥即被击散成薄水膜沿四周射出,在空气阻力作用下形成细微水滴散落在四周地面上。折射式微喷头又称为雾化微喷头。它的优点是结构简单,没有运动部件,工作可靠,价格便宜;缺点是由于水滴太细小,在空气干燥、温度高和风大的地区,蒸发飘移损失大。

(3)离心式微喷头。这种喷头的结构外形如图 6-72 所示。它的主体是一个离心室,水流从切线方向进入离心室，绕垂直轴旋转，通过处于离心室中心的喷嘴射出的水膜同时具有离心速度和圆周速度，在空气阻力作用下散成水滴落在喷头四周。该种喷头工作压力低，雾化程度高，不易堵塞。

(4)缝隙式微喷头。如图 6-73 所示。这种喷头由两部分组成，下部是底座，上部是带有缝隙的盖。水流经过缝隙喷出，在空气阻力作用下，裂散成水滴。

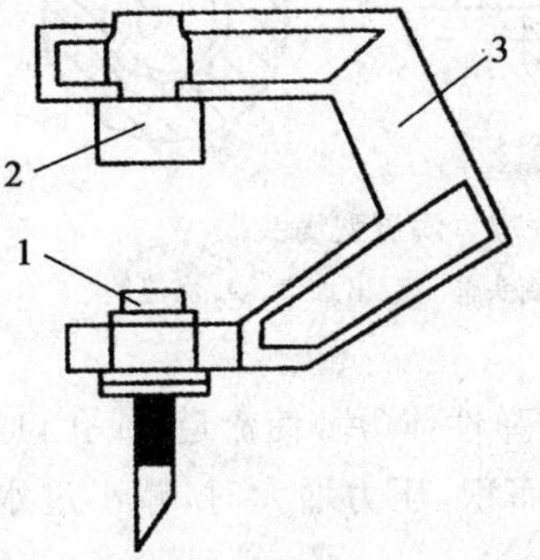

图 6-71　折射式微喷头

1. 喷嘴　2. 折射锥　3. 支架

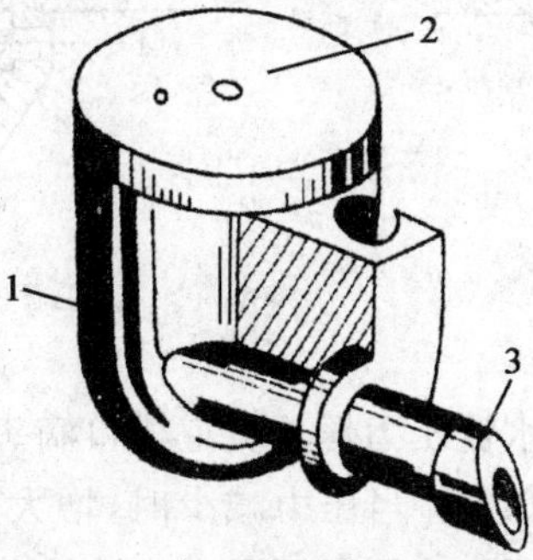

图 6-72　离心式微喷头

1. 离心室　2. 喷嘴　3. 接头

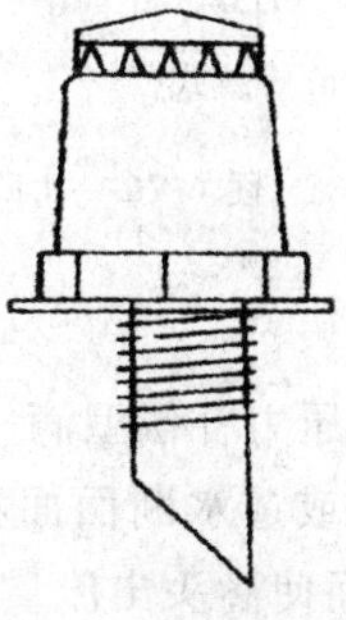

图 6-73　缝隙式微喷头

4. 滴灌

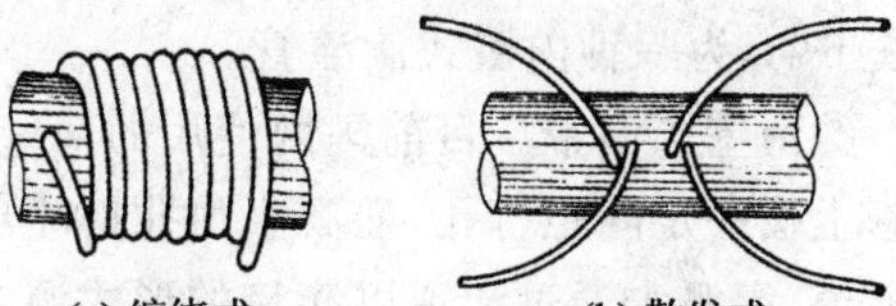

(a) 缠绕式　　**(b) 散发式**

图 6-74　管式滴头

滴灌是利用安装在末级管道(称为毛管)上的滴头(图 6-74)，将输水管内的有压水流通过消能，以水滴的形式一滴一滴地灌入土壤中的灌溉方式。水滴离开滴头时压力为零，只有重力作用于土壤表面。滴灌不同于传统的地面灌或喷灌要将土壤全部表面灌水，而是只湿润作物根系附近的局部土壤。

(1)滴头。滴头是通过流道或孔口将毛管中的压力水流变成滴状或细流状，使其以稳定的速度一滴一滴地滴入土壤。滴头常用塑料压注而成，工作压力为 100 千帕，流道最小孔径为 0.3～1.0 毫米，流量在 0.6～1.2 升/小时。按滴头的消能方式可分为以下几种类型。

①管式滴头。通过水流与流道壁之间的摩擦力消能来调节出水量的大小，如内螺纹管式滴头、微管滴头等，如图 6-75 所示。

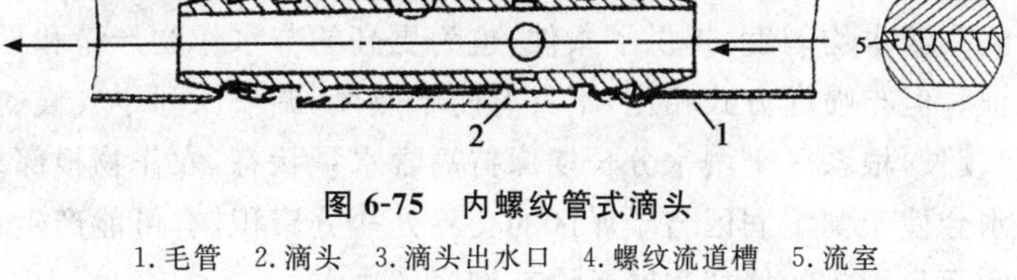

图 6-75　内螺纹管式滴头

1. 毛管　2. 滴头　3. 滴头出水口　4. 螺纹流道槽　5. 流室

②孔口式滴头。通过孔口出流造成的局部水头损失来消能和调节出水量的大小，如图 6-76 所示。孔口一般为 0.5～1 毫米，工作压力为 20～50 千帕。

③涡流型滴头。靠水流进入灌水器的涡流室内形成涡流来消能和调节出水量的大小，水流由涡流室的中间孔流出，如图 6-77 所示。

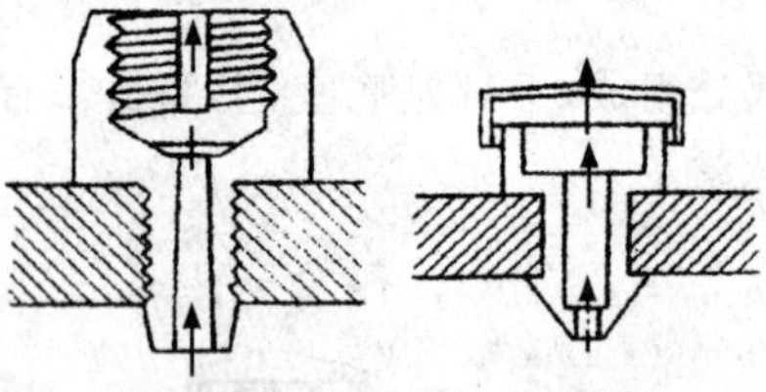

(a) 螺纹式　　(b) 铆接式

图 6-76　孔口式滴头

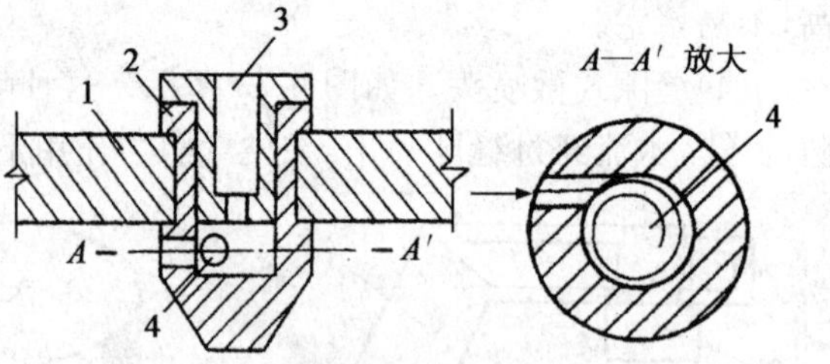

图 6-77　涡流型滴头

1. 毛管壁　2. 滴头体　3. 出水口　4. 涡流室

④压力补偿型滴头。利用水流压力压迫流道槽口滴头内的弹性体（片）使流道（或孔口）形状改变或过水断面面积发生变化，即当压力减少时，增大过水面积，压力增大时，减小过水面积，从而使滴头出流量自动保持稳定，同时还具有自清洗功能。

(2)滴灌管

滴头与毛管制成一体，兼具配水和滴水功能的管称滴灌管或滴灌带。

①内嵌式滴灌管。在毛管制造过程中，将预先制造好的滴头镶嵌在毛管内，形成滴灌管。如图 6-78 为一种内镶式滴灌管。

②薄壁滴灌带。目前国内使用的薄壁滴灌带有两种。一种是在 0.2～1.0 毫米厚的薄壁软管上按一定间距打孔，灌溉水由孔口喷出湿润土壤；另一种是在薄壁管的一侧留出各种形状的流道，灌溉水通过流道以滴流的形式湿润土壤，如图 6-79 所示。

图 6-78　内镶式滴灌管

图 6-79　薄壁滴灌带

由于滴灌是缓慢给水，灌水流量小，管内水的工作压力和摩擦损失都小，这就为实行低能耗、高均匀度（指滴头滴水均匀度）提供了条件，也为更高的节水作物产量和更好的农产品质量提供了可靠的保证。但与喷灌方式相比，不具有防干热风、调节田间小气候的作用。对于黏重土壤，因灌水时间较长，根系区土壤水分长期保持高含水量状态，农作物根部易生病害。另外，土壤长期定点灌水会使土壤湿润区与干燥区的交界处盐分聚积，有可能产生土壤次生盐渍化，对农作物生长不利而且滴头的堵塞问题还没有彻底解决。

(二)微灌系统的组成及作用

微灌系统由水源、控制首部、输配水管网及灌水器 4 部分组成，如图 6-80 所示。不同的灌水器将组成不同的微灌系统，差别主要在灌水器。现以滴灌系统为例介绍其组成和作用。

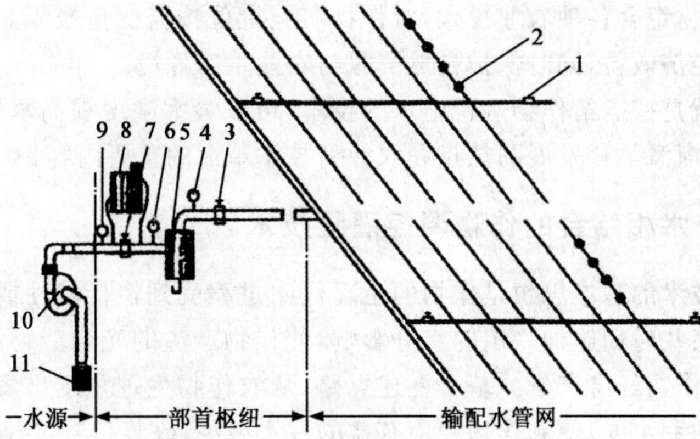

图 6-80 微灌系统的组成

1.支路闸阀 2.灌水器 3、7.闸阀 4、6、9.压力表 5.过滤器 8.加肥器 10.水泵 11.水泵底阀

1.水源

包括地下水、外来清洁水、泉水和汇集的天然降水。

2.控制首部

包括水泵、动力机、过滤器、控制设备和测量仪器等。其作用是从水源抽水、混合肥料并加以过滤，定量压入干管。

3.输配水管网

包括干管、支管、毛管(一般为直径 12～30 毫米的塑料软管)、闸阀、流量调节器等。用于将定量的低压水或水肥混合液送入每个灌水器。

4.灌水器

将来自毛管的水或水肥混合液均匀地施入农作物根系周围的土壤。

三、节水灌溉技术的发展趋势

节水灌溉将是以后在灌溉方面的主要方向，而节水灌溉本身也将呈现它自身的发展趋势。

(一)智能化节水灌溉装备技术

智能化节水灌溉装备技术是把生物学、自动控制、微电子、人工智能、信息科学等高新技术集成于节水灌溉机械与设备，实时地检测土壤和作物的水分，按照作物不同的需水要求来实施变量施水，达到最优的节水增产效果。

(二)应用 3S 技术的精细灌溉技术

精细灌溉是精细农业的一个组成部分。精细农业代表着 20 世纪 90 年代农业生产的最高水平，是信息和人工智能高新技术相结合在大农业中的应用，主要内容是运用全球卫星定位系统(GPS)和地理信息系统(GIS)、遥感技术(RS)和计算机控制系统，实时获取农田小区作物生长实际需求的信息，通过信息处理与分析，基于小区农作条件的空间差异性，采取有效的调控措施，最大限度地优化组合各项农业投入，对作物实施定位按需变量投入和精细管理，以获得最高产量和最大的经济效益，同时保护自然资源与农业生态环境。

精细灌溉技术就是按需给作物进行施水的技术，可以最大限度提高水资源的利用率和土地的产出率；是农田灌溉学科发展的热点和农业新技术革命的重要内容。

(三)与生物技术相结合的作物调控灌溉技术

作物调控灌溉技术的基本思想是作物的生理代谢过程受到遗传特性或生长激素的影响，在作物生长发育的某些时期施加一定的水分影响，使作物产生的光合产物流向人们所需的组织和器官，从而提高作物经济产量。基于上述思路，从农作物生理角度出发，在一定时期主动施加一定程度有益的亏水度，使农作物经历有益的亏水锻炼，改善品质，控制上部旺长，实现矮化密植，达到节水增产的目的。

(四)太阳能水泵系统

太阳能水泵系统(图 6-81)主要由电机、水泵及控制器三部分组成，电机为高效永磁直流无刷电机，其工作效率高于交流电机；水泵是采用专利技术的三活塞容积泵，其效率远高于市面上的传统水泵；控制器采用微电脑智能控制技术，具有能量跟踪控制、自动缺水保护、蓄水满水保护、防冻保护、智能故障保护的功能。可以抽取深达 200 米的地下水，是传统水泵扬水系统的效能的 2～3 倍。

图 6-81　太阳能水泵系统

太阳能水泵系统，是绿色节能技术的综合应用，是缺电无电的边远地区最可行的供水手段，利用传统太阳能，实现能源自给自足，也为实现绿色农业、节能农业提供了高效支持。

水泵全自动地日出而作，日落而歇，无需人员看管，维护工作量可降至最低，是理想的集经济性、可靠性和环保效益为一体的高新技术产品。联合国国际开发署、世界银行、亚太经合组织等国际结构充分肯定了太阳能水泵系统的先进性与环保性。

对比传统提水系统，太阳能水泵系统具有明显优势：

(1)前期投资少:建设成本不到架设传统电网的一半,或燃油发电机 1～2 年消耗的油费。

(2)后继费用少:以太阳光为动力,不用油,不用电,不产生使用费用。

(3)免维护:系统的核心部件为高效水泵、控制器和太阳能板,水泵设计使用寿命为 10 年,太阳能板设计使用寿命 20 年。每年只需简单维护,系统全自动运行,系统集成度高,不需专人看管。

(4)节能环保:减少架设电网占用的土地和自备发电需要的能源及废气污染,充分利用了可再生能源,节约不可再生能源(煤和石油)。

(5)随处安装使用。因我国干旱半干旱地区人居分散、交通不便、能源供给困难,致使提水动力无法解决,成为限制这些地区发展的关键因素。太阳能提水系统从根本上解决了这个难题。

太阳能水泵系统用于农业节水灌溉(图 6-82)、现代化农业等新技术,帮助解决百姓的生产、生活中的缺水问题,促进农业生产。还可以解决沙漠、草原等没有电网或电网覆盖不全面地方的农业灌溉、沙漠之力、草场养护等方面问题。

图 6-82　太阳能水泵系统用于农业节水灌溉

第五节　水泵的维护技术

一、离心泵的使用与故障排除

(一)离心泵在开机前的准备

水泵开机前,操作人员要进行必要的检查,以确保水泵的安全运行。

(1)轴承检查。用手慢慢转动联轴器或带轮,观察水泵转动是否灵活、平稳,泵内有无杂物碰撞声,轴承运转是否正常,皮带松紧是否合适等。如有异常,应进行必要的检修或调整。

(2)螺钉检查。检查所有螺栓、螺钉是否松动,必要时进行紧固。

(3)水泵检查。检查水泵转向是否正确。正常工作前可先开车检查,如转向相反,应及时停车。若以电机为动力,则任意换接两相接线的位置;如果是以柴油机为动力,则应检查皮带的接法是否正确。

(4)引水检查。需灌引水启动的水泵,应先灌引水。在灌引水时,用手转动联轴器或皮带轮,以排出叶轮内的空气。

(5)启动时关闭闸阀。离心泵应关闭闸阀启动,以减小启动负荷。启动后应及时打开闸阀。

(二)离心泵在使用中的安全

水泵在运行过程中要经常进行检查,操作人员要严守岗位,发现问题及时处理。

1. 检查各种仪表工作是否正常

如电流表、电压表、真空表、压力表等。若发现读数不正常或指针剧烈跳动,应及时查明原因,予以解决。

2. 经常检查轴承温度是否正常

一般情况下轴承温度不应超过 60℃。通常以用手试感觉不烫为宜。轴承温度过高说明工作不正常,应及时停机检查。否则可能烧坏轴瓦、造成断轴或因热胀咬死。

3. 检查填料松紧度

一般情况下,填料的松紧度以渗水 12～35 滴/分钟为宜。滴水太少,容易引起填料发热、变硬,加快泵轴和轴套的磨损。滴水太多说明填料过松,易使空气进入泵内,降低水泵的容积效率,甚至造成不出水。填料的松紧度可通过填料压盖螺钉来调节。

4. 检查异响

随时注意是否有异响、异常振动、出水减少等情况,一旦发现异常应立即停车检查,及时排除故障。

5. 水池水位水体维护

当进水池水位下降后,应随时注意进水管口淹没深度是否够用,防止进水口附近产生漩涡;经常清理拦污栅和进水池中漂浮物,以防堵塞进水口。

6. 闸阀关闭

停车前应先关闭出水管上的闸阀,以防发生倒流,损坏机具。

(三)离心泵的保养

(1)轴承的保养。对于装有滑动轴承的新泵,运行 100 小时左右就应更换润滑油;以后每工作 300～500 小时换油一次。在使用较少的情况下,每半年也必须更换润滑油。滚动轴承一般每工作 1 200～1 500 小时应补充一次润滑油,每年彻底换油一次。

(2)清洁保养。每次停车后均应及时擦拭泵体及管路上的油渍,保持机具清洁。

(3)定期修理。在排灌季节结束后,要进行一次小修,将泵内及水管内的水放尽,以防发生锈蚀或冻坏。累积运行 2 000 小时以上进行一次大修。

(四)离心泵的常见故障及排除方法

离心泵常见的故障及排除方法见表6-2。

表6-2　离心泵常见的故障及排除方法

故障现象	原因分析	排除方法
水泵灌不满水	底阀损坏	更换或修理底阀
	底阀活门被杂物卡住	清除杂物
	进水管漏水	根据漏水部位进行修理
	放水螺塞未旋紧	旋紧螺塞
	进水管中有气阻	放气或重新安装进水管路
启动后出水量少或根本不出水	吸水扬程太高	降低吸水高度
	淹没深度不够,大量空气被吸入	在底阀上加一段延长管
	水泵转速达不到额定值	调整转速
	水管或叶轮被杂物堵住	清除杂物
	叶轮或口环损坏	更换损坏件
	底阀锈住	修理底阀
	未加引水或加水不满	重加引水,注意排出内部空气
	水泵转向错误	通过调相或改变皮带安装方式改变转向
	皮带过松或打滑	调整中心距或带长度
	填料处漏水、漏气严重	拧紧压盖或重装填料
动力机超载	装置扬程太低,使流量加大,负荷增加	关小闸门或调低转速
	转速太高	调低转速
	泵轴弯曲或轴承损坏	针对损件修理或更换
	动力机轴与泵轴不同心	调整同心度
	叶轮与泵壳摩擦	通过拧紧叶轮螺母或在叶轮后面加垫圈来调整叶轮位置
	填料过紧	调松压盖或重装填料
水泵振动或声音异常	发生汽蚀(吸程太高或淹没太浅)	根据汽蚀原因采取消除汽蚀措施
	叶轮不平衡或损坏	修理或更换叶轮
	轴承损坏或润滑油太脏	换轴承另加润滑油
	地脚螺丝松动	拧紧
	叶轮与泵壳摩擦	调整间隙
	泵轴弯曲或同心度不好	校直或调整同心度

续表 6-2

故障现象	原因分析	排除方法
轴承发热	轴承磨损太多	换轴承
	泵轴弯曲	校直或更换
	润滑油加得太多或太少	减少或加注
	润滑油油质太差	洗净轴承并换油
	皮带太紧	加长带或减小中心距
	动力机轴与泵轴不同心	调整同心度
	轴承安装不当	重新安装
填料函漏水太多	轴弯曲、不同心,叶轮不平衡,轴承损坏,填料损坏过多等	修理或更换,并消除引起的原因
	轴套磨损过多	修理或更换
	发硬或规格不符	更换
	填料压盖螺丝太松	旋紧螺钉

二、潜水电泵的使用与故障排除

(一)潜水电泵在使用前的准备工作

1. 检查电缆线有无破裂、折断现象

因为电泵的电缆线要浸入水下工作,若有破裂折断极易造成触电事故。有时电缆线外观并无破裂或折断现象,也有可能因拉伸或重压造成电缆芯线折断,此时若投入使用,则极易造成两相制动现象;如果不能及时发现,极易烧坏电动机。所以,在使用前既要从外观认真检查,又要用万用电表检查电缆线是否通路。

2. 用兆欧表检查电泵的绝缘电阻

电动机绕组相对机壳的绝缘电阻不得小于 1 兆欧。

3. 检查是否漏油

潜水电泵漏油的途径是电缆接线处、密封室加油螺钉处的窜封及密封处的 O 形环。检查时,首先要确定是否真漏油。造成漏油的原因多是加油螺钉没旋紧、螺钉下面的耐油橡胶垫损坏或者 O 形密封环失效。

4. 搬运时注意事项

搬运潜水电泵时应轻拿轻放,避免碰撞,防止损坏零部件。不得用力拉电缆,以防止磨破等。

5. 潜水电泵必须与保护开关配套使用

由于潜水电泵的工作条件复杂,流道杂物堵塞、两相运转、低电压运转等经常会遇到,若没有保护开关,很容易发生电机绕组烧坏问题。若确实不能解决保护开关问题,则应在三相闸刀开关处装以电机额定电流 2 倍的熔断丝,绝对不能用铅丝甚至铜丝代替。

6. 要有可靠的接地措施

对于三相四线制电源而言，只要将电泵的接地线与电源的零线连接好即可。如果电源无零线则应在电泵附近的潮湿地上埋入深 1.5 米以上的金属棒作地线，使之与电泵上的接地线可靠地连接。

7. 停用时的保养

长期停用的潜水电泵再次使用前，应拆开最上一级泵壳，转动叶轮数周，防止因锈死不能启动而烧坏绕组。

(二)潜水电泵在使用中应注意的事项

1. 电源切断

在检查电泵时必须切断电源。

2. 安装时的水深

安装潜水电泵时泵深一般为 0.5～3 米，视水深及水面变动情况而定。水面较大，抽水中水面高度变化不大，可适当浅些，以 1 米左右为佳。水面不大而较深，工作中水面下降较多则可适当深些，但一般不要超过 3～4 米，太深了容易使机械密封损坏，且增加了水管长度。

3. 工作时注意事项

潜水电泵工作时不要在附近洗涤物品、游泳或放牲畜下水，以免漏电发生触电事故。

4. 通电

潜水电泵安装完毕通电观察出水情况。若出水量小或不出水多是转向有误，应调换两相接线头。

5. 开关频次

潜水电泵不宜频繁开关，否则将影响使用寿命。原因首先是电泵停机时管路内的水产生回流，若立即启动则电泵负载过重并承受冲击载荷；其次是频繁开关易使承受冲击载荷小的零部件损坏。

6. 防污措施

在杂草、杂物较多的地方使用潜水电泵时，外面要用大竹篮、铁丝网罩或建拦污栅，防止杂物堵住潜水电泵的格栅网孔。

(三)潜水电泵保养

1. 及时更换密封盒

如果发现漏入电泵内部的水较多(正常泄漏量为每昼夜 2 毫升)，就应当更换密封盒，同时测量电机绕组的绝缘电阻。若绝缘电阻值小于 0.5 兆欧，必须进行干燥处理。更换密封盒时应注意外径及轴孔中 O 形密封环的完整性，以免水大量漏入潜水泵的内部而损坏电机绕组。

2. 定期换油

潜水电泵每工作 1 000 小时应调换一次密封室内的油，每年调换一次电动机内部的油。对充水式潜水电泵还需定期更换上下端盖、轴承室内的骨架油封和锂基润滑脂，确保良好的润滑状态。对带有机械密封的小型潜水电泵，必须经常打开密封室加油，螺孔加满润滑油，使机械密封处于良好的润滑状态，以保证其工作寿命。

3. 保存潜水电泵

长期不用时不能任其浸泡水中，而应存放于干燥通风的库房中。对充水式潜水电泵应先清洗，除去污泥杂物，才能存放。电缆存放时，应避免日光照射，以防老化裂纹，降低绝缘性能。

4. 及时进行防锈处理

使用一年以上的潜水电泵，应根据其锈蚀情况进行防锈处理，如涂防锈漆等。内部防锈可视泵型和腐蚀情况而定，内部充满油时则不会生锈。

5. 保养潜水电泵

潜水电泵每年应保养一次。保养时，拆开电机，对所有部件进行清洗、除垢除锈，及封更换磨损较大的零部件，更换密封室内及电动机内部的润滑油。若发现放出的润滑油油质混浊且含水量过多(超过 50 毫升)，则需更换整体密封盒或动、静密封环。

6. 气压试验

经过检修的电泵应以 0.2 兆帕的气压检查各零件止口配合面处 O 形密封环和机械密封的两道封面是否有漏气现象。若有漏气，则必须重新装配或更换漏气零部件。然后，分别在密封室和电动机内部加入润滑油。

(四)潜水电泵的常见故障及排除方法

潜水电泵的常见故障及排除方法见表 6-3。

表 6-3 潜水电泵的常见故障及排除方法

故障现象	原因分析	排除方法
启动后不出水	叶轮卡住	清除杂物，然后用手转动叶轮，若发现有摩擦，则可通过加垫片的方法解决
	断电或缺相	逐级检查电源线上的闸刀开关，看是否有电或缺相
	电源电压过低或电缆压降过大	调整变电电压或更换截面较大的电缆、缩短电缆长度
	定子绕组损坏，电阻严重失衡	按原来设计数据重新下线，重绕定子绕组
出水量过少	扬程太高	重新选泵或降低实际扬程
	过滤网阻塞或叶轮流通部分堵塞	清除阻塞杂物
	叶轮转向有误	调换任两相火线接头
	叶轮或口环磨损严重	更换磨损件
	潜水深度不够	加深潜水深度
电泵突然停止运转	保护外关跳闸或保险丝烧断	电泵电压过低，使电泵的运转电流超过额定值较多、缺相、电泵发生机械故障
	电源断电	查明断电原因并解决
	电泵的接线盒进水，连接线烧断	打开线盒，接好断线包好绝缘胶带，排除漏水原因，按原样装好
	定子绕组烧坏	重绕定子组并查明烧机原因，予以解决

续表 6-3

故障现象	原因分析	排除方法
定子绕组烧坏	接地线错接电源线	重绕定子绕组
	断相工作，保护开关失效	
	机械密封损坏漏水	
	叶轮卡住	
	电泵脱水运转时间太长	
	电泵停开时间间隔太短，使电泵超负荷启动	

三、单相潜水电泵的使用与故障排除

单相潜水电泵是潜水电泵的一种，由于动力是单相电，所以有一些特有的故障现象，见表 6-4。

表 6-4　单相潜水电泵特有故障及排除方法

故障现象	原因分析	排除方法
启动电容器损坏	电压过低，电机启动时间太长	更换电容器，如原电容器破裂，内液外泄，则需清除干净
	因某种原因使电泵不能启动	查明原因并解决
离心开关损坏	离心开关底板接触簧片断裂；底板接触簧片上铆钉脱落，造成离心器上的胶木活络套与簧片相擦；离心器胶木活络套破碎；触头脱落	更换离心开关，应用轴承拉脚把轴承与离心器支架拉出，然后压入新的离心器
	因触点经常“打火”导致触点接触不良或不通	用金相砂纸轻擦触头，除去氧化层，而后用酒精擦净
热保护器损坏	电泵过载发热致使热保护器动作，冷却后再工作，又过热，保护器再次动作，周而复始，最终损坏，并致使电机绕组烧坏	及时发现并查明过载原因，消除过载原因并更换热保护器

四、轴流泵的使用与故障排除

（一）水泵在使用前的准备工作

(1)检查泵轴是否因运输而弯曲，如有弯曲则须校直。水泵安装的高度必须符合产品说明书的规定，以满足汽蚀余量的要求及启动要求。

(2)进水池进水口前应设拦污栅，避免杂物带进水泵。拦污栅的大小以使水经过拦污栅时的流速不超过 0.3 米/秒为宜。

(3)水泵在安装前应检查叶片的安装角度是否符合要求，叶片是否有松动等。安装好后，应检查各联轴器和底脚螺栓是否上紧。

(4)水泵的出水管应另设支承架，不得靠泵体支承。

(5)使用止回阀时最好装平衡锤，以平衡门盖的重力，使水泵匀速运行。

(6)水泵启动前应转动联轴器数周，注意感觉轻重是否均匀，如有不均匀必须查明原因并排除。

(7)启动前应向上部填料处短管内引注清水，用来润滑橡胶或塑料轴承，待水泵正常运行后停止。

(8)联轴器连接之前应先检查电机转向是否正确，如不正确应调换接线头。

(9)在出水管路上装有闸阀的情况下，水泵启动前必须检查闸阀是否完全打开，以免造成损失。

(10)检修轴承油腔时将原有润滑脂除净，重新注入优质润滑脂，其量约为油腔容量的1/3～1/2。

(二)水泵在运转中的注意事项

(1)叶轮浸水深度是否足够，拦污栅过水是否畅通。

(2)叶轮外缘与叶轮外壳是否有磨损，叶片上是否绕有杂物，橡胶或塑料轴承是否过紧或被烧坏。

(3)各紧固螺栓是否松动。

(三)轴流泵的常见故障及排除方法

轴流泵的常见故障及排除方法见表6-5。

表6-5　轴流泵的常见故障及排除方法

故障现象	原因分析	排除方法
启动后出水量不足甚至不出水	叶轮淹没深度不够或卧式泵吸程太高	降低安装高度或提高进水池水位
	装置总扬程过高	调整叶片安装角
	转速太低	增加转速
	叶片安装角过小	增大安装角
	叶轮外缘磨损过大	更换叶轮
	水管或叶轮被杂物堵塞	清除杂物
	叶轮转向错误	调整转向
	叶轮螺母脱落	重新旋紧，并解决螺母脱落问题
	进水池限制进水	清理杂物或增大进水池
动力机超载	因装置扬程太高，叶轮淹没深度不够，进水不畅等原因造成水泵在小流量情况下运行，使轴功率增加	消除造成超载的原因
	转速太高	降低转速
	叶片安装角过大	减小安装角
	出水管堵塞	消除堵塞
	叶片上缠绕杂物	消除杂物
	泵轴弯曲或不同心	校直或调换，调整同心度
	轴承损坏	更换轴承
	叶片与泵壳摩擦	重新调整
	填料太紧	旋松压盖或重新填装

续表 6-5

故障现象	原因分析	排除方法
水泵振动或声音异常	进水流态不稳定,有旋涡	提高进水池水位或降低水泵安装高度
	转速太高	降低转速
	叶轮不平衡,叶片缺损或有杂物	调换叶轮、叶片或清除杂物
	填料磨损过多或变硬	重装填料
	滚动轴承损坏或润滑不良	加注润滑油或更换轴承
	橡胶轴承磨损严重	更换轴承
	轴弯曲或不同心	校直,换轴或调整同心度
	固定螺丝松动	重新拧紧
	叶片安装角不一致	重新安装好
	叶轮与泵壳摩擦	重新调整间隙

第六节　膜下滴灌机械铺膜播种简介

一、膜下滴灌机械分类

1. 按播种方式分类

可分为膜上播种机和膜下播种机。

膜上播种是先覆膜,然后用鸭嘴器在膜上打孔播种。这种作业方式可以一次完成作业全过程,不用或很少用人工放膜。但需要注意的是播种孔要盖实,防止跑墒。

膜下播种是先播种后覆膜。这种方式覆膜质量高,保墒效果好,出苗整齐。但需要及时放苗,不然会发生烫苗。新疆大部分地区选用膜上播种方式。

2. 按播种精度分类

可分为精量播种机和少量播种机。

精量播种机是指仓转式取种器每次只取一粒种子的播种机。

少量播种机是指仓转式取种器每次取二粒种子的播种机。

二、主要工作部件的组成及调整

(一)播种及施肥装置的组成及安装调整

1. 组成

(1)排种装置:由种子箱、排种器、传动机构组成。

(2)施肥装置:由肥箱、排肥器、输肥管、开沟排肥铧、传动机构组成。

(3)覆土装置:由镇压轮、覆土板组成。

2. 安装

(1)安装时用螺栓将肥箱固定在机架上,用链条将主、被动链轮连接,然后转动地轮,以轻便、灵活、平稳、不掉链为宜。

(2)安装开沟排肥铧时,要注意与排种鸭嘴的横向距离为 6 厘米。一次性施肥器铧在两行中间或距种子行 8~10 厘米。

3. 调整

(1)播种行距的调整:左右移动排种器总成在横梁上的相对位置。

(2)播种株距的调整:改变不同孔数的取种器和鸭嘴式排种盘。

(3)亩施肥量及施肥深度的调整。

A. 亩施肥量的调整:

①首先进行各行排肥量一致性调整。将排肥量调节机构设置到最小位置,即各排肥轮工作长度为零。如果有不一致的,将卡箍松开调整到零位置后紧固卡箍。

②排肥量大小调整。将支架支起,让地轮离地,排量调整到一定位置锁定,然后将肥加入肥箱,转动数圈,使肥充满肥盒后,再在每个排肥管下放置一个器皿,用手以 30 转/分钟的速度转动 40 转后,称各器皿中排下的肥的重量(要求各个器皿中的排肥量应一致),各器皿中排肥量的总和应符合下列公式所得数,否则应重新调整。

地轮转 40 圈排肥量=40×地轮周长×行距×行数×亩施肥量×滑移系数/666.7

其中,地轮周长=3.14×地轮直径;

滑移系数约为 0.9;

长度单位为“米”;

排肥量单位为“千克”;

行距匀垄播种取 0.5 米,大小垄取 0.6 米。

注意有些播种机注明排种量刻度,但不准确,需要进行实地测试才能确定。

B. 施肥深度的调整:改变铧柱在机架上安装高度可以调整施肥深度。

(二)覆膜装置组成及调整

1. 组成

由开沟器、覆土铧、挂膜轮、压膜轮、挡土板、镇压轮组成。

2. 安装

安装时要注意纵向一定要对中;开沟铧、压膜轮要在一条直线上。

3. 调整

开沟器、挂膜轮、压膜轮、覆土铧、挡土板、镇压轮的位置均可以进行左右、上下调整。覆土铧的铲土量也可以进行调整。

(三)水带铺设装置的组成及调整

(1)组成:由水带安装架、导向装置、压沟滚轮组成。

(2)调整:将水带圈悬挂在支架上,通过导向装置把水带铺在地膜前面。

三、膜下滴灌播种机的作业步骤及作业注意事项

(一)作业步骤

(1)在各分部装置调整结束后,在机具下地前要重点检查播种机风扇皮带张紧度、链条松紧度;同时检查输种管及各部连接件是否牢固;地轮转动是否正常;安全防护装置是否安装齐全、牢固;如发现异常及时进行紧固调整。并对润滑部位加注润滑油。

(2)将播种机与拖拉机进行三点式悬挂连接,使机具中心对正拖拉机中心。挂接后通过调整中央拉杆和左右吊杆使机具前后左右保持水平,锁紧拖拉机限位链,试运行后方可进行播种作业。

(3)将挂接好的机具开到作业地头,停车后,进行装种、装肥、装膜、装水带等操作。

(4)装完后进地停车,将水带端头引入导向装置,根据地头出水栓的位置留好余头,在地头固定;从膜卷上抽出地膜端头绕过覆膜辊等工作装置,膜两侧边压在压膜轮下,膜端头用土封埋好,放下液压装置开始作业。

(5)机具入地后,驾驶员在第一遭开始时前要选好前面地头的参照物,准备作业。

(6)作业开始时,作业速度要平稳,保持直线行驶,跟机人员注意观察后面机具的工作情况和作业质量,发现问题要及时停车进行检查调整,以防止出现断垄、缺苗现象。

(二)作业注意事项

(1)机具必须由有经验的驾驶员进行操作。

(2)机具运行中不准进行部位检查,避免发生事故或损坏机具。

(3)机具没有升起时不准倒退或急转弯。

(4)工作部件粘土或缠草时,必须停车清理。

(5)在地头转弯时,应检查种子箱。当种子箱的种子少于其容积1/5时 ,应及时补充种子。

(6)气吸式精量播种机作业时,要保持慢速(慢二挡)中大油门工作,以使风机高速运转(5 500转/分钟),保证三角皮带张紧度,以免在旋转过程中打滑。确保产生足够的负压吸附种子。

(7)拖拉机行走速度要保持平稳。

四、膜下滴灌播种机的保养与维护

(1)每班结束前检查各工作部位有无变形或损坏。

(2)每班作业前检查各紧固件的连接情况,如有松动及时紧固。

(3)每工作8小时,往轴承、链条等传动部位加注润滑油、脂一次。

(4)定期(100小时)清洗轴承,加注润滑油脂,更换轴承时应调整轴承座的位置和高度,确保间隙正常,转动灵活。

(5)每工作3~5个班次,应打开机器检查。调整播种机风扇皮带张紧度;清除负压室及吸

气盘吸气孔杂物。

(6)机具长时间搁置时应彻底清除机具内外杂物,并进行涂油防锈处理。

(7)季度工作结束后,及时检查机具的磨损、变形、损坏情况,及时维修、更换配件或及早订购配件。

(8)检查轴承、轴承套间隙,及时调整。

(9)机具存放时应防止日晒、雨淋。最好放置在有篷盖的库房内。

五、安全要求

(1)远距离转移作业现场时,应将液压悬挂装置锁定,行进速度不应超过每小时 5 千米。播种机应缓慢放下,避免速度过快损坏播种机。

(2)作业前应对操作人员进行相应的人员培训。

(3)播种拌有农药的种子时 ,操作人员应戴口罩和手套。剩余种子要妥善保管,以防人员中毒。

(4)作业中禁止在不允许站人处坐人或站人。

(5)在田间转移和道路运输时,播种机上禁止坐人或站人。

(6)作业时,操作人员不准穿宽大衣服,妇女的发髻应盘好包好。

(7)拖拉机不应有漏电、漏油现象,不应该用明火照明或排除故障,添加油料时严禁烟火。

习题和技能训练

(一)习题

1.何为节水灌溉机械?生产中常用什么机械进行节水灌溉?

2.水泵有哪些种类?其特点和功能如何?

3.简要说明离心泵的构造与工作原理。

4.喷灌系统一般由哪些部分组成?各部分的功能如何?

5.通常微灌包括几种形式?各自有何特点,分别应用在何种场合?

6.离心泵常见的故障有哪些?如何排除?

(二)技能训练

对离心泵进行使用前和使用后保养。

第七章　谷物收获机械的维护技术

第一节　概　　述

一、谷物收获的方法

谷物收获的方法因各地情况而异，收获的工艺过程包括切割、铺放、捆束、捡拾、运输、脱粒、清选等。这些作业可分别由各种机械单独或部分联合进行，也可由一种机械联合进行。常用的方法有以下几种。

1. 分别收获法

收获过程的各项作业由人工或各种机械分别进行。这种方法虽然生产率较低，劳动强度和收获损失较大，但所用机具比较简单，使用操作方便，设备投资小，目前我国农村仍普遍采用。

2. 联合收获法

用联合收获机在田间一次完成收割、脱粒和清选等作业，生产率高，作业及时，劳动强度和收获损失小。但机器复杂、造价高，一次性投资大，且每年使用时间短，因而收获成本较高，对使用技术和作业条件要求也较高。当作物成熟度不够一致时，收后部分籽粒不够饱满，籽粒含水量较大，加大了晒场负荷。

3. 两段收获法

谷物收获过程分两段进行，先用割晒机或收割机将谷物割倒，成条铺放在一定高度的割茬上，经晾晒和后熟，再用带拾禾器的联合收获机进行捡拾、脱粒和清选。分段收获的特点是充分利用作物的后熟作用，可提前收割，延长了收割期，籽粒饱满，千粒重增加，产量有所提高。且由于籽粒含水量小，减轻了晒场负担。机器作业效率高，故障少，但增加了机器下地作业次数，对土壤的压实程度较大。在多雨潮湿地区，谷物铺放在田间，易发芽和霉烂，不宜采用此法。另外分段收获的单位产量的耗油量比联合收获高 7%～10%。

二、谷物收获的农业技术要求

(一)对收割机的农艺要求

(1)收割要及时，损失要小。

(2)割茬高度适宜。

(3)铺放整齐,便于人工打捆或机器捡拾。

(4)机器工作可靠,使用、维修方便。

(5)适应性好。能做到一机多用,可收获多种作物,并能适应不同自然条件和栽培制度。

(二)对脱粒机的农艺要求

(1)脱粒干净,脱净率大于98%,对具有清选装置的脱粒机,还要求有较高的清洁率。

(2)损失率低,破碎率小,一般都不应超过2%。

(3)通用性好,能适应多种作物。

(4)工作安全可靠,使用、保修方便,生产率高,功率消耗小。

(三)对联合收获机的农艺要求

(1)收获必须适时,绝不允许因收获期不当而造成损失。

(2)合理制订联合收割机的行走路线,减少空行运转。认真进行联合收割机的各部调整,使损失率降低到最小限度,籽粒破碎不应超过规定。

(3)割茬高度要根据具体情况而定,如植株高低、稠密度、潮湿度、杂草多少、对茎秆需要程度等。一般茬高在15～40厘米内选择,割茬要求整齐一致。

(4)用联合收割机收获时,要尽量减少总损失(包括割台、脱粒分离、清选的损失),一般总损失率应低于2%。籽粒破碎不超过1.5%～2%。应努力提高粮食的清洁率。收获水稻对,要减少脱壳率,一般不超过4%。

(5)收获后要及时清理田间秸秆,或拉草清田,或秸秆还田,为下茬耕作创造条件。

(6)水稻收获一般采用顺时针向心回转满幅作业法,对倒伏严重的水稻可采用逆茬单趟收割。

(四)对玉米收获机的农艺要求

(1)收获必须适时,收获过早、过晚都会造成不应有的损失。

(2)根据玉米品种、用途及贮存方法确定收获方法是直接脱粒还是摘穗保存,其秸秆也可以是切碎抛撒或集中装运等。

(3)目前常用收获机械的行距多为70厘米,玉米果穗距地面最低高度不低于50厘米。叶片、秸秆的湿度不超过60%,谷物湿度不超过30%。

(4)落地果穗少于5%,落地籽粒少于2%。

(5)玉米割茬在15～20厘米范围内。

三、谷物收获机械的种类

按用途不同可分为下列3种类型。

(一)收割机

可完成谷物的收割和铺放两道工序。按谷物铺放形式的不同,分为收割机、割晒机和割捆机。

收割机是将作物割断后进行转向条铺,即把作物茎秆转到与机器前进方向基本垂直的状态进行铺放，以便于人工捆扎。

割晒机是将作物割后进行顺向条铺，即把茎秆割断后直接铺放于田间，形成禾秆与机器前进方向基本平行的条铺，适于用装有捡拾器的联合收割机进行捡拾联合收获作业。

割捆机是将作物割断后进行打捆，并放于田间。

收割机按割台输送装置的不同，可分为立式割台收割机、卧式割台收割机和回转割台收割机。

收割机按与动力机的连接方式不同，可分为牵引式和悬挂式两种。悬挂式应用比较普遍，且一般采用前悬挂，以便于工作时可以自行开道，即不用人工事先割出机器行走的空地。

（二）脱粒机

按完成脱粒工作的情况及结构的复杂程度，可分为简易式、半复式和复式 3 种。

简易式脱粒机只有脱粒装置，如打稻机，仅能把谷粒从穗上脱下来，其余分离、清选等工作则要靠其他机器完成。

半复式脱粒机除有脱粒装置外，还有简易的分离机构，能把脱出物中的茎秆和部分颖壳分离出来，但还需其他机器进行清选，才能获得较清洁的谷粒。

复式脱粒机具有完备的脱粒、分离和清选机构，它不仅能把谷物脱下来，还能完成分离和清选等作业。

脱粒机按作物喂入方式，可分为半喂入式和全喂入式。半喂入式只把穗头送入脱粒装置，茎秆不进入脱粒装置，脱粒后可保持茎秆完整。全喂入式是把穗头及茎秆一起喂入脱粒装置，茎秆经过脱粒装置后被压扁破碎，不利于后期的应用，并增加了脱粒装置的负荷。

脱粒机按作物在脱粒装置内的运动方向，可分为切流型和轴流型两种。切流型脱粒机内的作物沿滚筒圆周方向运动，无轴向流动，脱粒后的茎秆沿滚筒切线抛出，脱粒时间短，生产效率高，但对滚筒的线速度要求较高；轴流型脱粒机内的作物在沿滚筒切线方向流动的同时，还作轴向流动，谷物在脱粒室内工作流程长，脱净率高，但茎秆破碎严重，功耗较大。

（三）联合收获机

联合收获机按与动力配套方式，可分为牵引式、自走式和悬挂式，如图 7-1 所示。

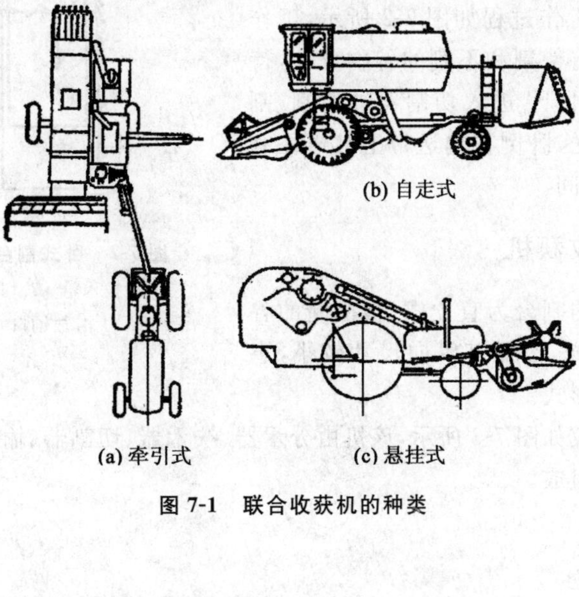
(a) 牵引式　(b) 自走式　(c) 悬挂式

图 7-1　联合收获机的种类

牵引式联合收获机结构简单，但机组过长，转弯半径大，机动性差，由于收割台不能配置在机器的正前方，收获时需要预先人工割出拖拉机初次行进道路。

自走式联合收获机由自身配置的柴油机驱动，其收割台配置在机器的正前方，能自行开道，机动性好，生产率高，虽然造价较高，但目前应用较多。

悬挂式联合收获机又称背负式联合收获机，是将收割台和脱粒等工作装置悬挂在拖拉机上，由拖拉机驱动工作。它既具有自走式联合收获机的机动性高、能自行开道的优点，造价又较低，提高了拖拉机的利用率。

联合收割机按喂入方式，可分为全喂入式和半喂入式两种。全喂入式联合收获机是将割下的作物全部喂入脱粒装置进行脱粒。半喂入式联合收获机是用夹持链夹紧作物茎秆，只将穗部喂入脱粒装置，因而脱后茎秆保持完整，可减少脱粒和清选装置的功率消耗。

按收获对象的不同，可分为麦收获机械、稻收获机械、稻麦两用收获机械和玉米收获机械等。

第二节　谷物收获机械的维护技术

一、结构与工作原理

谷物收获机多与轮式拖拉机配套，一般由牵引或悬挂装置、传动机构和收割台三部分组成。收割台一般由分禾器、拨禾装置、切割器和输送装置等组成。

（一）卧式割台收获机

卧式割台收获机采用卧式割台，其纵向尺寸较大，但工作可靠性好，割幅较宽的收割机采用这种形式。

卧式割台收获机工作过程如图 7-2 所示，工作时，分禾器插入谷物，将待割和不割的谷物分开，待割谷物在拨禾装置作用下，进入切割器被切割，割下的谷物被拨禾轮推送，卧倒在输送带上被送往割台一侧，成条铺放于田间。

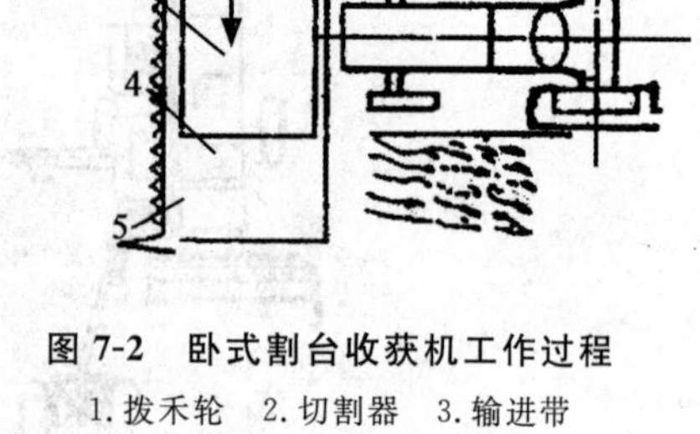

图 7-2　卧式割台收获机工作过程

1. 拨禾轮　2. 切割器　3. 输进带
4. 放铺口　5. 分禾器

（二）立式割台收获机

立式割台收获机的割台为直立式，被割断的谷物以直立状态进行输送，因而其纵向尺寸较小，小型收割机多采用这种形式。

收获机的结构组成如图 7-3 所示，该机由分禾器、扶禾器、切割器、输送装置、传动装置、操纵装置和机架等部分组成。

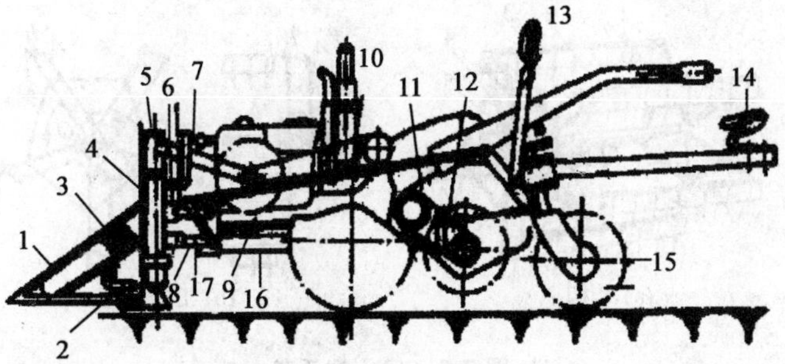

图 7-3　立式收获机的结构组成

1.分禾器　2.切割器　3.扶禾器　4.割台机架　5.传动系统　6.上支架　7.张紧轮　8.下支架　9.支承杆　10.钢丝绳　11.旋耕机　12.平衡弹簧　13.操作手柄　14.乘座　15.尾轮　16.机架　17.起落架

立式割台收获机的工作过程如图 7-4 所示。作业时，分禾器插入作物中，将待割与暂不割作物分开，由扶禾器将待割作物拨向切割器切割，割下的作物在星轮和压簧的作用下，被强制保持直立状态，由输送装置送至一侧，茎秆根部首先着地，穗部靠惯性作用倒向地面，同机组前进方向近似垂直地条铺于机组一侧。

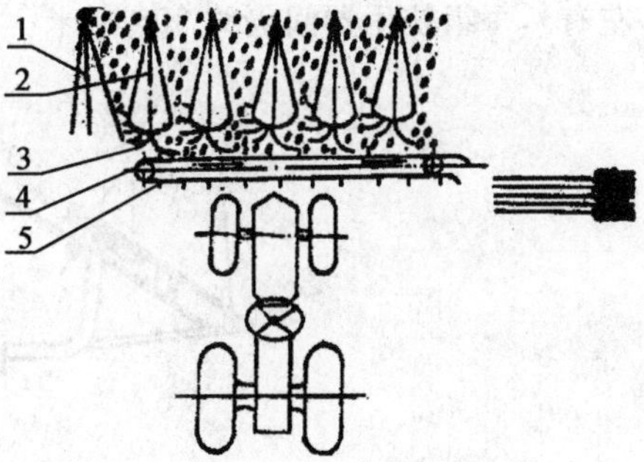

图 7-4　立式割台收获机工作过程

1.分禾器　2.扶禾器　3.星轮　4.弹簧杆　5.输送带

二、主要工作部件

谷物收获机的类型很多，但其主要构成部分基本相同，主要工作部件有拨禾装置、切割装置和输送铺放装置等。

(一)拨禾装置

其功用是：把谷物拨向切割器；扶持茎秆，配合割刀进行切割；及时将割断的谷物推到输送装置上。

1.拨禾装置的类型

卧式割台谷物收获机上一般采用偏心拨禾轮，立式割台谷物收割机上一般采用星轮式扶禾器。

(1)偏心拨禾轮如图 7-5(a)所示，偏心拨禾轮主要由钢管、弹齿、偏心圆环、滚轮和辐条等组成。

偏心拨禾轮的工作原理如图 7-5(b)所示。辐条 OB 和 O_1A 相等，曲柄 AB 和偏心距 OO_1 相等，OO_1AB 为平行四杆机构。当拨禾轮旋转时，不论曲柄 AB 在任何位置，都有 AB 平行于 OO_1。因此，固定在钢管上的弹齿 K，在拨禾过程中与地面的夹角也保持不变，因而可减少对谷物的打击作用和挑草现象，提高了工作质量，减少了损失。在收割倒伏作物时，弹齿的倾斜角度可根据需要进行调整，以增强扶倒能力。

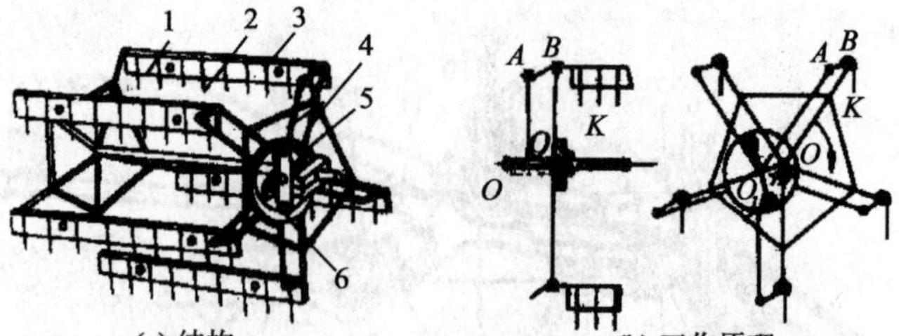

图 7-5 偏心拨禾轮

1. 拨禾板 2. 弹齿 3. 钢管 4. 辐条 5. 偏心圆环 6. 滚轮

(2)星轮式扶禾器如图 7-6 所示。星轮式扶禾器分装扶禾齿带与不装扶禾齿带两种形式。主要由扶禾器架、扶禾罩、扶禾三角带、拨禾星轮和压紧弹簧等组成。与地面呈一定倾角(22°左右),每组扶禾器间隔约 300 毫米。

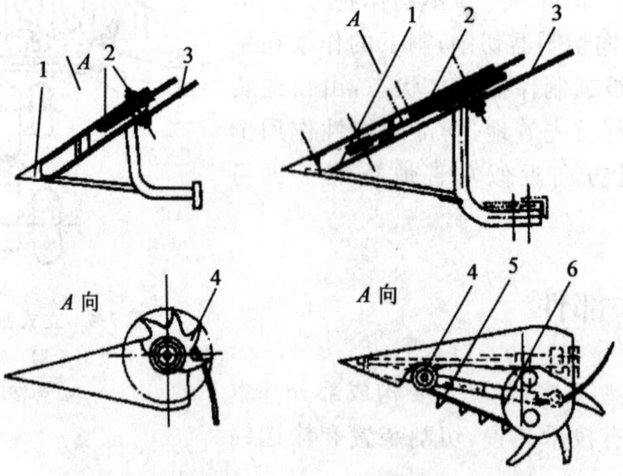

图 7-6 星轮式扶禾器

1. 扶禾器架 2. 扶禾罩 3. 压力弹簧 4. 张紧轮 5. 扶禾齿带 6. 星轮

工作时扶禾器伸入谷物,将待割作物分成小束,由扶禾三角带向切割器拨送,割下的谷物在星轮作用下,以直立状态进入输送带,向割台的一侧输送。由于扶禾齿带对轻倒伏作物的扶起效果不甚明显,且易缠草,有些割台不装扶禾齿带。

2. 拨禾轮的安装与调整

(1)拨禾轮轴安装高度。拨禾轮轴相对于割刀的垂直距离即拨禾轮轴的安装高度,是影响拨禾轮工作质量的重要因素之一。如果太高,则拨禾板不能与谷物接触或正好作用于谷穗处而造成落粒损失;如果太低,拨禾板作用在谷物重心之下,已割谷物会倒向前方,造成割台损失。拨禾轮轴安装高度应按下述情况确定。

①一般情况下,要求拨禾轮的拨禾板能将已割谷物整齐地铺放到割台上,则此时拨禾板应作用于已割断谷物重心(即已割谷物高度的 2/3 处)稍上处,如图 7-7 所示,满足这个条件的拨禾轮轴安装高度 H 应为:

$$H=R+2/3(L-h)(米)$$

式中：H—拨禾轮轴相对于割刀的垂直距离；

R—拨禾轮半径(米)；

L—谷物平均高度(米)；

h—割茬高度(米)。

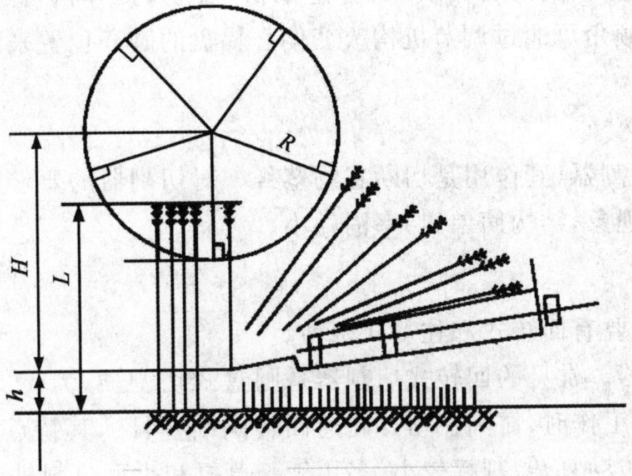

图 7-7　拨禾轮轴安装高度

②若收获时作物成熟度高，籽粒容易脱落时，为了减少拨禾轮压板对谷物的打击作用，则要求拨禾板垂直插入谷物，此时拨禾轮轴的安装高度 H 为：

$$H=L+L+R/\lambda-h(米)$$

式中：R—拨禾轮半径(米)；

L—谷物平均高度(米)；

h—割茬高度(米)；

λ—拨禾轮的速度比，即 $\lambda=V_{拨}/V_{机}$，其中，$V_{拨}$ 为拨禾轮圆周速度(米/秒)，$V_{机}$ 为机器前进速度(米/秒)。一般谷物收割机上，λ 在 1.3～2.0 范围内。

由上述公式可知，拨禾轮安装高度应随作物高度及割茬高度而改变。因此其高度应是可调的。拨禾轮轴高度可用调节丝杆或用液压缸调节拨禾轮支臂的高低位置来改变。

在收获倒伏作物时，为保证拨禾作用，拨禾轮要降低，并注意不要使弹齿碰到其他工作部件。

(2)拨禾轮轴水平位置。一般收割机收割中等高度直立作物时，拨禾轮轴位于割刀正上方，此时拨禾轮的扶持和推送作用范围是相等的；如收割生长较稀或茎秆高大或向前倒伏的谷物时，拨禾轮轴应适当前移，以增加拨禾轮的扶禾作用范围，有利于割刀切割；当收割矮秆或向后倒伏的谷物时，应适当后移拨禾轮轴，以改善铺放性能。

拨禾轮轴水平位置是通过移动拨禾轮轴轴承座在水平支架上的前后位置来改变的。有的联合收割机上拨禾轮的前后调整与高度调整是连动的。

(3)拨禾轮转速的调整。当机器前进速度随作物生长状况不同而改变时，为保证拨禾轮的良好工作性能，拨禾轮的转速也应作相应调整。但拨禾轮的转速不可过高，实践证明,当拨禾轮的圆周速度超过3米/秒后,拨禾板击落谷粒的损失将增加。拨禾轮转速的调整一般采用更换链轮的方法,也有采用改变"V"带(三角皮带)盘直径进行无级调速的方法。

(4)偏心拨禾轮弹齿倾角的调整。收割直立作物时,弹齿应垂直于地面以减少对穗头的打击损失;收割向前倒伏(倒伏方向与机器前进方向一致,也称顺倒伏)谷物时,弹齿可后倾15°~30°,以扶起作物;收割向后倒伏(又称逆倒伏)谷物时,弹齿可适当前倾,以增强铺放能力,防止挂带。弹齿倾角可通过调节机构改变偏心辐盘的圆心位置来调整。

(二)切割装置

切割装置又称切割器,其作用是切断谷物茎秆。对切割器的要求是:切割顺利,无漏割、堵刀、拉断或拔起茎秆现象,结构简单,功率消耗小。

1. 切割器的类型

切割器的类型主要有回转式和往复式两种。

(1)回转式切割器。常见的回转式切割器是圆盘式切割器,为无支承切割方式,主要工作部件是圆盘动刀片。工作时,靠圆盘动刀高速回转割断茎秆。其特点是:切割速度高,切割能力强,工作平稳。但传动复杂,割幅较小,多用于割草机和小型收割机。

(2)往复式切割器。它由往复运动的动刀片和作切割支承用的定刀片组成。其特点是:工作可靠,适应性广。但往复惯性力不易平衡,机器振动较大,限制了切割速度的提高。往复式切割器按国家标准规定有Ⅰ型、Ⅱ型、Ⅲ型3种形式,其工作性能基本相似,只是零件的几何尺寸和装配关系上稍有差异,见图7-8。

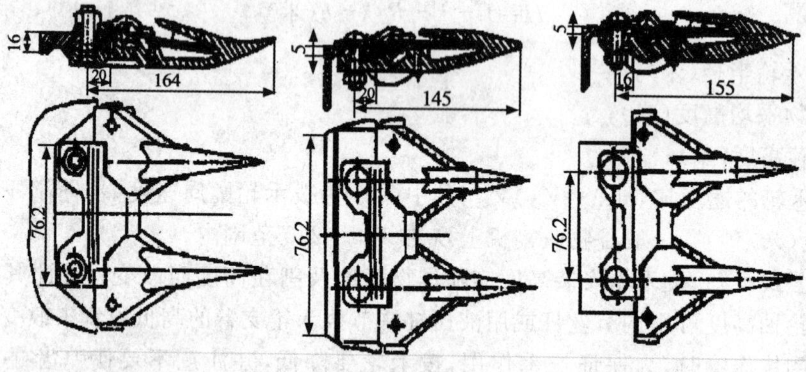

(a) Ⅰ型切割器　(b) Ⅱ型切割器　(c) Ⅲ型切割器

图7-8　标准型切割器(单位:毫米)

Ⅰ型切割器适用于割草机;Ⅱ型、Ⅲ型切割器适用于谷物收割机。Ⅱ型切割器在新设计的机子上推荐使用,Ⅲ型属于淘汰型。只用于原有机型的配件供应。3种标准型切割器的共同特点是:割刀行程s、动刀片间距t和定刀片间距t_0的尺寸相等,即$s=t=t_0=76.2$毫米。在有些机子上采用小刀片型往复式切割器,其$s=t=t_0=50$毫米、60毫米或70毫米。在粗茎秆作物切割器上,则采用$s=t=t_0=90$毫米或100毫米。

2. 往复式切割器的构造

图 7-8 主要由动刀片、定刀片、护刃器、压刃器、摩擦片和刀杆等组成。

(1)动刀片和定刀片通常采用 T9 钢,并经热处理制成。动刀片外形呈六边形,铆在刀杆上;定刀片外形呈梯形,铆在护刃器上。两种刀片均有光刃与齿刃两种,光刃阻力小,但易磨钝;齿刃阻力较大,但不易磨钝。在谷物收割机上一般采用齿刃动刀片与光刃定刀片组成切割副。

(2)护刃器其功用是固定定刀片,保护动刀片,并作为切割支承点,工作时将作物分成小束,以利切割。护刃器有单联和双联之分,前者用于Ⅰ型切割器上,后者用于Ⅱ型、Ⅲ型切割器上。护刃器尖端有上弯、下弯和平伸 3 种形式。上弯可防止低割时插入土中,下弯有利于扶起谷物,平伸则介于两者之间。护刃器多用可锻铸铁制成,也可用钢板冲压制成。

(3)压刃器用 40 号钢或可锻铸铁制成,固定在护刃器梁上。其功用是保证动定刀片之间有正常的配合间隙。一般每米割幅装 2～3 个压刃器。

(4)刀杆用以安装动刀片,端部固定有刀杆头以便与驱动机构连接。它是一根矩形断面的扁钢条,一般用 35 号冷拉扁钢制成。

(5)摩擦片安装在Ⅰ型、Ⅱ型切割器刀杆后方,用于抵住动刀片切割茎秆时所产生的反力,在垂直和水平两个方向上支承割刀,防止护刃器导槽的磨损。

3. 往复式切割器的检查与调整

往复式切割器技术状态的好坏,对切割质量和切割阻力有很大影响,其主要检查和调整项目如下。

(1)对中。当割刀处于往复运动的两个极端位置时。所有动刀片中心线与相应定刀片(护刃器)的中心线均应重合。工作幅宽小于 2 米的切割器,其允许偏差为 3 毫米;工作幅宽大于 2 米的,允许偏差为 5 毫米。对中不符合要求时应进行调整,调整方法因驱动机构的不同而异,曲柄连杆枫构驱动的可调整连杆的工作长度,摆环机构可调整摆动轴的横向位置。

(2)整列。安装好的护刃器,间距应相等,且在同一水平面内,允许的间距及高低偏差不得超过±3 毫米。检查时可在两侧护刃器尖端之间拉直线。定刀片应位于同一水平面上,每 5 个定刀片的偏差不得大于 0.5 毫米,可用直尺检查,如图 7-9 所示。不符合要求时,可用手锤或专用工具矫正护刃器,如图 7-10 所示,但要注意防止护刃器断裂。

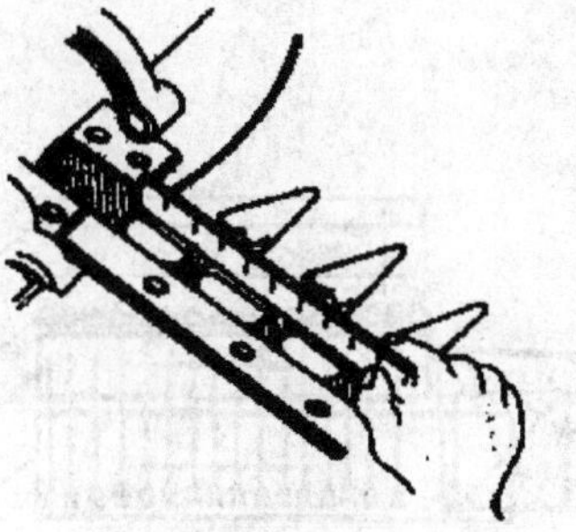

图 7-9　护刃器整列检查

图 7-10　护刃器的矫正

(3)密接。割刀处于极端位置时,动、定刀片的前端应贴合,允许的最大间隙为5毫米;后端则应有0.3～1.0毫米的间隙,允许少数(1/3以下)刀片可达1.5毫米的间隙。不符合时,可在压刃器或护刃器下面加减垫片,必要时用手锤或专用工具矫正护刃器或压刃器,如图7-11所示。调整后,压刃器与动刀片之间的间隙应为0.3～0.5毫米,割刀应能用手拉动自如。

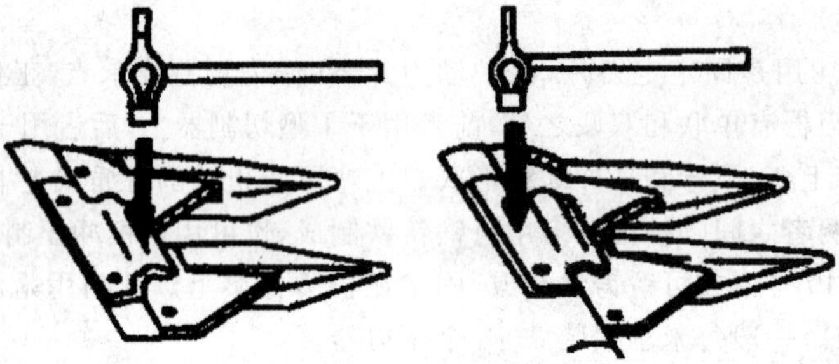

图7-11 压刃器间隙的调整

(三)输送铺放装置

1.卧式割台收获机的输送铺放装置

卧式割台收获机的输送和铺放装置为帆布输送带式。输送带平置于割台上,回转工作,将割倒在其上的作物向一侧输送,成条铺放于地面,谷物铺放呈首尾不分形式。

为便于收集和打捆,可将谷物在铺放过程中茎秆扭转一定角度,首尾分清,在卧式割台收获机上常采用以下形式。

(1)单带推杆式输送铺放装置。如图7-12所示,在割台的一侧装有两根铺放杆,起转向铺放作用。工作时,割下的谷物倒放在帆布输送带上被送往铺放杆一端,当茎秆刚离开输送带时,前部着地而后部在铺放杆作用下,扭转一定角度铺放于地面。

(2)双带式输送铺放装置。如图7-13所示,在割台上装有前、后两条帆布输送带,前带短而窄,速度较大;后带长而宽,速度较小。当谷物被输送到前带端部时,由于前带短使茎秆根部先掉下着地,而穗头部仍被后带带动,茎秆便在帆布带输送速度和机组前进速度的配合下,扭转90°左右铺放于地面。

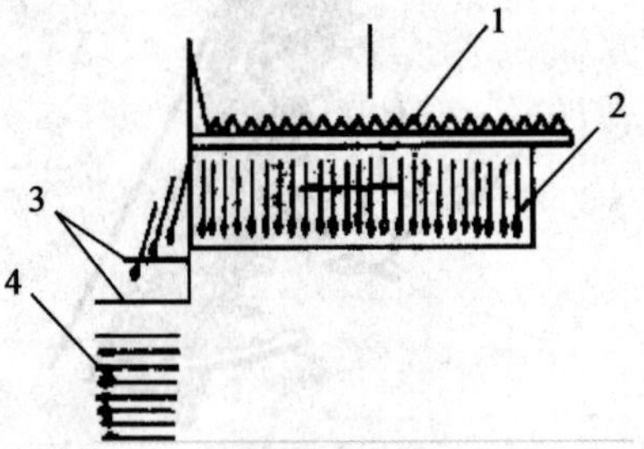

图7-12 单带推杆式输送铺放装置

1.切割器 2.输送带 3.铺放杆 4.禾秆

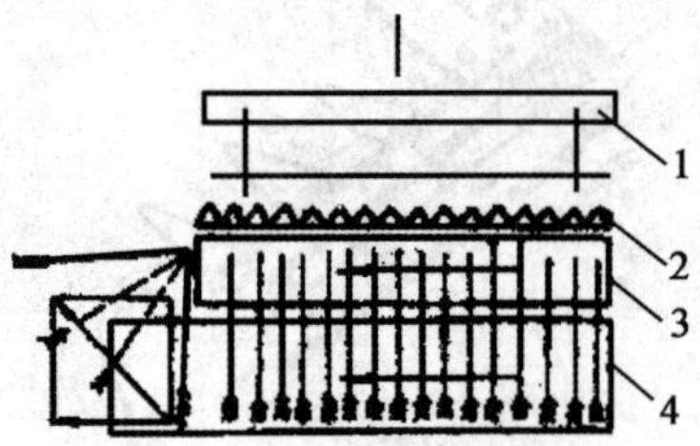

图7-13 双带式输送铺放装置

1.拨禾轮 2.切割器 3.前输送带 4.后输送带

2. 立式割台收获机的输送铺放装置

如图 7-14 所示，它通常采用上、下两条有拨齿的输送带，有带前输送式和带后输送式两类。被割断的谷物在输送带拨齿的带动下，呈直立状态向一侧输送，最后在拨禾星轮的配合作用下，穗头向外倾倒而成条铺放于地面。

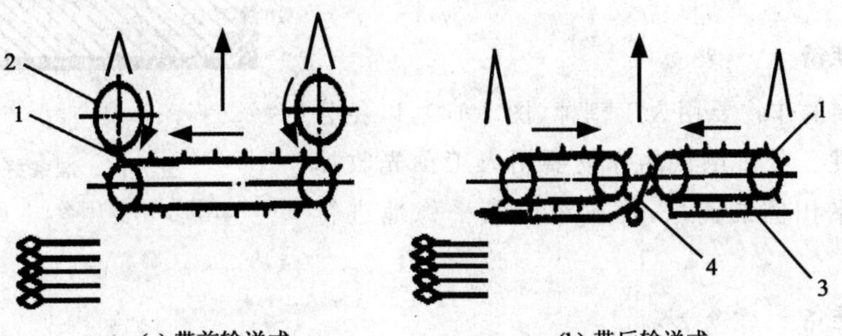

(a) 带前输送式　　(b) 带后输送式

图 7-14　立式倒台收获机的输送铺放装置

1. 输送带　2. 拨禾星轮　3. 后挡板　4. 活门

带前输送式的特点是：谷物由输送带的前边输送铺放，改变输送带的回转方向，可实现向左或向右铺放。

带后输送式的特点是：输送带分左、右两组，回转方向均朝向中央而把谷物送向中央，谷物经活门控制进入左侧或右侧输送带后方，在挡板的扶持下，实现向左侧或右侧输送铺放。

有的立式割台收获机，在割台右侧加装有纵向夹持输送带，如图 7-15 所示。工作时，作物直立输送到割台右端后，由纵向输送带夹持，向后直立输送，至端处穗头向内倾倒，成条铺放于地面。这种铺放方式，作物铺放在后方割幅内的割茬上，可避免覆盖和压坏两边的作物，能适应畦作和间、套作的收割要求。

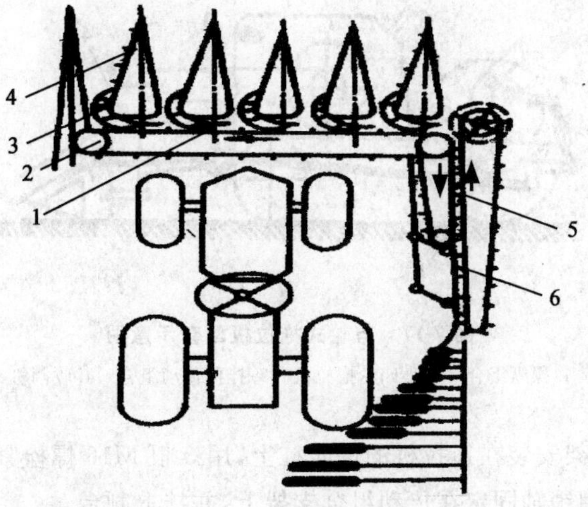

图 7-15　收获机的铺放

1. 压禾弹条　2. 输送带　3. 星轮　4. 扶采禾带　5. 纵向输送带　6. 导向杆

三、使用

(一)收获前的准备

1. 田块准备

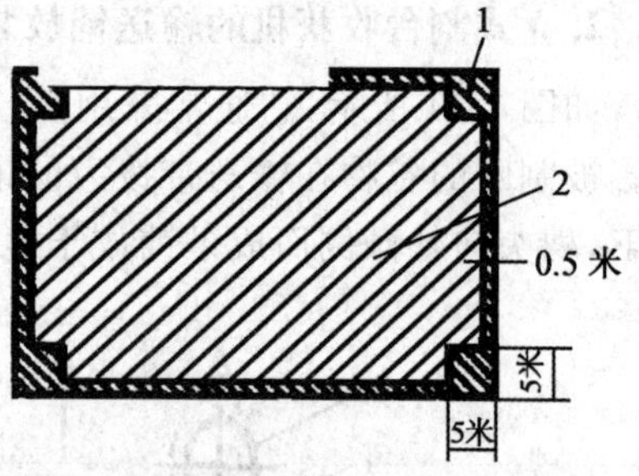

图 7-16 准备好的田块

1. 人工预先削掉的部分 2. 用机械收割的田块

田块四周的作物要用人工割掉(图 7-16),以免分禾器撞到田埂。严重倒伏的作物要用人工预先收掉并运走。填平田间的沟坎,使机组能较平稳地进行作业。

2. 机具准备

(1)对收获机和配套拖拉机进行正确挂接,使升降机构和传动装置安装正确,连接可靠。

(2)检查和调整各工作部件,达到正确的技术状态。

(3)按说明书规定的润滑点进行润滑。

(4)试运转。先用手摇车,带动各部分运转,无碰撞、卡滞现象时,用小油门使收封机运转,然后逐渐加大油门至额定转速,运转 15～20 分钟,观察各部分运动情况,并检查升降是否符合要求。

(5)停机后检查各紧固件是否松动。确认正常后方可进行田间作业。

(二)安装

收获机多与轮式拖拉机配套,安装过程如图 7-17 所示。

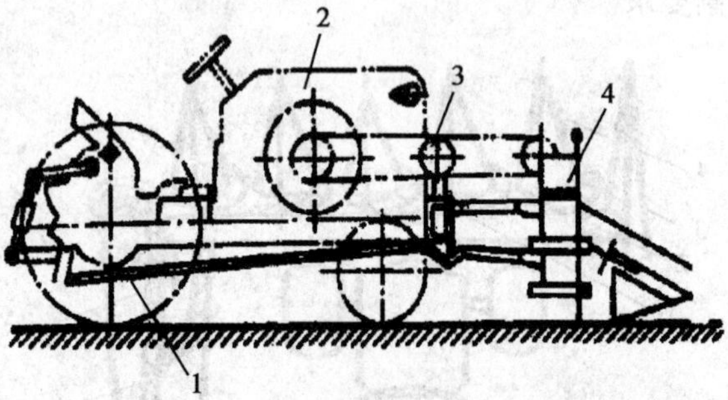

图 7-17 与轮式拖拉机配套示意图

1. 操纵组合 2. 小四轮拖拉机 3. 挂接传动组合 4. 收割机

(1)把传动组合支架安装在拖拉机的保险杠上,用 3 根 M16 螺栓紧固好。

(2)将上、下支臂用销轴固定在传动组合支架上,并挂上割台。

(3)装上"V"形带,连接割台与传动组合支架;用皮带连接传动组合支架与皮带轮(中间槽)。如果排气弯管妨碍皮带挂接,则装上加长法兰盘。

(4)割台平放于地面,挂上张紧轮,使传动支架至割台的 V 形带处于张紧状态。

(5)连接液压拉杆于下支臂与液压拉臂之间，并调整好钢丝绳，打开液压开关后使割台升起200～500毫米，割台保持水平。

(三)调整

1. 切割器的调整

收获机在使用中因磨损、振动和松动等原因，使刀梁、动刀杆和护刃器等变形，而影响切割质量，故应经常检查，及时调整。

2. 分禾器的调整

分禾器尖应与最外侧护刃器尖相对应或有少许外倾斜为宜。分禾器向内倾斜时割幅减小，内倾过大会将作物向分禾器外排挤拥倒；分禾器向外侧倾斜过大时，会增大割幅，造成端部割刀切割量大或堵刀，会导致切割器工作不正常。

3. 立式割台输送带的调整

(1)及时张紧上、下轮输送带的张紧度，但不宜过紧，以不打滑为准。

(2)作物输送间隙(指上拨齿与星轮或扶禾轮之间的距离)一般为60～90毫米。作物密度大时，间隙应调大；反之调小。

(3)根据作物高度调整上输送带的高低位置。一般使之作用在作物自然高度的1/3～2/5处，并注意防止拨齿拨碰作物穗部。

(4)上输送带前后倾斜度的调整。当作物密度大时，可适当前倾，增大输送能力；作物较稀或较矮时，可适当后倾。

(四)收获机操作要点

(1)机手在作业前要经过培训，了解收割机的结构，掌握收获机的操作方法。

(2)认真检查各零部件安装是否无误、连接可靠，并对各润滑点进行润滑。

(3)收割前必须进行试运转。先用小油门使收割机传动系统运动，如无异常再慢慢加大油门运转3～5分钟，观察机器有无异常现象以及输送带是否跑偏。升降收割机应无卡滞或倾斜，确认正常后方可进入田间作业。

(4)收获机进入割区前应降下割台，平稳起步。严禁将割台插入作物后再启动运转，无特殊情况，严禁紧急刹车和猛加油门。

开始收割前，应先转动收获机各工作部件使之运转，然后小油门平稳起步，当割刀将要接触作物前加大油门进行作业。收获机应沿播、插方向尽量走直，满幅工作。根据作物生长情况(高、矮、稀、密)和地形，正确选择机器前进速度(一般为3.5～5千米/小时)，若作物生长稠密则选低挡，作物生长稀疏选高挡。地头转弯、过渠埂时应减速。

(5)作业机组一般采用回形走法，地头转弯时应升起割台，待作物全部送出后再切断动力，停止运转。

(6)潮湿或带露水的作物不宜收获。

(7)工作中要注意观察割茬，尤其是湿田作业时应抬高割茬，防止割刀堵塞。割茬不得太低，否则容易碰撞石块等硬物、割刀吃进土里，都会造成割刀损坏。

(8)收割倒伏作物时，要采用逆向收割(即机器前进方向与倒伏方向相反)或侧向收割方式，以减少收割损失。

(9)作业过程中要按时检查，按时保养，发现异常时，要及时停车检查。检查时应将机组退到已割地面，切断动力，升起割台并可靠锁定和支垫后，方可进行检修。

四、保养

收获机的保养有班前保养、作业中的保养、班后保养、季节保养。对收获机进行正确的保养，可以减少故障，延长使用寿命。

1. 班前保养

班前按规定对机器进行润滑；检查各部分紧固情况和操纵情况；并空转观察各部分运转情况，应无异响或卡滞现象。

2. 作业中的保养

随时注意收获机作业情况，及时清除工作部位的缠草、草屑和泥土。清理割台时，必须使收获机停止运转。注意调整传动带的张紧度。

3. 班后保养

收获机停放时应使收割台着地，不要悬挂。清除泥土和缠草。清理切割器，并检查技术状态是否完好，如有异常应进行调整，然后注少量机油。检查各零件有无损坏，紧固件是否松动，如有异常应及时更换和紧固。

4. 季节保养和封存

每季工作结束后，收获机要放置很长时间，以便下一个收获季节时再用，为防止在停放期间机器锈蚀损坏，故要全面进行保养一次，具体做法如下：

(1)拆下割台、挂接、操纵、提升等各部件，检查轴承磨损情况、机架与刀梁有无变形，更换损坏的零部件，加注润滑油。

(2)卸下输送皮带和传动带，挂在阴凉干燥通风处。

(3)检查切割器，若有崩刃或磨损严重的应更换，铆钉松动的应重新铆紧。

(4)齿轮磨损严重的应更换，齿轮箱加注润滑油。

(5)检查完毕后，凡有脱漆部分应重新补漆，然后将收割机放在室内或有盖的棚里，用木板将割台垫起离地并放平。在刀片及其他裸露的金属处涂废机油，以防锈蚀。

五、常见故障及排除方法

收获机常见故障及排除方法见表 7-1。

表 7-1　收获机常见故障及排除方法

事故现象	事故原因	排除方法
割台突然停止工作	割台卡着铁丝或硬物	切断动力后，将铁丝、石块或其他杂物清除掉
	张紧轮不起作用，"V"带打滑	调整张紧轮
	动刀片或定刀片铆钉松劲，刀片被卡死	停机，铆钉铆紧
	机器过田埂时提升过高，张紧轮松弛，"V"带打滑	在收割过程中，机器提升不宜过高
输送堵塞	上、下输送带松弛，不转动	调整输送带被动轮螺杆，使输送带张紧。如螺杆调到顶点，皮带仍长，则将皮带截去一个齿距(122 毫米)再接上
	田间杂草过多，将扶禾星轮缠住	清除杂草
	起步不平稳	起步要平稳，机具离作物要有一定距离
	作物不熟或太湿	待作物成熟后或干后收割
	压力弹簧松动	调整压力弹簧，紧靠挡板
	作物严重倒伏或乱倒伏	采取单向逆倒伏收割或将部分乱倒伏作物用人工割掉
	拖板碰地壅土	提高割台
不直立输送、铺放不整齐	上、下输送带张紧度不一致	调整输送带张紧度，保证上、下一致
	压力弹簧松过	将压力弹簧调整到适当压力
	作物长势与选择的前进速度不一致	正确选择前进速度，当作物生长很好时，选用低挡作业
动刀片早期磨损或断裂	压刃器压得过紧，产生沟槽	压刃器下加垫片或卸下压刃器，用锤轻铆中间鼓起部位
	割茬太低，碰到石块或其他硬物	适当调整割茬，切割部分不宜离地面太低；更换断裂的动刀片
星轮齿部断裂	运输途中碰断	运输途中，注意紧固，不要让其位置随车错动
	地头拐弯处碰到障碍物	操作到地头拐弯处，要注意减速
	拖拉机速度太快	操作速度视作物长势而选择挡位。当作物生长稠密时降低前进速度
	输送堵塞	发现堵塞，顺出口方向排除

第三节　脱粒机的维护技术

脱粒是谷物收获中继收割之后的一个重要环节。脱粒机主要是对割下的谷物进行脱粒，复式脱粒机还能进行分离和清选，以便得到干净的谷粒。

一、结构和工作原理

(一)双滚筒复式脱粒机

该机的结构和性能较完善，可一次完成脱粒、分离和清选作业，以脱小麦为主，兼脱水稻、高粱、大豆等作物。该机主要由喂入装置、脱粒装置、分离装置、清选装置、输送装置、杂余处理装置、行走装置及机架等组成，如图 7-18 所示。

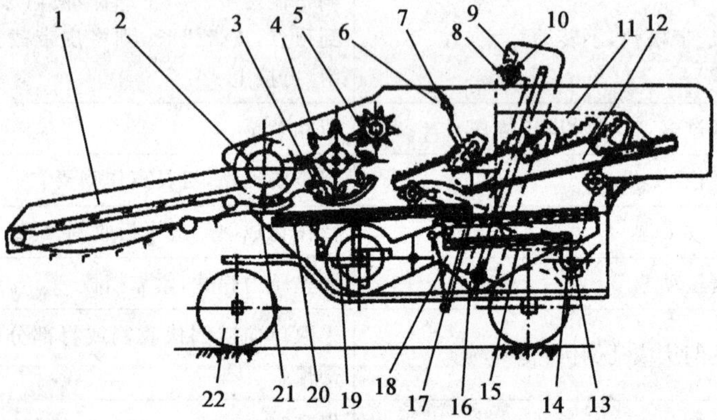

图 7-18　双滚筒复式脱粒机

1. 输送装置　2. 第一滚筒　3. 第二凹板　4. 第二滚筒　5. 逐稿轮　6. 挡草帘　7. 第二风扇　8. 除芒器　9. 升运器　10. 除芒螺旋推运器　11. 第二清粮室　12. 逐稿器　13. 复脱器与输送器　14. 杂余螺旋推运器　15. 冲孔筛　16. 谷粒螺旋推运器　17. 鱼鳞筛　18. 第一清粮室　19. 第一风扇　20. 阶梯板　21. 第一凹板　22. 行走轮

喂入装置由输送槽、链板式输送链和传动轴等组成。

脱粒装置采用双滚筒式，第一滚筒为钉齿式，第二滚筒为纹杆式。

分离装置由逐稿轮、逐稿器和挡草帘等组成。逐稿轮为叶轮式，逐稿器为双轴四键式。

清选装置由两个清粮室组成。第一清粮室由阶梯板、上筛、下筛和风扇等组成；第二清粮室装在机体左侧，由箱体、滑板和第二风扇组成。

输送装置由谷粒螺旋推运器、升运器和杂余螺旋推运器等组成。

杂余处理装置由复脱器、抛扔器和除芒器等组成。

行走装置及机架用来安装工作部件。4 个铁轮配置在机器两侧。在前轮轴上安装有牵引架。

工作过程：由人工将散堆的作物放到输送槽上，输送链将作物送入脱粒装置。经过两个滚筒脱粒后，长茎秆在逐稿轮和逐稿器的作用下，被抛出机外。从凹板孔隙中落下的以及由逐稿器分离出来的籽粒及其他小杂余混合物，都落到阶梯板上，然后进入第一清粮室进行清选。清选后从清选筛孔落下的谷粒，由推运器和升运器送至除芒器除芒后，进入第二清粮室(不需除芒时可直接进入第二清粮室)，进行再次清选并分级，然后从出粮口流出。经清选出的杂余，轻的被风扇吹出机外，断穗等大杂余则从筛尾落入杂余推运器，送往复脱器，复脱后被抛扔器送回阶梯板，再次进行清选。

工作流程可用方框图表示，如图 7-19 所示。

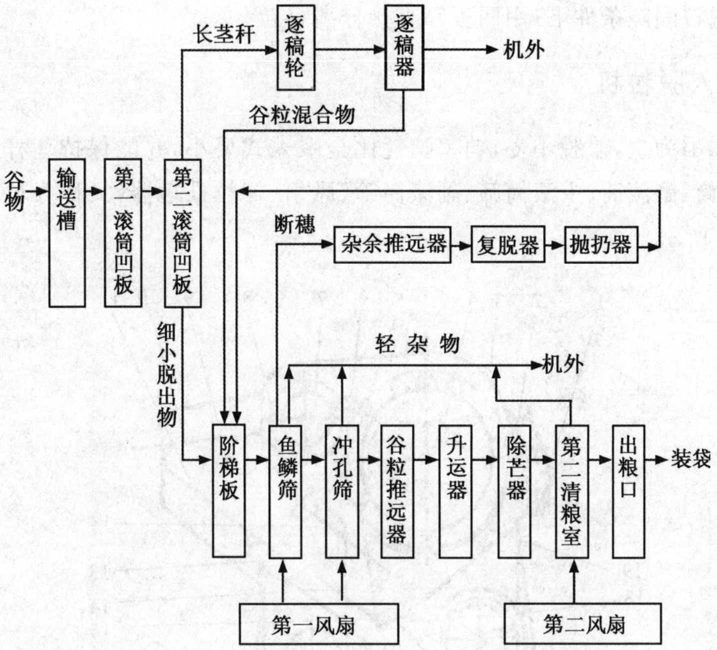

图 7-19　双滚筒复式脱粒机工作过程方框

(二)轴流式脱粒机

是一种以脱稻麦为主，兼脱其他作物的脱粒机，如图 7-20 所示。谷物从喂入台喂入脱粒装置，在滚筒杆齿和上盖导向板的共同作用下，沿凹板从喂入口向排草口轴向螺旋脱粒，脱下的栅格凹板筛分离；长茎秆不断抖动分离夹带的谷粒后，经排草板从排草口排出。脱下的谷粒、颖壳、短茎秆等通过凹板落到振动筛面上，随着筛面的振动和风扇气流的清选，谷粒经筛孔落入水平搅龙，被推送至叶轮抛射器。抛射叶轮将谷粒从抛射筒抛出机外。颖壳、短茎秆等从排杂口排出。

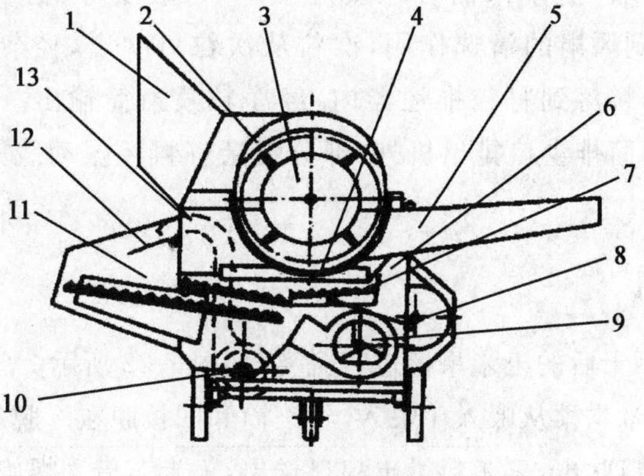

图 7-20　轴流式脱粒机

1. 排草口　2. 导向板　3. 杆齿滚筒　4. 凹板筛　5. 喂入台　6. 机架　7. 振动筛　8. 偏心轮　9. 风扇　10. 谷粒搅龙　11. 排杂口　12. 调节滑板　13. 谷粒抛射器

该机的特点是不设专门的分离装置，利用谷物在脱粒装置中脱粒时间较长，在较低的滚筒转速和较大的脱粒间隙条件下，用凹板筛直接分离籽粒。

(三)半喂入脱粒机

该机以脱水稻为主，兼脱小麦，功率消耗比全喂入式要小，并能保持茎秆完整。主要由夹持喂入链、主滚筒、副滚筒、主滚筒筛、副滚筒筛、风扇、籽粒推运器(又称籽粒搅龙)、扬谷器等组成，如图 7-21 所示。

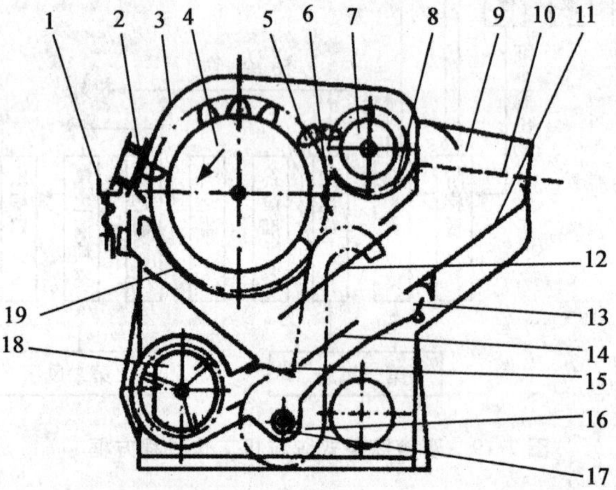

图 7-21 半喂入脱粒机

1. 夹持台 2. 夹持链 3. 滚筒盖 4. 滚筒 5. 切刀 6. 延长筛 7. 副滚筒 8. 副滚筒筛 9. 集尘斗 10. 振动线筛 11. 谷粒回送 12. 振动滑板 13. 次粒口 14. 中滑板 15. 周定线筛 16. 扬谷器 17. 谷粒推运器 18. 风扇 19. 滚筒筛(凹板筛，编织筛)

脱粒时，将作物整齐地搬上作物铺放台，穗头朝向滚筒均匀地喂入夹持链与夹持台之间。禾把随着链条移动，穗头被带入滚筒内腔，在滚筒齿的连续梳刷和冲击下脱粒干净，脱净后的茎秆从机体右侧排出。脱下来的籽粒及短小禾屑、杂质等由滚筒筛和副滚随筛筛孔下落，在下落过程中，受到风扇的清选作用，次粒从次粒口吹出，轻杂物、禾屑、尘土等则由集尘斗排出机外，只有净粒落到籽粒推运器内，经净粒喷射筒输出。不能通过滚筒筛和副滚筒筛挣长禾屑，由副滚筒排尘口排出机外，部分夹杂籽粒经振动线筛分离后，落到机体内再次清选分离。

(四)玉米脱粒机

该机专用于对晾晒干后的玉米果穗进行脱离，如图 7-22 所示。

工作时，人工将玉米果穗从喂入斗喂入，经滚筒和凹板脱粒。脱出物通过凹板孔由风机气流清选，轻杂质经出糠口吹出，玉米粒沿出粮口送出，玉米芯借助螺旋导板排到振动筛上，混杂在其中的玉米粒从振动筛孔漏到出粮口，玉米芯从振动筛上排出机外。

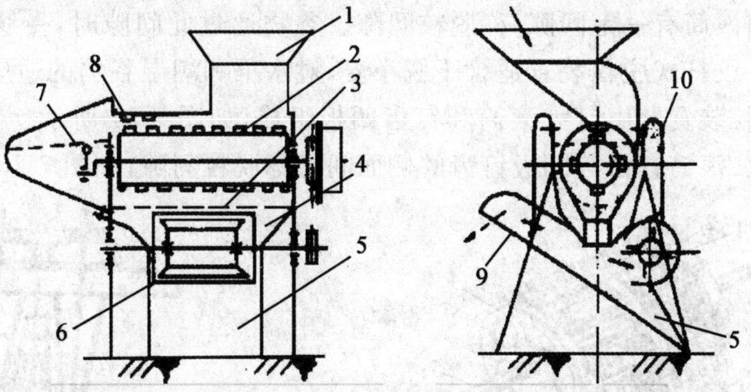

图 7-22　玉米脱粒机

1.喂人斗　2.滚筒　3.凹板　4.滑板　5.出粮口　6.风机　7.振动筛　8.螺旋导板　9.出糠口　10.弹性振动杆

二、主要工作装置

(一)脱粒装置

1.脱粒方法

现有脱粒机所采用的脱粒装置多为滚筒式,其所用的脱粒方法有以下几种。

(1)冲击脱粒由具有一定速度的脱粒元件对谷物进行冲击而使谷粒脱落。如钉齿或板齿滚筒主要利用冲击原理进行脱粒。

(2)揉搓脱粒由谷物与脱粒元件之间的摩擦以及谷粒相互间的摩擦而使谷粒脱落。如纹杆滚筒主要利用这种原理脱粒。

(3)梳刷脱粒由脱粒元件对谷粒施加拉力,破坏谷粒与穗轴的自然联结力而使谷粒脱落。如弓齿滚筒主要利用这种原理脱粒。

(4)碾压脱粒由脱粒元件对谷穗挤压而使谷粒脱落。如石滚子压场就属这种脱粒原理。

在现有的脱粒装置中,通常是以上述脱粒方式的一种为主,其他为辅,而加以综合利用,以便得到更好的脱粒效果。

2.常用脱粒装置的类型

(1)纹杆式脱粒装置。由纹杆滚筒及栅状凹板组成,如图 7-23 所示。滚筒上一般装有 6 根或 8 根纹杆,左、右纹杆交错安装在辐盘上,以防工作中谷物向滚筒一端偏移。

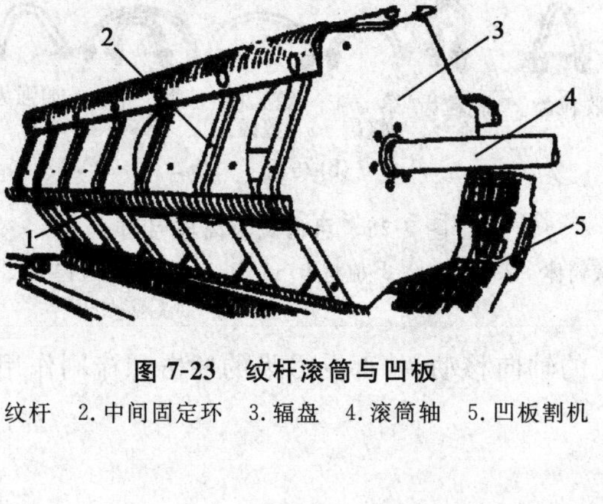

图 7-23　纹杆滚筒与凹板

1.纹杆　2.中间固定环　3.辐盘　4.滚筒轴　5.凹板割机

栅格状凹板与滚筒有一定间隙，称脱粒间隙。谷物通过此间隙时，受纹杆的打击、揉搓和挤压作用而脱粒。纹杆式脱粒装置适合于脱小麦，对水稻和潮湿谷物的适应性较差。

(2)钉齿式脱粒装置。由钉齿滚筒和钉齿凹板组成，如图 7-24 所示。钉齿的端部略向后弯，呈螺旋线排列。滚筒钉齿与凹板钉齿的侧面间隙称脱粒间隙，如图 7-25 所示。

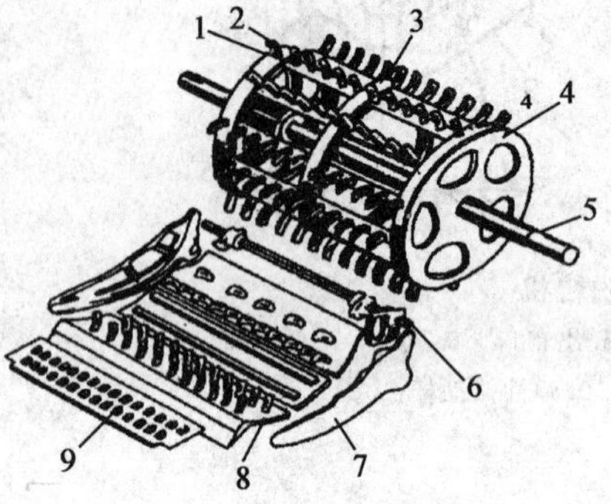

图 7-24　钉齿滚筒与凹板

1. 钉齿滚筒　2. 凹板钉齿　3. 辐盘　4. 滚筒轴　5. 凹板调节机构　6. 脱粒间隙　7. 侧板　8. 钉齿凹板　9. 漏粒格

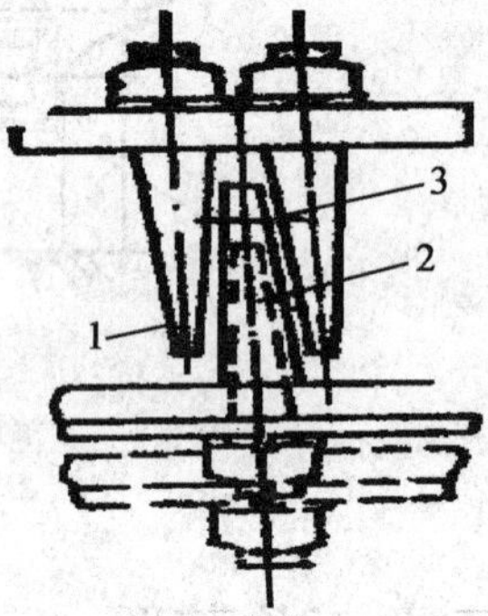

图 7-25　钉齿式脱粒装置的脱粒间隙

1. 杆　2. 钉齿　3. 支承圈

钉齿式脱粒装置靠钉齿对谷物的猛烈冲击和谷物在脱粒间隙中受到摩擦、挤压作用而脱粒。适用于高粱等作物的脱粒。

(3)弓齿式脱粒装置。如图 7-26 所示。弓齿按螺旋线排列在滚筒体上。滚筒体上各部位的弓形齿分为脱粒齿、加强齿和梳整齿 3 种，一般用直径为 5～6 毫米的弹簧钢丝制成。梳整齿齿顶圆弧较大。主要起梳整谷穗和导向作用，安装在喂入口处；脱粒齿齿顶圆弧最小，脱粒作用最强，安装在滚筒末端。加强齿顶圆弧介于二者之间，安装在滚筒中段。凹板是由铁丝编织成的网状筛。

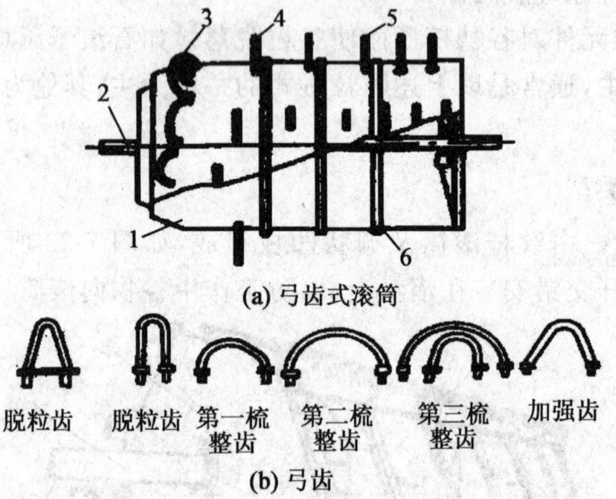

图 7-26　弓齿式滚筒与弓齿

1. 滚筒体　2. 滚筒轴　3. 梳整齿　4. 加强齿　5. 脱粒齿　6. 加强筋

工作时，作物沿滚筒的轴向移动，穗部受弓齿的冲击和梳刷作用而脱粒。弓齿式脱粒装置主要用于水稻脱粒机上。

(4)双滚筒脱粒装置。用单滚筒脱粒时，由于谷物成熟度不一致等原因，存在着脱净和碎粒的矛盾，往往是不成熟的谷粒还没有完全脱下，而成熟饱满的谷粒已破碎。为解决脱净与破碎的矛盾，有的收获机械采用双滚筒脱粒装置，第一滚筒为钉齿或板齿滚筒，滚筒转速较低，大部分易脱谷粒先脱下并分离出来；第二滚筒为轴流纹杆滚筒，转速较高，以便将难脱的谷粒脱下，保证了脱净而不碎粒。

(5)轴流滚筒式脱粒装置。轴流滚筒的特点是工作时谷物沿轴向做螺旋运动，因而脱粒时闻长(为 2～3 秒，切流滚筒仅为 0.10～0.15 秒)同时凹板长，包角大，在转速较低和脱粒隙较大的情况下，也能达到脱净率高、破碎率低的效果，如谷神-2 型联合收获机的第二滚筒和桂林-3 型联合收获机均采用的是轴流滚筒。

轴流滚筒有锥形和圆柱形两种。图 7-27 为锥形轴流滚筒，横向喂入和排出，入口处直径较小，往后直径变大。图 7-28 为圆柱形杆齿式轴流滚筒，滚筒顶盖内设有螺旋状导板，工作时使被脱谷物沿轴向做螺旋运动。

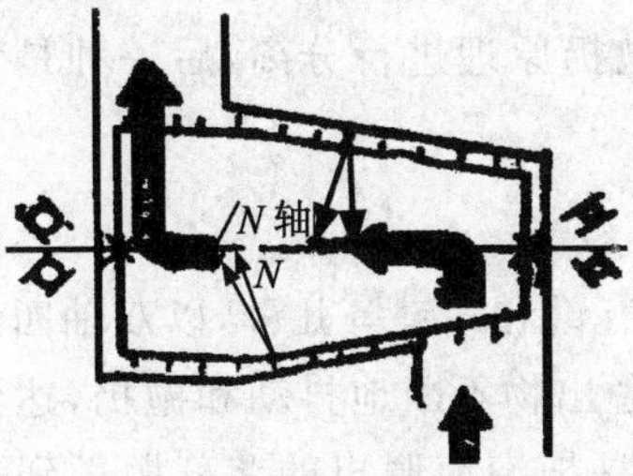

图 7-27　锥形轴流滚筒

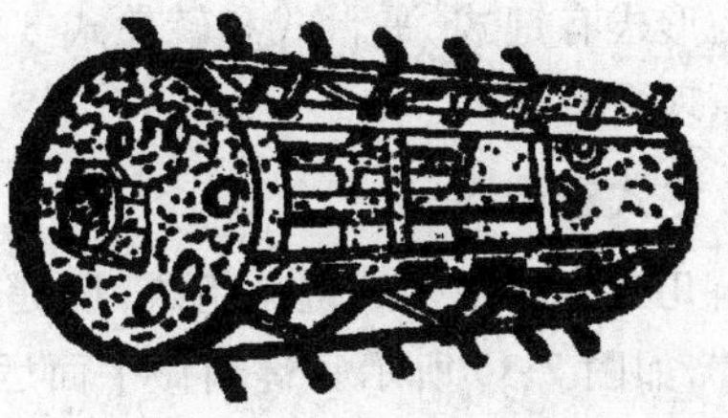

图 7-28　圆柱形杆齿式轴流滚筒

3. 脱粒装置的主要调整

(1)滚筒转速的调整。滚筒转速高，脱粒强度大，但易造成碎粒；滚筒转速过低，籽粒脱不下来。应根据谷物的品种、成熟度及潮湿度来选择适宜的滚筒转速。滚筒转速的调整方法有更换皮带轮或采用三角皮带无级变速。

(2)脱粒间隙的调整。脱粒间隙大，易产生脱粒不净现象；脱粒间隙过小，易使籽粒和茎秆破碎，增加功率消耗。脱粒间隙应根据作物的品种，干、湿程度进行调整。调整的方法一般是通过移动凹板，改变它与滚筒的相对位置来实现。凹板间隙的调整原则是：在满足脱净率要求的前提下，尽量采用大的脱粒间隙。

(3)滚筒静平衡的检查与调整。滚筒的转速较高，若因换修滚筒上的脱粒元件等而造成滚筒重心偏移，在旋转时，滚筒就会产生很大的离心力，引起机器振动并加速轴承磨损，降低机器寿命，甚至造成事故。因此，在滚筒进行拆卸修理后要检查动静平衡。动平衡检查较复杂，需在动平衡试验机上进行，用户无法进行测试，故一般只进行静平衡检查，并在调整静不平衡时，注意防止产生动不平衡。

静平衡的检查方法如图 7-29 所示，将滚筒两端放在支架的滚轮上，用手轻拨滚筒，如果滚筒转至任何位置都可停住，则说明滚筒是静平衡的。如果当滚筒停止转动时，总是某一固定位置在下方，说明滚筒静不平衡，必须在滚筒停摆位置的对面加配重，或在停摆位置处钻孔以减重，这种加重或减重必须在滚筒横向的中间位置进行，以避免产生动不平衡。如此重复检查，直到静平衡为止。

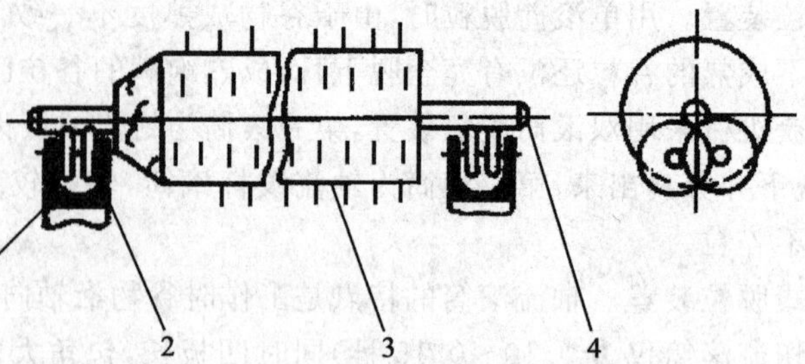

图 7-29　滚筒的静平衡检查

1. 支架　2. 滚轮　3. 滚筒　4. 滚筒轴

(二)分离装置

其功用是将脱粒后长茎秆中夹带的谷粒和断穗分离出来，并将茎秆排出机外。分离装置的结构形式有键式、平台式和转轮式 3 种，前两种是利用抛扔原理进行分离，后一种是利用离心力原理进行分离。

1. 键式逐稿器

由几个互相平行的键箱组成，按键数分有三键、四键、五键和六键等几种，以双轴四键式应用最广，如图 7-30 所示。键箱做平面运动，将其上的滚筒脱出物不断地抖动和抛扔，达到分离的目的。逐稿器的前上方安有薄钢板制成的逐稿轮，作用是把滚筒脱出的茎秆抛送到逐稿器上方进行分离，防止滚筒缠草堵塞。挡帘装在逐稿器的上方，作用是降低茎秆向后运送的速度，使茎秆中夹杂的谷粒能全部分离出来。键式逐稿器在复式脱粒机和联合收获机上应用广泛。

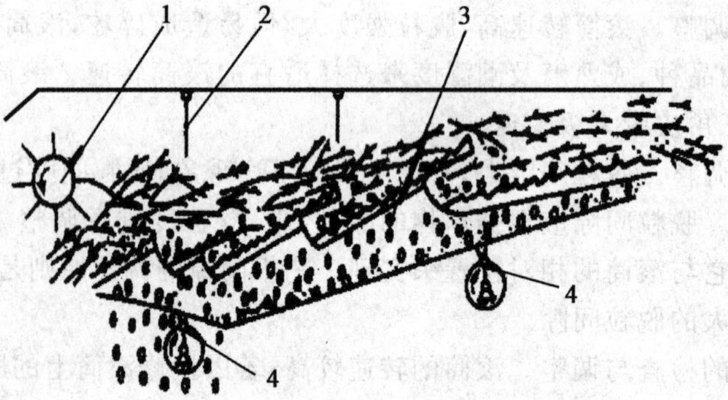

图 7-30　键式逐稿器

1. 逐稿轮　2. 挡帘　3. 键箱　4. 曲轴

2. 平台式逐稿器

如图 7-31 所示，平台具有筛状表面，其运动近似直线往复运动，脱出物受到台面的抖动和抛扔而进行分离。该逐稿器结构简单，但分离能力较弱，一般用于茎秆层较薄的中小型半复式脱粒机上。

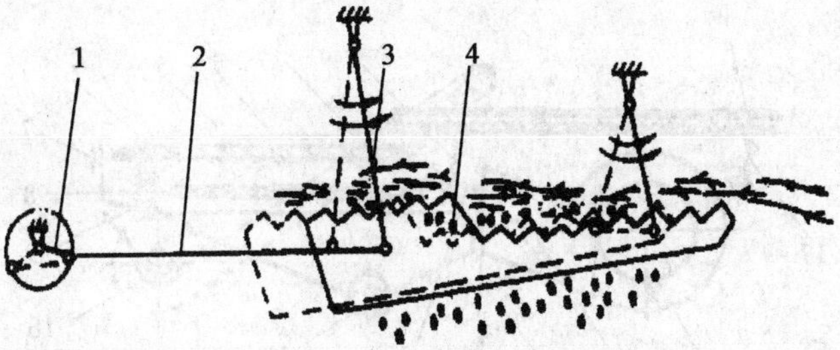

图 7-31　平台式逐稿器

1.曲轴　2.连杆　3.吊杆　4.平台

3.转轮式分离装置

由分离轮和分离凹板组成，如图 7-32 所示。脱出物由轮齿抓入，谷粒在离心力作用下穿过凹板孔分离出来。转轮式分离装置有较强的分离能力，生产率高，对潮湿作物的适应性好，但易使茎秆破碎。

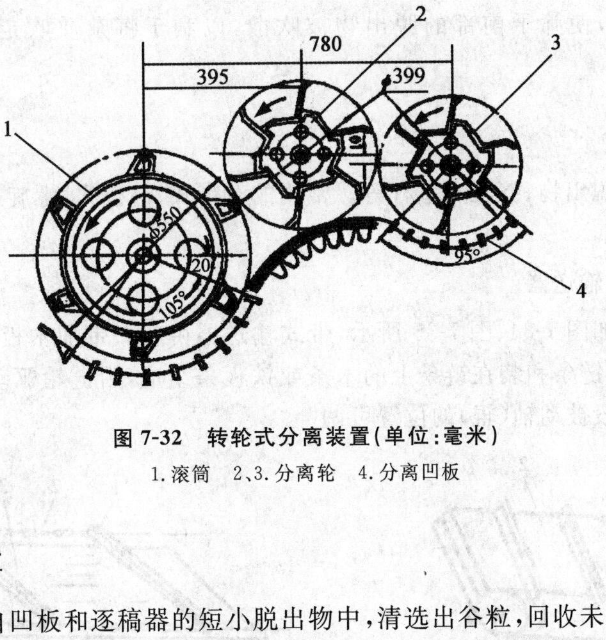

图 7-32　转轮式分离装置(单位：毫米)

1.滚筒　2、3.分离轮　4.分离凹板

(三)清选装置

其功用是从来自凹板和逐稿器的短小脱出物中，清选出谷粒，回收未脱净的穗头，把颖壳、短茎秆等小杂余排出机外。目前，复式脱粒机和联合收获机上广泛应用的是风扇一筛子组合式清选装置。其结构如图 7-33 所示，它由阶梯板、上筛、下筛、尾筛和风扇等组成。风扇装在筛子的前下方，用以清除脱出物中较轻的混杂物；筛子可筛出较大的混杂物，并起支承和抖动脱出物、将脱出物摊成薄层的作用，延长了清选时间，加强了风扇气流清选的效果。

工作时，阶梯板和筛子作往复运动，阶梯板把从凹板和逐稿器上分离出来的谷粒和杂物向后输送，阶梯板末端有梳齿筛，把杂余中较长的茎秆架起，使谷粒先落下，以提高清选效果。筛子分两层，上筛起粗筛作用，多用鱼鳞筛；下筛起精筛作用，可用冲孔筛或鱼鳞筛。筛子在风扇气流配合下，将谷粒分离出来，由谷粒推运器送走；轻杂物被吹出机外；大杂物送到尾筛，尾筛为大长孔筛或较大开度的鱼鳞筛，以便分离出断穗，杂余推运器将断穗送回滚筒或复脱器进行再次脱粒。

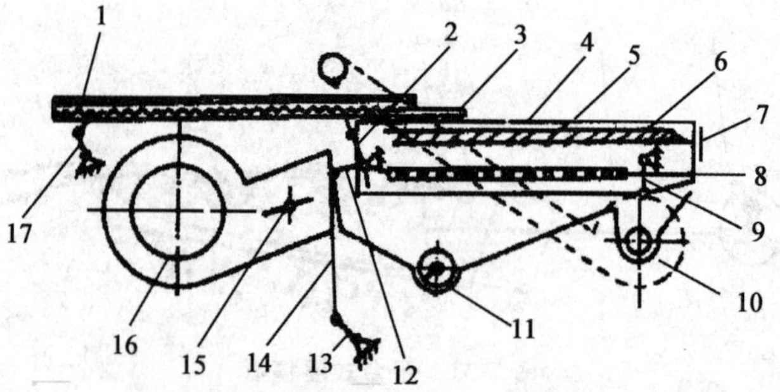

图 7-33　风扇一筛子组合式清选装置

1. 阶梯板　2. 双臂摇杆　3. 梳齿筛　4. 筛箱　5. 上筛　6. 尾筛　7. 后挡板　8. 下筛　9. 摇杆　10. 杂余推运器　11. 谷粒推运器　12. 驱动臂　13. 曲柄　14. 连杆　15. 导风板　16. 风扇　17. 支撑摇杆

清选装置中筛子的开度和倾角、风量和风向一般都可调整。调整的原则是在保证谷粒不被吹走的前提下，风量尽量放大；上筛开度应大于下筛开度；气流方向应使筛子前端风速较高，向后逐渐减低，使筛子前部的脱出物被吹散，以利于将杂质吹走而又不把谷粒吹出机外。

(四)输送装置

用来输送谷物、脱出物、谷粒和茎秆等。常用的有带式、链板式、螺旋式、刮板式、抛扔式和夹持链式等输送装置。

1. 带式和链板式输送器

用来输送谷物，如图 7-34、图 7-35 所示，带式输送器由帆布带加木板条组成，由传动辊传动。链板式输送器由链条和装在链条上的木条或铁板条组成，由链轮驱动。为保证帆布带和输送链的松紧度，一般被动轴(辊)的位置可调。

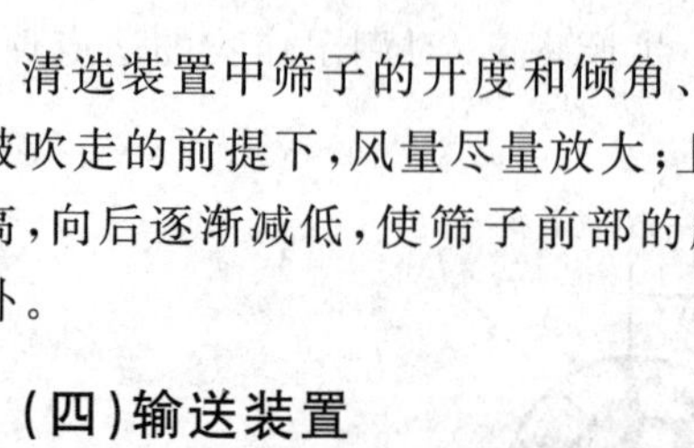

图 7-34　带式输送器

1. 木条　2. 帆布带　3. 传动辊

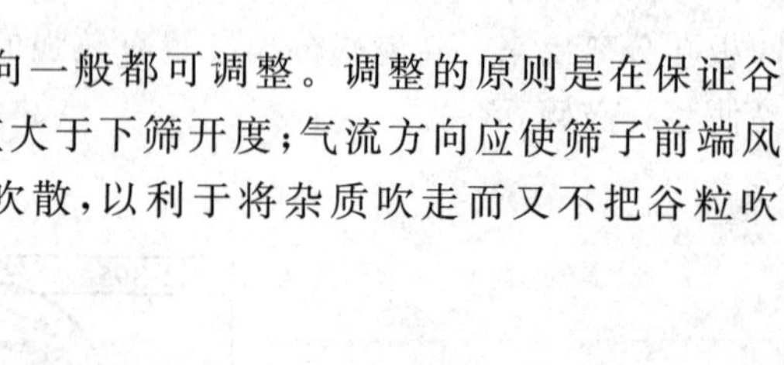

图 7-35　链板式输送器

1 木条　2. 链条　3. 底板　4. 链轮

2. 螺旋输送器

又称螺旋推运器或搅龙。由轴、螺旋叶片、轴承和封闭式外壳等组成，如图 7-36 所示。螺旋叶片焊在轴上，有左旋和右旋之分，旋向不同，物料输送方向也不同。也有的左、右旋并用，以便把物料自两端向中间集中。推运器工作时易堵塞，常设有自动离合器，以便堵塞时自动切断动力，起保护作用。

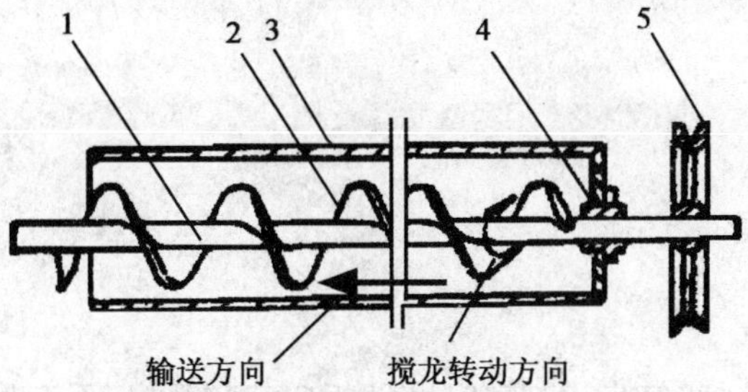

图 7-36　螺旋输送器

1.轴　2.螺旋叶片　3.外壳　4.轴承　5.驱动皮带轮

螺旋输送器可用于水平、倾斜或垂直输送，可输送谷粒、杂余和茎秆等，也可进行搅拌和压缩工作。

3. 刮板式输送器

用于向高处输送谷粒和杂余。如图 7-37 所示，主要由链条、刮板、链轮、外壳和中间隔板等组成。为保证链条紧度，被动轴位置可用调整螺栓进行调整。工作时，链条回转，刮板将物料由下向上刮运，到顶端转弯处卸出。

4. 抛扔器

又称扬谷器，利用叶轮高速回转的离心力将物料抛送，通常装在中、小型脱粒机和联合收获机上。它具有结构简单，重量轻，造价低的优点，但升运高度受限制。

5. 夹持链式输送装置

它装在半喂入式脱粒机和半喂入式联合收获机上。如图 7-38 所示，主要由夹持链、压紧弹簧、夹持架和调节机构等组成。

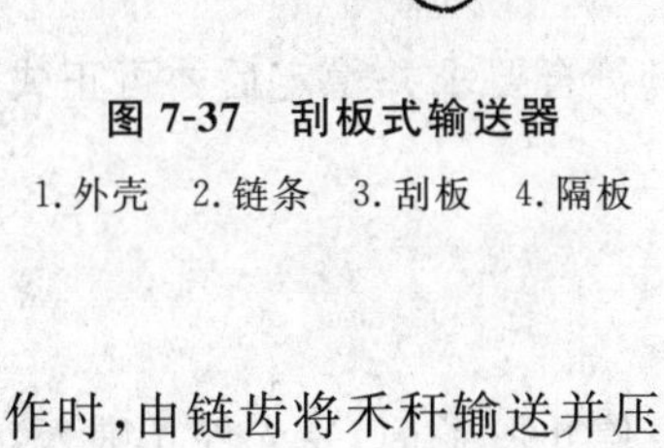

图 7-37　刮板式输送器

1.外壳　2.链条　3.刮板　4.隔板

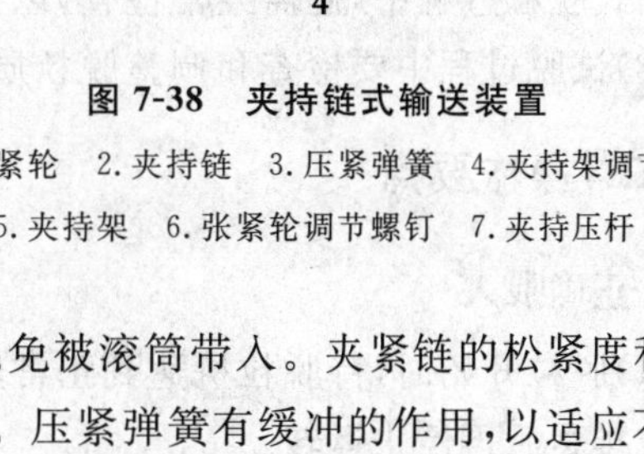

图 7-38　夹持链式输送装置

1.张紧轮　2.夹持链　3.压紧弹簧　4.夹持架调节孔　5.夹持架　6.张紧轮调节螺钉　7.夹持压杆

工作时，由链齿将禾秆输送并压紧在夹持架上，以免被滚筒带入。夹紧链的松紧度和夹持的上下位置均可调节，以改变它们对禾秆的夹紧程度。压紧弹簧有缓冲的作用，以适应不同大小的禾秆。

三、使用

(一)脱粒机的准备

1. 主要技术状态检查

(1)滚筒脱粒元件(纹杆、钉齿、弓齿等)和凹板应完整无损,不变形,不松动。

(2)滚筒轴无轴向窜动。

(3)升运器的链条、皮带紧度应合适,升运器应严密无开裂,以防漏撒谷粒。

(4)全部筛子及连接部件应紧固,筛面干净,筛子无堵塞。

(5)风扇在轴上应紧固不松动,无轴向窜动,风扇调节机构应灵活有效。

(6)传动链条、皮带紧度应合适。

(7)各处轴承间隙应合适,润滑良好。

2. 放置

脱粒机要顺风布置,使茎秆、颖壳等能顺风排出;脱粒机要保持水平,固定牢靠,使其在工作时平稳不动。

3. 调整

(1)调整合适的滚筒转速。同一作物的脱粒性能受作物品种、成熟度和湿度等影响,脱粒速度有一定变化范围。难脱、湿度大的作物用较高的转速,反之,用较低转速,以脱净不碎粒为原则。调整时还应与脱粒间隙相配合。

(2)调整脱粒滚筒的脱粒间隙。脱粒间隙应根据作物干湿情况、脱粒质量等随时进行调整。调整的原则是在脱净的前提下,尽量采用较大的间隙,以减少籽粒破碎和功率消耗。调整时应注意使滚筒两侧的间隙一致,以免影响脱粒质量。

(3)根据作物情况选用合适的清选筛和调整筛孔、风量、风向等。

4. 试脱

(1)试脱前先用手转动传动轮,使脱粒机运转,检查各工作部件和传动机构是否正常,确认无阻滞、碰撞和异声时,才可挂上皮带由动力机带动空转,由低速逐渐增加到正常转速。

(2)空转过程中,检查脱粒机各工作部件运转是否正常、轴承有无发热、固定螺栓有无松动等。正式脱粒过程中,还需经常检查,以免发生事故。

(3)试脱过程中要检查和调整脱粒质量,直到脱粒质量符合要求并稳定后才可正式脱粒。

(二)操作要点

1. 正确喂入

(1)脱粒开始时,待脱粒机达到正常转速后才能喂入。停止脱粒前,要先停止喂入,待所脱的谷粒排尽后再停止运转。

(2)喂入要做到连续、均匀和满负荷,这对保证脱粒质量、提高生产率极为重要。喂入量过多,造成脱粒不净,甚至使滚筒堵塞;喂入量过少,也不易脱净,且使生产率降低。

(3)弓齿式半喂入脱粒机,应适当控制喂入深度。过深易堵塞滚筒,过浅则脱不净。

(4)喂入时要严防谷物中混进石头、螺栓等坚硬物,以免损坏机器或造成人身事故。

2. 工作中应注意观察机器工作情况

注意回转是否平稳、有无异声和气味、轴承是否发热等,发现问题应停车检查。应经常检查脱粒机脱净情况、谷粒清洁和破碎情况等,有问题及时采取相应措施。

3. 按规定进行技术保养

每班作业结束后,应清除机器内外的积存脏物,并进行检查及保养。

(三)安全生产

(1)脱谷场应通风良好,备足防火用品,场内严禁吸烟和用明火。

(2)脱粒机的操作人员要掌握安全操作方法。

(3)作业机组的传动部分应装上防护罩。

(4)机器运转时,不准挂皮带、注油、清理和排除故障。发现皮带跑偏时,应重新对正皮带轮中心,不能用木棒或铁棍硬性阻挡。

(5)发现滚筒、逐稿器和搅龙等堵塞时,应迅速停车清理,不准在传动状态下进行清理。发现轴承烫手、电机冒烟或发动机转速急剧下降时,应立即停车排除故障。

(四)保管

作业季节结束后,机器要停放很长时间,在这期间要保管好机器,防止出现变形、生锈、橡胶老化等现象。

四、常见故障与排除方法

脱粒机常见故障与排除方法见表 7-2。

表 7-2　脱粒机常见故障与排除方法

故障现象	故障原因	排除方法
脱粒不净	滚筒转速低	适当调高滚筒转速
	滚筒脱粒间隙大	适当调小脱离间隙,保证滚筒两端的脱粒间隙一致
	作物潮湿	待作物晾干或烘干后再脱粒
破碎粒过多	滚筒的脱粒间隙小	适当调大脱粒间隙,并保证滚筒两端的脱粒间隙一致
	滚筒转速高	适当调低滚筒转速
排出的茎秆中夹带谷粒	喂入量过多	适当减小喂入量,并保证喂入均匀
	作物潮湿	待作物晾干或烘干后再脱粒
	风扇风量过大	适当调低风扇转速
谷粒中含有较多颖壳	筛孔的间隙过大	适当调小筛孔间隙,不使颖壳落到谷粒中
	风扇的风量过小	在不吹出谷粒的前提下,尽量用高的风扇转速

第四节 玉米联合收获机的维护技术

一、结构与工作原理

玉米收获机根据摘穗装置的配置方式不同，可分为立式摘穗辊机型和卧式摘穗辊机型。根据与动力挂接方式的不同又可分为牵引式、背负式、自走式机型和玉米专用割台。

（一）立辊式玉米收获机

图 7-39 为立辊式玉米收获机的结构与工艺流程示意图。它由分禾器、喂入装置、摘穗装置、剥皮装置、升运装置、排茎装置、茎秆切碎装置、机架和传动系统等组成。

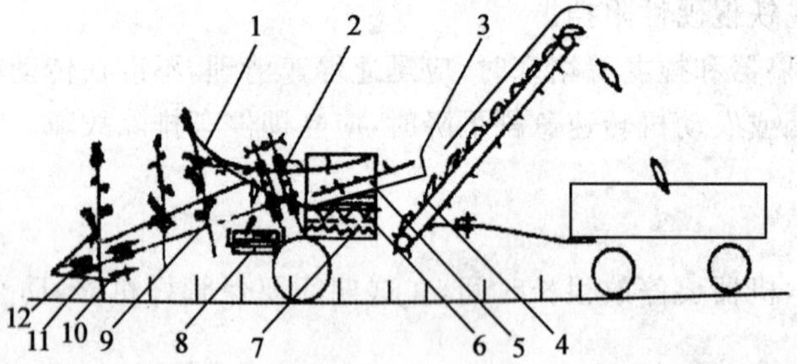

图 7-39 立辊式玉米收获机结构与工艺流程示意图

1. 挡禾轮 2. 摘穗器 3. 放铺台 4. 第二升运器 5. 剥皮装置 6. 苞叶输送螺旋 7. 籽粒回收螺旋 8. 第一升运器 9. 喂入链 10. 圆盘切割器 11. 分禾器 12. 拨禾

工作时，机器顺行前进，分禾器从根部将玉米秆扶正并引向拨禾链，拨禾链将茎秆推向切割器。割断后的茎秆继续被夹持向后输送，茎秆在挡禾板阻挡下转一角度后从根部喂入到摘穗器。摘穗器每行有两对斜立辊，前辊起摘穗作用，后辊起拉引茎秆的作用，在此过程中果穗被摘下，落入第一升运器并送至剥皮装置。茎秆则落到放铺台上，经台上带拨齿的链条将茎秆间断地堆放于田间。剥去苞叶的果穗落入第二升运器。剥下的苞皮和其中的籽粒在随苞皮螺旋推运器向外运动的过程中，籽粒通过底壳上的筛孔落到下面的籽粒回收螺旋推运器中，经第二升运器，随同清洁的果穗一起送入机后的拖车中，苞皮被送出机外。

若需茎秆还田，可将铺台拆下，换装切碎器，将茎秆切碎抛撒于田间。

立辊式玉米收获机的摘穗方式为割秆后摘穗。

（二）卧辊式玉米收获机

图 7-40 为卧辊式玉米收获机的结构与工作过程示意图。

工作时，分禾器将茎秆导入茎秆输送装置，在拨禾链的拨送和夹持下，经卧辊前端的导锥进入摘穗间隙，摘下果穗，落入第一升运器，个别带断茎秆的果穗经第一升运器末端时被排茎

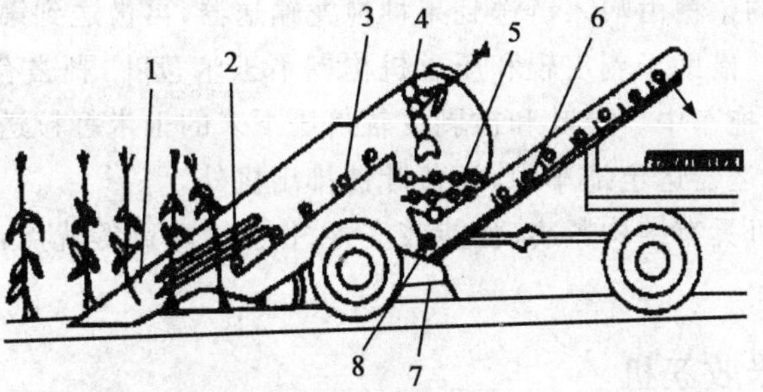

图 7-40 卧辊式玉米收获机结构与工作过程示意图

1. 扶导器 2. 摘穗辊 3. 第一升运器 4. 排茎辊 5. 剥皮装置 6. 第二升运器 7. 茎秆切碎装置 8. 籽粒输送器

辊抓取，进行二次摘穗。果穗落入剥皮装置，剥下苞皮的干净果穗落入第二升运器，送入机后的拖车中。剥下的苞皮及夹在其中的籽粒一起落入苞叶螺旋推运器，在向外运送过程中，籽粒通过底壳上的筛孔落入籽粒回收螺旋推运器中，经第二升运器，随同清洁的果穗送入机后的拖车中，苞皮被送出机外。摘穗后的秸秆被切碎器切碎，均匀地抛撒于地面。

卧辊式玉米收获机的摘穗方式为站秆摘穗。

上述两种玉米收获机工作性能基本相同。落粒损失 2%以下，摘穗损失 2%～3%，总损失 4%～5%，苞叶剥净率 80%以上。

在玉米潮湿、水分较大、植株密度较大、杂草较多的情况下，立辊式玉米收获机摘辊易产生堵塞，而卧辊式收获机适应性较强，故障较少（因该机只有茎秆上部入辊）；但若果穗部位较低或有矮小玉米时，则立辊式果穗丢失较少。此外，立辊式能进行茎秆铺放而卧辊式不能获得完整茎秆。

(三)自走式玉米收获机

图 7-41 为自走式玉米收获机的结构与工作过程示意图。它由发动机、底盘、工作部件（包括割台、升运器、茎秆粉碎装置、果穗箱、除杂装置等）、传动系统、液压系统、电气系统和操纵系统等组成。

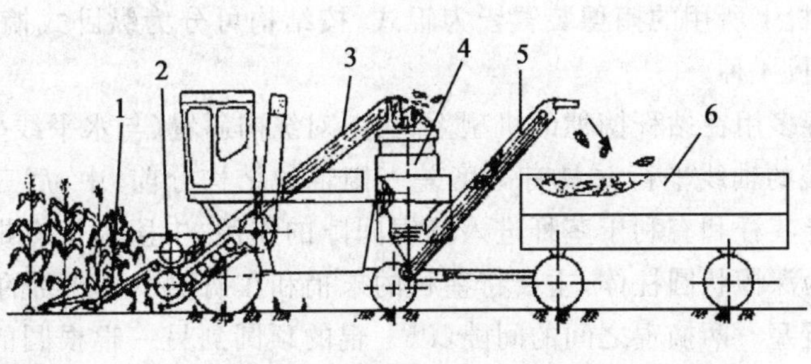

图 7-41 自走式玉米收获机结构与工作过程示意图

1. 茎秆扶持装置 2. 摘穗装置 3. 第一升运器 4. 剥皮装置 5. 第二升运器 6. 拖车

工作时，收获机沿玉米行间行走，玉米茎秆被茎秆扶持器导入割台茎秆导槽，再被喂入链抓取进入摘穗装置。茎秆被拉茎辊拉过摘穗板的工作间隙，果穗被摘下，而茎秆被粉碎装置切断并粉碎还田。摘下的果穗由喂入链送到果穗搅龙输送器，再被送到第一升运器，由第一升运器进入剥皮装置。果穗借助于剥皮辊和压送机构剥下玉米苞叶，剥去苞叶的果穗进入第二升运器，然后输送到运输拖车中。苞叶和被剥皮辊挤压下来的玉米籽粒送往苞叶输送器，玉米籽粒被筛出，进入第二升运器运至拖车中，而苞叶被排出机外。

自走式玉米收获机具有结构紧凑、性能较完善、作业效率高等优点，但机器售价较高，构造复杂。

(四)牵引式玉米收获机

牵引式玉米收获机是我国最早研制和开发的机型，一般为 2～3 行侧牵引。配套动力为 30～60 千瓦的拖拉机。牵引式玉米收获机具有结构较简单、价格低廉、使用可靠性好等优点，但由于机组较长使得转弯半径大，需在地头开阔的地块中作业，且在作业前需由人工割出割道。

(五)背负式玉米收获机

背负式玉米收获机是指将玉米收获机悬挂在拖拉机上，使其与拖拉机形成一体，形式与自走式玉米收获机相近，有前悬挂、侧悬挂和倒悬挂 3 种。目前，使用较多的是前悬挂，整机结构紧凑价格低廉，转弯半径小，适应性强。因动力与收获机可分离，提高了动力机的利用率。

(六)玉米专用割台

玉米专用割台用于替换谷物联合收获机上的谷物收割台，居然将谷物联合收获机转变成玉米联合收获机，提高了谷物联合收获机的利用率和用户的经济效益。但要求收获时的玉米籽粒含水率低，否则会增加脱粒时的籽粒破碎率。

二、主要工作装置

(一)摘穗装置

现有玉米收获机上所用的摘穗装置皆为辊式，按结构可分为纵卧式摘辊、立式摘辊、横卧式摘辊和纵向摘穗板 4 种。

(1)纵卧式摘辊多用在站秆摘穗的机型上，由一对纵向斜置(与水平线呈 35°～40°)的摘辊组成(图 7-42)，两辊的轴线平行并具有高度差。摘辊的结构分前、中、后三段：前段为带螺纹的锥体，主要起引导茎秆和有利于茎秆进入摘辊间隙的作用；中段为带有螺纹凸棱的圆柱体，起摘穗作用；后段为深槽状圆柱体，主要将茎秆的末梢和在摘穗中已拉断的茎秆强制从缝隙中拉下或咬断，以防阻塞。两摘辊之间的间隙(以一辊的顶圆到另一辊根圆的距离计算)为茎秆直径的 30%～50%，移动摘辊前轴承可以调节间隙，调节范围为 4～12 毫米(从摘辊中部测量)。

工作中，茎秆在两摘辊之间沿轴向移动时被向下拉伸，由于茎秆的拉力较大(1 000～1 500 牛顿)，而果穗与穗柄的连接力及穗柄与茎秆的连接力较小(约 500 牛顿)，因此果穗在两摘辊碾拉下被摘落。果穗一般在它与穗柄的连接处被揪断，并剥掉大部分苞叶。

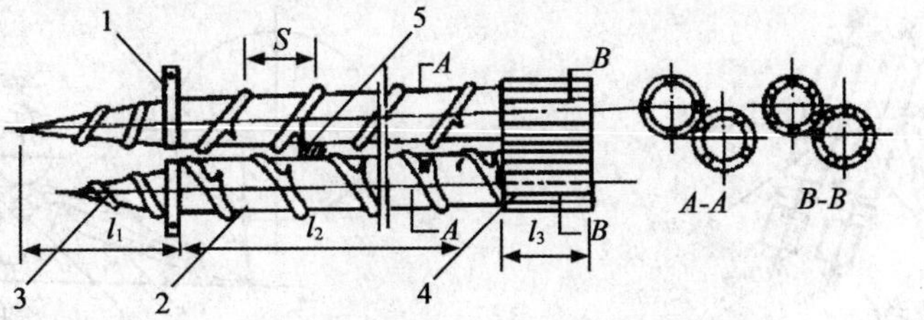

图 7-42　纵卧式摘辊

1.强拉段　2.摘穗段　3.导锥　4.可调轴承　5.茎秆

纵卧式摘辊的主要特点：在摘穗时茎秆的压缩程度较小，因而功耗较小，对茎秆不同状态的适应性较强，工作较可靠，但摘落的果穗带苞叶较多。

(2)立式摘辊多用在割秆摘穗的机型上，由一对或两对倾斜(与竖直线呈 25℃)配置的摘辊和挡禾板组成(图 7-43)。每个摘辊分上下两段：上段的断面呈花瓣形(3～4 个花瓣)，以加强摘辊对茎秆的抓取和对果穗的摘落能力；下段的断面与上段相同或采用 4～6 个棱形，起拉引茎秆的作用。为使摘辊对茎秆有较强的抓取能力，其间隙为 2～8 毫米，可通过移动上、下轴承的位置调节。

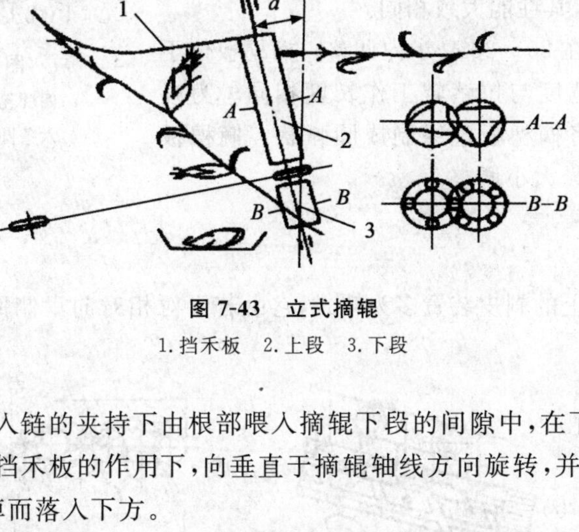

图 7-43　立式摘辊

1.挡禾板　2.上段　3.下段

工作时，茎秆在喂入链的夹持下由根部喂入摘辊下段的间隙中，在下段摘辊的碾拉下，茎秆迅速后移并上升，在挡禾板的作用下，向垂直于摘辊轴线方向旋转，并被抛向后方。果穗在两摘辊的碾拉下被摘掉而落入下方。

立式摘辊的主要特点：摘穗中对茎秆的压缩程度较大，果穗的苞叶被剥掉较多，在一般条件下，工作性能较好，但在茎秆粗大、大小不一致、含水量较多的情况下，茎秆易被拉断而造成摘辊堵塞。

为了改善立式摘辊的性能，采用组合式立式摘辊(图 7-44)，即前辊采用表面具有钩状螺纹的辊型，主要起摘穗作用；后辊采用六棱形(呈大花瓣形)拉茎辊，有较强的拉引作用。试验表明，该组合式摘辊性能较好，果穗损失率低，工作可靠性较大，但机构复杂、功耗较大。

(3)横卧式摘辊在自走式玉米收获机上有的采用这种摘辊，其构造与工作过程如图 7-45 所示。摘穗器由一对横式卧辊、喂入轮、喂入辊等组成。工作时，被割倒的玉米经输送器送至喂入轮和喂入辊的间隙中，继而向摘穗辊喂入，摘穗辊在回转中将茎秆由梢部拉入间隙并抛向后方，果穗被挤落于前方。

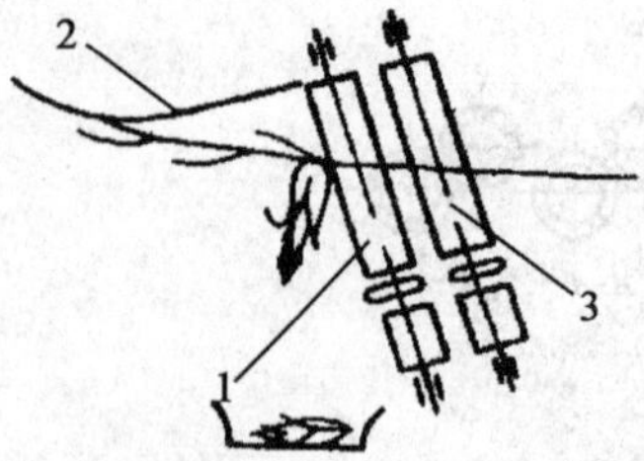

图 7-44 组合式立式摘辊

1. 前捕辊 2. 挡禾板 3. 后拉茎辊

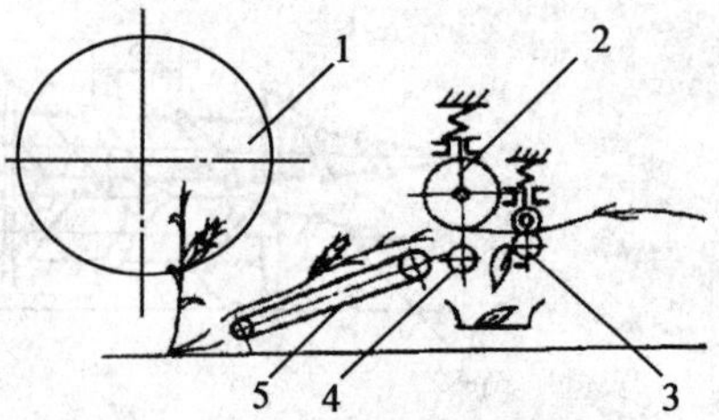

图 7-45 横卧辊式摘穗器

1. 拨禾轮 2. 喂入轮 3. 摘穗辊 4. 喂入辊 5. 输送器

横卧式摘辊由梢部抓取茎秆，抓取能力较强，果穗被咬伤率也较大，摘辊易堵塞，但在收获青饲玉米时性能较好，且结构简单、功耗较小。

(4)纵向板式摘穗器主要用于玉米割台上，由一对纵向斜置式拉茎辊和两个摘穗板组成。拉茎辊一般由前后两段组成：前段为带螺纹的锥体，主要起引导和辅助喂入作用；后段为拉茎段，其断面形状有四叶轮形、四棱形、六棱形等几种(图 7-46)，其性能大致相同。

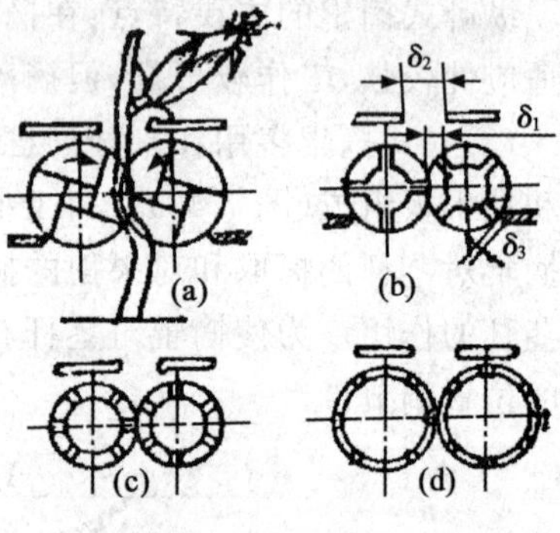

图 7-46 拉茎辊

(a)四叶轮式 (b)四棱形

(c)六条圆肋式 (d)六条方肋式

拉茎辊的间隙可在 20～30 毫米内调整。摘穗板位于拉茎辊的上方，工作宽度与拉茎辊工作长度相同。为减少对果穗的挤伤，常将摘穗板边缘制成圆弧状。摘穗板的间隙可根据果穗直径大小调整。

(二)剥皮装置

现有玉米收获机上的剥皮装置多为辊式，它由若干对相对向里侧回转的剥皮辊和压送器组成(图 7-47)。

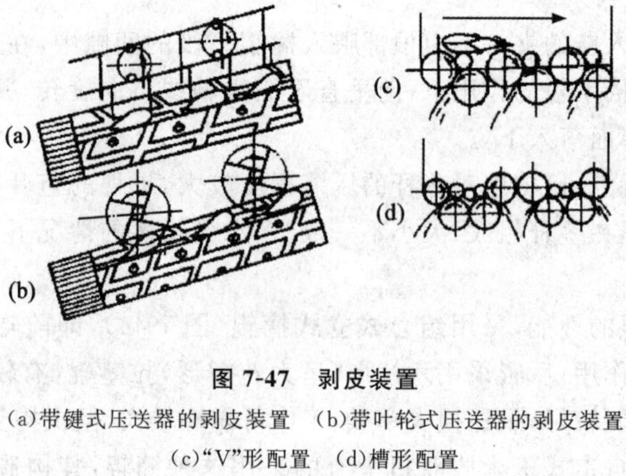

图 7-47 剥皮装置

(a)带键式压送器的剥皮装置 (b)带叶轮式压送器的剥皮装置

(c)"V"形配置 (d)槽形配置

剥皮辊的轴线与水平线呈 10°～20°倾角，以利于果穗沿轴向下滑。每对剥皮辊的轴心高度不等，呈"V"形或槽形配置。"V"形配置的结构简单，但果穗易向一侧流动(因上层剥皮辊的回转方向相同)，一般多用在轴数不多的小型玉米收获机上。槽形配置的果穗横向分布较均匀，性能较好，目前采用较多。在剥皮辊的下端设有深槽形的强制段，可将滑到剥辊末端的散落苞叶和杂草等从间隙中拉出，以防堵塞。

在剥皮辊的上方设有压送器，以使果穗能稳定地接触剥辊而不起跳。压送器有键式、叶轮式和带式等几种。目前，应用较多的是胶板叶轮式压送器。

剥皮装置工作时，压送器缓慢地回转或移动，使果穗沿剥皮辊表面徐徐下滑。由于每对剥皮辊对果穗的切向抓取力不同(上辊较小，下辊较大)，果穗便回转。果穗在回转和滑行中不断受到剥皮辊的抓取，将苞叶撕开，并从剥皮辊的间隙中拉出。

为了增加剥皮辊对苞叶的抓取能力，上置的剥皮辊一般为胶制，表面有凸棱；下置的剥皮辊为铸铁制，表面具有螺旋形槽纹，并带有可拆卸的凸钉，既有利于果穗下滑又有较强的抓取能力。当果穗青湿、苞叶难剥时，可加装凸钉以增强剥取作用；当果穗干燥、籽粒易脱落和破碎时，则由下方向上逐次减少凸钉。

(三)茎秆粉碎装置

茎秆粉碎装置按动力的形式可分为甩刀式、锤爪式和动定刀组合式等。

茎秆粉碎装置在玉米收获机上一般有 3 种安装位置：一种是位于收割机后轮后部；另一种是位于摘辊和前轮之间；还有位于前后两轮之间的。用液压方式提升。

茎秆粉碎装置的工作过程：玉米收获机通过动力输出轴经万向节将动力传至茎秆粉碎装置的变速箱，经过两级加速后带动切碎刀轴高速旋转，均布在刀轴上的刀片随之高速旋转，对茎秆进行冲击砍切、锤击破碎，并将碎茎秆均匀抛撒。

为提高粉碎效果，在刀轴上方配置的钢板罩壳内壁上装有定刀片，并与动刀片交错对应配置。在刀体旋转带动和由于刀体旋转而产生的负压的共同作用下，茎秆被带入机壳内，受到冲击砍切和剪切撕拉，保证了茎秆的切碎质量。

三、使用

1.收获时机的确定

适时收获是确保粮食增产增收的重要措施。当玉米果穗苞叶变干而松散，籽粒变硬，呈现光泽，用指甲不易划破，同时植株根部叶片呈黄绿色，说明已进入完熟期。此期进行收获产量最高。

如急需腾地以便种冬麦，可在籽粒已定浆进入蜡熟期时带秆收获，收后可将玉米整株竖起来堆放于地埂道边或庭院空闲地 10～15 天后再剥皮脱粒。这样，既能使茎秆、苞叶、穗轴及叶鞘内的养分继续向籽粒输送，以增加粒重，保证玉米产量，又可按时播种小麦。

2.作业区准备

作业区地块应平坦，坡度要符合机器安全作业要求。在大地块作业时，可先分成几个作业区域，确定机器行走的正确路线。

3.玉米收获机安全使用注意事项

机器的操作者必须了解以下的安全使用事项：

(1)驾驶员必须经过培训后,方能使用玉米联合收获机。

(2)注意经常检查机上配置的灭火器性能是否良好。万一着火时,就可拔掉安全销,捏拢把手,用喷嘴对准起火的根源喷出灭火剂即可灭火。

(3)及时清理发动机周围,尤其是增压器周围的杂物,严防失火。

(4)夜间作业当电气系统发生故障时要用防火灯,严禁用明火照明,以防火灾。

(5)禁止在作业地区内加油和运转时加油,禁止在机上或者作业区内吸烟。

(6)禁止在电器系统中使用不合格电线,接线要可靠,线外须有护管,接头处应有护套,保险丝容量应符合规定,不允许做打火试验。蓄电池应保持清洁,电池上禁止放金属异物。机器运转时不要摘下电瓶线。电焊维修时必须断开电源总闸。

(7)安全罩未罩上时不允许启动联合收割机。启动后,不允许掀开或取下。

(8)禁止穿戴肥大或没有扣好的工作服操作机器。

(9)驾驶员在启动发动机前,必须检查变速杆、主离合器操纵杆是否都在空挡或分离位置。

(10)驾驶员必须确实看清收割机周围无人靠近时,才能发出启动信号后启动机器。

(11)只有在收割台卡安全可靠支撑后才能在割台下面工作。未停车不允许排除故障。

(12)联合收割机田间作业时,发动机油门必须保持额定位置,以免工作部件的转速过低或过高。注意观察仪表和信号是否正常,不准其他人员搭乘和攀援机器。

(13)联合收割机作业中因超负荷堵塞,必须同时断开行走离合器和主离合器,必要时立即停止发动机工作。工作部件缠草和出现故障,必须及时停车清理排除。

(14)联合收割机在作业时,横纵坡不能大于8°,运输时横坡不能大于8°,顺坡不大于25°。不允许坡地高速行驶,上下坡不允许换挡。坡地停车,应用手刹车固定,四轮应堰上斜木或可靠石块。经常检查刹车、转向和信号系统的可靠性。作业倒车不允许转“死弯”,以免使导向轮刮地走。

(15)不要在高压线下停车。

(16)当联合收割机因出现故障需要牵引时,最好采用不短于3米长度的刚性牵引杆,并挂接在前桥的牵引钩上,不允许倒挂在后桥挂接点,后桥挂接点只做牵引小拖挂车用。因故障在牵引联合收割机时,不允许挂挡,牵引速度不超过10千米/小时,不要急转弯。在收割机出现故障不能启动时,不允许拉车或溜坡启动。

(17)卸粮时禁止用铁锨等铁器在果穗箱里助推果穗,禁止机器运转状态爬入果穗箱助推果穗,防止二次切碎等装置伤人。

(18)机组远距离转移必须使用割台油缸安全卡可靠支撑割台。公路行驶遵守交通规则。

(19)及时检查发动机行走皮带轮固定螺栓的紧固情况,防止螺栓松动、丢失;防止皮带轮松脱后碰坏水箱。

(20)联合收割机停车时必须将割台放落地面,粉碎机升离地面,所有操纵装置回到空挡和中间位置,然后才能熄火。坡地停车应用手刹车固定。离开驾驶台时应将启动开关钥匙抽掉,并将总闸断开。

(21)支起联合收割机时,在前桥应将支点放在机架与前管梁连接处支撑板上,在后桥应将支点放在铰点下方,并垫好未支起的轮胎。

(22)拆卸驱动轮时应拆与轮毂固定的螺栓。卸下总成后,如需要再拆内外轮辋固定螺栓,必须先将气放完后再拆,以免轮辋飞出伤人。

4. 玉米收获机的试运转

收获机在正式作业前，要进行试运转，以检查机器各部分技术状态是否正常，并使各摩擦面得到磨合。玉米收获机的试运转包括空载试运转和作业试运转。玉米收获机就地空运转时间应不少于 3 小时，行驶空试时间不少于 1 小时。作业试运转时，在最初工作的 30 小时内，建议收获机的速度比正常的工作速度低 20％～25％。

当试运转结束后，要彻底检查各部件的装配紧固程度、总成调整的正确性及电气设备的工作状况，更换所有减速器和闭合齿轮传动箱中的润滑油。

5. 玉米收获机操作要点

(1)玉米收获机在作业前应平稳接合工作部件离合器，油门由小逐渐加大，待到额定转速后(大油门)，方可开始收获作业。

(2)作业中要依据作物产量情况正确选择前进速度。可按使用说明书的推荐速度并结合实际作业情况确定前进速度。作业速度过高或过低，将导致作业质量差或效率低。

(3)在玉米收获机进行长时间收获作业时，应使玉米收获机停驶 1～2 分钟，让工作部件空运转，以便从工作部件中排除掉所有果穗、籽粒等余留物。当工作部件堵塞时，应及时停机清除堵塞物。

(4)作业中要定期检查切割粉碎质量和留茬高度，根据情况随时调整割台高度。根据抛落到地上的籽粒数量来检查摘穗装置的工作情况，当籽粒损失量超过玉米籽粒总收获量的 0.5％时，应检查摘穗板之间的工作间隙是否正确。

(5)玉米收获机转弯或沿玉米行作业遇有水洼时，应把割台升高到运输位置。在有水沟的田间作业时，收获机只能沿着水沟方向作业。

(6)注意液压系统的连接密封性，不允许漏油。

(7)注意发动机的油压表、水温表和电流表的读数，出现异常及时停机排除。当启动发动机时，持续工作时间不得超过 15 秒，再一次启动时需经过 1～1.5 分钟后。3～4 次启动不成功时，应查明原因，予以排除。当发动机不工作时，应把总电源开关切断。

四、保养

1. 保养应遵循的主要原则

(1)安全原则。这是玉米收获机保养及维修时必须遵守的原则，应严格接地原则指导机具使用、调整、保养的整个过程，因此而引起的机具事故、人身伤亡等问题会给消费者、经销者、制造厂带来许多麻烦，是各方都不希望看到的。

(2)可靠原则。

①可靠性：为了保证整机的可靠性，玉米收获机上重要零部件的固定均采用了高强度螺栓、螺母紧固组件。在使用此类紧固组件时，必须按高强度紧固组件的扭力要求紧固。超低易引起零部件松动，造成脱落及其他事故；超高易引起零部件断裂、紧固体断裂，造成其他事故。

②可靠润滑：玉米收获机上转动部位分布较广，转速高低不一，低速运转部位的润滑采用钙基润滑脂即可；高速运转部位润滑则必须采用高速耐高温润滑脂，润滑不及时或使用不合格的滑滑脂极易造成润滑失效，引起轴承急速升温而烧死、爆裂，引发零部件更大的损坏。

③在维修过程中，有些配合表面虽然装配后两件不转动，但为了今后拆装方便，也需要在装配前将其表面涂匀润滑脂。

例如，轴承内圈、与轴承配合的轴表面、与轴承配合的轴承座孔表面、滑道副的内外表面、链轮轴孔、皮带轮轴孔、花键副内外表面、与链轮皮带轮配合的轴表面等。

在维修主离合器时，务必要掌握好润滑脂的用量，不仅要防止过少时烧死轴承，还要防止过多时沾污摩擦片，造成接合失灵。

④在维修、保养过程中，有些拆换的部件需做动平衡后才能进行装配，否则会因为振动引起轴承损坏、零部件开焊、轴断裂等事故。需要进行动平衡的零部件如下：

a. 换粉碎机甩刀、甩刀轴、重新补焊动刀座时，动刀轴总成(装上动刀的甩刀轴)需进行动平衡，平衡精度 G6.3 级。

b. 主离合器八槽皮带轮需动平衡，平衡精度 G6.3 级。

c. 割台输入皮带轮需动平衡，平衡精度 G6.3 级。

d. 无级变速轮总成，更换动轮或定轮时均需动平衡，平衡精度 G6.3 级。

⑤基本装配规范如下：

a. 球面轴承偏心套的锁紧：偏心套旋紧方向与轴旋转方向相一致，锁紧后紧固偏心套固定螺钉。

b. 链条活节锁片的安装：链条活节锁片为开口锁片时，其开口方向与链条运动方向相反。

c. 轴承定位问题：有些轴承因轴承内圈与外圈厚度不对称，装配时必须注意拆下时的方向，以保证装配后轴承定位正确。

e. 一般情况下，带顶丝、带偏心套的球面轴承，其顶丝、偏心套均装在外侧以方便锁紧。冲压轴承座一般也装在固定板外侧。

(3)清洁原则。

①维修时，装配面要保持清洁。例如，轴承装配时轴与轴承表面要清洁、油封表面要保持清洁、主离合器摩擦片的表面要保持清洁、液压件装配表面要保持清洁。

②液压油、齿轮箱润滑油等液体油更换时，要选用静置 24 小时以上的油。并且换油时，严禁从容器底部抽油，要使用上边干净的油，否则会因杂质多引起液压件的堵塞或泄漏，造成转动副的过早损坏。

(4)维修保养后的试运转原则。收获机经过维修后，尤其是更换重要部件后，必须进行空车试运转，看机具的运转状态、转动部件的温升状态、紧固件的牢固状态等是否正常，若无问题才可进入工作，有问题及时解决。

2. 几个重要部位的维修保养

(1)发动机。一般玉米收获机采用的是增压发动机，工作中增压器外表温度相当高，为此，在增压器上设置了防护罩，以防落叶长期被烤而引起火灾。但是，仅靠防护罩防护远远不够，用户根据情况必须及时清理增压器周围、发动机排气管周围的杂物，经常保持发动机上尤其是增压器处的清洁干净，切实消除火灾隐患。

(2)主离合器。

①经常关注主离合器的工作状态及性能，发现分离不清或接合不上，要及时维修或调整。

②要定期进行润滑。

③拆装时，务必按要求正确装配分离轴承、分离轴承盖。

④要保证后动压盘与定压盘的正确位置，防止因后动压盘导套与定压盘分离弹簧导销相碰，而影响离合间隙的调整。

⑤要及时检查离合器连接销、连杆和开口销的完整情况。发现销与孔的间隙过大、开口销断裂或脱落后要及时更换、补充，防止因此而引发的事故。

⑥要切实注意八槽皮带轮的运转情况，发现大的摆动，要及时查找原因，看皮带轮或轴是否滚键、飞轮轴承是否损坏，若是要及时更换损坏部件。

⑦维修时，必须用专用扳手拧紧皮带轮固定螺母 M36×2 及定压盘固定螺母 M39×2，并将锁片锁定牢固。

⑧保证摩擦盘整个宽度上与花键套齿的啮合，否则要调整摩擦片在离合器轴上的位置。

⑨确保润滑油杯方向正确，切实保证工作中润滑可靠。

(3)粉碎机。粉碎机是玉米收获机上消耗动力最多的工作部件，粉碎机动刀片也是玉米收获机中磨损最快、更换最频繁的零件。因为粉碎机动刀轴总成转速高、重量大，更换刀轴、刀片等零件时，必须对刀轴和动刀轴总成进行动平衡，否则极易造成刀轴断裂、轴承损坏、壳体或悬挂开焊等事故。作业时必须经常检查粉碎机工作情况，看动刀轴转动是否平稳、秸秆粉碎质量是否良好、动刀轴轴承温升是否过高，若有不正常现象，应及时保养维修、更换。

粉碎机维修保养时应做好以下几个方面工作：

①及时清理粉碎机壳体内壁所粘泥土，保证壳体内腔工作容积，确保粉碎质量。

②严禁粉碎机甩刀直接打土，否则易产生崩刀、动刀轴轴承损坏、甩刀快速磨损、粉碎机振动、粉碎机悬挂开焊等事故。

③甩刀磨损到失去 2/3 刀刃要整组更换，甩刀刀片更换时须进行称重，一组内刀片的重量差不得大于 10 克。

④更换的新动刀轴总成须做动平衡，平衡精度不低于 G6.3。

⑤动刀轴轴承润滑时必须使用锂基润滑脂(高速黄油)，严禁使用不合格的锂基脂或普通润滑脂，以防止润滑失效引起零部件损坏。

⑥传动三角带要适时适度张紧，防止打滑造成皮带的快速磨损，或引起粉碎质量下降。

⑦当三角带或三角带工作面与皮带轮工作槽面接触不正常，或三角带小端触及皮带轮槽根时，应及时将皮带换新，换新带时，整组皮带要进行长度匹配，装配后每根皮带的张紧度应一致。

⑧经常观察粉碎机壳体前部的挡泥板的完好状态，出现破碎要及时更换，防止粉碎机抛土覆盖行走变速箱。

(4)升运器二次粉碎装置。升运器二次粉碎装置是将割台处产生的断茎秆切碎并抛过粮仓后还田。二次粉碎装置的高低位置可调，通过二次粉碎侧壁安装孔与升运器侧壁孔的上下搭配，可实现二次粉碎装置整体上移或下降，尽量多地将从升运器排出的断秸秆切碎后还田。二次粉碎装置的维修保养应注意以下问题：

①经常检查动刀片与刀座的固定情况，防止动刀松动。杜绝造成动刀飞出后伤人。将动刀固定螺栓拧紧，并将固定螺母焊死或将动刀与刀座焊死。

②动刀因长期使用出现弯曲变形后要及时进行更换，更换时要注意刃口方向。严禁使用 2 片或 1 片动刀工作，防止动刀轴震动引起机具事故或人身伤害。

③及时检查动刀轴传动链条的工作情况，出现链条丢失活节或变形时及时要补齐活节或

更换链条,并保证链轮传动平面不超差。

④工作中要注意二次粉碎装置的排茎情况,应做到排茎辊不堵塞,不漏排且升运器抛出的果穗不能飞至排茎辊上,造成啃穗。否则要适当调整二次粉碎装置的高低位置。向上调排茎效果减弱,向下调排茎效果增强,但果穗易碰下排茎辊造成啃穗。

⑤若作物品种断茎秆严重,或作物稠密断茎秆严重,经常造成二次切碎装置故障,机具调整无明显改善时,可暂将二次粉碎装置摘下。此时仓内秸秆可能多些,但不影响其他工作。

(5)转向桥总成。

①经常检查转向拉杆的固定情况,保证固定可靠。

②切实注意转向油缸活塞杆的锁紧螺母固定情况,保证螺母可靠拧紧,并保证活塞螺柱的拧进深度,严禁此处松脱引起转向失灵事故。

③经常测量转向轮的前束(将转向轮调正,测量轮轴高度处两轮之间的中心距离,后端距离减前端距离即为前束),保证前束 6～12 毫米,防止前束超差引起导向轮快速磨损。

(6)液压系统。

①经常检查液压管路的密封情况。各管接头、阀接头不得有渗漏。

②多路换向阀的进油阀的压力出厂时已调定,禁止用户自行调高压力,以防止管、阀受高压后破裂;或造成密封件过早损坏。

③经常检查输油胶管的自然状况,应无压扁、折死弯、断裂现象,防止因此造成的供油不足,引起液压系统工作失灵。

④根据液压系统保养情况,及时补充液压油,满足液压系统正常工作,并保证液压油自然散热。

⑤必须自始至终使用同种规格型号的液压油,以防止混用油料化学反应引起胶化堵塞油路,或损坏密封件。

⑥添加液压油,必须通过液压油加油口滤清器,以防止污物进入系统,引起液压件损坏。

⑦维修液压阀必须找专业维修人员进行。

(7)电器系统。

①随时观察仪表的指示情况,发现油压、水温、油温不正常情况及时检查有关部位,并按规定补充油料、水。如有接触不良及电器损坏应及时修复。

②一般玉米收获机上电器系统为 12 伏电压,严禁使用高于或低于此电压的蓄电池及电器原件。

③发动机补充冷却水需要打开水箱盖时,要注意防护。防止热水喷出伤人,或待冷却一段时间后再补充。

(8)空滤器。

①空滤器滤芯要及时清理,防止发动机进气不足,燃烧不充分。

②空滤器进气口处的杂物要及时清理干净,以保证进气量。

③不要随意接长空滤器胶管,防止气阻发生,引起进气量不足,影响发动机正常工作。

3. 玉米收获机使用后的保养

玉米收获机属于季节使用产品,收获期过后要及时进行保养维修,并进行正确放置。收获作业结束后,应对玉米收获机进行全面地检查维修与保养,根据检查情况,排除所存在的故障和隐患。更换坏损部件、紧固松动螺栓、补齐缺失部件并全面进行保养。对个别重要部位应该拆散后详细检查维修，将收获机调整成基本工作状态，以利于明年快速投入使用。收获机使用后的保养注意事项：

(1)清洁。使用后首先要恢复玉米收获机的清洁状态，包括以下内容：

a. 清理表面杂物：清理割台处、升运器处、发动机表面、行走变速箱、左右护罩内外的积叶、积草、尘土等杂物，保持机具表面整洁。

b. 清理表面油污：清理液压油箱、燃油箱、发动机表面、输油管路、液压阀、缸等表面的油污，并检查是否有滴漏现象，及时修复，保证液压系统完整可靠。

c. 整理电器系统：看线路是否破损、是否有短路现象、是否有接触不良或灯光等电器系统工作失灵现象，修复并保证系统完好。

d. 检查润滑点油杯缺失损坏情况：检查发动机离合器、粉碎机、无级变速轮、驱动轮毂、导向轮毂、割台挂接轴、行走中间轴等润滑点油杯的完好情况，换下损坏的油杯，补充缺失的油杯，保证润滑系统完整可靠。

e. 清理粘泥：清理粉碎机壳内部的粘泥，保证壳体内腔干净。清理地辊表面的粘泥，保证辊转动正常。清理轮胎上的泥污，保证轮胎表面干净。

f. 清理粮仓：倒转粮仓，将仓内杂物及泥污清理干净后恢复常位。

g. 清理锈蚀：用钢丝刷或砂布将割台搅龙或其他薄铁皮件表面的锈蚀清理干净，涂上防锈漆，有条件的可再涂一层面漆。

(2)松弛。

a. 将所有传动链条摘下后用汽油等溶剂将油污清洗干净，并用机油煮泡，然后按原来位置装配好，但不再将其张紧至工作状态，使链条保持松弛状态。

b. 将所有传动皮带摘下后用水清洗干净后挂阴凉处晾干，然后按原来位置装配好，但不再将其张紧至工作状态，使皮带保持松弛状态。

c. 将驱动轮胎气压放至大气压下，然后用坚固的木块可将前桥支起，使轮胎支离地面，呈放松状态。

d. 将转向轮胎气压放至大气压下，然后用坚固的木块可将转向桥支起，使轮胎支离地面，呈放松状态。

e. 所有液压缸均收缩至最短行程，保证缸内不受液压力。

f. 放下割台安全卡，将割台支撑牢固，调整割台支座，使割台稳固着地，并保持左右高低一致。

g. 取下蓄电池，并摘下正负电缆线。

(3)安全。

a. 为防止冬季水箱及发动机体冻裂，长期不用收获机时，务必将水箱冷却水放干净。

b. 将柴油箱柴油放干净，以防火防盗。

c. 拆卸所需保养的零部件时务必遵循安全规范，防止事故及伤害的发生。

d. 将所用散装零件、工具、备件一并收好，防丢防盗。

e. 有条件的用户应将整机放置到屋内，或用苫布盖好，以防风吹日晒，雪打雨浇，免遭锈蚀。

(4)润滑。按照收获机的润滑要求将各转动部位加足润滑脂。

4. 检查维护

(1)试车检查。收获作业结束后，对整机外表杂物进行必要的清理，空车试运转，看发动机、主离合器、分动箱、粉碎机、摘穗部件、风机、升运器、搅龙等运转部件有无异常响动；链条、皮带、升运器刮板、风机叶片、搅龙叶片等相关件有无刮擦现象；看换挡、刹车、离合、液压升降有无阻滞现象或反常现象；看仪表反映是否灵敏，电器线路是否有破裂、断路、短路；看液压管路、阀件是否有渗漏；看发动机底座、主离合器壳体、大小轮胎、二次切碎定刀片、水箱上下水胶管、水箱、转向油缸等部件是否牢固可靠；各部位润滑状态是否良好、温升情况如何；看粉碎机刀片磨损、丢失、损坏情况等。根据检查情况，按安全规范及技术要求认真将机具调整成最佳工作状态。

(2)几个重要部位的维护。

①主离合器。拧松主离合器壳体固定螺栓，将主离合器总成从主机上摘下。

a. 用手转动发动机飞轮中心的轴承，看轴承转动是否有卡滞或松散现象，及时更换。注意必须换质量可靠的双面密封轴承。轴承内注满锂基润滑脂。否则，此处的轴承极易烧损，引起主离合器更大的故障。

b. 拆散主离合器，观察主离合器销轴与销孔的配合情况，销孔或销轴磨损严重(有明显磨损情况)时，要及时成组更换，否则会降低接合力，引起离合器打滑。

c. 检查摩擦片磨损状态，摩擦片铆钉沉下尺寸低于 0.5 毫米时，摩擦片严重烧损(表面发黑，发光时)、破裂、摩擦片铆钉松脱，铆钉孔变形时均需更换新片。

d. 检查压紧杠杆工作面的磨损情况，磨损严重、压紧无效或效果不理想时，应成组更换。

e. 检查分离轴承转动情况，转动异常或损坏时需换新，但装配时必须按要求组装，否则润滑失效。引起轴承快速报废，造成主离合器的故障。

f. 检查拨叉固定螺栓的紧固情况，拨叉固定螺栓与拨叉轴凹面的配合情况，固定螺栓应紧固可靠，拨叉轴凹面与螺栓圆柱面应贴紧无间隙，拨叉轴转动应能同时带动拨叉摆动，拨叉轴凹面磨损严重，影响分离接合效果时，要及时更换合格的拨叉轴。

g. 检查皮带轮与离合器轴花键、定压盘与离合器轴花键、动压盘与定压盘花键的配合情况，出现明显磨损时，应更换相应部件。

h. 检查后轴承座处轴承转动情况，发现异常，更换所需的部件。

i. 更换新部件、组装离合器，要严格按技术要求和操作规程，并正确进行保养。严禁使用不合格轴承、配件和润滑脂。

②摘穗台。检查分禾器、扶禾秆、拨禾链和摘穗辊的结构、间隙、装配情况。保证分禾器、扶禾秆、拨禾链工作实现相互配合，能扶起轻微倒伏的玉米茎秆并引导其顺利进入摘穗辊，以防漏摘、掉穗。摘穗辊在摘穗过程中没有对果穗根部的啃噬，以减少落粒损失。

③升运器。刮板链条检查升运器刮板链条，看刮板固定螺钉是否脱落、松弛；刮板是否破损、丢失；链条是否扭曲变形。根据情况进行维修更换。

更换后重新装配刮板链条时，要注意刮板压板装在工作面的背面，翻边方向与升运器链条运动方向相反；刮板固定螺栓安装方向与链条运动方向相反，即螺栓头在工作面，尾在非工作面。

④秸秆粉碎机。检查动刀的磨损及完整情况、轴承温升情况、甩刀轴动刀座的开裂情况、动刀片销轴的磨损情况、开口销的缺失情况、定刀片的磨损变形情况，轴承座油杯的完好情况，根据检查情况修复或更换。

五、常见故障及排除方法

以自走式玉米收获机为例，其常见故障及排除方法如表 7-3、表 7-4、表 7-5、表 7-6 所示。

表 7-3　工作部件可能出现的故障及排除方法

故障现象	故障原因	排除方法
两摘穗板之间工作间隙被堵塞	摘穗板之间工作缝隙的宽度不够	调整工作间隙宽度(一般情况下摘穗板前端为32～35毫米,后端为35～38毫米)
拉茎辊被植株缠绕	拉辊与清草刀之间的缝隙过大	将其间隙调到1.5～2毫米
拨禾链从被动轮上掉落	链条张紧度不够	调整链条张紧度
	主动和被动链轮不在同一平面内	矫正机架上的定位板,使主、被动链轮在同一平面内,可相差1.5毫米
	被链轮在机架上的定位板凹槽中滑动不好	清除定位板上杂物,必要时增加0.2～0.5毫米的垫片
	链条变形或磨损	更换链条
搅轮输送器堵塞	玉米倒伏,杂草太多	清理茎秆搅龙堵塞物,增大或减少茎秆搅轮与底壳的间隙,搅轮叶片外缘与割台底板间隙为3～10毫米为宜
	喂入量过大	减少喂入量
果穗搅龙输送器喂料口堵塞	玉米倒伏,杂草太多	清理导槽和喂料口
	喂入量大	减少喂入量
	安全离合器磨损	重新修复接合面,清除摩擦表面的污物
切碎滚筒转速不够,茎秆切碎效果不好	发动机没到额定转速	发动机调到额定转速
	传动三角带轮打滑	张紧传动三角带
	喂入量过大	减少喂入量
	动刀轻擦定刀或壳体	校正或更换
果穗从剥皮辊上下滑受阻	剥皮辊相互压紧力没调好	松开锁母调整弹簧压力来调整剥皮辊相互压紧力,然后锁紧螺母
	护板与剥皮辊之间的间隙过大	把间隙调到1～2.5毫米
振动筛堵塞、苞叶夹带籽粒	振动筛振荡、皮带打滑、杂物过多	调整转速,张紧皮带、升高割台减少喂入量
剥皮辊接料部位堵塞	果穗进入剥皮辊分布不均匀	改善果穗分布到剥皮辊上的均匀性
	剥皮辊相互压得不紧	松开锁母增加弹簧压力,从而增加剥皮辊相互压紧力,然后锁紧螺母
	喂入量过大	减少喂入量
正常工作时安全离合器离合	离合器弹簧压力不够	调整弹簧压力
	离合器齿型磨损	更换新齿垫
出现堵、卡故障后安全离合器不离合	离合器弹簧压力太大	调整弹簧压力
	离合器盘与花键油滑动配合不好	调整齿盘结合面,并清理其表面的污物,要保证去除弹簧压力后,离合器盘能在花键轴上自由滑动,花键部位涂上润滑脂

表 7-4　行走部分可能出现的故障及排除方法

故障现象	故障原因	排除方法
离合器分离不好	油路中缺油	加足油
	油路系统中有空气	应排气
	油路系统中有严重渗油	排除渗油
	主油泵故障	排除故障
	分离油缸动作不灵	检查排除
	压力盘间隙不对	调整间隙
	摩擦片上有油迹	清洗
换挡不灵活或跳挡	挂挡轴调整不当	调整
	挂挡轴有损坏	更换
	离合器分离不好	见离合器故障排除
	离合器制动油缸不起作用	排除渗油等故障
	变速箱内换挡锁紧 2 个弹簧位置不对	检查、更换弹簧位置
	驾驶室操纵机构装配、调整不当	重新装配、调整
没有无级变速	行走无级变速液压油缸漏油或卡死	修理更换零件
	油路系统有故障	检查油路系统
	被动皮带轮内黄油太多	清除过多的黄油
	皮带张力不够，伸长太多	调整主、被动轮中心距更换无级变速带
启动发动机后主机不能前进	弹性销掉了，花键套串动	装弹性销
	花键套或连接轴已损坏	更换
制动效果不好	制动摩擦片磨损	更换
	制动摩擦片上有油	清洗
	液压系统缺刹车油	加油
	液压系统有气体	排气
	液压系统油渗漏	排除渗漏
	制动泵和油缸零件损坏	更换零件
	制动器脚踏板自由行程过大	调整自由行程
液压转向不灵	见下面的液压系统部分	见下面的液压系统部分

表 7-5　发动机的启动机常见故障与排除方法

故障现象	故障原因	排除方法
接通电源启动机不转	蓄电池存电不足，导线及接线柱接触不良	充电或更换蓄电池，清除脏物，紧固导线
	电利接触不良或过度磨损，弹簧过软	研磨电刷改善接触面或更换
	电枢线圈或磁场线圈断路	修理线圈，做绝缘处理
	电磁开关触点烧蚀，接触不上	打磨、并调整间隙
	电枢弯曲或轴套过紧与轴卡死	校正电枢或更换轴、轴套
	整流子表面严重烧蚀	车光或磨光整流子表面
	绝缘刷架搭铁	加绝缘垫圈
转动无力	蓄电池存电不足，导线接触不良	充电或更换蓄电池，清除脏物，紧固导线
	电刷接触不良或过度磨损，弹簧过软	研磨电尉改善接触面或更换
	电枢线圈或磁场线圈短路	修理线圈，做绝缘处理
	整流子表面有油污	清除油污
	电枢轴套过紧、过晃引起乱磁极(打镗)	修理或更换
	电磁开关触点烧蚀，接触不上	修理、调整间隙
启动机转而发动机没响应	驱动齿轮与飞轮齿圈没有啮合	调整偏心螺丝的偏心位置
	拨叉脱钩	挂钩磨损则需补焊
	拨叉柱锁未装人套圈	重装
运转时发生强烈的撞击	驱动齿轮，轴头螺母安装不正确	重新装
	固定螺丝松动，机壳歪斜	紧固螺丝
	驱动齿轮或飞轮齿圈过度磨损	锉修或更换
	电磁开关接盘和接点过早接触	在电磁开关与启动接触面处加垫

表 7-6　液压系统的常见故障及排除方法

故障现象	故障原因	排除方法
齿轮泵声音异常油温过高	滤清器堵塞	清洗
	换向阀中溢流阀动作不灵敏，造成系统压力太高	拆下修理，清除故障
	液压油沾满污物散热不好	清除污物
	液压油不足	加足液压油
	齿轮泵磨损	修理或更换新的

续表 7-6

故障现象	故障原因	排除方法
控制工作部件的液压系统不工作	液压油不足	加足液压油，找出漏油处，并加以排除
	换向阀出口的阻尼孔堵塞	清除该路节流片的杂质
	管道中残存气体	松开油管接头放气，直到没有气泡
	齿轮泵严重磨损	修理或更换新泵
割台自行沉降	该路接头处密封不严渗油	检查、排除渗漏
	液压锁失灵	锁内单向阀密封不好，更换或修理
行走途中自行减速	同上	同上
开锁油缸无力脱不了钩	青铜导套阻尼孔变大	更换或缩孔
某一油缸起作用或动作失灵	操纵杆动作不到位	调整到位
	操纵杆连接处松动	紧固
	油管有压伤或漏油	修复或更换
	油口被杂质堵塞	清除杂质
慢转方向盘轻，快转方向盘沉	油泵供油不足	更换油泵；检查油位，处理故障
快慢转方向盘均沉	转向系统油路中混有气体	排气
	阀块内单向阀失效或溢流阀不能复位	更换
油和油沫外溢	油箱中液压油太多	把多余的油放出
	吸油管密封不严	检查排除漏气部位
	液压油中有水	全部清洗后换新油
方向盘转动而油缸时动时不动	液压油有气体	排气
	压油黏度太大	更换或按规定要求的油
行走时方向盘居中位时，机器跑偏	转向器拨销变形或损坏	更换或送厂家修理
	转向弹簧片失效	更换或送厂家修理
	联动轴开口变形	更换或修理
发动机熄火后，方向盘转动而油缸不动	转向器中转定子径向或轴向间隙大	更换转定子或送厂家修理
方向盘转不动或卡死	液压油脏	更换液压油，并清理管路系统（加大油门，慢慢转动方向盘，使脏物经液压管进入滤清器）
	转向器弹片损坏	更换

第五节　玉米籽粒收获机的维护技术

玉米籽粒收获机可以一次完成切割、输送、脱粒、集粮、卸粮、秸秆粉碎还田等作业。

一、玉米籽粒收获机的结构原理

(一)结构

玉米籽粒收获机由割台、脱粒机、清选设备、提升器、粮仓、底盘组成。其中割台由拨禾轮、切割器、立式运转滚筒、割台搅龙和输送槽组成。脱粒机由喂入滚筒、脱粒滚筒等组成。清选部分由上筛和下筛组成。外形见图 7-48。

图 7-48　玉米籽粒收获机

(二)工作原理

玉米籽粒收获机工作时,拨禾轮首先把玉米向后拨送,引向切割器,切割器将玉米割下后,由拨禾轮推向割台搅龙,搅龙将割下的玉米推集到割台中部的喂入口,由喂入口伸缩齿将玉米切碎,并拨向倾斜输送槽,玉米秸秆和玉米穗在高速旋转的脱粒滚筒表面,被滚筒上的柱齿反复击打、切割,迅速分解成籽粒、粒糠、碎茎秆和长茎秸。籽粒、粒糠、碎茎秆从分离板的孔隙中落入清选设备的抖动筛上。长茎秸从排草口排出。完成籽粒与秸秆分离。长茎秸从排草口抛出去,分离出来的籽粒、颖糠、碎茎秸、杂余,输送到清选设备,在清选设备的上筛和下筛的交替作用下,玉米籽粒从筛孔落到提升器内,其余杂物被清选排出机外,玉米籽粒通过提升器送入粮仓,完成脱粒。

二、玉米籽粒收获机的使用

(一)调整

在收获前应根据具体地块的实际情况对玉米籽粒收获机进行适当的调整。割台切割器对收割质量有很大的影响。动刀片和护刃器之间的间隙,应在0.1～0.5毫米。如果不对,可用榔头轻轻敲打进行调整。调整后的动刀片应滑动自如。根据玉米的长势,调整搅龙叶片与割台底板之间的间隙。一般有以下3种情况:一般长势间隙应为15～20毫米;稀矮长势间隙应为10～15毫米;高大稠密长势间隙应为20～30毫米。

调整时,先将割台两侧壁上的搅龙固定螺母松开,再将割台侧壁上的搅龙伸缩调节螺母松开,转动调节螺母,使搅龙升起或降落。按需要调整搅龙叶片和底板之间隙。调整后拧紧搅龙固定螺母即可。伸缩齿与割台底板的间隙,应为10～15毫米。对长势稀矮的玉米,可调整为不低于6毫米。

对长势高粗稠密的玉米,应使伸缩齿前方伸出量加大,有利于抓取作物,避免缠挂。

调节伸缩齿与割台底板间隙时,应先松开调整螺母,移动伸缩齿调节手柄,即可改变伸缩齿与底板间隙。将手柄往上移动间隙变小;将手柄往下移动间隙变大。调整完后,必须将调整螺母牢固拧紧,防止脱落打坏机体。

倾斜输送槽的链耙将作物送入滚筒室内,正常的链耙与底板之间的间隙为2厘米。链耙在割台内部,其间隙不易观察,我们可通过手试进行测量。测量时,先打开输送槽观察口,将链耙中部上提起,高度在5厘米左右为宜。如不到标准应及时调整。调整时,应先松开输送槽螺母,然后再拧转输送槽螺母,以达到张紧要求,调整后的链耙紧度必须适当,不允许张得过紧。调整链耙后必须拧紧调整螺母。最后应盖上输送槽观察口,拧紧螺母。

新购置的玉米籽粒收获机在收获前,必须进行磨合。磨合可以使零件获得合适的配合间隙,及时发现装配故障。磨合首先是整机原地空转磨合。磨合时,启动柴油机,空转运行10分钟。留心观察成个部件是否有异常响声,异常振动,传动部件过热等情况。开启割台,检查割台各个部件转动是否正常。缓慢升降割台,仔细检查升降系统工作是否准确、可靠,整机空转磨合后,进行行走磨合。行走磨合前,仔细检查、清理玉米籽粒收获机的内部。用手转动中间轴右侧的带轮,看有无卡滞现象。正常情况下,应该运转自如。行走磨合时,从低挡到高挡,从前进挡到后退挡逐步进行磨合。行驶20～30分钟后停车检查。应检查的项目有:左、右边链传动有无过热及其他异常情况,各个传动链条是否符合张紧规定,轮胎气压是否充足,所有紧固件是否松动。行走磨合后进行带负荷磨合,也就是试割。试割应在收获作业的第一天进行,选择在地势较平坦、草少、成熟度一致、无倒伏、具有代表性的地块进行。开始以小喂入量低速行驶。逐渐加大负荷,直到额定喂入量。应该强调无论喂入量多少,柴油机均应在额定转速下全速工作。在试割过程中应及时、合理调整各工作部件,使之达到良好的作业状态。

(二)使用

玉米正熟期后,再晚收10～15天,有利于增收,可提高10%的产量。严禁收获裸穗含水率大于25%的玉米。收获前，工作人员必须认真阅读使用保养说明书。每班使用前，应对收获机进行认真检查，向上一班驾驶员了解收获机的使用情况，按要求进行技术保养。安全和操纵标志，必须严格执行。起步时，先解除手刹的制动状态。根据用户要求和作业负荷情况，调整割台高度。一般情况下，割台高度不应低于12厘米。割茬高度，以不影响耕地作业、不影响下茬种植为标准。收获时最大行驶速度应在每小时10～18千米，速度不可过快，防止收获机超负荷运转，损坏动力输出轴。玉米籽粒收获机在田间作业时，柴油机油门必须保持在额定位置。当通过田埂或地头时，应该升起割台，并且避免急转弯。注意，玉米籽粒收获机作业时，要求横向坡度不应大于8°，纵向坡度不应大于25度。卸粮时，将卸粮搅龙筒放下，下压卸粮离合器操纵杆，进行卸粮。卸粮后上提操纵杆。卸粮完毕时，应将卸粮搅龙筒收回运输位置固定。行进卸粮时，应注意，两机间距必须大于40厘米。停车时，必须将割台放落地面，将所有操纵装置放至空挡位置或中间位置，应将手刹固定。

玉米籽粒收获机常用的收获方法有：梭形法、向心法和套收法。

(1)梭形法。机组沿田地一侧开始收获，收完一个行程后，在地头转弯进入下一行程，一行紧接一行，往返行进。这种收获方法优点是不受地块宽度限制，地块区划简单，行走方法容易掌握。其缺点是地头转弯频繁，地头需流出要较宽的距离。

(2)向心法。机组从地块一侧进入，由外向内绕行，一直收到地块中间。其优点是行走路线简单，地头宽度小，其缺点是需要根据收获机组的工作幅宽精确计算，否则容易造成漏收。

(3)套收法。将地块分成偶数等宽的若干区域。机组从地块一侧进入，收到地头后，到另一区的一侧返回，依次收完整个地块。这种收获方法适合于区域长度较短的地块或垄地播种。

三、玉米籽粒收获机的保养

维护保养分为每班保养和年度保养。

1. 每班保养

在每班工作结束后，或连续工作10小时以后，应进行一次保养。每班保养的内容有：

(1)彻底检查和清理玉米籽粒收获机各部位缠草，以及碎茎等堵塞物，尤其应先清理拨禾轮、切割器、喂入搅龙缠堵物、脱粒滚筒内及上下筛间的堵塞物。

在清理筛片时可用勾子钩刮或将筛子抽出清理，注意不要碰伤筛片。

(2)检查各个传动链条的张紧程度。

(3)检查各紧固件状况，拧紧各个连接螺栓和螺母.

(4)检查传动带的张紧度，过松过紧都会缩短其使用寿命。

(5)检查轮胎，除了检查轮胎气压，还应检查轮胎有无夹杂物，如铁钉、玻璃、石块等。

(6)保养柴油机空气滤清器，当盆式粗滤器在工作中积尘满时应随时清除。由于玉米籽粒收获机经常在高灰尘浓度环境下工作，柴油机空气滤清器的保养周期应不大于4小时。必要时班内增加清理次数。

(7)润滑各个传动链条，减少机械磨损，提高工作效率和部件的使用寿命。

2. 年度保养

玉米籽粒收获机每年收获作业完成后，必须进行专门的维护保养，以保持玉米籽粒收获机的技术状态和工作能力，延长使用寿命。年度保养包括以下一些内容：

(1)玉米籽粒收获机保存前，认真清扫机器。清理时，打开机器上的所有检视孔盖，清除输送槽内、脱粒室内和割台残存杂物。认真清理割台清扫完后用清水清洗机器外部。

(2)按照说明书提供的润滑图，进行全面润滑。

(3)然后用中油门将玉米籽粒收获机空转几分钟。

(4)松开传动带的张紧轮，取下传动带，以减少传动带的磨损，延长使用寿命。松开张紧轮，卸下链条，清理干净，放入机油中浸泡，以提高使用寿命，然后保存。

(5)检查割台的切割器。如果切割器的动刀片过度磨损或损坏，应及时更换和维修。

(6)最后，为了防止风吹日晒和雨雪袭击，玉米籽粒收获机应存放在干燥通风的库内或棚内。

四、玉米籽粒收获机的常见故障及排除方法

玉米籽粒收获机的常见故障及排除方法见表 7-7。

表 7-7　玉米籽粒收获机的常见故障及排除方法

故障现象	产生故障的原因	排除方法
割台堆积作物	收获机的前进速度偏高	必须根据作物状况与机器负荷情况控制机器前进速度
	割台离地高度偏低，造成玉米割茬低	降低割台
	切割器上拥堵，造成切割器工作不良	清理切割器
滚筒堵塞	喂入量过大	必须根据作物状况与机器负荷情况控制机器前进速度
	采收过早，作物较潮湿	在玉米达到 8 成熟时才开始收获
玉米割台堵塞	玉米茎秆在拉茎辊或摘穗板内碎断	调整摘穗板间隙，检查拉茎辊工作转速，并调整使辊上凹槽不咬碎玉米穗
	杂物缠绕拉茎辊	保证工作过程中清草刀棱边与拉茎辊最高棱边之间的间隙不大于 1 毫米
	喂入链过松会导致玉米茎秆喂入不畅并伴有异响	重新调整使拨禾链，使拨禾链张紧度适中
	玉米穗塞满喂入口	拆掉挡板和中间护罩加长板；如果是横向搅龙不输送物料，则应检查搅龙内的障碍物
	摘穗辊上卡有果穗	立即清除
	割台行距与作物行距不对行	尽量调整割台行距，此外作物种植应规范，使之易于收获，减少堵塞，降低玉米穗的损失

续表 7-7

故障现象	产生故障的原因	排除方法
脱粒不净	喂入滚筒转速偏低	提高喂入滚筒的转速并检查传动皮带的张紧度。提高喂入滚筒的转速，是通过降低喂入滚筒链轮的齿数来提高的。籽粒收获机出厂时标准配制为 22 齿链轮，如脱粒不净应换用 18 齿链轮，以提高转速。 此外必须提醒大家注意的是发动机的转速是否达到额定转速，这是因为联合收割机的各个工作部件的速度只有达到其理论设计的速度时，才能正常工作(如脱粒滚筒转速、筛子的抖动频率、风扇转速)。如果发动机的转速不足，同时其他工作部件的转速也跟着降低，从而使整机的损失增大。柴油滤器堵塞、空滤器堵塞、油门没有拉到位等原因都将引起发动机转速下降。所以联合收割机在工作和卸粮时，必须用大油门工作以保证发动机的转速及各个运动部件的转速
	脱粒间隙过大或凹板两侧间隙不一致	脱粒滚筒活动凹版间隙偏大，我们应适当减小脱粒滚筒活动凹版出口间隙。脱粒滚筒活动凹板出口间隙分 5 挡，即 5 毫米、10 毫米、15 毫米、20 毫米和 25 毫米，分别由栅格凹板调节机构手柄固定板 12 上的 4 个螺孔定位。间隙的观察通过观察孔来确定。调整时松开调节手柄固定螺栓，然后将该手柄长孔对准所需间隙对应螺孔，并固紧螺栓，往右是调节小间隙，往左是调节大间隙。调整后脱粒滚筒应转动自如，并且必须紧固螺栓，以防事故
	玉米成熟度不够会造成脱不净现象的增加	在玉米达到 8 成熟时才开始收获
	机器前进速度过快会造成喂入量过大	必须根据作物状况与机器负荷情况控制机器前进速度
	纹杆、凹板横格板严重磨损或变形	更换或修复
含杂率偏高	收获机筛片开度偏大	适当降低收获机筛片的开度。我们可以通过筛片调节手柄来调节。通常情况下，筛片开度不应小于 2/3
	收获机风扇风量偏低，没有完全将杂草吹出	通过开大安装在 2 个进气口蜗壳侧壁上的调风板的开度，来改变进气口的开度，使进风量增加
	收获机喂入量偏小	适当提高收获机前进速度

续表 7-7

故障现象	产生故障的原因	排除方法
玉米籽粒破碎过大	凹板与滚筒间隙过小,此时需要加大滚筒与凹板之间的间隙	根据说明书调好滚筒间隙。此外还需要注意的是如果脱粒滚筒两侧间隙不一致也会造成籽粒破碎,因此需要保证凹板与滚筒平行
	滚筒转速过高	收获玉米的转速一般在 200～450 转/分钟,应该根据玉米的成熟度决定转速大小
	玉米含水率过高造成果穗折断和破碎	在玉米达到 8 成熟时才开始收获
	凹板或纹杆滚筒损坏时也会造成破碎	根据需要更换或修复损坏的零件
	返回滚筒的杂余过多	现在国内外的联合收割机的杂余基本上都是二次进入脱粒滚筒进行复脱,如果杂余过多进行重复脱粒,会导致破碎率的增加,因此发生此种现象的时候要及时清理筛面,看筛面是否有堆积现象;增加风扇转速,调整风向,将筛面前端的混合物吹散,提高筛选效率;在坡地或不平的地面上作业时,要安装专用装置
玉米茎杆推出	摘穗板安装太靠近会导致果穗不能够顺利地通过拉茎辊而进入机器	逐渐调整加大摘穗板间距。注意太大的工作间隙会使果穗损伤和籽粒损失增大。果穗从茎秆摘脱的原因主要是因为摘穗板间隙小于果穗直径而摘脱的。因此摘穗板间隙的确定是根据所收获玉米的品种而确定,而摘穗板前部间隙应比后部间隙小 3～5 毫米
	机器前进速度太快而导致喂入链不能正常工作	降低前进速度以适应作物生长条件或增大喂入链传动速度
	分禾器尖插入玉米穗根部	调整分禾器位置,使其刚好接触地面,收获结穗部位低的玉米时应调高分禾器尖并降低割台
	玉米过分干燥或倒伏	拆掉中心护罩加长板和挡板
	拉茎辊损坏	更换拉茎辊
分离清选部分的损失大	对于传统型联合收割机来说,如果逐稿器后端有玉米粒,必是玉米穗芯堵塞逐稿器	清理
	筛面损失	机器的前进速度是否过快,导致清选系统负荷过大而跑粮;如果是筛孔被玉米穗芯堵塞或塞满,则应彻底清理;风量大小与风向是否合适;如果是筛面上杂余量过多导致,则应检查玉米割台,检查拉茎辊的转速或是摘穗板间隙
其他常见故障	玉米穗滑出	调整果穗挡板,如挡板磨损严重,需要更换挡板
	茎秆和果穗严重“垂头”或“倒伏”	重新调整喂送链使翼形链互相对准
	粮箱内出现穗芯、茎叶和其他杂质	检查风扇转速是否过低或是筛子开度过大,必要时更换较小孔径的筛子

习题和技能训练

(一)习题

1. 谷物收获的农业技术要求有哪些?
2. 说明谷物收获机械的种类及其使用特点?
3. 谷物收获机主要有哪几部分构成? 各自的功能如何?
4. 说明谷物收获机操作要点。
5. 说明谷物收获机常见故障及其排除方法。
6. 说明自走式玉米收获机结构与工作原理。
7. 说明玉米收获机安全使用注意事项。
8. 说明玉米籽粒收获机的一般结构和原理。
9. 你知道玉米籽粒收获机使用前的调整内容有哪些吗?
10. 说明玉米籽粒收获机的常见故障及排除方法。

(二)技能训练

1. 对谷物收获机进行作业前技术保养。
2. 对脱粒机进行作业前技术调整。
3. 对自走式玉米收获机进行作业前保养。
4. 对自走式玉米收获机“接通电源启动机不转”故障进行排除。
5. 对自走式玉米收获机“两摘穗板之间工作间隙被堵塞”故障进行排除。

第八章　其他收获机械的维护技术

第一节　一般棉花收获机的维护技术

棉花是我国的主要经济作物，主要有新疆棉区、黄淮流域棉区和长江流域棉区三大产棉区域。棉花种植已基本实现机械化，棉花收获实现机械化也是必然趋势。

棉花收获机械主要包括：采棉机和棉秆收获机。目前常用的采棉机是自走式棉花收获机，常用的棉秆收获机是提拔式棉秆收获机。

一、自走式棉花收获机

自走式棉花收获机，如图 8-1 所示，广泛应用于大面积棉花产区的机械化收获，具有采摘率高，落地棉少，籽棉含杂率低，比人工收获工效提高约 100 倍，但结构复杂，价格高。自走式采棉机，采用前置悬挂式采摘工作台，拥有翻转自动输卸式棉箱，是一种由液压与机械混合式传动的大型机械。

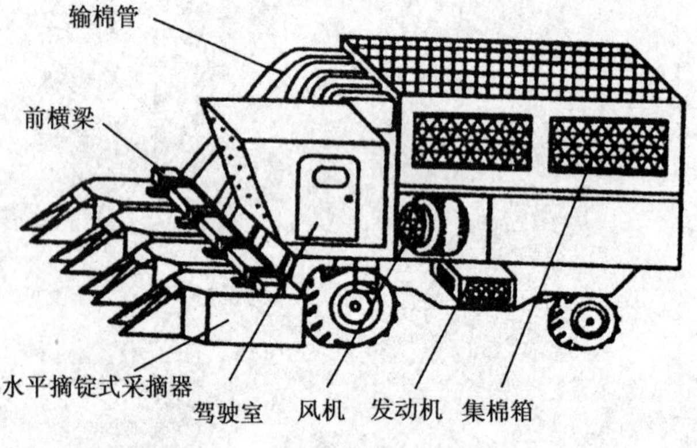

图 8-1　自走式棉花收获机

（一）基本结构和功能

自走式采棉机主要由采棉头部件、静液压系统、自走底盘、操纵系统、风力输棉系统、棉箱部件、电子监控系统、电器系统、淋润系统、自动润滑系统、动态防护系统等构成，如图 8-2 所示。

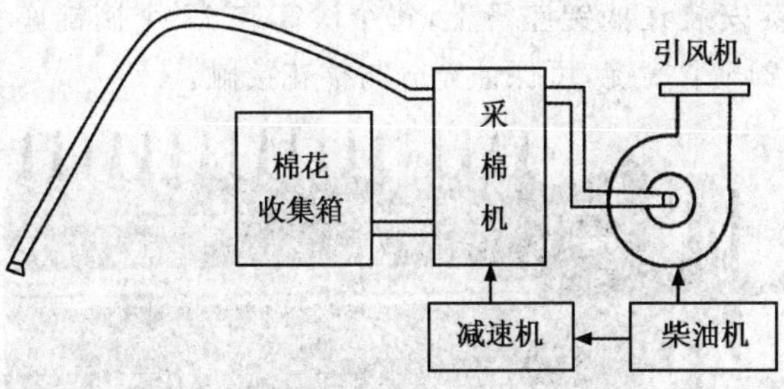

图 8-2　采棉机结构示意图

如图 8-3 所示，当采棉机沿棉行前进时，棉株由扶导器导入采棉工作室，受到两侧向后相对旋转的滚筒的滚压，旋转着的摘锭利用表面的钩齿抓住籽棉，并将籽棉缠绕在自身的表面。摘锭随着滚筒的旋转离开采棉工作室进入脱棉区时，反向旋转，与同向高速旋转的脱棉器相遇，脱棉器上的毛刷将籽棉刷下来，籽棉落入集棉室。输棉管的气流将籽棉吸走，送入棉箱。

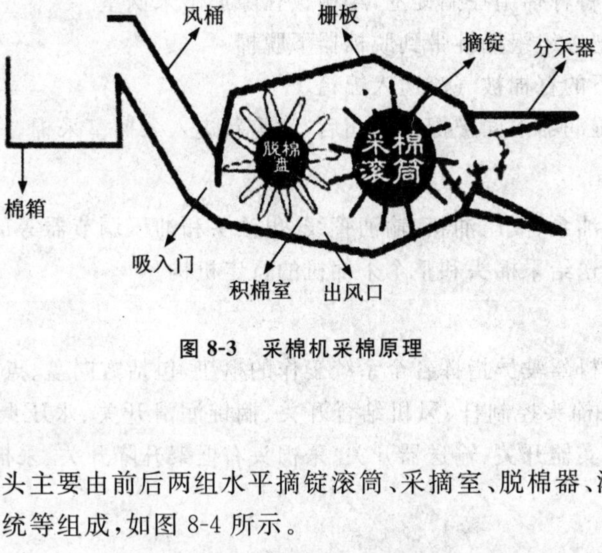

图 8-3　采棉机采棉原理

1. 采棉头部件

水平摘锭式采棉头主要由前后两组水平摘锭滚筒、采摘室、脱棉器、淋洗器、导向栅板、压紧板、集棉室、传动系统等组成，如图 8-4 所示。

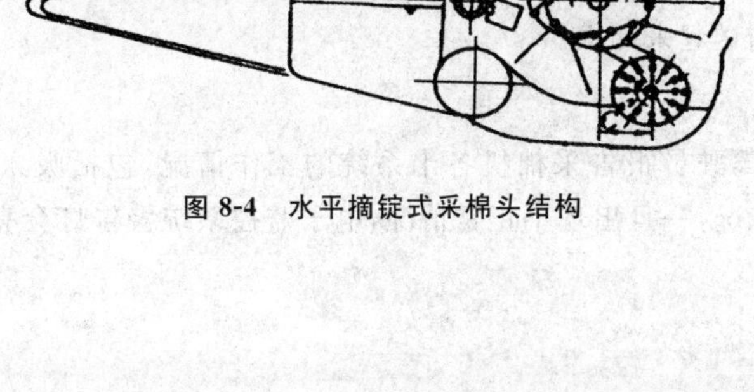

图 8-4　水平摘锭式采棉头结构

如图 8-5 所示，摘锭安装在摘锭座管上，每个滚筒有 12 个摘锭座管，每根座管安装有 18 个摘锭，每个滚筒就有 216 个摘锭，可保证充分与棉花接触。

图 8-5 采棉机的摘锭

摘锭的工作过程如下：

(1)摘锭摘籽棉。扶导器将棉株扶起导入采摘室内，被挤压在 80～90 毫米的空间内，摘锭伸进棉株，高速旋转，将籽棉缠在摘锭上，经栅板孔隙退出采摘室。

(2)脱棉。滚筒把一组组摘锭带到脱棉器下脱棉。

(3)送籽棉。脱下的籽棉被气流送入棉箱。

(4)摘锭再转到湿润器下面被擦净湿润后，又重新进入采摘室采棉。

2. 液压系统

液压系统有液压油泵、液压油箱、输油管线、出油头和油压调节器等部分，通过液压油泵把液压油箱的液压油输送给采棉头和整个采棉机的行走机构。

3. 操控系统

操控系统是采棉机驾驶员指挥各个系统工作的枢纽，包括方向盘、点火开关、手油门、变速控制杆、驻车踏板、采棉头控制杆、风机结合开关、摘锭润滑开关、水压调节开关、棉箱升降开关、棉箱倾倒开关、压实器开关、输送器开关、采棉头右框架升降开关、采棉头左框架升降开关、采棉头整体升降开关。

4. 风力输棉系统

如图 8-6 所示，风力输棉系统包括风机、风道、风筒、电动推杆等部分。风机通过风道将风送给风筒，通过风力将采下的棉花送入棉箱，风力输送系统工作时，首先要使电动推杆张紧风机皮带，发动机转速达到 2 200 转/分钟左右，风机转速达到 3 800 转/分钟左右，不能低于 3 600 转/分钟。

5. 棉箱部件

棉箱包括内棉箱、外棉箱、压实器搅龙、输送器等部分。下地前要升起内棉箱，挂好机械保险，当棉箱里的棉花已装到棉箱的一半时，启动压实器来压实棉花，当棉箱里的棉花已装满要及时翻转棉箱，启动输送起来卸棉。

6. 电子监控系统

电子监控系统向驾驶员报告采棉机各个系统的工作情况，包括吸入门、离合器、水温、油温、油压、风机、润滑状况，一旦出现不正常情况，电子监控系统警告灯会亮起。

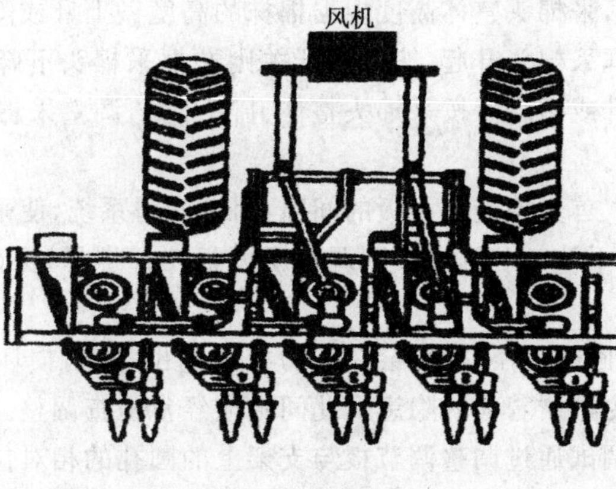

图 8-6　风力输棉系统

7. 淋润系统

如图 8-7 所示，淋润系统包括：水泵、雾化器、分配器等部分。水泵和风机相连，水泵把清洗液注入采棉头里，通过采棉头的雾化器把清洗液均匀地喷在摘锭座杆上。淋润的目的：第一是给高速运转的摘锭降温，以免棉花着火；第二是清洗摘锭，使摘锭保持清洁润滑，以利于摘棉锭脱棉。

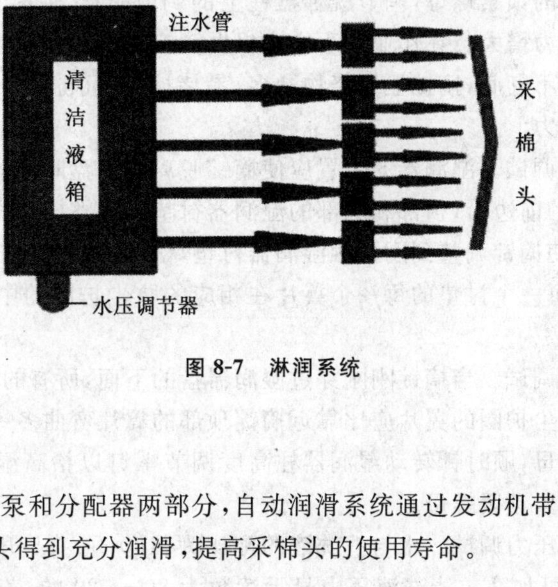

图 8-7　淋润系统

8. 自动润滑系统

润滑系统包括润滑泵和分配器两部分，自动润滑系统通过发动机带动润滑泵，把润滑脂均匀打入采棉头，使采棉头得到充分润滑，提高采棉头的使用寿命。

9. 电器系统

电器系统包括电源系统、起动系统、照明系统、信号装置及空调、收音机等辅助装置。

(二)使用操作

1. 采棉机调试

在下地采棉前，必须进行认真仔细地调试，以免在工作期间出现故障：

(1)采棉头高度调试。采棉头分为左框采棉头和右框采棉头两部分，左框采棉头和右框采棉头可以分别升起和下降，采棉头整体高度根据棉株的高度做上升或降低调整。在驾驶室，驾驶员按左框上升开关，左框采棉头升起，按下降开关则左框采棉头下降。同样，按采棉头右框升降开关，右框采棉头上升或下降。按采棉头整体升降开关，调整采棉头整体高度，以适应高低不同的棉株采摘的需要。

(2)压力板间隙调试。首先检查压力板的间隙，启动润滑系统，使采棉头缓慢旋转，如果摘锭顶部与压力板之间发生干涉，相互碰撞，则调整压力板拉杆螺母，保证压力板和摘锭的尖端之间的间距为3～6毫米。

间隙过大，会漏棉花；间隙过小，摘锭会在压力板上划出深槽，损坏部件，甚至摘锭与压力板的摩擦会产生火花，成为机器着火的隐患。此间隙应经常检查调整。

(3)压力板弹簧张力调试通过调整调节板与支架上的圆孔的相对位置来实现，从旋转调节板直到弹簧正好刚刚接触到压力板开始，前采棉头调整为旋转调节板3个孔，后采棉头调整为4个孔，与支架上固定的孔对齐，插入凸缘螺钉。

调整时应先调整后采棉头上的压力板，只有在有必要时才拧紧前采棉头上的压力板。弹簧压力过小，采摘的棉花杂质少，但遗留棉增加；压力过大，采净率提高，但棉花杂质增加，且增加机件磨损，应根据棉花长势具体调节。

(4)脱棉盘组高度调试调整采棉滚筒的位置，直到滚筒上的一排摘锭与底盘上的狭槽排成一条直线，检查脱棉盘组与摘锭之间的摩擦阻力，它们之间有一点轻微阻力为准。间隙不合适时，可松开脱棉盘柱上的锁紧螺母，调节脱棉盘柱上的调节螺栓，逆时针转动，间隙变大，阻力小；反之，间隙变小，阻力增大。在作业过程中应根据摘锭的缠绕情况进行调整。

间隙过大时，脱棉不彻底，摘锭上缠绕物增多，易堵摘锭；间隙过小时，会增加脱棉盘与摘锭的磨损，增加传动阻力。

(5)湿润器柱位置调试。湿润器的位置应使摘锭脱离湿润盘时，湿润器衬垫的第一翼片刚好接触摘锭防尘护圈的前边沿，顶部和底部的湿润器衬垫应调整成一样。

调整：旋转滚筒，使摘锭调整到刚接触湿润器衬垫，松开顶部和底部的插销螺钉，向内或向外移动湿润器门直到每一个衬垫的每一个翼片在相应的防尘护圈的中间对齐，随后拧紧湿润器门锁紧螺钉。

(6)湿润器柱高度调试。当摘锭刚刚穿过湿润器盘的下面，所有的翼片应稍微弯曲。对于新的湿润器垫，靠近防尘护圈的翼片应比靠近摘锭顶部的翼片弯曲多一些。

调整：松开锁紧螺母，顺时针转动湿润器柱高度调节螺钉以抬高湿润器柱；逆时针旋转以降低湿润器柱，最后拧紧锁紧螺母。

(7)清洗液加注与压力调试。水与清洗液的配比为：100升/1.5升，即100升水对清洗液1.5升，充分混合后即可加注。清洗液压力显示读数为80～120帕，若想提升压力，则按开关的“＋”侧；要降低压力，则按“－”侧。

棉花较湿时，应降低压力，棉花较干时，则提高压力。每次在加注清洗液或发现压力调节不正常时，应及时清理清洗液滤清器和喷头内的过滤网及喷头。

(8)棉箱倾倒调试采棉机下地前必须调试棉箱升降和倾倒的灵活性，以免出现故障，影响采棉进度，造成损失。驾驶员按下棉箱升展开关，棉箱升展到倾倒的高度，按下棉箱倾倒开关，可以将籽棉卸下棉箱，按下降按钮复原。

(9)分禾器调试当棉田棉株的株行距变化时，要对分禾器的宽度进行调整。分禾器是由铁链条链接的，调整时松开铁链，用力向两边分开或推进，调……棉田株行距一致即可。

2. 作业前准备

(1)严格按照作业要求做好棉花机械采摘前的土地准备工作桥梁、道路、田……按要求进行人工的平整，条田两头应根据采棉机的作业要求人工或者机械割出15……地边，……上的转弯和卸棉地带，使采棉机正常作业，提高工时利用率。

(2)采棉机和运输拖车以及辅助作业人员的配合是提高采摘效率，减少损失的必要保证。由于采棉机和运输拖车以及辅助人员配合不合理，造成了采棉机工时利用率降低，采棉机工时利用低的主要原因是卸棉时间过长。

3. 作业前检查

作业前，对采棉机进行以下项目检查：

(1)检查采棉工作部件。采棉工作部件在规定范围内调整应自如，并能可靠地固定在所需位置上；采棉工作部件应做空运转试验，时间不少于 30 分钟，空运转期间应无异常；采棉工作部件仿形装置应反应灵活，无停顿、滞留现象；采棉工作部件升降应灵活、平稳、可靠，不得有卡阻等现象，提升速度不低于每秒 0.20 米，下降速度不低于每秒 0.15 米，静置 30 分钟后，静沉降量不大于 10 毫米。在运输状态下，升降锁定开关应锁定牢固。

(2)检测采棉机卸棉性能。要求棉箱升降应平稳，无卡滞现象；棉箱压实搅龙工作应平稳可靠，并能保证棉花在棉箱内均匀分布，且不得有明显缠绕；卸棉时棉箱输送机构应能顺利运转，无卡滞现象，输送链条的张力应适中，工作时无碰擦声，最大卸棉高度不低于 3.5 米，且保证正常卸棉。

(3)检查采棉机液压系统。采棉机的液压系统各机构应工作灵敏，在最高压力下，元件和管路联结处或机件和管路结合处均不得有泄漏现象，无异常噪声和管道振动。

(4)检查采棉机润滑系统。润滑系统油路应安装牢固，接口及管路无泄漏和阻塞现象；采棉工作部件应采用强制润滑装置，底盘系统应采用集中润滑。

(5)检查采棉机电器系统。电器装置及线路应完整无损，安装牢固，不得因振动而松脱、损坏，不得产生短路和断路；开关、按钮应操作方便，开关自如，不得因振动而自行接通或关闭；发电机技术性能应良好，蓄电池应能保持正常电压，电系导线应具有阻燃性能，所有电系导线均需捆扎成束，布置整齐，固定卡紧，接头牢靠并有绝缘套，在导线穿越孔洞时应设绝缘套管。

(6)检查采棉机制动系统。自走式采棉机应有独立的行走制动装置，以 75%最高行驶速度制动时，制动距离不大于 10 米，且后轮不应跳起；自走式采棉机应有独立的驻车制动装置，驻车制动器锁定手柄或踏板必须可靠，没有外力不能松脱，并能可靠地停在 20%的干硬纵向和横向坡道上。

(7)检查采棉机灯光系统。自走式采棉机至少应安装上下部位前照灯、转向灯、示廓灯或标识、制动灯、倒车灯、警示灯、牌照灯、仪表灯、反光标志，且显示正常。其他灯系如棉箱灯、卸棉灯、平台灯、驾驶室顶灯、手持式工作灯等应工作正常。同时可根据用户需要选装雾灯。

(8)检查采棉机信号监视系统。自走式采棉机装有光声信号指示，监视系统(如：转向、燃油表、水温表、电压表、机油压力警告灯、关机指示灯、倒车声响装置、慢速标识、回复反射器、棉箱满载光声提示信号等)应齐全，反应灵敏，工作正常。

……气防火装置。棉花是易燃品，进入收获季节的棉田更是星星之火，可以

(9)检查……机发动机排气管道应加隔热装置，且应装有火星熄灭装置，排气管出口处离

燎原。自……1.5 米。

地面高度……

4. ……

……驾驶操作人员按规定的操作规程驾驶采棉机进行采棉。

①旋转起动开关，起动发动机。将手油门移动到怠速位置，让采棉头运转 3～5 分钟，进行预热。

②脚踩制动踏板，按风机结合开关，风机结合。田间作业时，为了保证风力系统有足够的风量，应把手油门加大到最大油门位置，使发动机转速达到额定转速。

③按下棉箱升降开关，把内棉箱升起。

④将采棉头控制杆向前推到头，结合采棉头摘锭旋转。

⑤在变速箱控制杆空挡位置时，慢慢推动液压控制杆，启动采棉头。

⑥调整方向盘到驾驶员舒适的位置，调整采棉头，使采棉头的分禾器对准棉株的行，采棉头的高度可以根据棉株的高度升高或降低。

⑦操纵变速箱控制杆，挂第一挡进行作业。

⑧当棉花接近前网堆积到搅龙的压板时，脚踏启动位于驾驶室地面的压实器搅龙开关，压实棉花，充分利用棉箱的容量。

⑨当棉箱装满棉花时，降低发动机转速到怠速状态，关闭采棉头和风机开关，倒车使采棉机运行到运棉车的位置，停车，按棉箱倾倒开关，将棉箱升起到最高，慢慢倾倒出棉花，启动输送链板，将棉花输送到运棉车里。卸棉后，按棉箱倾倒开关放下棉箱，使棉箱回到原位。

⑩当采棉结束后，停车，踩下驻车制动器踏板，使采棉机停到规定的位置。

(2)质量检查。

在采棉作业中要注意检查采棉机的作业质量，主要指标：采净率≥93%；籽棉含杂率≤11%；撞落棉率≤2.5%；籽棉含水率增加值≤3%。

(三)保养维护

1. 维护采棉摘锭和水刷盘

(1)摘锭的润滑。采棉时，摘锭高速运转，雾化器在水刷盘的上方不断喷出清洁液，液体通过水刷盘润滑摘锭，快速清除作物的污垢，并使摘锭保持光滑。

(2)清洁摘锭和水刷盘。经过一天采棉，摘锭和水刷盘上会挂满田间杂物、污物，每日保养时必须打开压力板，使用雾化器喷淋摘锭和水刷盘。

2. 检查润湿器柱高度

经常检查润湿器水刷盘磨损程度，如果磨损程度太大，就要调整润湿器柱。用扳手松开锁紧螺母，逆时针转动调节螺钉，减小润湿器柱的高度。

调整的目的是：使每一个润湿器水刷盘衬垫的所有翼片，都刚好接触到摘锭。

3. 采棉头加注润滑油

在驾驶室将采棉机发动，处于怠速状态，结合润滑开关，采棉头结合手柄推到工作位置，将液压手柄放到注油工作位置，这时下车到采棉头前取出注油手动按钮盒，按下按钮，润滑泵开

始工作，给采棉头注油的同时采棉头也开始空转，观察采棉头的摘锭杆有没有油流出，采棉头摘锭杆一定要出油才可以下地工作。

4. 检查油位和液位

每日下地前检查油位和液位，做到及时加油、加液。

(1)查看机油油位。从发动机拔出机油尺，上面有两个刻线，标准油位应该在两刻线中间为最好。

(2)查看柴油油位。柴油的油位，以油表指针读数为准。

(3)查看液压油油位。液压油油箱上有个油标，油位保持在油标的 2/3 处为宜。

(4)查看冷却液液位。冷却液液位应保持在冷却水箱的 2/3 处。

5. 检查和清洁脱棉滚筒、吸入门的里面、清洁采棉头的内部、清洁机器散热器外表

按照严格要求，每卸棉 3 次，就清洁一次为最好。

(四)故障排除

1. 采棉指被缠绕的清除

(1)停止采棉头和风机的运动，将变速箱和液压控制杆放在空挡位置，踩下驻车制动器。

(2)检查溶液箱中是否有清洗液。

(3)用摇把松开采棉头的螺母，用扳手打开压力板，用刮刀刮除采棉摘锭上的缠绕杂物，直到完全清除干净为止。摘锭上缠绕物都是因为清洗液用量过少而导致的。

(4)调节湿润器柱的高度和位置。

(5)检查湿润器柱上的水刷盘，并清除上面的杂物。

2. 采棉头堵塞的处理

在田间采棉的过程中，出现采棉头堵塞的情况时，停机，掏干净采棉头里的一切杂物。

二、提拔式棉秆收获机维护技术

提拔式棉秆收获机与轮式拖拉机配套，可一次完成棉秆的拔出、成堆铺放，并能够局部清理土壤中的地膜，具有操作简单、维修方便等特点。

(一)基本结构和功能

提拔式棉秆收获机主要由齿盘、传动轴、深限轮、机罩、转轮、螺钉、悬挂架、机架、扶禾器、活动架、丝杠、固定架、固定角铁、主动齿轮和从动齿轮等组成，如图 8-8 所示。

工作过程：棉秆收获机在拖拉机的推动下，限深轮带动锯型齿圆盘旋转，圆盘上的三角刃槽把棉秆钳住，圆盘的旋转速度与拖拉机的行走速度形成差速，因而在拖拉机的推动下把棉秆拔出。拔下的棉秆在铺放滚处聚集，达到一定量时，通过铺放滚在拖拉机下向后传出，5～6 米自然成堆。

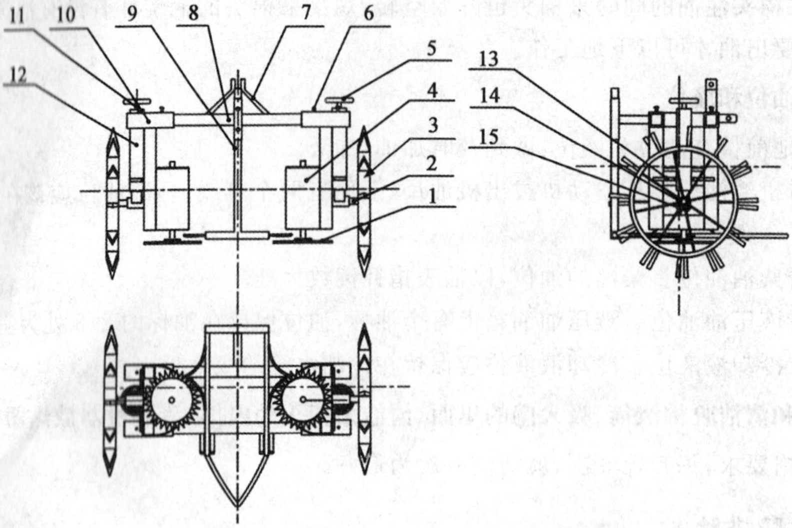

图 8-8 提拔式棉秆收获机

1.齿盘 2.传动轴 3.深限轮 4.机罩 5.转轮 6.螺钉 7.悬挂架 8.机架 9.扶禾器 10.活动架 11.丝杠 12.固定架 13.固定角铁 14.主动齿轮 15 从动齿轮

(二)使用调整

1.调整刀盘的高度

当拖拉机和机器与地面水平时,刀盘离地面的高度为 10～13 厘米最合适。

如果刀盘的位置过高,刀盘没有足够的力量将秸秆连根拔出,出现棉秆断根故障,通过调节手柄降低刀盘的位置,棉秆断根的故障即可解决。

松开机架上的紧固螺丝,用手转动机架上面的调节手柄,刀盘即可上下移动,当刀盘的位置调节好之后,再将紧固螺丝拧紧。

2.调节刀盘之间的距离

在棉花的种植中,行距不一定一致,这就需要根据棉田的实际情况调节刀盘之间的距离。松开连接机架上的锁紧螺栓,旋转调整行距的手柄,将两个刀盘中间的距离调整到和棉秆之间的距离一致。

(三)安全操作

棉秆收获机是一个依靠高速旋转来工作的机具,安全操作非常重要。

(1)棉秆收获机的操作人员要认真阅读使用说明书,掌握机器的性能之后,才能操作机器。

(2)棉秆收获机入地的时候要平稳,防止损伤刀具;转弯或倒车的时候,先把棉秆收获机升起来,然后再转弯或倒车。

(3)在作业时,如果听到有异常响声或发现有堵塞现象,一定要停下来,排除故障后,再继续作业。

(4)跟机观察人员要与棉秆收获机保持 1 米以上的安全距离,在棉秆收获机上有几处安全标识，这都是机器高速运转的地方，跟机人员不能用手触碰，以免发生危险。

(5)拖拉机带动机具在地头或小路上行走时，时速不能超过每小时 30 千米。

(四)维护保养

1. 班次保养

每天工作之后，第一件事就是把棉秆收获机打扫干净，把夹杂在刀盘和机器缝隙里的杂草土块清除，用抹布把机器的里里外外擦拭干净。因为棉秆收获机在作业中高速旋转，所以在每天工作之余，要对各个螺丝进行紧固，千万不要嫌麻烦。如果螺丝松动，再进行作业的时候机器就会出毛病。

每天工作之后，还要对轴承座等地方注足润滑油，使它们在工作的时候不会产生摩擦而发热。

2. 季节性保养

当一个季节的工作完成之后，除了紧固螺丝和加注润滑油，还有一项工作是非常重要的，那就是清洗齿轮和轴承。

齿轮和轴承必须用汽油来清洗，将齿轮和轴承拆下来，分别放到汽油中，用毛刷清除上面的污物。清洗之后，再按照原来的顺序装好。

把机器仔细保养好之后，找一个平坦的地方，用砖把地轮垫起来，为了防止风吹日晒，还要用塑料布把机器盖得严严实实。

第二节　4MZ-6A 六行自走式采棉机的维护技术

4MZ-6A 六行自走式采棉机见图 8-9。

图 8-9　MZ-6A 六行自走式采棉机

一、使用

(一)发动机磨合

发动机已经可以正常工作。但是在开始的 50 小时内应谨慎使用：

(1)避免不必要的发动机怠速工作，如果发动机空转 5 分钟以上，则应将发动机关掉。

(2)经常用油标尺检查发动机机油油位，无渗漏现象，在磨合期必须加注润滑及保养部分中规定的机油。在 50 小时磨合期后，应更换机油。

(3)密切注意冷却液温度表。如果温度表指针到了警告区，或冷却液温度警告灯亮，说明发动机过热，应降低地面速度或减挡以减小负荷。除非温度很快降低，如果关机警告灯亮，请立即将发动机熄火，并找出过热的原因。当发动机过热的时候，必须等它冷却下来，方可加注冷却液。

(4)经常检查冷却液液位。注意观察是否有渗漏现象，冷却液液位应保持在补水箱的上部。

(5)应当完全熟悉机器的声音和感觉,对异常声音保持高度警觉,并查找原因消除。

(二)机器运行检查

(1)运转1小时后,检查驱动轮、导向轮的螺栓扭矩。驱动轮扭矩为375牛/米,导向轮扭矩为275牛/米。

(2)运转5小时后,检查所有皮带的初始伸长情况。如有必要,调整皮带的张力。在开始的50小时内每隔几小时检查一下所有皮带;检查发动机附属驱动皮带(发电机、空调压缩机)。发动机附属驱动皮带是自动张紧的,不能人工调整,只是检查这些皮带张力是否正确。

(3)运转10小时后,拧紧驱动轮、导向轮螺栓到规定的扭矩。驱动轮扭矩为375牛/米,导向轮扭矩为275牛/米。

如果在开始的10小时内,扭矩不能稳定,每10小时将螺栓拧紧到上述规定的扭矩,在扭矩稳定后,每100小时拧紧一次。

检查棉箱输送链条的张力。在棉箱处于卸棉的位置时,链条应刚刚接触到输送链板底部侧面的链条导向件。

(4)运转100小时后,排空发动机油底壳中的机油,并更换机油滤清器,加注机油。

(三)启动前检查

(1)发动机机油油位的检查。当机油油位低于油尺上的刻线时,补充机油后,启动发动机。

(2)静液压油/液压油油位的检查。当采棉头和棉箱降到最低位置时,从油箱观察玻璃应能看到的油的内部。如有必要,补充液压油。

(3)经常检查冷却液液位。注意观察是否有渗漏现象。冷却液的液位应保持在冷却液箱体的上端部。根据需要补充冷却液,如果补水箱空了,一般是直接向补水箱补充冷却液。

(4)油水分离器的排水检查。如果在油水分离器的玻璃碗内经常积水和沉积物,应排空燃油箱,并加注新燃油。

(5)燃油细滤芯的排水检查。如果水和沉积物过多,更换滤清器滤芯。如果燃油滤清器内经常有水和沉积物,应将燃油箱排空,并加注新燃油。

(6)加注燃油检查。如果发动机已长时间未运转,拧下燃油箱的螺塞,使累积的水排出。

(四)机器的操作

1.发动机的启动

(1)松开负载及拖动设备。

(2)移动液压速度控制杆至少到中栏位置。

(3)将手油门放至怠速位置上。

(4)在发动机启动前关闭所有照明开关和附件开关。

(5)将钥匙开关转到“ON(接通)”位置。

(6)在钥匙开关处于“ON(接通)”和发动机未启动时:燃油表指针应指示燃油实际油位处,应保证采棉机有充足的燃油;当“冷”启动时,冷却液温度表指针在温度范围的左端位置,如果重新启动热的发动机时原表的指针应上升到指示当前温度的位置;电压表指针应指示

(24 伏)稍上一点，进入正常范围。如果电压低，就说明电瓶充电不足，发动机可能很难启动。

(7)查看发动机转速。如果启动电机工作 30 秒以上，发动机未能启动，可能造成损坏。一次操作启动电机不要超过 30 秒。

①如果发动机未能启动，至少要等两分钟重新启动发动机。

②如果机油压力低或压力上升得太慢都可能损坏发动机。

③在启动发动机后，发动机机油压力警告灯熄灭之前，不要加速或施加负荷。

④启动：在建立正常的发动机怠速转速(950～1 100 转/分钟)前不要加速到 1 100 转/分钟以上。在正常环境下机器不要在怠速状态下运行，以保护涡轮增压器。

⑤熄火：在使发动机熄火前，应使发动机至少怠速运转 1～2 分钟。

⑥如果发动机运转在有负荷状态下被憋灭，请立即重新启动，以防止过热。

2. 冷却液温度过高

应随时检查冷却液温度表，当冷却液温度上升到 100℃以上时，请停止采棉工作，怠速运行至温度下降；如温度仍降不下来，请关闭发动机，清洁侧栅盖、后盖及发动机、散热器周围，使发动机冷却下来，不要运转过热的发动机，否则会导致损坏。

3. 冷天发动机的启动

(1)启动时的环境温度选择机油黏度(按 SAE 一级数)，短时期内环境温度低于所示极限，只影响启动性能，不会造成伤害。若长期在低于机油的允许温度时运行，则会增加磨损。

(2)在低于－10℃或含硫量在 0.5%～1%之间时要缩短油周期，也就是在正常情况下每 5 000 小时换油一次要缩短至每 2 500 小时换油一次。

(3)换油时，发动机应处于停车状态。

(4)气温低于 0℃时，请使用冬季柴油。

(5)温度低于－20℃时，可往柴油中加入煤油。当夏季柴油用于冬季 0℃以下时，最多可加入 60%的煤油。

4. 冬季保养

(1)每星期要从发动机油底壳下部放出机油沉淀物。

(2)油浴式空滤器里机油也要根据气温而更换。

(3)温度低于－20℃时，飞轮齿圈内经常要加入耐低温润滑脂。操作时要摘掉启动马达。

5. 冷天操作

在特别冷的天气时，静液压油会降低使用性能。如静液压油变稠时，在开动机器之前先预热。否则，可能会损坏机器。在开动机器前预热静液压油的方法如下：

(1)在启动机器之前，应保证液压控制杆处于中性位置，驻车制动器结合，变速箱在空挡位置，采棉头控制杆在停止的位置上，按动风机松开开关使推拉杆伸长带动张紧轮脱开与风机皮带的结合。

(2)启动发动机，并在 950～1 100 转/分钟的转速下怠速 4 分钟。

(3)在开动机器之前，将液压控制杆向前推至一定的行程，使发动机在 1 200 转/分钟的转速下运行 4 分钟。

6. 发动机的预热

为了避免发动机由于缺乏足够的润滑而损坏，应使发动机在无负荷的情况下以约 1 200

转/分钟的转速运转 2 分钟，当温度低于凝固点时，运转时间应从 2 分钟延长至 4 分钟。

7. 发动机怠速

发动机怠速时间不宜过长，长时间怠速会使冷却液温度降到正常范围以下。这会使发动机曲轴箱机油变稀，由于燃烧不完全，在阀门、活塞和活塞环上会形成胶状物质。这些物质促使污垢在发动机内快速堆积，未燃烧的燃油残留在排气系统内。发动机预热到正常工作温度后，怠速运行 2～4 分钟。如果怠速超过 5 分钟，关闭发动机，重新启动。

8. 发动机熄火

(1)停止机器运行，使液压控制杆位于中性位置，变速箱控制杆位于空挡位置，结合驻车制动器。

(2)将手油门向后移动至低怠速位置，使发动机怠速 2 分钟。

(3)降下采棉头。

(4)转动钥匙开关到关闭位置，拔下钥匙开关。

(5)检查所有开关是否都关闭。

9. 加注冷却液

(1)当发动机过热的时候即冷却液温度上升到 115℃，绝不要加入冷却液。等它冷却下来再加。

(2)堵漏添加剂会堵塞散热器，从而引起发动机过热和损坏。不要使用含有堵漏添加剂的冷却液。

(3)在散热器膨胀箱加注处充填冷却液，直到它的颈部完全被充满。

(4)使用中适量的冷却液溢出为正常现象，随时观察冷却液温度。

10. 制动踏板的使用

为了能单独使用左或右制动踏板，以帮助低速转向，将制动踏板固定销拔出解锁，转向时踩下与转向方向相应的踏板(仅限低速转向时使用)。

当采棉机高速行驶或不需要用制动器帮助低速转向时，将制动器踏板固定销插回，保证两个踏板同时动作。

11. 变速箱挂挡

(1)将变速箱控制杆推到所需挡位上。

机械变速箱换挡时不需要太大的力气，操作中可能会由于齿轮位置未对正而造成换挡困难，此时切勿过度用力扳动手柄，否则会造成各种机械故障导致无法挂挡。如果挂挡困难，可前后移动无级变速手柄使车辆前后微微移动，两个手柄的合理结合使用更利于顺利实现挡位切换。

(2)如需向前行驶(采棉和运输)，向前推动液压控制杆，如需向后行驶，向后拉动液压控制杆。

12. 手油门的使用

为了保证机器各系统正常工作，操作时应向后逐渐加大手油门至最大油门位置，使发动机达到所需额定转速。

13. 停车

(1)为了减速和停车，操纵液压控制杆慢慢回到中性位置。

(2)踩下行车制动器踏板，使采棉机平稳地停在所需位置。

(3)将发动机转速降低到最低怠速。

14. 驻车

(1)将机器停放在平地上，并结合驻车制动器。

(2)将手油门完全拉回。

(3)将变速箱控制杆拉至空挡位置。

(4)用液压控制杆上的采棉头升降开关，使采棉头降到地面上。

(5)将采棉头控制杆退至分离位置，使采棉头与液压系统动力源分离。

(6)操纵风机分离开关，解脱张紧轮与风机皮带的接触。

(7)操纵棉箱回正开关降下棉箱。

(8)关闭所有灯和附件的开关。

(9)关闭钥匙开关，取下钥匙。

如果发动机在有负荷的状况下运转，在熄火前，应使它以低怠速运转至少 2 分钟，以使涡轮增压器和发动机零件冷却下来。如果发动机未正确冷却，可能会产生损坏。

15. 在公路上驾驶及运输时的注意事项

(1)将两制动踏板销结在一起。

(2)安全行驶速度不大于 20 千米/小时，当在高低不平的地面上行驶时降低速度。

(3)将采棉头升到最高位置，按下触屏上的公路模式开关。

(4)驾驶时尽可能安全地离开路边。

(5)转向时要降低速度。

(6)驾驶时，禁止棉箱处于卸棉位置。

(7)采棉机应远离电力线、桥梁或通道进出口，在通过电力线、桥梁或通道进出口时，要检查采棉机顶部与它们之间是否有空间。

16. 采棉机的牵引(或从泥泞中牵引采棉机)

(1)解脱制动器。

(2)将变速箱控制杆和液压控制杆置于空挡位置。

(3)升起采棉头。

(4)将拉动链条或绳索牢固地连接在采棉机后面的连接点上。必须在正后方拖(或推)采棉机。绝不要在侧面斜方向拖(或推)采棉机。牵引时应平稳地拉动链条或绳索，不要突然猛拉链条及绳索。

17. 风机及采棉头的启动

风机和采棉头的结合、脱离均应在发动机怠速状态下进行。步骤如下：

(1)结合制动器。

(2)将手油门移动至怠速位置(如果发动机不是怠速状态，不能结合风机)，液压控制杆在中位。

(3)按风机结合开关,结合风机。

(4)按采头结合开关,结合采棉头。

(5)在变速箱控制杆空挡位置时,慢慢推动液压控制杆,启动采棉头。

18. 采棉头的升降

使用前确保采棉头油缸锁定阀拉上来,使油缸能够正常伸缩。

油缸用液压控制杆上的采棉头升降开关降低采棉头。下降开关设置为点动型式,当下降至触碰到高度感应开关时,高度感应系统被启动。按下降开关,降低采棉头,按上升开关,升起采棉头(逻辑中上升开关优先于下降开关,即无论采摘头在仿形还是下降位置,上升始终可操作有效)。

高度感应滑板能使采棉头与地面保持合适的高度。

19. 采棉

(1)作业前,发动机和采棉头要先预热,升起内棉箱。作业时手油门处于最大油门位置,湿润器内溶液压力要合适,采棉头要对准棉株的行。

(2)调整行驶速度,以减少绿棉铃和棉绒的损失。采摘第一遍棉花时,应选用第一挡速进行作业。第二遍采摘棉花时,应选用第二挡速度进行作业。

(3)在地头时,应降低速度,完全升起采棉头,使用单个制动踏板来帮助转向。

(4)为了充分利用棉箱的容量,按照下面的方法操作压实机的绞龙:当棉花接近前网时和棉花堆积到绞龙的压板时,启动绞龙开关;避免连续使用绞龙。

(5)作业时,采棉头可能被损坏,应观察有无能损坏采棉头的石头、树根、电线等。在经过灌溉沟渠时,升起采棉头。

(6)在棉箱将要装满时应卸棉,以防输送管被堵塞或造成棉花损失。

(7)第二遍采摘棉花对摘锭及脱棉盘易造成较大磨损。

20. 棉箱卸棉

(1)降低发动机转速到怠速状态。

(2)分离采棉头和风机。

(3)将采棉机行驶至指定卸棉地点。

(4)确保棉箱门安全锁打开。

(5)提高发动机转速到大油门位置。

(6)用棉箱翻转开关升起棉箱,使棉箱倾斜。

(7)用棉箱门开关打开棉箱门。

(8)用输送链板开关启动输送链板。

(9)卸棉后,将棉箱和棉箱门复位。

(10)降低发动机转速。

(11)进行定期保养。

(12)下列情况不要卸棉:

①采棉机可能与电线接触。

②采棉机停滞在坡道上。

③有人接触棉箱或在采棉机旁边。

④棉箱门安全锁未打开。

(13)在内棉箱和风管支架未升起状态下不能执行棉箱翻转与回正。

21. 棉箱翻转与回正

请严格按照下列步骤进行操作。如果不认真进行这些步骤操作，当棉箱伸展装置工作时会损坏机器。

(1)棉箱下降。

①观察作业区周围状况，确认无人在作业区域或无其他障碍物。

②在降低棉箱时，应仔细观察棉箱下降是否平稳，及时发现问题及时排除，避免损坏棉箱和输棉风管。

③虽然高压油管在出厂时均已做了可靠固定，但应该经常检查高压油管的位置及固定状况，以免棉箱下落时损坏高压油管，造成严重伤害。

④按棉箱回正开关，直至完全放下棉箱。

(2)棉箱上升。

①观察作业区周围状况，确认无人在作业区域或无其他障碍物。

②在翻转棉箱时，应仔细观察棉箱上升是否平稳，及时发现问题及时排除，避免损坏棉箱和输棉风管。

二、调整

(一)仿形高度设置界面

(1)机器怠速状态。

(2)进入触摸屏设定界面。

(3)操作按钮"－"和"＋"分别降低和升高仿形高度。

(4)设定的仿形高度显示在中间的方框中。

(5)本机上高度感应系统装在驾驶员视角右侧采摘头仿形脚处，即 3 号采摘头。

(二)自动控制高度的设置与调整

(1)采棉机在棉田里工作时，驱动轮和导向轮必须在同一地拢上，三个采棉头在棉行上要保持在同一水平面上。

(2)发动机在油门半开的状况下运行，通过液压无级变速控制杆上的下降按钮启动高度感应系统。

(3)反复提升或自重下落拉杆，使采棉头完全升高或完全降低。使之达到滑板在沿地拢表面行走时所必需的高度。

(4)复查采棉头倾斜度。

(5)对于位置很低的棉桃或绊住的或缠绕的枝条，在调整分禾器的高度时，调整链条在支撑架 T 形槽上的悬挂高度，使分禾器前端头恰能接触到地面(仅仅是掠过表面，而不是犁入)。

(三)润湿系统调节

1. 润湿系统的准备

按照下面步骤清洁摘锭：

(1)正确的使用混合水和棉锭清洁剂或湿润剂。

(2)按照溶液添加剂的种类调整喷口的尺寸。

(3)根据棉花的湿度调整至正确的水压。

(4)周期性的使用湿润器冲洗系统。

(5)正确调整湿润器柱。

2. 调整水泵皮带

(1)松开水泵固定螺栓。

(2)调整锁紧螺母使皮带张紧至静态张力67～85牛顿。

(3)拧紧水泵固定螺栓。

3. 检查润湿柱的位置

润湿器柱的位置应该使摘锭脱离润湿器水刷盘衬垫时，其衬垫的第一个翼片刚好接触摘锭位套的前边沿。所有润湿器水刷盘衬垫都应该调整成这样。

4. 调整润湿器柱的位置

(1)旋转采棉滚筒，使摘锭调整到脱离润湿器水刷盘衬垫。

(2)松开润湿器顶部支撑和底部插销的紧固螺钉。

(3)向内或向外移动润湿器门柱，直到每一个水刷盘衬垫的最前端翼片在相应的摘锭定位套的中间位置。

(4)安装润湿器柱锁紧螺钉。

5. 润湿器柱高度的调整

(1)松开锁紧螺母。

(2)顺时针转动调节螺钉以提高润湿器柱的高度。逆时针旋转以降低润湿器柱的高度(调整润湿器柱高度时应防止锁紧螺母旋转)。

(3)拧紧锁紧螺母。

6. 水箱清洗液的填充(在箱中混合溶液)

如果向空桶中加入清洗剂然后加入水，水和清洗剂不易混合。单独使用湿润剂会降低棉花的品质，必须先加入水。可使用水泵从清洗液箱盖中添加湿润剂。在箱中混合溶液时按下列步骤进行：

(1)将水箱加入一半的水。

(2)接合风扇以搅拌水。

(3)搅动水的过程中慢慢加入摘锭清洗剂或湿润剂。

(4)将水箱加满。

(5)继续搅拌约5分钟。

7. 水箱通气孔的保养

每天应检查水箱盖的通气孔是否被灰尘或杂物堵塞。

8. 调节水压

(1)接合风机,调节油门使发动机转速达到额定值。

(2)按调整水压选择开关“＋”或“－”显示屏上清洗液压力值将相应变化。

调节水压显示屏的读数在103～172千帕。若想提高压力,则按开关的“＋”(增加),要降低压力,按开关的“－”(减少)。

一般情况下推荐的压力为138千帕。

每天要定时检查并调节压力以适应变化的情况。

9. 润湿器清洗系统的使用

为达到节约使用清洗溶液而确保清除摘锭上的缠绕物,润湿器清洗系统应该按以下程序加以清理:

(1)每次卸棉10～15秒(一般情况下);

(2)田间一端4～5秒(较脏的情况下);

(3)田间两端4～5秒(极脏的情况下)。

在地头转弯处进行冲洗时,在采棉头开始上升的同时,踩下润湿器清洗开关(方向机左侧)。转弯时将润湿器清洗开关释放一半(4～5秒)。当采棉机重新进入棉行之前去除过量的溶液。

采棉机在采棉时,不要使用清洗系统,否则会导致堵塞。

10. 清洁滤网

系统主滤网的保养,通过关闭阀门拆除滤网,每天清洁一次。或在滤网堵塞时处理。

11. 清洁喷嘴

采棉头喷嘴滤网的保养:

(1)喷嘴有一个滤网,要求每天进行检查并清洁。

(2)当更换或重新安装喷嘴头时,不要将喷嘴拧得过紧,否则会限制溶液的流动。

(3)标准设备配有3号喷嘴,为了达到100%的喷液量,请使用6号喷嘴。

(4)从外壳上拆除喷嘴接头。

(5)从喷嘴接头上取下螺母卸下喷嘴和滤网。

(6)如果喷嘴或滤网堵塞,请用水清洁。

(7)与拆卸相反的顺序重新重装喷嘴。

12. 更换润湿器清洗盘

(1)检查润湿器水刷盘衬垫是否有过度磨损或损坏。如果有较明显的过度磨损或损坏请更换水刷盘衬垫。更换或再次使用润湿器水刷盘衬垫时,在使用前清洁网孔。

(2)用钢丝做一钩具,用来取下润湿器水刷盘衬垫。

(3)安装水刷盘衬垫时其翼片应于衬垫柄垂直,如果安装不当会导致水刷盘衬垫与摘锭接触,从而导致摘锭和水刷盘衬套过早磨损或损坏。

为防止润湿器水刷盘衬垫,摘锭或摘锭衬套的过度磨损,保养前要从助片和润湿器侧面清除过量的棉花和残叶。安装水刷盘衬垫时要保证水刷盘翼片与衬垫柄垂直。

13. 处理摘锭上的缠绕物

(1)如果发现摘锭上有缠绕物,在进行下一步的调整之前,都要按以下调整步骤进行:

①检查溶液箱中是否有溶液。

②喷嘴头:是否按规定使用合适的喷嘴头(确认喷嘴头和滤网没有堵塞)。

③在大油门的位置,方向机仪表应显示发动机实际转速为 2 200 转/分钟,且水压显示为 138 千帕。

④确保润湿器柱的高度和位置已调节好。

⑤检查并确保润湿器水刷盘衬垫没有堵塞。

(2)调节:

①按摘锭清洗剂与溶液比及摘锭湿润剂与溶液比配备溶液。

②每一棉箱卸棉后即操作冲洗系统 10～15 秒。

③只在田间一端的一个转弯处操作冲洗系统 4～5 秒。

④在田间两端操作冲洗系统 4～5 秒。

(四)采棉头调节

1. 采棉头倾斜度的调节

采棉头在工作时,其前后滚筒相对水平面应前低后高。这会使前后滚筒的摘锭交叉缠绕更多的棉花,并使较多的残余物从采棉头底部漏出去。

通过调整牵引杆,使得前部滚筒比后部滚筒低 19 毫米。采棉头最终的倾斜度调整应在棉田进行。

2. 调节分禾器

在调节分禾器之前,采棉头的斜度和高度感应必须调节得很合适。

首先,用分禾器的链条调节分禾器尖端要高于分禾器延展部分的底平面 25 毫米。

只有在低垂的棉桃或密集而凌乱的枝条使棉花不宜采摘的时候,才可以使分禾器的尖端部位低于延展部分的底平面。在这种条件下,要调节分禾器的尖端只是擦过地面而不是深深的犁过地面。同时,需要定期的检查分禾器尖端的金属磨损盘的磨损情况。

3. 调节植株导向装置选用的分禾器杆

植株导向装置的作用是将棉花收拢,便于摘锭进行采摘棉花。植株导向装置在工厂被安装在最大升高的位置。采摘时,根据田间的具体情况调节导向装置。使它能具有最有效地把棉花收拢在摘锭的位置。调节步骤如下:

(1)松开螺钉并且降低或升高植株导向装置。

(2)拧紧螺钉。

(3)分禾器连杆(附属装置)可以用螺钉和布置安排。

4. 调节栅条

调节栅格是为了使摘锭在进入棉行采棉时不会与栅格发生干涉,而在摘锭离开棉行的时候缠绕的棉花也不会往下掉。

松开前后栅条立柱锁紧螺钉，移动栅格立柱上下安装的位置，使其前后滚筒栅格的位置在两个摘锭之间的中心处。所有栅格的调整都应该保持一致。松开锁紧螺母可调节单个栅格的安装位置。

5. 调节压力板的间隙

在进行调节之前要修理或更换已变形或已磨损的压力板及拉钩。

采摘前，要检查压力板的间隙。使用旁路操作系统使采棉头缓慢旋转，如果摘锭顶部与压力板之间发生干涉相互碰撞，调节压力板拉杆螺母，保证摘锭的尖端和压力板之间的间距为3～6毫米。

向后调节压力板时，压力板和摘锭之间的距离不得超过6毫米以上，否则棉花会从摘锭与压力板的间隙中漏过，而使摘锭无法采摘。压力板与摘锭上下之间的距离应保持一致。

6. 调节压力板弹簧的张力

(1)对于第一次采棉：

①用扳手紧紧地压力板旋转轴，拔出旋转压力轴定位转盘上的定位螺钉。

②旋转压力轴定位转盘直到压力弹簧刚刚接触到压力板上。当弹簧对压力板施加压力后，采棉头框架上的两个孔要有一个和压力轴定位转盘上的某一个孔对正。

③前面压力板要调整到两个压力孔的位置(对于多岩石的田间要调整三个压力孔的位置)。

④后面压力板要调整到三个压力孔的位置。

(2)对于第二次采摘：

如果要求二次采摘的话，再拧紧前面或后面的压力板上的一两个压力孔的位置。对于非常高或非常密的植株(第一次采摘)：

①前面压力板要调到1/2压力孔的位置。

②后面压力板要调到三个压力孔的位置。

③如果在植物上剩下的棉花过多，首先要拧紧后面的压力板。只有在必要的时候才能拧紧前面的压力板。

④在非常高或非常茂密的植株里，不要使用刮棉板(尤其是在前面的采棉滚筒上)，否则会导致采棉头堵塞及植株损坏。

7. 刮棉板(选用附件)

(1)拧下5个M10×20毫米的螺钉，螺母和挡板。

(2)在压力板内用M10×30毫米的紧固螺栓螺母固定挡板。在上部和下部放置4个摘锭刮棉板，在中间放置10个摘锭刮棉板。

(3)紧固所有的部件。

在采摘短小的或多节的棉花或进行长时间采摘的时候，安装刮棉板可以提高效率。在浓密的棉花中进行第一次采摘时，建议不要使用刮棉板。

8. 检查脱棉盘组高度

在调节脱棉盘组件高度之前，要先检查润湿器系统是否能正常工作，而且是否使用了合适的水溶液。

如果将脱棉盘调节得过低会造成脱棉盘衬垫、摘锭衬套和摘锭勾齿的过度磨损。如果脱棉盘组调节得太高,摘锭就不能正常工作。不能在脱棉盘组还没有调节好的时候就进行采摘操作。

按以下程序检查脱棉盘组件的高度调节是否合适:

(1)检查每一个摘锭的缠绕情况。

(2)检查摘锭和脱棉盘之间是否有一点轻微的阻力。

9. 通常情况下——脱棉盘组件高度的调节

(1)采棉头摘锭座杆位置的调整。脱开采棉头滚筒与脱棉盘组件连接齿轮,单独旋转调整摘锭座杆上的一排摘锭与底面狭槽排成一条直线,以确保脱棉盘和摘锭之间的相互位置。既摘锭只能在此位置进入脱棉盘前面边缘的下方。

(2)松开脱棉盘顶部锁紧螺母,可转动调节螺栓,调节脱棉盘组件与摘锭之间距离,调整时,手感觉到摘锭和脱棉盘之间具有轻微的阻力即可。锁紧螺母时要十分注意脱棉盘组件不能有丝毫的轴向位移。

(3)每天至少要检查 2 次脱棉盘高度的变化情况。如果脱棉盘衬垫接触到了摘锭螺母,重新调整脱棉盘组件。

10. 极端条件下——调节脱棉盘的高度

(1)在极端条件下(植株比较高或比较矮的时候),调节脱棉盘的高度按第一列第二步那样操作,直到可以得到轻微阻力为止。

(2)为了补偿脱棉盘磨损不均造成的影响,将脱棉盘再多拧入 1/8 圈。

(3)在极端条件下,每天至少要检查和调节脱棉盘 2 次。并且按照上面所述的步骤进行调节。

11. 对采棉头堵塞的处理

(1)立即停止采棉机的运行。

(2)脱离分离采棉头和风机的连接。

(3)逐步升高采棉头。

(4)将变速箱和液压控制放在空挡的位置。

(5)采棉机制动。

(6)将采棉头降到地面,将采棉头安全阀关闭。

(7)将钥匙转到关闭的位置并取走。

12. 清除采棉头堵塞物

如果堵塞物不能被轻易地清理,请按下面的程序来做:

(1)通过按下压力轴转动盘定位螺钉,释放压力板上的所有压力。

(2)用手反向旋转采棉滚筒(用开口扳手旋转脱棉盘轴)。

(3)如果堵塞物还没有取出来,在摘锭座杆上施加外力向后旋转采棉滚筒。

(4)清洁并检查采棉头。

(5)修理所有被损坏的采棉头部件或零件。

(6)重新安装和调整所有移动过的部件。

如果清除了堵塞物之后,离合器仍然打滑,就要检查堵塞情况或者检查是否有变形的摘锭座管及脱棉盘。

如果摘锭座杆被棉花所堵塞，在重新开始采摘之前，连接风机和采棉头，同时清理风道，直到所有棉花都从摘锭上脱落下来。

13. 更换摘锭

摘锭一对斜齿轮应具有一定量的啮合间隙，调整时可在摘锭螺母与摘锭斜齿端面放置一个 0.13 毫米的垫片，以确保斜齿轮的啮合。不要使用两片及两片以上的垫片进行调整。摘锭锁紧扭矩为 68 牛/米。

14. 摘锭座杆的更换

(1)拧下 M10 锁紧螺母，取下摘锭座杆塑料油封盖。

(2)从摘锭座杆轴颈的两边拧下采棉头摘锭座杆锁紧螺钉和方型弹性垫圈。

(3)拧下底部支撑轴座两个锁紧螺栓。

(4)用手晃动摘锭座杆(或用扳手在脱棉盘的上方旋转六方轴)直到摘锭座杆松动。

(5)将摘锭座杆从采棉头中斜向向外抽出，先抽出底面的端头。

(6)在进行摘锭座杆的安装时，要进行如下操作：

①确定塑胶油封密封在摘锭座杆轴颈的上方或摘锭座杆转动摆臂的下方。

②确定滚轮斜面倒角向上。

③调整摘锭座杆的高度，确保所有摘锭锥面的上母线在同一水平面内，最大误差不得超过 0.203 毫米。

④添加摘锭润滑脂。

⑤如果所有的摘锭座杆都从采棉滚筒上被卸下来，安装时，定位轴锁紧螺栓与方形弹性垫不要拧得太紧，当摘锭座杆在自由状态下时，拧紧锁紧螺栓(定位轴与方型弹性垫被锁紧后，摘锭座杆应能自由转动或上下窜动)。定位轴锁紧螺栓扭矩为 30 牛/米，方型弹性垫锁紧螺栓扭矩为 54 牛/米。

15. 脱棉盘组件的拆卸

(1)松开脱棉盘顶部螺母。

(2)沿逆时针方向转动调节螺栓直到调节螺栓从柱轴上拧下来。

(3)拆除采棉头底部轴承座，(调节板不能拆除，否则脱棉盘的位置将重新进行调整)。

(4)拧掉脱棉盘与上柱轴的连接螺栓。

(5)拧掉轴座与采棉头机架连接螺栓，向上抽出轴座与柱轴，拆下脱棉盘组件。

16. 安装脱棉盘组件

(1)清洁脱棉盘组件与柱轴法兰结合面上的所有污物。

(2)在采棉头中插入脱棉盘组件。

(3)安装柱轴轴座，顺时针转动调节螺栓直到柱轴法兰座端面接触到脱棉盘组件的顶端面。调整时，使脱棉盘组件锁紧螺栓处于松动的状态。

(4)锁紧脱棉盘组件锁紧螺母，脱棉盘组件锁紧螺栓扭矩为 50 牛/米。

(5)组装机架内部密封垫。

(6)将脱棉盘轴承端盖中加入二硫化钼高温润滑脂或等效的润滑脂到半满的地方，安装油嘴。

(7)用锁紧螺钉和螺母固定轴承端盖，轴承端盖锁紧螺钉扭矩为 50 牛/米。

(8)在操作采棉头之前要调节脱棉盘组件的高度。

①当满足如下条件的时候,脱棉盘组件的高度是合适的:

a.当摘锭完全在脱棉盘衬垫下面的时候,脱棉盘衬垫和摘锭的顶面平行。

b.当摘锭全部进入脱棉盘衬垫下面时,摘锭应轻轻地接触脱棉盘衬垫(零间隙),在离开脱棉盘的时候也不会有什么阻碍。

②如果脱棉盘组件调节的不合适,会发生下面的情况:

a.如果脱棉盘组件调节得太高,脱棉效果不好,摘锭不清洁,甚至不能脱棉。

b.如果脱棉盘组件调节得太低,脱棉盘衬垫会过度磨损,摘锭衬套及勾齿的过早磨损,凸轮随动机构发生碰撞噪声和摘锭座杆弯曲等情况。

17.调节脱棉盘组件的角度

(1)松开柱轴轴座上面的4个锁紧螺钉。

(2)在两个摘锭座杆之间各拧下一个锁紧螺栓,将曲率规工装安装在被拧下的锁紧螺栓安装孔的位置,曲率规工装凸凹部分朝下。

(3)将一量具工装挂在摘锭座杆最上端的摘锭上(距定位套1.52毫米的地方),将另一量具工装挂在摘锭座杆倒数第三个摘锭上(距定位套2.29毫米的地方)。

(4)松开调节板三个调节螺钉。

(5)旋转脱棉盘组件直到上下量具靠到脱棉盘。同时,移动脱棉盘组件使其根部也同时靠在曲率规的外径上。

(6)拧紧调节板锁紧螺钉,调节板螺钉扭矩为50牛/米。

(7)拧紧柱轴座锁紧螺钉,柱轴座锁紧螺钉扭矩为50牛/米。

调节脱棉盘的平行度时,如果是在最初的调节阶段,脱棉盘因受轴承调节范围的限制可能产生别劲现象,此时松开柱轴座及锁紧螺钉或/采棉头底部的轴承座及锁紧螺钉,用0.254毫米的薄垫片垫在柱轴座端面与采棉头机架表面之间,或垫在采棉头底部的轴承座端面与调节板表面之间。

(8)拧紧所有的锁紧螺钉,所有锁紧螺钉扭矩为50牛/米。

(9)检查脱棉盘的高度,脱棉盘的衬垫表面是否与摘锭轻微接触。

(10)用千分表检查脱棉盘柱轴的偏心量(径向跳动),允许的最大偏心量是0.25毫米。

18.检查脱棉盘组件的调节情况

脱棉盘安装的是否合适有以下几个特征:

(1)当摘锭完全在脱棉盘衬垫下面的时候,脱棉盘衬垫平行于摘锭的母线。

(2)柱轴的安装要确保脱棉盘衬垫不会碰到最上面的摘锭螺母和轴环。

(3)当摘锭进入脱棉盘衬垫的时候,要“轻轻接触到”脱棉盘衬垫,当摘锭离开的时候要毫无阻碍。

(五)风力系统调节

风机泵驱动风机马达向风机提供动力使风机运转。风机转速出厂时已经设置完好,严禁用户自行调节风机转速。水泵与风机通过皮带连接,水泵严禁在无水状态下运行,否则会导致水泵损坏。

(六)棉箱调节

1. 棉箱输送链条张力的调节

如果链子超出了调节范围,按下面方法调节链子的张力:

(1)松开锁紧螺母。

(2)均匀地拧紧或松开传送轴每一侧的调节螺母,直到获得合适的输送张力为止。

(3)沿着通道的反向拧紧锁紧螺母。

(4)对其他传送轴上的链子重复以上操作。

(5)当棉箱处于卸棉的位置时,为了防止输送链条轴承的损坏,输送链应该刚刚接触到输送链导向装置。

2. 内棉箱升降和风管支架的升降

本机器内棉箱升降按钮设置在触摸屏内,内棉箱升降和风管升降设置为一个按钮操作,当升降内棉箱时,务必先降下采棉头。升降时观察内棉箱和风管的动作,随时防止因机械的变形而造成卡住,甚至破坏风管升降,完成后确认内棉箱和风管均升降到位。

(七)机载润滑系统操作

如果配备了输油泵,请按下面程序操作:

(1)将发动机保持在怠速状态下运行,挡位杆置于空挡位置,手刹刹车。

(2)选用田间模式,按下采头开关。

(3)向前推动液压控制杆使采头低速运转,关闭采头开关。

(4)将输油泵的输入管吸油端从固定夹处抽出,拔下防尘帽,插入润滑脂桶中。

(5)揭开中间采头前盖,取出采头开关和润滑脂开关。

(6)按下采头开关 C 使摘锭运转,启动润滑脂开关加注润滑脂。

(7)采棉头开始缓慢旋转,表示在加注油脂,直到再次按动润滑开关为止。

(8)确认每个摘锭座杆从上往下数底三根摘锭有油脂渗出。

(9)检查行星轮齿轮和滚筒凸轮滑道是否加注了新鲜油脂。

(10)再次确认摘锭与齿轮箱及轨道均已得到充分润滑。

(11)关闭润滑脂加注开关,关闭采摘头运行开关。

(12)将两个开关放回采摘头头内并盖上采头前盖。

(13)润滑完成。

(八)机架部件调节

1. 棉箱翻转导向轮支撑油缸稳定功能的检查(侧倾式棉箱不用检查此项)

在操作之前,要确定轮胎被充到合适的气压,并且右面的驱动轮有合适的配重。检查步骤如下:

(1)将机器移到一个坚硬、平坦的地面上。

(2)在左导向轮的前面放一块 102 毫米×102 毫米的障碍。

(3)将棉箱升高大约 102 毫米(足够驱动阀杆)。

(4)慢慢地将左导向轮开到障碍上。

(5)测量稳定油缸活塞杆的长度。

(6)将机器开下障碍物,完全降下棉箱。

(7)测量稳定油缸活塞杆的长度。

(8)如果油缸活塞杆伸缩长度变化大于6毫米,则系统工作不正常。可能是阀门和连杆调节的不合适,或者是稳定油缸里有气体。应反复进行上述程序的操作,每进行一次,都要在障碍物上将稳定油缸里的气体放掉。

(9)如果稳定油缸活塞杆的长度变化在6毫米或少于6毫米,则系统工作正常。

2.制动器制动力的修整与调整

当采棉机制动力不足或者制动不稳时,按照下面的方法修整制动器。

(1)液压(行车)制动的调整。

①用以下步骤调整液压制动器的刹车力:解除驻车刹车力;脱开左右驱动轴联接套;转动液压刹车制动盘。此时液压刹车制动盘应能轻松转动。

②踏下液压制动器踏板,如果感觉到刹车力过大或过小,则应进行下列五个步骤的调整:

a.取下液压制动盘。

b.测量液压制动盘与刹车片之间的间隙。

c.调整刹车片与液压制动片之间的间隙为:0.3～2毫米液压制动片(进口为0.3、国产为2)。

d.如果液压制动过紧,调整液压刹车踏板的行程。如果液压制动过松,适当减小刹车片与液压制动片之间的间隙。对制动效果满意时,方可进行制动排气工作。

e.调整后,当机器处于状态时,脚踏液压制动踏板使机器在一挡位置时不能起动。

③当感觉制动不稳时按下面介绍的方法修整液压制动器:

a.将制动踏板与碰簧锁锁定,启动发动机,然后将变速箱控制杆置于一挡位置。

b.将油门控制杆置于快速油门位置,并将液压控制杆置于全速向前位置,开动采棉机。

c.使劲踩制动蹄板,向前开动60～75米,这时发动机的速度应该降低大约200转/分钟。停住采棉机,关闭发动机,让制动器冷却15分钟。

d.制动器冷却之后,发动机以一挡缓慢向前运动。之后,应反复使用制动器,以修整制动器。

(2)制动系统排气。

在进行液压制动系统排气过程中,必须具备下列附件:一根5毫米×915毫米 大小的透明塑料管;用来盛装制动液的干净容器。请按以下步骤进行排气:

①检查两个刹车油缸上的两个排气螺杆,确保它们已经拧紧。

②两个油缸分别进行排气工作。

③用一根塑料排气管接在某一个油缸的排气螺杆上。

④将排气螺杆松开1/4圈。

⑤向制动液箱中添加制动液,在添加制动液过程中直到制动液箱中不在返出“气泡”的液流为止(这一步骤可清除制动液箱和油缸排气螺杆之间的空气,添加过程中绝对不可踩下制动器踏板)。

⑥关闭排气螺杆。

⑦将调整刹车油缸的排气螺杆拧松 1/4 圈。

⑧快速有力地向下踩所调刹车油缸的制动踏板直到最大可能的制动位置,并且在短时间内保持制动位置(快速向下踩制动踏板可打开内部释放阀,这样可使得该部位排气)。

⑨拧紧排气螺杆,慢慢地放开制动踏板。

⑩应反复进行上述操作过程,直到排出液体中的气体,即“无气泡”的液流为止。

⑪关闭排气螺杆。

⑫应随时向制动液箱中补充制动液,防止气体混入系统中。

⑬重复①～⑪操作步骤调整另外一个刹车油缸。

⑭检查制动,分别敲击每个制动踏板,已完全排气的制动在敲击时应该具有坚实稳固的感觉,而不应该有柔软或者像触摸海绵那样的感觉。

⑮拧紧所有排气螺杆。

⑯用固定销将左右制动踏板连接在一起,行走检查当踏下左右制动踏板刹车时,其左右驱动轮的制动力是否一致,如果左右驱动制动力不相一致,当机器在刹车时极易跑偏从而引发事故。

(3)检查制动液箱。

①检查制动液箱中的液体高度。其液体表面应该距制动液箱顶端 6 毫米。制动液液面下降时添加制动液。如果制动液过多,用注射器或其他工具将多余的液体从制动液箱中取出。

②制动液箱的密封盖密封性能要好,不得有任何泄漏。

3. 照明及警示灯灯泡的更换

(1)卸掉灯具上所有灯罩固定螺丝,使用扁嘴小螺丝刀小心地从灯具上卸掉灯罩。

(2)更换灯泡,按相反的拆卸步骤更换好灯具。

4. 更换保险

所有电路都有保险丝保护。每根保险丝上都注明了相应的额定电流值。另外,保险丝均有不同的颜色以保证更换时不会出差错。保险丝额定电流与颜色对应关心为:5 安培是黄色;10 安培是红色;15 安培是蓝色。

更换保险丝时,不要使用额定电流高的保险丝来更换原来的保险丝,否则可能会发生机器损坏。如果原来的保险丝不足以承受电流(电压)负荷,而且经常烧断,请与公司联系。

5. 空调制冷的常规检查

(1)将发动机置于额定工作状态;

(2)将空调与空调风机调到“高”的位置;

(3)观察冷却气体储存罐的标记窗,可观察到以下几种工作状态:

①清晰、无气泡,但出风口是冷的,说明制冷系统工作正常,制冷剂量适当;出风口不冷,说明制冷剂漏光了;出风口不够冷,而且关掉压缩机 1 分钟后仍有气泡在慢慢流动,或在关掉压缩机一瞬间就清晰无气泡,则说明制冷剂太多,要慢慢放掉些。

②偶尔出现气泡,并且时而伴有膨胀阀结霜,则说明有水分;没有膨胀阀结霜现象,可能是制冷剂略缺少或有空气。

③有气泡、泡沫,说明制冷剂不足。

④玻璃上有油纹,出风口不冷,则说明完全没有制冷剂。

⑤泡沫很浑浊，可能冷冻油过多。

(4)引起制冷不足的原因是很多的，可在歧管上用压力表进行检查。正常的压力指示为：低压一侧为 118～216 千帕，向压一侧为 1 373～1 668 千帕，此值根据制冷机组的不同略有出入：

①制冷剂不足：出风口温度不够冷，标记窗中有气泡出现，压力表显示高低压两侧压力都偏低，可能是制冷剂未加足或系统有泄漏。应检漏、修补、补液。

②制冷剂过多：出风口温度不够冷，标记窗中无气泡出现、停机后立即清晰或停机 1 分钟后仍有气泡流动，压力表显示高低压两侧都偏高，可能是制冷剂过多，应慢慢从低压一侧放出多余制冷剂。

③冷凝器冷却不良：压力表显示高低压两侧压力均过高，此时要改善冷凝器的冷却条件，检查冷凝器是否过脏、散热风扇皮带的松紧度及转数是否正常。

④系统中有空气：标记窗中有气泡出现，压力表显示高低压两侧压力都过高，高压一侧显示表抖动厉害，可能是加注制冷剂时系统未抽真空混入空气。应更换干燥器，检漏，反复抽真空，补液。

⑤系统中有水分：表现为工作一段时间后，低压压力成真空状，膨胀阀结霜，出风不冷，冰堵，停机一会再开工作又正常，不久又重复出现上述现象。可能是在水分偏重或阴湿的气候打开了系统，在加注制冷剂时真空未抽彻底或有湿空气混入或冷冻油中含有水分。应更换干燥器，补漏，系统反复抽真空，补液，检查冷冻油是否干燥。

出风不冷，关机后再开机一般不能改善状况，除非反复多次开、停操作，有可能会冲走脏物显示表显示低压一侧压力呈真空，高压一侧压力也很低，干燥贮液器或膨胀阀前后的管路上挂霜或结霜。此时要更换或清洗膨胀阀。

⑥膨胀阀开度过大：感温包包扎不好，有泄漏。显示表显示高低压两侧的压力都过高，低压一侧管路结霜或大量结霜。这是由于有过多的制冷剂流过蒸发器，使制冷剂来不及在蒸发器内完全蒸发而造成的。如果因膨胀阀开度过大，则要调整膨胀阀的过热度；如果因阀头或感温包有泄漏，则要更换膨胀阀；如果感温包与蒸发器出口处接角不好，绝热层松开，重新包扎好。

⑦压缩机损坏：内部有泄漏，表现为低压一侧压力过高，高压一侧压力过低，压缩机有不正常的敲击声。压缩机外壳高压侧温差不大。可能是压缩机阀片破碎、轴承损坏、密封垫损坏。修理或更换压缩机。

⑧压缩机皮带过松或联轴节联接松：造成压缩机转速低，出风不冷，会出现不正常声音。应张紧皮带或更换，调整联轴节。

⑨蒸发器风机不转或转速不够：蒸发器大量结霜，出风不冷或风量不足，甚至无风。应检查风机开关、电阻器或更换风机。

⑩冷冻油过多：若检查一切都正常，标记窗有浑浊气泡出现，则可能是冷冻油过多。应快速放出制冷剂，并重新补液。

⑪冷风管道阻力过大：表现为风量少，蒸发器结霜或噪声增加。应清理管道阻塞异物。

(5)检查换热器通道机冷凝器表面、冷凝器与发动机冷却水箱之间是否有碎片、杂物、泥污等其他污物，换热器表面尤其是冷凝器表面要求经常清洗，可用软长毛刷轻轻刷洗(沾水)。不要破坏冷凝器表面的漆，如有破损应及时补漆以免锈蚀。

(6)检查压缩机皮带张力是否适宜,表面是否完好。若使用新皮带需要调整张紧两次。

(7)检查压缩机油面是否正常,一般通过玻璃油孔或油标尺来查看油面高度。

(8)检查电线接头是否正常,电线有否碰到过热、转动、有毛刺的部件及被发动机排气吹到的可能,是否固定牢靠。

(9)检查制冷软管及冷凝水管固定是否牢靠,是否有碰到过热、运动、尖角部件及废气的可能,是否有足够的伸缩余地。电线盒软管穿过金属板件时是否有固定良好的橡胶保护套。

(10)断开和接合电路,检查电磁离合器及低温保护开关工作是否正常。

小心断开电磁离合器电源,此时压缩机会停止转动,接上电源压缩机应该立即转动。这样每次短时间的接合试验,检查电磁离合器的工作是否正常。

在天冷时,若压缩机不起动,可能由于低温保护开关已起作用。可将电瓶与电磁离合器直接连接(时间不超过 5 秒),若压缩机仍不转动,则说明有故障(首先检查电磁离合器故障)。

在低温保护开关规定的气温以下正常启动压缩机,若仍能启动,则低温保护开关有故障,需更换。

(11)手感检查温度:用手触摸空调系统管路及个部件,检查表面温度。正常情况下,低压管路呈低温状态,高压管路呈高温状态。

高压区:从压缩机出口→冷凝器→干燥贮液器→膨胀阀进口处。这一部分是制冷系统的高压区,这些部件应该先暖后热,是很烫的,用手触摸时应十分小心,避免被烫伤。

如果在其中某一部分发现特别热的部位,例如在冷凝器表面,则说明此部位散热不好。

如果某一部位如贮液器特别凉或者结霜(如膨胀阀入口处),也说明此部位有问题,很有可能是发生了堵塞。

如果贮液器进出口之间有明显的温差,则也说明此处有堵塞。

低压区:从膨胀阀出口蒸发器压缩机进口,这些部件表面应该由凉到冷,但膨胀阀处不应发生霜冻现象。

压缩机高低侧之间应该有明显的温差,若没有明显的温差,则说明几乎没有制冷剂,系统有明显泄漏。

(12)用肉眼检查渗漏部位:所有连接部位或冷凝器表面一旦发现有油渍,一般都说明此处有氟利昂渗出,应采取措施修理。也可用较浓的肥皂水涂抹在可疑之处,观察是否有气泡出现。重点检查的部位是:

①各个管道接头及阀门连接处。

②全部软管,尤其在管接头附近,察看是否有鼓泡、裂纹、油渍。

③压缩机轴封、前后盖板密封垫,各类阀及安全阀处。

③冷凝器表面被碰坏、压扁、锈蚀之处。

④蒸发器表面被碰坏、压扁、锈蚀之处。

⑤膨胀阀的进出口连接处,膜盒周边焊接处以及感温包与膜盒的焊接处。

⑥干燥储液器的易熔安全塞、标识窗、高低压阀连接处。

⑦歧管压力表,各种连接头、手动阀、一级软管处。

(九)发动机和驱动系统

1.燃油最终滤芯的更换

柴油最终滤芯为专用(高压力),风冷柴油机所使用的柴油滤芯不能用于水冷机,否则可能造成发动机的损坏。更换步骤如下:

(1)夹住柴油管。

(2)用通用工具将滤芯取下。

(3)用容器接住流出的柴油。

(4)将密封表面清洗。

(5)在新滤芯的橡胶密封表面抹上少量机油或柴油。

(6)用手拧入滤芯,直至与垫圈接合。

(7)最后再拧紧半圈。

注意事项:

(1)更换新的柴油滤芯时,不要加注没有经过过滤的柴油到新的柴油里,以防止柴油内的脏物堵塞。

(2)喷油嘴燃油系统放气之前,钥匙开关必须处于“开”(ON)位置,否则不能正常放气。

(3)为了避免对喷油嘴和发动机造成损害,不要自己装卸喷油器,这需要经过专门训练和专用工具。

(4)如果发动机不能启动或者在燃油系统排气操作之后仍然无法起动,请为3个或者更多的喷嘴油管减压。

(5)从驾驶室侧安装的保险丝盒的燃油切断位置拿掉3安培的保险丝。用起动机起动发动机,直到从松开的接口处流出的燃油没有泡沫为止。

(6)用两个扳手拧紧回油口螺栓。

(7)按同样的方法给喷油器排气。

(8)把燃油切断保险丝装回原来的位置。

2.空气滤清器的更换与拆卸

空气报警开关,安装在空滤器的颈部,当空滤的报警指示灯闪亮时,请清理或者检修空气滤清器,每年至少替换2次初级滤芯和细滤芯。气滤清器的更换与拆卸步骤如下:

(1)松开空滤盖的周边搭扣,取下过滤器盖。

(2)取下粗滤芯,清洁并替换初级滤芯。

(3)清洁过滤器内部。

3.检查、清洁及清洗初级滤芯

(1)用灯照亮滤芯内部,并仔细检查每一个孔洞。有少量孔洞的滤芯要丢弃。

(2)确保外层金属筛没有损伤。振动会使滤清器很快的出现洞孔。

(3)确保滤清器两端面处于良好的密封状态。若密封不好,则要更换滤芯。

清洁时注意事项:

(1)轻轻拍打滤芯的侧面,使灰尘变松,不要在滤芯在坚硬的表面上敲击。

(2)用滤芯干洗清洁枪清洁滤芯,注意将喷枪嘴靠近滤芯内表面,上下清洁灰尘。

(3)重复步骤1、2,去除多余的灰尘。

(4)在重新安装之前检查滤芯。如果滤芯仍布满油烟。把滤芯放在热水和滤芯清洁剂或者与之相当的产品溶液中浸泡至少15分钟,浸泡后轻轻的摇动滤芯,以去除污垢。

(5)用清洗枪或者软管从内向外喷出清水彻底清洗滤芯。但水压不要过高,以免损坏滤芯。

(6)在使用前要使滤芯完全干燥。这一般需要1～3天。严禁用火炉干燥或者其他干燥剂干燥。同时也要确保滤芯干燥之前滤芯内的水不冻结。

(7)在安装之前应该再次检查滤芯。空滤内芯、外芯不能有孔洞、太脏、密封不好。

4. 清洁发动机、散热器侧罩网

当垃圾淤积到一定程度时,要关闭发动机,然后把发动机侧罩网(两侧)、散热器侧罩网(两侧)及后罩网擦拭干净。清洁散热器步骤如下:

(1)取下散热器两侧外罩。

(2)拆除除杂风管。

(3)拆除除杂风叶。

(4)清洁散热器、液压冷却器内部的碎屑和杂物(可借助风枪等压力工具)。

(5)在清洁散热器和机油冷却器间隔的部分时,应避免磕伤甚至碰坏。

注意事项:

(1)散热器表面设计有自动除杂系统,一般情况下不需要进行表面清洁。

(2)自动除杂系统会大幅度延长散热器表面人工清洁的间隔时间。

5. 冷却液位置的检测

为了防止发动机过热,应该检查溢出软管纽结,并通过补水箱盖子检查冷却器内的液面度。步骤如下:

(1)补水箱在采棉机的左侧。

(2)发动机冷却后,观察补水箱里冷却液的液面高度。

(3)补水箱的盖子必须保持密封性完好,否则会导致泄压及冷却剂的损失。

(4)补水箱液面要始终保持在一定的高度。如果需要补充加注冷却液,则在补水箱加注口加注,直到补水箱的顶部。

6. 冷却液的加注

如果散热器中的冷却液已被排干或者冷却系统已被反向冲洗,则需要向散热器里加冷却液。步骤如下:

(1)加冷却液直到补水箱上端部(至少不能低于水箱上标识的最低刻度)。只有完全充满后,才能启动发动机。

(2)起动发动机并工作在慢怠速工况,直到自动调温器被打开。

(3)按照第一步,重新添加冷却液到补水箱的上端部。

(4)关闭发动机。

注意事项:

(1)严禁在发动机过热的情况下添加冷却剂,这样将导致发动机气缸或气缸盖破裂。必须等到发动机冷却后再进行操作。

(2)禁止用甲氧基丙醇冷却液,它会破坏气缸和气缸密封圈。

(3)即使必须打开补水箱的盖子,也不要在发动机过热的时候打开,应该先关闭发动机,等盖子冷却到可以用手直接触摸时,然后缓慢地打开盖子,以释放其压力,最终完全打开盖子。

(4)冷却液不足的时候,禁止运转发动机,哪怕只运转几分钟。

(5)在补水箱内的冷却液面高度会随着空气从冷却系统中排出而下降。当冷却液处于高温状态时,在补水箱的液面高度将会高于冷却液低温时的高度。冷却液液面最低高度不得低于补水箱 1/3 处。当低于此要求时,就要添加冷却液。

7.冷却系统的冲洗

冷却系统的冲洗步骤如下:

(1)打开补水箱的盖子。

(2)打开安装在发动机缸体上的排水塞、水泵出水阀以及安装在散热器底部的放泄塞,以排干冷却系统。

(3)关闭所有的出水口,让冷却系统充满干净的冷却液。

(4)起动发动机,直到它达到工作温度。

(5)如果配备预热器,请接通预热器,并一直开启到结束。

(6)关闭发动机并排干冷却液,以防生锈和沉淀物淤积。

(7)安装放泄阀,并将冷却系统灌满冷却液和冷却系统清洁剂或者其他类似的清洁剂,按照使用说明进行操作。

(8)再次排干系统。

(9)将散热器灌满冷却液。

注意事项:严禁在冷却液或发动机还处于高温的状态下打开散热器盖。从加压的冷却系统中喷出的液体会对你或他人造成烧伤。一定要慢慢地松开排水阀和发动机机体排水塞,以释放过多的压力。系统冷却后,再把冷却液直接加入冷却器。

8.冷却系统冬季准备

(1)在寒冷的冬天来临之前,确保冷却系统里有足够的冷却液,添加的冷却液必须是专门的冷却液。

(2)在添加冷却液后起动发动机,直到达到正常的工作温度。这些均匀混合的溶液始终在整个系统里循环。

注意事项:

(1)不要为了防止结冰而试图排干冷却系统冷却液,冷却液不可能被完全排干。被排干冷却液的冷却系统可能会被损坏。

(2)防漏添加剂会堵塞散热器,从而导致发动机过热而被破坏。不要使用含有防泄添加剂的冷却液。

(十)导向轮的检查

1.前桥的支起

(1)将机器放在平整的地面上,变速杆处于空挡位置,然后结合驻车制动器。

(2)将千斤顶放在垫在地面上的坚固垫板或坚实的地面上。

(3)顶起前桥底部,直至可以更换或者能够修理轮胎为止。

(4)按要求紧固驱动轮及导向轮螺栓。驱动轮螺栓扭矩为 375 牛/米,导向轮螺栓扭矩为 275 牛/米。

(5)将机器放回原位。

2. 导向轮的检查

(1)标出每个轮胎后方胎面的中心,检测胎面的中心是否与轮轴中心线相重合。

(2)测量并记录后轮轴间距。

(3)向前移动机器直到标记与轴中心重合。

(4)测量并记录前轮距。

(5)用后方轮距减去前方轮距,差值不能大于 8～12 毫米。如果不是这样,则需要调整前束。

(十一)采棉机存放准备

如果机器在至少 30 天内不使用,存放采棉机请使用防侵蚀剂。存放前的准备事项如下:

(1)仔细清理内部和外部以防止生锈。

(2)清洗摘锭,放松脱棉盘和压紧板。

(3)仔细的清洗采棉头的内外,确保其彻底干净。在采棉头整个表面喷洒一层防锈油。

(4)各润滑点加注润滑油。运转采棉头直到所有零件都被完全润滑。

(5)通过卸下过滤器来排干水箱中的水,打开阀门并打开机器左下方的水泵放水阀。重新装上过滤器,关上阀门,取下皮带。

(6)排干并重新装满液压/静液压油箱及变速箱。并向油箱及变速箱添加 180 毫升防腐剂。

(7)运转机器所有的转动部件,以使防腐剂分布均匀。用胶布或塑料袋将所有的盖子和出气孔密封,从而密封防腐气体。

(8)在需要刷油漆的地方重新刷上油漆。

(9)用石块垫高采棉头。

(10)垫高采棉头,卸下轮胎承载的负荷。放置轮胎的位置要保证轮胎不要与沥青质原料或其他一些油质表面接触。不要将轮胎中的气体放出。如果采棉机存放在户外,卸下车轮和轮胎并将它们保存在一个阴凉的地方。

(11)放松所有的皮带。

(12)清洗机油冷却器。

(13)棉箱门机械锁锁上,避免棉箱门自动打开。

(14)订购为下一季度需要的修理零件。

(十二)发动机存放前的准备

如果机器在至少 30 天内不使用,存放发动机请使用防侵蚀剂。存放前的准备事项如下:

(1)用一种安全的溶剂仔细清洗发动机的外部。

(2)清洗空气滤清器。

(3)把冷却系统排干,冲洗,再填充新的冷却液。打开加热器,使发动机运行直到达到工作温度。

(4)排干燃油箱并加入38升柴油和414毫升防腐剂。启动发动机并在快油门位置运转15～20分钟。让发动机冷却15～20分钟。

(5)在曲轴箱中加入296升防腐剂。

(6)从进气系统中取走启动空气辅助管。加注0.1升防腐剂到进气系统中，并将管子重新接好。从仪表盘上取走侧面板。从驾驶室左侧安装的保险丝盒里切断保险丝，并将2安培的保险丝取走。将发动机转上几转，然后在原来的位置装上保险丝和侧面板。

(7)取下电瓶(先摘开负极)并将它们放在一个阴凉的地方。如果有必要，每隔30天给电瓶充电。

(8)清洗散热器。

(9)将如以下这些部位用胶布或塑料袋密封，以防止里部防腐蚀气体散失：排气管、空气滤清器预净化器、发动机油尺和量油管、曲轴通气孔。

(十三)启用存放的机器

如果机器在至少30天内不使用，启用采棉机注意事项如下：

(1)仔细清理机器的内外。

(2)去掉密封用的胶布和塑料。

(3)安装充电后的电瓶。

(4)检查所有的油量是否充足。如果油量不足则要检查是否有泄漏并把油加到适当的位置。

(5)检查冷却液是否足够，如果不足则检查是否有泄漏。

(6)调整皮带的松紧度。

(7)重新安装轮胎并检查轮胎气压是否充足。

(8)加入合适的燃油。

(9)将采棉机整体涂上润滑油。

(10)启动发动机直到油压表压力上升。使用起动器一次不要超过30秒钟。在再次使用起动器之前至少要等待两分钟直到起动器冷却下来。

(11)以中等速度让发动机运转大约一个小时。检查轴承是否过热或者间隙过大。

(12)空气调节检查收集干燥器上的透视玻璃。如果需要可以添加一些冷却剂。

三、保养

(一)磨合期保养

发动机出厂后可以正常运转，在开始的100小时内的保养可以使发动机具有更令人满意的长期性能和寿命。加入磨合机油运转的时间不要超过100小时。

(1)在磨合期保养期间，发动机不要长时间运行在大负荷的工况。

(2)如果在开始的100小时的期间发动机有明显的时间在怠速状态、恒转速或低负荷运行或在开始的100小时期间内需要补充机油，则可能需要更长时间的磨合期。在上述情况下，建议更换新的发动机磨合机油和新的发动机机油滤清器，并额外加100小时的磨合期。

(3)在发动机磨合期间要频繁的检查发动机机油面。如果在此期间必须加注机油，则最好使用同一品牌机油。

(4)在机器运行的开始20小时周期内，避免发动机在怠速和满负荷工况下长时间运行。如果发动机需要怠速超过5分钟，关闭发动机。

(5)工作100小时后，更换发动机机油和机油滤清器。在曲轴箱加满合适黏度等级的机油。

(二)定期保养

1. 每次棉箱卸棉

①如有必要，检查并清洁脱棉滚筒、采棉滚筒、吸入门的里面和加湿柱(正常情况下，要求每卸载一次棉箱清洁一次)。

②清洁机器散热器挡板的外表面。

③检查在罩上堆积的棉花。必要时清除，防止损坏罩。

④必要时清洁后采棉头的内部。检查并清洁所有的门。

2. 每10小时保养

①检查发动机机油液面。

②检查冷却液液面，必要时添加。

③检查液压/静液压机油油面。

④检查柴油初级滤清器和柴油最终滤清器是否有水或沉淀物，若有必要，排空或清洁。

⑤使用车载润滑系统开关润滑摘锭座管、太阳齿轮，上齿轮系统和凸轮轨道。

⑥关闭加湿器系统。取下并清洁滤网。

⑦清洁棉箱前后油缸底座的周围。

⑧清洁脱棉滚筒、水盘刷、吸入门、采棉滚筒和底座周围及摘锭座杆的后面。

⑨使用黄油枪润滑左右输出轴套，4个位置。润滑采棉头举升摇臂旋转轴套。

⑩使用黄油枪润滑棉箱卸载前油缸的摇臂支座及旋转轴套。润滑棉箱卸载后油缸的摇臂支座及旋转轴套(4个位置，前面2个，后面2个)。

⑪检查棉箱输送链板链条的张力。

⑫清除下列部位的棉花和垃圾：发动机、发电机、风机系统、变速箱和制动器。

⑬润滑采棉头驱动万向联轴器所有的节头(5个位置)。润滑采棉头驱动万向联轴器所有的滑键。

3. 定期保养显示信息

应随时监视发动机工作小时，当每运行50小时，监视显示器会显示一种特殊的信息。这是为了显示保养周期而设计的，提示应进行50小时、100小时、250小时、400小时、600小时、2 000小时以及全年的润滑和维护保养。

4. 每50小时保养

①通过黄油枪给采棉滚筒底部轴承加注润滑脂，直到润滑脂从脱棉滚筒的底部轴承端盖的内腔溢出为止。

②清除发动机启动电机周围的棉花。

③润滑采棉头举升油缸两端支撑销轴。

5. 每 100 小时保养

①为了防止密封被破坏，使用手动油枪挤压一次润滑脂。

②润滑风机两侧转动轴承。

③润滑风机皮带涨紧推拉轴、涨紧轮支撑轴、涨紧轮转动轴承。

④润滑采棉头交叉轴。

⑤检查采棉头齿轮箱的润滑油液面。润滑油液面应与齿轮箱塞孔的下沿平齐。如有需要，添加润滑油。润滑主驱动轮外侧轴承及主驱动传动轴滑键(各 2 个位置)。

⑥清洁电瓶连接端子。

⑦润滑液压驱动重载泵联轴器。

⑧将采棉头平稳地落到地面，卸下并润滑采棉头举升支撑拉杆和支撑拉杆两端锁紧螺母。(4 个位置)。

⑨润滑采棉头支撑框前滚轴及后滚轮(每个采棉头前面有 2 个，后面有 1 个)。

⑩润滑导向轴和后桥轴销(8 个位置)。

⑪检查变速箱的液面。液面应该在油标螺塞孔的下沿。根据需要添加润滑油。

⑫拧紧转向轴拐角紧固螺栓，机器每边 4 个；拧紧导向轴拐角紧固螺栓扭矩为 610 牛/米；拧紧前驱动轮紧固螺栓扭矩为 375 牛/米；拧紧后转向轮紧固螺栓扭矩为 275 牛/米。

6. 每 250 小时保养

拧下发动机油底壳排油螺塞，排空发动机油底壳中的机油，更换发动机油底壳排油油塞，更换发动机机油滤清器，更换滤清器衬垫，在衬垫上涂上机油，并安装新的部件。用手拧紧，装入适量机油。

7. 每 400 小时保养

①排空液压/静液压油箱内的液压油。更换液压/静液压机油滤清器。更换入口处滤网。装入适量的液压/静液压机油。

②拧下油位螺塞，检查主驱动轮边减齿轮箱润滑油油面。油面必须在油位孔下沿的 6 毫米内。如果有必要，适当添加润滑油。

8. 每年保养

①在脱棉滚筒轴承座凸缘上和调整盘上做标记，取下轴承座紧固螺钉(3 个)。不要松开调整盘(外面)螺栓，否则必须重新调整滚筒。取下轴承座重新加注润滑脂。安装或更换轴承座时，应确保轴承座能复原至最初位置，安装润滑脂接头时，使其油嘴孔对着机器的后面。

②拧下油位螺塞，检查变速箱润滑油油面。

③用比重计检查补水箱内冷却液状况。

④拆下导向轮轴承，清洗并加注车轮润滑脂。在重新安装拧紧螺母时，直到转动车轮时稍感到费力。松开螺母，在第一个销孔中插入开口销。

⑤润滑制动踏板的轴销。

⑥取下采棉头上方轴承座密封盖(两个位置)，用润滑脂油枪挤压 2～3 次润滑脂。并润滑

采棉头惰轮轴承(每个采棉头2个)。

9.每600小时保养

①从冷却系统补水箱中排出足够的冷却液,然后加入0.95升冷却液调节剂,康明斯防冻液－40℃液态冷却液调节剂。

②更换柴油初级和最终滤清器部件。

10.每两年保养

①排空,并冲洗冷却系统。

②更换冷却液。用冷却液的混合物充满散热器。

11.每2 000小时保养

①拧下加油螺塞,检查主驱动轮边减齿轮箱润滑油油面。油面必须在油位孔下沿的6毫米内。

②排空变速箱,并按技术要求重新加注润滑油,液面在油位螺塞的下沿。清洁或更换滤网。

③检查发动机气门挺杆间隙。

四、整机故障排除

整机故障排除见表8-1。

表8-1　整机故障排除

问题症状	产生原因	解决方案
	采棉头部件	
棉茎不能进入或不能完全进入分禾器	1.分禾器没有进行正确的调整	调整分禾器
	2.分禾器弯曲或被堵塞	检查分禾器是否损坏,并且润滑铰链
	3.栅格倾斜	重新安装栅格条
涨开的棉花仍留枝上	1.压力板调节不当或弯曲且铰链损坏压力不足	调整、重新安装栅格条
	2.供水系统未调节好、摘锭过脏	清理摘锭和调整供水系统
	3.摘锭不脱棉	检查并调整摘锭和栅格条,湿润系统检查
	4.润滑系统有故障	视操作情况,调整供水总量
	5.摘锭磨损变钝	换摘锭
	6.多节棉花	调整压力板
	7.采棉头转动太慢	调节采棉头传导动皮带
	8.采棉头输入离合器故障	调整采棉头输入离合器的扭矩
	9.摘锭不转	更换摘锭驱动齿轮及弹性销

续表 8-1

问题症状	产生原因	解决方案
采棉头采摘后掉落棉过多	1.采摘速度过快或用第二挡速度降低采棉	降低采摘速度或用第一挡速度采摘
	2.压力盘太松或者弯曲、铰链损坏	调整、更换或者修理压力盘
	3.排气口和排水管及吸气门堵塞清洗、太湿	清洗检查供水系统是否泄漏。调整空气系统
	4.栅格倾斜、丢失或不能调整	更换或调节栅格
	5.分禾器没有对正棉行	调整采棉头行距
	6.分禾器过高	降低分禾器
	7.摘锭不脱棉	检查并调整摘锭和摘锭座杆，检查湿润系统
	8.摘锭过度磨损或钩齿钝	更换摘锭
低处的棉桃漏摘	1.分禾器太高	降低分禾器
	2.摘锭过度磨损或钩齿钝	更换摘锭
	3.采棉头调节过高或过平	调整采棉头高度和倾斜度
	4.棉花导杆调节过高	调整棉花导杆
	5.仿形高度调整不正确	调整高度探测器
采棉头采摘绿桃过多	1.压力板调整过紧	调整压力板
	2.怠速鼓筒-离合器打滑	检查怠速离合器、更换损坏部件
	3.第二挡采摘或采摘速度过快	调整使用第一挡速度采摘
	4.采棉头离合器打滑	检查离合器齿部是否损坏和扭矩调整是否适当
	5.栅格丢失或变形	更换栅格
	6.在分禾器延伸部分和采棉头前端出现间隙	重新调整分禾器延伸部分的位置
棉花过脏	1.采棉头门过脏	清洗采棉头
	2.栅格弯曲或丢失	更换栅格
	3.采棉头太低或太平	调整采棉头的高度和倾斜度
吸气门或气管堵塞	1.污垢堆积在吸气门处	清洗吸气门
	2.吸气门和风筒连接形成交叉阻碍	调整吸气门和风扇
	3.吸气门潮湿	清理保养供水系统、增加摘锭清洁剂比率、降低压力设置
	4.喷嘴堵塞	清洗喷嘴
	5.空气泄露	修理空气泄露处
	6.风机转速降低	调整风机皮带，让风机在额定的速度下转动
	7.风机转子叶片过脏或堵塞	清洗转子叶片

续表 8-1

问题症状	产生原因	解决方案
摘锭不脱棉	1.摘锭高度不正确	调整摘锭高度
	2.摘锭断裂或严重磨损	更换摘锭
	3.摘锭的使用不正确	详看使用说明书或咨询公司
	4.供水系统的调节、操作或清理不正确	清洗并调整供水系统
	5.润湿系统出故障	检查溶液比率是否正确以适应操作状况
	6.摘锭螺母衬套损坏	更换衬套、保证润湿器垫片和摘锭垂直
	7.摘锭座杆螺栓松动或损坏	通过增加或减少摘锭座杆下端旋转轴底面垫片的数量来调整更换螺栓
	8.没有调节润湿柱	调节润湿器柱、润湿器垫片必须摩擦摘锭表面
	9.脱棉滚筒倾斜不当	用曲度规和隔距片调节脱棉滚筒
摘锭沾满绿色污点	1.润湿系统不干净、操作和调整得不对	彻底清洗和调整润湿系统
	2.棉花叶没有被除掉	正确的除掉
	3.摘锭清洗液中的湿润剂或添加剂比率不对	以正确的比率使用湿润剂
	4.冲洗系统使用不正确	正确使用冲洗系统
	5.没有调节润湿器柱	重新调整润湿器柱
采棉机噪声太大	1.摘锭座杆旋转摆臂与凸轮发生摩擦	更换采棉头或修理
	2.摘锭座杆润滑不良,快速运动时产生尖叫声	润滑摘锭座杆
	3.摘锭倾斜不正确	重新调整摘锭
	4.摘锭衬套损坏	更换衬套
	5.摘锭或摘锭螺母撞击栅格	更换或调整栅格
	6.摘锭滑动轴承损坏	更换滑动轴承
	7.摘锭座杆螺栓松动	重新调整并拧紧螺栓
	8.摘锭太低	调整摘锭
	9.摘锭撞击压力板	调整压力板至要求
滚筒离合器打滑	1.离合器结合子损坏	更换离合器
	2.棉絮堆积在润湿器柱里	清洗润湿器
	3.摘锭座杆弯曲	更换摘锭座杆
	4.滚筒被夹住	清除障碍物
	5.摘锭太低	提高摘锭

续表 8-1

问题症状	产生原因	解决方案
采棉头输入离合器打滑	1.摘锭座杆弯曲	更换摘锭座杆
	2.油脂太硬	请使用推荐的摘锭润滑脂
	3.摘锭被缠绕	清理摘锭，调整润滑系统
	4.离合器结合子被损坏	更换离合器
	5.离合器弹簧调整不对	调整垫片，增加压力
	6.摘锭或摘锭座杆轴承或衬套损坏失灵	更换轴承或衬套
	7.摘锭太低	提高摘锭
脱棉盘过度磨损	1.润湿系统故障	重新调整润湿系统
	2.摘锭安装得太紧	重新安装摘锭
	3.摘锭弯曲	更换摘锭
	4.摘锭衬套损坏	更换衬套
	5.摘锭太高或太低	调整摘锭至适当高度
润湿器垫片的过度磨损或损坏	1.润湿器柱超出调节范围之外	调整柱的高度、角度和位置
	2.摘锭衬套损坏	如果摘锭晃动明显时、请更换衬套
	3.润湿器柱太脏	清洗润湿器柱
	4.摘锭超出调节范围之外	调节摘锭的高度和倾斜度以消除摘锭上的缠绕物
润湿器系统的压力损失过大	1.皮带破裂或打滑	更换或绷紧皮带
	2.润湿器系统堵塞	清洗并调整系统
	3.软管破裂	更换软管
	4.软管过脏堵塞	用排水管给系统灌油清洗
采棉机在空挡位置不能启动或液压控制杆在任何运行下采棉机都能启动	1.采棉头控制杆不在中间位置	调整液压控制杆在中间位置
	2.安全开关失去控制，导线有故障或开关失效	检查导线连接或咨询公司
自动高度控制		
采棉头不下降	1.仿形蹄片被夹住	调整连杆以使仿形蹄片和连杆能自由移动
	2.采棉头吸气门被卡住	调整或更换采棉头吸气门
	3.电子仿形线路或元件故障	检查电路，如需要则更换
	4.液压管路堵塞	清洗液压管路
	5.采棉头机械锁未脱离	脱离机械锁

续表 8-1

问题症状	产生原因	解决方案
采棉头不升高	1. 采棉头上的连接风筒被卡住	调整连接部件
	2. 液压管路堵塞	清洗液压管路
	3. 液压油油面过低	添加液压油
	4. 控制线路故障	检修线路，如需要则更换
棉箱翻转		
棉箱回落不彻底或被卡住	1. 棉箱锁定阀未打开	打开锁定阀
	2. 油缸失去常态并且棉箱倾斜	用吊车或其他提升机构来彻底升高棉箱，并且调整油缸至常态
	3. 液压油管脱离固定位置，影响棉箱翻转	整理液压油管并可靠固定
	4. 电磁阀故障	维修或更换
棉箱翻转太慢	控制阀上的油孔被堵塞	清理油孔
棉箱不能翻转	1. 液压或电气故障	检查电磁阀通断、检查液压管路
	2. 未按规定操作程序操作	按规定程序执行
静液压驱动		
连接件受阻	1. 球形接头及其他连接过度磨损或损坏	加注润滑油或更换
	2. 连接件弯曲或干涉	调整连杆或球头连接件
	3. 控制轴卡住或抱死	加注润滑油或更换轴承
系统过热(警告灯亮)	1. 冷却中心的空气通道堵塞	清理冷却中心
	2. 风扇皮带打滑或损坏	绷紧或更换风扇皮带
	3. 液压件压力过度释放	转移到低速挡
	4. 侧面的滤网堵死	清理滤网
采棉机停止工作(不能向前或向后)	1. 液压系统电压不足不能驱动控制开关	将液压控制杆调到中间挡并且重新启动。如果仍然没电，请咨询公司
	2. 液压系统泄漏不能维持系统压力	检查泄漏的地方，修理或更换
	3. 变速箱不工作	检查变速箱或连接杆
	4. 液压油油面太低	检查泄漏情况，添加液压油
	5. 系统有空气泄漏	拧紧结合部分
	6. 机油滤清器堵塞	更换滤芯
	7. 液压件压力过度释放	转移到低速挡
变速箱很难或根本就不变挡	液压控制杆不在空挡位置	调节液压控制杆到空挡位置或调节液压连杆

续表 8-1

问题症状	产生原因	解决方案
机器行驶速度不稳	1. 机油油面过低	检查泄漏情况，加注机油
	2. 机油滤清器堵塞	更换滤芯
	3. 液压件压力过度释放	转移到低速挡位置
	4. 液压控制杆慢慢滑至空挡	按技术要求更换摩擦片或弹簧
机器不响应液压系统	1. 连接太松或损坏	按要求检查维修
	2. 机油滤清器堵塞	更换滤芯
	3. 系统有空气泄漏	拧紧接合部分检查是否有被破坏的液压管路
	4. 机油油面太低	检查泄漏情况，加注机油
动力不足或动力损失	1. 机油油面太低	检查泄漏情况，加注机油
	2. 机油滤清器堵塞	更换滤芯
变速箱在通气孔处漏油	液压控制杆加油过量	排出过量的油
发动机系统		
发动机很难启动或根本就不能启动	1. 安全开关失效	请咨询
	2. 油箱空	请加油
	3. 压缩比太低	查看电解液面高度和常用电瓶的比重，如果需要，重新充电
	4. 电瓶输出低	清理拧紧电瓶与发动机之间所有连接件
	5. 启动电路中电阻过大	排干曲轴箱润滑油，注入正确黏度和质量的润滑油
	6. 曲轴箱润滑油黏度太大	更换润滑油
	7. 用汽油代替柴油或使用其他不正确的燃油或旧油	排干原有燃油，注入适合的燃油
	8. 在油路系统中有水、污物或空气	排干、冲洗加注燃油并放气
	9. 节气门连接太松或不能正确调节	检查节气门连接，如果需要做适当的调整
	10. 节气门位置不对	前移 1/3
	11. 燃油滤清器堵塞	更换滤清器
	12. 冷却液温度太低	节温器故障
	13. 润滑油不够	加人正确黏度和质量的润滑油
	14. 进气管堵塞	清理进气管
	15. 燃油系统中有空气	给燃油系统放气

续表 8-1

问题症状	产生原因	解决方案
发动机运转不正常	1.冷却液温度过低	运转发动机到足够温度并检查节温器
	2.燃油滤清器或滤网堵塞	更换滤芯将燃油放气，清理滤网
	3.燃油系统中混有水、灰尘或空气	排干燃油，冲刷后在加注燃油并放气，清理滤网
功率不足	1.发动机过载	降低机器速度
	2.进气受阻	清理空气滤清器
	3.节温器不合适	更换一个合适的节温器
	4.燃油滤清器堵塞	更换滤清器
	5.燃油质量不好	使用正确牌号的燃油
	6.节气门向后蠕动	将仪表盘上的枢轴螺栓拧紧
	7.液压控制杆没有转动	将枢轴紧固并检查其约束情况
	8.燃油排放口阻塞或受限制	检查清洗油箱盖上的排油口
发动机过热	1.发动机过载	降低机器速度
	2.冷却液液面过低	将散热器中的冷却液加到合适高度，检查散热器或软管有无泄漏
	3.散热器盖不合适	检修散热器盖
	4.侧部滤网过脏	清洗滤网
	5.冷却系统的主要部分(散热器，静液压油以及空调冷凝器)过脏或滤网过脏	清洗冷却系统主要部分，并定期清除蒸汽，检查滤网密封
	6.节温器有故障	检查节温器是否正常
	7.风扇皮带松或过度磨损	更换皮带
	8.润滑油黏度不合适	更换正确黏度的润滑油
	9.冷却系统阻塞	清洗并注满散热器
	10.运转时仅有水而无油	注入适量的冷却液
发动机温度低于正常状态	节温器、仪表或信号发送装置有故障	对节温器、仪表和其他装置进行检查
机油油压过低	1.机油油压过低	曲轴箱中的机油油面过低，添加适量机油
	2.机油牌号不对	排干曲轴箱中的机油并注入合适黏度和质量的机油
发动机消耗机油过多	1.机油泄漏或发动机过热	检查垫圈和油塞周围有无泄漏
	2.曲轴箱中的机油黏度太小	更换合适黏度和质量的机油
	3.进气系统受阻	检查空气滤清器并清理进气管
	4.曲轴箱通风口软管阻塞	清除污物

续表 8-1

问题症状	产生原因	解决方案
发动机消耗燃油过多	1.燃油牌号不合适	选择正确牌号的燃油
	2.空气滤清器受阻或脏污	清理空气滤清器
	3.发动机过载	减少载荷或降低速度
发动机排放灰烟或黑色烟尘	1.燃油牌号不合适	选择正确牌号的燃油
	2.发动机正时不合适	请咨询
	3.空气滤清器受阻或脏污	清理空气滤清器
	4.发动机过载	减少载荷或降低速度
	5.消声器有毛病	检查消声器是否损坏而导致存在背压
	6.燃油系统中有空气	给燃油系统放气,检查所有的连接件是否有漏气现象和油箱中的油量是否足够
发动机排放白烟	1.发动机过冷	启动发动机至达到正常的工作温度
	2.燃油牌号不合适	选择正确牌号的燃油
	3.节温器有故障,太冷或温度额定值不对	检查节温器
电瓶不供电	1.电瓶有毛病	调整或更换电瓶
	2.交流发电机的皮带较松	调节或更换
	3.连接线松动或腐蚀	清理并拧紧连接部位
启动机转动缓慢或不转动	1.液压控制安全开关没有起作用	将液压控制杆调整至中间位置
	2.配线松动或腐蚀或电瓶连线松动	清理并将松动的连接件紧固
	3.起动机线圈有毛病	修理或更换线圈
	电路系统	
电压表指示电瓶电压过低(钥匙插上使发动机停止)	1.启动-停止操作过于频繁	让发动机运转的时间长一些
	2.供电电压过低	检查供电线路
	3.电流回路电阻太大	检查供电线路
	4.电瓶有毛病	给电瓶再充电或更换电瓶
电压表指示电瓶电压过低(发动机运转时)	1.发动机速度过低	提高转速
	2.电瓶有毛病	给电瓶再充电或更换电瓶
	3.交流发电机有故障	检查交流发电机
	4.皮带打滑	检查绷紧皮带
电压表指示电瓶电压过高	1.交流发电机的连接有问题	检查线路的连接
	2.调压器故障	检查交流发电机
风机执行器不能合上	皮带保护杆风机执行器螺母松动	拧紧皮带上的螺母

续表 8-1

问题症状	产生原因	解决方案
	制动系统	
刹车踏板无压力感(发动机运转停止时)	1.系统中混有空气	排放制动器中的空气
	2.踩制动踏板时很费劲	制动蹄片上有油或其他异物
	驾驶室系统	
通风不良	1.空气分部不良	调整导入空气的天窗、调整加热器到较高的温度
	2.门的运动轨迹不恰当	调整门的运动轨迹
空气流量不足	1.空气滤清器阻塞	清洗滤清器
	2.空气进口滤网阻塞	清洗滤网
	3.加热器中心的空气流量受阻	用压缩空气清洗脱水器和机架
	4.电线连接松动	将电线接牢固
水从加热器的中心箱体滴漏或流出	1.软管夹松动	紧固夹子
	2.加热器软管破裂	更换软管
	3.加热器中心管路破裂	更换管路
	4.水滴弄脏操作面板	用抹布清理
	5.回水管路堵塞	检查并清理管路
增压风扇、雨刮器不运转	线路故障或松动	修理或更换线路
驾驶室有异味	1.空气滤清器脏	清洁空气滤清器
	2.蒸发器冷凝器面板脏污	清理蒸发器面板和出口
	3.排放管路堵塞	清理排放管路
	4.蒸发器外部出现烟气和焦油	清理滤清器
冷却条件不好的同时出现结霜和水珠现象	1.压缩机皮带打滑	更换皮带或带轮(如果磨损)
	2.制冷剂减少	检查视野玻璃上有无气泡以及系统中有无泄漏
从蒸发器中吹出冰粒	1.温度设置太低	调节温度控制器到合适温度
	2.吹风速度不够	提高吹风速度

续表 8-1

问题症状	产生原因	解决方案
不能制冷	1.空气滤网脏污	清洗滤网
	2.滤清器脏污	清洗滤清器
	3.两侧滤网板或散热器表面有杂物堵塞	清洗两侧滤网板或散热器
	4.冷凝器肋片上有棉絮或杂物	用压缩空气清理冷凝器肋片
	5.压缩机驱动皮带松动	张紧皮带
	6.加热器接通	关闭加热器
	7.压缩机离合器不能结合	检查线路或咨询
	8.线路连接松动	紧固线路
	9.外部温度太低(低于零下 21℃)	待较暖和的天气。如果系统有故障请咨询
	10.冷凝器过热	检查冷凝器滤网、中心部位和冷凝器的肋片,检查油路冷却器和散热器
膨胀阀发出嘶嘶声	1.冷却剂不足	检查视野玻璃上有无气泡。系统有无泄漏
	2.冷却系统受阻	检查软管有无打结
电压表指针指向电压较低的红色区域	1.交流发电机堵塞	清理交流发电机滤网的内、外部垃圾
	2.交流发电机不能提供电能	在钥匙插上而发动机熄火状态下检查交流发电机电线上的电压
	3.电负荷过大	熄灭电灯,把风机的速度降至中等或较低位置。清理空气调节器的滤网、滤芯和滤清器
	4.润滑油黏度不合适或天气温度较低	请使用推荐的润滑油
加热器不能切断	加热器软管连接不正确、加热器控制阀门有故障	给加热器放气
加热器不能加热	1.加热器中有空气	给加热器放气
	2.发动机中的节温器故障	更换节温器
	3.空气调节器接通	关闭空气调节器
	4.发动机的节流阀关闭	打开节流阀

续表 8-1

问题症状	产生原因	解决方案
	润滑系统	
润滑泵不能正常工作	1. 润滑油缺乏	添加润滑油
	2. 油箱排气口堵塞	清理排放口
	3. 梅花轴松动或断裂	调整或更换梅花轴
	4. 保险丝烧毁	更换保险丝
	5. 电路连线不正确	检查维修
	6. 抽油管泄漏	拧紧接头
	7. 手动操作时压力开关出现故障	更换开关
	8. 滤清器堵塞	更换滤清器
	9. 润滑油黏度不合适	请使用推荐的润滑油
润滑泵工作正确，润滑油分配不合适	1. 软管卷曲、损坏或破裂	检查并更换
	2. 润滑油管路中有异物	清洗管路
	3. 润滑油黏度不合适或天气温度较低	请使用推荐的润滑油
润滑泵不能正确关闭	1. 开关损坏或断裂	更换开关
	2. 电线破损且与元器件短接	修理电线
	3. 压力开关故障	更换开关

第三节　秸秆还田机械的维护技术

一、功用

秸秆中富含氮、磷、钾等成分，并含有大量有机质和微量元素。秸秆还田是增施有机肥，提高土壤有机质含量、改善土壤的理化状态，促进农业稳产、高产的行之有效的途径。

秸秆还田机与拖拉机配套，适用于将已摘除果穗后直立在田间的玉米、高粱秸秆、麦秸、豆秸以及杂草就地粉碎并均匀撒在地表。

二、分类

(一)按配套动力分类

有与拖拉机配套的独立型秸秆还田机；有与联合收割机配套的秸秆粉碎抛撒器；有与谷物

联合收割机配套的秸秆粉碎器，用来切碎收割机抛出的茎秆，并均匀撒布到田间；有与玉米收割机配套的秸秆粉碎器，用于粉碎摘穗后直立在田间的秸秆，并抛撒到田间。

(二)按能完成的作业项目分类

有既能粉碎稻草还田又能旋耕灭茬的秸秆还田旋耕机；有仅能进行单项作业的秸秆还田机。

(三)按结构分类

有卧式和立式秸秆还田机。

三、结构

(一)卧式秸秆还田机

卧式秸秆还田机的刀轴呈横向水平配置，安装在刀轴上的甩刀在纵向垂直面内旋转。卧式秸秆还田机主要由传动机构、粉碎室和辅助部件等部分组成(图 8-10)。

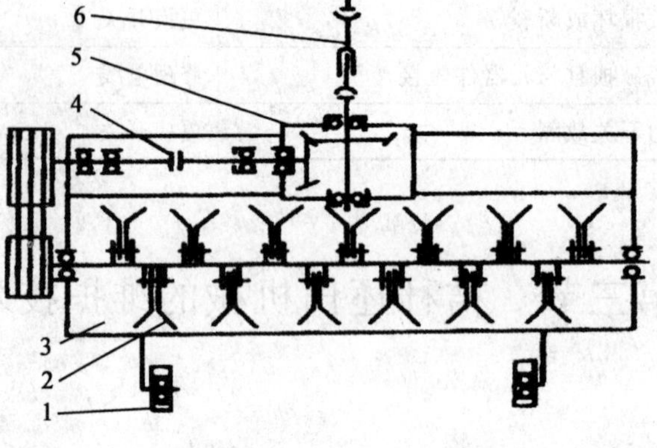

图 8-10　卧式秸秆还田机

1.限深轮　2.刀片　3.粉碎壳体　4.联轴器　5.变速箱　6.万向节转动轴

1.传动机构

由万向节传动轴、齿轮箱和皮带传动装置组成。万向节传动轴联接拖拉机动力输出轴和齿轮箱，齿轮箱内装有一对圆锥齿轮，起到改变传动方向和增速的作用。皮带传动装置用于把动力传递给刀轴。

2.粉碎室

粉碎室由罩壳、刀片和铰接在刀轴上的刀片组成。罩壳前方的秸秆入口处装有角钢制成的定刀床，后下部开放，有的还装有使粉碎后的秸秆撒布均匀的导流片。

3. 刀片

刀片的形式有L形、直刀形、锤爪式等。玉米秸秆粗而脆，刚度较好，粉碎这类秸秆以打击与切割相结合。目前大多数玉米秸秆还田机的甩刀都采用斜切式L型刀片，见图8-11(b)。小麦、水稻等秸秆细而疲软、质量轻，粉碎这类秸秆以切割为主，打击为辅，要采用有支承切割，所以以直刀型[图8-11(c)]较好，且刀刃要求锋利，这种刀片结构较复杂。锤爪式刀片[图8-11(d)]自重大且重心靠近刀端，所以转动惯性大，打击性能较好，但其功耗较大，另外由于它的惯性大；主要用于大中型机具上。

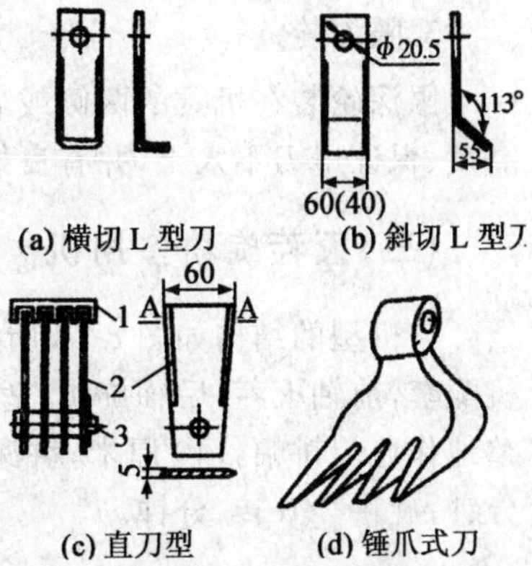

图8-11　刀片的类型

4. 辅助部件

辅助部件包括悬挂架和限深轮等。通过调整限深轮的高度，可调节留茬高度，同时确保甩刀不打入土中。

(二)立式秸秆还田机

立式秸秆还田机由悬挂架、齿轮箱、罩壳、粉碎工作部件、限深轮和前护罩等组成(图8-12)。

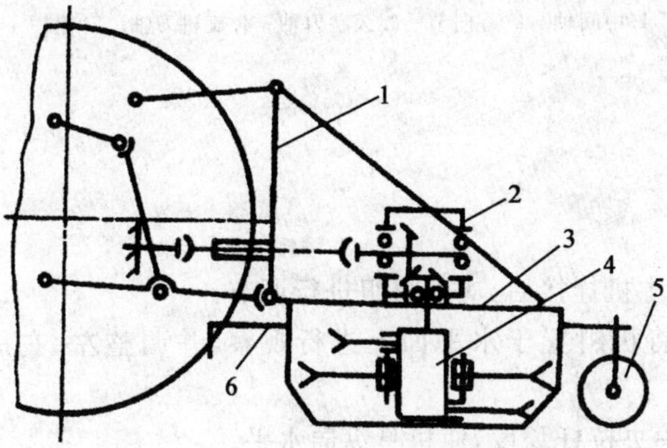

图8-12　立式秸秆还田机

1. 悬挂架　2. 圆锥齿轮箱　3. 罩壳　4. 工作部件　5. 限深轮　6. 护罩总成

1. 齿轮箱

拖拉机动力输出轴的动力，通过万向节传动轴传动齿轮箱的输入横轴，经过圆锥齿轮增速和转向后，使垂直立轴旋转，带动安装在立轴上的刀盘工作。

2. 罩壳

罩壳是整个机器的机架，其侧板上装有定刀块，使秸秆切割成为有支承切割。在前方喂入口设置了喂入导向装置，使两侧的茎秆向中间聚集，以增加甩刀对秸秆的切割次数，改善粉碎效果。罩壳的前面还装有带防护链或防护板的前护罩，从而只允许秸秆从前方进入，而不许粉碎后的秸秆从前方抛出。在罩壳后方排出口装有排出导向板，以改善铺撒秸秆的均匀性。

3. 限深轮

限深轮装在机具的两侧或后部，限深轮的安装高度可调。通过调节限深高度，可调整留茬高度、保证甩刀不入土，并有良好的粉碎质量。

（三）灭茬旋耕多用机

该机型的结构如图 8-13 所示。该机采用三点悬挂，中间齿轮传动与 28～35 马力的拖拉机配套，前轴灭茬，后轴旋耕，适用于旱田的灭茬、旋耕、起垄等复式作业，也可用于水田的旋耕整地作业。耕幅：140 厘米；耕深：灭茬 6～8 厘米；旋耕：10～16 厘米；刀轴转数：灭茬 415 转/分钟；旋耕 240 转/分钟。

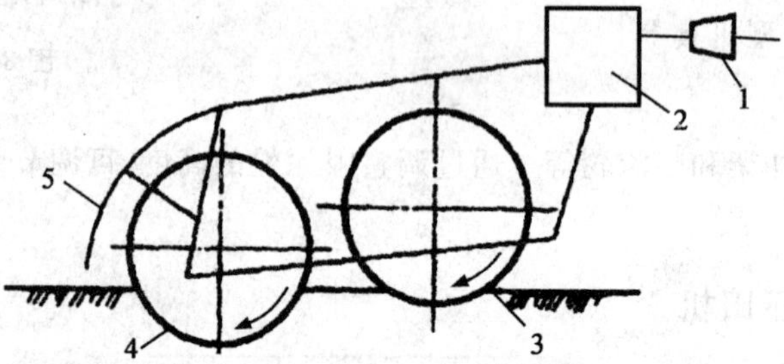

图 8-13　灭茬旋耕机

1. 中间轴　2. 万向节　3. 灭茬刀轴　4. 旋耕刀轴　5. 栅栏

四、使用

（一）安装调试

秸秆还田机与配套主机挂接后，应对机组进行调节：

（1）横向水平调节将机组置于水平面上进行观察，并调整左、右吊杆长度，使机具横向水平。

（2）纵向水平调节中央拉杆长度，使机具纵向水平。

（3）刀齿与地面高度间隙调节在田间调节地轮，使齿端与地面距离为 1～2 厘米。

（二）作业质量

（1）秸秆作物进入黄熟期后，即可摘穗。作物黄熟期的秸秆和叶子呈黄绿色，含水量一般在 30％以上，秸秆脆且未完全形成纤维状。此时，秸秆粉碎效果较好，还田后还可利用秸秆本身和田间的土壤水分，加快秸秆腐烂。若还田不及时，秸秆干枯、地表干燥，会使粉碎长度加大，效果变差；耕翻后，秸秆吸收土壤中的水分，局部干燥发热，会影响复播作物种子的发芽及根系生长。因此。较干枯的秸秆还田后不能直接复播，有条件时可在浇水后整地复播。

（2）茬留高度。刀齿距地面的间隙直接影响留茬高度及还田质量。1～2 厘米的间隙是机组在实际作业时的数值。影响的主要因素是田块土壤的干、湿、硬、松程度。实际作业中一般采用观察法确定间隙，机组边作业边调节液压控制限位螺帽（分置式悬挂系统应调节液压油缸上的限位板位置），使秸秆粉碎机的刀齿更充分地将秸秆粉碎而不入土为宜。此项工作需要在田间配合纵向水平调节反复进行调整。

(3)皮带张紧度。在秸秆还田作业中,往往出现稀疏田块还田效果好、茂盛田块机组转速下降、还田质量较差的问题,这主要是由于机组负荷增加、皮带打滑及轮子发热所致。所以,应经常检查调整三角皮带张紧度。

(4)善后处理。秸秆还田后应及时用旋耕机打茬,破碎根系;及时耕翻,将秸秆覆盖严实。并保持水分,促进秸秆及早腐烂成肥。

(三)作业前准备

(1)检查万向节安装的正确性,万向节若安装错误,则会产生响声,加剧还田机的振动,并引起机件损坏。

(2)检查各部固定是否牢固,各转动部位是否灵活,有无碰撞现象。

(3)检查齿轮箱机油是否达到标定油位,各轴承部位是否注足黄油;检查并调整还田机横向、纵向水平程度和留茬高度。

(4)检查地轮的调整是否与土壤干湿度、坚实度、作物种植形式及地表平整状况相适宜。

(5)检查三角皮带的松紧度,用手力压 10 千克,带体下沉 5 毫米为宜。

(6)在作业中应随时检查,以免降低刀轴转速,影响粉碎质量和加剧三角带的磨损。

(7)检查完毕后(机后严禁站人),应进行空负荷运转 5～10 分钟,检查有无异常现象,如强烈震动、摩擦、碰撞等,确认各部件运转正常后方可准备作业。

(8)察看待作业地块有无障碍物,如石块、树根等,对不能移动的障碍物应有明显标志,对堆放的作物秸秆应均匀散开,以保证作业质量。

(四)作业

(1)作业前,应先将还田机提升到锤爪离地 20～25 厘米高度,接合动力输出轴,转动 1～2 分钟,挂上作业挡,缓慢放松离合器踏板,同时操作液压升降调节手柄,使还田机逐步降至所需要的留茬高度,随之加大油门投入正常作业。

(2)作业时,禁止锤爪或弯刀、甩刀入土作业。防止无限增加扭矩而引起机具损坏。作业时应及时清除缠草,避开土埂及其他障碍物,地头应留有 3～5 米机组回转地带。

(3)作业转弯或倒退时应先提升机具,提升位置不应过高,以免万向节倾角过大造成机件损坏,转弯或倒退后方可降落工作。转移地块或路上行走时必须切断拖拉机后输出动力。

(4(作业时若听到有异常响声,应立即停车检查,排除故障后方可继续作业。

(五)注意事项

(1)还田机作业时刀具禁止打土。

(2)每班作业前必须检查各连接螺栓、螺母和刀具销轴连接是否牢固。

(3)还田机运转时机后严禁站人或跟踪;禁止带负荷转弯或倒退。

(4)禁止带负荷起动还田机。

(5)还田机运转时严禁检查、保养和排除故障。

(6)还田机运转时严禁猛提,猛放升降装置。

五、常见故障及排除

秸秆还田机的常见故障及排除方法见表 8-2。

表 8-2 秸秆还田机的常用故障及排除方法

故障现象	故障原因	排除方法
传动皮带磨损严重	1.张紧度不当	调整
	2.皮带长度不一	更换
	3.负荷过重或刀片打土	改为低一挡速度作业,加大留茬高度
粉碎质量太差	1.传动皮带过松	调整
	2.刀片短缺或磨损	补充或更换
	3.前进速度过快	减速
	4.负荷过重	减少粉碎行数、降低前进速度
	5.装反刀片	重新安装
机器振动强烈	1.刀片脱落	补充刀片
	2.紧固螺栓松动	紧固
	3.万向节叉方向装错	正确安装
	4.轴承损坏	更换
万向节损坏	1.缺油	加注润滑脂
	2.万向节装错	重新安装
	3.倾角过大	提升不要太高,调整限位链
	4.降落过猛	缓慢下降
喂入口堵塞	1.作物过密	减少粉碎行数
	2.前进速度太快	减速
万向节传动轴折断	1.传动系统卡死	排除故障,更换新轴
	2.突然超负荷	减轻负荷
轴承升温过高	1.缺油	注机械油
	2.传动皮带过紧	适当调整
	3.轴承损坏	换轴承
齿轮箱漏油	1.油封损坏或失效	换油封
	2.密封垫破损	换密封垫
	3.螺栓松动	紧固螺栓
刀片折断	碰坚硬物体	补充刀片,加大留茬高
声响异常	1.刀片孔磨大	换刀片
	2.刀片销轴磨细	换销轴
	3.轴承损坏或固定螺钉松动	换轴承、紧固螺钉
齿轮箱内有杂音、温升过高	1.齿轮间隙不当	调整间隙
	2.齿轮损坏	更换齿轮
	3.油过多、过少	放油或加油
	4.箱内有异物	清除异物

第四节　花生收获机械的维护技术

花生是我国的主要油料作物，花生收获经历了手拔、镢刨、犁耕和机收四个阶段。采用机械化方式收获花生，能够快速收获花生，减少花生脱落，缩短花生的收获日期，提高生产效率，保障花生品质。

一、类型

花生收获机械主要有花生挖掘犁、花生挖掘机、花生摘果机和花生联合收获机，可根据种植面积、种植方式等具体情况选用合适的机型。

1. 花生挖掘犁

该机主要包括牵引架、机架和挖掘铲，有一些还带有少量除土栅条，其结构与通用犁十分相似。一般与小四轮拖拉机或手扶拖拉机配套使用，工作时就像铧式犁一样，挖掘犁内向翻土，将花生耕起。其结构简单，但不能很好地实现花生与土壤的分离，挖掘后还要由人工抖土，捡拾花生。

2. 花生挖掘机

花生挖掘机可一次完成挖掘、抖土、铺放等工序，较花生挖掘犁在功能上有了较大的提高，但仍需人工或机械捡拾、摘果，如图 8-14 所示。

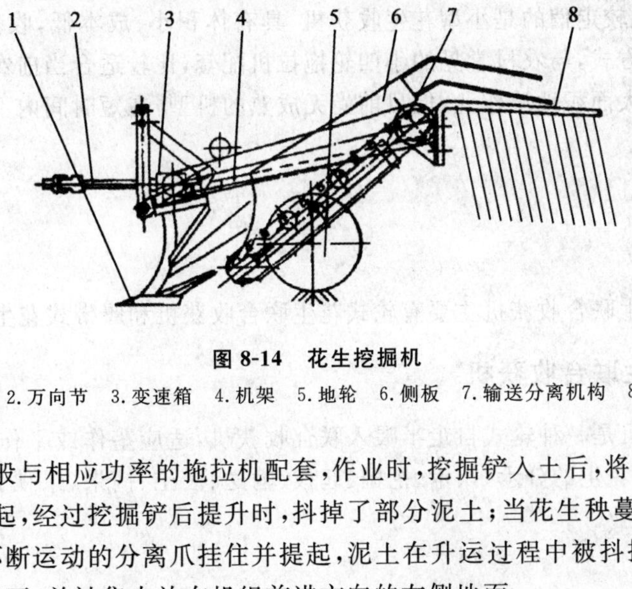

图 8-14　花生挖掘机

1. 挖掘铲　2. 万向节　3. 变速箱　4. 机架　5. 地轮　6. 侧板　7. 输送分离机构　8. 铺放滑条

花生收获机一般与相应功率的拖拉机配套，作业时，挖掘铲入土后，将 10 厘米厚的土层连同花生秧果全部铲起，经过挖掘铲后提升时，抖掉了部分泥土；当花生秧蔓接近输送分离机构升运分离链时，被不断运动的分离爪挂住并提起，泥土在升运过程中被抖掉，花生秧蔓被抛到机后，顺铺放滑条滑下，并被集中放在机组前进方向的左侧地面。

3. 花生摘果机

花生摘果机由摘果装置与清选装置构成，其中清选装置由振动筛与气吸装置两部分构成。前者由振动筛、偏心轮传动机构、摆杆等构成；后者由传动机构、风机、前吸风口、后吸风口及吸风口调节套等构成，如图 8-15 所示。

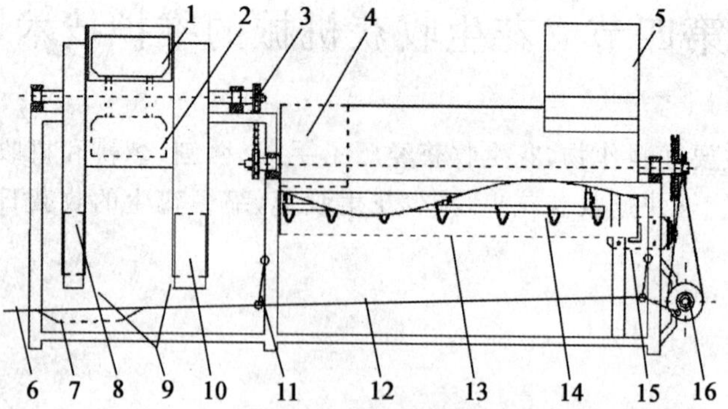

图 8-15　花生摘果机

1. 出风排杂口　2. 风机叶片　3. 链传动部分　4. 秧秆出口　5. 喂入槽　6. 出料口　7. 筛子砂石口　8. 后吸风口　9. 吸风口调节套　10. 前吸风口　11. 摆杆　12. 振动筛　13. 凹板筛　14. 摘果装置　15. 电动机 16. 偏心轮驱动装置

清选装置采用振动筛与气吸组合式清选原理，其工作过程是：花生摘果产物首先落到振动筛上，振动筛使清选物料均匀输送并将小土块、石子和碎秸秆等杂质清除；靠近摘果装置的前吸风口吸除筛面上较轻、飘浮速度较小的花生叶、花生果柄等成分，靠近出料口的后吸风口吸除混杂在花生荚果中飘浮速度较大的碎秸秆、空瘪荚果等成分。

4. 花生联合收获机

花生联合收获机可一次完成花生的挖掘、分离泥土以及摘果、清选等作业。

目前，市场上比较走俏的是小型花生收获机，具有体积小、成本低，收获损失率低的优点，它采用抖动挖掘的方式，与农村常见的小四轮拖拉机配套，比较适合当前农村的特点。大型花生联合收获机适于大面积地块作业，但目前尚无成熟的机型，在短时间内不能替代小型花生收获机。

二、维护

我国生产的花生联合收获机主要有轮式花生联合收获机和履带式花生联合收获机两种。

(一)轮式花生联合收获机

花生联合收获机是一种轮式自走半喂入联合收获机，适应垄作或平作花生的联合收获作业，可以一次性实现花生的分禾、扶禾、挖掘、起拔、输送、去土、摘果(果秧分离)、清选(果土分离)和集箱(装袋)作业。

1. 基本结构

型轮式花生联合收获机由机架、传动系统、升降系统、挖掘部分、碎土器、夹秧输送系统、摘果器、振动筛、横向输果器、提升器、集果箱等部件组成，如图 8-16 所示。

机组结构形式分左右结构，左边是驾驶台、动力和果仓，右边是收获系统的输送槽、摘果箱、振动筛和风机。轮式行走系统有两轮驱动和四轮驱动 2 种形式，适应各种土质的田间行走

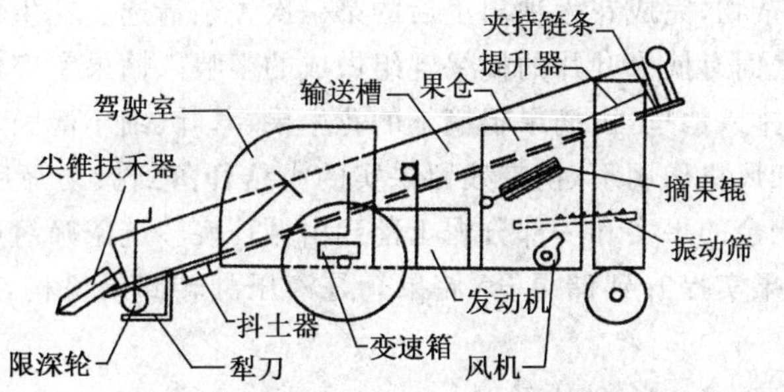

图 8-16　花生联合收获机基本结构

要求，轮式行走还具有转移速度快、维护简单等优点；半喂入的摘果方式消耗动力小、破碎率低、果秧完整；循环链条提升器结构新颖、不堵塞不缠绕、清选效果和提升效果好。

(1)传动系统。该机传动系统动力从配套四轮拖拉机变速箱左边的动力输出轴上获得。传动箱与拖拉机动力输出轴相连，改变动力传递方向后，通过万向节、传动轴与收获机后部的传动箱相连，收获机后部的传动箱将动力分成两组，一组直接传递到机器尾部的横向分离输送链；一组通过集果箱底部的横向中间轴传递到机器右后边的动力箱，这部分动力主要用来驱动配置在拖拉机右侧的夹持、输送、摘果机构。

(2)挖掘部分。挖掘主要由挖掘铲来完成，它的铲型犁刀的刀口形状与铲面弯曲，既不堵秧也不缠草，既能松土又不把花生翻起，挖掘铲前部的外侧有可调的限深轮，用来控制挖掘铲入土的深度。限深轮前部有分秧器，可利于对行。

(3)夹秧输送系统。夹秧输送系统位于拖拉机的右侧，是机器的主要工作部件。主要由类似分禾器的拢秧导向装置、由弹簧支撑夹紧的齿形链条夹秧器、对辊式摘果器、链条滑轨、排秧导向分离机构等组成。用来夹持、起拔花生植株，并把花生秧排到机后。

(4)对辊式摘果器。对辊式摘果器主要由一对带有叶片的辊子组成，辊子由直径为 40 毫米的无缝管制成，表面沿轴向焊有四块高 60 毫米、厚 5 毫米的钢板。当花生秧的根部从两辊子中间通过时，花生果被钢板扫落。

(5)振动筛。振动筛主要由鱼鳞筛箱、吊杆、偏心轴、连杆组成。振动筛的筛叶上带有弧形齿，筛叶之间的间隙可调，它的吊杆长度也可调，可以改变升角，主要用来进行果土分离。

(6)升降系统。此系统比较简单，主要利用拖拉机后悬挂液压升降系统的升降臂，配置花篮螺栓、定滑轮、钢丝绳等与前部升降支架上的拐臂连接，从而实现升降。

2. 工作过程

如图 8-17 所示，该机通过机架与拖拉机后部连接，升降支架与拖拉机前部连接，挖掘部分与夹秧输送系统等位于拖拉机的右侧。机组进入田间工作时，降下拖拉机液压升降机构，拖拉机的动力通过侧动力输出轴、离合器、万向联结轴等部件传递给该机的各部分，该机进入工作状态。

收获作业时，位于收割台前端子弹头一样的尖锥扶禾器首先把花生秧分开，并把倒伏的花生扶起引导向齿形夹持链条，随机组前行；位于扶禾器下部的挖掘铲将花生的主根切断，前低后高的夹持链条夹住花生秧由前部往后部输送，完成挖掘和起拔的过程。

花生秧离开地面后，两根平行的抖土杆作往复振动拍打花生秧结果部位上方，振落大块的泥土和夹杂的石块等杂物，完成花生秧出土后的第一次去杂清选。花生秧继续往后输送，进入由两根作相对转动、表面有摘果叶片的摘果辊组做成的半喂入摘果室完成果秧分离。

花生秧往后输送排入地里，由摘果辊摘下的花生果、草叶、细小薄膜、细小秸秆等杂物落到振动筛上，在振动筛和风机作用下，携带残留果实的小秸秆落到振动筛后面的杂物筐里，草叶和薄膜被吹出机外，剩余的果实和一部分泥土落到由循环旋转链条筛组成的提升器里面，将泥土过滤掉并将干净的果实提升到储果仓，储果仓是液压翻转卸果机构，也可以配备人工装袋方式。

(二)履带式花生联合收获机

履带自走式花生联合收获机能较好地适应我国花生种植农艺和生产特性的要求，对各类土壤墒情适应性好，沙壤土、半黏土、黑土地收获均能达到很好的效果。

履带式花生联合收获机主要由机架和装在机架上的行走轮、铲刀、输送装置、脱果装置、振动装置、分捡装置、收集装置等组成，如图 8-17 所示。

图 8-17　履带式花生联合收获机

该机特点：

①采用对辊差相组配式滚筒摘果机构，具有脱荚率高、未脱荚率少及破损率低等优点，非常适合我国花生鲜株花生脱荚作业。

②采用无级变速、液压转向、履带式行走装置，操纵简单、灵活。即使在雨后沙质土壤、田区仍可顺利进行收获作业。

③采用左侧前置式结构进行收获作业、视野宽广、一次同时收获两行，可适用于畦作或平畦栽培的田块。

④一次同时完成拔取、脱荚、清选及袋装等作业、整个作业过程仅需两人即可完成。

⑤具备强制梳株、松土处理系统、拔株 99%以上、地下荚果残留率低于 1%。

⑥半喂入收获方式，秧蔓完整可利用。

⑦采用本机作业与人工收获方式相比，节省 94%以上工时及作业成本，并缓解农村劳动力不足，降低生产成本。

(三)花生联合收获机常见故障产生原因和排除方法

花生联合收获机常见故障产生原因和排除方法见表8-3。

表8-3　花生联合收获机常见故障、产生原因和排除方法

故障现象	主要原因	排除方法
收获器堵塞	夹持链上夹持了石块	清除夹持链上的石块
	扶禾器上缠绕了杂草	清除扶禾器上的杂草
脱土不好	犁刀入土过深	调整犁刀入土深度
	摆动强度过小	调整摆动强度
掉果多	挖掘铲提得太高	增加犁刀入土深度
提升器有异常响声	链条松动	调节链条紧度
夹秧器有异常响声	链条松动	调整链条紧度
	上下夹秧器链片错位	重新安装链条
夹持器夹不住秸秧	链条夹持力不够	调整夹持链条的弹簧弹力
摘果不净	夹持输送位置偏高	调整限深轮的位置
	收获方向偏离	调整收获行驶方向

第五节　薯类收获机械的维护技术

薯类收获机械指用于挖收马铃薯、甘薯、胡萝卜和洋葱等根块类作物的机械，我国应用最多的是用于收获马铃薯，所以一般称为马铃薯收获机。

马铃薯收获机分为马铃薯挖掘机和马铃薯联合收割机。马铃薯挖掘机可完成挖掘和初步分离，然后用人工捡拾。马铃薯联合收获机可同时完成挖掘、分离、输送装车等工序。

一、马铃薯挖掘机

1. 基本结构与功能

马铃薯挖掘机是我国使用比较广泛的一种抖动链式薯类收获机械，由机架、挖掘铲、输送链及抖动机构、集条器和地轮等组成，如图8-18所示。

马铃薯挖掘机一次完成挖掘、升运、分离、放铺等多项工序，通过挖掘铲对马铃薯进行挖掘，挖掘后通过输送链输送，输送链配有抖动机构，使马铃薯与土壤分离，再通过集条器把马铃薯集放成条，最后通过人工捡拾，如图8-19所示。马铃薯挖掘机与拖拉机配套使用，适合于在地势平坦、种植面积较大的沙壤土地上作业。

图 8-18　马铃薯挖掘机

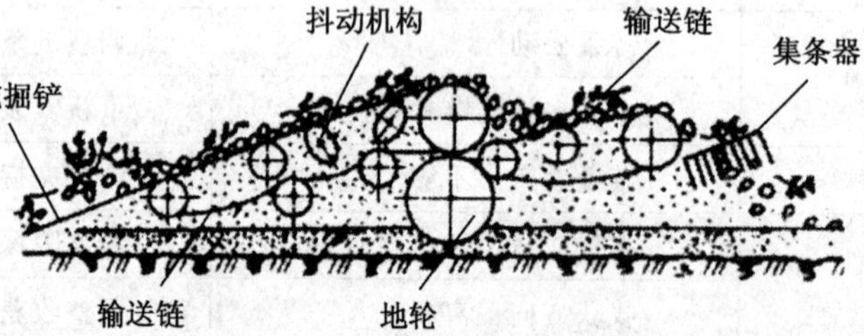

图 8-19　马铃薯挖掘机工作过程

2. 使用操作

(1)机器连接。将万向节的一端与拖拉机后输出轴连接,另一端与收获机花键轴连接,再将机器与拖拉机三点悬挂连接。

(2)挖掘铲深度调节。

①可通过调节拖拉机中央拉杆的长度来调节其深度,中央拉杆缩短时挖掘深度则深,中央拉杆伸长时挖掘深度则浅。注意:调整后,中央拉杆的丝扣结合不能太少,否则造成机具松脱而损坏。

②可通过调节限深轮深浅,控制挖掘铲的深度。为能更好地挖尽作物茎块,建议采用适当的挖掘深度,从而避免挖掘不必要的泥土,减轻作业负荷。收获马铃薯时深度调节在 20 厘米左右。

(3)整机偏移程度调节。当上述工序完成后应及时检查挖掘铲与垄是否对正,如不对正,可通过拖拉机的悬挂系统进行偏移调节,或者通过加宽拖拉机的轮距来调节。

(4)整机试运转。按以上步骤调整完毕后,进一步检查各连接部位的可靠性,各润滑部位及转动部件是否加注了足量的润滑油。检查完毕后发动拖拉机,先用小油门,机器无异常响声后,方能逐渐加大油门。全速运转 20 分钟后,检查轴承及转动部件,所有紧固件无松动,方可投入使用。

3. 维护保养

(1)作业完成后,首先要清除收获机部件上的泥土,每天都要清除机器上各部分残存的马铃薯壳、碎茎秆及其他附着物,特别要彻底清除杂草等附着物。收获机使用1周后,要对万向节、轴承等加注黄油,并对其他润滑点进行检查和补充。

(2)检查收获机皮带的磨损情况,如果收获机皮带磨损严重,要及时更换新的皮带。要及时润滑一切摩擦部位;所有装在外面的链条要经常用机油润滑。每隔3～5天应卸下链条放在清洗油中清洗。检查中发现的问题要及时调剂或修理,以消除故障,并避免新故障的发生。检查机架、连接紧固部位、各拉杆备紧螺母或防松销轴是否松动或脱落,并及时紧固和更换。

(3)收获机在存放时,要选择通风遮阳的地方,用砖或其他物品将机架垫起,使挖掘铲、限深轮离开地面,最后,用塑料布把收获机盖住。拆下的动力轴、液压油管、地轮等最好放在架子上,摆放整齐,防止损坏。

二、马铃薯联合收获机

马铃薯联合收获机可同时完成挖掘、分离、分选和装箱等工序,与马铃薯挖掘机相比,增加了输送分离装置,强制振动,分离率高,可一次性完成挖掘、分离、分选和装箱等工序,收净率高,破损率低,如图8-20所示。

图8-20 马铃薯联合收获机

1.使用操作规范

(1)驾驶员必须经过马铃薯收获机驾驶操作的培训和学习,具有田间作业经验和农机管理部门签发的驾驶执照。

(2)使用过的马铃薯收获机必须经过全面的检修和保养,与马铃薯收获机配套的拖拉机必须通过农机监理部门的年审,且技术状况良好。

(3)发动机启动前,必须将变速手柄及动力输出手柄置于空挡位置。启动发动机后应检查拖拉机液压升降系统是否正常;各操纵机构、指示标志、仪表、照明等是否正常;然后缓慢接合动力,检查收获机各运动部件是否正常,有无异常响声等。

(4)拖拉机起步、转弯、倒车时,要先鸣喇叭,观察前后左右的状况,并提醒多余人员离开。长距离行走或运输状态时,必需切断收获机的动力,中速行驶,并且机组人员除一名驾驶员外,其他部位不允许坐人。

(5)进入地块收获前,驾驶员要了解待割地块的基本情况,如地形、品种、行距、成熟程度、倒伏情况等,地块内有无木桩、石块、田埂、水沟,是否有陷车的地方等。进入地块后,机具应进行试运转,并使发动机稳定在正常工作转速,方可开始收割。

(6)作业过程中,驾驶员要随时观察、倾听机具各部位的运转情况,如发现异常,应立即停车熄火排除故障,不允许机器带故障作业。作业过程中,如果冷却水温度过高,应停车清理水箱前端堵塞物,并及时补充冷却水,但不要立即打开水箱盖,以免烫伤手脸,而应冷却一段时间后再打开水箱,补充冷水。

(7)工作期间,禁止驾驶人员饮酒,禁止驾驶员在过度疲劳、睡眠不足、健康状况不好的情况下驾驶机组。

2. 维护保养

(1)减速器可加 40 号机油或齿轮油,每作业 48 个小时应检查油量,使油面保持在大齿轮 1/3 的高度位置。

(2)导轮、托链轮、抖动轮、张紧轮、升运链轴承、地轮和万向节传动轴等,应保持良好的润滑。

(3)更换减速器机油,向各润滑点加注润滑油。

(4)每运行一个班次,应对机具各润滑点注油,对各坚固件进行检查紧固,并擦拭机具,清除杂物。

(5)作业时随时注意收获机械的工作状态,发现破碎、漏收时,应及时查找原因,调整后再行作业。

(6)作业季节前,要求清理机器各部位表面泥土,检查全部紧固件。

(7)随时做好机具清理工作,一般每收获 10 亩做一次简单的检查,收获 2 公顷就停车检查调整各部件,以防各坚固件松动,发现有部件有过热现象时,应查找原因排除。

(8)作业完毕后,取下筛网总成,清除泥土、杂草后放在干燥处。各润滑点如注油润滑,杂物切轮轴承盖和筛网导轮轴承盖应拆开加注黄油。

(9)作业季节结束要进行全面清理、清洗,进行全面检修,恢复良好技术状态,将其按要求停放在机具库内。

第六节 甜菜收获机械的维护技术

收取甜菜茎叶和块根的作物收获机械叫甜菜收获机。主要在东北和新疆的大型农场使用。

一、工艺流程

甜菜收获主要包括清除茎叶、挖掘块根、清理输送和捡拾装载等作业,一般根据机械完成上述作业的情况组成以下收获工艺流程:

(1)两段收获法。用顶叶切削集条机(简称切顶集条机)切除青顶和茎叶(简称切顶),并堆集成条，然后用甜菜挖掘装载机将块根挖起，清理泥土后装运。机具的可靠性较好。

(2)三段收获法。用切顶铺撒机或切顶集条机切下顶叶铺撒在地面或堆集成条，然后用甜菜挖掘集条机将块根挖起并堆集成条。最后用甜菜捡拾装载机将块根捡起装运。此法由于把收获过程分成几个工序，可为提高机械作业速度和使用多行作业机创造条件，但对运输车辆的调度要求较高。

(3)联合收获法。用甜菜联合收获机一次完成切顶、挖掘块根、清理输送等项作业，然后直接将块根装入挂车。效率高、节省劳力、操作方便，特别是在天气多变情况下可避免块根因遭雨淋而降低含糖率。

二、分类

(1)切削集条机。主要用来在挖掘块根前切除顶叶并收集成条。作业时，仿形轮沿甜菜行滚动，随甜菜顶的高低起仿形作用，以利切割器将茎叶和少量根头切下，切下的顶叶由输送器送至箱中，螺旋推运器将其运至一侧集条铺放，根顶清理器将剩余茎叶清除。

(2)甜菜块根挖掘机。由挖掘器、限深轮等组成。作业时，挖掘器将已切除顶叶的块根挖出并送到栅状回转盘上，在离心力作用下清除泥土和夹杂物，并借助导向板将块根集拢成条。

(3)甜菜联合收获机。按工艺流程有拔取型和挖掘型两种。拔取型甜菜联合收获机由块根挖掘器、拔取一输送装置、切顶器、块根清理、分离装置、顶叶升运器和块根升运器等组成。作业时，块根挖掘器将块根周围的土挖松，由拔取-输送装置将块根拔出并输送到切顶器，切下的顶叶由顶叶升运器送入茎叶箱或运输车内；块根则在沿清理、分离装置输送过程中清除泥土和残留茎叶等夹杂物，然后由块根升运器送入块根收集箱或运输车内。其块根清理质量较好，损伤也少，但机器结构复杂。挖掘型甜菜联合收获机作业时，先由切顶器切去顶叶，然后由挖掘铲将块根挖起，由杆条式输送链代替拔取-输送装置，其他结构和工作原理与拔取型基本相同。结构简单，生产率较高，但块根清理质量较差，且易损伤块根。

三、基本构成

1. 切顶器

通常由仿形器和切刀组成，主要有平切刀式、圆切刀式和除叶切顶器 3 种类型。平切刀切顶器由刀口斜置的平切刀和圆盘仿形部件组成，仿形部件位于切刀上方，有 4～8 片圆盘仿形轮，切顶高度由圆盘与切刀刃口间的竖直距离确定。结构简单，切顶叶质量较好，但易堵塞。机器作业速度宜限制在 1.6 米/秒以下，速度大时易发生少切、漏切现象。圆切刀切顶器由与地面呈 12°～35°倾角的圆盘切刀和位于其前方的仿形滑脚组成，切顶高度由滑脚底部与圆切刀刃口最低位置间的竖直距离确定，其结构较复杂，切顶质量不稳定，但能适应较高的机器作业速度，且不易堵塞。除叶切顶器由旋转甩刀式切叶器、橡胶轮式根头清理器和带仿形滑脚的平切刀组成，依次进行切叶、清理根头和切顶。作业可靠，切顶质量稳定，适应较高的机器作业速度，切刀不易堵塞，但切下的茎叶散碎，只能还田作肥料。

2. 块根挖掘器

常用的有铲式、叉式、圆盘式和组合式等类型。铲式挖掘器是一双对称配置的铲刀，结构简单，入土性能好，铲子强度高，但块根损伤多，适用于轻质和中等质地土壤。叉式挖掘器由一对尖叉杆组成，其工作原理、性能同铲式相似。但由于它不能大量松动土壤，须直接作用在块根上才能将其掘出，块根受损伤较多，只适用于轻质土壤。圆盘式挖掘器是由两个对称配置的挖掘圆盘组成，圆盘周边有光刃、缺口刃和凿形刃 3 种，由机器的传动装置驱动旋转，也可由土壤阻力驱动。挖掘质量和土块提升效果均好，而且不易缠草，能在较硬的土壤中作业，但结构复杂，还需要施加较大的入土压力。组合式挖掘装置又称复式挖掘器，由一个倾斜圆盘和起导向作用的滑脚组成，或由一个驱动式倾斜圆盘和一个铧式小铲左右配置而成，挖掘效果对各种土壤的适应性和入土、导向性能均好，20 世纪 70 年代以来得到广泛应用。

3. 清理分离装置

用于分离泥土和其他杂物，通常与输送装置相结合。常用的有栅状回转圆盘式、螺旋滚筒式和杆条式等几种。栅状回转圆盘式清理输送器作业时，利用栅条间的空隙和离心力的作用清理和分离块根上的泥土和夹杂物，并把块根向后输送。螺旋滚筒式清理输送器主要用于纵向过渡输送。作业时块根沿辊轴轴线转动，同时绕自身轴线转动，以清除泥土，扯掉残留的茎叶和杂草。杆条式清理输送器是由相互平行的杆条组成的链式输送器，结构简单，工作可靠，但不易分离大块硬土和甜菜残株，并容易损伤块根。

四、故障诊断与维修

甜菜挖掘收获在甜菜整个生产过程中费工最多、劳动强度最大的一项作业，其主要作业有：挖块根、切缨叶、块根及缨叶集堆、装车、运输等。其故障诊断及维修方法为：

(1)检查整机是否运转正常，如果运转不正常对相应的地方进行维修。

(2)检查挖掘机铲(叉)是否对准甜菜播行，如果没有对直对其进行调整，对齐即可。

(3)检查测试挖松深度是否合乎要求，如果不合适，对其进行调整即可。

(4)检查漏挖情况，保证其不高于 1% 即可。

(5)挖抛松的甜菜应断根无损伤，切缨叶效果要好，如果效果不好，对其进行调整使其达到要求。

(6)运输过程中检查运输车辆安全，保证运输过程安全畅通。

第七节　4FZ-40 自走式番茄收获机的维护技术

一、4FZ-40 自走式番茄收获机的组成

图 8-21 4FZ-40 自走式番茄收获机工作场景。机该由下列部分组成(图 8-22)：上底盘、下底盘、驾驶员控制、采收群(割刀，梳或碟片)、切割群(镰刀片，锯齿刀或圆盘)、进料器、金属轮(或“静止器”)、震摇分离器、故障解决、交叉段的输送带、挑选带、电子色选仪、挑选带的脚凳、卸料输送带群、采收底盘的移动、前后轴、刹车、液压油罐、液压传输、传输群、自动挑选带群、自动水平寻访、倾斜链等。

图 8-21 4FZ-40 自走式番茄收获机作业场景

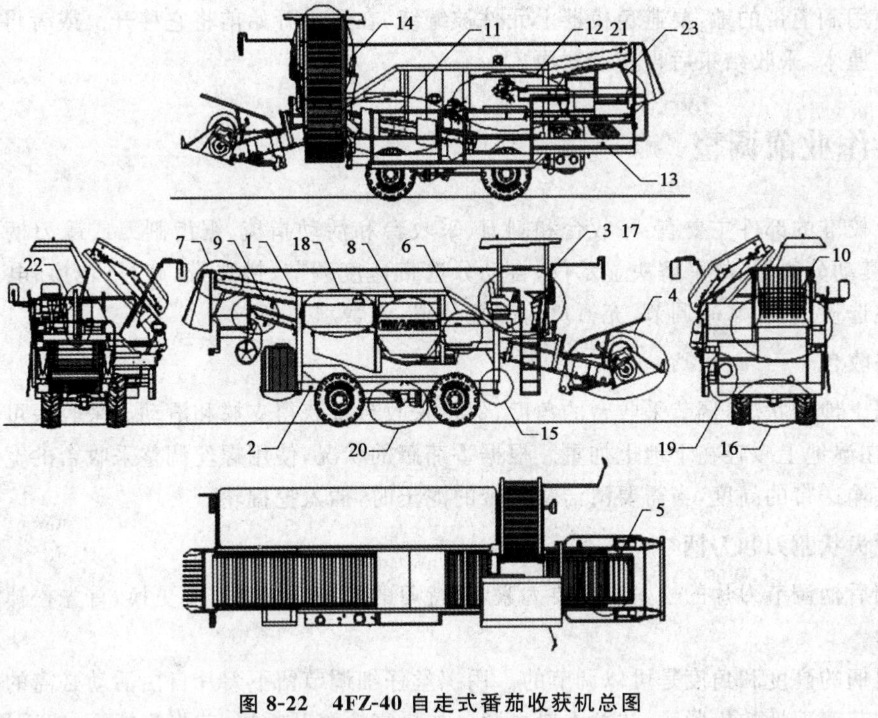

图 8-22 4FZ-40 自走式番茄收获机总图

1.上底盘 2.下底盘 3.驾驶员控制 4.具有割刀和活动梳指的采收台单元 5.锯齿割刀或镰刀柄 6.进料器 7.挖掘轮 8.振动分离器 9.故障解决 10.交叉输送带 11.挑选带 12.电子色选仪 13.平台挑选带 14.卸料单元 15.采收底盘移动 16.前轴和后轴 17.刹车 18.液压油罐 19.液压传输 20.传输单元 21.自动挑选带单元 22.自动水平和弹簧水平 23.倾斜链

二、作业前准备

(1)通常作业前事先准备至少两个工作人员，一个驾驶另一个在挑选带。聘用的操作员必须经过使用机器的培训，或直接来自生产商(保留使用过机器的人员报告)或曾经获得制造商培训的人员。

(2)在机器运动时，绝不要以任何理由将手指插到输送带的缝中。

(3)第三个人(检查员)进行以下检查工作:

①即使采收机速度很慢也不要离采收头太近,避免被机器的突出部撞到。

②从机器上下来时,清楚地形情况,避免损伤。

③根据番茄流量大小,其他人员可安置在挑选带区。这种情况,在挑选带区应装备适当的辅助设施"捕获棒",这样紧急按钮能在挑选带各段起作用。

④检查人员或挑选带工作人员要引起驾驶员注意可使用适当的"喇叭"。

⑤每次机器启动前都要鸣笛示意,提醒挑选带,倾斜链即将运动。

⑥在有人员进行危险活动如将手指放到输送带缝隙或机器处于危险位置时,要鸣笛引起注意。

⑦在高位通路部分需要特别维护,必须对人行架、平台做调整,以便更好支撑操作者。

⑧使用滴灌带的地,要避免机器上元件被缠绕,在采收开始前将它移开。或者将滴灌带埋进地去几厘米,采收结束后再连续复原。

三、作业前调整

需要校准的部件主要有:采收台和割刀、采收台和活动指梳、锯齿割刀或镰刀柄、进料器、挖掘轮、震动分离器、故障解决显示仪、自动分选带速度调节、挑选带、卸料、转换、电子色选仪和杂物挑选仪、自动水平调节、充氮负荷减轻装置、弹簧水平等。

1. 采收台

根据土地的状况,调节采收台的角度,保持采收台都获得支撑和滑动。采收头可以使用弹簧调节,在湿地上减轻在干地上加重。根据番茄藤的状况,使用螺丝调整采收台的宽度和使用螺丝调整输送带的高度,当需要清洁输送带的泥土时,插入挖掘轮。

2. 锯齿状割刀和刀柄

使用后柄调节刀片的松紧度不要太紧,保持刀的锋利。如果需要更换,首先松掉刀柄然后松掉螺丝。

镰刀柄的高度和角度是可以调节的。用螺丝仔细调节留下刀片自由活动必需的空间。使用后柄调节镰刀柄的松紧度,注意不要太紧。如果需要移开板棒,首先松掉柄,然后移除螺丝。使用水清洗锯齿刀(不要使用柴油或润滑油)。

3. 进料器

调整距离,松螺母并将该单元随狭槽滑动。

4. 挖掘轮

旋转速度可以使用阀门调节。如果需要刮刀在目前几行工作,移动液压气缸,刮刀会自动开始工作。如果滚轮堵塞使用阀门反向旋转。

5. 振动分离

在仪表盘上有开和关控制。当按键处于"振动速度"活动时,按键转动振动分离器。转速通过阀门调节,找出转动数,启动柴油发动机在转速(1 800 转/分钟)时关闭阀门。这样将从新设置转速。考虑有 6 转子对每一个阀门周期。

调节控制番茄藤平稳输送进振动分离器(建议值转/分钟)。

调节质量振动数使用阀门,启动柴油发动机在转速(1 800 转/分钟)时给出重量振动最高速度,获投入得震速 600 转/分钟。每一个阀门周期是 100 转/分钟。根据番茄的状况,调整振动速度。弱振动为 375 转/分钟;强振动为 600 转/分钟。

水平插入,调节称锤程序:

(1)确定电机关闭;

(2)确定转子皮带适度拉紧;

(3)将电机笼移到垂直方位;

(4)将二个称锤布置好;

(5)将称锤安排标准;

(6)轻轻松掉安全螺丝;

(7)将上称锤移到水平位置,调节保持螺丝;

(8)上紧到适当位置;

(9)重新拧紧安全螺母;

(10)移动较低的称锤到水平位置。当使用以上程序调节较低称锤到水平位置时,要确认较上边的称锤是水平的;

(11)上紧到适当位置;、

(12)再检查二个称锤。

6. 下面振动分离器皮带

当有必要清理皮带上泥土时,插入挖掘轮

7. 挑选带

挑选带速度调节,要在发动机工作转速在 1 800 转/分钟时使用阀门调节。

理想的番茄抛物线是 2.5～3.5 厘米,与之相匹配的自动挑选带速度应是 20～32 转/分钟。

8. 卸料

使用按键调节卸料单元的高度。

9. 转换动力轮

转动活栓排列转换气缸,按以下程序:

(1)关闭"中心"机器。

(2)打开活栓并按下键,连续使用该按键。

(3)关闭活栓使用按键完成转换。

(4)打开活栓,连续使用按键。

本程序用以消除采收机的任何误转换。

10. 自动水平调节

调节速度总是要在柴油发动机达到最高转速(1 800 转/分钟)。进行阀门调节进料皮带速度。

番茄被抛下到货盘的理想距离是 2.5～3.5 厘米,分级器皮带的速度应是 20～32 转/分钟。

自动/人工模式转换开关，用旋钮人工调节。

11.弹簧水平调节

使采收头适应地的条件，干地上增加重量，湿地上减轻重量。

根据以下措施用螺丝调节负荷：

(1)用旋钮提升采收头。

(2)取下开口销和取下枢轴的卡环。

(3)取下链环减轻地形水平仿形轮在地上的负荷。

(4)加上链环加强地形水平仿形轮在地上的负荷。

(5)旋上枢轴的卡环并加上开口销。

四、作业

(一)驾驶员

驾驶员首先检查机器的所有移动部分没有插入物后按以下程序操作：

(1)点火(使用钥匙)。

(2)通过控制杆选择驾驶形式。

(3)松开刹车。

(4)通过开关选择输送速度，加快或降低色选仪速度。

(5)前进检查机器前是否有人，通知在旁边的人员，通过控制杆提升发动机转速，通过控制杆调整前进速度。

(6)刹车和制动，通过减速杆减速，踩脚制动器。

(7)后退，多次按喇叭，检查机器后面是否有人。在狭窄地带使用反光镜的帮助和地面人员的指导，保证正确操作通过开关，选择1挡液压输送，减低速度。收回操作杆，直到获得期望的速度。

(8)急转弯，通过操纵杆选择驾驶形式。

(9)在地里将机器调整到工作状态，移除在公路或街道上行驶所加的固定物，打开挑选带的脚凳、遮棚等，插入自动水平寻访的来福线，先检查操作各单元，然后才能让操作人员进入。

(10)将机器与要采收的番茄行排好。

(11)使用按键选择底盘平移的前底盘和后底盘的位置，通常机器采收机平移到右侧，除非在地里采收从中间开始。

(12)将发动机转速调到约1 000转/分钟左右，一定要以1挡速度慢调。

(13)检查所有工作单元，采收群震动分离器，称锤，挑选带和排杂装置，色选仪。

(14)将发动机转速调到约1 800转/分钟。

(15)调低采收单元保持低位操作(操作必须保持前部位置全互锁)。

(16)此后，运送番茄的拖车就位于卸料臂下。

(17)通过按键调整采收单元到适当高度，卸料臂高度和根据采收条件调整各单元相匹配的速度。

(18)在番茄行的末端，升高采收单元。

(19)采收结束后，完全清空。

(20)每次降低和停止一个单元采收群、震动分离器、称锤、挑选带和排杂装置。

(21)发动机熄火和存放时，清洁机器，关闭色选仪空气旋钮；安置固定装置；开回机器，拉好手刹；使用钥匙熄火发动机；断开位于柴油发动机区，采收机后部的总开关。

在要长时间存放后，启动发动机时要按喇叭作为引起注意的信号，开始前进时要按喇叭作为引起注意的信号。一定不要在发动机和其他单元的电机没有停止工作前离开指挥台，一定不要在挑选带和卸料臂未停止工作前离开指挥台。采收机不要淋在大雨中进行点火。采收机不要靠近明火。不要在采收机正在运动时进行熄火。

(二)色选仪

如果采收机上不止一个色选仪，其中一个必需被命名并被驾驶员识别如取名“班长”。班长是唯一的挑选带重新启动的执行者，其他操作只能跟其后。

“班长”带有适当的警报，其他操作员能冒险启动可以控制，但不能对色选仪进行改造而降低效率，例如损害番茄或降低挑选出土块、番茄藤等的效率。

色选仪在人工挑选带和色选仪输送带速度不正常时，必须给出信号。机器调节错误或前进速度太快也要给出信号。

色选仪在任何时候都能通过按键(或控制杆)停止挑选带。在这种情况下必须给出信号，避免堆积番茄。

“班长”还有控制色选仪效率的任务，当驾驶员要重新启动输送带时必须注意以下事项：

(1)确认没有处于危险位置的人员。

(2)引起合作人员和领班的注意。

(3)运番茄的拖车在正确位置。

(4)不要以任何理由在挑选带还在运动时或还有运动迹象时将手指插到输送带的缝中。

(5)“班长”不要在没有进行警报操作和控制紧急开关之前启动输送带。

(6)对操作人员应通过带帽子、其他声学保护装置和临时的防尘措施进行保护。

(7)操作人员要特别注意紧急标记，它指出危险点。

(8)操作人员在工作时不要穿敞开式服装，防止被机器缠绕。

(三)在倾斜链上的工人

在倾斜链上的操作员有两个任务：检查机器是否处在采收番茄的正确位置，正确分选番茄和藤叶。

在倾斜链的操作员，站在脚凳上(脚凳和倾斜链)从番茄流中剔出泥土、藤叶和其他杂物，在有不正常状况出现时，能给“色选仪班长”发出信号，在转弯时他能给驾驶员通知提升采收台，调整几个单元的速度，检查格栅和风扇是否清洁，提醒降低采收机速度。

在番茄流中去除挑选出来的植株，允许小于 5 厘米长的碎片植株出现，但频率不超过 10 秒一个，允许小的碎片植株在番茄流上漂浮过。

在拣出小杂物的操作上必须注意不要将手指插到输送带的缝中；不能在输送带未停或未停稳时将手指插入输送带链的缝中；不要试图拣出番茄流下面的或小于 5 厘米的植株碎片；要特别注意紧急指示点，该指示指出有危险和禁止的行为；不要穿敞开服装工作，有可能被机器某部分缠绕。

(四)工人位置

如图 8-23 标明在地里工作时工作人员位置。不要站在机器的后面，因为驾驶员看不见该位置。在工作时，采收机左侧拖拉机或拖车，绝不要以任何理由在机器运动时跨越二车。机器工作时让非工作人员最少离采收机 15 米外。

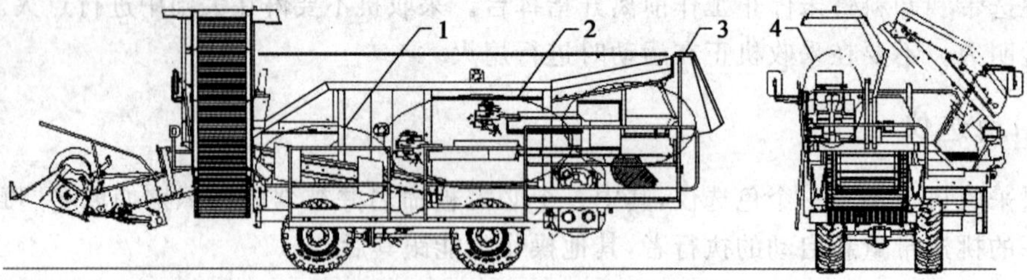

图 8-23　地里工作时工作人员位置

1. 人工挑选区　2. 电子色选仪检查区　3. 倾斜链检查区　4. 指导地方

五、在公路上行驶

(1)每次进行公路行驶前，请确认刹车正常工作。

(2)确认灯光，闪光灯和其他保护和应急功能正常工作。

(3)正确固定好以下机构：采收机输送带、侧输送带、急转弯的方式、液压水平调节、侧台。

(4)不要让采收机在载有番茄或泥土时在道路上行驶。

(5)留意反光镜调整到正确位置。

(6)遵守道路交通法规。

六、采收机的存放

在将机器存放起来前，事前应做一些准备工作，以便下一采收季的完美工作。

(1)清洁并清洗机器各部分，特别是暴露易被腐蚀的部分。对暴露易被腐蚀的部分清洗清洁后，可适当喷漆使用加油器给各点加油。

(2)清洁并润滑链带。

(3)(如果装的不是防冻液)排掉水箱中的水。

(4)电池要放在干燥地方，防止结冰。

(5)升高采收机，使用我们提供的固定支持工具将其固定。

(6)放松振动分离器皮带。

(7)放松进色选仪的皮带。

(8)将电子色选仪放置到适当的箱子中，存放在干燥的地方，并建议每个采收季节结束后，将色选仪和气动箱送到工厂重新校对和维护。

七、保养

(一)每天保养

自走式番茄收获机每天保养内容见表 8-4。

表 8-4　自走式番茄收获机每天保养内容

保养项目	保养内容
自动挑选带	使用延伸器检查皮带张力,上紧每条皮带的两边
挑选	保持所有输送带格杆的清洁,不要粘土,特别是在湿地工作;控制带的张度;检查润滑油液位和液压油液位
柴油发动机	发动机区域要清除粉尘,叶片和一切易燃物,防止着火
震动分离器	使用下部的延伸器控制传输皮带的张度
空气活塞	每 4 小时清除空气活塞中的冷凝水

(二)每周保养

自走式番茄收获机每周保养内容见表 8-5。

表 8-5　自走式番茄收获机每周保养内容

保养项目	保养内容
刹车	定期检查刹车油,加足矿物油
平移单元	保持油脂润滑
震动分离器	使用延伸器保持对输送带的控制;检查称锤皮带,松掉螺丝,上紧螺丝,控制称锤、称锤轴和辊轴的频率
液压传输(仅第一次)	第一次 50 小时运行后要更换过滤器,以后每运行 300 小时更换

(三)每月保养

自走式番茄收获机每月保养内容见表 8-6。

表 8-6　自走式番茄收获机每月保养内容

保养项目	保养内容
轴	给各点涂油脂
液压输送	更换过滤器
平移单元	控制齿轮箱油液位

(四)每季保养

自走式番茄收获机每季保养内容见表 8-7。

表 8-7 自走式番茄收获机每季保养内容

保养项目	保养内容
刹车	每个季节给脚刹涂油脂
平移单元	移动万向节使用柴油清洁然后加润滑油脂再装好
通风设备	替换并完全连接到链上
链带单元	替换带上的格栅接合
液压设备	更换液压过滤器和油

八、故障排除

自走式番茄收获机常见故障及排除方法见表 8-8。

表 8-8 自走式番茄收获机常见故障及排除方法

故障	故障原因	故障排除方法
锯齿刀弯曲切割	张力不适当,前进速度过快	重新调整割刀张力,降低前进速度
堵塞震动分离器进口	震动分离器转速不正确	加大分离器转速
堵塞震动分离器出口	震动分离器转速不正确	降低分离器转速
挖掘轮和盘在地上受阻	地较潮湿和土质较黏,未加清洁	坚强清洁
平移受阻	滑动部分没有润滑	润滑平移滑道,将机器倾斜使平移更容易
人工挑选带和排杂不工作	由于排杂带太倾斜	调整排杂带倾斜角度

(一)更换传动皮带方法

以下步骤是更换与震动分离器相关的皮带的规则,所有皮带和这 3 根皮带一样,应该松紧适度,不要过分松。在进行更换皮带前,要将离合块用链和延伸器固定在底盘上。更换传动皮带步骤:

(1)松掉机器架上的延伸器。

(2)将机架滑向驱动轴取下皮带。

(3)取下支撑驱动轴的螺钉。

(4)升高主轴。

(5)将皮带滑下支撑。

(6)更换皮带和螺钉。

(7)上紧电机支撑。

(二)更换称锤皮带方法

(1)重复以上步骤 1～5 条。

(2)卸掉称锤轴毂上的螺钉,卸掉毂和皮带。

(3)从驱动轴下滑上新皮带。

(4)安放新皮带到位。

(5)插上称锤轴毂,用延伸器拉皮带

(6)更换主发动机皮带,上紧主轴就位。

(7)上紧发动机支撑。

每次更换称锤皮带,必须要调整平衡力水平。

(三)更换震动分离器上的拨杆方法

更换震动分离器的拨杆的情况极少,这是由于它的柔韧和巧妙安装在橡胶法兰上,有撞击或草皮也不会损坏它,而且它数量众多(336 根),即使个别损坏,震动分离器的工作效率基本保持不变。因此,突然损坏拨杆的情况非常少,或许几年才能遇到,在工作中基本不用考虑。通常在几年后统一考虑更换少许的拨杆。

更换损伤或损坏的拨杆:

(1)松开螺丝,使固定环左右分开,找出要更换的拨杆,使用 13 毫米六角板子更换。

(2)打开并移开覆盖的固定环。

(3)松开 损伤或损坏的拨杆。

(4)安装新的拨杆(用液体肥皂润滑拨杆末端,利于插入)。

(5)使用轻的锤敲打拨杆。

(6)上紧插销。

(7)重新将环箍定位。

(8)将环箍上紧并同时上紧螺丝。

在进行拨杆更换时,要戴手套保护,因为玻璃纤维可能很小而对人手造成伤害。

不要在发动机点着火的时候接近震动分离器。

(四)更换锯齿型割刀或镰刀型割刀方法

(1)如果要将锯齿割刀换为镰刀割刀,必须松开刀柄,在两个震动臂上拧松螺丝、排列铰链和镰刀割刀。

(2)重新上好镰刀割刀,完全排列好铰链在两个震动臂上。

(五)维护时的防护

(1)总则:确认所有活动部件有螺丝帽保护。所有维护工作,都要在发动机侧的总开关断开所有电源条件下进行。

(2)临时焊接时:断开所有电源,清理掉易燃物和润滑油。只能由专业人员操作。

(3)维护发动机时:当发动机还是热的时,不要打开散热器盖;散热器还是热的时候,不要加水;如果很烫,不要接触机油,要等冷却后;在机油过滤器热的时候,不要用手操作;长时间连续接触机油可能导致皮肤癌，使用橡胶手套护你的皮肤。机油溅在皮肤上立即使用肥皂和水清洗干净。

(4)加燃油时：不可加汽油、酒精或其他替代燃料，这样的混合物更具有爆炸的危险，故不可将这样的混合物加在油箱；当发动机运行时，或还是热的时候，不要开油箱盖加油；加油只能在发动机关闭时进行；不要在加油或在油箱附近时吸烟或使用火，油箱永远不要加得过满，要留有膨胀空间；一定要小心盖好油箱的盖，不要使用油清洁采收机，要使用电子泵加油。

(5)维护电池：电池内有硫酸，具有腐蚀性，避免接触皮肤，眼睛和衣物；不要使用点火去检查电池液位，不要在电池旁抽烟和溅火星；电池在封闭区域充电时要保持足够的循环空气；在电池旁边有一主开关，在离开机器前，要关闭电源系统。

(六) 重要的环境保护意识

(1)机器加油时，避免油溅到环境，特别是不要使用压力容器或燃油系统，这是不恰当的。

(2)避免皮肤接触燃油，润滑油、酸、溶剂等，因为这些产品都是或含有化学品，对健康有伤害。

(3)不要燃烧润滑油(它燃烧会释放有害物质)。

(4)在排放机油、液压系统输送箱、刹车油、发动机冷却液等防止漏出，根据规定将它们储藏在安全和便于处理的地方。

(5)现代的冷却液和混合物，如防冻液都含有添加剂，必须每二年更换一次。一定不要将其排放在地里，请正确处理化学物。

(6)不要改动空调系统，其中气体不能蒸发到大气中，请咨询销售商或专家使用专门设备维护和修缮。

(7)如果发动机或液压系统有漏的地方，请立即修复，避免哪怕是一点污染。

(8)不要增加已经加压的系统压力，可能引起爆炸。

(9)焊接时请保护好管道，不然小粒的热物质会导致管道或活结有漏洞，造成油、冷却剂等渗漏。

第八节　4GJT-150 型籽瓜捡拾脱籽机的维护技术

4GJT-150 型籽瓜捡拾脱籽机主要用于籽瓜、南瓜等籽用瓜的收获作业，可一次性完成籽瓜的捡拾和脱籽作业。

一、结构和工作原理

(一)结构

打瓜捡拾脱籽联合收获机主要由捡拾部件、机架及脱籽部件等部分组成。其中，捡拾部件包含集拢器、扎瓜齿、取瓜部件等；脱籽部件主要由进料斗、筛选部件、传动系统、螺旋输送部件等组成。整个机具由拖拉机牵引运行，具体结构如图 8-24 所示。

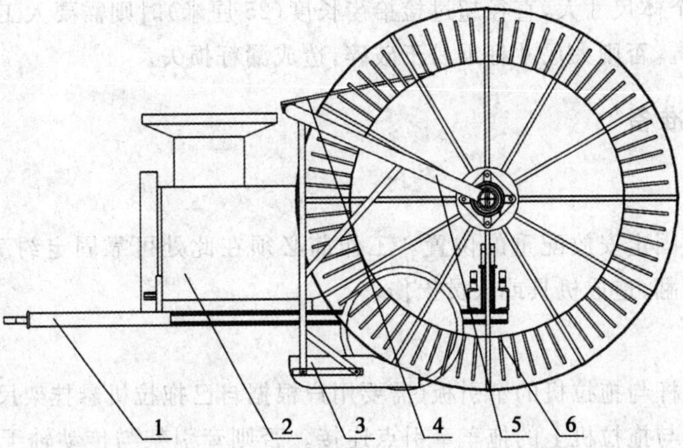

图 8-24　籽瓜捡拾脱籽联合作业机工作示意图

1. 机架　2. 打瓜脱籽机　3. 集拢器　4. 取瓜装置　5. U 形支架　6. 捡拾滚筒　7. 升降油缸

(二)工作原理

机具通过机架与拖拉机牵引装置连接。捡拾齿辊的升起由油缸控制，放下时需要人工辅助。机具在作业之前，由人工或集条机将籽瓜铺放成条。作业时使用轮式拖拉机作为动力，通过机架带动捡拾齿辊向前滚动，集拢器将籽瓜集拢到捡拾齿辊工作的幅宽内，籽瓜被捡拾齿从地上扎起，当籽瓜运动至取瓜齿位置时，籽瓜被取瓜齿取下，沿接瓜板到脱籽机的进瓜口，在脱籽机内完成籽皮分离；在运输时，油缸将捡拾齿辊顶到脱籽机的上方，避免捡拾齿的损坏。

二、使用与调整

(一)对籽瓜、土地的要求

(1)籽瓜成熟度应不小于 80%，对烂瓜及坏瓜进行适当分拣。

(2)土地平整、坡度不大。

(3)籽瓜须进行捡拾和集条，集条宽度不得超过捡拾齿辊的工作幅宽。

(二)籽瓜集条及摆放

(1)在沟灌瓜地作业时，籽瓜必须提前采摘下来，集条摆放在两个沟之间的平整地面。否则，籽瓜落入沟中时将难以被捡拾齿捡拾起来，甚至造成籽瓜破损。

(2)籽瓜集条后需晾晒数日，在籽瓜皮被晒软之前及时捡拾收获，否则会因籽瓜皮过软影响籽瓜的机械捡拾收获效果。

(3)瓜条须单层摆放，籽瓜不得相互叠压，否则下层籽瓜易于破碎，造成漏籽损失。

(4)集条宽度不得超过捡拾齿辊的工作幅宽，一般情况下应比捡拾齿辊的工作幅宽小 10 厘米。

(5)如果籽瓜个体尺寸大,直径超过捡拾齿长度(25 厘米)时则需要人工挑选出来,采用人工喂入的方法脱籽。否则大尺寸籽瓜易于破碎,造成漏籽损失。

(三)机器的准备

1. 固定配重

机架上设置有固定安放配重的位置。工作前必须在此处可靠固定约 70 千克的配重物。否则可能会机具倾翻,造成机具或人员损伤。

2. 牵引架

牵引架上牵引杆与拖拉机的牵引板(需要用户根据自己拖拉机悬挂架尺寸自制)通过销轴连接。不得将机具与拖拉机上的拖车牵引点连接。否则牵引架与传动轴干涉无法正常工作。作业时调整悬挂架,使机具的底盘水平,与地面平行。否则籽、皮分离等作业效果达不到设计和使用要求。

3. 捡拾齿辊固定

运输时,操作液压油缸将捡拾齿辊升起,并可靠固定在支架上。

4. 放下捡拾齿辊

当机具运输到田间,开始工作前,需要将捡拾齿辊从运输状态放下。首先拆下运输时的固定压板,放下时 2 个辅助人员推动捡拾齿辊,同时驾驶员谨慎操作液压手柄,将捡拾齿辊慢慢放到地面上,严禁快速放下。

5. 拉紧钢丝绳

为了防止籽瓜捡拾脱籽机工作时捡拾齿辊与前进方向偏离,设置了拉紧钢丝绳。机具工作前需安装并拉紧。在升降捡拾齿辊时则需要拆下拉紧钢丝绳。

6. 集拢圆片调整

根据地面平整程度和瓜的尺寸,调整集拢圆片与地面的高度。

7. 捡拾齿辊升起时操作

道路运输时,需将捡拾齿辊升起至运输位置并可靠固定,升起捡拾齿辊时必须缓慢,机具附近不可站人。在油管与油缸连接的接头内设计放置了一个节流阀片,用于限制捡拾齿辊的升降速度。拆卸油管时不得丢失该节流阀片。如果节流阀片丢失,必须安装新的阀片。在缺少节流阀片时严禁升降捡拾齿辊,否则将会使捡拾齿辊升降速度过快,造成机具倾翻、损毁或人员伤亡。

8. 取瓜齿的调整

取瓜齿应位于两排扎瓜齿之间。如果由于取瓜齿变形或取瓜部件安装问题造成取瓜齿与扎瓜齿距离过近或干涉,需要调整取瓜装置或者校正变形的取瓜齿后方可作业。

9. 换袋

将瓜籽袋放置在支架上,将袋口套在出籽口上并固定。待瓜籽快装满时,将插板插入出籽口,取下装满瓜籽的袋子放置在瓜地中,换上空的瓜籽袋后取下插板继续装袋。换袋时机具可继续工作。换袋时操作人员需注意与机具保持距离，注意安全。

10. 链轮和链条的调整

将轴承紧固螺栓松开，调整轴承座安装位置，使同一回路的两个链轮在同一平面内，链条松紧合适。注意：

(1)要保持各轴在钣金件安装孔的中心部位，必要时可在轴承座下面加垫片。

(2)链条不能太紧，否则易造成链轮和链条的早期磨损；也不能太松，否则易掉链条。

(3)必要时，使用全接头或半接头来调整链条长度。

(4)调整合适后，将轴承座止动拉杆紧固，防止工作时松动。

(5)检查链轮、链条润滑情况，必要时可用机油润滑。

11. 轴承的调整

(1)将轴承内套顶丝松开，将轴承推至轴安装定位台阶后紧固顶丝。

(2)松开轴承副紧固螺栓，用木头或铜棒将轴承座副推至合适位置。

(3)检查轴承润滑情况，必要时进行加脂润滑。

12. 轴系调整

(1)轴承座下加垫片，可调整轴系水平高度。

(2)松开轴承座紧固螺栓，可利用轴承座安装椭圆孔性质，对轴系进行有限的移动。

(3)松开分离滚筒轴支架螺栓，可调整分离滚筒后端高度。

(四)作业前的检查

(1)坚固各连接处螺栓、螺母。

(2)给各运动副加注黄油。

(3)检查、调整链条的张紧程度。

(4)检查防护罩的安装。

(五)作业规程

(1)作业前，人工辅助将捡拾齿辊放下，使其与地面接触。

(2)安装拉紧用钢丝绳，并拉紧。

(3)调整集拢器的位置，使集拢器与地面保持 5～7 厘米的距离。

(4)结合动力输出轴，提示机具周围辅助作业人员后，慢慢起步，将捡拾部件对准籽瓜行前进作业。工作一段距离后，根据瓜的大小和实际作业效果，调整集拢器距离地面高度和作业速度，保证最佳工作效果。

(5)地头转弯或田间转移：当行进到地头时，应松开钢丝绳，操作液压油缸将捡拾齿辊升起，可靠固定后方可进行道路运输和田间转移。

(六)使用注意事项

(1)作业前人工清理出已集条的籽瓜中的瓜秧，避免过多的瓜秧进入脱籽机，缠绕在脱籽机旋转工作部件上，造成机具损坏或增加清理时间，降低工作效率。

(2)接合和松开拖拉机动力输出轴时应慢、稳。

(3)严格禁止猛提、猛放脱籽机。

(4)机器作业时应直线前进。

(5)工作速度范围在2～4千米/小时，工作时，可根据籽瓜产量、密度进行调整，以脱籽机能及时将喂入的瓜脱籽，不堵塞且瓜皮中不含瓜籽为宜。

三、保养

(一)作业前的保养

(1)对各油漆剥落处，按原色喷涂，以防锈蚀。

(2)检查所有螺栓、螺母是否坚固，如有松动，立即予以紧固。

(3)每班工作前，检查各工作部件有无变形或损坏，若发现问题，应及时予以校正或更换。

(4)保持液压件表面清洁。

(二)使用中的保养

检查各工作部件有无变形或损坏，若发现问题，应及时予以校正或更换。

(三)链条的使用和保养

(1)在同一传动回路中的链轮应安装在同一平面上，其轮齿对称中心成位置度偏差不大于中心距的0.2%(一般短中心距为1.2～2毫米，中心距较长的为1.8～2.5毫米)。链条的张紧度应适度，按前述要求进行调整。

(2)安装链条时，可将链端绕到链轮上，便于联接链节。应从链条内侧向外穿，以便从外侧装联接板和锁紧固件。

(3)链条使用伸长后，如张紧装置调整量不足，可拆去两个链节继续使用。如链条在工作中经常出现爬齿或跳齿现象，说明节距已增长到不能继续使用，应更换新链条。

(4)拆卸链节冲打链条的销轴时，应轮流冲打链节的两个销轴，销轴头如已在使用中撞击变毛时，应先磨去。冲打时，链节下应垫物，以免打弯链板。

(5)链条应按时润滑，以提高使用寿命，润滑油必须加到销轴与套筒的配合上，因此，应定期卸下润滑，卸下后先用煤油清洗干净，待干后放到机油中或加有润滑脂的机油中加热浸煮20～30分钟，冷却后取出链条，滴干多余的油并将油面擦净，以免在工作中沾附尘土，加速链传动件磨损，如不热煮，可在机油中浸泡一夜(链条的清洗润滑是延长寿命的有效方法)。

(6)链轮齿磨损后可以反过来使用，但必须保证传动面安装精度。

(7)新旧链节不要在同一链条中混用，以免因新节距的误差而产生冲击，拉断链条。

(8)磨损严重的链轮不可配用新链条，以免因传动副节距差，使新链条加速磨损。

(9)机器存放时，应卸下链条，清洗涂油装回原处，最好用纸包起来，垫放在干燥处。链轮表面清理后，涂抹油脂防止锈蚀。

(四)万向节传动轴保养

每隔10小时用锂基润滑脂(黄油)润滑下列部位：

(1)传动轴交叉部分的轴管。

(2)十字轴节处的黄油嘴。

(3)传动轴节护罩处的黄油嘴。

四、常见故障及排除方法

常见故障及排除方法见表8-9。

表8-9 常见故障及排除方法

故障现象	原因分析	排除方法
籽瓜捡拾不净	1.籽瓜集条过密过宽	集条应根据作物产量,不能过密过宽
	2.籽瓜较小	太小的籽瓜人工再次捡拾
	3.瓜地不平	地势较低处的籽瓜人工再次捡拾
	4.瓜集中在沟中	将瓜集条时放置在两条瓜沟之间的平整地面
喂入口堵塞	1.作业速度过快	降低作业速度
	2.瓜藤、杂草或其他杂质堵塞	停机,人工清理喂入口
		机具作业前人工清理集条后籽瓜中的瓜秧
	3.喂入量过大	降低作业速度,减少喂入量
捡拾齿中夹有石块	捡拾齿的间隙与石块尺寸相近	立即停止机具前进,将石块取出
集拢器集拢不住小瓜	1.集拢器过高	调整集拢器的位置
	2.瓜的尺寸太小或瓜处在沟内	人工将小瓜及沟内的瓜捡起
集拢器下部分入土、推土	集拢器位置过低或地面不平	调整集扰器的位置,使集拢器与地面保持5～7厘米的间距
筛网腐蚀	筛网表面油漆脱落,长时间与水接触	保持筛网干燥,尽量避免与水接触
		更换筛网
轴承发热	1.缺润滑油	加注黄油
	2.轴承内进入杂物	清洗轴承
	3.成对安装轴承偏差较大	调整
分离滚筒出瓜皮处带籽	1.分离轴后支撑架调整不当	调整分离轴支架,一般情况下保持分离轴上的支架与分离筛的距离在15毫米左右
	2.分离滚筒出皮处较进料处低	调整,使出皮处略高
	3.分离轴损坏或变形严重	更换
	4.籽瓜成熟条件差	挑出成熟条件差的籽瓜

续表 8-9

故障现象	原因分析	排除方法
瓜籽有擦伤现象	1.清选滚筒内有异物	清除异物
	2.清选筛有毛刺	装入小石子,低速运转机具进行打磨
	3.清选滚筒内胶皮过硬或过厚	更换适当胶皮
	4.清选滚筒内胶皮与清选筛间隙过小	调整胶皮固定位置或更换胶皮
	5.籽瓜水分过少	挑出成熟条件差的籽瓜
瓜籽不干净,瓜瓤、瓜皮多	1.清选滚筒内胶皮损坏	更换胶皮
	2.清选筛眼直径与瓜籽大小不匹配	更换清选筛
	3.清选筛眼被堵	清选清选筛
	4.籽瓜成熟条件差	挑出成熟条件差的籽瓜
万向节飞出	定位销脱落	装上定位销
	十字轴挡圈飞出	装上挡圈
工作时,万向节偏斜很大	1.方轴脱套,夹叉继续转动撞断	查原因,更新新轴
	2.万向节伸缩不灵、卡死	
	3.倾角过大,十字轴咬死	
	4.猛降入土	
	5.刀片遇到石块负荷过大	
十字轴烧坏	1.机具左、右不水平,耕深不同	调节至水平
	2.拖拉机左右限位链调整不当	适当调节限位链以限制旋耕机左右摆动
链条折断	1.长期缺油	注意保养
	2.倾角过大,卡死	工作中注意限制倾角,使不致造成卡死
作业时噪声大	链条未拉紧	更换,拉紧链条
链轮磨损快	1.链节变长	更换、调整
	2.机具与拖拉机间没有稳固,左右晃动	稳固拖拉机的牵引杆
	3.链条过紧	调整链节数,必要时使用全接头或半接头
	4.轴承位置变化	重新调整轴承位置
	5.链轮过度磨损	更换
	6.润滑不良	按规定周期润滑
进料口返籽	1.爪子轴位置不当	调整轴承座位置
	2.籽瓜过小	在反籽杆上固定胶皮进行遮挡

第九节　牧神 4JZ-3600 型辣椒收获机械的维护技术

一、辣椒收获的农艺要求

(1)破损率。辣椒系列破损后出现白皮、花皮、黑皮等问题会降低辣椒品质和等级。目前没有辣椒收获机的国家标准,现有的企业标准要求破损率不大于 5%。

(2)采净率。采净率指的是辣椒脱开辣椒茎秧的百分数,要求不小于 95%。

(3)损失率。损失率指辣椒收获机没能采收的辣椒和损失洒到田间的辣椒百分数,要求不大于 10%。

(4)含杂率。含杂率指收获后的辣椒中含有的辣椒茎秆,辣椒叶等杂物的量。含杂率高会造成后续处理成本的增加,目前最好的辣椒收获机含杂率不大于 20%。

(5)适应性。指能够一机解决多种品种和种植模式辣椒的收获。

二、结构

4JZ-3600 型自走式辣椒收获机如图 8-25 所示,主要由收获台、升运器、传动系、料箱,行走底盘,驾驶室,风机等组成。收割台采用独特的全幅式收获台,作业时不受作物行距限制,真正解决了机械收获辣椒必须对行收获的难题。当辣椒收获机工作前行时,弹齿拨轮将辣椒摘落,并输送到收获台输送带中,再由输送带送至升运器,同时风机对物料进行清选,再由升运器将辣椒运送到粮箱。机具一次作业即可完成割幅范围内任意种植行距的辣椒采摘、输送、集箱、装车,机具的适应性和工作效率较高,可满足不同种植农艺的收获要求。

图 8-25　4JZ-3600 型辣椒收获机

1.采摘台　2.驾驶室　3.清选装置　4.输送装置　5.发动机　6.收集箱

三、调整

(一)辣椒收获割台及调整

本机选用独特的全幅式收获台,作业时不受作物行距限制(图 8-26)。

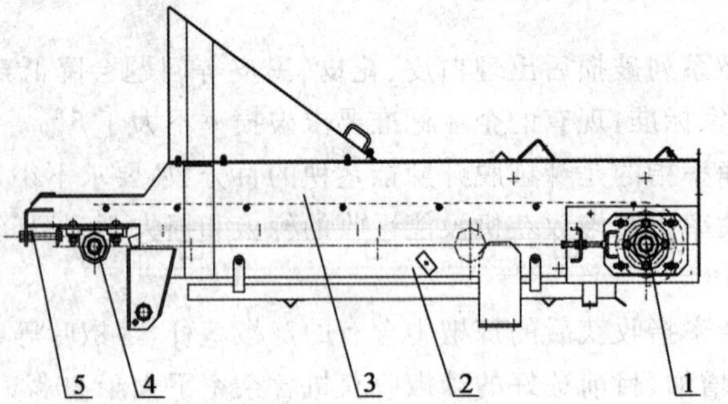

图 8-26 辣椒升运器

1.升运器主动轴 2.升运器输送带 3.升运器壳体 4.升运器被动轴 5.和调节螺栓

不对行收获台主要由弹齿轮(1),收获台输送带(2),收获台机架(4)和托地轮(3)等组成。此收获台是全行距辣椒收获台(不对行辣椒收获台),能适应各种行距的辣椒收获,工作时行距不需调整。

弹齿轮:主要起到对辣椒的收获,由弹齿,弹齿座和弹齿轴等组成。

收获台输送带:主要起到对辣椒的输送,由输送带等组成。

(二)辣椒升运器及调整

升运器主要起到对辣椒的输送。由升运器主动轴(1),升运器输送带(2),升运器壳体(3),升运器被动轴(4)和调节螺栓(5)等组成(图 8-27)。

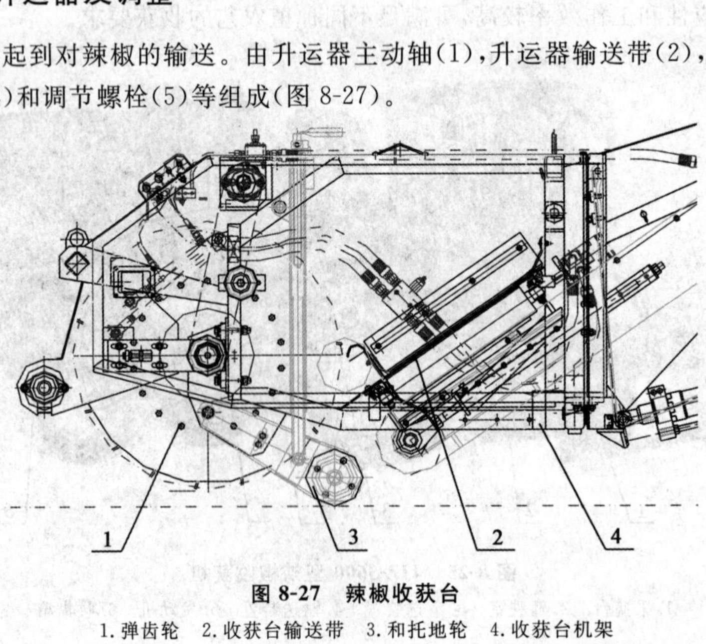

图 8-27 辣椒收获台

1.弹齿轮 2.收获台输送带 3.和托地轮 4.收获台机架

升运器输送带装配后要有一定的挠度，选择中间位置用手提起，有 2～3 厘米变化量即可。通过调节升运器两侧的张紧螺栓的长度来控制升运器输送带的张紧程度。

(三)辣椒收获机粮箱及调整

粮箱主要起到对辣椒的收集，能大大减少卸料次数，提高生产效率。驾驶员通过操纵驾驶室内操纵箱上的粮箱升降油缸控制手柄来控制粮箱的举升和降落(图 8-28)。

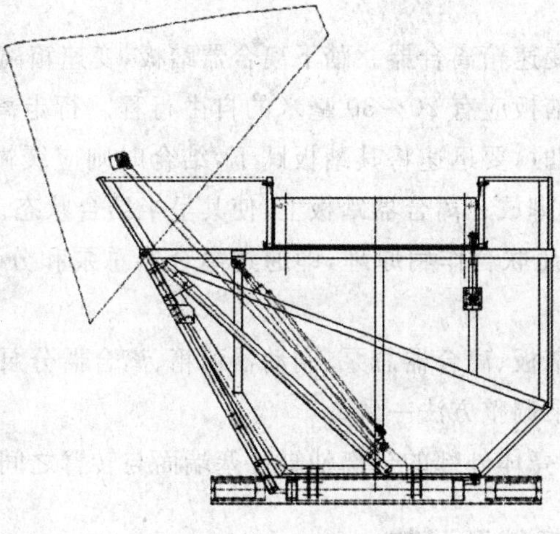

图 8-28　辣椒收集箱

(四)制动踏板及制动泵总成及调整

1. 制动踏板及制动泵总成

制动踏板及制动泵总成用来制动行驶中的自走式辣椒收获机，制动器踏板应保证有 10～15 毫米自由行程。在行进中踩下制动踏板，机器尾部刹车灯亮，机器停止。松开制动踏板，自由回位解除制动。

本系统采用机械—静液压联合作用原理，即通过制动总泵和分泵的增力，作用于夹盘制动器，根据行驶需要完成制动目的。

系统主要由制动踏板、制动总泵、制动器油箱、左制动分泵、右制动分泵等组成。

2. 制动踏板及制动泵总成使用调整

(1)检查所有系统螺栓是否拧紧，以及油管卡箍是否卡紧。

(2)检查制动器油箱中油面是否达到 80%容积，否则补充制动液。

(3)在管路有气时，制动无力，此时打开放气螺栓，用脚反复踩制动踏板排出油气，直到脚踏感到费力为止(无油气泡)，装好放气螺栓。

(4)检查脚刹调整螺母的位置，应使操纵杠杆和脚刹车壳体平面之间保持 3 毫米(最大)自由间隙。如果调整螺母位置正确，用后部螺母拼紧。

本系统还设有手制动装置，用于驻车之用，行驶状态，严禁以手刹车代替脚刹车。当机器停稳后，此时应将手制动操纵手柄提起并锁住，完成驻车制动。起步前必须解除手制动。调整螺母的正确位置应使手刹操纵杆头部小平面和手刹壳体相对开口面保持 3 毫米（最大）自由间隙，以保证手刹车摩擦片非工作时处于自由状态。调整螺母位置调整好后，用后部螺母拼紧。

（五）行走离合器踏板及系统总成及调整

行走离合器用于分离变速箱离合器。踏下离合器踏板，变速箱离合器分离，变速箱输入轴动力被切断。行走离合器踏板应有 20～30 毫米的自由行程。行走离合器的操纵应遵守快离慢接的原则，即离合器分离时，要迅速将其踏板踩下，结合时则应缓慢放松踏板。离合器分离时间不应太长，更不允许把脚放在离合器踏板上，使其呈半结合状态。

本系统采用机械-静液压联合作用原理，即通过离合器总泵和分泵的增力，根据需要完成分离目的。

该系统主要由离合器踏板、离合器总泵、制动器油箱、离合器分泵、油管等组成。

使用调整办法同制动泵调整方法一致。

分离轴承间隙：表现在壳体外部的分离油缸柱塞端面与转臂之间间隙 $X=2\sim3$ 毫米。

（六）变速杆及操纵系统及调整

变速杆及操纵系统用于操纵变速箱不同变速齿轮副啮合，从而实现牧神 4JZ-3600 型自走式辣椒收获机行驶有级变速。该机设四个前进挡和一个倒退挡（图 8-29）。

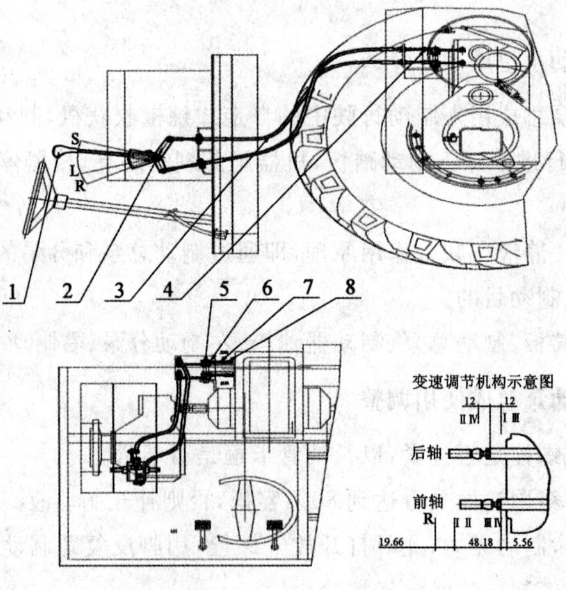

图 8-29　变速杆及操作系统

1. 变速操纵杆　2. 左右摇臂　3. 换挡转轴　4. 90°球铰　5. 换挡转臂　6. 连接叉　7. 调节螺杆　8. 球铰

变速时，必须首先踩下行走离合器踏板，然后再拨动变速杆，操纵变速杆须配合协调，达到快速、平稳、无声，绝不允许硬挂、猛碰，若挂不上挡，可将变速杆拨回空挡位，松开行走离合器踏板，然后再踩下，重新挂挡。

各挡的选用：在公路上行驶，一般应选用前进 4 挡，适当增速或减速，应使用无级变速手柄，可以实现 7.4～19.7 千米/小时的行走速度；在田间作业时，可视农作物品种、产量、农田结构、农作物高低、稀密适当选择 1～3 前进挡，以保证适当的喂入量；在田间作业时，不必频繁地更换行走挡位。如遇小沟、小埂或农作物稀密变化时，只需适当调节无级变速，即可以保证适当的喂入量。

(七)转向轮桥及调整

转向轮桥用销轴 4 铰接在机架后支架上，在不同地形和道路条件下支撑收获机后部重量。主要由转向轮 1、转向拉杆 7、转向桥 4、转向油缸 6 等组成，通过转向油缸作用完成行走转向(图 8-30)。

为了提高转向轮直线行驶稳定性，便于安全操纵和减轻轮胎磨损，设计转向轮外倾角为 2°，转向轮前束为 6～8 毫米。

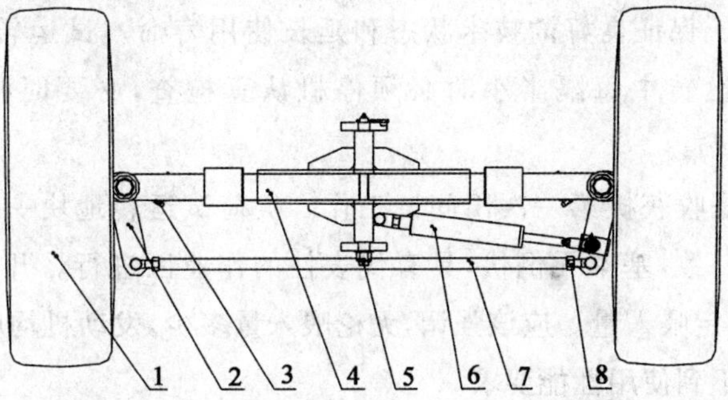

图 8-30　转向轮桥

1. 转向轮　2. 转向节总成　3. 转向半径调节螺栓　4. 转向桥　5. 销轴　6. 转向油缸　7. 转向拉杆　8. 锁紧螺母

(八)主传动离合器及调整

主传动离合器的作用是：通过对胶带的张紧或分离，从而实现整机工作部件的动力结合或断开。为了能实现胶带与带轮脱离，需保证大护圈内侧与主离合被动带轮和胶带外侧的间隙为 $x=5\pm1$ 毫米，小护圈与发动机动力输出带轮和胶带外侧的间隙为 $y=5+3$ 毫米。

胶带张紧度的调节：下压手柄连杆如槽，调节螺母可改变压簧作用力。当胶带较松时，将螺母顺时针旋转使压簧压缩，可张紧胶带。反之，将螺母逆时针旋转，可放松胶带。注意：胶带张紧度调节合适后，须将两螺母相互锁紧。

通过以上的间隙调整，保证分离时皮带能从带轮槽中脱开；张紧度调节，可防止打滑磨损，延长胶带使用寿命。

四、使用

1. 辣椒收获机的暂时储存

如果辣椒收获机不能马上使用，按下列说明储存：

(1)把该机停放在干燥、平整的地方。

(2)需润滑收获机，并给可调螺纹涂以黄油。

2. 使用前的检查

(1)检查所有三角皮带的直线度和张紧度。

(2)给所有的运动部件如：轴承、铰接头、调整杆等上油。

(3)彻底检查并紧固全部螺母。

(4)调整所有链条的张紧程度。

(5)运转时有无异常声音。

3. 磨合试运转

试运转的意义在于保证良好的技术状态和延长使用寿命。试运转前必须正确安装，调整和润滑各部件，试运转中每隔半小时必须停机认真检查，必要时临时停车检查和排除故障。

带负荷试运转就是收获机第一次田间试工作。负荷试运转地块一般应选择在地势较平坦，杂草少，成熟度较一致，基本无倒伏，具有代表性的作业区进行。开始以小喂入量低速行驶，逐渐加大负荷至额定喂入量。应该强调，无论喂入量多少，发动机均应在额定转速下工作，否则会造成收获机达不到使用性能要求。

在这期间认真检查各部位，使之达到最佳状态。

在磨合期间内经常检查各轴承是否发热、发烫。全面润滑收获机。

4. 试割后的检查

试割后的检查为了进一步提高辣椒收获机效率及其使用可靠性，试割后，即磨合期结束后认真检查下列各项：

(1)紧固所有液压管路接头。

(2)检查所有三角带的紧度。

(3)检查所有链条的紧度。

(4)检查并紧固各部螺栓。

(5)在收获机运转时，巡视整机各部，确保所有零部件工作正常，无异常噪声。

(7)关闭发动机，检查有无轴承过热现象。

(8)润滑所有的注油点。

(9)检查换向齿轮箱油面。

5. 操作注意事项

(1)发动机和工作部件起动前,鸣喇叭。

(2)插上钥匙后等待几秒钟,起动比较迅速。

(3)起动时用中油门。

(4)离合器接合应当平缓。

(5)主离合器应在发动机中速时结合,结合要彻底迅速,否则容易损伤离合器摩擦片。

(6)主离合器应在发动机中速时分离,分离要彻底、迅速。

(7)发动机在中速工作状态下,降低收获台至适当的作业高度,再结合主离合,最后将手油门推到最大处。注意要了解地形情况。

(8)收获时应看大方向,收直线。

(9)作业中,在碰到大的渠沟时,应将收获台提起,以免损坏设备。

(10)作业时可用变速手柄控制车速,不能减小油门,以免影响收获性能。

(11)卸料时应首先停车,空转一段时间将机器内的物料清空,再切断主离合。

(12)在结束收割之后要运转一会儿再分离主离合,使物料完全进入收集箱。

(13)先高速空转一会儿后,再进入大负荷作业。收割中,油门处于最大位置,在任何状态下都不要收油门。

(14)大负荷作业后,空载情况下以 1 000 转/分钟的转速运行 2～3 分钟。

(15)操纵液压手柄后,必须回到中立位置,以防液压油升温。

五、保养

(1)彻底检查和清理收获机各部的杂草及断茎秆、茎叶堆积和缠草现象。

(2)检查各紧固件情况,包括传动轴轴承固定螺栓、各皮带轮、链轮端面的固定螺栓。

(3)检查传动链张紧度应适当,当用力拉动松边中部时,链条应有 20～30 毫米挠度。

(4)检查液压系统的各接头无有漏油现象和各元件的工作情况。

(5)链条应按时润滑,润滑油必须加到销轴与套筒的配合面上。因此,应定期卸下润滑。卸下后先用煤油清洗干净,待干后放到机油中或加有润滑脂的机油中,加热浸煮 20～30 分钟,冷却后取出链条,滴干多余的油并将表面擦净,以免在工作中沾附尘土,加速链传动件磨损。如不热煮,可在机油中浸泡一夜。

(6)机器存放时,应卸下链条,清洗涂油装回原处,最好用纸包起来,存放在干燥处,链轮表面清理后,涂抹油脂防止锈蚀。

(7)定期清洗回油滤清器和油箱空滤器滤芯,清洗时不准随意调整回油滤清器的安全阀弹簧预紧度。试运转后必须清洁或更换回油滤清器。吸油滤清器不需清洗,只在每年换油时更换。

(8)按规定给机器更换液压油，应确保液压油型号(46 号抗磨液压油)、清洁度和液面高度(工作时不低于油箱上平面 80 毫米)符合规定要求。

(9)变速箱开始工作 100 小时后，更换一次齿轮油。以后每工作 500 小时更换一次齿轮油。每工作 100 小时检查一次油面。

(10)收获季节结束后本机应该存放在干燥的防护棚内，轮胎和割台最好用木方垫起来。

六、常见故障及排除方法

(一)液压系统常见故障及其排除

液压系统常见故障及其排除方法见表 8-10。

表 8-10　辣椒收获机液压系统常见故障及其排除方法

常见故障	故障原因	排除方法
操作系统所有油缸在接通多路换向阀时均不能工作	1. 油箱油位过低，油泵出油口不出油(油管长时间不升温)	检查油箱面，按规定加足液压油，检查泵密封性
	2. 溢流阀工作压力太低(尽管油管升温，但油缸不工作)，或锥阀脱位锥阀阀面粘有机械杂质	按要求调整溢流阀弹簧工作压力，消除机械杂质
	3. 换向阀拉杆行程不到位，阀内油道不通畅	调整到位
收获台升降迟缓或只升不降	1. 溢流阀工作压力偏低	按要求调整溢流阀弹簧工作压力
	2. 油路中有气	排气
	3. 滤清器被杂物堵住	清洗
	4. 齿轮泵内泄	检查泵内卸压片密封圈和泵盖密封圈
	5. 齿轮泵传动带未张紧	按要求张紧传动带
收获台升降速度不平衡	1. 油路中的气	排气
	2. 溢流阀弹簧工作不稳定	更换弹簧
	3. 油缸节流孔脏物堵塞	卸开油缸接头，排除脏物
收获台自动沉降(换向阀中位)	1. 油缸柱、活塞密封圈失效	更换密封圈
	2. 阀体与滑阀因磨损或拉伤间隙增大	送工厂检查修复或更换滑润
	3. 油阀位置没有对中	使滑阀位置保持对中
	4. 单向阀(锥阀)密封带磨损或沾污脏物	更换单向阀可消除污物

续表 8-10

常见故障		故障原因	排除方法
方向盘	转向盘自动旋转	1.弹片断	更换弹片
		2.拨销变形	更换拨销
		3.转子与联动轴的位置对错	按标记袋配,参阅"转向器说明书
	方向盘不自动回中	1.转向柱与阀芯不同心	维修
		2.转向柱轴顶死阀芯	
		3 转向柱转动阻力过大	
		4.弹片折断	
	方向盘空行程过大	1.转子内齿磨损	更换
		2.上传动轴法兰盘磨损或传动轴断裂	更换
		3.弹片断裂或松动	维修或更换
		4.联轴器梯形齿传动磨损	维修
液压油箱有大量气泡和乳化状态		液压油里混入空气或水	拧紧吸油管(进入油泵的)环箍,检查泵盖螺栓或密封,必要时更换密封圈,全系统清洗或更新新油
转向失灵		与机器跑偏原因同,转向轴从阀槽中脱落	与机器跑偏排除方法同,上端加限位垫
转向沉重		1.油泵供油不足	检查油泵和油面高度
		2.转向系油路混有空气	排除空气
		3.单稳阀的安全阀弹簧低于工作压力	调整溢流阀工作压力
接头漏油		O 形圈损坏,或螺母未按正确方法拧紧	重新安装

(二)电器系统常见故障及其排除方法见

如表 8-11 所示。

表 8-11　辣椒收获机电器系统常见故障及其排除方法

常见故障	故障原因	排除方法
点火开关打到点火"D"挡后整车无电压	1.蓄电池电力不足或损坏	检查蓄电池,充电或更换
	2.电瓶电缆和启动电缆桩头松动	清除表面污垢,重新安装
	3.电磁式电源总开关损坏	检查,更换
	4.保险熔断	找出故障排除后更换保险丝
启动马达不转	1.蓄电池电力不足或损坏	检查蓄电池,充电或更换
	2.电瓶电缆和启动电缆桩头松动	清除表面污垢,重新安装
	3.启动继电器损坏	检查,更换
	4.保险熔断	找出故障排除后更换保险丝

续表 8-11

常见故障	故障原因	排除方法
启动马达运转缓慢	1. 蓄电池电力不足或损坏	检查蓄电池，充电或更换
	2. 电瓶电缆和启动电缆桩头松动	清除表面污垢，重新安装
	3. 发动机水温太低	用预热器或人工加热后再启动
	4. 发电机不充电	检修发电机
	5. 启动开关或继电器损坏	检查，更换
	6. 搭铁连接不良	可靠连接
启动开关关闭，启动马达仍然运转	1. 启动继电器触头黏合	关掉电源总开关，更换继电器
	2. 启动开关卡住	修理，更换
蓄电池不充电	1. 扇皮带松弛或损坏	重新安装或更换
	2. 蓄电池接线柱松动或锈蚀	清除表面污垢，重新安装
	3. 蓄电池硫化或失效	修理，更换
	4. 发电机调节器出现故障	修理，更换
	5. 充电回路断路	检查线路，是否可靠连接
	6. 发电机损坏	修理，更换
正常工作时，机油压力报警指示灯一直报警，而机油表指示正常	1. 发动机上的机油压力报警传感器出现故障	更换
	2. 线路中机油压力报警器引出导线出现搭铁	找出故障点，排除
电流表指示充电电流过大	1. 线路接触不良或搭铁	检查线路
	2. 蓄电池出现故障	更换
	3. 调节器出现故障	更换
	4. 发电机励磁电路短路	更换或找厂家修理
通电时电流表指针不动或无电流通过	表芯烧坏，接线螺钉与罩壳或车架搭铁	更换电流表
接通电源，燃油表指针不动	1. 查看电流表和油压表	正常
	2. 均指针不动，指示表电源线断脱	接好
	3. 指示正常，燃油表内部断路或接触不良	更换或修理
水温表指示数值不正确	1. 指示表和传感器未正确配套	重新配套
	2. 指示表或传感器性能不良	更换
机油压力表指示不正确	1. 接线桩连接不良	重新接好
	2. 指示表线圈烧坏	更换
	3. 传感器损坏	更换

续表 8-11

常见故障	故障原因	排除方法
所有的车灯不亮	1. 保险丝熔断	找出故障排除后更换保险丝
	2. 车灯开关前电源线断路或搭铁	重新接好
灯开关接通时，保险丝立即熔断	电路中有短路	找出故障排除后加绝缘防护
灯泡经常烧坏前照灯灯光暗淡	1. 电机输出电压过高	检修发电机调节器
	2. 电源电压低	对蓄电池充电或检修发电机
	3. 电线接头松动或锈蚀	清除锈蚀，拧紧接头
	4. 灯内搭铁不可靠	4. 检查灯具

(三)其他故障及其排除方法

如表 8-12 所示。

表 8-12　辣椒收获机其他故障及其排除方法

常见故障	可能的原因	解决办法
辣椒漏收	1. 弹齿断裂	更换弹齿
	2. 弹齿丢失	更换弹齿
收集箱茎秆叶多	1. 风机转速太低	提高转速
	2. 弹齿轮转速高	降低转速
设备震动	1. 传动轴损坏	更换传动轴
	2. 由叶、杂草、灰尘引起的不平衡	定期清理
辣椒落地多	1. 弹齿轮与输送带之间密封不严	更换胶皮
	2. 输送带与升运器接口密封不严	密封接口
升运器响声大	1. 升运器皮带松	调整升运器皮带紧度
	2. 升运器内故障	排除故障

习题和技能训练

(一)习题

1. 说明自走式棉花收获机基本结构和功能。
2. 说明对 4MZ-6A 六行自走式采棉机保养项目有哪些？
3. 说明 4MZ-6A 六行自走式采棉机常见整机故障有哪些？如何排除？
4. 说明秸秆还田机的分类和基本结构有哪些？
5. 花生收获机主要机型有哪些？如何选用？
6. 说明马铃薯挖掘机基本结构、功能与使用操作规范。

7. 说明甜菜收获机的分类、基本结构、作业前调整和保养项目。

8. 4FZ-40 自走式番茄收获机组成主要有哪些?

9. 简要说明 4FZ-40 自走式番茄收获机作业前准备、作业前调整和保养维护有哪些项目。

10. 牧神 4JZ-3600 型辣椒收获机主要结构有哪些?

(二)技能训练

1. 对自走式棉花收获机进行作业前调试。

2. 对 4GJT-150 型籽瓜捡拾脱籽机进行作业前技术调整和保养。

3. 对牧神 4JZ-3600 型辣椒收获机进行作业前调整和保养。

4. 更换传动皮带。

5. 更换震动分离器上的拨杆。

6. 更换锯齿形割刀或镰刀型割刀。

第九章　三种常用畜牧机械的维护技术

第一节　概　　述

畜牧机械种类较多，本章只对剪羊毛机械、牧草收获机械、青贮饲料收获机械等三种常用机械做一介绍。

一、三种常用畜牧机械作业农艺要求

（一）剪毛作业技术要求

（1）适时，剪毛季节根据自然条件和地区差异而有所不同。严格按照畜牧业技术要求规定执行。

（2）不漏不重，毛茬低而平，不超过 0.5 厘米。

（3）根据刀片锋利程度，掌握适宜推进速度，根据羊体部位不同，尽量多作长行程的剪毛动作。

（4）不损伤羊体。严禁用腿脚压踏羊的胸腹部，以防压伤羊内脏。阴天禁止开剪，以防羊感冒。

（5）剪后的毛套应完整而清洁。

（二）牧草收获作业农艺要求

牧草收获包括：天然牧草；人工种植牧草；做饲草用的作物秸秆。牧草收获的基本要求是损失少，并做好风干和堆垛工作，为长期储存打好基础。其工艺过程是割-搂-拣拾压捆（方、圆捆）-装运-堆垛。其技术要求如下：

（1）适时收割：因牧草的品种不同，其收获期要求也有区别。一般在开花抽穗阶段收割。如苜蓿在现蕾到花期收割为宜。10～15 天割完一茬。

（2）割茬高度：一般为 5～8 厘米。新苜蓿的第一茬应为 10～15 厘米。割茬太低会影响生长。尤其是越冬前的最后一茬，割茬应略有提高，以利于越冬积雪。

（3）及时搂草：收割的牧草在半干时，用搂草机搂成条。搂草作业最好在夜间或清晨进行，可减少花叶损失。搂集要干净，减少损失。草条成直线，厚度要均匀一致。

（4）适时捡拾、打捆、运输、堆垛：牧草水分含量在 20%以下时，及时打捆、运输、堆垛。在此过程中，尽量减少对牧草的碾压、翻倒。

（5）秸秆收集要在农作物收获后立即进行，不得影响复播或耕翻。

(6)草捆排列成行。草捆要有一定密度，绳子要扎紧。堆垛要整齐，故在高而干燥的地方，严防积水。

(三)青贮收获作业农艺要求

(1)适时收割，育贮玉米要求在乳蜡熟之间进行，适宜收获期为 8～12 天。

(2)总损失率不超过 3%。

(3)割茬尽可能压低，切割长度一般为 3.5 厘米。根据饲养对象的不同要求确定切割长度。

(4)运输，装窖要及时，装满一窖的时间越短越好。严禁将铁钉、石块、绳索等杂物装入窖内。

(5)边装边压，分层压实；人工压实每装填 20～20 厘米厚时进行一次。若用链式拖拉机碾压，可在装填 1～1.5 米厚时反复压实。并用人工辅助压实四周边缘。

(6)青贮饲料的含水量、加盐和尿素量以及窖的消毒等在畜牧师具体指导下进行。

二、三种常用畜牧机械分类

(一)剪毛机械

剪毛机械主要用来剪羊毛。绵羊剪毛是养羊业中一项繁重的和季节性很强的工作。以剪春毛为例，最长不超过 25 天，如剪毛过早，羊只容易感冒，且羊毛还未顶起，影响作业。剪毛过晚，则会由于天气炎热而使羊只消瘦，引起羊毛自然脱落，产生大量枯毛、死毛，同时还会由于阴雨使羊毛生蛆等。采用机器剪毛能加快剪毛速度，对保证剪毛适时具有很重要的意义。

剪羊毛机械的分类：

1. 按使用方式分

根据使用方式的不同，剪羊毛机可分为移动式和固定式两种。

(1)移动式剪羊毛机。适于广大牧区放牧使用。

(2)固定式剪羊毛机。适用于易于把羊集中到固定场所来剪毛的羊饲养场、个体养羊户使用。

2. 按驱动方式分

根据驱动方式的不同，剪羊毛机可分为机械式、电动式、气动式和人畜力式 4 种。

(1)机械式剪羊毛机。适用于无电牧区，用柴油机、汽油机或拖拉机动力输出驱动，通过软轴或关节轴传动装置，带动若干剪头同时工作。

(2)电动式剪羊毛机。由小型电动机通过软轴或关节轴传动装置驱动剪头作业，或将微型电动机安装在剪头手柄内，通过变速齿轮驱动刀片剪羊毛。

(3)气动式剪羊毛机。利用与润滑油混合的压缩空气，驱动剪头手柄内的马达，使刀片往复摆动进行剪羊毛。

(4)人畜力式剪羊毛机。用畜力、人力或其他动力源(如风力、水力等)通过机械传动装置及软轴来带动剪羊毛机工作。

3. 按剪切幅度分

根据剪切幅度不同，剪羊毛机可分为宽幅式和窄幅式两种。

(1)宽幅式剪羊毛机。宽幅式剪羊毛机的定刀片有13个齿或9个齿，动刀片有4个齿，剪切幅宽为76.2毫米，适用于剪切粗羊毛。

(2)窄幅式剪羊毛机。窄幅式剪羊毛机的定刀片有10个齿，动刀片有3个齿，剪羊毛幅宽为57.15毫米或60.3毫米，适用于剪切细羊毛或半细羊毛。

我国牧草机械发展得比较晚，现在质量好的牧草收获机械多来源于国外。随着我国生态畜牧业的发展，牧草种植成为一个农民致富、养殖场缩减养殖成本的主副业，牧草收获机械的需求量与日俱增。

(二)牧草收获机械

牧草收获机械可分为割草压扁机、搂草机、打捆机、草捆搬运堆垛机械和联合裹包机等。

1. 割草压扁机

割草压扁机的主要功能是对牧草进行切割与压扁，并在地面上形成一定形状和厚度的草铺。

按照切割部件的结构分类，可分为往复式割草压扁机和圆盘式割草压扁机。

按照行走动力驱动方式分类，可分为自走式与牵引式，而对于牵引式又有牵引架式与中枢轴牵引架式之分。

按照割草幅宽分类，有窄幅与宽幅草压扁机之分。

按照压扁方式进行分类，有橡胶辊、钢辊和锤片式之分。

各种不同的割草压扁机有不同的作业适用条件。

(1)往复式割草压扁机。所需拖拉机配套动力相对较小。采用剪切方式进行切割，切割牧草的茬口整齐。幅宽可选择范围大，为2.2～5.6米。最高作业速度为12～13千米/小时。机械造价相对较低，投资较小，运行成本比圆盘式高。

(2)圆盘式割草压扁机。圆盘式割草机使用高速旋转圆盘上的刀片冲击切断茎秆，特别适于切割高而较粗茎秆的作物。切割茬口不整齐，一般不易产生堵塞。作业速度较快，可达14～15千米/小时，割草效率高。作业幅宽为3～4.8米。需要配套拖拉机的功率较大，拖拉机的动力输出轴功率至少应在58.8千瓦以上。机械造价相对较高，投资较高，运行成本比往复式低。

2. 搂草机

用于割后牧草的翻晒、并铺及摊铺，以加快牧草的干燥。搂草机械有指盘式搂草机、栅栏式搂草机和搂草摊晒机等多个品种。

(1)指盘式搂草机。利用高速旋转的轮齿进行搂草，作业效率高，投资成本相对较低。如用于苜蓿作业，将打击叶片，叶片损失大。由于搂草轮本身也是驱动地轮，容易将土块或石块混入草中，使牧草质量下降。

(2)栅栏式搂草机。搂草筐的弹齿将作物轻柔地进行横向翻转或集拢完成搂草作业。弹齿的运动由专门地轮或液压马达驱动，弹齿在接近地面而不接触地面的条件下进行仿形作业，避免混进石块或杂物，可获得高质量的干草。特别适合苜蓿草的搂集与翻晒作业。投资比指盘式搂草机高。

3. 打捆机

打捆机可分为方捆打捆机和圆捆打捆机。方捆打捆机又分为小型方捆打捆机和中、大型方捆打捆机。小型方捆打捆机所打草捆质量一般为18千克，草捆截面尺寸为(36～41)厘米×(46～56)厘米，长度在31～132厘米间可调节。中型方捆机所打草捆质量为454千克左右，截面尺寸一般为80厘米×80厘米，长度为250厘米左右。大型方捆打捆机所打草捆质量为510～998千克，草捆截面尺寸为(80～120)厘米×(70～127)厘米，长度达到250～274厘米。圆草捆的质量一般为134～998千克，草捆长度为99～156厘米，草捆直径为76～190厘米，草捆的大小可进行调节，圆捆可用网包和捆绳打紧。

(1)小型方捆打捆机。由于草捆较小，可在牧草水分相对较高时进行打捆作业，牧草的收获质量较高，喂饲方便，造价相对较低，投资较小；适于长途运输，需要拖拉机的动力输出轴功率较小，最小动力输出功率为25.7千瓦；草捆可采用人工装卸，不足之处是打捆作业及草捆搬运作业需要较多的劳力。

(2)中、大型方捆打捆机。作业效率较高，运输方便，可直接打包，制作青贮饲料；打捆机的造价相对较高，投资较高，需要拖拉机发动机功率较大，中型打捆机需要73.5千瓦以上的拖拉机进行配套，而大型打捆机则需要147千瓦的拖拉机进行配套；草捆必须采用机械化装卸与搬运。

(3)圆捆打捆机。作业效率比小型方捆打捆机高，可在打捆后进行打包，直接制作青贮饲料；配套拖拉机功率高于小型方捆打捆机，低于大型方捆打捆机；草捆必须采用机械化装卸与搬运，不适于长途运输。

4. 草捆搬运与堆垛机械

草捆搬运与堆垛机械包括自走式或牵引式方捆捡拾车和多功能搬运机等。

(1)牵引式小型方捆捡拾与堆垛车。由拖拉机进行牵引作业，用于小方捆捡拾与堆垛，投资相对较低。

(2)自走式小型方捆捡拾与堆垛车。自走式，无须其他机械牵引，用于小方捆的捡拾与堆垛，作业效率较高，例如纽荷兰1095型自走式捡拾车可捡拾截面为41厘米×46厘米和38/41厘米×56厘米的3种草捆，一次性可捡拾63～160个草捆，质量2～6.5吨，但该机投资较大。

(3)多功能装载堆垛机。用于大方捆或圆捆的装卸与堆垛，升降臂伸缩范围大，可完成多种作业项目，操纵灵活方便，投资较大。

5. 联合裹包机

将牧草打捆和裹包一体化，完全自动化进行，是青贮包膜专用设备，可将捆扎机捆扎好的鲜秸秆类和鲜草类圆草捆进行自动包膜。这种青贮方式是目前国际上最先进、最灵活，也是效果最好的青贮方法；用户可根据需要青贮时间的长短在包膜上设定好决定包膜的层数：贮存期在一年以内可包2层专用膜，贮存期在二年内的一定包4层专用膜；包膜青贮最大的敌人是包膜前草捆未打紧及在饲喂前破包，破包将会影响厌气发酵，致使霉变腐烂。

牧草膜裹包青贮与窖贮、堆贮、塔贮等传统的青贮相比具有以下特点：

(1)贮饲料质量好。由于拉伸膜裹包青贮密封性好,提高了乳酸菌厌氧发酵环境的质量,提高了饲料营养价值,气味芳香,粗蛋白含量高,粗纤维含量低,消化率高,适口性好,采食率高,家畜利用率可达100%。

(2)无浪费霉变损失、流液损失和饲喂损失均大大减少。传统的青贮损失可达20%～30%。

(3)不污染环境。由于密封性能好,没有液汁外流的现象。包装适当,体积小,密度高,易于运输和商品化,保证了大、中、小型奶牛场、肉牛场、山羊场、养殖户等现代化畜牧青贮饲料的均衡供应和常年使用。

(4)保存期长。压实密封性好,不受季节、日晒、降雨和地下水位影响,可在露天堆放2～3年以上。

(三)青饲收获机械

青饲料和青贮原料都是在茎叶繁茂、生物量最大、单位面积营养物质产量最高时收获。当前比较适用的机械是青(贮)饲料联合收割机,在一次作业中可以完成收割、捡拾、切碎、装载等多项工作。由于机械化程度高、进度快、效率高,是较理想的收获机械。

青饲料联合收获机按动力来源分,有牵引式、悬挂式和自走式3种。牵引式靠地轮或拖拉机动力输出轴驱动;悬挂式一般都由拖拉机动力输出轴驱动;自走式的动力靠发动机提供。按机械构造不同,又可分为以下几种:

(1)青饲料收获机:主要种类滚筒式青饲料收获机收获物被捡拾器拾起后,由横向搅龙输送到喂入口,喂入口与上下喂入辊接触,通过中间导辊进入挤压辊之间,被滚筒上的切刀切碎。经过抛送装置,将青饲料输送到运输车上。这类收获机与普通谷物联合收获机近似。

(2)刀盘式青饲料收获机:这类收获机的割台、捡拾器、喂入、输送和挤压机构与滚筒式收获机相同,其主要区别在于切碎部分,当切刀数减少时,对抛送没有太大影响。

(3)甩刀式青饲料收获机:此类机械又称连枷式青饲料收获机,当关闭抛送筒时,可使碎草撒在地面作绿肥,也可铺放草条。

(4)风机式青饲料收获机:其主要区别在于用装切刀的叶轮代替装切刀的刀盘。叶轮上的切刀专用于切碎,风叶产生抛送气流。

第二节　剪羊毛机械的维护技术

一、结构与原理

(一)电动式剪羊毛机(图9-1)

电动式剪羊毛机由机体、剪割装置、传动机构(减速机构)、加压机构和电动机五部分组成。

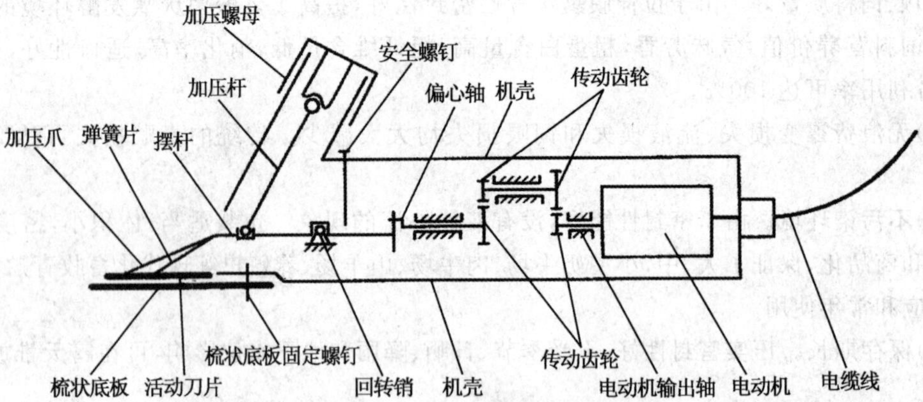

图 9-1 剪羊毛机的结构原理

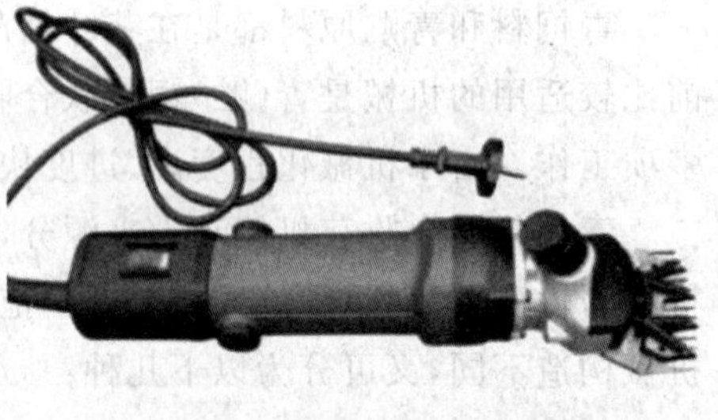

图 9-2 机体

1. 机体

由铝合金或硬质塑料铸造而成,剪羊毛机的其他部分可以安装在其内部或连接于其外壁上,梳状底板在壳体前部的平面上,用螺钉将其固定(图 9-2)。

2. 剪割装置

由梳状底板和活动刀片组成(图 9-3)。在剪毛时,随着剪头的前移,梳状底板的梳齿便插入羊毛,对羊毛进行梳理和支持,以便于剪割。活动刀片在梳状底板上以很高的速度作弧形往复运动,与固定的梳状底板形成剪割幅,将羊毛剪下。

3. 活动刀片

活动刀片由摆杆通过加压爪和弹簧片来带动作弧形往复运动。活动刀片靠中央两个小孔用来插入磨刀支架的销子。刀片制成中空,以减少高速摆动时的惯性力,也便于与梳状底板密切贴舍,有助于剪毛(图 9-4)。

4. 梳状地板

梳状底板有两个安装固定螺钉的槽孔,这种结构有利于梳状底板的安装和调整。在梳状底板上还有两个通孔。梳状底板上的弧形浅槽与活动刀片两侧的圆形缺口,用于在剪羊毛的过程中排除碎毛和沙子(图 9-5)。

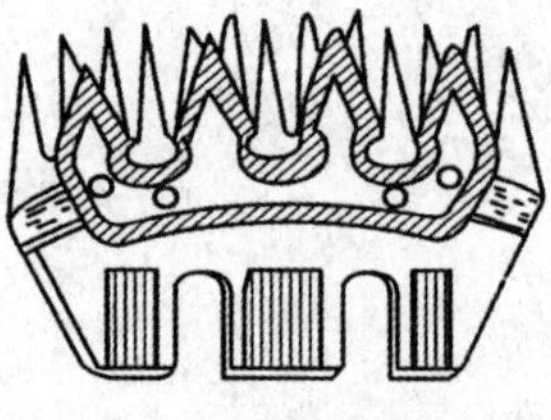

图 9-3 剪割装置

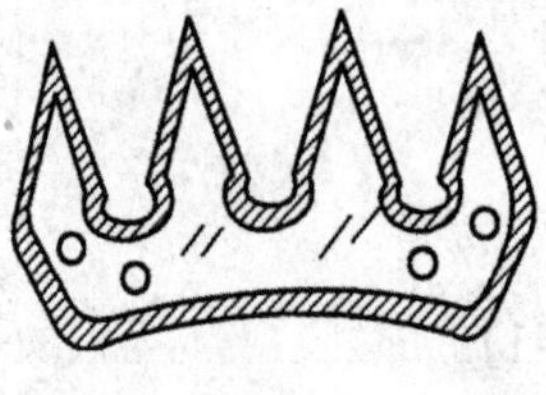

图 9-4 活动刀片

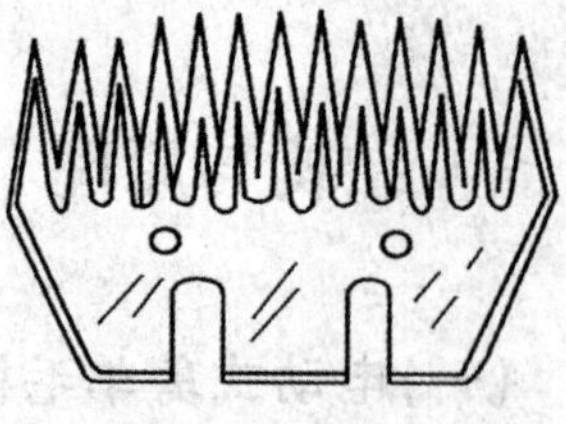

图 9-5 梳状地板

5. 传动机构

传动机构把电动机输出轴的转动速度变成活动刀片的弧形摆动。传动机构主要包括：一组变速齿轮、偏心轴、摆杆、加压爪、弹簧片和滚子等。摆杆用回传销连在机体的中部或前部，在摆杆的前端顶面有两个沿着摆杆方向的水平的孔，两个加压爪的柄就插在这两个孔中，摆杆上面还有固定弹簧片的孔以及用来放置加压杆及其附件(如止推座)的孔或凹槽。当剪羊毛机工作时，电动机输出轴的转动由变速齿轮组传动到偏心轴上，偏心轴回转带动滚子作圆周运动，由于滚子能在摆杆的凹槽内作上、下相对运动，因滚子能传给摆杆的只是水平摆动。摆杆通过加压爪和弹簧片的尖端带动刀片摆动(图 9-6)。

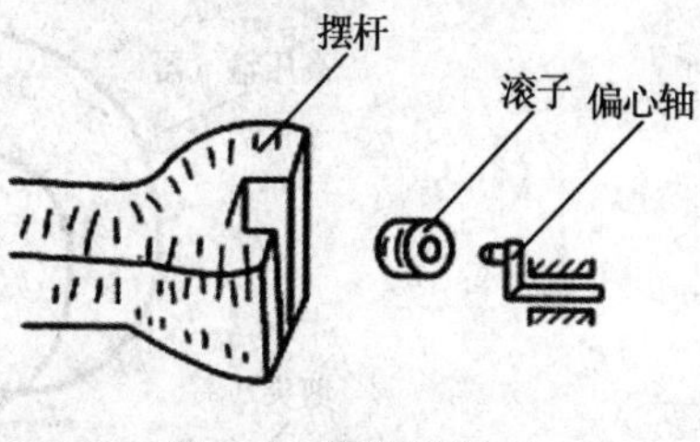

图 9-6　传动机构

6. 加压机构

剪羊毛机的型号、类型不同，加压机构的组成零件、结构也不一致，但基本原理是一致的，都是通过旋紧加压螺母，通过加压杆将压力施加到摆杆上，摆杆又通过加压爪和弹簧片把压力传给活动刀片，使活动刀片紧压在梳状底板上，保证剪割装置的良好切割。为使加压机构可靠工作，实际应用的剪羊毛机都增设了很多附属零件，如加压块、加压筒、螺纹套管等(图 9-7)。

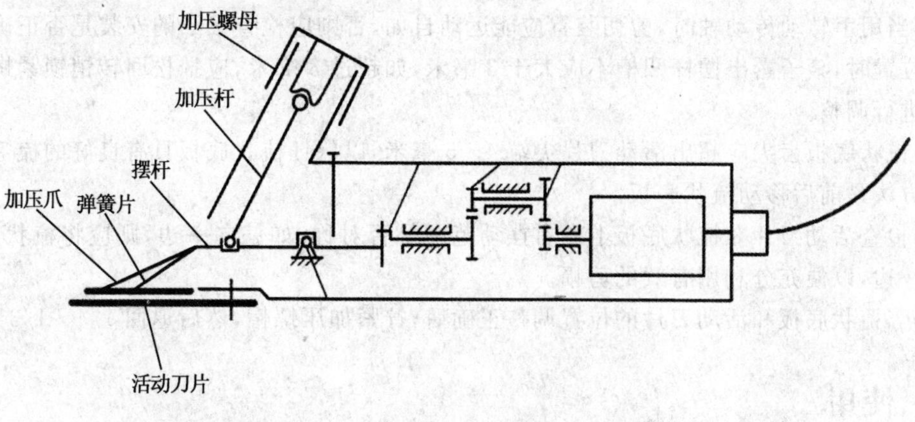

图 9-7　加压机构

(二)气动式剪羊毛机

气动式剪羊毛机由空气压缩机、空气调节器、油雾器、水分过滤器、软管和剪羊毛机头等组成。空气压缩机产生的高压空气依次经过水分过滤器、调压阀、油雾器和软管驱动剪羊毛机机头工作。剪羊毛机的油雾器能使压缩空气中带有雾状的润滑油，这种含油雾的压缩空气不仅能润滑和冷却所有运动零件，还可以吹走刀片上以及混在羊毛中的沙土和污物，所以刀片的使用寿命大大地提高。在剪头中安装有叶片式气动马达，气动马达的功用相当于内藏电机式剪羊毛机的电动机，其输出轴输出转动，从而带动偏心轴转动(图 9-8)。

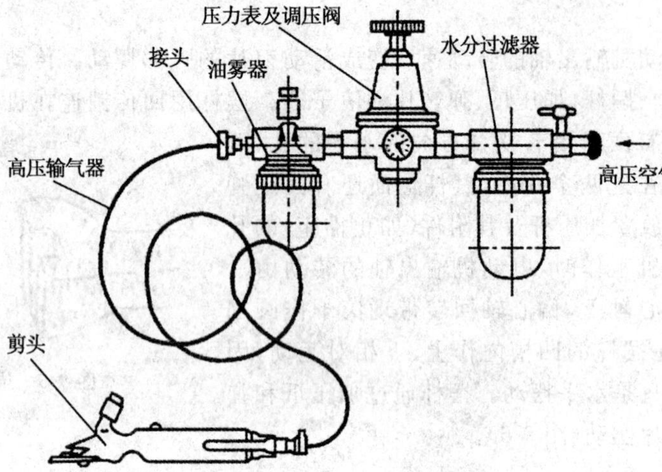

图 9-8　气动式剪羊毛机

二、调整

装好的剪头要稍加放松加压螺帽，进行下列项目的检查调整。

(1)当用手转动传动轴时，剪切装置应能运动自如，否则应检查滚子的安装是否正确，当滚子在上位置时，滚子露出摆杆凹槽不应大于 3 毫米，如超过 3 毫米，应拧松回转销锁紧螺母，对回转销进行调整。

(2)梳状底板齿尖应超出活动刀片尖端 4～5 毫米，以保证梳状底板具有良好的梳毛作用，调整的方法是前后移动梳状底板。

(3)检查活动刀片在梳状底板上左右摆动范围是否对称，如偏向一边，则应将梳状底板挪向偏的一边，以便充分利用有效的剪幅。

(4)当梳状底板和活动刀片的位置调整正确后，拧紧加压螺帽，然后退回 1/4～1/3 圈。

三、使用

(1)正确选用刀片。根据羊毛品种选用刀片，并按要求安装可靠。剪粗羊毛选用宽幅刀片，剪细羊毛选用窄幅刀片。

(2)检查剪羊毛机。使用前必须认真检查刀片、加压爪、弹簧片的连接状况；各部位的螺钉一定要紧固；三相工频软轴式剪羊毛机用手转动传动轴尾部，应能轻而平滑地回转；动刀片向两侧摆动时，两边偏差不得超过 1 毫米；动刀片与定刀片齿尖距离应小于 4 毫米，滚子不可露出摆杆凹槽 3 毫米。

(3)调整动、定刀片的压力。剪羊毛机启动前，应在刀片上加适量机油，然后稍微拧紧加压螺母，动、定刀片之间保持一定压力，以防开机时刀片飞出。启动后，加压机构应在剪羊毛时逐渐拧紧，压力大小的调节以能顺利剪下羊毛为准。如发现刀片已钝，则应更换，不能继续加压。

(4)操作要点。剪羊毛机启动时，应先检查电动机旋转方向，应与指示方向一致，否则应调换接线相位，然后将电压调整到额定值，再手握剪头进行正常作业。剪羊毛时，先将羊放成侧卧姿势，两前蹄拴在一起，两后蹄拴在一起，羊头下面垫草包，剪毛人面对羊腹而坐，右腿伸直轻轻地压住羊颈部，羊会很舒服地一动不动让人剪毛。然后用剪羊毛机由羊的腹部向上剪到背中线，再将羊翻到另一侧，依照上述方法把羊毛剪完。每年要剪羊毛两次，第 1 次在 5 月份，第 2 次在 9 月份。

四、维护

（1）剪羊毛机的清洗（图 9-9）。新剪头剪切口带有浸蜡或涂油，使用前应将剪刀口浸在热水中或汽（柴）油中洗掉蜡油层并进行全面检查。剪头前腔和剪割装置中常被碎毛、泥垢等堵塞，影响剪羊毛机的正常工作，所以每日作业结束，应用煤（柴）油进行清洗，去掉油污等杂物；剪头在完成 2～3 只羊的剪毛工作后要进行清洗。清洗时不必拆开剪头，只需将电源关闭和放松加压螺帽，然后将剪头放入浓度为 4% 的热苏打溶液中用毛刷洗涤，清洗后再用清水冲洗 1 次。

（2）剪羊毛机的润滑（图 9-10）。剪割装置（梳状底板与活动刀片间）应每剪 1 只羊用机油润滑 1 次；剪头中各传动齿轮、各轴承，摆杆凹槽和滚子等应每工作 8 小时用黄油润滑 1 次。

图 9-9 剪羊毛机的清洗

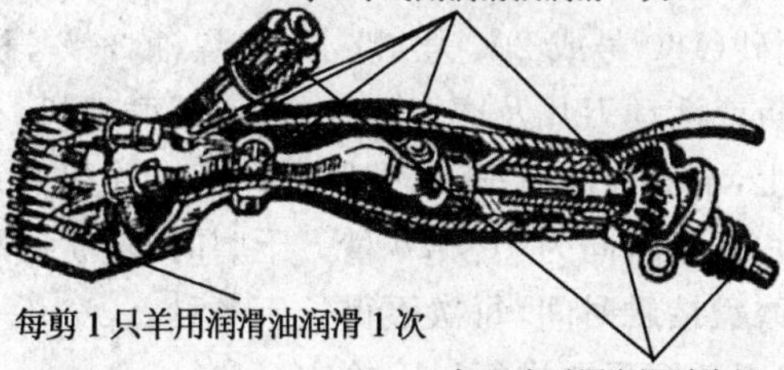

图 9-10 剪羊毛机的润滑

（3）定、动刀片相对位置调整。为保证固定刀片有良好的梳毛作用。利于剪毛，必须调整好定、动刀片相对位置。剪毛时，动刀片齿尖刀到定刀片有刃端的距离为 0.5～10 毫米，动刀片齿尖不能超出定刀片有刃口的工作部分，用手拨动摆杆，检查动刀片相对于固定刀片左右摆动范围是否对称，动刀片装好后，在其刃口摩擦面上滴几滴机油。

（4）加压力调整。当固定刀片和活动刀片的位置调整正确后，逐渐拧紧加压螺帽。调整完毕后，对偏心轴、滚子等加注润滑油；在剪毛过程中，剪子的加压应适当，这是能否充分发挥剪子效能的关键所在，否则对剪刀不利。

（5）每班工作前，应检查刀片和加压爪弹簧板等连接的可靠性，如发现零件损坏应更换，有松动应按规定调整，保证剪头技术状态完好。

（6）每工作 60 小时左右，将剪头拆开，在煤油中清洗一次，检查磨钝情况，然后重新安装、调整，按要求对各润滑部件注入适当的润滑油。

（7）定刀片使用到后期，前端梳毛处变尖，应用油石将其修理光滑，以免伤羊。

（8）在剪毛过程中，若剪子温度过高，有烫手感觉时应检查切割器是否变钝，加压是否过大，机体内是否有沙土，传动部分是否缺润滑油等，根据情况及时处理。

(9)剪毛季节结束后,应将剪头卸开,用煤油清洗,进行润滑后存放。

五、辅助设备

1. 磨刀机

剪羊毛机在剪毛过程中较易磨钝,因此剪羊毛机工作一段时间后需要磨刀,故配有磨刀机(图 9-11)。

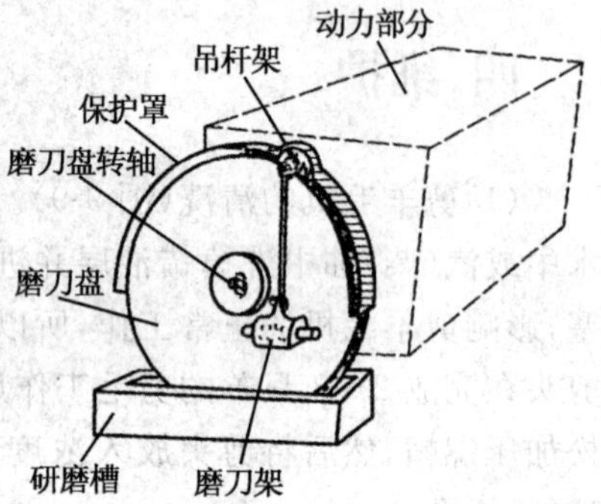

图 9-11　磨刀机的组成

(1)组成。磨刀机一般由磨刀盘、磨刀架、转轴和动力部分组成。动力部分可采用电动机,也可以采用能够输出转动的其他动力源。磨刀盘可采用沙盘、粘贴砂纸磨刀盘、金刚沙盘、环氧树脂粘贴磨盘及铸铁磨盘 5 种。

(2)磨刀方法。磨刀时,将磨刀架的销子插入梳状底板或活动刀片的磨刀孔内,然后旋紧两端的螺钉。磨刀有湿磨和干磨两种,一般砂盘、粘贴砂纸盘和金刚砂盘适于干磨,铸铁磨盘适于湿磨。对于湿磨,要先配制研磨剂并倒入研磨槽内。研磨剂的配方是:金刚砂(180 号或 200 号)粉 40%,煤油 30%,机油 30%混合成糊状。湿磨时,把需要磨的梳状底板或活动刀片及磨刀架拿好,启动磨刀机,待转速平稳后,将梳状底板或活动刀片靠在磨刀盘上,不停地左右摆动,并随时向磨盘涂研磨剂。一般梳状底板的磨锐时间为 30～40 秒,活动刀片磨锐时间为 10～20 秒。干磨时,梳状底板与磨盘接触时间,每次不能长于 5 秒,活动刀片与磨盘接触时间,每次不得长于 3 秒。

(3)刀片磨后要进行以下检查:

①刀片检查:磨后的刀片,主要检查是否平整、白亮、端正。

②合刀检查:将刀片洗净擦干,上下相合,用手压紧观察:如果上片四周能与下片密切贴合,作左右相对剪切运动时,四边也密切贴合,说明这副刀片是平整的。如果压紧上下刀片的后部时,刀齿或齿尖开口;压紧左边,右边张开,压紧右边,左边张开,都说明刀片凸心。

③以色泽为依据的检查:刀片研磨适当时间以后,检查受磨面的颜色变化:如果刀片的全部受磨面白亮,无明显横向划痕,说明磨成了,可以精磨或洗净后投入剪毛。否则继续研磨。

(4)磨刀机使用注意事项:

①对于新的电动磨刀机及经长期贮存首次使用的电动磨刀机,用 500 伏摇表测量电动机的绝缘电阻不得低于 2 兆欧方可通电使用,否则必须经行干燥,并检查接地是否良好。

②用手动转动磨刀盘,检查电动机内部有无摩擦声及其他杂音。

③开动电动机,检查电动机旋转方向与铭牌标志方向是否相符,磨刀盘有无跳摆现象。

④对于新磨刀机,在磨刀机启动后,用铁刷轻轻刷掉磨刀盘上车削后的铁屑、污物,用煤油或柴油清洗盘面,待盘面干净后,方可用毛刷涂研磨剂。

⑤每班作业开始时,应该检查磨刀机各紧固件连接件是否牢固,尤其是磨刀盘固定螺母的紧度,以免磨刀盘飞出。磨刀机安装要稳固和防止振动,磨刀机各部运转应灵活。

⑥磨刀盘旋转时,不得用手去抚摸,以免碰伤手指。

⑦当刀片刃磨结束后,必须关闭开关或分离离合器。

⑧发现磨刀盘轴变形应立即停止使用并及时卸下轴校直。发现轴有裂纹，要立即更换。

2. 羊毛分级机

羊毛分级一般在羊毛压捆前进行。国内外使用较多的是圆形羊毛分级台。它由机座、上回转平台和下固定平台组成。上回转平台在进行羊毛分级和剔除污毛时可用手工搬动，以代替人的走动。上下平台都铺设铜丝网架或栅格板条，以漏下污毛和泥土等杂质。下层平台的网孔略小于上层网孔，由上层平台网孔漏下的污毛和杂物，可在下层平台上剔除杂物后另行收集(图 9-12)。

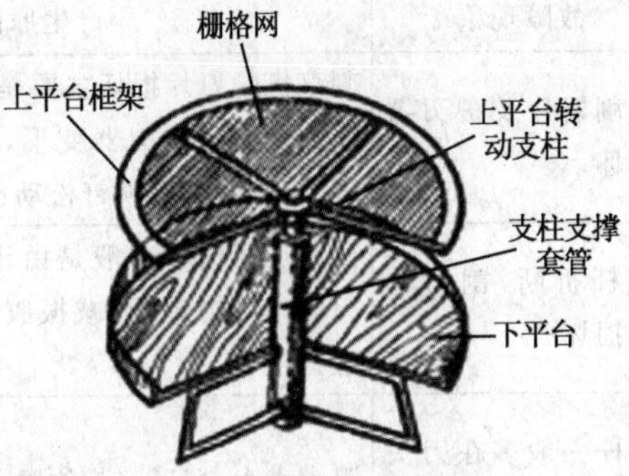

图 9-12　羊毛分级机

3. 羊毛捆压机

羊毛捆压机按动力可分为手动式、电动式和液压式 3 种。目前我国广泛采用的是手动杠杆式。

手动杠杆式羊毛捆压机由加压及升降机构和箱体总成两大部分组成(图 9-13)。箱体总成是由前门、后门和左右框架组成的长方形栅条铁箱。箱底设有活动底板，其安置高度可根据所需捆包大小进行调整。在需要将羊毛压成大包时，底板直接放在箱子的底框架上，压成的捆包重为 50～55 千克(适于汽车运输)，如需压成小包，则将底板通过加设的支架放在底框架上，此时压成的捆包重为 30～35 千克(适于牲畜驮运)。

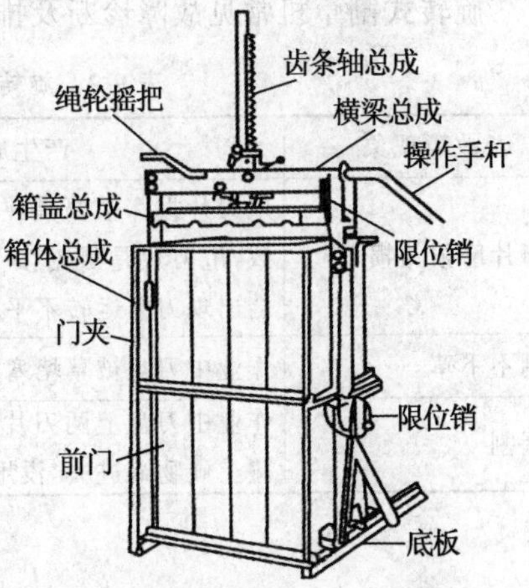

图 9-13　手动杠杆式羊毛捆压机

工作时先在箱体内装满羊毛，再用手工上下按动杠杆。加压机构上的齿条和加压板通过棘爪的作用，只能随杠杆下压时逐渐进入箱内，压实箱内的羊毛而不能随杠杆抬起时返回。加压结束后，打开箱门并用铁丝穿过加压板和底板上的上下开槽进行捆扎，最后摇转提升摇把，使齿条和加压板迅速升起，即可取出羊毛。

第三节　牧草收获机械的维护技术

一、往复式割草压扁机常见故障及排除方法

往复式割草压扁机常见故障及排除方法见表 9-1。

表 9-1　往复式割草压扁机常见故障及排除方法

故障现象	产生原因	排除方法
切割器片及护刃器损坏	割草机的刀片损坏主要是在作业切割过程中遇到硬物或护刃器变形，定刀片调整不一而致，也有定刀片铆钉松动造成刀片断裂	应及时更换断裂、损坏的刀片和护刃器矫正护刃器和刀杆的变形，并铆紧刀片铆钉或上紧刀片螺钉
刀杆折断，割刀连杆损坏	割刀连杆损坏一般是由于割刀阻力太大，割刀驱动机构轴承（减振胶套）损坏，连杆固定螺钉松动	应及时对连杆损坏原因正确调整，紧固有关部位，更换损坏轴承或胶套
刀杆一般多在刀头部折断	阻力太大，摆环安装位置不正确或松动	应正确安装调整切割装置及摆环；刀杆折断应换用备用割刀，并对折断刀杆进行加强修理

二、旋转式割草机常见故障诊断及排除方法

旋转式割草机常见故障诊断及排除方法见表 9-2。

表 9-2　旋转式割草机常见故障诊断及排除方法

故障现象	产生原因	排除方法
刀片磨损与损坏	甩刀片损坏主要是在作业中遇到硬物所致，甩刀片是成对安装，如打坏一个，就会出现刀盘运转不平稳和割草不净现象	应及时更换成对的刀片。刀片两边均有切刃，当刀片一边刃磨损后，可把左右刀盘上的刀片换装，使用另一边的切刃
割不下草	作业中刀盘被草堵塞而引起皮带打滑	应及时排除堵塞，调整皮带的张紧度
漏割	作业中刀盘上两刀片都折断或两个刀片碰上硬物缩进去，没甩出来	应及时更换新刀片或拉出刀片

三、搂草机常见主要故障诊断及排除方法

搂草机常见主要故障诊断及排除方法见表 9-3。

表 9-3　搂草机常见主要故障诊断及排除方法

故障现象	产生原因	排除方法
齿盘转动不灵	1. 搂草机齿盘转动不灵，搂草机搂齿着地力太大，使齿盘转动阻力增大	调整
	2. 滚棒轴承磨损过度	更换滚棒轴承
草搂不干净	搂齿不全着地，搂齿着地力太小	改变拉力弹簧在拉伸调节板上的位置来调节

四、小方捆机常见故障及排除方法

小方捆机常见故障出现在打结器或拧结器以及打捆仓中。首先清除打捆仓的干草，触发测长臂转动飞轮，直到完成系结过程，细心排除故障。打结器故障及排除见表 9-4。

表 9-4　打结器的故障及排除

故障现象	故障分析	排除方法
草捆的绳有结	1. 拨绳盘不拨绳或绳不能正确进入打节位置	调整拨绳盘、调整夹绳盘或针、检查夹绳盘和绳张力、安装打压头延长板
	2. 草捆止回挡未挡住草捆末端	使卡住的草捆止、回挡活动自如、更换折断的草捆止回挡弹簧、降低进料速度、安装打压点延长板
绳两端都有结	拔绳盘不拔绳或不能正确进入夹绳盘。与方捆机另一侧相配的绳相比绳过长	调整拔绳盘、调整夹绳盘或针、安装打压点延长板
绳结断开或绽裂	1. 在系结过程中，绕在打结嘴上的绳张力过大，导致绳剪断或拉开	放松夹绳盘夹紧弹簧、打磨所有粗糙的打结角
	2. 捆绳张力过大	减少捆绳张力
	3. 打结嘴和刀臂之间的间隙不足	调整间隙
绳端头绽裂	割绳刀太钝	磨刀或换刀
绳结太松	打结嘴舌磨损或损坏、草捆夯实度过低、打结器正常磨损、夹绳盘调整不当	更换打结嘴、增加草捆夯实度、调整刀臂撸结板、调整夹绳盘
绳两端不齐	1. 夹绳盘紧力不足	拧紧夹绳盘夹紧弹簧
	2. 刀钝或有缺口	磨刀或换刀
绳夹上无结	1. 绳在夹绳盘中被剪断	松开夹绳盘并清除夹绳器上的锐边和毛刺
	2. 打结嘴舌张不开	检查打结嘴舌滚轮是否丢失和凸轮表面是否过度磨损或嘴舌是否损坏
几条绳折为几股打入结中	1. 打结嘴舌在绳顶部闭合	弯曲刀臂以便使刀臂槽在偏右的打结嘴舌上夹住绳、调整夹绳盘正时
	2. 绳挂在刀臂上打结嘴和刀臂之间的间隙不足	磨光刀臂弯曲处调整间隙
几股窝结	刀臂通过打结嘴行程不足	弯曲刀臂，以获得正确的行程
	打结嘴压力臂弹簧过松	拧紧打结嘴压力臂弹簧上调节螺母；弯曲刀臂，在刀和夹绳盘之间获得更多的间隙
飞轮安全螺栓被剪断	切草刀绳、打捆仓中阻塞、切草刀间隙过大、曲柄挡块调整不当、离合器环磨损、草捆太重、针在打捆仓中	磨刀、清除所有阻碍物、调整打压点、调整挡板、更换离合器环、降低草捆强力、将针放回初始位置
打结器和针传统、安全螺栓剪断	1. 打结器传统系统制动器太紧、针正时不正确	松开打结器、传统系统制动器、重新调正时针
	2. 针撞击阻塞物、打结器中有阻碍物、针失调	清除所有阻碍物、清除所有阻碍物、调整针

第四节　自走式青(黄)贮饲料收获机的维护技术

一、结构及功能

自走式青(黄)贮饲料收获机,可一次完成收割、切碎并将切碎饲料抛入挂车等作业,属于精密切碎型青贮饲料收割机。主要由割台、喂入装置、切碎装置、抛送装置、发动机、底盘、驾驶室、液压系统和电气系统等部分组成。割台位于机器正前方,用于切割和输送作物。该机主要用于青贮玉米、棉秆、高粱、甘蔗和燕麦等秆状类饲料作物秸秆的不对行收获,可一次性连续完成收割、切碎、揉搓和抛送装车等多项作业。具有代表性的机型主要有现代农装北方(北京)农业机械有限公司生产的 9265 型和 9265A 型自走式青贮饲料收获机(图 9-14、图 9-15)和新疆机械研究院设计的牧神 9QSZ-3000 型自走式青(黄)贮饲料收获机。

图 9-14　9265 自走式饲料收获机

图 9-15　9800 自走式饲料收获机

二、主要部件

1. 割台

9265 型自走式饲料收获机可以根据需要配有两种割台:矮秆牧草割台和不分行高秆作物割台,牧草割台可收获大麦、燕麦及禾本科、豆科牧草等矮秆青贮作物,不分行高秆作物割台可收获青饲玉米、高粱等高秆青贮作物。采用圆盘不对行喂入形式,由 2 个大的圆盘组成。为提高喂入辊的输送能力,将喂入辊的齿板加高、加深,提高齿对作物的抓取能力,使喂入更加顺畅(图 9-14)。

9800 型自走式饲料收获机配置小圆盘割台,适合收获青贮玉米及其他类型的高秆作物。收获不同作物时,可更换相应割台,主机部分通用。割台主要由 4 个圆盘和控制其运动的喂入滚筒组成,采用箱体传动,结构紧凑。采用强制性喂入机构,能充分解决不对行收获,而且秸秆随着圆盘的转动最终以垂直的角度到达切碎装置,这样的好处是能使秸秆容易被切割(图 9-15)。

割台底部的切割圆盘采用的刀片都喷涂硬质合金,其刃口经过特殊处理,能提高耐磨度,延长刀片使用寿命，降低能耗，同时配有异形刮刀，割茬高度≤15 厘米，锋利的刮刀能够将割茬刮碎，加速割茬腐烂，更好地保护轮胎。割台在收获作物时，喂入能力强，喂入流畅且振动很小。割台对倒伏作物的收获能力很强，倒伏的秸秆只要能由每个圆盘前的扶禾叉送到圆盘上即可实现收获。

2. 喂入装置

在效率提高方面对喂入系统进行了改进，加大了喂入量，效率可提高 10%以上。喂入装置由 5 个喂入辊组成，上部前、后 2 个喂入辊可以浮动，以适应不同的喂入量，下部有 3 个喂入辊。喂入装置把从割台切割输送来的作物均匀可靠地喂入(图 9-16)。

3. 切碎装置

结构紧凑，配置科学合理。而且上面的喂入辊工作时能够浮动，从而将喂入的秸秆压扁。压扁的秸秆再经切碎，出来的饲料比较碎，更容易被牲畜接受，提高了饲料利用率。切碎装置增加了籽粒揉搓功能，使收获的饲料品质大大提高。切碎装置主要由切碎滚筒、动刀、定刀、凹板及磨刀装置等组成，本机型切碎装置采用滚筒组合式刀，动刀在滚筒上为斜排列，动刀的刀刃口为椭圆曲线，直接减少了动、定刀间隙，降低了功率消耗，刀片刃口经过特殊处理，提高了耐磨度，延长了刀片使用寿命。合理的设计和配置，使该装置切碎秸秆时受力均匀，切碎效果好。

4. 抛送装置

抛臂加高，底座加强，可适应更高的接料车，同时能满足开道时作业。采用大功率抛送风扇的抛送装置，结构简单实用，同时由于前面已经将秸秆切得很碎，所以抛送尤为迅速。传输饲料的抛送臂可以旋转±90°，全液压控制，左、右、后 3 个方向都可跟集料车，适应能力强，且能省去摘、挂拖车的麻烦，提高收获效率，其抛送高度范围为 4.4～4.8 米(图 9-17)。

图 9-16　喂入装置

图 9-17　抛送装置

5. 驾驶室

采用了进口电磁阀代替国产手动控制阀，同时采用集成手柄控制，使驾驶员操作更灵活方便。采用整体式空调，避免冷却介质的泄漏。改善了驾驶员的作业环境。方向盘前后可调、集仪表、操控按钮于一体(图 9-18)。

图 9-18 驾驶室

6. 发动机

强劲动力，作业效率高。动力系统采用上柴191.1千瓦（260马力）的高性能柴油机，水箱和中冷器分开放置，各自用风扇进行散热，散热效果良好。空气滤清器放置在机身顶端，易于清理。加大的液压油箱外形尺寸和散热面积，保证液压油正常的温度（图 9-19）。

图 9-19 发动机

7. 底盘

专业厂家生产、可靠性高。底盘为自走式专用底盘，由驱动轮、变速箱、行走无级变速器、转向轮和底盘车架等组成，支承整机全部负载和完成行走任务（图 9-20）。

8. 液压系统

性能可靠、操作灵活方便。液压系统由转向、电磁阀操纵 2 个子系统组成。转向系统用于控制转向轮的转向；电磁阀操纵系统用于控制割台的升降、行走无级变速、割台喂入部分动力离合和切碎滚筒动力离合、控制抛送筒升降，抛送筒转动和抛送导向板角度调节。2 个子系统共用一个液压油箱。由液压转向器、液压缸、组合电磁阀、抛送筒摆动马达等元件组成（图 9-21）。

图 9-20 底盘

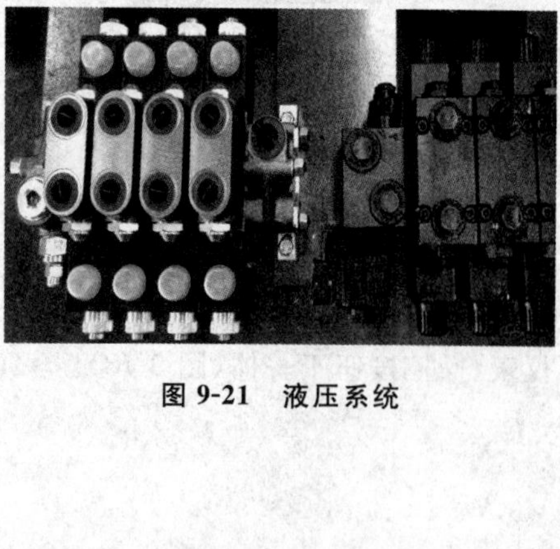

图 9-21 液压系统

9. 电气系统

合理的电器、灯光设计，保证您在夜间作业无障碍。电气系统实行单线制，负极搭铁，与机体构成回路，电路中额定电子电压均为 24 伏。灯光设计合理，前面灯光能够照射割台整个作业范围；后面灯光能覆盖饲料抛送筒的出口，夜间也能正常作业（图 9-22）。

10. 籽粒揉搓装置

见图 9-23。

图 9-22　电气系统

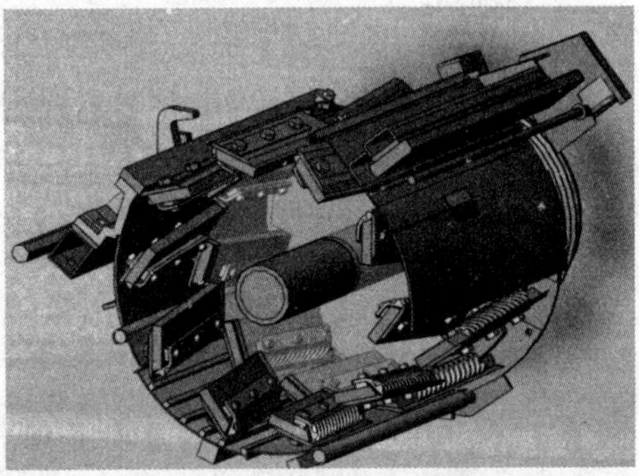

图 9-23　籽粒揉搓

三、常见的故障诊断与排除方法

青贮收获机械的故障及排除方法归纳起来主要见表 9-5。

表 9-5　青贮收获机械的主要故障及排除方法

故障	故障产生的原因	故障排除方法
割草不利或漏割	割刀磨损或缺少刀片	应及时更换刀片，定、动刀片间隙越小越好，以不相碰为原则，间隙应在 0.2～0.4 毫米；并检查刀杆传动机构零部件，保证运转正常
拨禾轮传动不正常	拨禾轮高度、水平和转速调整不到位	根据作物的高低，用升降油缸调整拨禾轮的高度；通过调节板上的孔调整拨禾轮水平，最前面的孔适于高秆或倒伏作业；根据作物的长势或机子前进速度，通过调换链轮调整拨禾轮的转速
收割台不稳	分配器或油缸漏油	更换油封“O”形圈
安全离合器打滑	安全离合器进入油或扭矩不足	清洗搅轮、链耙油污并按规定扭矩压紧
打坏动、定刀，轴承损坏	调整切碎长度	通过增减切碎刀片数量或喂入的转速进行调整
整机抖动和抛料不畅	切碎滚筒轴两边轴承损坏或切碎刀损坏；抛料筒内有阻碍物或风力不足	应停车检查，更换损坏或磨损的轴承，并检查定刀片损坏的情况，及时更换成对的新刀片，保持动刀的运转平稳；排除抛料筒内的倒刺等阻碍物

第五节 4QSZ-2300/4QSZA-2300 型自走式饲料收获机的维护技术

一、概述

4QSZ-2300/4QSZA-2300 型自走式饲料收获机是专为收获秸秆饲料而设计的，适合收获秸秆含水率在 70%以下的玉米等秸秆。机器一次可以完成收割、喂入、切碎、抛送等作业。用于饲料，可以一次完成收割、切碎并将切碎秸秆抛入料箱作业，属于高效切碎型秸秆饲料收获机。

4QSZ-2300/4QSZA-2300 型自走式饲料收获机主要由割台、输送桥、喂入装置、切碎装置、抛送装置、发动机、底盘、驾驶室、液压系统和电器系统部分组成。

自走式饲料收获机的割台位于机器正前方，用于切割和输送秸秆。4QSZ-2300/4QSZA-2300 型自走式饲料收获机割台原理类似于小麦联合收割机割台，但是根据秸秆的田间状态与切割特性，有些部件与小麦联合收割机割台有所不同。根据种植的间距，4QSZ-2300/4QSZA-2300 型自走式饲料收获机的有效割幅 2.3 米，采用往复式割刀，在秸秆直立状态下，将秸秆从根部割断，由旋转的拨禾轮将切断后的秸秆拨入到喂入搅龙，由喂入搅龙将秸秆从两端向中间过桥室输送，通过过桥将秸秆输送到后置的喂入切碎装置。

喂入装置由一个喂入辊组成，喂入辊可以浮动，以适应不同的喂入量。喂入装置把从过桥输送来的棉秆均匀可靠地喂入切碎装置，喂入辊工作有效宽度 0.72 米。

切碎方式为有定刀的、有支撑切割的滚筒式切碎装置，主要由切碎筒体、动刀、定刀及凹板等组成，动刀分两组排列，每组 8 片，均匀以水平 6°分布于筒体上，滚筒筒体圆周直径 0.6 米，动刀在筒体上斜排列，使得动刀在切碎秸秆时，以滑切方式将秸秆切碎到要求长度，在切碎秸秆时，可省动力，切碎质量好。滚筒在以 1 378 转/分钟速度正常工作时，同时也有抛送物料的作用，使得切碎后的秸秆物料以 43 米/秒的速度进入抛送筒。

抛送装置主要由抛送筒和配套的密封板等组成，作用是将切碎后的物料经抛送筒抛入到料箱中。

发动机为柴油发动机，动力 4QSZ-2300 为 98 千瓦，4QSZA-2300 型为 64 千瓦，以水冷，配有吸风式冷却水箱，采用吸风方式冷却，可保证水箱表面的洁净，确保冷却效果，发动机系统位于机器后面，导向轮前上方，是工作部件和行走部件的动力源。

底盘为自走式专用底盘，由驱动轮、变速箱、行走无级变速器、转向轮和底盘车架等组成，支承整机全部负载和完成行走任务。

驾驶室位于割台后面，切碎装置的上方，设有各种仪表、操纵手杆和座位，用来操纵、控制机器行走和作业，操纵平台位于驾驶室内，有快慢 3 个挡位，带有暖风系统。

电气和液压系统主要是用于机手实现 4QSZ-2300/4QSZA-2300 型自走式饲料收获机的多种远控功能及照明等。

图 9-24 为收割机田间作业的结构示意图。

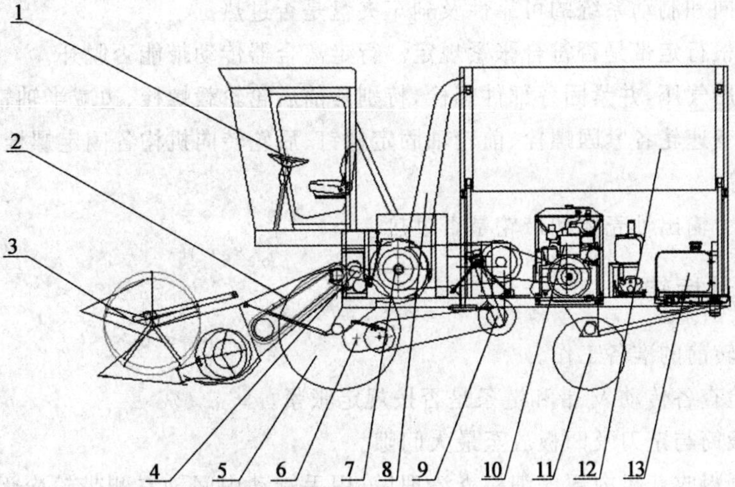

图 9-24　自走式秸秆收获机结构示意图

1.驾驶室　2.输送过桥　3.割台　4.喂入辊　5.驱动前轮　6.变速箱及离合器　7.切碎部件　8.抛送筒　9.传动系统　10.发动机系统　11.后转向轮　12.料箱　13.油箱

二、磨合和调试

(一)饲料收获机的磨合要求

新购置的秸秆饲料收获机或大修后的秸秆饲料收获机作业前必须进行试运转，以保证良好的技术状态，延长使用寿命。试运转前必须正确安装、调整和润滑各部件，试运转中每隔半小时必须停机检查和排除故障。

秸秆饲料收获机试运转按以下 4 个程序进行：

(1)发动机空运转 0.3 小时；

(2)行走试运转 25 小时；

(3)带机组试运转 20 小时；

(4)在中等负荷条件下进行试运转 60 小时。

(二)发动机试运转

严格按发动机厂家的《柴油机使用说明书》要求进行试运转。

(三)行走试运转

当发动机水温升高至 80℃以上时，从低挡到高挡，从前进挡到后退档逐步进行，试运转过程中采用中油门工作，应留心观察，并检查以下项目：

(1)检查变速箱和离合器有无过热、异音，以及变速箱有无漏油现象，并检查润滑油油面。

(2)前后轮轴承部位是否过热，轴向间隙 0.1～0.2 毫米。

(3)检查转向和制动系统的可靠性及刹车夹盘是否过热。

(4)检查两根行走带是否符合张紧规定。行走离合器传动带能否脱开。

(5)检查轮胎气压,并紧固各部件螺栓,特别是前后轮轮毂螺栓、边减半轴轴承螺栓和锥套锁紧螺母、无级变速轮各紧固螺栓、前轮轴固定螺钉、后轮转向机构各固定螺栓、发动机机座和带轮紧固螺栓等。

(6)检查动力输出轴壳体和带轮是否过热。

(四)联机试运转

(1)机组运转前的准备工作。

①应仔细检查各传动 V 带和链条是否按规定张紧。

②将切碎滚筒与定刀及凹板放至最大间隙。

③将秸秆饲料收获机内部仔细检查清理后,用手转动中间轴右侧带轮应无卡滞现象。正常情况下应该由一人在主离合器分离状态下转动自如。

④按润滑图规定对各润滑点进行润滑。

⑤检查所有螺纹紧固件是否可靠拧紧。

(2)先原地运转,从中油门过渡到大油门,仔细观察是否有异响、异振、异味以及"三漏"现象,大油门运转 30 分钟后检查各轴承处有无过热现象。

(3)缓慢升降割台和拨禾轮,以及伸缩无级变速油缸,仔细检查液压系统工作是否准确可靠,有无异响、过热和漏油现象。

(4)运转中仔细观察仪表是否指示正常,各信号装置是否可靠工作。

(5)检查电器系统线路、照明灯、指示灯是否可靠工作。

(6)秸秆饲料收获机部件运转正常后应将各盖关闭,切碎滚筒凹板间隙调整到工作间隙之后,方可与行走运转同时进行。

(7)停机检查各轴承是否过热和松动,各 V 带和链条张紧度是否可靠。

(8)检查主离合器、工作离合器结合和分离是否可靠。

(五)带负荷试运转

带负荷试运转也就是试割过程,均在秸秆饲料收获机收获作业的第一天进行。负荷试运转一般在地势较平坦、少杂草、秸秆株高及株形较一致、基本无倒伏、具有代表性的地块进行。当机油压力达到 0.3 兆帕,水温升至 80℃时,开始以小喂入量低速行驶,逐渐加大负荷至额定喂入量。

无论喂入量多少,发动机应在最大额定转速下全速工作。

在试割过程中要及时合理调整各工作部件,使之达到良好的作业状态。

在试收割作业时,使用Ⅰ、Ⅱ挡。

试运转全部完成后,应按柴油机使用说明书规定保养发动机,更换变速箱齿轮油和液压油,并按本收获机使用说明书规定,进行一次全面的技术保养。

三、作业前的准备

(一)作业前的检查

饲料收获机作业前的检查(表 9-6)。

表 9-6　饲料收获机作业前的检查

检查部位	检查内容	处理方法
发动机机油	油量应在检油尺的上下刻度线间	加油至检油尺的上下刻度线间
冷却水	水箱的水是否加足	加足清水
空气滤清器	滤芯不可被灰尘、秸秆屑堵塞	清洗
吸风网罩	网面不可被灰尘、秸秆屑堵塞	清洗干净
电器各部位	照明灯是否正常发亮、各仪表是否灵敏	检查是否有灯泡烧毁、保险丝烧断、接头脱开
消音器周围、电瓶	是否积有棉秆屑	清除
灭火器	是否携带	安装
皮带、链条	是否松弛、损坏	调整或更换
割台刀片间隙	前端≤0.5 毫米,后端≤1.5 毫米	调整
螺丝、螺母	是否松动	紧固
活动部位的润滑处	是否加润滑油	注润滑油
底盘变速箱	挡位及转向是否正常	调整
切碎及抛送过渡处	有无堵塞	打开安全门,清理
机器各处	是否有缠草、棉秆屑等杂物	清理

(二)作业前的准备工作

(1)作业前,要了解作物生长情况,一定要适应收获才能得到良好效果。

(2)要了解道路、地块、地形,以减少机子不必要的磨损和节省转移时间。

(3)为提高作业效率,便于及时排除故障,随车工具和各种备件、易损件应带齐全。

四、工作部件的使用和调整

(一)秸秆割台系统

割台(图 9-25)用以切割作物,并将割下的作物输送到输送过桥部分。割台主要由拨禾轮 1、拨禾轮升降臂 2、割台体焊合 3、拨禾轮升降油缸 4、切割器 5、输送搅龙 6、摆环箱 7、油缸安全卡 8、割台升降油缸 9、中间传动轴 10 等组成。

割台的出口和输送过桥连接,割台体下端被割台升降油缸 9 支撑,并控制割台的升降,以适应割茬高度和地隙要求(作业时必须打开油缸安全卡 8)。

割茬高度直接影响工作质量和效率,应该根据用户要求和田间作业的负荷情况机动调整,一般不应低于 50 毫米，但也不能过高，高度以不影响耕地作业、下茬种植并尽量减少秸秆损失为好。

1. 拨禾轮

收获时拨禾轮扶持或扶起秸秆，并拨向切割器，支撑切割，同时将割下的作物拨向割台喂入搅龙，以推进秸秆的喂入。

拨禾轮的高低、前后位置和转速应根据田间作物生长状况随时调整，以利于提高作业质量和减少割台损失。

2. 拨禾轮皮带张紧的调整

调节皮带 6 的张紧度时，先将升降臂两端的轴承紧固螺栓 2 松开，再松开锁紧螺母 4，把调节螺栓往前顶，皮带张紧，调整时应该将升降臂两端的螺栓同时顶，调整后两皮带轮传动面的误差应小于 2 毫米(图 9-26)。

拨禾轮的高低位置由驾驶室内拨禾轮液压升降手柄操纵实现。

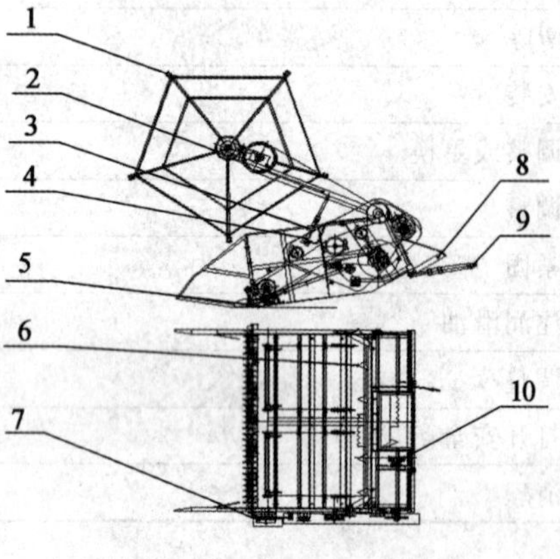

图 9-25　割台结构示意图

1. 拨禾轮　2. 拨禾升降臂　3. 割台体焊合　4. 拨禾轮升降油缸　5. 切割器　6. 输送搅龙　7. 摆环箱　8. 油缸安全卡　9. 割台升降油缸　10. 中间传动轴

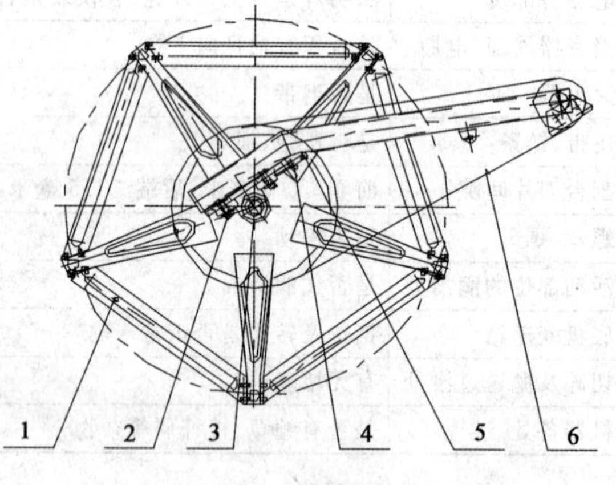

图 9-26　拨禾轮皮带张紧示意图

1. 拨禾轮　2. 轴承紧固螺栓　3. 轴承　4. 背紧螺母　5. 调节螺栓　6. 皮带

3. 切割器(图 9-27)

切割器的装配技术状态，对割台的工作质量有很大影响，应经常检查并进行调整。所有护刃器的工作面应在同一平面内。其调整方法可用一截管子套在护刃器尖端校正，也可以用榔头轻轻敲打校正。

动刀片处于两端极限位置时，刀片中心线与护刃器中心线应重合，其偏差不大于 5 毫米，调整方法为移动刀头和弹片之间的位置，使摆环箱的摆臂也处于相应的极限位置。

作业中应经常检查割刀摆臂的 M12 螺母是否可靠拧紧紧固，其拧紧力矩为 75～105 牛顿·米。

动刀片和护刃器的工作面应贴合，其前端间隙不允许超过 0.5 毫米，后端间隙不允许超过 1.5 毫米。

动刀片和压刃器工作面之间间隙范围在 0.1～0.5 毫米。调整方法是加减调整垫或用榔

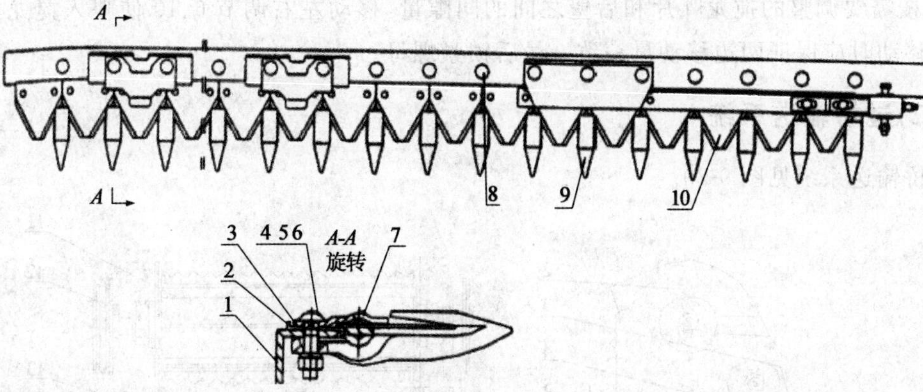

图 9-27　切割器

1. 护刃器梁　2. 摩擦片　3. 垫片　4. 垫圈　5. 螺栓　6. 螺母　7. Ⅱ型压刃器　8. 螺栓　9. 双联护刃器　10. 动刀片

头轻轻敲打压刃器。调整后动刀应左右滑动灵活。

4. 喂入搅龙

(1)喂入搅龙总成(图 9-28)。

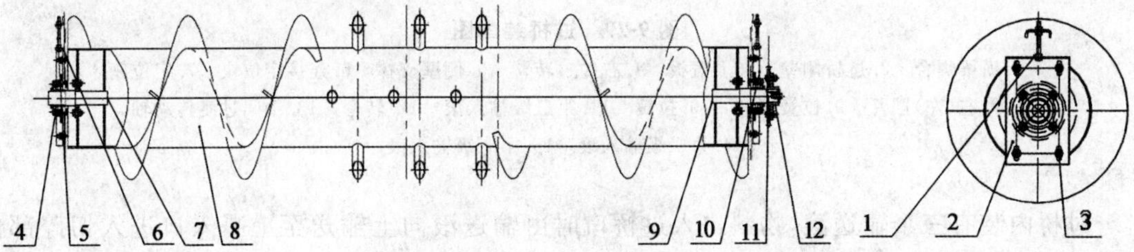

图 9-28　喂入搅龙总成

1. 调节螺母　2. 轴承安装螺栓　3. 螺母　4. 轴承　5. 调节螺杆　6. 右调节板　7. 右半轴　8. 搅龙　9. 左半轴　10. 左调节板　11. 链轮　12. 链轮轮毂

(2)喂入搅龙叶片与割台底板之间的间隙。

对一般状态秸秆为 20～40 毫米。

对稀矮秸秆为 15～20 毫米。

对高大稠密秸秆(包括固定作业)为 30～40 毫米。

调整方法：首先松开喂入搅龙传动链条张紧轮，然后将割台两侧壁上的螺母 3 松开，再将调节螺母 1 松开。按需要调整搅龙叶片和底板之间的间隙量，拧紧螺母 3 和调节螺母 1 使喂入搅龙升起或降落。最后必须完成下列工作：

①检查喂入搅龙和割台底板母线平行度，使沿割台全长间隙分布一致。

②检查并调整喂入搅龙链条的张紧度。

③拧紧两侧壁上的所有螺母。

(3)喂入搅龙叶片和后壁之间的间隙：一般为 20～30 毫米。

调整方法：首先松开喂入搅龙传动链条张紧轮，然后将割台两侧壁上的螺母 3 及调节螺母

1松开，按需要调整的搅龙叶片和后壁之间的间隙量，移动左右调节6、10使喂入搅龙向前或往后。移动时应保证两边移动量一致。最后锁紧螺母。

(二)过桥输送系统

过桥输送系统见图9-29。

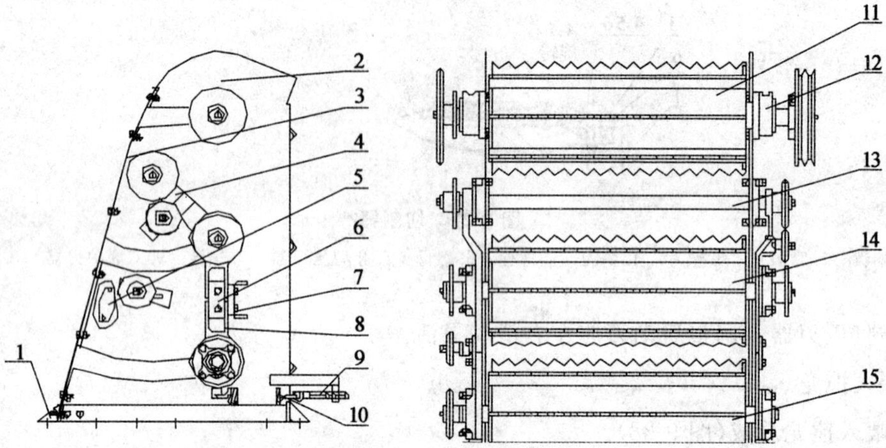

图9-29 过桥装配图

1.横梁焊合 2.过桥侧壁 3.上盖板 4.右(左)转臂 5.侧壁支撑 6.连接定位块 7.定位座 8.右(左)摆臂 9.拉簧拉杆 10.拉簧 11.第三级输入滚 12.转套 13.中间过渡传动轴 14.第二级输入滚 15.第一级输入滚

过桥内装有三个输送滚，物料进入过桥口时由输送滚向上输送至上喂入口进入切碎部件入口。第一、第二喂入滚通过浮动臂连接，回转点在中间传动轴上。回转臂的下端有拉簧预紧，当喂入量大时，浮动滚向上浮动，可以减少浮动滚的受力，延长浮动滚的寿命。装配后，拉簧的调节量为由自由状态拉长10～20毫米然后将螺母备紧。第一、第二喂入滚以及中间传动轴两端的轴承均为带座轴承UCFC207。

三级喂入齿滚见如图9-30至图9-32所示。

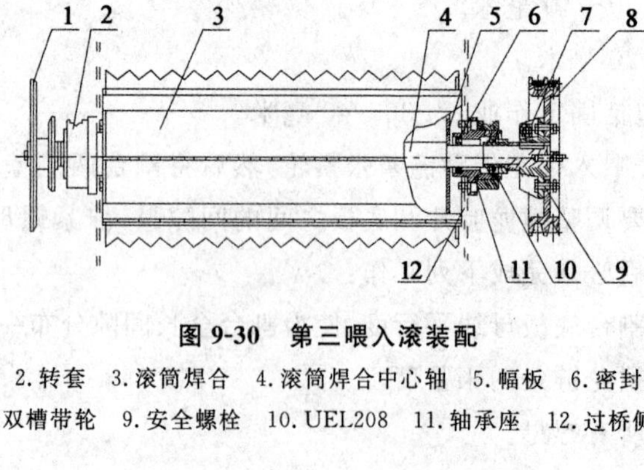

图9-30 第三喂入滚装配

1.链轮焊合 2.转套 3.滚筒焊合 4.滚筒焊合中心轴 5.幅板 6.密封圈 7.带轮毂 8.双槽带轮 9.安全螺栓 10.UEL208 11.轴承座 12.过桥侧板

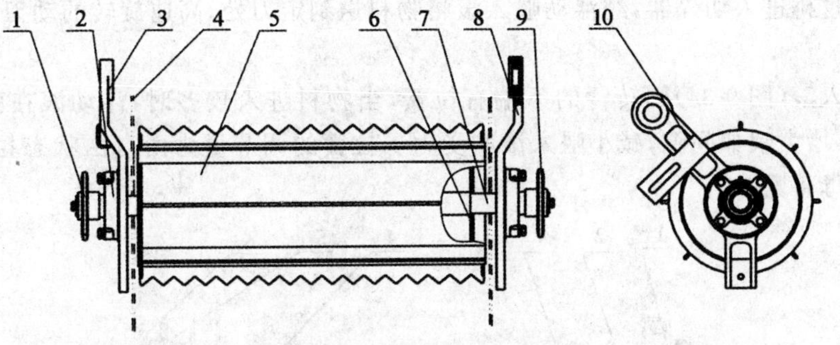

图 9-31　第二喂入滚装配

1.左侧链轮　2.带座轴承 UCFC207　3.左转臂　4.过桥侧壁　5.滚筒焊合　6.幅盘
7.滚筒焊合中心轴　8.右转臂　9.右侧链轮　10.张紧轮支架

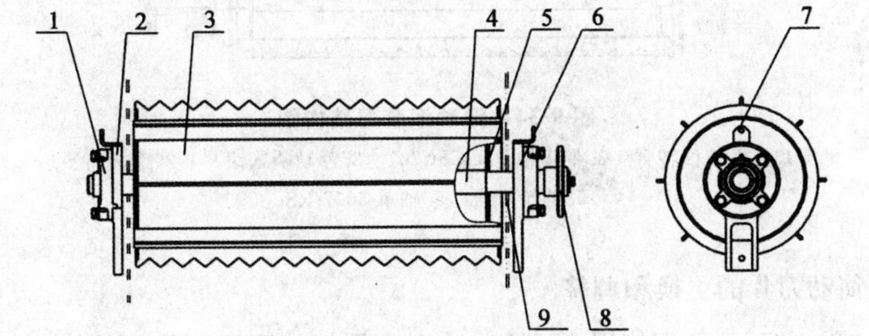

图 9-32　第一喂入滚装配

1.带座轴承 UCFC207　2.左摆臂网罩架　3.滚筒焊合　4.滚筒焊合中心轴　5.幅盘
6.右摆臂　7.拉簧挂耳　8.右侧链轮　9.过桥侧壁

(三)喂入切碎系统

滚筒式切碎装置是自走式饲料收获机的重要工作部件，主要由浮动喂入滚、切碎滚筒体、动刀、定刀和凹板组成，见图 9-33。

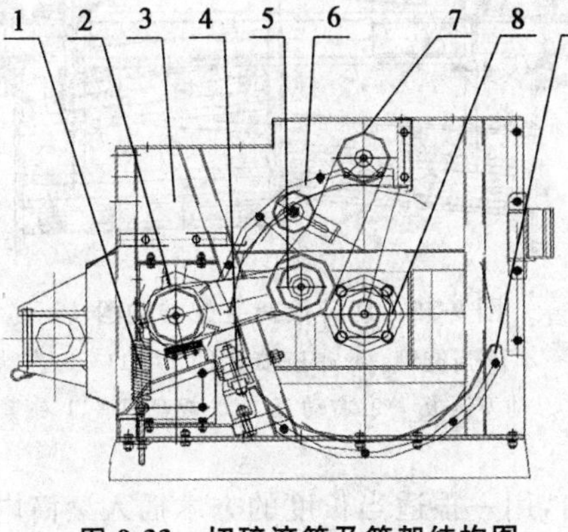

图 9-33　切碎滚筒及筒架结构图

1.浮动滚张紧弹簧　2.浮动滚装配　3.切碎滚筒侧臂　4.定刀装配　5.过渡链轮　6.上凹板
7.输入中间轴　8.切碎滚筒装配　9.下凹板

物料经过桥进入切碎器，经浮动喂入滚将物料送到定刀处，高速旋转的动刀将物料切碎并抛送出去。

浮动喂入滚(图 9-34)回转臂的下端有拉簧，当物料进入较多时，浮动滚在弹簧的作用下能向上浮动，增大喂如间隙，减小喂入滚的受力。拉簧的调节量为由自由状态拉长 20～30 毫米然后将螺母备紧。

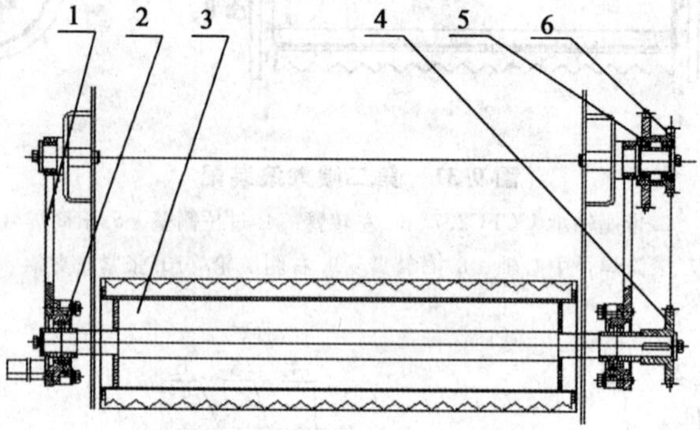

图 9-34　浮动滚装配结构图

1. 浮动滚回转臂　2. 带座轴承 UCFC207　3. 浮动喂入滚　4. 20 齿链轮　5. 链轮焊合　6. 轴承 6007-RS

1. 切碎滚筒动刀片的更换和调整

切碎滚筒(图 9-35)动刀每使用 40～100 小时需要卸掉磨刃，不然会影响切碎的效果和增大切碎的功率。

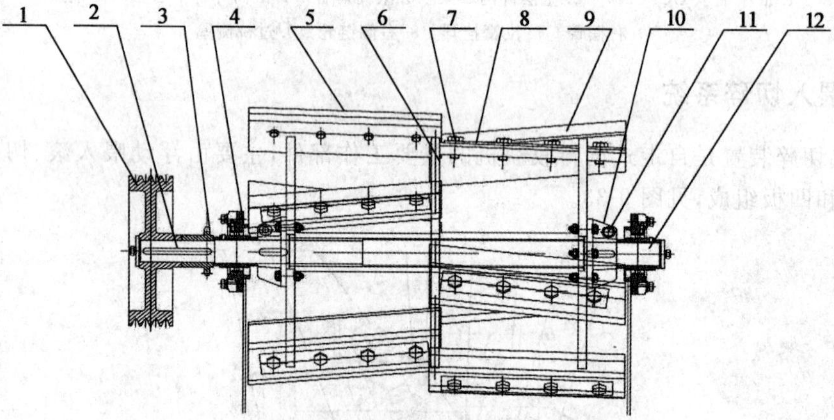

图 9-35　切碎滚筒装配结构图

1. 皮带轮　3. 键 14×X130　3. 17 齿链轮　4. 带座轴承 UCFC211　5. 左动刀　6. 切碎滚筒焊合体　7. 螺栓 M16×X1.5×X40　8. 动刀压板　9. 右动刀　10. 幅盘毂　11. 锁紧螺栓 M12×X45　12. 轴

在调整或更换动刀片之前，用一根适当长度的方木插入滚筒内，使滚筒固定不能转动。

先放下凹板，把凹板及刀片表面清除干净，然后装上凹板。卸下 M16 的螺栓更换上新刀片。

调整动刀片，使动刀片与定刀之间的间隙为 0.5～0.8 毫米。拧紧 M16 的螺栓和螺母，拧紧力矩为 250 牛顿/米。

转动滚筒，看看转动是否自如。如果刀片与凹板碰刮。则凹板有异物或凹板变形，需打开凹板进行修整。

工作 40～50 小时需重新紧固动刀上的安装螺栓、螺母。

2. 定刀的调整及更换

定刀的刃口不能有损坏或较严重的磨损，如果有会使棉秆切碎质量降低，而且功耗会大大增加。定刀刀刃四个棱边都可以使用，当一边磨损后，可以将固定螺栓松开，反转换刃，再重新固定螺栓。当定刀四边的刃口都损坏了的时候，就需更换新定刀。如图 9-36 所示。

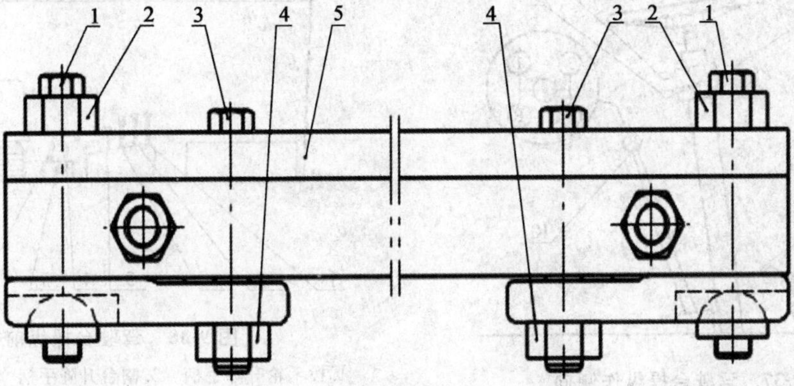

图 9-36 定刀的调整与更换

1. 螺栓 M12×100 2. X 偏心螺母 3. 螺栓 M16×100 4. 螺母 M16 5. 定刀

定刀在定刀座上具有一定量的调节，具体方法是：松开螺栓 1、3 和螺母 4，旋转偏心螺母 2，既可以前后调整定刀 5，两边调整量要保持一致，使定刀与动刀间隙在 0.5～0.8 毫米之间。然后拧紧螺母 4 及螺栓 3，拧紧力矩为 90 牛顿/米。

调整完定刀后，必须手盘切碎滚筒至少转过一周。

3. 抛送装置

抛送机构主要由抛送筒和导向板等装置。切碎物由切向进入抛送筒，由切向抛出，经抛送筒抛入棉秆箱内。

(四)底盘系统

底盘系统主要是由驾驶操纵、行走变速轮、驱动轮桥、转向轮桥等组成，在行走无级变速轮和变速箱的配合下，可使棉秆联合收割机获得 1.55～20.51 千米/小时前进速度和 3.62～8.03 千米/小时的倒退速度。在转向轮桥和液压转向器的配合下，可使联合收割机实现 4.4～4.5 米最小左转弯半径和 4.2～4.3 米最小右转弯半径。

1. 驾驶操纵

在驾驶员座位周围设有棉秆联合收割机操纵机构，仪表装置设在方向盘下面，便于观察车况变化(图 9-37 至图 9-39)。

(1)方向机总成(图 9-37，6)。方向机总成用于转向，它与 FLD-D9/10 单路稳定分离阀、

BZZ1-100/10 全液压转向器、YS50 转向油缸等组成转向系统。注意不得在停车状态下操纵转向盘。

(2)主离合器操纵手柄(图 9-38,7)。用来控制机组所有工作部件的运转和停止。前推到底——接合动力——运转;后退到初始位置——分离动力——停止运转。

操纵主离合器的原则是快离慢接,即当接合时,必须在割台前无负荷、中小油门转速下缓慢前推操纵手柄结合,动作延续时间不低于 1～3 秒;反之,分离动力时,应敏捷地退回操纵手柄。

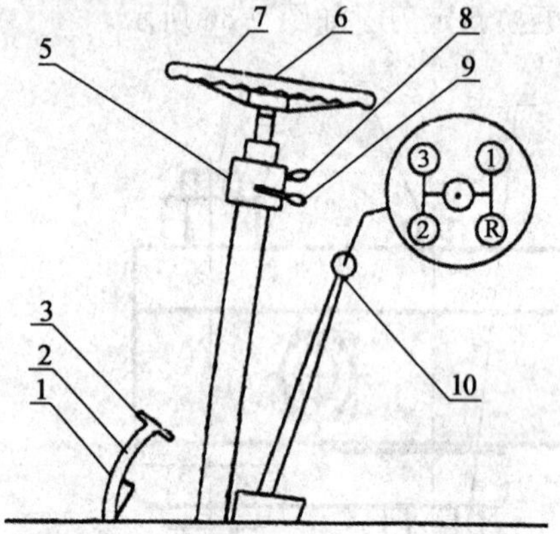

图 9-37　驾驶台操纵作侧向

1. 油门踏板　2. 行走离合器踏板　3. 制动器踏板　5. 组合开关总成　6. 方向机总成　7. 喇叭按钮　8. 组合开关手柄(右)　9. 组合开关手柄(左)　10. 变速杆

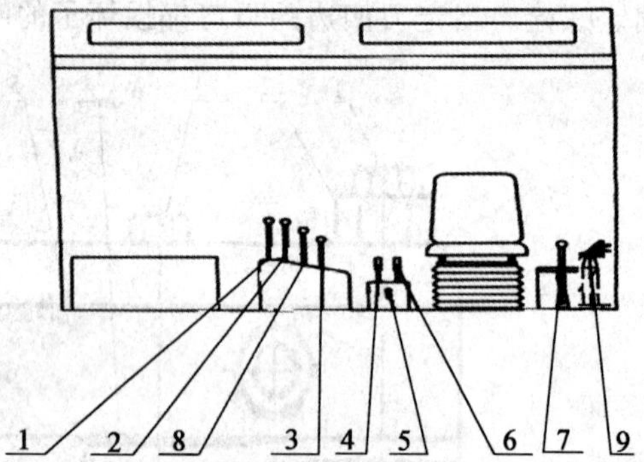

图 9-38　驾驶台操纵前视

1. 拨禾轮升降手柄　2. 割台升降手柄　3. 无级变速油缸手柄　4. 手制动手柄　5. 熄火油门手柄　6. 手油门手柄　7. 主离合器操纵手柄　8. 料箱卸料升降手柄　9. 灭火器

(3)行走离合器踏板(图 9-37,2)。用于分离变速箱离合器(常压式)。踩下该踏板,变速箱离合器分离,变速箱输入轴动力被切断。行走离合器踏板应有 20～30 毫米自由行程。

行走离合器的操纵也应遵守快离慢接原则,即离合器分离时,要迅速将其踏板踩到底;结合时则应缓慢松放踏板。离合器分离时间不应太长,更不允许常把脚放在离合器踏板上,使离合器呈半结合状态。

(4)制动器踏板(图 9-37,3)。用来制动行驶中的联合收割机。制动器踏板应保证有 10～15 毫米自由行程。在行进中制动时,尾灯下部刹车灯亮。停车时应同时踩下离合器及制动器踏板。操纵手柄拨回空挡位置。

驻车时,将手制动操纵手柄提起并锁住(图 9-37,4),完成停车制动。

(5)拨禾轮升降手柄(图 9-37,1)。用来在作业中适应棉秆高低使拨禾轮上升和下降。向后拉-拨禾轮下降;中立-手柄自动回拉-拨禾轮位置锁定;向前推-拨禾轮上升。

(6)割台升降手柄(图 9-38,2)。用来在作业和转移中操纵割台上升和下降。向后拉-割台下降;中立-手柄自动回位-割台固定;向前推-割台上升。

(7)无级变速油缸操纵手柄(图 9-38,3)。操纵手柄,应缓慢连续完成。严禁狠压猛提,引起脱带和冲击,损坏皮带或拉弯离合轮轴。向前推-油缸活塞杆收缩-趋快;中立-手柄自动回位-速度固定;向后拉-油缸活塞杆顶出-趋慢。

(8)油门踏板(图 9-38,1)及手控油门把手。用来控制发动机供油量大小,以实现发动机输出功率和转速控制。将手控油门把手放到约水平位置,然后踩下油门踏板-供油量增大-输出功率和转速增大;松开踏板-供油量减小-输出功率和转速减小;扳动油门把手并同时踏下踏板-供油量增大-输出功率逐渐增大-松开踏板-发动机功率和转速可保持不变。

(9)变速杆(图 9-37,10)。用于操纵变速箱不同变速齿轮副啮合,从而实现联合收割机行驶有级变速。本机设三个前进挡和一个倒退挡,挡位如图 9-37 所示。

变速时,必须首先踩下行走离合器踏板,然后再拨动变速杆。操纵变速杆须手配合协调,达到快速、平稳、无声,绝不允许硬挂、猛碰。若挂不上挡,可将变速杆拨回空挡位,松开行走离合踏板,然后再踩下,重新挂挡。

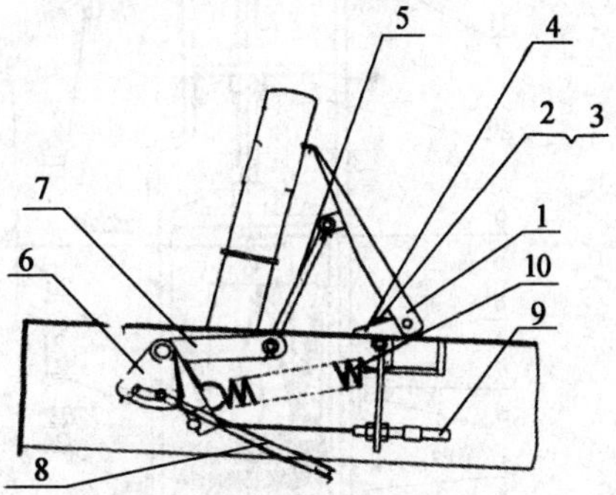

图 9-39 油门踏板机构

1. 油门踏板 2. 限位螺钉 3. 螺母 4. 油门踏板支架 5. 油门推杆焊合 6. 手油门月牙板 7. 脚油门转臂焊合 8. 手油门推杆 9. 脚油门拉线总成 10. 踏板回位弹簧

(10)熄火油门手柄(图 9-38,5)。用于发动机断油熄火。要使发动机停止工作,先卸掉负荷,将油门踏板放松到自由状态,然后上提熄火油门手柄,发动机停止工作,然后复位,以备下次启动。

(11)喇叭按钮。在方向盘总成上部。当接通电路系统后,按下喇叭按钮,喇叭就会鸣响。

2. 行走无级变速轮

行走无级变速轮位于机器的左侧。当驾驶员操纵无级变速油缸手柄时,变速油缸伸缩使转臂转动,从而使动轮被无级变速挤压横向滑动,同时另一级带放松,改变动轮左右带槽工作直径,达到变速目的(图 9-40)。

使用维护无级变速轮应注意以下问题:

(1)无级变速轮在安装时需调整变速带轮与发动机输出带轮、变速箱输入轮间的传动面,调整时可通过调节拉杆 29 与拉杆 30 的长度,使两传动回路带轮轮槽对称中心面的位置度不大于 2 毫米。

(2)操纵变速油缸手柄必须轻轻点动,使油缸活塞杆缓慢伸缩,变速平稳过渡,严禁猛动操纵杆,以免拉断变速箱输入轴,拉坏动力输出轴带轮,或引起无级变速带翻滚跑带。

(3)两根无级变速 V 带 HK2410 和 HK3526 张紧应调整适度,一般检查时用 125 牛顿的压力压任意一根带的中部,胶带的挠度为 16～34 毫米。如果不符合要求应及时调整,调整时先通过操纵手柄将动轮 3 置于中间位置,然后松开栓轴 5 和螺母 23,调整调节螺杆 9,使调节加焊合 8 上下移动,带动栓轴沿转臂长孔上下移动,达到调整要求为准。最后将栓轴固定。

在调节过程中应用手不断转动变速轮,使胶带能尽快滚入轮槽工作直径部件中,严禁调紧超限度,否则有可能使变速箱输入轴变形,而使输入皮带轮撞离合器壳或折断。

(4)试车完毕或工作一段时间后两根胶带绝对伸长量可能不一样,用上述方法已不能同时满足两根带的张紧要求,对此应调整单根带张紧度。方法是:将无级变速轮动盘置于中间位

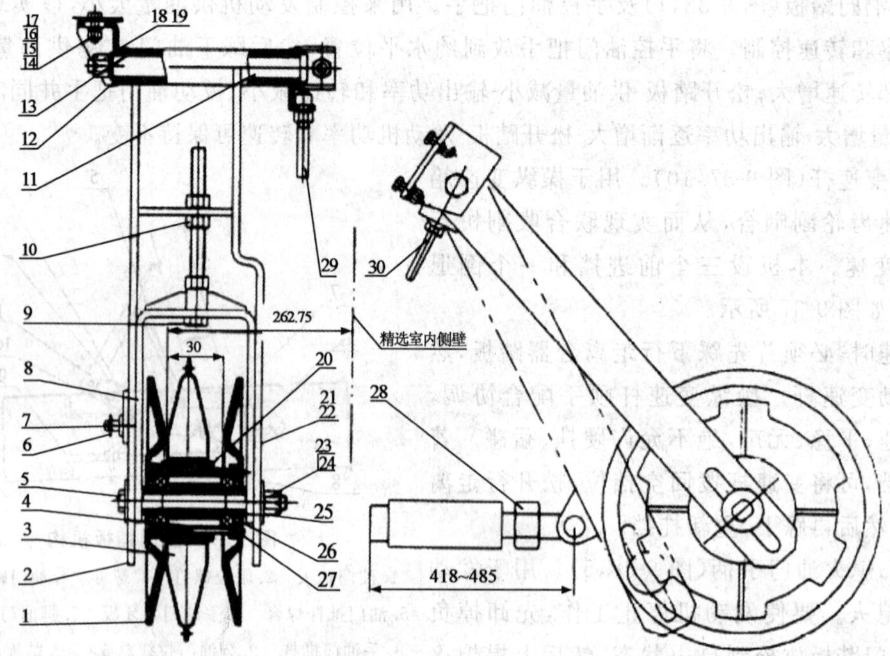

图 9-40　行走无级变速轮

1.定轮　2.转臂　3.动轮组合　4.油环　5.栓轴　6.垫圈　7.开口销 4×26　8.调节架焊合　9.调节螺杆　10.螺母 M20　11.轴　12.支架焊合　13.小轴套　14.螺栓 M12×40　15.垫圈　16.弹簧垫圈　17.螺母 12　18.螺母 M20　19.开口销 4×36　20.O 形圈 92.5×3.55　21.螺栓 M8×20　22.弹簧垫圈 8　23.螺母 M20　24.大平垫圈 20　25.管轴　26.油封 B40628　27.滚动轴承 6008　28.调节螺母　29.拉杆　30.拉杆

置，再将无级变速油缸活塞杆调节螺母在 28 拧进或拧出(拧进时调紧 HK2700 带，同时放松 HK3410 带；反之正好相反)，达到单根调整目的，但调整量最多不大于 15 毫米。在单根带调整完后，应按第(3)条方法重新调整一次调节架焊合，以达到两根带有相同的张紧度。

(5)在拆装无级变速轮时，应注意定轮和动轮轮毂原装位置记号“O”，严禁调位，否则将影响带轮的平衡，引起较大振动。

3.驱动轮桥

驱动轮桥由变速箱(带离合器、差速器)、变减速器等组成(图 9-41)。

(1)离合器(图 9-42)。离合器为干式单片常压式摩擦离合器，型号为 FD210。离合器膜片弹簧 16 和分离轴承 986809K 之间自由间隙为 1.5～3 毫米，随着离合器摩擦片和其他相关零件的磨损，离合器亚盘向外移，膜片弹簧内端压向分离轴承，使它们之间的间隙减小。间隙小或无间隙，都会使分离轴承有可能压在膜片弹簧上长期转动，引起离合器的拆装后或工作一段时间后应调整此自由间隙(间隙不当会造成分离不彻底、换挡有异响)。可通过调整离合器拉杆(离合器和脚踏板之间细长拉杆)两端螺纹长度的方法达到正常间隙，并同时保证离合器脚踏板自由行程在 20～30 毫米范围内。维修后或更换新离合器总成时应保证图中的装配尺寸。

严禁将离合器当刹车及减速使用，否则，极易引起摩擦片快速磨损。

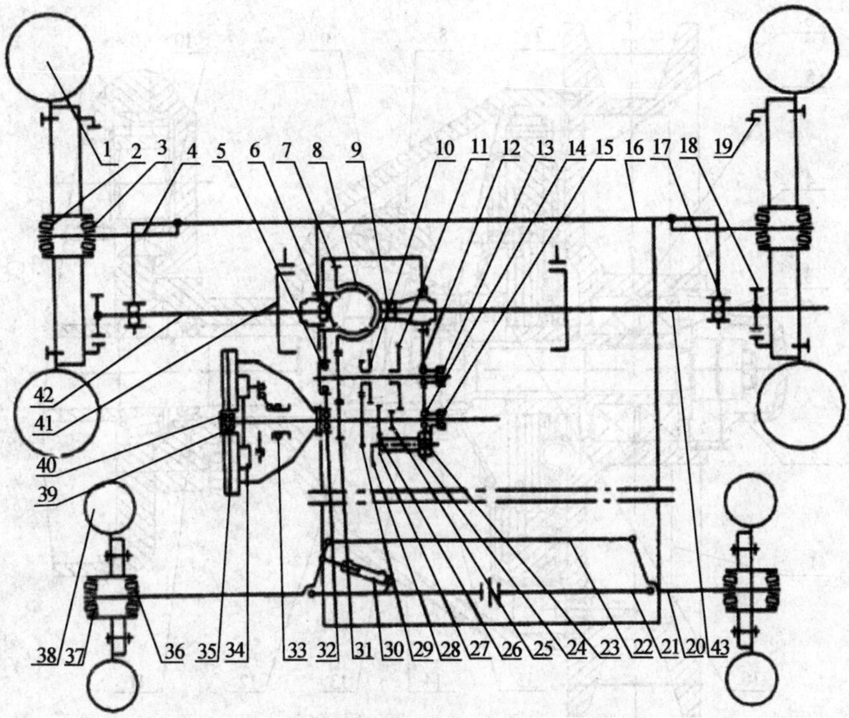

图 9-41 底盘传动机构图

1. 驱动轮 15-24 2. 滚动轴承 30207、30208 3. 滚动轴承 30210、32211 4. 大轮轴 5. 滚动轴承 NJ2207E 6. 滚动轴承 310 7. 差速器大齿轮 Z63 8. 差速器(130 汽车) 9. 滚动轴承 210 10. Ⅱ、Ⅲ双联齿轮 Z41、Z26 11. Ⅰ倒挡滑动齿轮 Z50 12. 流动轴承 6206 13. 手制动器 14. 滚动轴承 30306 15. 小制动器 16. 前桥管梁 17. 紧定套外球面轴承 UKFC208＋H2308 18. 边减小齿轮 Z13 19. 边减内齿圈 Z79 20. 转向节焊合 21. 后轴焊合 22. 转向拉杆 23、27. 滚针轴承 24、28. 倒挡双联齿轮 Z19、Z15 25. Ⅰ挡主动轴齿轮 Z＝12 26. Ⅱ挡主动齿轮 Z22 29. Ⅱ挡主动齿轮 Z37 30. 转向油缸 YS40E 31. 中间轴齿轮 Z11 32. 滚动轴承 30207 33. 分离轴承 986809K(非标准号) 34. 离合器总成 FD210 35. 输入带轮 36. 滚动轴承 30207 37. 滚动轴承 30205 38. 驱动轮 10-15 39、40. 滚动轴承 6207-2RS 41. 制动器(左、右) 42. 左半轴 43. 右半轴

为了克服离合器后输入轴转动惯性,以便顺利换挡,在变速箱输入轴端设有小制动器(图 9-41,15)。

制动器的结构参见图 9-43。

小制动器和行走离合器之间通过小制动横推杆 4 连接,实现二者同步联动分离——制动过程。在调整离合器间隙的同时,必须检查小制动器间隙,即当离合器结合时,小制动轮 7 制动蹄 6 径向间隙为 1～2 毫米。如果间隙不符,可调整小制动横推杆螺母 M10,以改变横推杆工作长度,达到正常间隙。当调整缓冲弹簧 2 压缩长度时,可改变制动蹄对小制动轮的压力,可通过调整螺母 8 达此目的。

调整好的离合器应该是工作中能分离彻底,无尖叫声,换挡无齿轮撞击声,结合平稳。

(2)变速箱。变速箱置于离合器之后,将变速齿轮和差速器合二为一。变速箱设有三个前进挡和一个倒退挡,由两对三个滑动齿轮在变速杆和换挡机构作用下完成变速。借用 130 汽

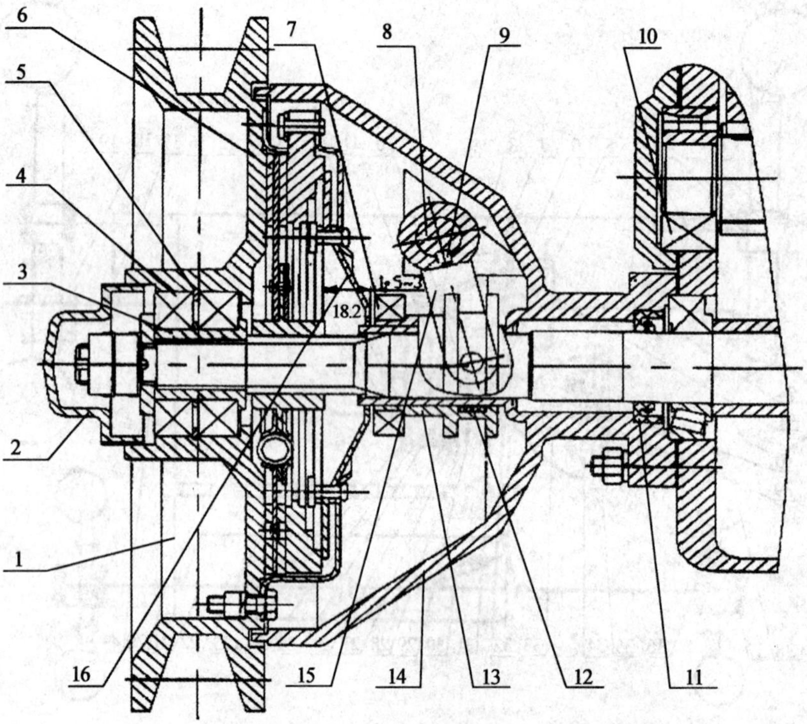

图 9-42　行走离合器及输入带轮

1. 输入带轮　2. 端盖　3. 轴套　4. 滚动轴承 6207-2RS　5. 挡圈 72　6. 离合器总成　7. 分离轴承 986809K(非标准号)　8. 分离杠杆焊合　9. 键 6×32　10. 圆锥滚子轴承 30207　11. 油封 PD35×50×12　12. 毡圈　13. 分离轴承座　14. 离合器壳　15. 分离拨叉装配　16. 膜片弹簧

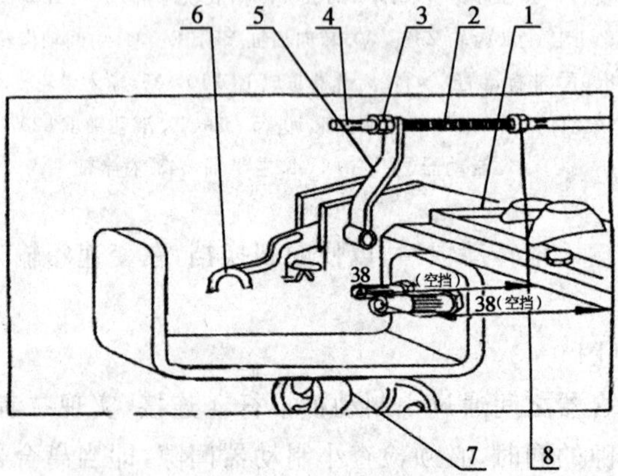

图 9-43　小制动器结构

1. 变速箱总成　2. 制动器缓冲弹簧　3. 螺母　4. 小制动横推杆　5. 小制动臂　6. 制动蹄　7. 小制动轮　8. 螺母

车的差速器，由四个直齿圆锥行星齿轮组成。变速箱内的润滑油应定期更换，油面不应超过或低于检视孔位(油位低会影响飞溅润滑，油位高容易窜入离合器引起打滑)、变速箱工作时油温不应超过 70℃。

换挡机构在出厂时已调整正常。若环节头损坏或螺母松动，造成挂挡困难，这时应进行调整。调整方法为：更换损坏的零件后，使变速箱处于空挡位置，挂挡手柄放在 1、倒位置，调整拉杆长度后锁紧各螺母即可。

(3)变速减速器(图 9-41)。边减速器由半浮式左半轴 42、左右边减速内啮合齿轮传动副 18、19、驱动轮 1 等组成。边减速器安装时应注意将边减半轴一端带紧定套外球面轴承 UKFC＋H 四个 M12 固定螺母按规定扭矩拧紧，将紧定套螺母拧紧锁住，在锁紧过程中，边拧边敲击边减小齿轮端部。在工作中注意检查和按规定润滑，保持轴承良好技术状态，防止锁紧套松动窜轴。

工作中注意检查轮辋固定螺栓和前桥管梁 16 大轮轴固定螺钉，以防松动窜轴和窜轮胎。边减速器采用防尘保护式齿轮传动，用 2 号锂基润滑脂润滑。因此，应定期清洗加油。

驱动轮毂通过两圆锥滚子轴承 32211、30308 安装在大轮轴上，此轴承的间隙应保证在 0.1～0.2 毫米，调整时将轴端螺母拧紧后退回 1/7～1/5 圈，并用开口销锁住。

收割机驱动轮采用 15-24 低压式轮胎，转向轮采用 10/175-15.3 转向轮胎，常用充气压力为 0.18～0.2 兆帕，接地压力为 0.1 兆帕。

(4)制动系统(图 9-44)。本系统采用机械、静液压联合作用原理，即通过制动总泵和分泵的增力，作用于夹盘式制动器，根据需要完成制动目的。该系统操作简单，调整方便，工作可靠。

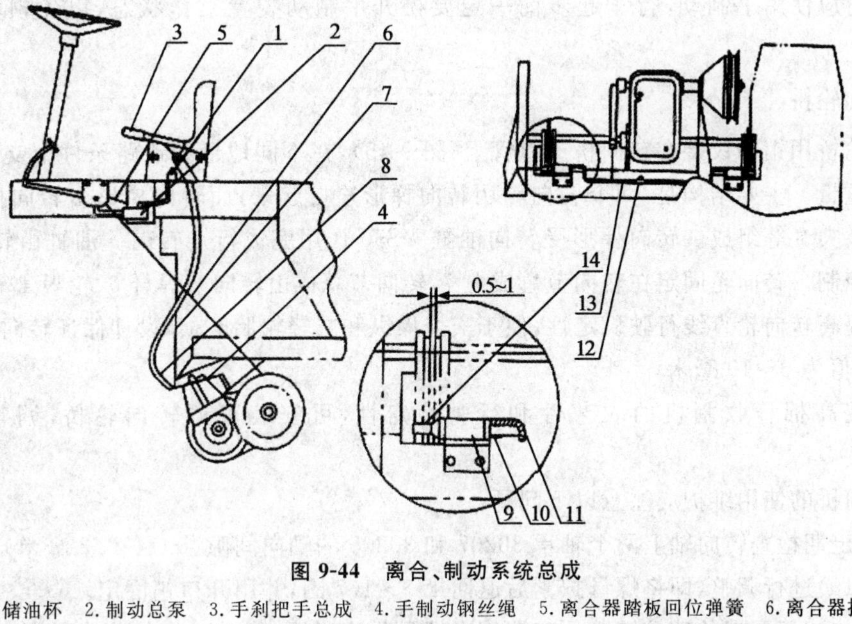

图 9-44　离合、制动系统总成

1.储油杯　2.制动总泵　3.手刹把手总成　4.手制动钢丝绳　5.离合器踏板回位弹簧　6.离合器拉杆　7.制动油管总成(二)　8.手制动拉线总成　9.制动分泵　10.放气螺栓　11.制动软管总成　12.三通接头　13.制动油管总成(一)　14.制动分泵调节螺栓

该系统主要由制动器踏板、制动总泵(图 9-44,2)、制动分泵(图 9-44,9)、储油杯(图 9-44,1)、制动分泵调节螺栓和制动器总成等组成。

左右制动器总成相同。

①使用调整方法如下(图 9-44):

a. 检查系统所有螺栓是否拧紧,以及油管卡箍是否卡紧。

b. 检查储油杯中油面是否达到 80%容积,否则补充 GB 10830—1998JG3 机动车制动液。

c. 当管中有气时,制动无力,此时打开放气螺栓 10,用脚反复踏脚板焊合排出气体,直到脚踏感到费力为止(无气泡),装好放气螺栓 10。

d. 调整制动分泵调节螺栓(图 9-44,14)及制动器总成螺栓,使制动夹盘的自由间隙保持在 0.5~1 毫米。

②在调整完成后,应确保以下性能:

a. 使制动踏板有 10~15 毫米的自由行程;

b. 收割机在 20%(11°8′)干硬纵向斜坡上可靠地停车;

c. 用三挡额定油门全速前进,达到全速时踏下离合器踏板和制动器踏板,测量制动距离应小于 6.6 米(相当于制动减速度 2.94 米/秒^2)。

本系统还设有手制动装置(图 9-44,3),属带式制动器,用于驻车之用。当驻坡或停车摘挡后用力上提手制动操纵手柄 3 然后锁住齿条,此时被拉紧的手制动钢丝绳 4 作用于刹车带而抱住变速箱中间轴右伸出端的制动鼓,而达到制动滑转的目的,刹车带和制动鼓在非工作状态时应保持一定自由间隙,此间隙一般为 1~2 毫米。根据需要,在转向轮桥上可加后制动,制动更可靠。

驻车时应使用手制动,行车起步前一定要松开手制动装置工作状态,以免损坏其工作部件。

4. 转向轮桥

转向轮桥用销轴铰接在转向桥支撑管上(图 9-45),在不同地形和道路条件下支撑联合收割机后部重量。主要结构是,两个转向轮用转向梯形连接起来,而转向梯形由转向拉杆 9、转向拉杆接头夹 8 等组成。转向梯形受转向油缸 YS50 作用完成行走转向。油缸由转向盘、液压转向器控制。转向轮固定在转向节总成上 7,转向节总成由转向节焊合 6、轮毂 4 等组成。

为了提高转向轮直线行驶稳定性,便于安全操纵和减轻轮胎磨损,设计保证转向轮外倾角为 2°,前束值为 6~10 毫米。

为了提高棉秆收割机的农艺性和行驶稳定性,可安装可调转向轮桥,调整距离为 200 毫米。

对转向桥的使用维护应注意以下问题:

(1)应定期检查转向轴上两个轴承 30207 和 30205 的轴向间隙(0.1~0.2 毫米)。可通过调整螺母(10)进行调整,即将螺母拧紧后退回 1/5~1/7 圈,并用开口销固定。

(2)转向拉杆两端的球铰链必须定期检查螺母是否紧固,松动时应按规定拧紧,并用开口销锁住。

(3)定期检查前束,必要时进行调整,检查方法是:在通过两轮轴心水平线的水平面上检查轮胎两个位置收敛值,即检查一个位置的前束后,将转向轮前转 180°,再检查另一位置的前束。

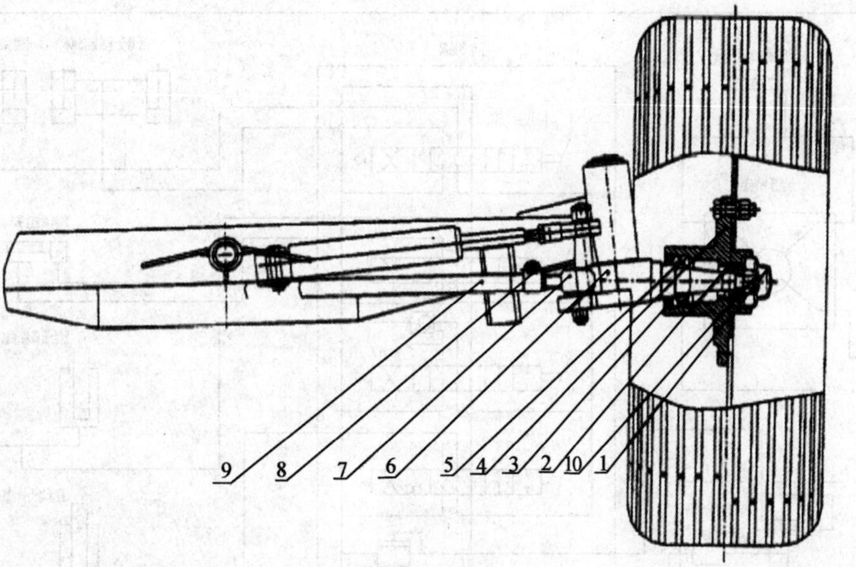

图 9-45　转向桥总成

1. 后轮毂盖　2. 轴承 30205　3. 油封 PD45×75×12　4. 轮毂　5. 轴承 30207　6. 左转向节焊合　7. 转向横拉杆左接头总成　8. 转向拉杆接头夹　9. 转向拉杆　10. 螺母

应确保前束值为 6～10 毫米，否则调整转向拉杆长度。

(五)液压系统

1. 液压系统的组成

液压系统由转向和操纵两个子系统组成，两个子系统共用一个液压油箱总成和液压油泵，通过单路稳定分流阀分成两个子系统(图 9-46)。

转向子系统用于控制转向轮的转向，主要工作部件为全液压转向器、转向油缸等元件。

操纵系统用于控制割台、拨禾轮的升降，卸料和行走无级变速。主要工作部件为多路阀、割台油缸、拨禾轮油缸、卸料油缸及无级变速油缸等元件。

根据用户需要，液压转向可装置单独的恒流泵，取消单路稳定分流阀，使液压转向更加可靠。

2. 液压系统的工作原理

液压油泵为液压系统的动力源，由发动机输出动力，通过皮带(C1762)传送油泵，液压油泵将动力转化为流体的压力能后，排出液压油并通过单路稳定分流阀分成两路：

一路流向多路阀，当多路阀的控制手柄在中立位置时，液压油直接经过阀腔流回油箱；当多路阀的控制手柄在提升位置时，液压油经过相应的滑阀内流道进入相应油缸，油缸柱塞伸出，割台(或拨禾轮)升起，行走速度降低；当多路阀的控制手柄在下降位置时，相应油缸内液压油通过多路阀流回油箱，油缸柱塞缩进，割台(或拨禾轮)下降，行走速度提高。

一路流向转向器，当方向盘不旋转时，液压油经过转向器直接回油，转向轮不动；当方向盘往右旋转时，液压油经过转向器进入转向油缸的无杆腔，活塞杆伸出，收割机完成右转；当方向

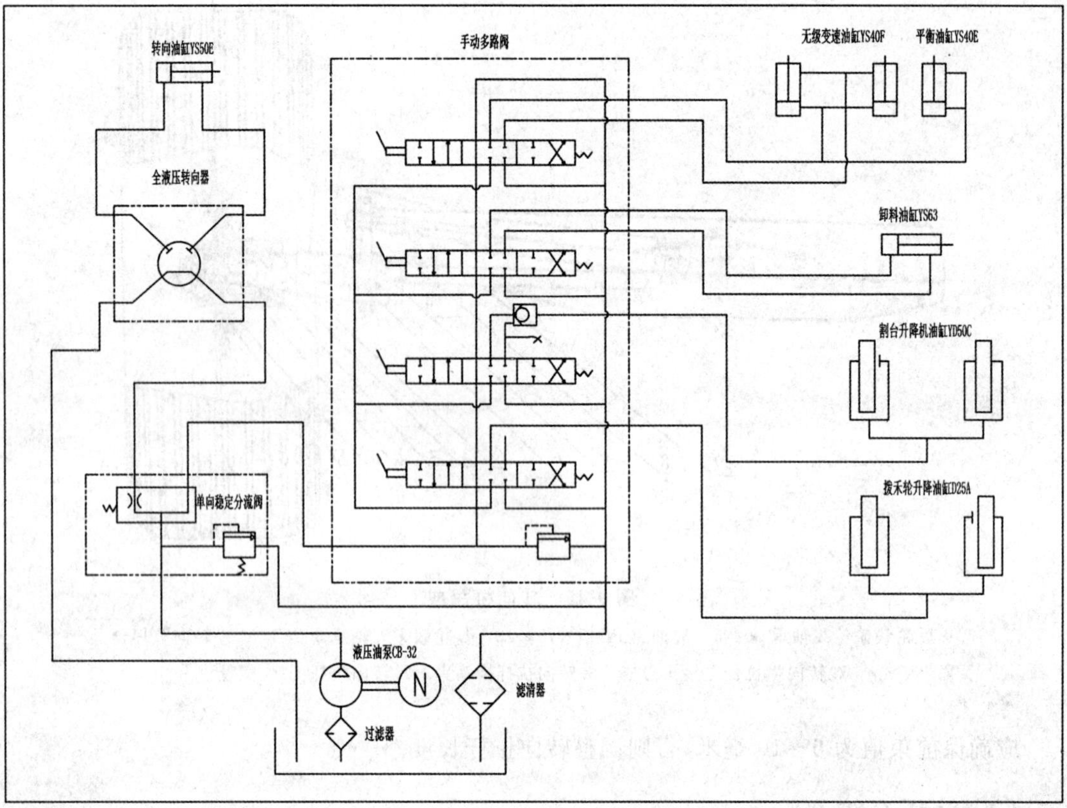

图 9-46　液压系统工作原理

盘往左旋转时，液压油经过转向器进入转向油缸的有杆腔，活塞杆缩回，收割机完成左转。

3. 液压系统的主要部件结构、原理及使用

(1)液压油泵。液压油泵为 CB-32 左旋泵，安装在发动机底座上，由发动机动力输出轴带轮驱动，提供液压动力。CB-32 齿轮泵工作结构原理如图 9-47 所示。

液压油泵由一对与轴做成一体的齿轮组成，主动齿轮 9 带有花键轴，被动齿轮 7 带着具有中心通孔“H”的轴，此孔为流通低压油之用，油泵壳体和油泵盖由铝合金铸造，壳体侧面较大的为进油孔，较小的为出油孔，两孔间用斜孔“B”相通。在壳体内装的支承齿轮轴的轴套 3 和 4，为了防止齿轮旋转时两轴套接触面“C”产生间隙而漏油，用导向钢丝 12 穿连前轴套 3 的端部台阶被支承在油泵盖内，并装有密封圈 6 防止高压油漏出。轴套和盖之间留有间隙“A”，间隙中放有卸压片 14，在片周围装橡胶密封圈 13，将“A”腔分成两部分，在卸压片密封圈外围，与油泵出油口相通，为高压区，另一部分在卸压片中间“E”，与进油口相通是低压区。在主动齿轮的花键上，装有自紧油封 11，支承环 10 推压住自紧油封，并由卡环挡住。

液压油泵是一个较精密的部件，装配要求经选配而成，因此在使用过程中一般不允许拆开(尤其在田间)。

(2)液压油箱(图 9-48)。液压油箱位于发动机后侧、齿轮泵之上，具有贮油、滤清和散热功能。它主要由油箱体 1、回油滤清器 2、安全阀 4、油箱空滤器 9 等组成。

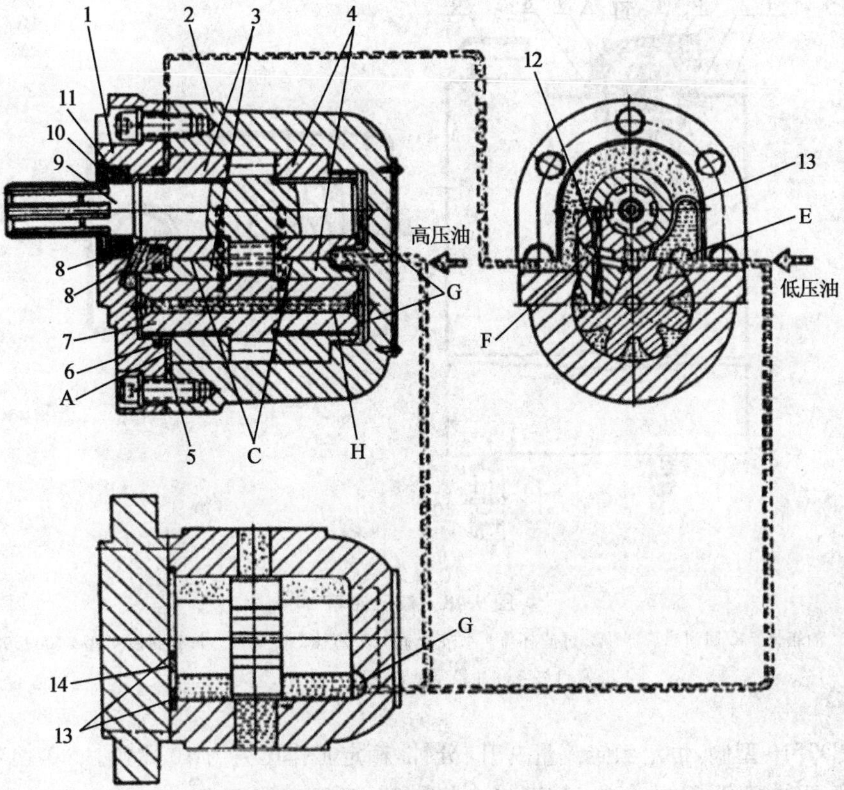

图 9-47　液压油泵结构原理

1.油泵盖　2.油泵壳体　3、4.轴套　5、6、13.密封圈　7.被动齿轮　8.卡环
9.主动齿轮　10.支撑环　11.自紧油封　12.导向钢丝　14.卸压片

滤清器置于回油口,能将系统回来的油进行过滤,保证大于 30 微米以上的机械杂质从油中滤出。该滤清器滤芯由多片滤网组成或网装扇折,并带有安全阀。当滤清器网被污垢堵塞,压力超过 1.5 兆帕时,安全阀自动开启卸油,以保证系统安全。此外,在加油口设有油箱空滤器,保证回油时对液压油的初滤并使油箱与大气相通,过滤外界进入的空气,同时也避免箱内液压外溅。注意油箱空滤器盖必须拧紧。根据用户需要,可安装外置回油滤清器。

使用液压箱时应注意以下几个问题:

①按前述规定给新机器或更换液压后液压油箱加油,应确保液压油型号、清洁度和液面高度(工作时不低于油箱上平面 80 毫米)符合规定要求。

②工作中,特别是在更换油后的油箱内应无气泡,否则应检查管连接处是否密封,直到故障排除为止。

③定期清洗回油滤清器和油箱空滤器滤芯,清洗时不准随意调整回油滤清器内安全阀弹簧预紧度,必要时在液压试验台上调整。试运转完后必须清洗回油滤清器。

④新机器工作(或试车)满 30 小时应更换液压油,以后每年更换一次。

(3)单路稳定分流阀。此阀串联在齿轮油泵和全液压转向器之间,确保在齿轮油泵供油量发生变化时全液压转向器输入恒定流量,以满足整机行走时转向不产生"飘""滞"现象。本机

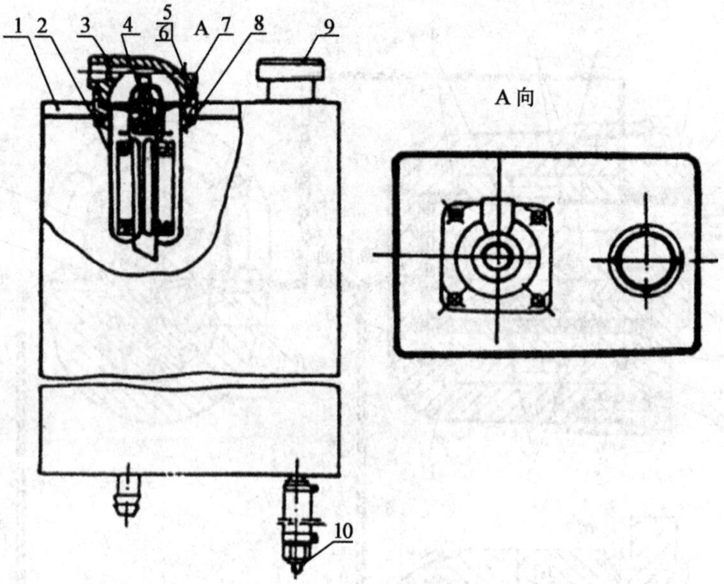

图 9-48　液压油箱

1. 油箱体　2. 回油滤清器　3. 过滤杯盖　4. 安全阀　5. 螺栓　6. 螺母　7. 密封圈 C 型 31009500　8. 密封垫　9. 油箱空滤器 EF3-40　10. 塞子

采用 FLD-D9/10 型阀，恒定额定流量 9 升/分钟，额定工作压力为 10 兆帕。

该阀主要由阀体、阀芯、阀芯弹簧、安全阀弹簧、阻尼塞等组成。工作工程：由齿轮油泵来的压力油经该阀 P 口流入，经分流，一路为优先恒流量 9 升/分钟经阀侧“A”口流出供全液压转向阀，以保证转向系统可靠地工作。另一路剩余流量经阀下部“B”口流向多路换向阀进油口，供操纵系统工作。另一个与“A”口同侧的“O”口为回油口，通向油箱。

安全阀弹簧压力经出厂前调定后，不得任意调动，不得任意更换节流片及阀芯弹簧，需维修时可送有关修理厂，维修后须经液压试验台上调试压力和流量后方可使用。

(4)全液压转向器。该阀为 BZZ1-100/10 型全液压转向器，置于驾驶台下，与方向盘总成转向柱相连。该转向器是主要由随动转阀和一对摆线针啮合副组成的一种摆线转阀式全液压转向器。转向器的四个油口分别与单路稳定分流阀、转向油缸左右腔油口和油箱回油口相连。该阀的工用原理是：阀芯、阀套随转阀在阀体中转动，起控制油流方向作用。转子和定子构成摆线针轮啮合副，在动力转向时，起计量液压马达作用，以保证进转向油缸的油流量与方向盘转角大小成正比。当发动机熄火后，又可在人力转向手油泵的作用，联动轴起传递扭矩作用。

中间位置(即方向盘不转动时)，单路稳定分流阀经油阀芯内腔，经另一路通向单路稳定分流阀，途中经三通折转回油(往低压方向流)。动力转向时，油泵来油经随动阀进入摆线针轮啮合幅，推动转子随方向盘转动，并将油压入油缸左腔或右腔，推动导向轮实现动力转向，油缸另一腔的油则回油箱。

发动机熄火后靠人力操纵方向盘，通过阀芯拨销，联动驱动转子将转向油缸一腔的油压入另一腔，推动导向轮实现人力转向，油缸两腔的容积差可通过油口由油箱补给。

全液压转向器安装时应注意几个问题：

①所有内装零部件均不准撞伤或留有残存油垢和油漆，必须清洗干净（本条同时适合其他所有的液压元件）。

②橡胶密封件必须符合质量要求，不准有飞边、毛刺、挤压缺陷。清洗时用碱性不大的肥皂温水清洗，室内晾干，严禁用汽油和煤油清洗，贮存 6～8 个月以上的密封件可用 1.5% $NaHCO_3$ 水溶液清洗（本条同时适合其他所有密封件）。

③单向阀处（钢球处）的螺母旋入阀体时，应低于阀平面。

④安装座孔应与转向柱同心，并且轴向应有间隙，以免阀芯顶死，一般安装完后应检查方向盘回位是否灵活。

⑤注意转子与联动轴端面均有冲“点”标记，装配时应两点相对，如果错装会使方向盘自转，引起事故。

⑥阀的管路接口处分别打有“左”“右”“进”“回”字样，有的阀用“A”“B”“P”“O”字样取代。在安装管路时，“左”“右”接口应分别与通向油缸的“左”“右”腔管路相接；“进”口与来自单路稳定分流阀输出恒定油口管路相接；“回”油口与通向邮箱的回油管相接。

⑦安装阀时，应向油口加注 50～100 毫升液压油，左右试转阀芯，如无异常方可装机。

（5）多路换向阀。本机采用的多路换向阀为 ZS 型，它由进油阀（带溢流阀和单向阀），三组手动式换向阀，回油阀等组成。通径 15 毫米，额定流量 63 升/分钟，压力等级为 E 级（16 兆帕），换向滑阀采用瘫痪复位，三滑阀机能符号分别为 O（中间位置全封闭）、A（A 口升降）、B（B 口常闭）。该阀在操纵系统中集中控制各执行机构——无级双速作用油缸、割台单作用油缸和两只拨禾轮单作用柱塞油缸。

该阀的进油阀有一个进油口“P”，与系统单路稳定分流阀剩余液流出口管路相接。进油阀内的溢流阀用于调节系统工作压力（出厂时已调好），单向阀用于防止液体倒流。当各手动换向阀均处于中间位置时，溢流阀的卸荷口通过各换向阀卸荷流道与回油阀连通，溢流阀处于卸荷状态，系统的油经溢流阀主阀芯，各换向阀回油道及回油阀，从出口“O”经外管路回油箱。当任一组换向阀换向时，溢流阀的卸荷口被剪切断，溢流阀处于工作状态，系统压力油经单向阀和换向阀，至执行机构元件。当系统工作压力超过溢流工作压力时，溢流阀芯抬起，液压油溢流回油箱，从而防止系统过载。

本阀每组都设有两个工作油口（A1，B1；A2，B2；A3，B3），管路连接方式是：“A1”和“B1”油口分别与无级变速油缸上腔和下腔接口相通；“A2”油口与割台油缸口相接，“B2”密封；“A3”油口与通向拨禾轮油缸管三通相连，“B3”密封。油阀移动用手柄操纵，以改变油流方向，实现各执行油缸的定向运动。只是第一组阀对无级变速双作用油缸执行往返双作用；第二、三组阀对割台和拨禾轮油缸执行提升作用，回程靠支承物自重泄油从原路返回“A”口。该阀复位靠弹簧，定位靠钢球，且只有中间位置才有定位功能，其余提升和压降均用手控制作用时间。

该阀的回油阀只有一个油口“O”，与三连阀共同使用一根回油管接回油箱。

当需要调整系统工作压力时，应先使其中一组阀换向，截断溢流阀卸荷口，使其处于工作状态，然后旋转溢流调节螺母，改变调压弹簧工作压力，压力调到所需压力后，用螺母锁紧，以防松动。

（6）油缸。本机采用六种、九只油缸，即：转向油缸 YS50E，无级变速油缸 YS40F，割台升降油缸 YD50C，拨禾轮升降油缸 2 个 YD25A，卸料油缸 YS63，平衡油缸 YS40E。为防止割台和拨禾轮因自重下降太快，在割台油缸接口安有回油缓降接头，在拨禾轮油缸接头口安有回油流片。为防止无级变速时油缸活塞伸缩太快，在多路阀相应接口装有节流接头。

液压系统进入空气后，系统产生噪声，油缸工作不稳定应及时排气。一般油路中的空气在机器运转中经扳动各换向阀手柄和转动方向盘后，各阀和管路中的空气能自动排除，但油缸中的空气难以排除。为此，可将油缸的油管接头螺栓拧松，扳动相应的换向阀或转动方向盘让活塞伸缩，让含有空气的泡沫油流出，直到排空为止。然后拧紧各松动螺栓。

（六）电器系统

本机电器系统采用直流 12 伏供电，实行单线制，负极搭铁，电路包括起动电路、照明电路和附属电路。主要由蓄电池、电源总开关、启动机、硅整流整体式发电机、组合开关、组合仪表、远近光继电器、蜂鸣闪光继电器、灯光照明、喇叭、刮水器、收音机、工况监视器以及各类功能开关、风扇、线束等组成。

1. 电源总开关

为收割机起动、照明及信号控制作准备，机器停放时拉开收割机左后方的电源开关，防止漏电或短路。

2. 组合开关总成

它集联合收割机点火、起动、照明和信号灯控制开关为一体，置于转向盘之下，对电器系统起动、照明、信号执行元件进行集中控制。

(1)启动开关。它具有四个转换位置：

①点火开关在“S”位置（钥匙插拔位置），可进行危险警告（双闪）操作、刮水器起动、室内照明、风扇运行、充电及卸粮灯、后照灯使用。

②从“S”插下钥匙并转到动“Z”位置，可进行喇叭鸣响、刹车灯指示、示宽灯指示、大灯远近光、割台灯及收音机使用。

③“D”为起动准备位置，将钥匙从“Z”位置转到此位置蓄电池向发电机激磁，组合仪表和工况监视器开始工作、左右转向等操作、倒车及倒车语音提示、倒车灯工作。

当发动机停止工作时，应将钥匙从“D”位置转到“Z”位置，否则蓄电池长期向发电机激磁会消耗电能并烧毁磁绕组。

④“Q”为起动位置，将钥匙从“D”位置转到“Q”起动电动机接通，带动发动机起动。此时松手，钥匙会自动回到“D”位置。

严禁发动机起动后对钥匙不松手回位，否则会造成起动机打齿或烧毁起动线圈。

(2)组合开关手柄。置于转向盘的左下侧，它包括前后示宽灯（前小灯和后尾灯）开关、前大灯开关、前后转向信号灯（前小灯和后尾灯）开关、大灯变光开关等。右下侧为雨刷器开关，以下叙述开关操作时，均需将起动开关放在前述相应的位置上。

①示宽灯开关（图 9-49）：将组合开关手柄（左）向后扭转到第Ⅰ挡，则接通前面侧示宽小灯、仪表灯及翘板开关符号指示灯亮。同时后面两侧组合尾灯接通。均起机器示宽灯照明作用，用于夜间作业转移。

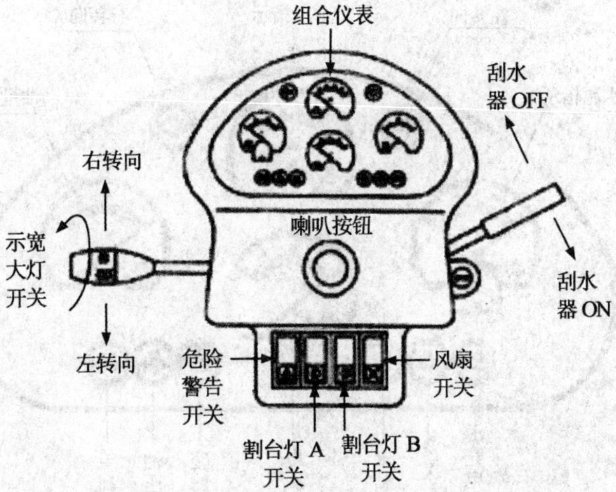

图 9-49　方向机仪表布置图

②前大灯开关(图 9-49):将组合开关手柄(左)向后继续扭转到第Ⅱ档,则接通前大灯和前后左右示宽灯,供夜间作业和转移之用。

③转向信号开关(图 9-49):将组合开关手柄(左)向转向方向扳动,所转方向内侧前小灯和同侧组合尾灯就会闪烁,同时仪表板转向指示灯闪烁,示意转向。转向完毕后,应将开关拨回到中央位置。

④前大灯变光开关(图 9-49):将组合开关手柄(左)向上扳动,大灯光束即由即由远光变为近光;往下扳手柄,则反之。这样反复几次,使近光和远光交替进行,用于夜晚和雾天公路行驶行车。

⑤刮水器手柄拨到 ON 的位置,刮水器工作,回到 OFF 位置,刮水器回到原始位置停止。

(3)喇叭按钮。在方向盘上部,当接通电路系统后,按下喇叭按钮后,喇叭就会鸣响,抬手后喇叭停止鸣叫。

3. 仪表板及功能开关

置于多路阀罩上设置多个翘板功能开关。组合仪表及指示灯位置见图 9-50。

(1)水温表:用于显示发动机冷却水的温度,当发动机正常工作时,水温在 65～95℃范围内。

(2)机油压力表:用于显示发动机主油道机油压力值,额定工况时为 0.3～0.5 兆帕,怠速时不低于 0.1 兆帕。

(3)燃油指示表:用于显示燃油油位。指针在“1”位时表示油满,指针在“0”位使表示燃油已近用完。

(4)电压表:用于显示当前电气的工作电压。

(5)转向指示灯:供驾驶员转向时监视。右灯亮为右转向,左灯亮为左转向。

(6)充电指示灯;供驾驶员监视发电机的工作状态。发电时指示灯灭,否则指示灯亮。

(7)综合报警灯及蜂鸣器:在水温报警、空滤堵塞报警、油压报警、手刹报警其中之一报警时进行声光报警。

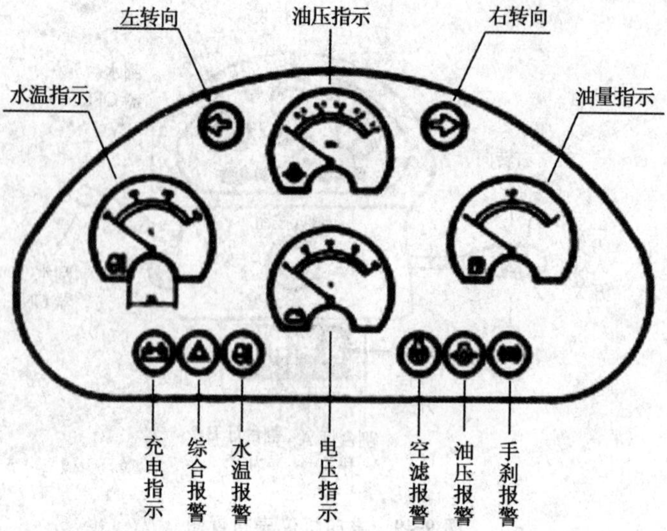

图 9-50　组合仪表

(8)水温报警灯:目前无此功能。

(9)空滤报警指示灯:用于发动机空滤器主滤芯灰尘堵塞后,在非常情况下(真空压力值超过 600 毫米 H_2O)报警,应立即停车保养空滤器。

(10)油压指示灯:用于发动机主油道机油压力过低非常情况下报警,应停车保养空滤器。

(11)手刹报警灯:用于指示手刹状态。手刹拉紧时报警灯亮。松开手刹后报警灯灭。以提醒驾驶员避免在手刹拉紧时行车。

(12)按下方向机后部的双闪翘板开关,此时危险警告(双闪)工作,左右转向灯同时闪光。

(13)按下方向机后部的风扇翘板开关好,此时顶棚风扇旋转。

(14)拨动顶棚室内灯开关,室内灯亮。

(15)按下液压多路阀罩后部的后照灯和卸粮开关,分别控制照灯和卸粮灯亮。

(16)液压多路阀罩侧面的充电器插座可用于手机充电。不可用于其他电器。

(17)按下方向机后部的割台灯 A 开关,此时四个割台灯亮。按下方向机后部的割台灯 B 开关,此时两个割台灯亮。

(18)打开方向机上方的收音机电源开关,收音机工作。

4. 发动机起动开关和熄火手柄的正确使用

(1)发动机起动前,要遵守前述"安全规则"有关条款规定,并检查发动机的机油、水和燃油液面,将电源总开关(位于蓄电池上部位)上推闭合。

(2)将钥匙插入点火开关孔,并拧转到"D"位置,水温表、油压表工作,显示发动机当前工况下各种参数。

(3)油门踏板踩到中油门位置,拧转点火开关到"Q"位置,起动机通电起动,带动发动机运转,待发动机起动后,应立即松开钥匙,让其在反弹力作用下自动回到"D"位置。每次起动持续时间不得超过 5 秒,第一次起动失败后必须停息 10～15 秒,再进行第二次起动,如仍失败,则应停息 5 分钟后再起动,三次不能起动时应停止起动,关闭电源,查找原因,排除故障后再通电起动。否则将使起动机频繁通电，绕组过热而导致早期损坏，同时对蓄电池使用寿命也有很大影响。

(4)起动机起动后最初 5 分钟应中速运转，然后将油门踏板踩到额定位置。在运转中经常检查电压表、机油压力表等指示值是否符合规定。

(5)发动机在熄火前首先将油门脚踏板放回怠速位置运转一段时间，然后熄火油门手柄拉出熄火。严禁熄火前"轰油"。

注意事项：

①交流发电机不允许用对地打火的办法检查是否充电，因为这样容易将硅整流元件烧坏。

②收割机夜间作业时，根据环境情况适当开启部分照明。若长时间打开全部照明，可能造成蓄电池亏电或发电机过载烧毁。

③当发动机停止时，应将钥匙从"D"位回转到"Z"位置，否则蓄电池长期放电，发电机励磁会消耗电能，并烧毁励磁电阻及仪表线路板。

④驾驶员离开收割机时，应将钥匙拔出并将电源总开关拉开，防止意外发生。

(七)发动机附属装置

1. 空气滤清系统

由于收割机在高灰尘环境下工作，特别在夏收作业中，发动机周围空气含尘量最高达 0.134～0.35 克/米^3，相当于发动机在无空滤器情况下，每小时进入气缸 35～86 克尘土。试验证明，中等功率发动机，短期内进入气缸 40～50 克尘土足以使发动机磨损到大修状况。对此，在本收割机上设置了高性能的空气滤清系统，确保收割机在高灰尘浓度环境下发动机正常工作，且保养空滤器的辅助时间最少(图 9-51)。

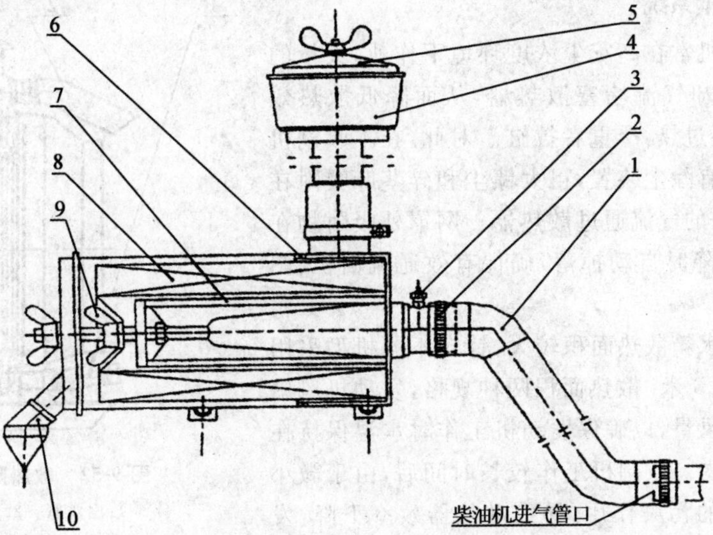

图 9-51　空气滤清系统

1. 空滤器软管　2. 管箍　3. 空滤器报警　4. 粗滤盆　5. 盆盖　6. 叶片环　7. 安全滤芯　8. 纸滤芯　9. 压紧螺母　10. 排尘袋

本机选择了具有二级粗滤性能的 KW2036B17 卧式纸质空滤器，其系统主要由空滤器软管 1、管箍 2、空滤器报警 3、盆式粗滤器 4、5、叶片环 6、安全滤芯 7、纸滤芯 8、压紧螺母 9、排尘袋 10 等组成。较大尘粒靠离心力作用由盆式粗滤器及叶片环分离出去，最后只剩下 3%左右的细小灰尘经过纸质滤芯筛分离，2.5%附着在纸芯表面，最后只有不到 0.5%的粒径约 5 微米左右进入气缸，试验证明对发动机磨损影响极小，是标准允许的。

空滤器安装在含尘浓度较低的粮箱的背后，在使用维护时应严格注意以下几个问题：

(1)工作前，必须检查空滤系统的所有密封部位是否密封严密，包括盆式粗滤器盖、空滤器软管两端的管箍、空滤器内部滤芯密封胶垫等。严禁未经过过滤的空气进入气缸，否则易引起气缸磨损，降低发动机使用寿命，必要时班内增加清理次数。

(2)作业中视环境状况定期观察透明粗滤盆中灰尘满度情况，规定满度达 80%左右必须清理，否则将影响系统初滤效率，增加纸芯负担，进而增大系统阻力，甚至吸破滤芯。

(3)滤清器设有报警器，当尘土在纸芯上沉积到规定值时，驾驶台仪表指示灯和蜂鸣器同时报警，此时必须立即停车保养空滤器。

关于保养空滤器的周期，可视作业情况确定，一般不宜超过一个班次，必要时可增加保养次数。

(4)保养空滤器时，应按空滤器壳体上的警示规定进行，清除纸质滤芯尘土，安全芯是在纸质滤芯破损后临时起保护作用，无须保养。当经多次保养，纸质滤芯折扇已产生严重变形、合折等，必须更换新滤芯，同时更换安全芯，保养完毕必须拧紧所有密封件螺栓，保持密封胶垫的正确位置。严禁采用劣质滤芯。

(5)排尘袋的开口间隙应不大于 1 毫米，橡胶无一定刚度以及老化变形都应更换。严禁工作中堵塞，否则应及时清理。

2. 散热防尘系统

由于收割机常在高灰尘浓度环境下作业，大量的糠尘极易随冷却气流堵塞散热器，从而降低散热效率，引起发动机过热，严重者拉缸。对此，在本收割机水散热器前设有除尘装置，粗大糠尘和碎茎叶吸附在网罩外，较干净的气流通过散热器。网罩外吸附物在发动机转速下降时自动掉落，确保有效通流面积(图 9-52)。

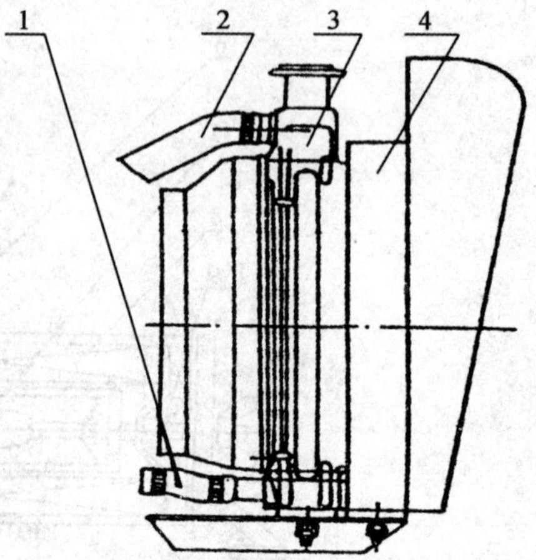

图 9-52　散热除尘系统

1. 出水管　2. 进水管

3. 水箱　4. 除尘罩结合体

本收割机水箱散热面积较大，针对不同机型采用 17.2 米^2 及 18.6 米^2 散热面积两种规格，发动机风扇亦具有较大吸风量，以确保发动机工作时水温保持在 65～95℃范围内。收割机工作较长时间后，由于微小糠尘对散热器的污染作用，导致散热器效率下降，发动机出现过热现象，此时应对水箱进行清尘处理。

3. 动力输出总成

力输出轴与发动机飞轮之间采用 MT5C 梅花弹性联轴器。该弹性联轴器具有传递扭矩柔和，对相关零部件制造安装时径向、轴向和角向误差补偿能力强，扭矩储备系数大，使用寿命长、拆装方便等优点。在使用中可以在发动机停止工作时，通过用手正反扭转弧长量在 8 毫米之内认为弹性元件工作正常，否则应及时更新。在安装双螺母 4 和 5 时必须拧紧，拧紧扭矩不低于 260 牛顿·米(图 9-53)。

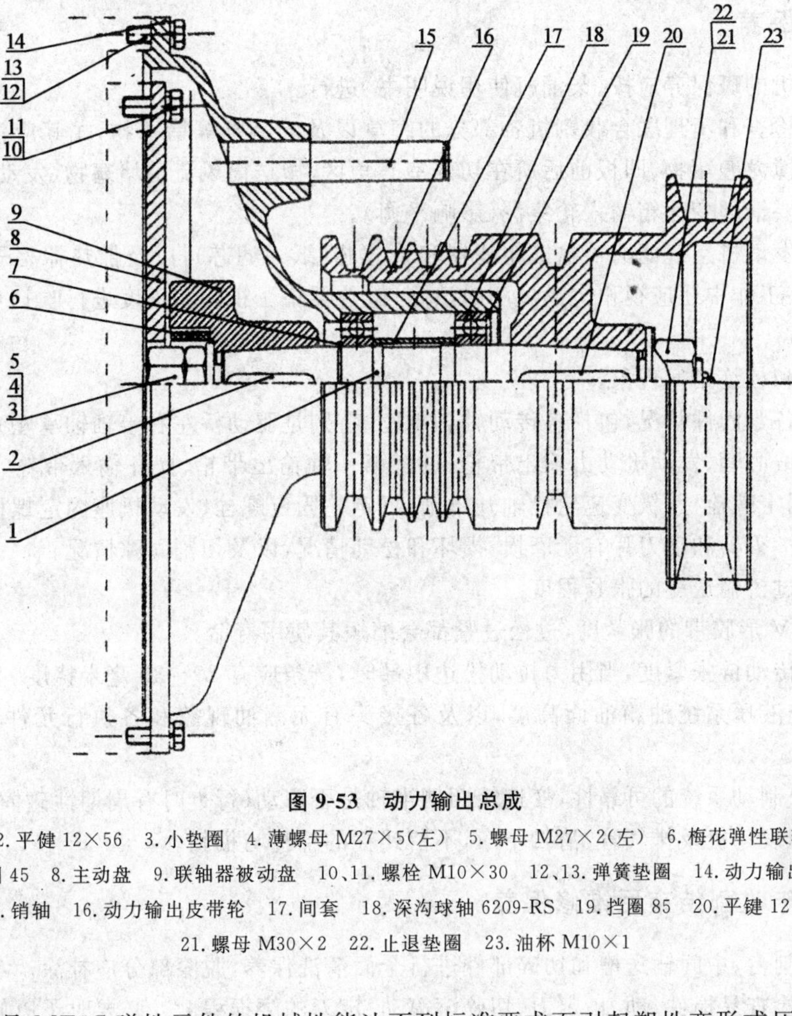

图 9-53　动力输出总成

1. 输出轴　2. 平键 12×56　3. 小垫圈　4. 薄螺母 M27×5(左)　5. 螺母 M27×2(左)　6. 梅花弹性联轴器 MT5C 型　7. 挡圈 45　8. 主动盘　9. 联轴器被动盘　10、11. 螺栓 M10×30　12、13. 弹簧垫圈　14. 动力输出轴壳体　15. 销轴　16. 动力输出皮带轮　17. 间套　18. 深沟球轴 6209-RS　19. 挡圈 85　20. 平键 12×70　21. 螺母 M30×2　22. 止退垫圈　23. 油杯 M10×1

见故障是 MT5C 弹性元件的机械性能达不到标准要求而引起塑性变形或压碎等，弹性元件正常使用寿命在 500～800 小时以上(一年工作年限)。轴端油杯应保证定期注入锂基润滑脂，以保证轴承良好润滑。

4. 燃油系统

燃油系统主要由燃油箱、柴油滤清器总成及连接管路等组成，燃油箱置于收割机后侧，容积为 200 升。

为保证发动机可靠工作，在油箱和发动机之间油路设有 C0810A5 可换式柴油滤清器总成。

保养时应按滤清器壳体上的警示规定进行，一般要求发动机工作 100 小时左右更换纸质滤芯，但是，如果作业环境恶劣，灰尘大的情况下，发动机更换纸质滤芯的时间必须相应缩短，要求按使用说明书要求更换合格的纸质滤芯，一定要按说明书要求正确清理和安装滤芯。

五、保养

(一)班保养

(1)发动机的班保养应按《柴油机使用说明书》进行。

(2)彻底检查和清理联合收割机各部分的缠草以及碎茎秆等堵塞物,尤其应清理拨禾轮、切割器、割台搅龙缠堵物、凹板前后所在切碎室三角区、抛送筒风流道堵塞物、发动机机座附近沉降物,特别要清理变速箱输入轮集泥(影响平衡)。

(3)检查发动机空气滤清器盆式粗滤器和主滤芯(纸式滤芯),以及散热器格子集尘情况。盆式粗滤器在工作中还应视积尘满度随时清除,散热器格子视堵塞程度进行吹扫,必要时班内增加清理次数。

(4)检查和杜绝堵塞现象。

(5)检查各紧固件状况,包括各传动轴轴承座(特别是驱动桥左右半轴轴承座)紧定套螺母和固定螺栓、偏心套、发动机动力输出带轮、过桥第一轴输出带轮、摆环输入带轮、喂入辊传动双链轮端面固定螺栓,无级变速轮栓轴开口销,行走轮固定螺栓、发动机座固定螺栓状况。

(6)检查护刃器和动刀片有无磨损、损坏和松动情况,以及切割间隙情况。

(7)检查过桥输送链的张紧程度。

(8)检查V形胶带的张紧度,过松过紧都会缩短其使用寿命。

(9)检查传动链张紧度,当用力拉动松边中部时,链条应有20～30毫米挠度。

(10)检查液压系统油箱油面高度,以及各接头有无漏油现象和各执行元件之间的工作情况。

(11)检查制动系统的可靠性,变速箱两侧半轴是否窜动(行走时有周期性碰撞声)。

(12)清扫发动机及排气管,清扫干净,不留残存的棉秆与棉絮。

(二)每年收割结束后维修保养

(1)拆卸割台、中间输送槽和切碎部件进行全面清洗保养,脱漆部分应补涂。

(2)全面检查易损件、动刀、定刀、切碎滚筒动、定刀的磨损程度。必要时予以修整或更换。

(3)各活动部位,如轴承、支重轮、张紧轮等要加注黄油或机油,各种链条拆卸清洗干净再涂油后装回,切割器清洗干净后要涂上机油防锈。

(4)清洗或检查变速箱体内的零件,如发现零件损坏,应更换。

(5)收割机停放,将整机装配调整好,试运转后,找室内通风干燥处,割台下面垫上木板,放下割台熄火,变速杆挂上档,接合各离合器停放,如果停放期长,每隔一段时间应起动运转各部件,然后按上述方法停放。

(6)在维修保养中,不可将油液滴在橡胶轮上,如果不慎沾上油,要及时擦干净,避免橡胶老化。

(三)电瓶的保养

长时间停机不用,应卸去蓄电池负极线,检查电瓶液面,若液面低于外壳上最低液面线时,请用 LY-02 补充液，在无 LY-02 补充液时，用高纯度的蒸馏水补充，然后以普通的充电法，将电瓶充足电，放在阴凉干燥处保存。充电方法：

(1)用直流电充电，电源正极接电池正极，电源负极接电池负极。

(2)先用电池额定容量的 1/10 电流(即 15 安培)充电 2～5 小时(电解液密度为 1.16 时充电 2 小时，比重为 1.1 时充电 3 小时，密度越小充电时间越长)，然后以上电流的 1/2(即 7.5 安培)继续充电 15 小时，当 6 个单位电池的电解液密度在 1.24～1.29 或者有大量气泡冒出时，则应停止充电。

(四)润滑

为了提高收割机的使用寿命和使用经济性，一切摩擦副都要及时、仔细地润滑。

(1)润滑工作按图 9-54 及表 9-7 进行。

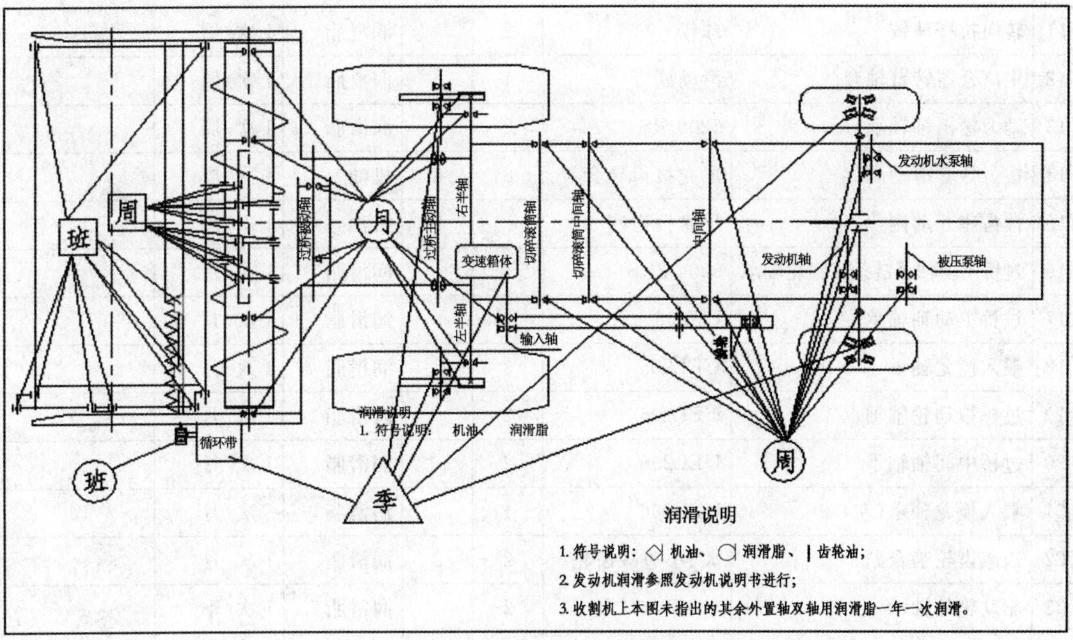

图 9-54　润滑保养部位示意图

表 9-7　轴承位置及润滑明细表

序号	机构名称	轴承种类	数量	润滑点数	润滑剂	润滑说明	备注
1	刀头轴承	滚针 4084103	1		润滑脂	1 次/班	油嘴
2	弹齿轴承滑动副	尼龙上轴套	15	15	机油	1 次/班	
	弹齿轴承滑动副	尼龙下轴套	15	15	机油	1 次/班	
3	偏心调节机构滚动副	滚轮	3	3	机油	1 次/班	

续表 9-7

序号	机构名称	轴承种类	数量	润滑点数	润滑剂	润滑说明	备注
4	拨禾轮轴轴承	尼龙座套	2	2	机油	1～2 次/班	
5	压刃器及刀头压板	滑动副		5	机油	2～3 次/班	加在压刃器两侧
6	半轴固定座轴承 UKFC208＋H2308		2		润滑脂	1 次/周	油嘴
7	切碎滚筒轴承	UCFC211	2		润滑脂	1 次/周	油嘴
8	无级变速轮轴承,动轮滑动副	6008	2	3	润滑脂	1 次/周	
9	齿轮油泵轴承座轴承	6206-Z	2		润滑脂	1 次/周	
10	转向节轴承	51107	2		润滑脂	1 次/周	
11	转向拉杆球铰	球铰	2		润滑脂	1 次/周	
12	主离合器转臂轴套	滑动副	1		润滑脂	1 次/周	
13	动力输出轴轴承	6209-RS	2		润滑脂	1 次/周	
14	拨齿导套滑动副	尼龙拨齿导套	8	8	机油	1 次/周	
15	拨齿座互动副	尼龙拨齿座		8	机油	1 次/周	
16	过桥主动轴承链条张紧轮轴承	6204-2RS	1		润滑脂	1 次/月	
17	过桥主动轴轴承	UE206	2		润滑脂	1 次/月	
18	喂入搅龙轴承	UEL205	3		润滑脂	1 次/月	
19	过桥被动轮轴轴承	UEL206	2		润滑脂	1 次/月	
20	过桥中间轴轴承	UEL206	2		润滑脂	1 次/月	
21	喂入搅龙轴承(左)	UEL206	1		润滑脂	1 次/月	
22	边减齿轮啮合副	大、小边减齿轮	2	2	润滑脂	1 次/月	
23	驱动轮外轴承	30308	2		润滑脂	1 次/季	
24	驱动轮内轴承	32211	2		润滑脂	1 次/季	
25	主离合器张紧轮轴承	6205-2RS	1		润滑脂	1 次/季	
26	安全离合器转臂轴套	啮合副	1		润滑脂	1 次/季	
27	支撑座滑动副	粉末冶金衬套	2	2	润滑脂	1 次/季	油嘴
28	拨禾轮 V 带张紧轮轴承	6204-2RS	2		润滑脂	1 次/年	
29	摆叉轴承	943/35	2		齿轮油	1 次/年	更换摆环箱油
30	摆叉轴承	110	2		齿轮油	1 次/年	更换摆环箱油
31	摆环销轴轴承	942/25	2		齿轮油	1 次/年	更换摆环箱油
32	摆环箱轴轴承	200716	2		齿轮油	1 次/年	更换摆环箱油
33	摆环箱传动带张紧轮轴承	6204-2RS	1		润滑脂	1 次/年	

续表 9-7

序号	机构名称	轴承种类	数量	润滑点数	润滑剂	润滑说明	备注
34	割台无级变速轮轴承	6204-2RS	3		润滑脂	1次/年	
35	拨禾轮中间轴传动链张紧辊轮轴承	6204-2Z	1		润滑脂	1次/年	
36	过桥传动张紧轮轴承					1次/年	
37	变速箱轴承				N32齿轮油	1次/年	更换变速油箱
38	转向轮轴外轴承	30205	1		润滑脂	1次/年	
39	转向轮轴内轴承	30207	2		润滑脂	1次/年	
40	中间轴轴承	UEL208	2		润滑脂	1次/年	
41	切碎滚筒驱动带张紧轮轴承	6205-RS	1		润滑脂	1次/年	
42	无级变速轮大轴套	无级变速轮大轴套	2	2	润滑脂	1次/年	
43	过桥喂入辊两端轴承 切碎喂入辊两端轴承 捡拾滚筒、搅龙两端轴承	UCFC208	14		润滑脂	1次/周	

注：润滑脂均采用2号锂基润滑脂。

(2)润滑油应放在干净的容器内，并防止尘土入内。油枪等加油器械要保持洁净。

(3)注油前必须擦净油嘴、加油口盖及其周围地方。

(4)经常检查轴承的密封情况和工作升温，如因密封性能差，工作温度升高，应及时润滑和缩短相应的润滑周期。

(5)装在外部的传动链条每班均应润滑，润滑时必须停车进行，先将链条上的尘土清洗干净后用毛刷刷油润滑。

(6)各拉杆活节、杠杆机构活节应滴机油润滑。

(7)变速箱试运转结束后清洗换油，以后每周检查一次油，每年更换一次油。

(8)液压油箱每周检查一次油面，每月应清洗一次滤网，每年更换液压油，换油时先应将割台落地，然后再将油放尽更换新油。

(9)检修联合收割机时，应将滚筒轴承拆卸下来清洗干净，并注入润滑脂(包括滚道和安装面)。

(10)“轴承位置及润滑表”规定润滑周期，如与作业量实际情况不符，可按实际情况调整润滑周期。

(五)普通V形带和变速V形带的使用和保养

为了延长V形带的使用寿命，在使用中应注意以下几个问题：

(1)装卸V形带时应将张紧轮固定螺栓松开，或将无级变速轮张紧螺栓和栓轴螺母松开，不得硬将传动带撬下或逼上。必要时，可以转动皮带轮将胶带逐步盘下或盘上，但因胶带制造公差问题，不要太勉强，以免破坏胶带内部结构和拉坏轴。

(2)安装带轮时,同一回路中带轮轮槽对称中心面(对于无级变速轮,传动应处于对称中心面位置)位置度偏差不大于中心距的0.3%(一般短中心距允许偏差2～3毫米,中心距长的允许偏差3～4毫米)。

(3)要经常检查胶带的张紧程度,其调整要求可按前述表9-8中调整值进行,新胶带在刚使用的头两天易拉长,要及时检查调整。

表9-8　V形传动带张紧度调整表

序号	传动部位	胶带规格	荷重(牛顿)	挠度(毫米)
1	主传动带(动力输出轴→中间轴)	4HB2330(基准长度)	100	12
2	切碎滚筒传动带(中间轴→切碎滚筒轴)	4HB3220(基准长度)	125	15
3	行走第一级传动带(动力输出轴→变速轮)	HK2410(基准长度)	125	16
4	行走第二级传动带(变速轮→变速箱输入轴)	HK3410(基准长度)	125	2
5	割台传动带(过桥主动轴→割台中间轴)	C2500(基准长度)	125	15
6	摆环箱传动带(过桥主动轴→摆环箱轴)	C2610(基准长度)	125	16
7	液压油泵传动带(动力输出轴→油泵轴)	C1822(基准长度)	125	11
8	拨禾轮皮带(拨禾轮无级变速轮轴→拨禾轮轴)	C3995(基准长度)	125	26

(4)机器长期不使用,胶带应放松。

(5)胶带上不要弄上油污,沾有油污时应及时用肥皂水进行清洗。

(6)注意胶带工作温度不能过高,一般不超过50～60℃(手能长时间触摸)。

(7)V形带应以两侧面工作,如带底与带轮槽底接触摩擦,说明胶带或带轮已磨损,需更换。

(8)经常清理带轮槽中的杂物,防止锈蚀,减少胶带与带轮的磨损。

(9)皮带轮转动时,不许有大的摆动现象,以免缩短胶带的使用寿命。发现皮带轮摇摆转动时,要检查轴和皮带盘是否变形或装歪斜,检查是否磨损。

(10)带轮缘有缺口(铸件)或变形张口(冲压件)时,应及时修理更换。

(11)胶带应保存在阴凉干燥的地方,挂放时,应尽量避免打卷。

(六)链条的使用和保养

(1)在同一传动回路中的链轮应安装在同一平面内,其轮齿对称中心面位置度偏差不大于中心距的0.2%(一般短中心距允许偏差1.2～2毫米,中心距较长的允许偏差1.8～2.5毫米)。

(2)链条的张紧度应适度,按前述要求进行调整。

(3)安装链条时,可将链端绕到链轮上,便于连接链节。联结链接应从链条内侧向外穿,以便从外侧装联接板和锁紧固件。

(4)链条使用伸长后,如张紧装置调整量不足,可拆去两个链节继续使用。如链条在工作中经常出现爬齿或跳齿现象,说明节距已伸长到不能继续使用,应更换新链条。

(5)拆卸链节冲打链条的销轴时,应轮流打链节的两个销轴,销轴头如已在使用中撞击变毛时,应先磨去。冲打时,链节下应垫物,以免打弯链板。

(6)链条应按时润滑，以提高使用寿命，但润滑油必须加到销轴与套筒的配合面上。因此应定期卸下润滑。卸下后先用煤油清洗干净，待干后放到机油中或加有润滑脂的机油中加热浸煮 20～30 分钟，冷却后取出链条，滴干多余的油并将表面擦净，以免在工作中沾附尘土，加速链传动件磨损。如不热煮，可在机油中浸泡一夜(链条的清洗润滑是延长寿命的有效方法)。

(7)链轮齿磨损后可以反过来使用，但必须保证传动面安装精度。

(8)新旧链节不要在同一链条中混用，以免传动副节距差，使新链条加速磨损。

(9)磨损严重的链轮不可配用新链条，以免因传动副节距差，使新链条加速磨损。

(10)机器存放时，应卸下链条，清洗涂油装回原处，最好用纸包起来，存放在干燥处。链轮表面清理后，涂抹油脂防止锈蚀。

(七)外球面轴承的使用和保养

本机采用了 UEL200、UE200 系列外球面轴承以及非标准外球面轴承 580206。外球面轴承是一种两侧带密封盖的自动调心轴承，它本身装有足够的润滑脂，供一年作业期间轴承内滚动摩擦副所需润滑脂。一年作业完后，可从外圈小孔注入锂基润滑脂。

1. 冲压轴承座内的轴承

(1)拆卸。

①轴承上带有偏心套时先拧松偏心套上锁紧螺钉，然后用小铁棍插入或顶着偏心套上的沉孔，逆着轴的旋转方向打松偏心套(图 9-55)。

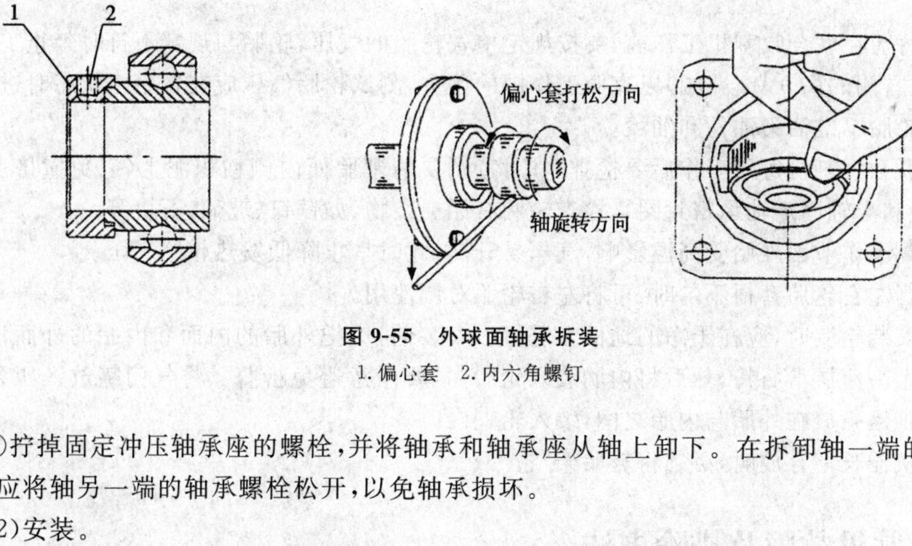

图 9-55　外球面轴承拆装

1. 偏心套　2. 内六角螺钉

②拧掉固定冲压轴承座的螺栓，并将轴承和轴承座从轴上卸下。在拆卸轴一端的轴承座之前，应将轴另一端的轴承螺栓松开，以免轴承损坏。

(2)安装。

①往轴上安装新的轴承之前，必须先把轴承外套上的固定销拔掉(出厂时装入)，并使轴的表面光滑干净(有的旧轴被轴承偏心套啃毛要用砂布打磨光)，并涂有防锈及润滑(允许轴承在轴上微转动)。

②将轴承座和轴承配好(轴承座和轴承的配合面应涂润滑脂)，套在轴上并推至所需位置处进行安装，向固定轴承座螺栓拧螺母时，一端先不要拧得过紧，让轴承外圈在轴承座内能转动。然后等装好相对应的另一端轴承座后(同时装好油)，再将两端轴承座的螺栓拧紧。在拧紧螺栓前，先将轴转一、二圈，让轴承本身自动校正调心位置。

③拧紧轴承内圈上的六角螺钉。

④装偏心套时,必须将偏心套套在轴承内圈的偏心台阶上,并用手顺轴的转动方向拧紧,然后将小铁棍插入或顶住偏心套上的沉孔,用锤打击小铁棍,使偏心套安装牢固,但注意不要无限死打,最后将偏心套上的内六角螺钉锁紧。

2. 立式铸铁轴承座和圆形铸铁轴承座的轴承

(1)拆卸。

①先松开轴承上的内六角螺钉,如为带偏心套的轴承,则在松开内六角螺钉后,逆着轴的旋转方向打松偏心套。

②松开固定轴承螺栓,将轴承连同轴承座一起卸下。

③可利用圆棍插入轴承内孔,将轴承拨到和轴承座上的缺槽方向一致,然后取出轴承。

(2)安装。

①安装新的轴承前,要使轴的表面光滑干净,轴承与轴,轴承与座之间的安装面均应涂适量润滑脂。

②将轴承插入座内(轴承和轴承座的润滑孔槽应对正),然后一起套在轴上装至所需要的位置。

③轴承座用螺栓在机器上紧固后,再将轴承上的紧定螺钉拧紧在轴上。如是带偏心套的轴承,则应先将偏心套沿轴旋转方向打紧,然后再拧紧内六角螺钉。

(八)轮胎的使用和保养

(1)每天在联合收割机工作前,要按规定检查轮胎的气压,轮胎与规定不符时禁止工作(允许左侧比右侧的高 0.02 兆帕)以克服工作中的偏重,测试轮胎气压应在轮胎冷状态时进行。

(2)轮胎不准沾染油污和油漆。

(3)联合收割机每天工作后要检查轮胎,特别要清理胎面内侧粘积泥土(以免撞挤变速箱输入带轮和半轴固定轴承密封圈),检查轮胎有无夹杂物,如铁钉、玻璃、石块等。

(4)夏季作业因外胎受高温影响,气压易升高,此时禁止降低发热轮胎气压。

(5)当左右轮胎磨损不匀时,可将左右轮胎对调使用。

(6)安装轮胎时,应在干净的地面上进行。安装前,应把外胎的内面和内胎的外面清理干净,并洒上一薄层滑石粉,然后将内胎装入轮胎内,要注意避免折叠。将气门嘴放入压条孔内之后,再把压条放在外胎与内胎之间,装入轮辋内。

(7)机器长期存放时,必须将轮胎架空。

六、常见故障及排除方法

(一)割台系统常见故障及排除方法

割台系统常见故障及排除方法见表 9-9。

表 9-9　割台系统常见故障及排除方法

常见故障	故障原因	排除方法
割刀堵塞	遇到石块、木棍、钢丝等硬物；动定刀片切割间隙过大引起切割夹草；刀片或护刃器损块；因秸秆割茬低而使刀梁上壅土	立即停车排除硬物；调整刀片间隙；更换刀片和修磨护刃器刃，或更换护刃器；提高割茬和清理积土
割台前堆积棉秆	割台搅龙与割台底间隙过大；秸秆茎秆短，拨禾轮太高或太偏前；拨禾轮转速太低；秸秆短而稀	按要求调整间隙；下降或后移拨禾轮，尽可能降低割茬；提高拨禾轮转速；提高机器前进速度
棉秆在割台搅龙上架空，喂入不畅	机器前进速度偏高；拨齿伸出位置不对；拨禾轮离喂入搅龙太远	降低机器前进速度；向前上方调整前伸缩位置；后移拨禾轮
拨禾轮返杆现象严重	拨禾轮位置太太低；拨禾轮弹齿后倾偏大；拨禾轮位置偏后	提高拨禾轮位置；按要求调整拨禾板弹齿高度；拨禾轮位置前移
拨禾轮轴缠绕严重	秸秆长势蓬乱；秸秆过高过湿	停车及时排除缠绕物；适当升高拨禾轮位置
被割棉秆向前倾倒	机器前进速度偏高；拨禾轮转速太低；切割器上拥土；动刀切割速度太低	降低机器前进速度；提高拨禾轮转速；清理切割器拥土；检查调整摆环箱传动带张紧度
摆环箱发热	摆环箱缺油；摆环箱用油不正确；摆环圈损坏	检查油位；检查润滑情况

(二)底盘系统常见故障及排除方法

底盘系统常见故障及排除方法见表 9-10。

表 9-10　底盘系统常见故障及排除方法

常见故障	故障原因	排除方法
行走离合器打滑	分离杠杆不在同一平面；变速箱加油过多，摩擦片进油；摩擦片磨损偏大，弹簧压力降低，或摩擦片铆钉松脱	调整分离杠杆螺母；将摩擦片拆下清洗，检查变速箱油面；修理或更换摩擦片，更换长度尺寸公差范围内弹簧
行走离合器分离不清	分离杠杆膜片弹簧与分离轴承之间自由间隙偏大，主被动盘不能彻底分离；分离轴承损坏	调整膜片弹簧与分离轴承之间自由间隙；更换分离轴承
挂挡困难或掉挡	离合器分离不彻底；小制动器制动间隙偏大；工作齿轮啮合不到位；换挡叉轴锁定机构不能到位；换挡软轴拉长	及时调整离合器；及时调整小制动器间隙；调整滑动轴挂挡位置(调整换挡推拉轴调整螺母)；调整锁定机构弹簧预紧力；调整换挡软轴调整螺母
变速箱工作有异响	齿轮严重磨损；轴承损坏；润滑油油面不足或型号不对	更换齿轮副；更换轴承；检查油面或润滑油型号
变速范围达不到	变速油缸工作行程达不到；变速油缸工作时不能定位；动盘滑动副缺油卡死；行走带拉长打滑	系统内泄，送工厂检查修理；及时润滑；拧紧无级变速轮张紧架
最终传动齿轮室有异响	边减半轴窜动；轴承未注油或进泥损坏；轴承座螺栓和紧定套未锁紧	检查边减半轴固定轴承大轮轴固定螺钉；更换轴承，清洗边减齿轮；拧紧螺栓和紧定套
油门踏板锁不住或不回位	限位螺栓与踏板间隙过小；油门控制板角度不合理；回位弹簧回位弹力不足	调整此间隙，确保踏板回位前提下间隙最小；用手或左右板调整拉线及限位螺钉；更换弹簧或转轴处加润滑油

(三)喂入切碎系统常见故障及排除方法

喂入切碎系统常见故障及排除方法见表9-11。

表9-11 喂入切碎系统常见故障及排除方法

常见故障	故障原因	排除方法
喂入传动链打滑	链条使用过度,磨损;张紧不够	替换,检查张紧轮,检查张紧装置
喂入辊喂入不畅	物料太多堵塞;喂入辊位置靠上;链条爬链	减小行走速度;调整弹簧、更换损坏部件;清除喂入辊下的物料;张紧或更换链条
定刀调整器轴向间隙过大	止推垫圈损坏;调整不当	使用槽头螺钉调整轴向间隙;用正确的调整方法
定刀调整器转动困难	杆上的润滑不够;零部件生锈;轴向间隙太紧	润滑、清除;拆卸并除锈;用槽头螺母调整轴向间隙
从喷口处抛送物料不足	机器不能以说明书要求的速度操作;在湿度较大条件下收获棉秆;棉秆集结在喷口;切碎滚筒速度未达到说明书要求的转速	检查发动机的正常转数;张紧切碎滚筒皮带

(四)液压系统常见故障及排除方法

液压系统常见故障及排除方法见表9-12。

表9-12 液压系统常见故障及排除方法

常见故障	故障原因	排除方法
操作系统所有油缸在接通多路换向阀时均不能工作	油箱油位过低,油泵出油口不出油(油管长时间不升温);溢流阀工作压力太低(尽管油管升温,但油缸不工作);锥阀脱位;锥阀阀面粘有机械杂质;换向阀位杆行程不到位,阀内油道不畅通	检查油箱油面,按规定加足液压油;检查泵的密封性;按要求调整溢流阀弹簧工作压力,清除机械杂质;调整
割台和拨禾轮升降缓慢或只升不降	溢流阀工用压力偏低;油路中有气;滤清器被脏物堵住;齿轮泵内泄;齿轮泵传动带未张紧;油缸节流孔被脏物堵塞	按要求调整溢流阀弹簧压力;排气;清洗;检查泵内卸压片密封圈和泵盖密封圈;按要求张紧传动带;折下来,排除脏物
割台和拨禾轮升降速度不平稳	油路中有气;溢流阀弹簧工作不稳定	排气;更换弹簧
割台与拨禾轮自动沉降(换向阀中位时)	油缸密封圈失效;阀体与滑阀因磨损或拉伤造成间隙增大;滑阀位置没对中;单向阀(锥阀)密封带磨损或粘有脏物	更换密封圈;送工厂检修或更换滑阀;使滑阀位置保持对中;更换单向阀或清除脏物
转向盘居中时机器跑偏	转向器拨销变形或损坏;转向器弹簧片失效;联动轴开口变形	进行检修
转向沉重	油泵供油不足;转向系油路中有空气;单稳阀的节流孔堵塞	检查油泵和油面高度;排除空气;清除污物

(五)电器系统常见故障及排除方法

电器系统常见故障及排除方法见表 9-13。

表 9-13　电器系统常见故障及排除方法

常见故障	故障原因	排除方法
起动无反应	蓄电池极性松动或电缆搭铁不良;起动电路中易熔线、电流表、点火开关的起动挡、起动继电器中有损坏或接触不良之处;起动机中电磁开关损坏或电枢绕组坏	紧固极柱,将搭铁线与机体连接可靠,搭铁处不允许有油漆或油污;更换新件或检查插接件结合处并连接好;更换新件
不充电:发动机于中速以上运转时,电流表指示放电,－3～－5 安培	发电机风扇皮带打滑或连接线断;电流表损坏或极性接反;发电机内部故障(如二极管击穿短路或断路、激磁绕组短路或断路、三相绕组相与相之间短路或搭铁等);调节器损坏	调整好风扇皮带的松紧度或将发电机各连接导线连接正确和牢固;更换表头或正负极性线头对调;修理或更换;更换新品
充电电流过大:发动机中速以上运转时,电流表指示大电流,充电 30 安培以上	调节器损坏,失调;发电机电枢接柱"＋"与磁场接柱"F"短路;发电机内部故障;蓄电池亏电过多或其内部短路	更换;排除发电机外部接柱短路现象;修复或更换;蓄电池预充电或更换

第六节　秸秆捡拾机维护技术

一、结构与工作原理

1. 结构组成

秸秆捡拾机主要由机架、传动系统、行走部分、捡拾器、双向搅龙、铡草粉碎机、集草箱、扒链等几部分组成,如图 9-56 所示。

2. 工作原理

秸秆捡拾机由拖拉机采取中置式牵引方式牵引,秸秆由捡拾器捡起,通过装有伸缩杆的双向搅龙送入铡草粉碎机入口,经铡草粉碎机粉碎后,由装在粉碎机转子上的风扇,将粉碎后的牧草秸秆送至集草箱,当集草箱内的物料装满后通过扒链扒至集草箱外。

二、操作说明

(一)调整

(1)捡拾器的调整:捡拾器在工作时的离地间隙是靠调整装在机架上(捡拾器上面)的两根 φ8 钢丝绳的长度来完成的,缩短钢丝绳的长度,捡拾器离机间隙增大,反之缩小。

(2)铡草粉碎机的调整。

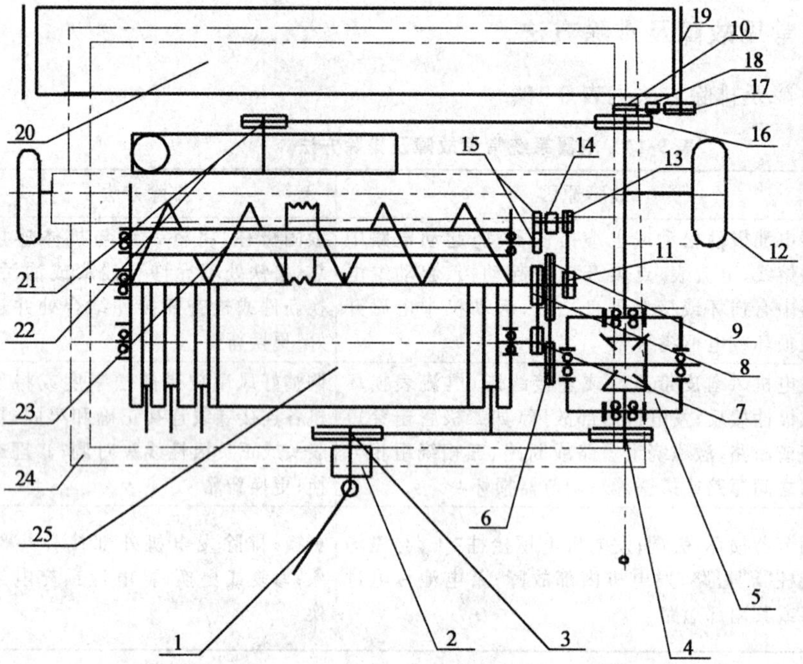

1	万向传动轴
2	轴承座
3	ϕ280皮带轮
4	ϕ280皮带轮
5	变速箱
6	变速箱链轮
7	捡拾器链轮
8	18齿过桥链轮
9	35齿过桥链轮
10	ϕ90皮带轮
11	18齿链轮
12	行走轮
13	35齿链轮
14	轴承座
15	15齿齿轮
16	ϕ400皮带轮
17	扒链轴皮带轮
18	张紧轮
19	扒链轴
20	集草箱
21	铡草机皮带轮
22	铡草机
23	双向搅轮
24	机架
25	捡拾器

图 9-56　秸秆捡拾机结构与工作原理示意图

①三角带的调整：通过安装在铡草粉碎机一侧的张紧轮来实现；

②动、定刀间隙的调整：根据加工对象的不同，它们之间的间隙在 3～6 厘米之间；

③锤片的调整：锤片使用一段时间后，其刀口逐渐磨损，当第一刀口磨损后，可翻面用第二刀口。为了防止组合式转子产生新的不平衡，所有转子必须同时换面，同时要求任意两组锤片的质量差不大于 5 克。

注意：转子调整完后必须拧紧所有螺栓达到规定扭力，并检查调整安装是否完整准确。

(二)集草箱和扒链的使用

集草箱安装在机架上，扒链安装在集草箱上，当整机其他部位工作时，扒链停止工作(扒链用于卸去集草箱内的物料)当需要卸草时，打开集草箱门，搬动扒链动力输入手闸，使其处于工作状态，即可卸料。注意：扒链工作时，草箱四周不得站人。

三、保养

每班作业结束后检查各紧固件是否松动，如有松动按规定扭矩紧固之。

每工作 8 小时往轴承等转动部位加注润滑油一次；每工作 100 小时，清洗轴承，换加润滑油脂。更换轴承时应调整轴承的孔距和相对高度，确保转动灵活。

每周检查铡草粉碎机刀片、锤片、风扇叶片、筛片的磨损情况，必要时予以更换。

机器长时间不用时，应停放在干燥防潮的地方，将机器清理干净，做好防锈措施。

锤片磨损到锤片边缘距销孔缘的距离约 8 厘米时，请予以更换。

更换锤片时，应按质量选配，任何两组锤片的质量差不得大于 5 克。

锤片安装后，在自重作用下应能自如地绕销轴转动。

刀片磨损后，允许用户修磨到锋利状态，要求动刀片之间的质量差不大于刀片平均质量的±2%。

四、常见故障原因及其排除方法

秸秆捡拾机常见故障原因及其排除方法见表9-14。

表 9-14　秸秆捡拾机常见故障原因及其排除方法

故障	现象	原因	排除方法
捡拾器	声音异常	机内配件脱落损坏	停机检查，更换
	捡拾器不工作	输入链条脱落链轮与轴发生相对运动	安装链条去除相对运动
铡草机	声音异常	机器内零件脱落有铁器石块等异物进入机内，锤片与筛片间隙过小或筛片松动	停机检查并清除，停机检查并清除调整间隙
	皮带和轴承过热	轴承内进入杂物，轴承润滑不良，组合转子不平衡，过大皮带张紧度不够	清洗或更换轴承，改善轴承润滑条件，对组合转子重新进行平衡，调整皮带张紧度
	物料堵塞	动、定刀不能与铡切喂入量过大，物料太湿机器转速不够	调整动定刀间隙，修磨刀片减少喂入量，晒干物料提高机器转速
	出料不畅	工作转速不够，皮带张紧度不合适，配套动力功率不足	选配合适的皮带轮，调整皮带张紧度，按要求选配动力
	机器剧烈振动	机座不稳固对称，两组动力、锤片、风扇叶片质量差太大，转子上其他零件不平衡，个别锤片转动不灵活，主轴弯曲变形轴承损坏	加固机座调整，各部件组质量差，检查转子，对其进行平衡消除锤片卡滞，使锤片转动灵活，校正、更换主轴更换轴承
扒链	喂入不均匀	行走速度不合适	调整行走速度
	扒链不工作	链条脱落草箱内杂物卡死，动力不足，轴承损坏	安装链条清除杂物检查，更换更换轴承
	声音异常	零件损坏零件松动	更换恢复

习题和技能训练

(一)习题

1. 说明剪毛作业机、牧草收获作业和青贮收获机作业农艺要求。
2. 说明剪羊毛机的分类和功用。
3. 说明牧草收获机的分类和功用。
4. 简要说明剪毛作业机、牧草收获作业机、青饲料收获作业机操作规程。
5. 说明自走式青(黄)贮饲料收获机结构及功能。

6. 简要说明 4QSZ-2300/4QSZA-2300 型自走式饲料收获机结构和工作部件的使用和调整。

(二)技能训练

1. 对青饲料收获机械进行作业前和作业后技术保养。

2. 对 4QSZ-2300/4QSZA-2300 型自走式饲料收获机进行作业前班保养。

第十章 精准农业

第一节 概 述

一、精准农业及其应用

精准农业也称为精确农业、精细农作，是近年来国际上农业科学研究的热点领域，其含义是按照田间每一操作单元的具体条件，通过获取农田小区影响作物生长和产量的环境因素（如土壤结构、地形、植物营养、含水量、病虫草害等）、实际存在的空间及时间差异性信息，分析影响小区产量差异的原因。精细准确地调整各项土壤和作物管理措施，最大限度的优化使用各项农业投入（如化肥、农药、水、种子和其他方面的投入量）以获取最高产量和最大经济效益，同时减少化学物质使用，保护农业生态环境，保护土地等自然资源。

精准农业通过使用全球定位系统（北斗/GNSS）、地理信息系统（GIS）、连续数据采集传感器（CDS）、遥感（RS）、变率处理设备（VRT）和决策支持系统（DSS）、环境监测系统、网络化管理系统及自动控制系统等现代高新技术打造一整套现代化农事操作技术与管理系统，将农业带入数字和信息时代，逐步向农业生产机械智能化方向发展。

精准农业技术发展得益于海湾战争后 GPS 技术的民用化。1993 年，精准农业技术首先在美国明尼苏达州的两个农场进行试验，结果当年用 GPS 指导施肥的产量比传统平衡施肥的产量提高 30%左右，而且减少了化肥施用总量，经济效益大大提高。

美国之所以能成为世界上最大农业生产国和出口国，精准农业生产方式功不可没。美国自 20 世纪 90 年代初开始大力推广精准农业，现在精准农业生产方式已成为美国解决粮食安全和食品质量问题的保障。日本农业生产率的提高同样得益于精准农业生产方式的推广。

目前我国在精准农业方面的应用，主要包括自动驾驶、播种控制、无人机喷药、流量控制、产量测定、智能农机具管理等。

二、精准农业技术的研发及发展趋势

（一）精准农业技术的研发

当前，精准农业主要从以下几个方面进行技术研发并应用：

（1）拖拉机自动驾驶系统，它能够提高农机作业的精准度，减少作业误差，提高农业生产的

标准化程度，促进土地的高效利用。

(2)精准平地技术可以精确的平整土地，使之具有精耕细作的基本条件，同时建立土地信息模块，为后续的精准播种、施肥打下良好基础。

(3)精准播种技术可以使播种机达到精确播种、均匀播种、播深度一致，既能节约大量优质种子，又能使作物在田间获得最佳分布，从而为农作物的生长发育创造最佳环境。

(4)变量施肥技术可根据不同地区、不同土壤类型及土壤中各养分的盈亏情况，并参考农作物类别和产量水平，在土壤施肥的基础上对 NPK、可促进农作物生长的微量元素与有机肥进行科学配比，从而做到有目的地施肥，减少环境污染和提升农产品质量的同时降低农业成本。

(二)精准农业技术的发展趋势

随着精准农业的发展，它的内涵还在不断延伸，将会在以下几个方面得到广泛应用：

(1)用于农业信息快速、低成本采集。土壤养分快速或实时采集技术研究。目前土壤养分数据采集是在田间划分网格进行土壤取样，化验分析，此方法由于土壤取样数较多，成本比较高，因此有必要研究低成本的土壤养分快速或实时采集技术。作物中的杂草信息的实时快速采集技术研究，杂草精确防治机械设备的研制；作物生长发育营养信息的实时快速诊断技术，叶面肥变量施用设备的研制；作物病害、虫害信息的实时快速采集、诊断技术研究，作物病害、虫害精准防治设备的研制，减少农药的投放总量，减少农药的残留和污染。

(2)用于研制智能化的农业机械设备。在收获机上安装有 DGPS、产量监测系统等智能化电子设备；在播种机上安装变量施肥播种设备；在拖拉机上安装有 DGPS 自动导航驾驶设备；在喷药机上安装 GPS 自动导航驾驶设备、变量喷药设备等。

(3)用于对作物生长过程的模拟和智能监控。如作物生长过程模式，在耕作之前，在计算机上模拟各种管理决策模型，确定最佳效益模型，采用变量投入实现目标；排水和精准灌溉技术研究，包括土壤湿度传感器，变量喷灌、滴灌技术等。

(4)用于精准农业硬件接口、软件信息格式标准化，通用化技术研究。有望解决目前信息数据格式不兼容，各种精准农业信息数据各软件之间不通用的问题，实现硬件设备标准化、软件及信息管理标准化，实现农业信息共享。

(5)世界各国，特别是先进国家对发展精准农业给予高度重视。如美国农业部与美国太空署签署协议，美国太空署提供更多的高性能遥感卫星支持美国农业的发展。以前这些卫星只用于军事上，今后这些高性能遥感卫星可以探测感应害虫迁移，提供更高分辨率的遥感图像，更多通道的光谱信息。这些高性能遥感卫星在精准农业中的使用，对精准农业的发展起到很大的推动作用。

要想使我国从农业大国转变为农业强国，就必须与世界同步，快速步入精准农业阶段。

第二节　全球定位导航系统的使用维护技术

一、全球定位系统的构成、特点及用途

1. 构成

全球定位系统由三部分构成(图 10-1)。

(1)地面控制部分,由主控站(负责管理、协调整个地面控制系统的工作)、地面天线(在主控站的控制下,向卫星注入寻电文)、监测站(数据自动收集中心)和通讯辅助系统(数据传输)组成。

(2)空间部分,由 24 颗卫星组成,分布在 6 个道平面上(图 10-2)

图 10-1　全球定位系统构成

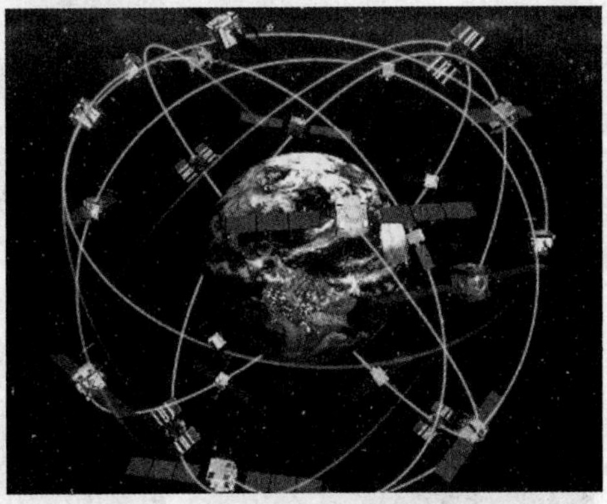

图 10-2　全球定位系统空间部分

(3)用户装置部分,主要由 GPS 接收机和卫星天线组成。GPS 卫星接收机种类很多,根据型号分为测地型、全站型、定时型、手持型、集成型;根据用途分为车载式、船载式、机载式、星载式、弹载式。

2. 特点

全球定位系统的主要特点:

(1)全天候。

(2)全球覆盖。

(3)三维定速定时高精度。应用实践已经证明,GPS 相对定位精度在 50 千米以内可达 10～6 米,100～500 千米可达 10～7 米,1 000 千米可达 10～9 米。在 300～1 500 米工程精密定位中,1 小时以上观测的解,其平面位置误差小于 1 毫米,与 ME-5000 电磁波测距仪测定得边长比较,其边长校差最大为 0.5 毫米,校差中误差为 0.3 毫米。

(4)快速省时高效率。随着 GPS 系统的不断完善,软件的不断更新,目前,20 千米以内相对静态定位,仅需 15～20 分钟;快速静态相对定位测量时,当每个流动站与基准站相距在 15 千米以内时,流动站观测时间只需 1～2 分钟,然后可随时定位,每站观测只需几秒钟。

(5)应用广泛多功能。

3. 用途

GPS卫星导航全球定位系统的主要用途：

(1)陆地应用，主要包括车辆导航、应急反应、大气物理观测、地球物理资源勘探、工程测量、变形监测、地壳运动监测、市政规划控制等。

(2)海洋应用，包括远洋船最佳航程航线测定、船只实时调度与导航、海洋救援、海洋探宝、水文地质测量以及海洋平台定位、海平面升降监测等。

(3)航空航天应用，包括飞机导航、航空遥感姿态控制、低轨卫星定轨、导弹制导、航空救援和载人航天器防护探测等。

(4)农业应用，全天24小时进行高精度开沟、起垄、打药、播种、耕地、收获等，见图10-3。

GPS系统是一个高精度、全天候和全球性的无线电导航、定位和定时的多功能系统。GPS技术已经发展成为多领域、多模式、多用途、多机型的国际性高新技术产业。

图10-3 全球定位系统在农业生产中的应用

二、GPS原理

24颗GPS卫星在离地面12 000千米的高空上，以12小时的周期环绕地球运行，使得在任意时刻，在地面上的任意一点都可以同时观测到4颗以上的卫星。

由于卫星的位置精确可知，在GPS观测中，我们可得到卫星到接收机的距离，利用三维坐标中的距离公式，利用3颗卫星，就可以组成3个方程式，解出观测点的位置(X,Y,Z)。考虑到卫星的时钟与接收机时钟之间的误差，实际上有4个未知数，X、Y、Z和钟差，因而需要引入第4颗卫星，形成4个方程式进行求解，从而得到观测点的经纬度和高程。

事实上，接收机往往可以锁住4颗以上的卫星，这时，接收机可按卫星的星座分布分成若干组，每组4颗，然后通过算法挑选出误差最小的一组用作定位，从而提高精度。

由于卫星运行轨道、卫星时钟存在误差，大气对流层、电离层对信号的影响，以及人为的

SA 保护政策，使得民用 GPS 的定位精度只有 100 米。为提高定位精度，普遍采用 RTK 差分技术，建立基准站(差分台)进行 GPS 观测，利用已知的基准站精确坐标，与观测值进行比较，从而得出一修正数，并对外发布。接收机收到该修正数后，与自身的观测值进行比较，消去大部分误差，得到一个比较准确的位置。

三、RTK 工作原理

RTK(Real-time kinematic)实时动态差分法。这是一种新的常用的 GPS 测量方法，以前的静态、快速静态、动态测量都需要事后进行解算才能获得厘米级的精度，而 RTK 是能够在野外实时得到厘米级定位精度的测量方法，它采用了载波相位动态实时差分方法，是 GPS 应用的重大里程碑，它的出现为工程放样、地形测图，各种控制测量带来了新曙光，极大地提高了外业作业效率。

RTK 工作原理(图 10-4)：基准站上安置的接收机，对所有可见 GPS 卫星进行连续观测，并将其观测数据，通过无线电传输设备(也称数据链)，实时地发送给用户观测站(流动站)；在用户观测站上，GPS 接收机在接收 GPS 卫星信号的同时，通过无线电接收设备，接收基准站传输的观测数据，然后根据相对定位原理，实时地解算并显示用户站的三维坐标及其精度，其定位精度可达 1～2 厘米。RTK 测量初始化时至少需要 5 颗卫星。按照原理来说，4 颗卫星能解出三维坐标。5 颗也是为了选择更好的卫星运行状况来参与结算，也可以多一个检核条件。

图 10-4 RTK 工作原理

四、自动导航系统工作原理

自动导航系统由北斗卫星天线、显示器、电磁阀、控制器、角度传感器部件等组成(图 10-5)。

由北斗卫星天线收卫星信息，传输至控制器。通过 RTK 差分技术，达到±2.5 厘米的定位精度，确定车辆所在位置，借此确定农机的横向偏差；通过角度传感器配件，获得农机的航向角数据；经过控制器的解算，得到期望前轮转角；最后将此数据实时反馈到电磁阀上，以使车辆进入并按照期望路径行驶。

图 10-5　自动导航系统工作原理

五、自动导航系统硬件安装

1. GPS 的安装(图 10-6)

将 GPS 小盘天线拧在吸盘上，用卷尺量取数据，将吸盘固定到车顶中心。

2. 显示屏的安装 (图 10-7)

将控制箱支臂一端连接显示屏固定架，另一端用燕尾钉固定到车体。

3. 控制器的安装(图 10-8)

找一个空间足够且水平的位置安放控制器，与车身水平角度相差不得大于 3°，安装方向为正面朝上且接口在前进方向的右边。

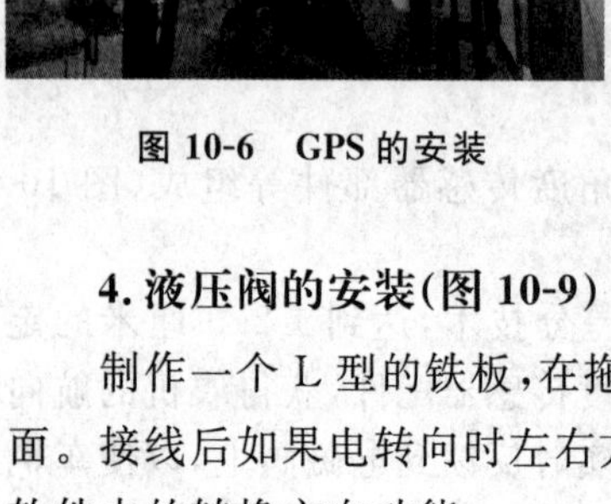

图 10-6　GPS 的安装

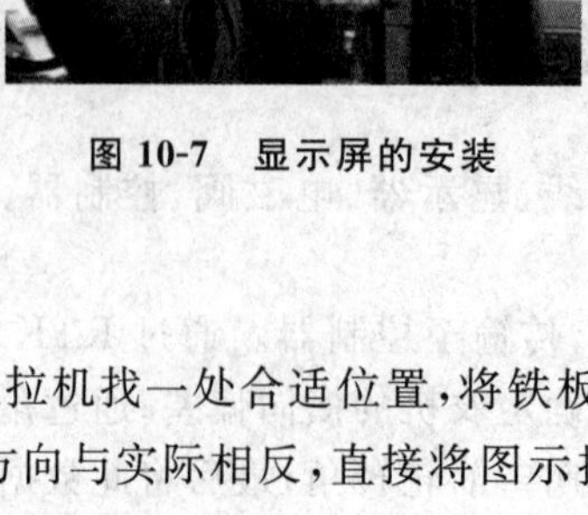

图 10-7　显示屏的安装

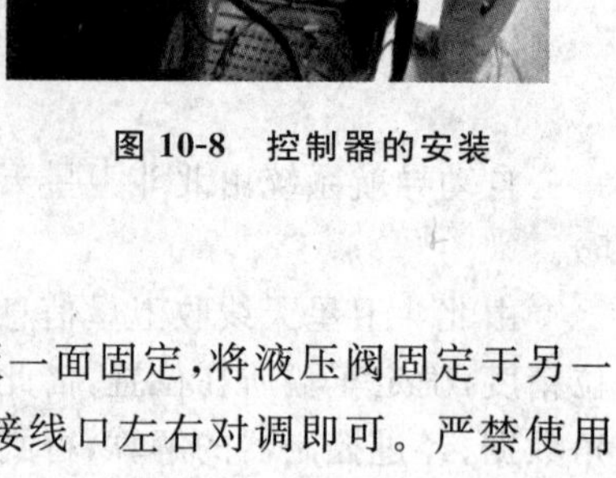

图 10-8　控制器的安装

4. 液压阀的安装(图 10-9)

制作一个 L 型的铁板，在拖拉机找一处合适位置，将铁板一面固定，将液压阀固定于另一面。接线后如果电转向时左右方向与实际相反，直接将图示接线口左右对调即可。严禁使用软件中的转换方向功能.

5. 角度传感器的安装

角度传感器为电阻式传感器，根据角度变化而使电阻线性变化，从而引起输出电流的变化，以此反映出当前车辆的角度变化值。

传感器电流输出有正反向，安装完成后控制器上显示的值应为左负右正。如数值为左正右负，需将角度传感器旋转 180°安装(图 10-10)。

角度传感器安装：角度传感器必须固定死，不能有丝毫的松动；传感器旋转角度需要小于并尽量接近于 90°，保证无论车辆轮胎如何转动，角度传感器均有有效读数输出；车辆打正时传感器数值需在±500 以内；前轮向左右打死时角度传感器的杆不能接触到车辆任何部位以免影响车辆正常工作。

角度传感器安装不规范极易引起车辆走不直。

图 10-9　液压阀的安装

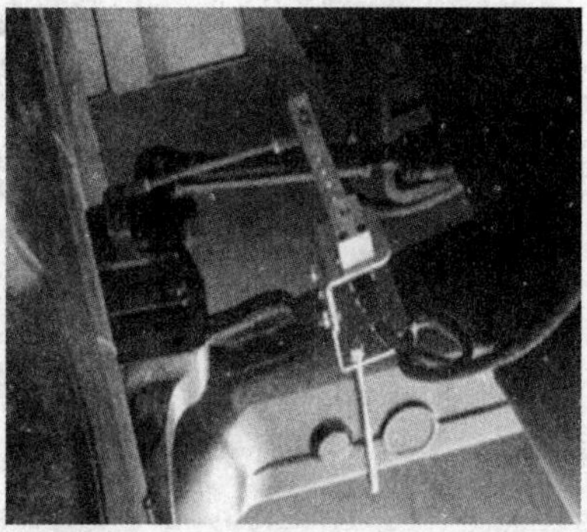

图 10-10　角度传感器安装

6. 开芯系统油管连接

开芯系统油管连接线路如图 10-11 所示。

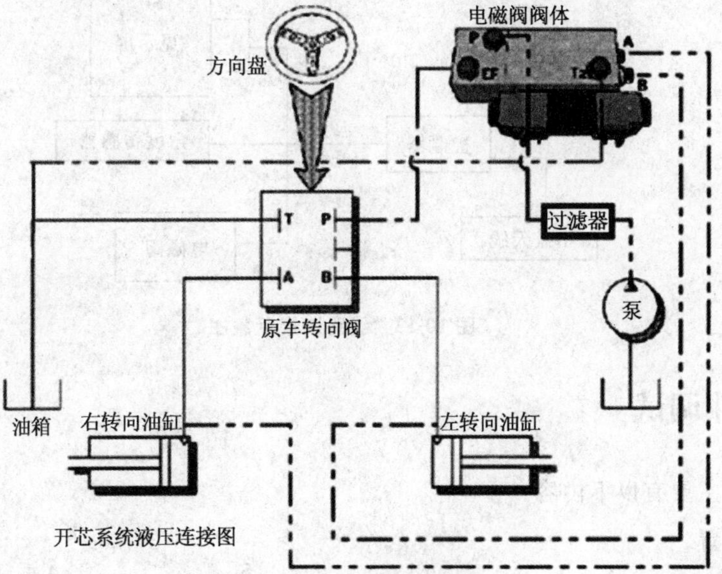

图 10-11　开芯系统油管连接线路

7. 闭芯系统油管连接

闭芯系统油管连接线路如图 10-12 所示。

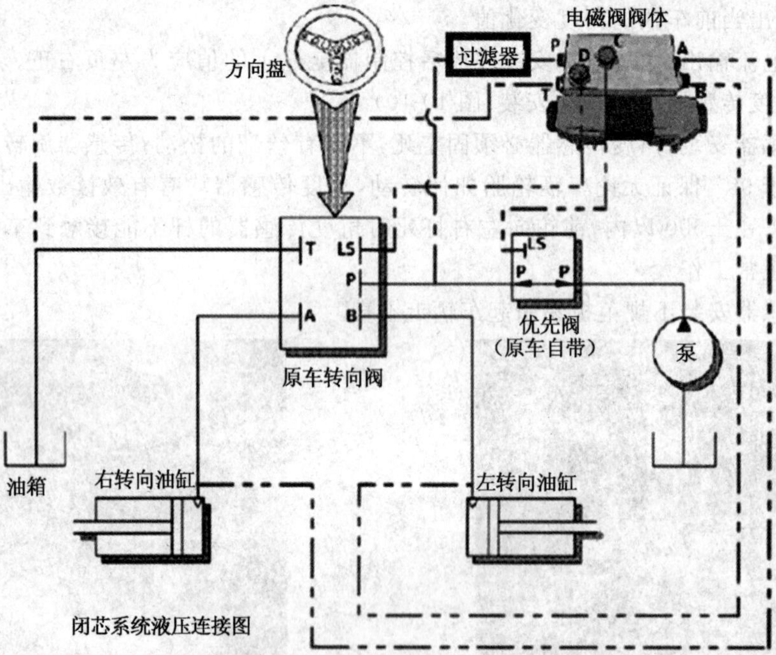

图 10-12　闭芯系统油管连接路线

8. 走线

接线是只要把对应接头接好，接错是接不上的。走线时，注意保护线缆不要磨损、烫伤，也不要妨碍机器正常工作。图 10-13 是一个线路连接示意图。

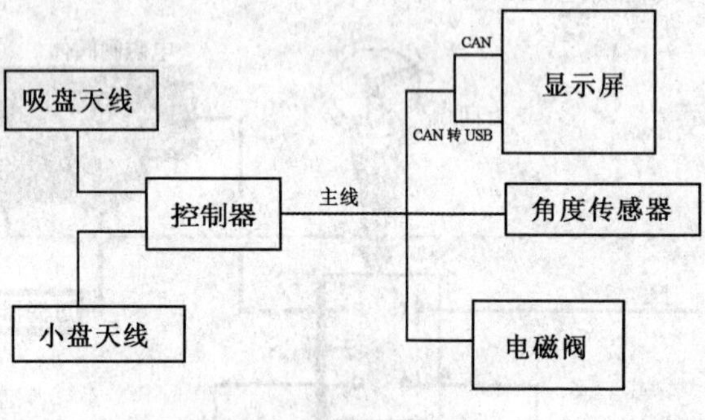

图 10-13　线路连接示意图

六、软件调试

软件调试主要有以下内容：

1. 语言设置

设定中文或英文。

2. RTK 固定确认

中间的数值在 0.035 以内，确认车辆卫星质量中数值为 4，且固定不变。

3. 车辆设置

车辆类型中，需选择前轮转向。宽度为前轮轴心间距、长度为前后轮轴心间距、X 为 0、Y 为天线到后轮高度、Z 为天线到地面高度。

设置导航所需要的车速最小值以及延迟时间，根据实际情况选定，并实地验证工作正常即可。

4. 角度传感器初定

前提：角度传感器一定要安装到位，检测角度传感器没有跳数或数据不动现象、中间值在 ±500 以内，尽量接近 0、左右打死均有有效读数。读数为左负右正。

把车辆摆正，按下设置中间角度按钮（显示数值要在 ±500 以内，尽量接近 0°），接着将车左转 20°，按下置左转 20 的角度值，得出一个负值，在下一步把车摆正摆到原来位置，再右转 20°，按下置右转 20 的角度按钮，得出一个正值，在线形图中，三个数值连在一起需近似于一条直线。如不满足以上条件，重新安装或调节角度传感器。

5. 比例阀电压设置

由于自动导航系统中是依靠电信号改变液压阀的开口大小，从而引起转向快慢、转向幅度大小的变化，因此电压值的大小对系统的效果影响尤为重要

进入比例阀电压设置界面，首先设置初始值：最大值电压为 7；最小值电压为 3.5；偏移电压为 0。点击接受，返回液压界面。

偏移电压设置：设置测试转向比率为 1，将车摆正，点击左转，待车轮转向停住后再点击右转，观察车轮是否能回到原位（需排除地形对转向的干扰因素）。如果不能，前往比例阀电压设置界面调节偏移电压并反复进行测试（偏移电压有正负且一般情况下绝对值不大于 1），直到左转和右转的角度大致相等。

最小值电压设置：接着将转向比率调到 1，将车摆正，点击左转，肉眼观察前轮是否有明显转动且液压界面的轮转向角变化值在 3°～6°。如大于此范围，将比例阀最小值电压降低并重试，反之则增大，直到满足此条件。

最大值电压设置：将转向比率调至 60，将车摆正，点击右转，观察车轮转动角度是否在 20°～30°。如不是，调节比例阀最大值电压。

其他：启用手动优先，数值为 2 000；最大跨度 1 280；最小量程死区 64；转换方向禁用。

6. 调节增益值

在之前的校准工作全部完成后，开车下地试车。调节增益值使车辆行驶时入线、直线度和倒车均能达到满意效果。增益值越大，转向越灵敏；增益值越小，灵敏度越差，直线度越差。前进增益值参考值在 1.5～2.5，地面越硬增益值要求越低；倒车增益值参考值为 1。

7. 航向校正

进入倾斜传感器设置界面，把车摆正准备好，点击矫正倾斜传感器后立即根据提示将车 360°行驶一圈，注意行驶完成后车头方向一定要和行使前方向一致，接着将车停住并按接受键。

8. 自动校准倾斜车轮

先回主界面设定一条 AB 线，设定完之后回到转向－自动校准倾斜车轮界面。

进行自动倾斜校正，校正时速度要大于 2 千米/小时。距离要＞100 米。需要车辆来回走一趟，掉头期间需暂停校正，待车辆入线后点击继续。（此部校正会自动调整角度传感器中间值，调整后的值即为最终值）

9. 确认角度传感器 20°值与电压值

（1）通过测量，重新设定角度传感器的左右 20°值。（不要对中间值进行改动，以当前显示的值为中间值，为前轮摆正的状态）

（2）检查最小电压和最大电压是否仍然满足要求，如不满足重新设定。

七、系统使用

1. 设定农具宽度（幅宽）

农具—选择—编辑—测量—输入宽度。

2. 定 *AB* 线

定线-设定点 *A*-设定点 *B*。车辆开到地头所需位置为 *A* 点，行驶到地头另外一边所需位置为 *B* 点。

3. 导航驾驶

车辆行驶，当达到一定速度后，自动驾驶图标会由灰色变为绿色，此时可以开始导航。点击自动驾驶图标，绿色变为红色时，车辆进入自动驾驶状态。

4. 注意事项

（1）正确的开机方式。为防止车辆启动时产生的瞬时电流对设备造成损伤，故需在车辆启动之后再打开导航系统。

（2）紧急情况下取消自动驾驶。

①车辆制动，使车辆速度为零并持续数秒之后可以取消自动驾驶。

②强力转动方向盘，可以取消自动驾驶变为手动驾驶。

③自动驾驶时，驾驶员禁止离开驾驶室。

八、基站系统

（1）固定站（图 10-14）按照北斗地基增强网标准建设，可以连续 24 小时工作省去每天重复的基站架设工作。

通讯方式可以采用无线电台或网络的方式。无线电大功率作业半径在 20 千米（距离主要取决于基站发射天线的架设高度）。网络模式作业距离可达到 70 千米（满足 RTK 解算）。

（2）移动站（图 10-15）对于经常跨区域作业且作业区域距离较远的用户，可以选择移动基站的方式。移动基站可以直接架设在所作业的地块地头，具体通信方式可以采用无线电台或网络方式。无线电台方式可采用小功率电台。适应性较强，配有野外工作箱，方便用户携带。

对于个体户，如果距离较近也可以安装在家里作为固定基站使用。

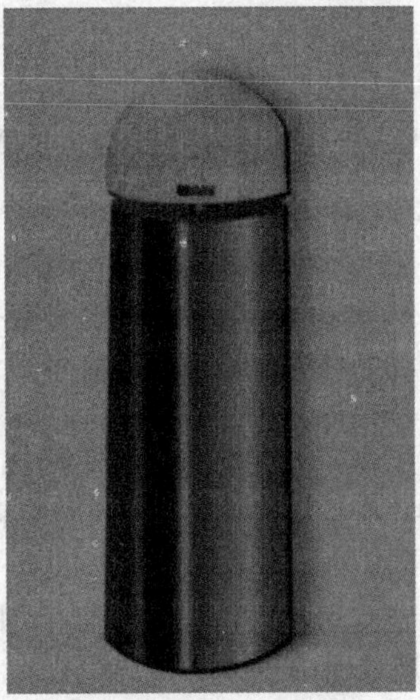

图 10-14　固定站

图 10-15　移动站

固定站、移动基站的布局图 10-16。

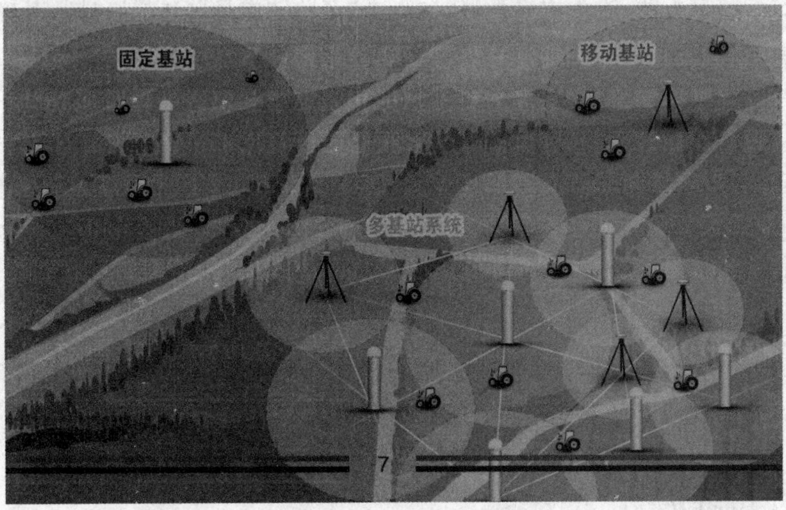

图 10-16　基站的布局图

九、常见问题解决

1. 无法自动驾驶

解决方法：

(1)确认是否接收到基站信号。主界面左上方三个信号栏是否都为绿色且左数第二项精度数值为 0.05 以内。如果不满足以上要求，请检查基站是否架设好(基站架设方法详见附录

1)并确认 NX100 的频道与基站频道是否匹配(频道确认请咨询为您安装本系统的技术工程师)。

(2)确认是否有液压信号。在主界面依次点击“菜单”“车辆”“液压”,进入液压界面。确认车辆 CANBUS 模块中的液压、轮转向角、结合开关、惯导四项不为 N/C。如果为 N/C,请检查 NX100 的接线是否松动。

2. 交接行不准确

解决方法:

调整农具至悬挂正中。如因客观因素导致农具无法悬挂至正中或调节后仍存在交接行偏差,可通过调节农具偏移来解决。

首先,使用卷尺实际测量农具的宽度,并根据实际工作需要进行相应的计算(如:播种类工作,作业幅宽为农具实际宽度加上一垄的宽度;起垄类工作,作业幅宽即为农具实际宽度),并将该宽度输入农具实际作业宽度(参见农具设置第五步)。

然后,将车向前行驶并落犁划出印记,行驶 100 米左右后,右转掉头并向前行驶 100 米,再左转掉头并向前行驶 100 米,直线行驶过程中全部采用自动驾驶。测量两个行宽,分别为 L_1 和 L_2。用第一行行宽减去第二行行宽的差值并除以 4,此值即为农具偏移值(单位:米),并保留计算过程中的正负号。

即:农具偏移 $=(L_1-L_2)/4$

调节 GPS 偏移量方法:进入主界面,依次点击“菜单”“农具”“选择”,进入车辆界面后点击“编辑”,然后在编辑界面中点击“测量”。在“偏移”中输入当前值与之前的计算偏移值的总和,注意保留计算过程中的正负号。

调节农具偏移值,农具偏左为负、农具偏右为正。

3. 移动基站或重启基站后 *AB* 线出现偏移

在主界面点击“卫星”,进入卫星界面;再点击“其他设置”,最后点击“归零 XTE”,*AB* 线即可漂移到车辆当前位置。

4. 车辆中途熄火再打火引起 GPS 信号丢失或自动驾驶时车辆行驶不直

车辆中途熄火再打火引起 GPS 信号丢失或自动驾驶时车辆行驶不直时,关闭耕图软件,重启控制器后(重启间隔不低于 5 秒),再重新打开耕图软件使用。

十、保养与维护

(1)为了延长系统使用寿命以及减缓老化速度,建议长时间不使用该系统时,对主要部件进行防晒、防水、防尘处理。

(2)为了保持系统正常运行,建议每 10 天进行对系统电路、硬件、连接螺丝等进行检查,如发现松动、脱落、损坏等情况请及时加固或更换。

(3)日常使用时,建议经常对设备进行清洁,保持设备干净整洁。

(4)务必保证液压油路的清洁,建议每季度检查一次,如液压油中有杂质,需放尽旧液压油并重新添加新的抗磨液压油。

各部件的保养与维护见表 10-1。

表 10-1 全球定位导航系统保养方法及周期

序号	设备名称	保养方法	保养周期
1	控制器	去除表面尘土污垢,用干毛巾擦拭	7 天/次
2	GPS 天线	去除表面尘土污垢,检查固定是否牢固	7 天/次
3	NX100 主机	去除表面尘土污垢,检查固定是否牢固	7 天/次
4	吸盘天线	检查吸附是否牢固	7 天/次
5	角度传感器	检查固定是否牢固	30 天/次
6	线缆及接头	检查是否有松动和老化	30 天/次
7	液压油	检查油路是否清洁	90 天/次

第三节 无人机的维护技术

一、概述

(一)无人机的定义

无人驾驶航空器(Unmanned Aircraft,UA),是一架由遥控站管理(包括远程操纵或自主飞行)的航空器,也称遥控驾驶航空器(RPA-R0telv Piloted Aircraft),以下简称"无人机"。是利用无线电遥控设备和自备的程序控制装置操纵的不载人飞机。

无人机系统(Unmanned Aircraft System,UAS),也称无人驾驶航空器系统(Remotely Piloted Aircraft Systems,RPAS),是指一架无人机、相关的遥控站、所需的指令与控制数据链路以及批准的型号设计规定的任何其他部件组成的系统。无人机系统如图 10-17 所示。

无人机系统也需操纵人员,也可叫无人机驾驶员,是指由运营人指派对无人机的运行负有必不可少职责并在飞行期间适时操纵飞行的人。同样无人机系统的机长,是指在系统运行时间内负责整个无人机系统运行和安全的驾驶员。

在无人机上设有驾驶舱,但是安装有自动驾驶仪、程序控制装置等设备。无人机驾驶人员通过雷达等设备,在地面、舰艇或母机遥控站对其进行跟踪、定位、遥控、遥测和数据传输。无人机的起飞方式有很多种。例如,可以通过无线电遥控起飞或用助推火箭发射升空,也可以由母机带到空中投放飞行。在回收时,也有多种回收方式。例如,可以用与普通飞机着陆过程一样的方式自动着陆,也可以用降落伞或拦网回收。目前,无人机已应用于空中侦察、监视、通信、反潜、电子干扰等工作中。

(二)无人机的分类

无人机实际上是无人驾驶飞行器的统称,从技术角度定义,无人机分为无人直升机、无人

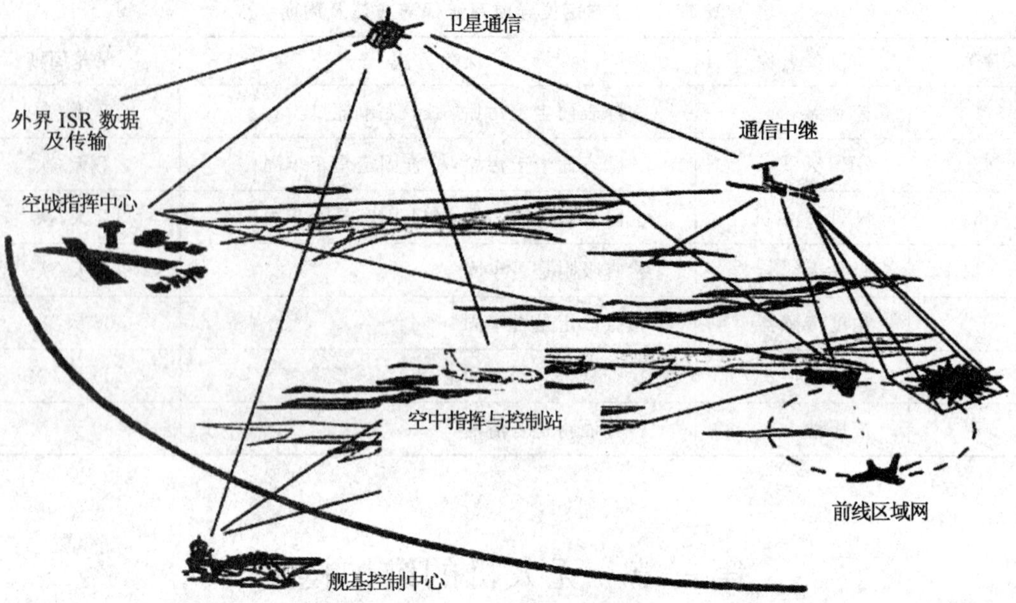

图 10-17　无人机系统

固定翼机、无人多旋翼飞行器、无人飞艇、无人伞翼机等几大类。

近年来，国内外无人机相关技术飞速发展，无人机系统种类繁多、用途广泛、特点鲜明，致使其在尺寸、质量、航程、航时、飞行高度、飞行速度、性能以及任务等多方面都有较大差异。由于无人机的多样性，出于不同的考量会有不同的分类方法，且不同的分类方法相互交叉、边界模糊。

目前，无人机可按飞行平台构型、用途、尺度、活动半径、任务高度持续航时间和等方法进行分类。

1. 按犍行平台构型分类

无人机可分为固定翼无人机、旋翼无人机、无人飞艇、伞翼无人机、扑翼无人机等。

2. 按用途分类

无人机可分为军用无人机和民用无人机。军用无人机可分为侦察无人机、诱饵无人机、电子对抗无人机、通信中继无人机、无人战斗机以及靶机等；民用无人机可分为巡查/监视无人机、农田无人机、气象无人机、勘探无人机以及测绘无人机等。微型和轻型无人机如图 10-18 所示。

图 10-18　微型和轻型无人机

3. 按尺度分类(民航法则)

无人机可分为微型无人机、轻型无人机、小型无人机以及大型无人机。微型无人机，是指空机质量小于等于 7 千克的无人机。轻型无人机，是指空机质量大于 7 千克，但小于等于 116 千克的无人机，且全马力平飞中，校正空速小于 100 千米/小时，升限小于 3 000 米。小型无人机，是指空机质量小于等于 5 700 千克的无人机，微型和轻型无人机除外。大型无人机，是指空机质量大于 5 700 千克的无人机。

小型和大型无人机如图 10-19 所示。

图 10-19　小型和大型无人机

4. 按活动半径分类

无人机可分为超近程无人机、近程无人机 远程无人机、中程无人机和远程无人机。超近程无人机活动半径在 15 千米以内，近程无人机活动半径存 15～150 千米之间，短程无人机活动半径在 50～200 千米之间，中程无人机活动半径在 200～800 千米之间。远程无人机活动半径大于 800 千米。

5. 按任务高度分类

无人机可以分为超低近程无人机、低空无人机、中空无人机、高空无人机和超高空无人机。超低空无人机任务高度一般在 0～100 米之间；低空无人机任务高度一般在 100～1 000 米之间；中空无人机任务高度一般在 1 000～7 000 米之间；高空无人机任务高度一般在 7 000～18 000 米之间；超高空无人机任务高度一般大于 18 000 米。

6. 按续航时间分类

按续航时间分类，无人机可以分为正常航时和长航时无人机。

正常航时无人机的续航时间一般小于 24 小时，长航时无人机的续航时间一般等于或大于 24 小时。

(三)无人机用途

1. 无人机航拍/航摄

无人机航拍/航摄系统是一种高度智能化、稳定可靠、作业能力强的低空遥感系统。系统是以无人机为飞行平台，利用高分辨率相机系统获取遥感影像，利用空中和地面控制系统实现自动拍摄、获取影像、航迹规划和监控、信息数据压缩以及自动传输、影像预处理等功能。

无人机航拍/航摄系统通常包括飞行平台、数据获取系统、地面监控系统和配套作业软件(航线设计软件、航拍/航摄影像质量检查软件、影像处理软件等)。目前，固定翼无人机航拍/航摄技术最为成熟，市场应用最为广泛。

无人机航拍/航摄系统有许多优势。例如，与卫星遥感相比，无人机航高较低(航高是指飞行过程中距地球上某一基准面的垂直距离)，可在云下飞行作业，因此对天气的要求相对较低，并且所拍影像清晰度高、实时性好、自主性强、分辨率高；和普通有人机航拍/航摄相比，无人机航拍操作更加方便，起飞降落受场地限制较小，易于转场，且能够到达人无法涉足的危险区。

目前，无人机航拍/航摄技术已在多个领域得到应用，如国土资源管理、气象勘探、测绘与监测等。

(1)地籍测量工作。例如，在2010年黑龙江省农村地籍调查工作中，就利用无人机获取了大比例尺航空影像，这些影像被用作底图，使调查工作高效顺利完成。由于黑龙江省村级行政单位分布广、每个村的成图面积小，采用卫片制作正射影像(具有正射投影性质的遥感影像)分辨率难以达到要求，采用传统航空摄影方法成本又过高，采用地面测量的方式周期又过长。对此状况，黑龙江省国土管理部门选10个村作为试点，采用无人机航摄系统进行大比例尺航空摄影。机组仅用了两天时间，累计飞行5个架次，获取了分布在40千米^{2}范围内的10个村级行政单位的0.05米分辨率影像1 536张，且影像图的精度满足使用要求。

(2)全国土地利用变更调查监测与核查工作。每年开展的全国土地变更调查监测与核查项目，要求遥感数据数量大、时效性强，采用卫星遥感数据往往难以满足需求。例如，在一些重点地区，要求在1～2个月的时间内采用高分辨率的遥感数据进行监测。但由于天气等因素的制约，高分辨率遥感卫星很难在这么短的时间内及时获取全部的遥感数据。采用无人机航拍系统配合高分卫星(一种高分辨率对地观测卫星)，在高分卫星未获取到合格数据的地区，启动无人机系统进行作业，帮助获取这些地区的高分遥感数据，提高数据的有效性。

另外，由于一些山区地形较复杂、天气情况较差，接收卫星遥感数据非常困难，使得部分地区常常因为接收不到合格的遥感数据而影响工作进行。在卫星数据暂时还无法满足要求的情况下，采用无人机航拍将是及时获取这些地区遥感数据的一项有效的技术手段。

(3)气象勘探工作。气象信息是影响人们生活的重要信息，也是国家的重要战略信息，它一直受到社会各阶层的关注。早在1993年，我国就开始研制用于气象勘探的无人驾驶飞机。从1997年开始，在气象科学试验、人工影响天气、国防科学试验等方面开展了大量的试验和应用。2008年，中国气象局第一次利用无人机对台风海鸥进行了近4小时飞行探测，成功获取了温度、气压、相对湿度、风向、风速及海拔高度等基本气象要素资料，同时无人机安全回收。

(4)地质灾害监测工作。从古至今，一些地质灾害常常无法避免，灾后的抢险搜救工作直接关系到人们的生命与财产安全。无人机可在险情发生时克服交通中断等不利因素，快速赶到出险区域，利用航摄系统，获取实时险情影像，监视险情发展。2008年汶川地震和2010年的青海玉树地震中，就采用无人机航摄系统，成功获取了灾区影像，在第一时间为指挥决策提供参考，最大限度地规避了风险。

2. 无人机农药喷洒

病虫害对粮食作物产量影响巨大。喷洒农药是目前病虫害防治的重要措施之一，也是田间工作最累、最危险的工作。全国每年因使用农药中毒人数高达数万人。利用无人机进行农药喷洒有许多优点，例如：人体基本无须直接接触农药，这就减少了农药对农户的化学伤害，由于是空中喷洒，也减少了对粮食作物的机械损伤；喷洒农药时，无人机进行的是超低空飞行，这就回避了严格的空中管制；可适用于多种地理条件，一般农用无人机(直升机)的起飞、降落最小只需要2～3米^{2}的面积，在一般的田间都能完成起降；无人机采用GPS定位和自主飞行控制，随着技术的成熟，准确性日益提高，从而保证了喷洒作业的精度和安全性；利用无人机进行农药喷洒，其效率明显高于其他作业形式。

2010 年,中国农业大学与吉林省某推广基地进行合作,首次使用无人机服务于我国农业大面积生产,增产效果非常显著,得到了当地政府和农户的认可和支持。

3. 无人机电力巡线

电力线路巡视是电力系统重要的日常维护工作之一。随着电力系统对稳定性和可靠性的要求越来越高,常用的人工巡视已经不能满足目前的工作需要。在人工巡视工作中,工人劳动强度大,效率低;而且巡视结果很大程度上依赖于工人的主观感受,很有可能误判漏判,也难以复查;另外,部分地区因巡视人员无法靠近,根本无法开展巡视工作。为克服上述困难,欧美等国在 20 世纪 50 年代开始尝试利用直升机进行巡线、带电作业和线路施工等工作。随着无人机技术的发展,其在重量、体积、机动性、费用、安全性等方面的优势都比通用直升机更明显,因此,利用无人机进行巡线,逐步成为电力行业的研究热点。

电力线路巡视主要分为正常巡视、故障巡视和特殊巡视三类。正常巡视主要是对线路本体(包括杆塔、接地装置、绝缘子、线缆等)、附属设施(包括防雷、防鸟、防冰、防雾装置,各类监测装置,标识警示设施等)以及通道环境的周期性检查。故障巡视是在线路发生故障后进行检查,巡视范围可能是故障区域,也可能是完整输电线路。特殊巡视是在气候剧烈变化、自然灾害、外力影响、异常运行以及对电网安全稳定运行有特殊要求时进行检查。在具备无人机巡视条件时,正常巡视一般可以采用无人机等空中巡视方式,部分从空中无法观察的设备(如杆塔基础、接地装置等)需采用人工巡视方式。故障巡视时,视故障类型和紧急程度,可采用无人机等空中巡视方式,或者采用无人机辅助的人工巡视方式。特殊巡视时,在因气候剧烈变化、自然灾害、外力影响等原因造成人员无法进入巡视区域的情况下,可优先采用无人机等空中巡视方式,其他情况同正常巡视。

(四)无人机的发展趋势

1. 在军事方面

1908 年世界上第一架无人机问世,至今为止,经历了无人靶机、无人侦察机/监视机、多用途无人机三大发展阶段,尤其在近几十年,无人机获得了蓬勃发展。20 世纪 90 年代以后,无人机在现代战争中战功显赫,在高技术战争中的作用和地位越来越重要,如在著名的海湾战争、"沙漠之狐"行动和科索沃战争中,无人机表现出了很强的实用性及突出的优势。

1914 年,当时第一次世界大战正进行得如火如荼,英国的卡德尔和皮切尔两位将军,向英国军事航空学会提出了一项建议:研制一种不用人驾驶,而用无线电操纵的小型飞机,使它能够飞到敌方某一目标区上空,投下事先装在其上的炸弹。

随着无人机技术的逐步成熟,到了 20 世纪 30 年代,英国政府决定研制一种无人靶机,用于验校战列舰上的火炮对目标的攻击效果。1933 年 1 月,由"费雷尔"水上飞机改装成的"费雷尔·昆士"无人机试飞成功。此后不久,英国又研制出一种全木结构的双翼无人靶机,命名为"德·哈维兰灯蛾"。在 1934—1943 年间,英国生产了 420 架这种无人机,并重新命名为"火蜂"。

AQM-34"火蜂"如图 10-20 所示。

20 世纪 60 年代冷战期间,美国 U-2 有人驾驶侦察飞机前往苏联侦察导弹基地,被击落且飞行员被俘,使得美国国际处境艰难。美国军方在改用间谍卫星从事相关活动后仍无法达到有人侦察机的侦察效果，由此引发了采用无人机进行侦察的思想。早期的 AQM-34“火蜂”和洛克希德 D-21 无人机，主要功能是照相侦察。越南战争期间进一步发展了 BQM-34 轻型无人机，功能增加了照相侦察、实时影像、电子情报、电子对抗、实时通信、散发传单、战场毁伤评估等。1982 年 6 月，在有名的贝卡谷地战役中，以色列研制的“侦察兵”“猛犬”等无人机(图 10-21)，在收集叙利亚的火力配置和战场情况方面，取得了突出的战果，引起各国的震惊。

图 10-20　AQM-34“火蜂”

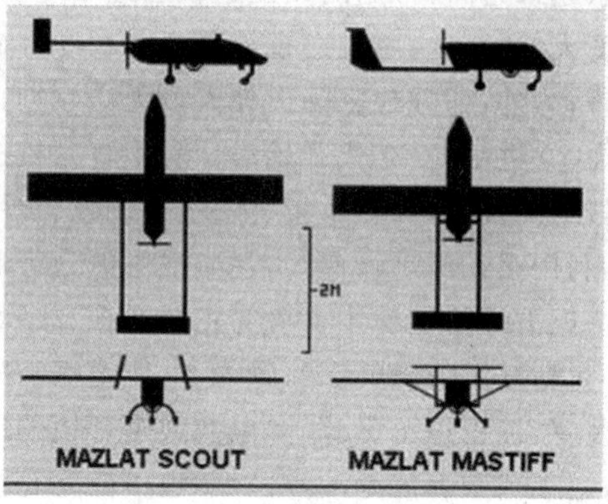

图 10-21　“侦察兵”与“猛犬”

随着航空技术的飞速发展，无人机也进入了一个崭新的时代，逐渐步入其鼎盛时期。时至今日，世界上研制生产的各类无人机已达数千种，并不时有各种新型号出炉。各种性能不同、技术先进、用途广泛的新型机种如长航时无人机、无人攻击机、垂直起降无人机和微型无人机不断涌现。而随着计算机技术、自动驾驶技术和遥控遥测技术的发展与其在无人机中的应用，以及对无人机战术研究的深入，未来无人机不仅能用于战术和战略等信息侦察，而且还可用于防空系统压制、夺取制空权等多种任务并最终参与空中格斗。

2. 在民用领域

无人机在很长一段时间发展缓慢，只是在军用无人机基础上，零星地派生一些民间用途。近些年，随着无人机技术的日益成熟，许多国家开始重视民用无人机的开发研究。

国外民用无人机的研发。一是研发用于大气研究和环境保护方面的高空长航时无人机，如飓风探测，监控石油的溢出、植物的生长、谷物生产、水循环及土壤施肥等；二是使无人机更容易获得适航管理机构的认证，进入民用管制空域飞行。例如，美国国家航空航天局(简称 NASA)和全美无人机工业同盟共同签署了合作协议，希望在 5 年内为无人机取得管制空域飞行许可，美国联邦航空管理局(简称 FAA)和美国国防部作为顾问也参与工作。法国、德国、瑞典和英国等一些欧洲国家也有意愿加入。

我国很早就开始了民用无人机的研发。20 世纪 80 年代初，西北工业大学研制的 D-4 固定翼无人机曾尝试应用在地图测绘和地质勘探工作中。1998 年，南昌航空大学在珠海航展中展出的“翔鸟”无人直升机，其用途包含有森林火警探测和渔场巡逻。近些年由于需求的牵引，特别是一些自然灾害频发，将无人机应用于灾情监视评估和搜救引起了广泛关注。2007 年首届“中国导航、制导与控制学术会议”在北京召开，会上专家一致认为无人机在军用领域应用较为成熟后，将逐步进入民用领域发挥其无可比拟的优势。近些年，我国民用无人机的研发一直在升温。2012 年 6 月在北京举行的“尖兵之翼——第四届中国无人机大会暨展览会”说明无人机的用途已经聚焦于民用领域。

3. 未来无人机的发展趋势

(1)同步发展多种型号。在无人机研制方面,既要注重研制试验验证机和概念机,因其具有重要战略意义;同时又要研制能够应用在实战中的战术无人机。保证多种型号同步发展,同时满足现实利益和未来的战略利益。

(2)开发新的设计理念。随着新材料的开发,新的复合材料将被应用在新型无人机中。同时还将进一步提高雷达隐身技术,并将隐身与超高效气动布局融合起来,以进一步提高隐身能力、飞行高度、战术性能、续航时间等性能。

(3)注重多功能和一机多用。随着任务需求越来越复杂多变,单一性能的机型已经难以满足需求,因此在研发时要充分考虑其多项功能,实现一机多用。

总的来看,隐身化、智能化和多功能一体化等都是无人机发展的基本趋势。

二、无人机结构

通常情况下,把机身、机翼、尾翼、起落架等构成飞机外部形状的部分合称为机体,它们的尺寸及位置变化影响着无人机的使用性能及运行效率。

到目前为止,大多数无人机都由机翼、机身、尾翼、起落装置和动力装置五个主要部分组成。

1. 机翼

机翼的主要功用是产生升力,升力用来支持飞机在空中飞行,同时机翼也起到一定的稳定和操控作用。在机翼上一般安装有副翼,操纵副翼可使飞机滚转和转弯。另外,机翼上还可以设计安装发动机、起落架和油箱等。机翼的形状、大小并不固定,根据不同的用途,机翼的形状、大小也各有不同。

(1)机翼的受力情况。机翼通常要承受气动力、自身重力和惯性力、飞机其他部件的重力及惯性力以及机身的反作用力,如图 10-22 所示。

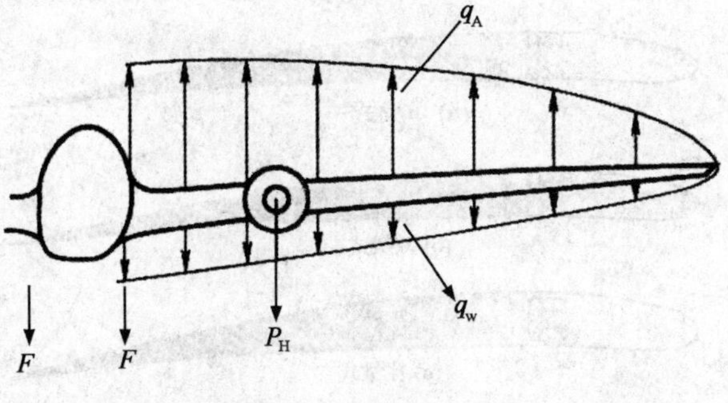

图 10-22 机翼所受外力

q_W—质量惯性力分布载荷;P_H—由机件产生的集中载荷;q_A—气动力分布载荷;F—机身的反作用力

其中,机翼的气动力不仅要平衡机翼的重力和惯性力,而且要平衡整架飞机的重力及其他一切力,如机身及各机件的重力与惯性力。由于作用在机翼上的力必须平衡,所以机翼与机身相连接处一定有机身的反作用力 F。F 用来平衡机翼的剩余升力。在外力作用下,每边机翼的质量惯性力分布载荷 q_w 和由机件产生的集中载荷 P_H，如图 10-22 所示。

(2)机翼的基本构造形式。无人机机翼的构造形式很多，最常用的主要有蒙皮骨架式机翼和夹层机翼。

①蒙皮骨架式机翼。蒙皮骨架式机翼又叫薄壁构造机翼。它可按翼梁数目不同分为单梁式、双梁式和多梁式机翼三种。梁式机翼的特点是蒙皮较薄，桁条较少，因此蒙皮的承弯作用不大。随着飞行速度不断增大，为了保证机翼有足够的刚度，需要增加蒙皮厚度并增加桁条数量。这样，壁板(由厚蒙皮和桁条组成)已经能够承担大部分弯矩，因而梁的凸缘可以减弱，直至变为纵墙，于是就发展成为单块式机翼。

②夹层机翼。夹层机翼的特点是采用了夹层壁板做蒙皮。夹层壁板依靠内外层面板承受载荷，很轻的夹芯对它们起支持作用。与同样质量的单层蒙皮相比，夹芯蒙皮的强度、刚度大，能够承受较大的局部气动力，并有较好的气动外形；夹芯蒙皮的两层面板之间充满着空气和绝热材料，可起到良好的隔热作用，能较好地保护其内部设备。

(3)机翼受力构件的构造及功用。机翼一端固定在机身上，其作用像一根张臂梁一样，因此其构造应能够合理传递剪力、弯曲力矩、扭力矩；同时为了保证良好的气动外形、翼剖面形状不变形，机翼结构还必须具有足够的刚度。

以蒙皮骨架式机翼为例，其结构的基本受力构件由纵向骨架、横向骨架和蒙皮等组成。

纵向骨架由翼梁、纵墙和桁条等组成，它们沿翼展方向布置。

①梁是最强有力的纵向构件，它承受全部或大部分弯矩和剪力。典型翼梁由凸缘、腹板和支柱构成，如图 10-23 所示。

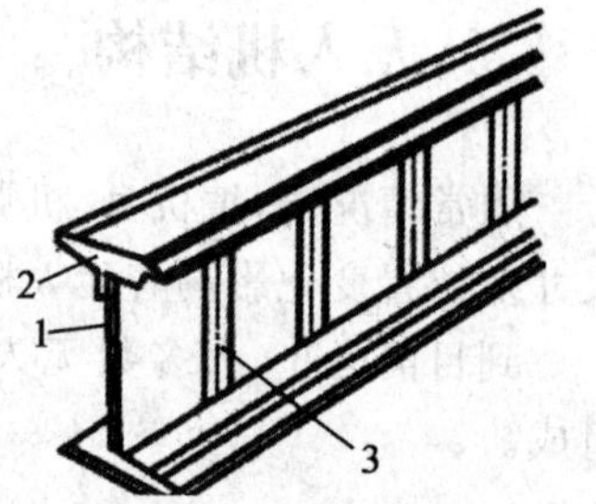

图 10-23　典型翼梁

1. 腹板　2. 凸缘　3. 支柱

翼弦较小、质量较轻的机翼采用单梁，如图 10-24(a)所示。单梁的位置一般在机翼翼弦的 30%处。翼弦较大、质量较大的机翼采用双梁[图 10-24(b)、(c)、(d)]，双梁位置：前主梁一般在机翼翼弦的 15%～20%处，后梁在 55%～65%处。

②纵墙与翼梁的区别在于其凸缘很弱，或者没有凸缘，只有腹板。纵墙不能承受弯矩，但

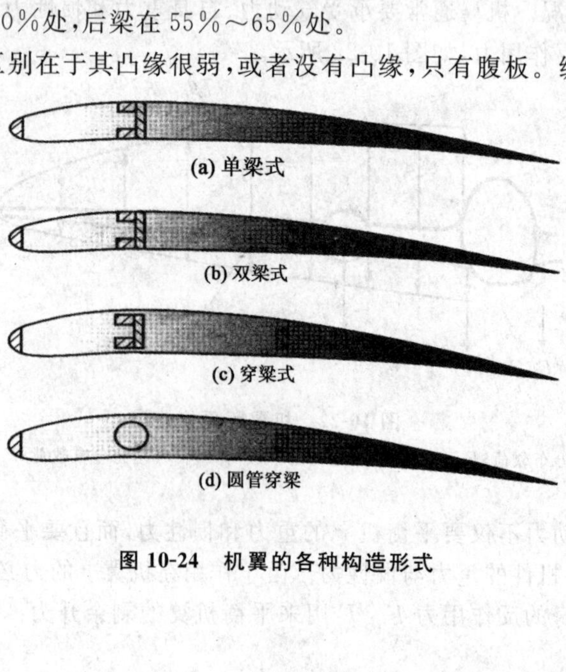

图 10-24　机翼的各种构造形式

可与上、下蒙皮形成封闭盒段，以承受扭矩。

③桁条的主要功用是支持蒙皮，提高其承载能力，共同将气动分布载荷传给翼肋。与翼梁凸缘类似，桁条和其所支持的蒙皮一起也承受由弯矩产生的部分拉、压力。

横向骨架由普通翼肋和加强翼肋组成。一般垂直于机翼前缘布置(对后掠翼，有的顺气流方向布置)。普通翼肋用来连接纵向骨架和蒙皮，形成并维持翼剖面形状；把由蒙皮和桁条传来的空气动力载荷传给翼梁。

蒙皮形成和维持了机翼的气动外形，它的主要功能是承受局部气动载荷，也承受部分机翼的剪力、扭矩、弯矩等。由于蒙皮表面直接与气流接触，因此要求表面光滑，以免增加阻力，影响飞行性能。

(4)对机翼结构的基本要求。

①要有足够的强度和刚度。

②质量轻。

③机件连接方便。

④生存力强。

⑤成本低、维护方便。

2. 机身

机身的主要功用是装载各种设备，并将飞机的其他部件(如机翼、尾翼及发动机等)连接成一个整体。

(1)机身的基本要求。机身一方面是固定机翼和尾翼的基础；另一方面要装备动力装置、设备、起落架以及燃料等。对机身的一般要求如下：

①气动方面。从气动观点看，机身只产生阻力，不产生升力。因此，尽量减小尺寸，且外形为流线型。

②结构方面。要有良好的强度、刚度。

③使用方面。机身要有足够的可用容积放置设备、电池、舵机和油箱等，还要便于维修。

④经济性好。

(2)机身的受力。从受力的角度看，机身可以看成是两端自由、中间支撑在机翼上的梁。作用在机身上的外载荷既有分布载荷又有集中载荷，而以集中载荷为主。总体来看，机身所承受的力可分为两个方面：一是与飞机对称面平行的力，二是与飞机对称面垂直的力，共包括垂直弯曲、水平弯曲和扭转三种载荷。

具体来说，无人机机身在各种飞行情况和着陆时所受的力有以下几种：

①连接在机身上的部件、机翼、尾翼、动力装置等所传来的力(集中载荷)。

②机身结构自身质量以及机身内部物体的质量引起的力(集中载荷)。

③直接作用在机身上的气动力，即飞行时机身外形局部弯曲面上产生的气动载荷(分布载荷)。

(3)机身的构造形式和受力构件。机身的构造形式与机翼的构造形式类似，也可以分为蒙皮骨架式、夹层式等不同的类型。

蒙皮骨架式机身根据蒙皮承受弯矩的程度不同分为桁梁式、桁条式(也称半硬壳式)及硬壳式三种。

①桁梁式机身如图 10-25(a)所示，其承力构件包括纵向骨架桁梁和桁条，横向骨架普通隔

框和加强隔框，蒙皮。

②桁条式机身如图10-25(b)所示，没有桁梁，桁条较密，蒙皮较厚，桁条与蒙皮一起承受作用在机身上的全部载荷。

③硬壳式机身如图10-25(c)所示，没有纵向骨架，只有蒙皮和隔框，蒙皮较厚，外载荷全部由蒙皮承受。这种机身的优点是结构简单、外形光滑、内部空间利用充分、生存力强，但这种形式的机身对材料的利用率较低，结构较重。

夹层机身与夹层机翼类似，是用夹芯代替了桁条与蒙皮一起承受全部外载荷。其夹芯可以是蜂窝结构，也可以是泡沫塑料。它与夹层机翼结构有着相同的特点。

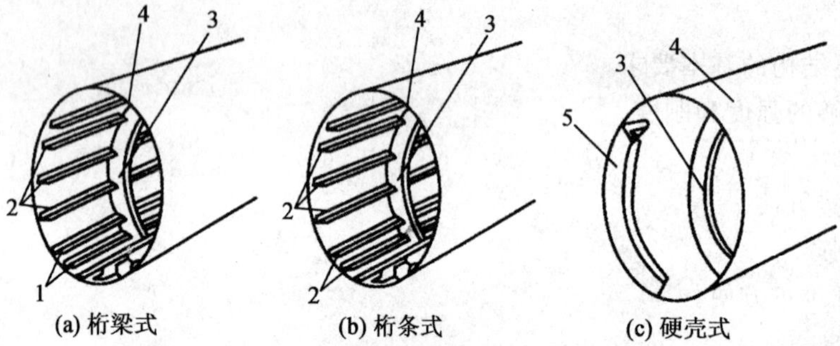

图10-25　机身的构造形式

1.桁梁　2.桁条　3.普通隔框　4.蒙皮　5.加强隔框

3. 尾翼

尾翼的作用是操纵无人机俯仰和偏转运动，保证无人机能平稳飞行。

尾翼包括水平尾翼和垂直尾翼。水平尾翼由水平安定面和升降舵组成，通常情况下水平安定面是固定的，升降舵是可动的。有的高速飞机将水平安定面和升降舵合为一体成为全动平尾。垂直尾翼包括固定的垂直安定面和可动的方向舵。

无人机的尾翼主要承受气动载荷，一般由水平尾翼和垂直尾翼组成。尾翼和舵面等的基本构造形式与机翼类似，在此不再重复。

尾翼的形状也是多种多样的，选择什么样的尾翼形状，首先要考虑的是能获得最大效能的空气动力，并在保证强度的前提下，尽量使结构简单、质量轻。

4. 起落装置

起落装置的作用是起飞、着陆滑跑、地面滑行和停放时用来支撑飞机。无人机的起落架大都由减震支柱和机轮组成。

起落架的主要作用是承受着陆与滑行时产生的能量，使飞机能在地面跑道上运动，便于起飞、着陆时的滑跑。

无人机在地面停机位置时，通常有三个支点。按不同的支点位置分布，起落架可分为前三点式和后三点式。这两种形式的起落架主要区别在于飞机重心的位置。选用前三点式起落架，飞机的重心处于主轮前、前轮后；选用后三点式起落架，飞机的重心则处于主轮之后，尾轮之前。

对于起落架，应满足如下基本要求：

①确保无人机能在地面自由移动。

②有足够的强度。

③飞行时阻力最小。

④起落架在地面运动时要有足够的稳定性与操纵性。

⑤在飞机着陆和机轮撞击时,起落架能吸收一部分能量。

⑥工作安全可靠。

5. 动力装置

动力装置的主要作用是产生拉力和推力,使无人机前进。现在无人机动力装置应用较广泛的有:航空活塞式发动机加螺旋桨推进器、涡轮喷气发动机、涡轮螺旋桨发动机、涡轮风扇发动机及电动机。除了发动机本身,动力装置还包括一系列保证发动机正常工作的系统。

除了这五个主要部分外,根据无人机操控和执行任务的需要,还装有各种通信设备、导航设备、安全设备等其他设备。

三、无人机系统

无人机系统,也称无人驾驶航空器系统,是由无人机、遥控站、指令与控制数据链以及其他部件组成的完整系统。

通常无人机系统由无人机平台、任务载荷、数据链、指挥控制、发射与回收、保障与维修等分系统组成。各分系统的组成和功能如下:

1. 无人机平台分系统

无人机平台分系统是执行任务的载体,它携带任务载荷,飞行至目标区域完成要求的任务。无人机平台包括机体、动力装置、飞行控制子系统与导航子系统等。

2. 任务载荷分系统

任务载荷分系统是装载在无人机平台上,用来完成要求的航拍航摄、信息支援、信息对抗、火力打击等任务的系统。

3. 数据链分系统

数据链分系统通过上行信道,实现对无人机的遥控;通过下行信道,完成对无人机飞行状态参数的遥测,并传回任务信息。

数据链分系统通常包括无线电遥控/遥测设备、信息传输设备、中继转发设备等。

4. 指挥控制分系统

指挥控制分系统的作用是完成指挥、作战计划制订、任务数据加载、无人机地面和空中工作状态监视和操纵控制,以及飞行参数、态势和任务数据记录等任务。

指挥控制分系统通常包括飞行操纵设备、综合显示设备、飞行航迹与态势显示设备、任务规划设备、记录与回放设备、情报处理与通信设备、与其他任务载荷信息的接口等。

5. 发射与回收分系统

发射与回收分系统的作用是完成无人机的发射(起飞)和回收(着陆)任务。

发射与回收分系统主要包括与发射(起飞)和回收(着陆)有关的设备或装置,如发射车、发射箱、弹射装置、助推器、起落架、回收伞、拦阻网等。

6. 保障与维修分系统

保障与维修分系统主要完成无人机系统的日常维护，以及无人机的状态测试和维修等任务，包括基层级保障维修设备、基地级保障维修设备等。

四、无人机动力装置

目前，在无人机上广泛使用的发动机主要有三种：一是活塞式发动机，包括往复式活塞发动机；二是燃气涡轮发动机，包括涡轮喷气发动机、涡轮风扇发动机、涡轮螺旋桨发动机和涡轮轴发动机；三是电池驱动的电动机（在微型无人机中普遍采用电动机）。

活塞式发动机适用于低速、中低空及长航时无人机，飞机起飞质量较小；涡喷发动机适用于飞行时间较短的中高空、高速无人机；涡轴发动机适用于中低空、低速短距/垂直起降无人机和倾转旋翼无人机；涡桨发动机适用于中高空长航时无人机；涡扇发动机适用于高空长航时无人机和无人战斗机，飞机起飞质量可以很大，如“全球鹰”重达 11 612 千克；微型电动机适用于微型无人机，飞机起飞质量可小于 0.1 千克。由于历史原因，目前多数无人机采用活塞发动机，但活塞发动机只适用于低速小型无人机，局限性较大。

目前在民用领域主要使用往复式活塞发动机及无刷电动机，下面对二冲程活塞发动机、四冲程活塞发动机及无刷直流电动机进行简单介绍。

1. 活塞发动机

往复式活塞发动机是一种内燃机，由汽缸、活塞、连杆、曲轴、机匣和汽化器等组成。它的工作原理是燃料与空气的混合气在汽缸内爆燃，产生的高温高压气体对活塞做功，推动活塞运动，并通过连杆带动曲轴转动，将活塞的往复直线运动转换为曲轴的旋转运动。曲轴的转动带动螺旋桨旋转，驱动无人机飞行。整个工作过程包括吸气、压缩、做功和排气四个环节，不断循环往复地进行，使发动机连续运转。

往复式活塞发动机分为二冲程和四冲程两种。二冲程发动机是指在一个工作循环中，活塞由下止点运动到上止点，再从上止点运动到下止点完成一次；四冲程发动机是指一个工作循环中，活塞由下止点运动到上止点，再从上止点运动到下止点完成两次。

（1）二冲程发动机工作原理（图 10-26）。

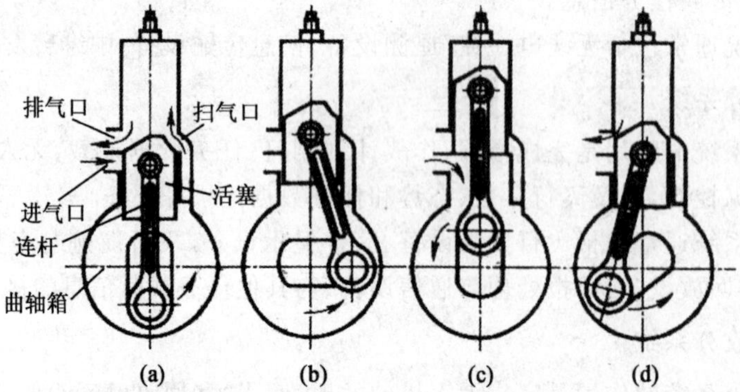

图 10-26　二冲程发动机工作过程

第一冲程:活塞自下止点向上移动,三个气孔同时被关闭后,进入汽缸的混合气被压缩;在进气孔露出时,可燃混合气流入曲轴箱。

第二冲程:活塞压缩到上止点附近,混合气被压缩到体积最小、压力最大、温度最高,可燃混合气爆燃(根据燃料不同可采用点燃或压燃的方式)。依靠螺旋桨转动的惯性,曲轴继续逆时针转动,活塞越过上止点。混合气爆燃产生的高温高压气体膨胀做功,推动活塞向下运动,通过连杆推动曲轴的曲柄销,带动曲轴及螺旋桨逆时针旋转。这时进气孔关闭,密闭在曲轴箱内的可燃混合气被压缩;当活塞接近下止点时排气孔开启,废气冲出;随后换气孔开启,受预压的可燃混合气冲入汽缸,驱除废气,进行换气过程。

小型二冲程发动机具有功率大、体积小、质量轻、结构简单、使用维护方便的优点,能满足一般小型低空短航时无人机的要求。但由于二冲程发动机缸数和冷却的限制,进一步提高功率有很大困难,同时由于进、排气过程不完善,造成二冲程活塞式发动机耗油率较高、废气涡轮增压系统难以实现,无法满足中高空长航时无人机的要求。

废气涡轮增压系统由废气涡轮增压器、内燃机进气和排气系统组成。内燃机由于受结构尺寸的限制,燃烧气体在汽缸内不能充分膨胀至大气压力。因此,排气开始时汽缸内的燃气压力远比大气压力高,这样,排气就具有一定的能量。废气涡轮增压系统将排气能量有效地传给涡轮机,使涡轮机获得较高的效率,同时有利于内燃机汽缸的扫气。

(2)四冲程发动机工作原理(图 10-27)。

第一冲程:吸气阀打开,活塞向下运动,将新鲜混合气吸入汽缸。

第二冲程:吸气阀关闭,活塞向上运动,对新鲜混合气进行压缩。

第三冲程:活塞接近上止点,经点火(或压燃)混合气爆燃,高温高压气体对活塞做功,推动活塞向下运动,经连杆带动曲轴旋转。

第四冲程:排气阀打开,活塞向上运动,将爆燃做功后的废气推出到汽缸外。

然后,吸气阀再次打开,活塞向下运动……不断重复上述过程,发动机连续运转,带动螺旋桨旋转,驱动无人机飞行。

四冲程发动机的结构比二冲程发动机复杂,因此维修工作量比较大。但四冲程发动机具有较大的功率、较低的耗油率、优良的高空性能和较高的可靠性。

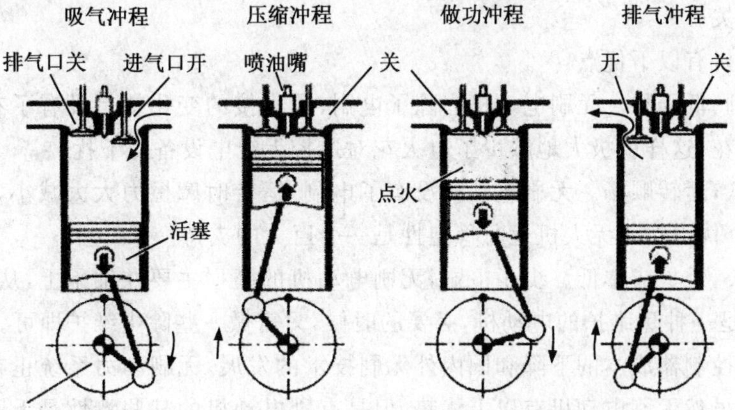

图 10-27 四冲程活塞发动机工作原理

2. 直流无刷电动机

直流无刷电动机一般包括三部分，即电子换相电路、转子位置检测电路和电动机本体。电子换相电路一般包括控制部分和驱动部分，转子位置的检测一般用位置传感器来完成。工作时，根据位置传感器测得的电动机转子位置，控制器有序地触发驱动电路中的功率管，实现有序换流，从而驱动直流电动机，如图 10-28 所示。

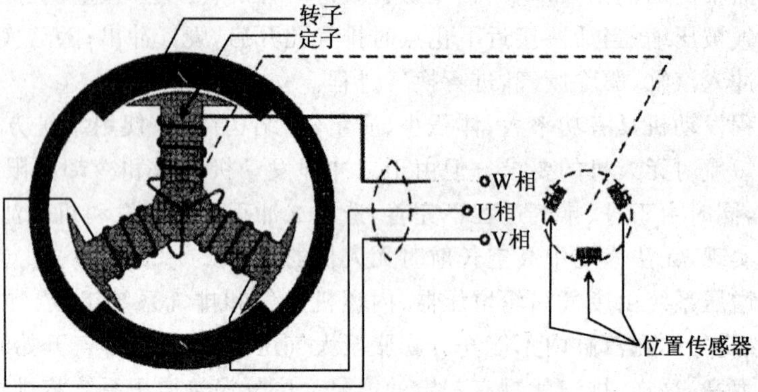

图 10-28　直流无刷电动机结构示意图

通常动力设备使用的都是有刷电动机，但在控制要求比较高、转速比较高的设备上通常使用无刷电动机。比如无人机、精密仪器仪表等，需要对电动机转速进行严格控制，通常使用无刷电动机。

结构上，无刷电动机有转子和定子，转子是永磁磁钢，连同外壳一起和输出轴相连，定子是绕组线圈，去掉了有刷电动机的换向电刷（用来交替变换电磁场用），故称为无刷电动机。

无刷电动机输入的是直流电，依靠改变输入到定子线圈上的电流波交变频率和波形，在绕组线圈周围形成一个绕电动机几何轴心旋转的磁场，这个磁场驱动转子上的永磁磁钢转动，电动机就转起来了。电动机的性能和磁钢数量、磁钢磁通强度、电动机输入电压大小以及其控制性能等因素有关。

无刷电动机有以下优点：

（1）无电刷、低干扰。无刷电动机去除了电刷，最直接的变化就是没有了有刷电动机运转时产生的电火花，这样就极大地减少了电火花对遥控无线电设备的干扰。

（2）噪声低，运转顺畅。无刷电动机没有了电刷，运转时摩擦力大大减小，运行顺畅，噪声会低许多，这个优点对于无人机运行稳定性是一个巨大的支持。

（3）寿命长，维护成本低。少了电刷，无刷电动机的磨损主要在轴承上，从机械角度看，郝4 电动机几乎是一种免维护的电动机，必要的时候，只需做一些除尘维护即可。

随着无刷控制器成本的下降和国内外无刷技术的发展，无刷动力系统正在进入高速发展与普及阶段。虽然无刷电动机有以上优势，但是有刷电动机的某些特性是无刷电动机暂时无法替代的，如低速扭力性能优异，即电动机在低转速时可获得大的扭转力矩。

五、相关法律、法规

无人机操控师需要了解相关法律法规的内容，这些法律法规有《中华人民共和国劳动法》《中华人民共和国保密法》《民用无人机空中交通管理办法》《关于民用无人机管理有关问题的暂行规定》《中华人民共和国飞行基本规则》《中华人民共和国民用航空法》《中华人民共和国民用航空安全保卫条例》《无人机航摄安全作业基本要求》《民用无人驾驶航空器系统驾驶员管理暂行规定》等。下面重点介绍《民用无人驾驶航空器系统驾驶员管理暂行规定》相关内容。

1. 适用范围

以下规范适用于民用无人机系统驾驶人员的资质管理，包括无机载驾驶人员的航空器；有机载驾驶人员的航空器，但该航空器可由地面人员或母机人员实施完全飞行控制，以及其他特定情况。

2. 术语定义

下面介绍一些常用的术语定义：

(1)无人机系统驾驶员，是指对无人机的运行负有必不可少的职责并在飞行期间适时操纵飞行控件的人。

(2)无人机系统的机长，是指在系统运行时间内负责整个无人机系统运行和安全的驾驶员。

(3)无人机观测员，是指通过目视观测无人机，协助无人机驾驶员安全实施飞行的人员。

(4)遥控站(也称控制站)，无人机系统的组成部分，包括用于操纵无人机的设备。

(5)指令与控制数据链路，是指无人机和遥控站之间实现飞行管理的数据链接。

(6)无人机感知与避让系统，是指无人机机载安装的一种设备，用以确保无人机与其他航空器保持一定的安全飞行间隔，相当于载人航空器的防撞系统。在融合空域内飞行，必须采用该系统。

(7)视距内运行，无人机在目视视距以内的操作。航空器处于驾驶员或观测员目视视距内半径500米，相对高度低于120米的区域内。

(8)超视距运行，无人机在目视视距以外的运行。

(9)融合空域，是指有其他有人驾驶航空器同时运行的空域。

(10)隔离空域，是指专门分配给无人机系统运行的空域，通过限制其他航空器的进入以规避碰撞风险。

(11)人口稠密区，是指城镇、乡村、繁忙道路或大型露天集会场所等区。

(12)微型无人机，是指空机质量小于等于7千克的无人机；轻型无人机，是指空机质量大于7千克，但小于等于116千克的无人机，且全马力平飞中，校正空速小于100千米/小时(55海里/小时)，升限小于3 000米；小型无人机，是指空机质量小于等于5 700千克的无人机，微型和轻型无人机除外；大型无人机，是指空机质量大于5 700千克的无人机。

3. 管理机构

(1)下列情况下，无人机系统驾驶员自行负责，无须证照管理：

①在室内运行的无人机。

②在视距内运行的微型无人机。

③在人烟稀少、空旷的非人口稠密区进行试验的无人机。

(2)下列情况下,无人机系统驾驶员由行业协会实施管理:

①在视距内运行的除微型以外的无人机。

②在隔离空域内超视距运行的无人机。

③在融合空域运行的微型无人机。

④在融合空域运行的轻型无人机。

⑤充气体积在 4 600 米^3 以下的遥控飞艇。

(3)下列情况下,无人机系统驾驶员由民航局实施管理:

①在融合空域运行的小型无人机。

②在融合空域运行的大型无人机。

③充气体积在 4 600 米^3 以上的遥控飞艇。

4.民航局对无人机系统驾驶员的管理

(1)执照要求:

①在融合空域 3 000 米以下运行的小型无人机驾驶员,应至少持有私用驾驶员执照(仅带有轻于空气航空器等级的除外)。

②在融合空域 3 000 米以上运行的小型无人机驾驶员,应至少持有带有飞机或直升机等级的商用驾驶员执照。

③在融合空域运行的大型无人机驾驶员,应至少持有带有飞机或直升机等级的商用驾驶员执照和仪表等级。

④在融合空域运行的大型无人机机长,应至少持有航线运输驾驶员执照。

⑤在融合空域运行的充气体积在 4 600 米^3 以上的遥控飞艇驾驶员,应至少持有带有飞艇等级的商用驾驶员执照。

(2)对于完成训练并考试合格人员,在其驾驶员执照上签注如下信息:

①无人机型号。

②无人机规格,包括小型、大型和飞艇。

③职位,包括机长、副驾驶。

(3)体检合格证。有驾驶员执照的无人机驾驶员必须持有按中国民用航空规章《民用航空人员体检合格证管理规则》(CCAR.67FS)颁发的有效体检合格证。

(4)航空知识要求。应了解以下基本知识并通过理论考试。

①航空法规以及机场周边飞行、防撞、无线电通信、夜间运行、高空运行等知识。

②气象学,包括识别临界天气状况,获得气象资料的程序以及航空天气报告和预报的使用。

③航空器空气动力学基础和飞行原理。

④无人机主要系统,导航、飞控、动力、链路、电气等知识。

⑤无人机系统通用应急操作程序。

⑥所使用的无人机系统特性,包括:

a.起飞和着陆要求。

b.性能。包括飞行速度,典型和最大爬升率,典型和最大下降率,典型和最大转弯率,其他有关性能数据(例如风、结冰、降水限制),航空器最大续航能力。

c. 通信、导航和监视功能:航空安全通信频率和设备;导航设备;监视设备(如 SSR 应答,ADS-B 发出);发现与避让能力;通信紧急程序;遥控站的数量和位置以及遥控站之间的交接程序。

(5)飞行技能与经历要求。必须接受相应实际操纵飞行或模拟飞行训练。

①对于机长:空域申请与空管通信,不少于 4 小时;航线规划,不少于 4 小时;系统检查程序,不少于 4 小时;正常飞行程序指挥,不少于 20 小时;应急飞行程序指挥,包括规避航空器、发动机故障、链路丢失、应急回收、迫降等,不少于 20 小时;任务执行指挥,不少于 4 小时。

②对于驾驶员:飞行前检查,不少于 4 小时;正常飞行程序操作,不少于 20 小时;应急飞行程序操作,包括发动机故障、链路丢失、应急回收、迫降等,不少于 20 小时。

5. 运行要求

(1)常规要求,下面的操作限制适用于所有的无人机系统驾驶员:

①每次运行必须事先指定机长和其他机组成员。

②驾驶员是无人机系统运行的直接负责人,并对该系统操作有最终决定权。

③驾驶员在无人机飞行期间,不能同时承担其他操作人员职责。

④未经批准,驾驶员不得操纵除微型以外的无人机在人口稠密区作业。

⑤禁止驾驶员在人口稠密区操纵带有试飞或试验性质的无人机。

(2)运行中机长要求:

①在飞行作业前必须已经被无人机系统使用单位指定。

②对无人机系统在规定的技术条件下作业负责。

③对无人机系统是否作业在安全的飞行条件下负责。

④当出现可能导致危险的情况时,必须尽快确保无人机系统安全回收。

⑤在飞行作业的任何阶段有能力承担驾驶员的角色。

⑥在满足操作要求的前提下可根据需要转换职责角色。

⑦对具体无人机系统型号,必须经过培训达到资格方可进行飞行。

(3)运行中其他驾驶员要求:

①在飞行作业前必须已经被使用单位指定。

②在机长的指挥下对无人机系统进行监控或操纵。

③助机长:避免碰撞风险;确保运行符合规则;获取飞行信息;进行应急操作。

六、飞行前准备

无人机在飞行前必须完成大量与任务相关的准备工作,以确保起飞顺利进行以及任务的顺利完成,这些是无人机操控师需要掌握的基本技能。飞行前准备包括信息准备、飞行前检测和航线准备三个阶段。这里仅对常用典型设备及场景进行介绍,其他情况可借鉴执行。

(一)信息准备

1. 起飞场地的选取

(1)起飞场地的要求。对于无人驾驶固定翼飞机,起飞跑道(起飞场地)是必不可少的。选取能满足无人机起飞要求的跑道是非常重要的。主要考虑5个方面:起飞跑道的朝向、长度、宽度、平整度及周围障碍物。不同种类和型号的飞机对这5个方面的要求也不同。例如,重型固定翼飞机抗风性能强,要求起飞跑道的朝向不一定是正风,但是要求起飞跑道较长;大型无人机由于本身体积因素,要求起飞跑道更宽;当然,对于所有固定翼飞机要求起飞跑道展量平整、起飞跑道尽头不得有障碍物,跑道两侧尽量不要有高大建筑物或树木。

(2)起飞场地实地勘察与选取。根据不同飞机对起飞场地的要求,有目的地进行实地勘察。当某一处场地的起飞跑道不能满足要求时,应在附近再次勘察。实在没有找到符合要求的场地时,应向上一级工程师报告,等待进一步的指导。

(3)起飞场地清整。起飞场地清整内容包括起飞跑道上较大石块、树枝及杂物的清除,用铁锹铲土填平跑道上的坑洼。用石灰粉、划线工具在地上画起跑线和跑道宽度线,适合该机型起飞的跑道宽度。

(4)起飞安全区域。无人机起飞区域必须绝对安全,国家对空域是有限开放的。2015年,全国低空空域管理改革工作会议制定了包括广州、海南、杭州、重庆在内的10大城市正在试点的1 000米以下空域管理改革实施方案。无人机的起飞区域必须严格遵守国家规定的相关法令,除了遵守1 000米以下空域管理规定,还应根据无人机的起降方式,寻找并选取适合的起降场地,起飞场地应满足以下要求:

①距离军用、商用机场须在10千米以上。

②起飞场地相对平坦、通视良好。

③远离人口密集区,半径200米范围内不能有高压线、高大建筑物、重要设施等。

④起飞场地地面应无明显凸起的岩石块、土坎、树桩,也无水塘、大沟渠等。

⑤附近应无正在使用的雷达站、微波中继、无线通信等干扰源,在不能确定的情况下,应测试信号的频率和强度,如对系统设备有干扰,须改变起降场地。

⑥无人机采用滑跑起飞的,滑跑路面条件应满足其性能指标要求。

2. 气象情报的收集

气象是指发生在天空中的风、云、雨、雪、霜、露、闪电、打雷等一切大气的物理现象,每种现象都会对飞行产生一定影响。其中,风对飞行的影响最大,其次是温度、能见度和湿度。本单元主要介绍它们对飞行的影响,以及定性和定量收集其信息的方法。

(1)风对飞行的影响。无论是飞机的起飞、着陆,还是在空中飞行,都受气象条件的影响和制约。其中,风对其造成的影响尤为突出。风的种类主要有顺风、逆风、侧风、大风、阵风、风切变、下沉气流、上升气流和湍流等,在这里主要介绍顺风、逆风、侧风和风切变及其对起飞的影响。

①顺风是指风的运动方向与飞机起飞运动方向一致的风。这种情况下起飞是最危险的,因为无人机的方向控制只能靠方向舵完成,而方向舵上没有风就无法正确控制方向,容易造成飞行事故。飞机的垂直尾翼在逆风情况下有利于对飞机的方向控制,而顺风则不利于对飞机

的方向控制。顺风还会增加飞机在地面的滑跑速度和降低飞机离地后的上升角，而且速度增加值大于顺风对飞机空速的增加值。

②逆风是指风的运动方向与飞机起飞运动方向相反的风。这种情况下起飞是最安全的，因为无人机的方向控制只能靠方向舵完成，而方向舵上有风就容易控制方向，容易保障起飞的稳定和安全。逆风可以缩短飞机滑跑距离、降低滑跑速度和增加上升角，这样就不容易使飞机冲出跑道。

③侧风是指风的运动方向与飞机起飞运动方向垂直的风。在发生的与风有关的飞行事故中，近半数飞行事故是侧风造成的。在侧风情况下，要不断调整飞行姿态和飞行方向，而且尽量向逆风方向调整，即在起飞阶段，飞机离开地面后，向逆风方向转弯飞行。

④风切变的定义有多种，它是指风速和(或)风向在空间或时间上的梯度；它是在相对小的空间里的风速或风向的改变；它是风在短距离内改变其速度或方向的一种情况，其区域的长和宽分别为25～30千米和7～8千米，而其垂直高度只有几百米。风切变的特征是诱因复杂、来得突然、时间短、范围小、强度大、变幻莫测。

风切变对飞行的影响有：顺风风切变会使空速减小，逆风风切变会使空速增加，侧风风切变会使飞机产生侧滑和倾斜，垂直风切变会使飞机迎角变化。总的来说，风切变会使飞机的升力、阻力、过载和飞行轨迹、飞机姿态发生变化。

风切变对无人机的影响不易察觉，一般通过自驾仪自动完成调整。在低空遥控飞行时，如果发现飞机的飞行动作与遥控指令不一致，说明遇到风切变，这时应使无人机保持抬头姿态并使用最大推力，以建立稍微向上的飞行轨迹或减少下降。

(2)气象情报的采集。气象情报可以通过专用仪器进行采集，也可以通过观察、询问、上网等方式收集。下面只着重介绍风、温度、湿度和能见度数据的采集。

①风数据的采集。风速的检测。风速又称风的强弱，是指空气流动的快慢。在气象学中特指空气在水平方向的流动，即单位时间内空气移动的水平距离，以米/秒为单位，取一位小数。

最大风速是指在某个时段内出现的最大10分钟平均风速值；

极大风速(阵风)是指某个时段内出现的最大瞬时风速值；

瞬时风速是指3秒的平均风速。风速可以用风速仪测出，风速分12级，1级风是软风，12级风是飓风，见表10-2。一般大于4级风(和风)，就不适宜无人机的飞行。

表10-2　风速表

风级	风速(米/秒)	风名	参照物现象
0	0～0.2	无风	烟直上
1	0.3～1.5	软风	树叶微动，烟能表示方向
2	1.6～3.3	轻风	树叶微响，人面感觉有风
3	3.4～5.4	微风	树叶和细枝摇动不息。旗能展开
4	5.5～7.9	和风	能吹起灰尘、纸片，小树枝摇动
5	8.0～10.7	清风	有时小树摇摆。内陆水面有小波
6	10.8～13.8	强风	大树枝摇动。电线呼呼响，举伞困难

续表 10-2

风级	风速(米/秒)	风名	参照物现象
7	13.9～17.1	疾风	全树摇动,大树枝弯下来。迎风步行不便
8	17.2～20.7	大风	树枝折断,迎风步行阻力很大
9	20.8～24.4	烈风	平房屋顶受到损坏,小屋受破坏
10	24.5～28.4	狂风	可将树木拔起,将建筑物毁坏
11	28～32.6	暴风	陆地少见,摧毁力很大,遭重大损失
12	＞32.6	飓风	陆地上绝少,其摧毁力极大

风向的检测。地表面风向的检测可以通过在遥控器天线上系一条红色丝绸带,将遥控器天线拉出并直立,观察到红色丝绸带飘动的方向,即风吹来的方向。也可以用风向标观察风的方向,风向标分头和尾,头指向的方向即为风向,头指向东北就是东北风。风向的表示有东风、南风、西风、北风、东南风、西南风、东北风、西北风。

②温度数据的采集。温度是表示物体冷热程度的物理量,温度只能通过物体随温度变化的某些特性来间接测量,而用来度量物体温度数值的标尺叫温标。它规定了温度的读数起点(零点)和测量温度的基本单位。温度的国际单位为热力学温标(K)。目前国际上用得较多的其他温标有华氏温标(℉)、摄氏温标(℃)和国际实用温标。

温度测量一般采用水银柱、酒精柱、双金属片、铂电阻、热电偶和红外测温等方式。

a.指针式温度计是形如仪表盘的温度计,也称寒暑表,用来测室温,是利用金属的热胀冷缩原理制成的。它是以双金属片作为感温元件,用来控制指针。双金属片通常是用铜片和铁片铆在一起,且铜片在左,铁片在右。由于铜的热胀冷缩效果要比铁明显得多,因此当温度升高时,铜片牵拉铁片向右弯曲,指针在双金属片的带动下就向右偏转(指向高温);反之,温度变低,指针在双金属片的带动下就向左偏转(指向低温)。

b.铂电阻测温可分为金属热电阻式和半导体热电阻式两大类,前者简称热电阻,后者简称热敏电阻。常用的热电阻材料有铂、铜、镍、铁等,它具有高温度系数、高电阻率、化学和物理性能稳定、良好的线性输出等特点,常用的热电阻有 PTl00、PTl000 等,如图 10-29 所示。

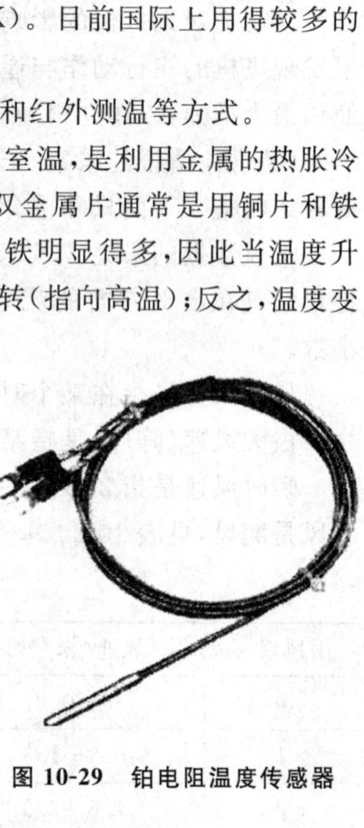

图 10-29　铂电阻温度传感器

c.热电偶测温是将两种不同的金属导体焊接在一起,构成闭合回路(图 10-30),如在焊接端(即测量端)加热产生温差,则在回路中就会产生热电动势,此种现象称为塞贝克效应。如将另一端(即参考端)温度保持一定(一般为 0℃),那么回路的热电动势则变成测量端温度的单值函数。这种以测量热电动势的方法来测量温度的元件,即两种成对的金属导体,称为热电偶。热电偶产生的热电动势,其大小仅与热电极材料及两端温差有关,与热电极长度、直径无关。

d.温度传感器的安装方式主要有两种,接触式和非接触式(表 10-3)。接触式测量的主要特点是方法简单、可靠,测量精度高。但是,由于测温元件要与被测介质接触进行热交换,才能达到平衡,因而产生了滞后现象。非接触式测温是通过接收被测介质发出的辐射热来判断的,

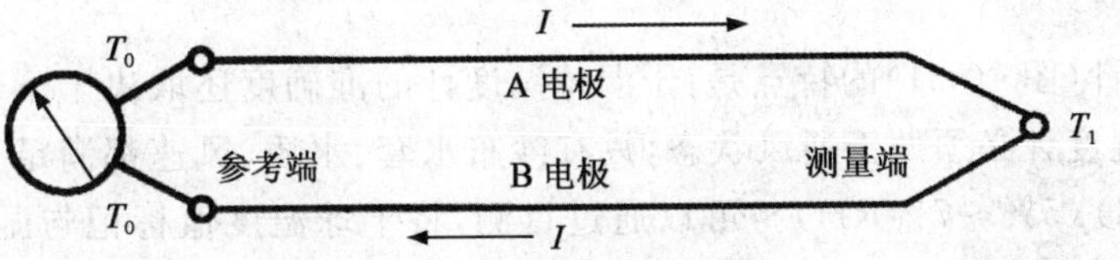

图 10-30　热电偶测温

其主要特点是：测温不受限制，速度较快，可以对运动物体进行测量。但是它受到物体的辐射率、距离、烟尘和水汽等因素影响，测温误差较大。非接触式红外传感器可以将温度信号转换成 0～20 毫安或 0～10 伏的标准电信号，将该信号接入操控；系统就可以在地面站显示被测物体的表面温度，例如，实时监视飞机发动机的温度等。

表 10-3　接触式和非接触式温度传感器

实物图	安装方式	测量范围及精度
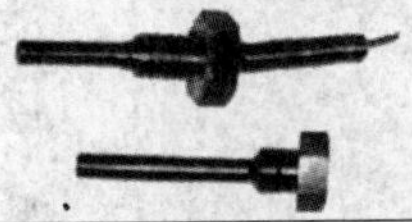	接触式管道螺纹安装，将温度传感器拧到被测物体螺纹孔里	0～50℃，±0.5℃
	接触式贴片安装，用带垫片的螺钉将其固定到被测物体上	0～50℃，±0.5℃
	手持式非接触温度测温仪，手持温度测温仪对准被测物体，距离在 1.5 米内，按下测试按钮，在液晶屏上读取温度值	温度范围：－18～400℃ 准确度：±2%或±2℃ 测温距离不超过 1.5 米

③湿度的测量。湿度是指空气中含水的程度，可以由多个量来表示空气的湿度，包括：绝对湿度、蒸汽压、相对湿度、比湿、露点等。用来测量湿度的仪器叫作湿度计，下面主要介绍绝对湿度、相对湿度的测量。

a. 绝对湿度是指一定体积的空气中含有的水蒸气的质量，一般其单位是克/米^3。绝对湿度的最大限度是饱和状态下的最高湿度。绝对湿度只有与温度一起才有意义，因为空气中能够含有的湿度的量随温度而变化，在不同的高度中绝对湿度也不同，因为随着高度的变化空气的体积也变化。但绝对湿度越靠近最高湿度，它随高度的变化就越小。湿度测量从原理上划分有二三十种之多。但湿度测量始终是世界计量领域中著名的难题之一。一个看似简单的量值，深究起来，涉及相当复杂的物理化学理论分析和计算，初涉者可能会忽略在湿度测量中必须注意的许多因素，因而影响传感器的合理使用。

常见的湿度测量方法有动态法（双压法、双温法、分流法）、静态法（饱和盐法、硫酸法）、露点法、干湿球法和电子式传感器法，下面主要介绍常用的测量湿度的方法。

干湿球法是 18 世纪就发明的测湿方法，历史悠久，使用最普遍。干湿球法是一种间接方法，它用干湿球方程换算出湿度值，而此方程是有条件的，即在湿球附近的风速必须达到 2.5 米/秒以上。普通用的干湿球温度计将此条件简化了，所以其准确度只有 5%～7%RH（Relative Humidity，相对湿度），干湿球也不属于静态法，不要简单地认为只要提高两支温度计的测量精度就等于提高了湿度计的测量精度。干湿球测湿法采用间接测量方法，通过测量干球、湿球的温度，经过计算得到湿度值。因此对使用温度没有严格限制，在高温环境下测湿不会对传感器造成损坏。

干湿球湿度计(图 10-31)的特点是:干湿球湿度计的准确度还取决于干球、湿球两支温度计本身的精度;湿度计必须处于通风状态,只有纱布水套、水质、风速都满足一定要求时,才能达到规定的准确度(5%～7%RH)。可以通过目测,将干球温度值标记与湿球温度值标记连一条直线,该直线与中间湿度值标记线相交,直接读出湿度值。

近年来,国内外在湿度传感器研发领域取得了长足进步。湿敏传感器正从简单的湿敏元件向集成化、智能化、多参数检测的方向迅速发展。电子式湿度传感器如图 10-32 所示。可以从电子湿度计的屏幕上直接读出湿度值。

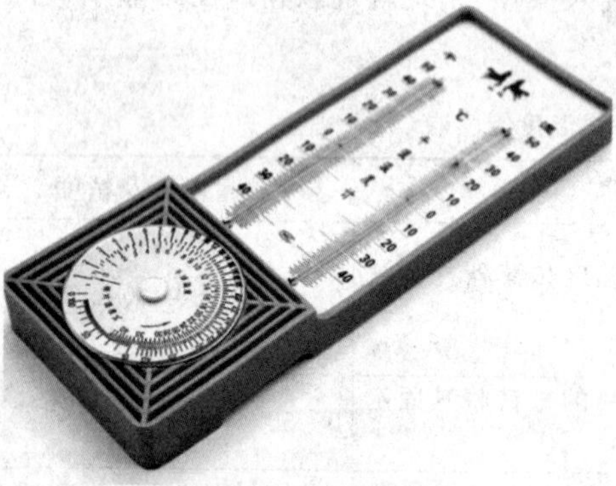

图 10-31　干湿球湿度计图

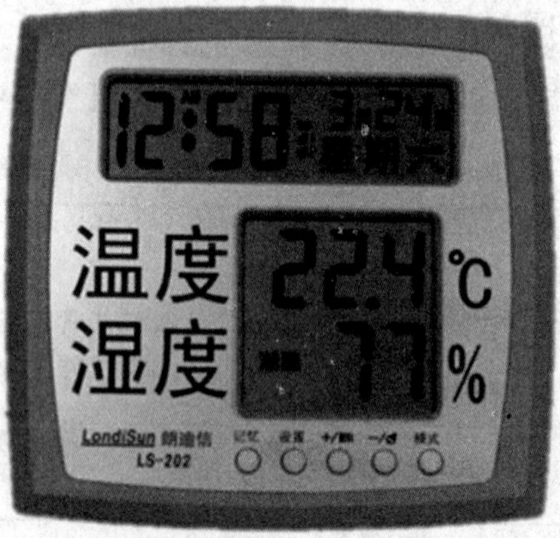

图 10-32　电子式湿度计

b. 相对湿度是绝对湿度与最高湿度之间的比,它的值显示水蒸气的饱和度有多高。相对湿度为 100%的空气是饱和的空气。相对湿度为 50%的空气含有的水蒸气是同温度饱和空气中所含水蒸气的一半。相对湿度超过 100%的空气中的水蒸气一般凝结出来。随着温度的增高,空气中可以含的水蒸气也增多,也就是说,在同样多的水蒸气的情况下,温度升高相对湿度就会降低。因此在提供相对湿度的同时也必须提供温度数据。

④能见度数据的采集。气象能见度是指视力正常的人,在白天当时的天气条件下,用肉眼观察,能够从天空背景中看到和辨认的目标物的最大水平距离。在夜间则是指中等强度的发光体能被看到和识别的最大水平距离,单位为米或千米。在空气特别干净的北极或是山区,能见度能够达到 70～100 千米,然而能见度通常由于大气污染以及湿气而有所降低。各地气象站报道的霾或雾可将能见度降低至零。雷雨天气、暴风雪天气也属于低能见度的范畴内。国际上对能见度的定义:"烟雾的能见度定义为不足 1 千米;薄雾的能见度为 1～2 千米;雾的能见度为 2～5 千米。"烟雾和薄雾通常被认作是水滴的重要组成部分,而霾和烟由微小颗粒组成,粒径相比水滴要小。能见度不足 100 米的称为能见度为零,在这种情况下道路会被封锁,自动警示灯和警示灯牌会被激活以示提醒。在能见度为 2 千米情况下,无人机绝对不可以起飞。空军气象台预报的能见度是 1 千米、2 千米、4 千米、6 千米、8 千米、10 千米和 10 千米以上几个等级。

(二)飞行前检查

为了保障无人机的飞行安全,在飞行前必须进行严格的检测,主要包括动力系统检测与调整、机械系统检测、电子系统检测和机体检查。具体内容如下。

1. 动力系统检测与调整

(1)两冲程发动机的准备。

①燃料的选择与加注。两冲程活塞发动机有酒精燃料和汽油燃料之分。酒精燃料主要包括无水甲醇、硝基甲烷和蓖麻油,比例为 3∶1∶1;汽油燃料一般为 93 号(92 号)汽油。加注时,首先准备一个手动或电动油泵及其电源,将油泵的吸油口硅胶管与储油罐连接,油泵的出油口硅胶管与飞机油箱连接。手动或电动加注相应的燃料。根据上级布置飞行任务的时间及载重情况,决定加注燃料的多少。

②发动机的启动与调整。目前常用到的活塞发动机有两种,甲醇燃料发动机(图 10-33)和汽油燃料发动机(图 10-34)。其启动过程比较复杂,但它们在启动过程中对油门和风门的调整原理相似。发动机主油门针、怠速油门针和风门的调整对发动功率、耗油量、寿命、噪声都有影响,下面分别介绍。

图 10-33　甲醇燃料发动机图

图 10-34　汽油燃料发动机

首先将飞机放在跑道上,油箱注满燃料,点火电池放在火花塞上,遥控器与风同步动作,启动器接触螺旋桨整流罩,然后进行如下操作。

用旋转的启动器带动螺旋桨,待发动机自行运转后,就可以开始调节油门针了。油动发动机主油门针的调整是通过旋转主油门针调整手柄来完成的,主油门针如图 10-35、图 10-36 所示。主油门针调整手柄是一个表面有滚花的钢质圆柱体,有一个卡簧压在花纹上,可以使主油门针逐格旋转,主油门针的针柄侧壁上有一个圆形的小螺纹孔它有两个作用:其一,它可以作为标记,帮助记住油门针的位置:其二,它可以固定加长油门针杆。主油门针位置有的在汽化器上,有的在发动机后侧底盖支架上。主油门针在发动机输出最大功率,即“大风门”时的调整作用最为明显。一般认为主油门针在发动机输出最大功率时确立基本的燃气混合比。

怠速油门针顾名思义,是调整怠速的。通过旋转怠速油门针调整螺钉来完成。怠速油门针调整螺钉的位置在汽化器的相对主油门针的一侧,与风门调整摇臂的旋转划共轴,一般是在一个洞里,但有时也露在外面,是一个铜黄色的一字螺钉。怠速油门针在发动机低转速,即“小风门”时调整作用明显。怠速油门针和混合量控制油门针在发动机非输出最大功率时起到限制燃料供给量的作用。

风门是指吸入汽缸内空气流的必经之地,它位于主油门针与怠速油门针之间的喉管(进气通道)中,它的活动机构很容易被看见。怠速油门针就固定在其中的一端,同时在这端还有一个摇臂与风门控制舵机上的连杆相连,使风门与舵机联动。风门控制的道理与水龙头差不多,从进气口向内看,风门与喉管壁形成一个通道,风门完全打开时通道是圆形的,风门不完全打开时通道是枣核形的。改变摇臂位置可以改变通道的大小,从而限制进入发动机的"燃气"量。风门是联合调整量,在风门改变的同时,其内部机构会牵连怠速油门针一起运动,使得进油量随风门同步增减,控制进油量与发动机转速匹配。在调整时风门作为基准量,它的位置表示了当前发动机理想的工作状态,如风门全部打开,发动机转速最高,输出最大马力;风门只打开一条缝,发动机转速最低,处于怠速状态。理论上,调整发动机就是在风门打开到不同位置时把两个油门针转到适当位置。但实际上只需在风门全开(即"大风门")和风门只打开一条缝(即"怠速")时分别调整主油门针和怠速油门针即可。风门的调节有三种,粗调节、细调节和大风门调节。

a. 风门的粗调节。启动发动机后,将风门开至最大,主油门针调小,发动机转速升高,主油门针继续调小,发动机转速开始下降,这时主油门针调大,使发动机稳定在最高转速。在此基础上,将风门缓慢调小,观察到进气口有少量油滴喷出,将怠速油门针调小 45°。将风门再次开至最大,左右旋转主油门针,使发动机稳定在最高转速。将风门缓慢调小,观察到进气口还有少量油滴喷出,将怠速油门针再调小 45°。将风门再次开至最大,左右旋转主油门针,使发动机稳定在最高转速。将风门缓慢关小,观察到进气口没有油滴喷出为止。

b. 风门的细调节。注意发动机转速,发动机稳定在低一些的转速,再将风门缓慢调小一些,发动机再次稳定在低一些的转速。再将风门缓慢调小一些,发动机转速不再稳定,而是持续减小,这时将风门开大一些使转速再次稳定,即找到怠速位置。掐紧输油管,发动机转速先不变然后升高,松开输油管,将怠速油门针关小 20°。将风门全开 3 秒,再将风门缓慢关小,找到怠速位置,此时发动机转速比第一次要低,掐紧输油管,发动机转速先不变然后升高,但保持不变的时间比第一次短,松开输油管,将怠速油门针关小 20°。将风门全开 3 秒,再将风门缓慢关小,找到怠速位置,此时发动机转速比第二次要低,掐紧输抽管,发动机转速立即升高。将风门全开 3 秒,将风门关至怠速 10 秒,迅速将风门打开,注意发动机转速,发动机转速先保持一会再增加,将怠速油门针关小 20°。将风门全开 3 秒,将风门关至怠速 10 秒,迅速将风门打开,发动机转速迅速增加,跟随性良好。

c. 大风门调节。左右旋转主油门针,使发动机稳定在最高转速,调整结束。转速测量,将非接触数字式转速表放在正在运转的发动机附近(10 厘米),读取数值。将调节好的发动机,不灭火,以怠速状态等待起飞。

注意事项:

手指或身体部位躲开正在转动的发动机桨叶;不要站在发动机桨叶旋转平面位置;不要站在发动机排气管出口位置。

(2)无刷电动机的准备。无刷电动机又称无刷直流电动机,由电动机主体和驱动器(图 10-35)组成,是一种典型的机电一体化产品。无刷直流电动机是以自控式运行的,中小容量的无刷直流电动机的永磁体现在多采用稀土钕铁硼(Nd-Fe-B)材料。

①无刷电动机试运行步骤。

a. 首先用手指拨动桨叶,转动无刷电动机,应该没有转子碰擦定子的声音。

b. 将无刷电动机电缆接到控制器上。

图 10-35　无刷电动机

c. 身体部位躲开螺旋桨旋转平面。

d. 将无刷电动机控制器上电，遥控器最后上电。

e. 轻轻拨动加速杆，螺旋桨旋转，并逐渐升速。

f. 加速杆拨回零位，螺旋桨旋转停止。

g. 无刷电动机控制器断电，遥控器最后断电。

h. 无刷电动机的准备工作结束。

②电源的准备。无人机上所用的电池主要是锂聚合物电池，如图 10-36 所示，它是在锂离子电池的基础上经过改进而成的一种新型电池，具有容量大，质量轻(即能量密度大)，内阻小，功率大的特点。另外，由于电池外壳是塑料薄膜，因而，即便短路起火，也不会爆炸。锂聚合物电池充满电后电压 4.2 伏，在使用中电压不得低于 3.3 伏，否则电池即损毁，这一点务必注意。无人机锂聚合物电池一般是 2 节或者 3 节串联后使用，电压 12 伏左右。由于锂电池的电池耐“过充”性很差，所以串联成的电池组在充电时必须对各电池独立充电，否则会造成电池永久性损坏。所以，对锂电池组充电，必须使用专用的“平衡充电器”(图 10-37)，其充电电路如图 10-38 所示。

图 10-36　锂电池

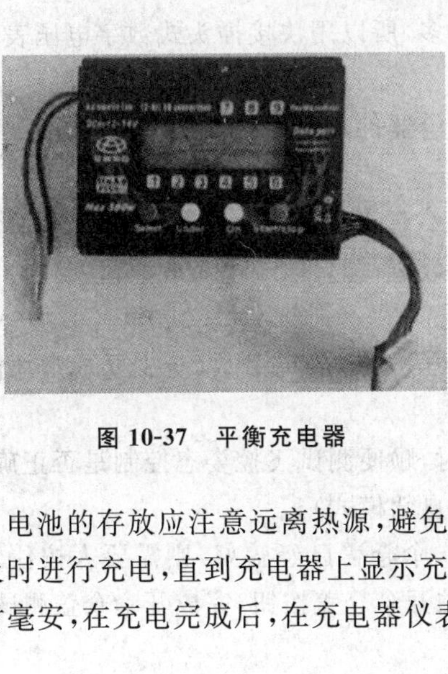

图 10-37　平衡充电器

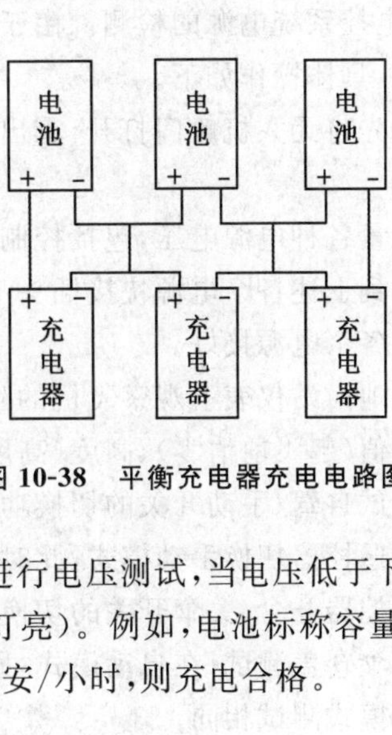

图 10-38　平衡充电器充电电路图

电池的存放应注意远离热源，避免光照，定期对电池进行电压测试，当电压低于下限时，必须及时进行充电，直到充电器上显示充满信号(绿色指示灯亮)。例如，电池标称容量为 4 000 小时毫安，在充电完成后，在充电器仪表上显示≥3 800 毫安/小时，则充电合格。

2. 无人机机械系统检测

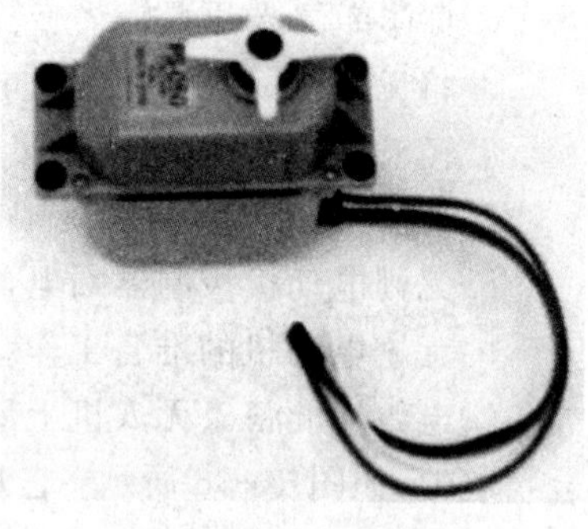

图 10-39　舵机外形

(1)舵机与舵面系统的检测。舵机是一种位置伺服驱动器。它接收一定的控制信号,输出一定的角度,适用于那些需要角度不断变化并可以保持的控制系统。在微机电系统和航模中,它是一个基本的输出执行机构。舵机(图 10-39)由直流电动机、减速齿轮组、传感器和控制电路组成,是一套自动控制装置。所谓自动控制就是用一个闭环反馈控回路不断校正输出的偏差,使系统的输出保持恒定。舵机主要的性能指标有扭矩、转度和转速。扭矩由齿轮组和电动机所决定,在 5 伏(4.8～6 伏)的电压下,标准舵机扭力是 5.5 千克/厘米。舵机标准转度是 60°。转速是指从 0°至 60°的时间,一般为 0.2 秒。

舵机检测内容主要包括:

①舵机摆动角度应与遥控器操作杆同步。

②舵机正向摆动切换到反向摆动时没有间隙。

③舵机最大摆动角度应是 60°。

④舵机摆动速度应是 0.2 秒。

⑤舵机摆动扭矩应有力,达到 5.5 千克/厘米。

(2)舵机与舵面系统的调整。舵机的调整。舵机输出轴正反转间不能右间隙,如果有间隙,用旋具拧紧其固定螺钉。旋臂和连杆之间的连接间隙小于 0.2 毫米,即连杆钢丝直径与旋臂和舵机连杆上的孔径要相配。舵机旋臂、连杆、舵面旋臂之间的连接间隙也不能太小,以免影响其灵活性。舵面中位调整,尽量通过调节舵机旋臂与舵面旋臂之间连杆的长度使遥控器微调旋钮中位、舵机旋臂中位与舵面中位对应,微小的舵面中位偏差再通过微调旋钮将其调整到中位。尽量使微调旋钮在中位附近,以便在现场临时进行调整。

3. 无人机电子系统检测

(1)电控系统电源的检测。由于机载电控设备种类多,所以用快接插头式数字电压表进行电压测量,具体操作如下。

①首先将无人机舱门打开,露出自驾仪、舵机、电源等器件,准备一个带快接插头的数字电压表。

②测量各种电源电压,包括控制电源、驱动电源、机载任务电源等。将数字电压表的快接插头连接到上述各个电源快接插头上;读取数字电压表数值;记录数字电压表数值。

③将各个电源接好。

④从地面站仪表上观察飞机的陀螺仪姿态、各个电压数值、卫星个数(至少要 6 颗才能起飞)、空速值(起飞前清零)、高度(高度表清零)是否正常。

⑤测试自驾/手动开关的切换功能,切到自驾模式时,顺便测试飞控姿态控制是否正确(测试完后用遥控器切换手动模式,此时关闭遥控器应进入自驾模式)。

⑥遥控器开伞、关伞开关的切换功能。在手动模式,伞仓盖已经盖好,则需要人按住伞仓盖进行开伞仓盖测试;在自动模式,通过鼠标操作地面站开伞仓盖按钮,完成开伞仓盖测试,要求与手动模式测试相同。

⑦舵面逻辑功能检查，不能出现反舵。

⑧停止运转检查，先启动发动机，然后再停止，在地面站上观察转速表的读数是否为零。

注意事项：

数字电压表的快接插头与各个电源快接插座的正负极性一致；如果电压低于规定值，应当立即更换电池。

(2)电控系统运行检测。在飞行前必须对无人机电控系统进行检测，首先将要进行检查的无人机放在空地上，打开地面站、遥控器以及所有机载设备的电源，运行地面站监控软件，检查设计数据，向机载飞控系统发送设计数据并检查上传数据的正确性，检查地面站、机载设备的工作状态，准备好无人机通电检查项目记录表格，见表 10-4。

表 10-4　无人机通电检查项目记录表

检查项目	检查内容
电池	通过放电试验确定电池的有效工作时间，确保以后的飞行都在可靠的有保证的供电时间内地面站的报警电压设置为：主电源 7 伏，舵机电源 4.6 伏
监控站设备	地面站设备运行应正常
设计数据	检查设计数据是否正确，包括调取的底图、航路点数据是否符合航摄区域，整个飞行航线是否闭合，航路点相对起飞点的飞行高度，单架次航线总长度，航路点(包括起降点，特别是制式点1)、曝光模式(定点、定时、等距)、曝光控制数据的设置
数据传输系统	地面站至机载飞行控制系统的数据传输、指令发送是否正常
信号干扰情况	舵机及其他机载设备工作状态是否正常，有无被干扰现象
遥控器	记录遥控器的频率；所有发射通道设置正确；遥控开伞响应正常
	遥控通道控制正常，各舵面响应(方向、量)正确(否则从地面站调整舵机反向)，如果感觉控制量太大，可以修改舵机的遥控行程
	风门设置检查，启动发动机，捕获设置风门最大值、最小值(稳定工作怠速偏上)和能够收风门停车的位置。确保能够控制停车
	遥控器控制距离的检测。不拉出天线，控制距离至少在 20 米以上
	遥控(RC)和无人自主飞行 UAV(Unmarmed Aerial Vehicle)控制切换正常
机体静态情况下的飞控系统	GPS 定位的检查。从开机到 GPS 定位的时间应该在 1 分钟左右，如果超过 5 分钟还不能定位，检查 GPS 天线连接或者其他干扰情况。定位后卫星数量一般都在 6 颗以上，位置精度因子 PDOP 水平定位质量数据越小越好。一般为 1～2
	卫星失锁后保护装置的检查。卫星失锁后保护装置应自动开启，伞仓门打开
	三轴陀螺零点、俯仰、滚转角的检查。通过设置俯仰滚转偏置使飞控的俯仰角和滚转角与飞机姿态对应起来。将飞机机翼水平放置，按下地面站“设置”对话框中的“俯仰滚转角”按钮，设置飞控的俯仰滚转角为零
	转速的检查。如果飞机安装了转速传感器，用手转动发动机，观察地面站是否有转速显示。转速分频设置是否正确
	加速度计数据的变化
	高度计的检查。变化飞机的高度，高度显示值将随之变化
	空速的检查。在空速管前用手遮挡住气流，此时空速显示值在零附近，否则请重新设置空速零位。再用手指堵住空速管稍用力压缩管内空气，空速显示值应逐渐增加或者保持，否则就有可能漏气或者堵塞。空速计系数，无风天气飞行中观察 GPS 地速与空速，修正空速计系数
	启用应急开伞功能，应急开伞高度应大于本机型设定值。例如，某机型开伞高度应大于 100 米

续表 10-4

检查项目	检查内容
机体振动状态下飞控系统的测试	启动发动机,在不同转速下观察传感器数据的跳动情况,舵面的跳动情况,特别是姿态表(地平仪)所示姿态数据。所有的跳动都必须在很小的范围内,否则改进减振措施
	数传发射对传感器的影响测试,在 UAV 模式下,如果影响较大,查看传感器数据中的实际值,观察陀螺数值是否都在零点左右;否财发射机天线位置必须移动。其他发射机(如图像发射机)也必须这样测试
	所有接插件接插牢靠,特别是电源
数据发送与回传	将设计数据从地面站上传到机载飞控系统,并回传,检查数据的完整性和正确性。例如,目标航路点、航路点的制式航线等是否正确
控制指令响应	手动,自动操控的检查,关闭遥控器,切换到 UAV 模式正常
	发送开伞指令,开伞机构响应正常
	发送相机拍摄指令,相机响应正常
	发送高度置零指令,高度数据显示正确

注:填写检查记录,存在问题的须注明;签字和注明日期。

4. 无人机机体检查

无人机机体是飞行的载体,承载着任务设备、飞控设备、动力设备等,是整个飞行的基础。无人机机体检查项目如下。

(1)对机翼、副翼、尾翼的检查。

①表面无损伤,修复过的地方要平整。

②机翼、尾翼与机身连接件的强度、限位应正常,连接结构部分无损伤,紧固螺栓须拧紧。

③整流罩安装牢固,零件应齐全,与机身连接应牢固,注明最近一次维护的时间。

(2)对电气设备安装的检查。

①线路应完好、无老化。

②各接插件连接牢固。

③线路布设整齐、无缠绕。

④接收机、GPS、飞控等机载设备的天线安装应稳固。

⑤减振机构完好,飞控与机身无硬性接触。

⑥主伞、引导伞叠放正确,伞带结实、无老化,舱盖能正常弹起,伞舱四周光滑,伞带与机身连接牢固。

⑦油管应无破损、无挤压、无折弯,油滤干净,注明最近一次油滤清洗时间。

⑧起落架外形应完好,与机身连接牢固,机轮旋转正常。

⑨重心位置应正确,向上提拉伞带,使无人机离地,模拟伞降,无人机落地姿态应正确。

无人机飞行前按规定填写表格(表 10-5、表 10-6)进行检测,不仅可以避免漏项,还可以节约时间。

表 10-5　检查项目

序号	检查项目	情况记录
1	设备使用记录表	
2	地面站设备检查项目	
3	任务设备检查项目	
4	无人机飞行平台检查项目	
5	燃油、电池检查项目	
6	设备使用记录表	
7	通电检查项目	

注:a.将要进行检查的无人机放在检查工位上。

b.准备好相关记录表格。

c.逐项检查机体设备。

d.填写设备状态记录。

e.存在问题的需注明,签字和注明日期。

表 10-6　检查项目

名称	飞行平台	发动机	飞控	任务设备	监控站	遥控器	弹射架	降落伞
基号								
状态								

(3)机体外观检查.

①将要进行检查的无人机放在空地上。

②准备好无人机飞行平台检查项目记录表格。

③逐项检查无人机部件(表 10-7),并填写部件状态记录,存在问题的需注明,查出问题,及时处理,最后签字和注明日期。

表 10-7　检查项目

检查项目	检查内容	记录
机体外观	应逐一检查机身、机翼、副翼、尾翼等有无损伤,修复过的地方应重点检查	
连接机构	机翼、尾翼与机身连接件的强度、限位应正常,连接结构部分无损伤	
执行机构	应逐一检查舵机、连杆、舵角、固定螺钉等有无损伤、松动和变形	
螺旋桨	应无损伤,紧固螺栓须拧紧,整流罩安装牢固	
发动机	零件应齐全,与机身连接应牢固,注明最近一次维护的时间	
机内线路	线路应完好、无老化,各接插件连接牢固,线路布设整齐、无缠绕	
机载天线	接收机、GPS、飞控等机载设备的天线安装应稳固,接插件连接牢固	
飞控及飞控舱	各接插件连接牢固。线路布设整齐无缠绕,减振机构完好,飞控与机身无硬性接触	
任务载荷舱	照相机与机舱底部连接牢固	

续表 10-7

检查项目	检查内容	记录
降落伞	应无损伤,主伞、引导伞叠放正确,伞带结实、无老化	
伞舱	舱盖能正常弹起,伞舱四周光精,伞带与机身连接牢固	
油箱	无谓油现象,油箱与机体连接应稳固,记录油量	
油路	油管直无破损、无挤压、无折弯,油滤干净,注明最近一次油滤清洗时间	
起落架	外形应完好,与机身连接牢固,机轮旋转正常	
飞行器总体	重心位置应正确,向上提伞带使无人机离地,模拟伞降,无人机落地姿态应正确	
空速管	安装应牢固,腔管无破损、无老化。连接处应密闭	

(三)航线准备

1.航路规划

航路又被称为航迹、航线,航路规划即飞机相对地面的运动轨迹的规划。在无人机飞行任务规划系统中,飞行航路指的是无人机相对地面或水面的轨迹,是一条三维的空间曲线。航路规划是指在特定约束条件下,寻找运动体从初始点到目标点满足预定性能指标最优的飞行航路。

航路规划的目的是利用地形和任务信息,规划出满足任务规划要求相对最优的飞行轨迹。航路规划中采用地形跟随、地形回避和威胁回避等策略。

航路规划需要各种技术,如现代飞行控制技术、数字地图技术、优化技术、导航技术以及多传感器数据融合技术等。

要想完成无人机飞行任务,必须进行航路规划、航路控制和航路修正,下面简单介绍。

(1)航路规划步骤。

①从任务说明书中了解本次任务,包括上级部署的航线、飞行参数、动作要求。

②给出航路规划的任务区域,确定地形信息、威胁源分布的状况以及无人机的性能参数等限制条件。

③对航路进行优化,满足无人机的最小转弯半径、飞行高度、飞行速度等约束条件。

④根据任务说明书的内容,以及上级指定的航线,在电子地图上画出整个飞行路线。

(2)航路的控制。当无人机装载了参考航路后,无人机上的飞行航路控制系统使其自动按预定参考航路飞行,航路控制是在姿态角稳定回路的基础上再加上一个位置反馈构成的。其工作过程如下:在无线信道畅通的条件下,由 GPS 定位系统实时提供飞机的经度和纬度,结合遥测数据链提供的飞机高度,将其与预定航路比较,得出飞机相对航路的航路偏差,再由飞行控制计算机计算出飞机靠近航路飞行的控制量,并将控制量发送给无人机的自动驾驶系统,机上执行机构控制飞机按航路偏差减小的方向飞行,逐渐靠近航路,最终实现飞机按预定航路的自动飞行,从而完成预定的飞行任务。

(3)航路的修正。在任务区域内执行飞行任务时,无人机是按照预先指定的任务要求执行一条参考航路,根据需要适时调整和修正参考航路。由于在执行任务阶段对参考航路的调整只是局部的,因此在地面准备阶段进行的参考航路规划对于提高无人机执行任务的效率至关重要。

航路威胁源的避让。无人机处于高空、高速飞行状态，可以将地形环境中高度的因素简单化考虑，即将三维的工作环境变成二维的环境，这样有助于将航路规划的任务简单考虑。但如果有复杂地形的情况，航路规划就变成了一项复杂的工作，要考虑针对地形跟随的低空突防的航路规划，这也要根据实际的情况来确定。将空间高度高于无人机最大飞行高度的山脉、天气状况恶劣的区域都表示为障碍区，等同于威胁源，用威胁源中心加上威胁半径来表示。在做无人机航路规划时要避开这些区域，具体做法如下：

①指定起始点和目标终点。

②通过任务规划，指定作业区域，用经纬度表示。

③给出作业设备能够作用的范围。用半径为 R 的圆表示，圆的中心即为作业区域的中心。

④给出威胁源的模型，用威胁半径为 R 的圆表示。建模的时候充分考虑不同的威胁源及其威胁等级，作为衡量航路路径选择的一个标准，使无人机在不同威胁源的情况下选择不同的航路。规划最安全的航路和最短的航路之间存在着矛盾，考虑安全性的同时还要考虑航路长度对燃油的消耗问题。两者结合考虑以获得最佳的航路，在安全范围内，又能少消耗燃油。

2. 地面站设备准备

(1)地面站硬件设备的连接。地面站设备主要是指地面站，它具有对自驾仪各种参数、舵机及电源进行监视和控制的功能。飞行前必须对其进行测试。将无人机地面站设备放在工作台上，打开地面站的电源，准备好无人机地面站检查项目记录表格(表 10-8)，逐项检查无人机地面站设备的连接情况。

表 10-8 地面站连接检查项目

检查项目	检查内容	记录
线缆与接口	检查线缆无破损，接插件无水、霜、尘、锈，针、孔无变形，无短路	
地面站主机	放置应稳固，接插件连接牢固	
地面站天线	数据传输天线应完好，架设稳固，接插件连接牢固	
地面站电源	正负极连接正确，记录电压数值	

注：①严格按照表格顺序进行检查，避免漏项。

②查出问题，及时处理。

③需要填写的部分，字迹要工整，语言符合行业规范。

④存在问题的需注明。

⑤签字和注明日期。

(2)地面站软件。

①软件安装。地面站软件是完成航路规划的工具，必须将其安装在电脑上。具体安装步骤是，地面站设备接通电源，主界面出现后，将地面站软件安装盘放入地面站或笔记本电脑的光驱，或将 U 盘插到地面站(图 10-40)的 USB 接口；按照安装界面提示的路径进行操作，完成安装。重新启动地面站，进入地面站操作主页面，等待具体规划。

②软件界面。地面站是操作功能全面的指挥控制中心，它是操作培训、软件模拟、飞控调试、实时三维显示以及飞行记录分析的一体化无缝工作平台。双击地面站图标，进入无人机地

图 10-40　无人机地面站

面操控界面。其可进行模拟控制、结合 UP 等可进行模拟飞行、实时对无人机进行飞行控制、记录回放等。下面是几款无人机地面站软件产品的界面图，图 10-41 所示为未装地图的无人机地面站界面。

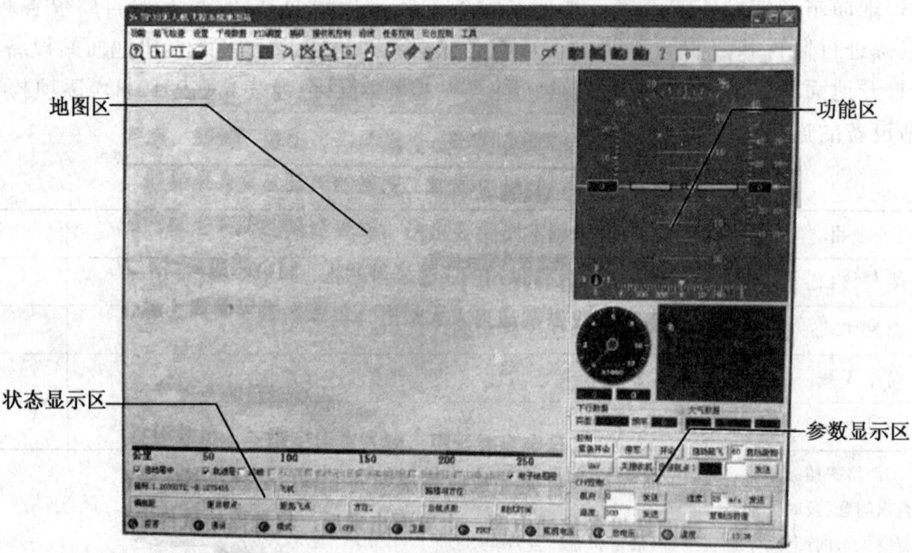

图 10-41　无人机地面站界面

一般界面的左方是地图区，右方是功能区，下方是参数显示区和状态显示区。在该地面站界面中，可以完成的功能有：

a. 模拟状态的飞行软件选择、数传电台的数据传输情况。

b. 焦点飞行器实时姿态、速度、高度等飞行参数昂示，滑动条可用于控制飞行器飞行。

c. 飞行器实时信息显示。

d. 相关飞行航线设置的功能区以及比例尺的显示。

e. 位置信息显示和地图种类选择。

f. 地图区是屏幕中间最大的部分，用于观察飞行器姿态、航线设定、实时飞行控制等。

关于航线设定界面，在地图区域点击鼠标左键进入航线规划界面。将光标移到航点上按下鼠标左键即可拉动此航点到任意位置。如果需要修改其他属性，双击航点即可打开航点编辑视窗。如想要删除或增添航点，用鼠标左键点击选择一个航点，再点击鼠标右键，跳出菜单后选取相应操作，航线绘制完毕上传退出即可。图 10-42 是带有航路设计图的无人机地面站界面。

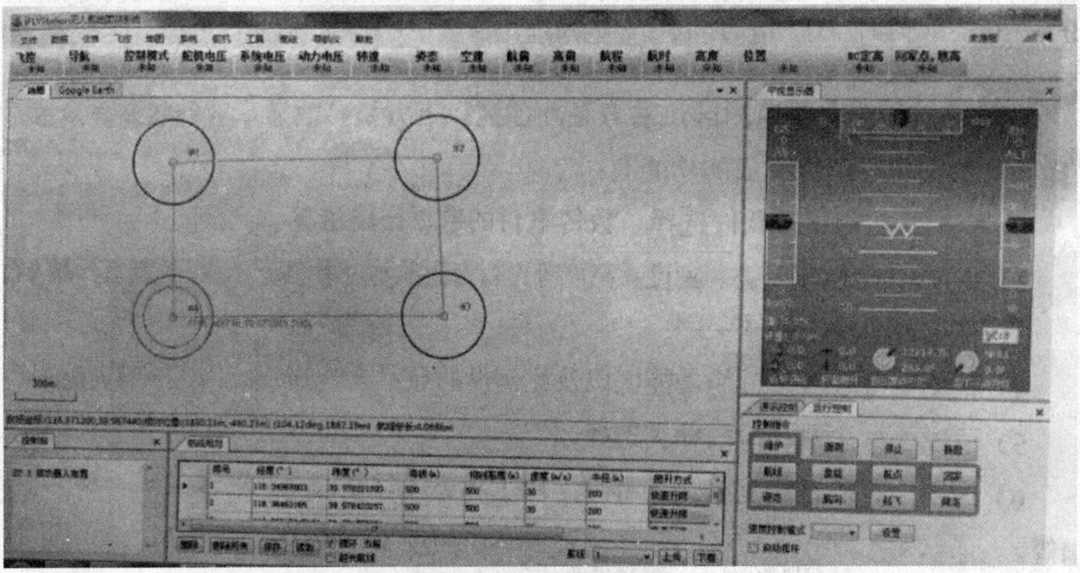

图 10-42　带有航路设计图的无人机地面站界面

③地图。在地面站进行航线规划操作时，离不开地图相关的知识，这里还需要掌握地图比例尺相关知识。地图上的比例尺，表示图上距离比实地距离缩小的程度，因此也叫缩尺。

用公式表示为：比例尺＝图上距离/实地距离。

比例尺通常有三种表示方法：

a. 数字式，用数字的比例式或分数式表示比例尺的大小。例如地图上 1 厘米代表实地距离 100 千米，可写成 1∶10 000 000。

b. 线段式，在地图上画一条线段，并注明地图上 1 厘米所代表的实地距离。

c. 文字式，在地图上用文字直接写出地图上 1 厘米代表实地距离多少千米，如图上 1 厘米相当于地面距离 100 千米。

七、飞行操控

飞行操控是指通过手动遥控方式或采用地面站操纵无人机进行飞行，是无人机操控师需要掌握的核心技能。飞行操控包括起飞操控、航线操控、进场操控和着陆操控四个阶段。无人机型号众多，下面针对固定翼飞机进行介绍，不同型号固定翼飞机及遥控器的操控方法与注意事项基本相同。可通过参考相应的设备使用说明书，掌握不同型号遥控器和无人机的使用和操作方法。

(一)起飞操控

1.无人机遥控器操作

(1)遥控器的功能与组成。无人机的无线电遥控,是指通过无线电波将操作对飞机的动作指令传送出来,然后飞机根据指令做出各种各样的飞行姿态。用无线电技术对飞机(模型)进行飞行控制的历史,可以追溯到二战之前。不过,因为当时民间使用无线电操纵飞机面临着十分复杂的法律手续,而且当时的遥控设备既笨重又非常不可靠,所以,遥控飞行并没有推广开来。直到20世纪60年代初期,伴随着电子技术的快速发展,各种用于飞行控制的无线电设备才开始普及。下面就以四通道比例遥控设备为例进行介绍,它由发射机、接收机、舵机、电源等部分构成。

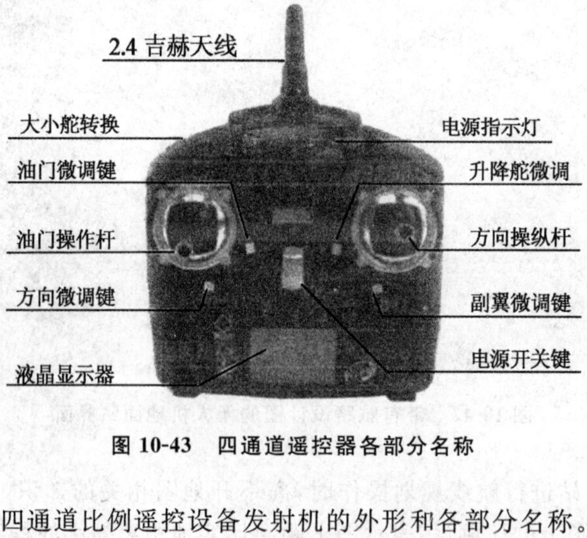

图 10-43　四通道遥控器各部分名称

图10-43所示为四通道比例遥控设备发射机的外形和各部分名称。在发射机面板上,有两根操纵杆分别控制1、2通道和3、4通道动作指令,另外还有与操纵杆动作相对应的4个微调装置。在发射机的底部设有4个舵机换向开关,可以用来改变舵机摇臂的偏转方向。

(2)遥控器的常用操作方式。

①日本手。日本手遥控器如图10-44所示,左手控制升降舵和方向舵,右手控制油门和副翼。

②美国手。美国手遥控器如图10-45所示,左手控制油门和方向舵,右手控制升降舵和副翼。

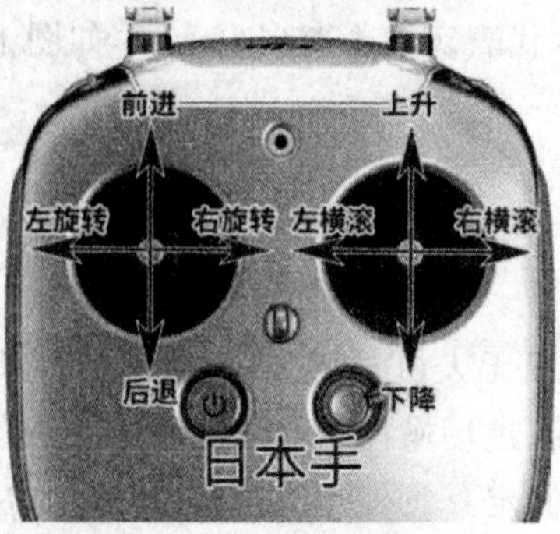

图 10-44　日本手遥控器图

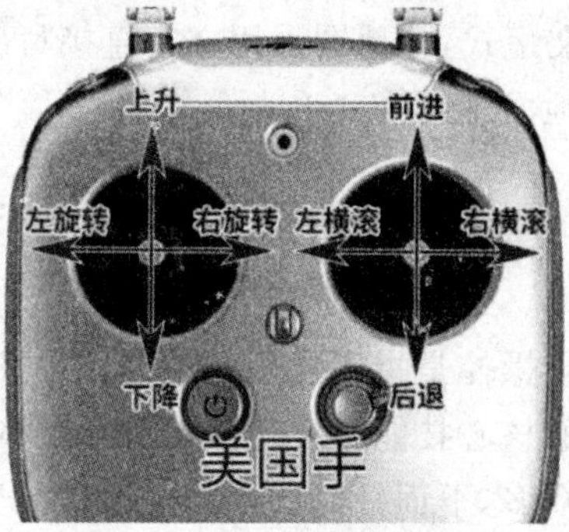

图 10-45　美国手遥控器

(3)遥控器对频。对频就是让接收器认识遥控器，从而能够接收遥控器发出的信号。通常情况下，套装的遥控器在出厂之前就已经完成了对频，可以直接使用。如果需要手动对频，请参照相应的遥控器说明书来进行，以下仅以较为常用的某型遥控器为例进行对频操作的简要介绍。

①将发射机和接收机的距离保持在 50 厘米以内，打开发射机的电源，如图 10-46 所示。

②在遥控器关联菜单下面打开系统界面，如图 10-47 所示。

③如果使用 1 个接收机，选择“SINGLE”，如果 1 台发射机要对应 2 个接收机，则选择“DUAL”。选择后者的时候，需要同时与 2 个接收机进行对频，如图 10-48 所示。

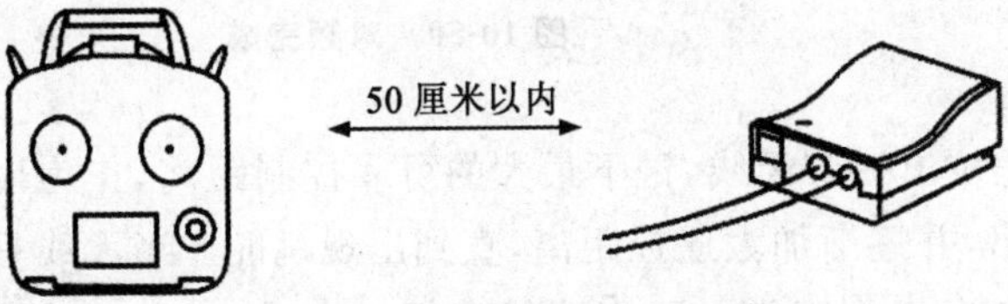

图 10-46　发射机和接收机距离

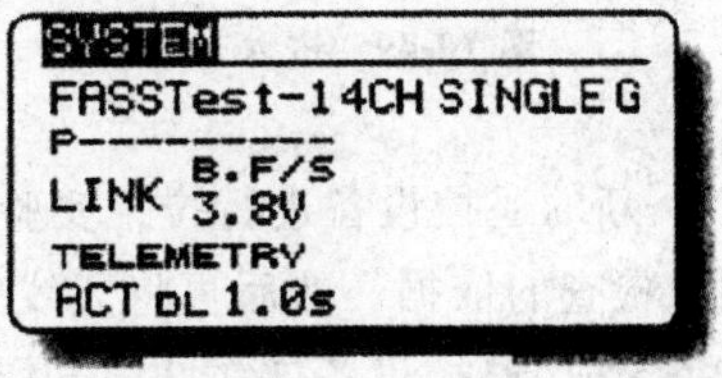

图 10-47　系统界面

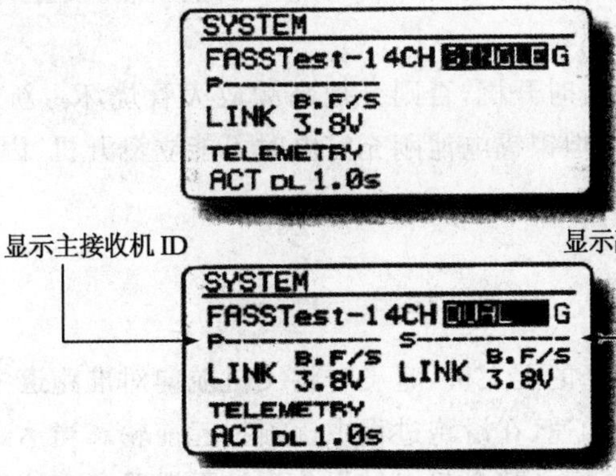

图 10-48　选择接收机个数的界面

④选择下拉菜单中的“LINK”并按下 RTN 键，如果发射机发出嘀嘀声，则表示已经进入对频模式，如图 10-49 所示。

⑤进入对频模式之后，立刻打开接收机的电源。

⑥打开接收机电源几秒钟后，接收机进入到等待对频状态。

⑦等到接收机的 LED 指示灯从闪烁变为绿灯长亮，则表示对频已完成，如图 10-50 所示。

通常在以下情况下需要进行对频操作：

a. 使用非原厂套装的接收机时。

b. 变更通信系统之后。

(4)遥控器拉距实验。无人机实验的目的是对遥控系统的作用距离进行外场测试。每次拉距时，接收机天线和发射机天线的位置必须是相对固定的。拉距的原则是要让接收机在输入信号比较弱的情况下也能正常工作，这样才可以认为遥控系统是可靠的。具体的方法是将接收机天线水平放置，指向发射机位置，而发射机天线也同时指向接收机位置。由于电磁波辐射的方向性，此时接收机天线所指向的方向，正是场强最弱的区域。

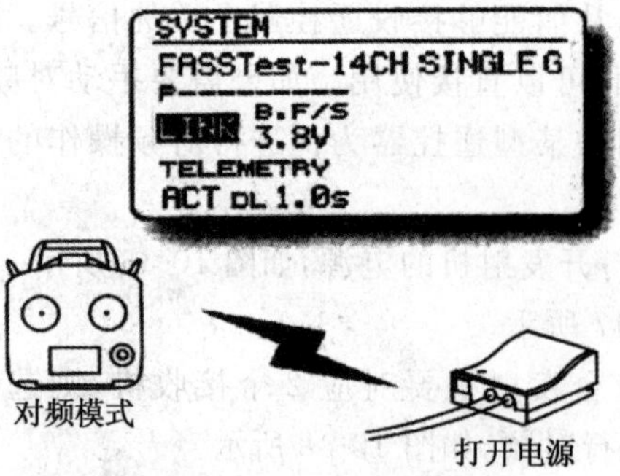

图 10-49 进入对频模式

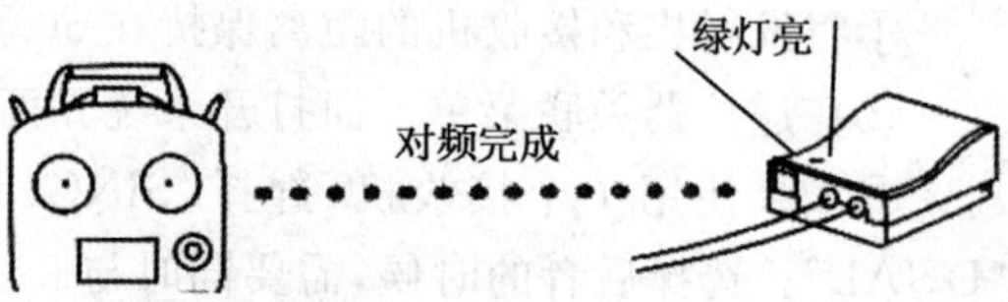

图 10-50 对频完成

新的遥控设备进行拉距实验时，应先拉出一节天线，记下最大的可靠控制距离，作为以后例行检查的依据。然后再将天线整个拉出，并逐渐加大遥控距离，直到出现跳舵。当天线只拉出一节时，遥控设备应在 30～50 米的距离上工作正常。而当天线全部拉出时，应在 500 米左右的距离上工作正常。

所谓的工作正常，标准是舵机没有抖动。如果舵机出现抖动，要立即关闭接收机，此时的距离刚好是地面控制的有效距离。

老式的设备不允许在短天线时开机，否则会把高频放大管烧坏。新式设备都增加了安全装置，不用再担心烧管的问题。但镍镉电池刚充完电时不能立刻开机，因为此时发射机电源的电压有可能会超过额定值。

2. 无人机起飞操纵

(1)无人机常用起飞方法。

①滑跑起飞。对于滑跑起降的无人机，起飞时将飞机航向对准跑道中心线，然后启动发动机。无人机从起飞线开始滑跑加速，在滑跑过程中逐渐抬起前轮。当达到离地速度时，无人机开始离地爬升，直至达到安全高度。整个起飞过程分为地面滑跑和离地爬升两个阶段。

②母机投放。母机投放是使用有人驾驶的飞机把无人机带上天，然后在适当位置投放起飞的方法，也称空中投放。这种方法简单易行，成功率高，并且还可以增加无人机的航程。

用来搭载无人机的母机需要进行适当改装，比如在翼下增加几个挂架，飞机内部增设通往无人机的油路、气路和电路。实际使用时，母机可以把无人机带到任何无法使用其他起飞方式的位置进行投放。

③火箭助推。无人机借助固体火箭助推器从发射架上起飞的方法称为火箭助推。这种起飞方式是现代战场上广泛使用的一种机动式发射起飞方法。有些小型无人机也可以不使用火箭助推器，而采用压缩空气弹射器来弹射起飞。

无人机的发射装置通常由带有导轨的发射架、发射控制设备和车体组成，由发射操作手进行操作。发射时，火箭助推器点火，无人机的发动机也同时启动，无人机加速从导轨后端滑至前端。离轨后，火箭助推器会继续帮助无人机加速，直到舵面上产生的空气动力能够稳定控制无人机时，火箭助推器任务完成，自动脱离。之后，无人机便依靠自己的发动机维持飞行。

④车载起飞。车载起飞是将无人机装在一辆起飞跑车上，然后驱动并操纵车辆在跑道上迅速滑跑，随着速度增大，作用在无人机上的升力也增大，当升力达到足够大时，无人机便可以

腾空而起，如图 10-51 所示。

图 10-51 无人机车栽起飞

无人机可以使用普通汽车作为起飞跑车，也可以使用专门的起飞跑车。有一种起飞跑车，车本身无动力，靠无人机的发动机来推动。还有一种起飞跑车，在车上装有一套自动操纵系统，它载着无人机在跑道上滑跑，并掌握无人机的离地时机。

车载起飞的优点是可以选用现成的机场起飞，不需要复杂笨重的起落架，起飞跑车结构简单，比其他起飞方法更经济。

⑤垂直起飞。无人机还可以利用直升机的原理进行垂直起飞。这种无人机装有旋翼，依靠旋翼支撑其重量并产生升力和推力。它可以在空中飞行、悬停和垂直起降。

(2)副翼、升降舵和方向舵的基本功能。

①副翼的功能。副翼的作用是让机翼向右或向左倾斜。通过操纵副翼可以完成飞机的转弯，也可以使机翼保持水平状态，从而让飞机保持直线飞行。

②升降舵的功能。当机翼处于水平状态时，拉升降舵可以使飞机抬头；当机翼处于倾斜状态时，拉升降舵可以让飞机转弯。

③方向舵的功能。在空中飞行时，方向舵主要用于保持机身与飞行方向平行。在地面滑行时，方向舵用于转弯。各舵面的功能如图 10-52 所示。

(3)滑跑与拉起。滑跑与拉起在整个飞行过程中是非常短暂的，但是非常重要，决定飞行的成败。所以，在飞行操作之前，必须将各个操作步骤程序化，才能在短暂的数秒中完成多个操作动作。下面简单介绍滑跑与拉起的动作要求，如图 10-53、图 10-54 所示。

①滑跑。

a. 在整个地面滑跑过程中，保持中速油门，拉 10°的升降舵。

b. 缓慢平稳地将油门加到最大，等待达到一定速度。

②起飞。

a. 在飞机达到一定速度时，自行离地。

b. 在离地瞬间，将升降舵平稳回中，让机翼保持水平飞行。

c. 等待飞机爬升到安全高度。

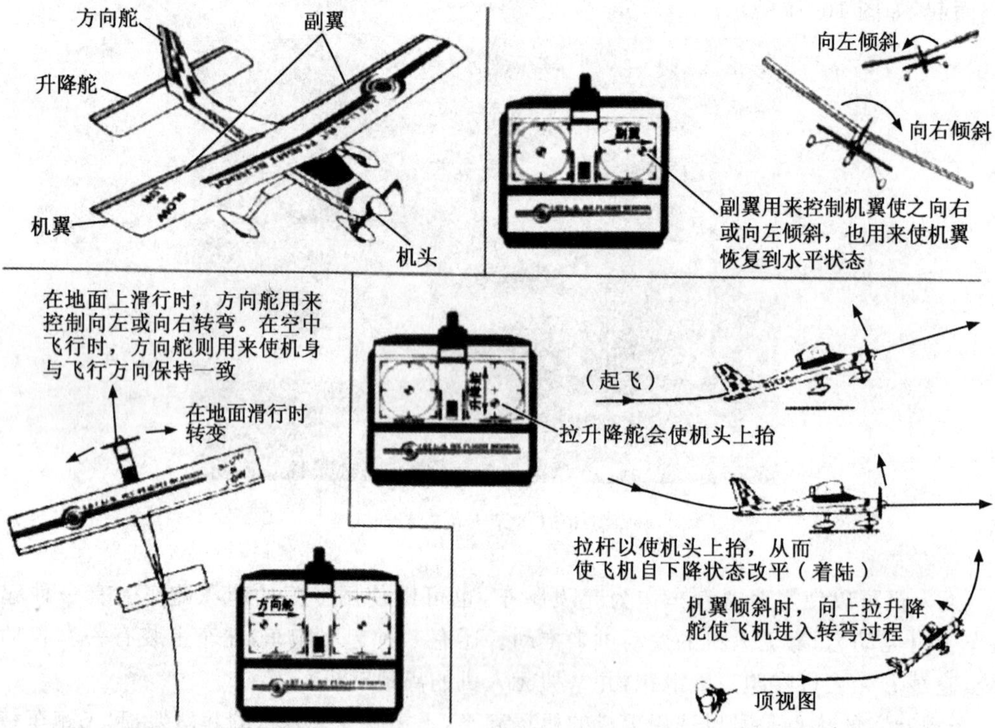

图 10-52　副翼、升降舵和方向舵的功能

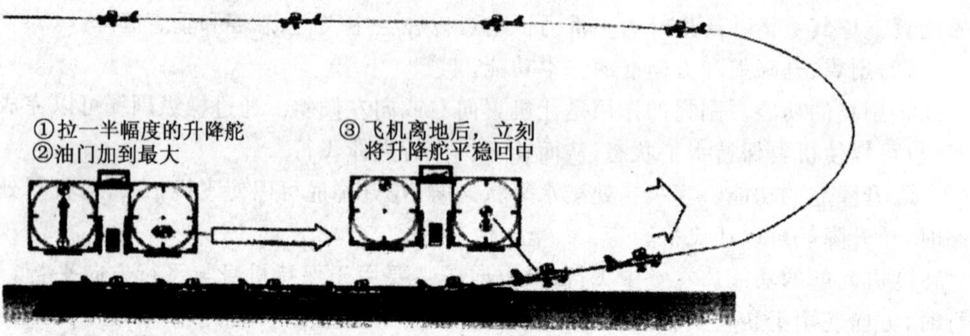

图 10-53　起飞滑跑

③转弯。

a. 当飞机爬升到安全高度时，进行第一个转弯，将油门收到中位，然后水平转弯。

b. 调整油门，让飞机保持水平飞行，进入航线（不管油门设在什么位置，都要注意让飞机在第一次转弯时保持水平飞行，以防止转弯后出现波状飞行）。

(4)进入水平飞行。

①飞行轨迹的控制。飞机起飞后有充分的时间对油门进行细致的调整，以保持飞机水平飞行。但是在进行油门调整之前，首先要保证能够控制好飞机的飞行轨迹，如图 10-55 所示。

②进入水平飞行。从转弯改出（改出是让飞机从非正常飞行状态下经操作进入正常飞行状态的过程）后，进入第三边（顺风边）飞行。此时不要急于调整油门，只有在操纵飞机飞行一

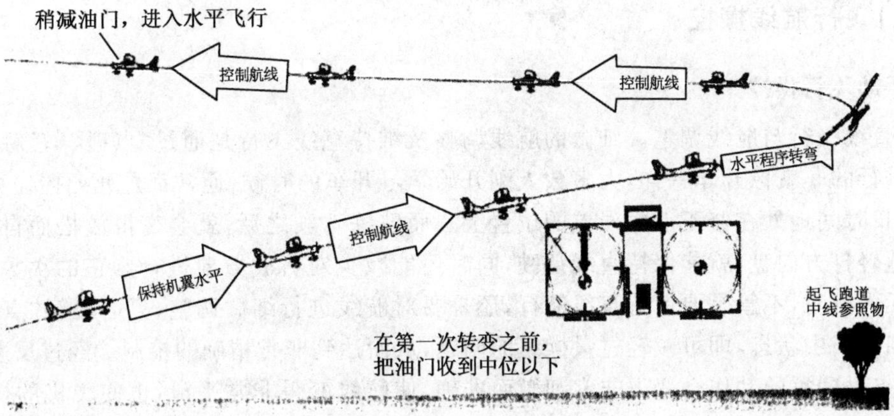

图 10-54　第一次转弯

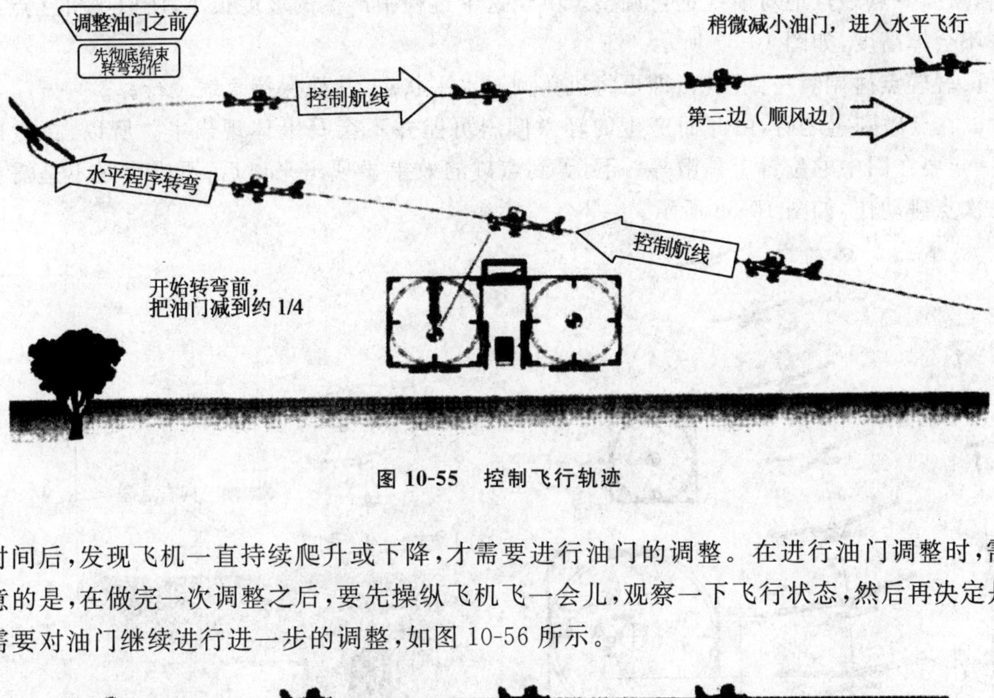

图 10-55　控制飞行轨迹

段时间后，发现飞机一直持续爬升或下降，才需要进行油门的调整。在进行油门调整时，需要注意的是，在做完一次调整之后，要先操纵飞机飞一会儿，观察一下飞行状态，然后再决定是不是需要对油门继续进行进一步的调整，如图 10-56 所示。

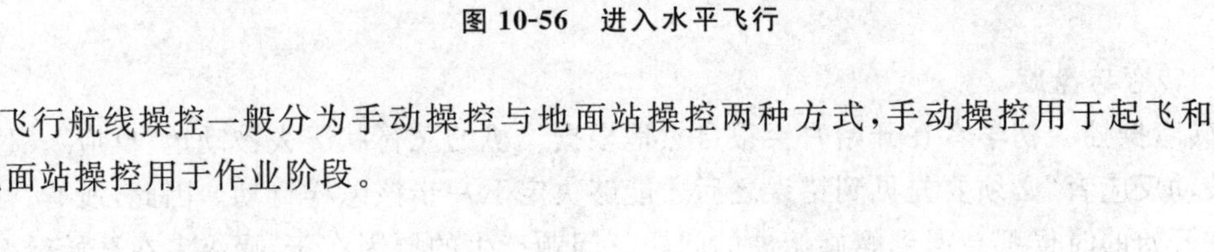

图 10-56　进入水平飞行

飞行航线操控一般分为手动操控与地面站操控两种方式，手动操控用于起飞和降落阶段，地面站操控用于作业阶段。

(二)飞行航线操控

1. 手动飞行操控

(1)直线飞行与航线调整。细微的航线调整及维持直线飞行是通过"点碰"(轻触)副翼的动作来进行的。就像开车一样,大多数人刚开始学习开车的时候,通常都是死死握住方向盘不放,使其长时间地处在修正上次误差的位置上。而熟练驾驶之后,就会变得放松而自信,只需一次次地轻打方向盘,就能保持直线行驶,同时还能减少对行驶方向进行修正的次数。同理,在操控无人机时,不管是要保持直线航行,还是要对航线进行细微调整,只需轻轻"点碰"副翼再放松回到回中状态,即可减轻过量操纵的问题,从而达到非常精确的控制。经过反复练习之后,这种点碰副翼的动作会变得非常细微而准确,使航线变得非常平滑,也使飞机的操纵变得得心应手。

直线飞行与航线调整的基本要点如下:

a. 轻轻点碰一下副翼后马上回中,而不要压住副翼不放。这样就可以使飞机产生轻微的倾斜,从而一点一点地对航线进行调整。由于这个过程中产生的坡度很小,所以飞机在点碰之后并不会掉高度,如图 10-57 所示。

b. 轻轻点碰副翼一到两次,即可将机翼调回水平状态,从而保持直线飞行。

c. 在点碰副翼之后,由此而产生的轻微倾斜可能并不会马上体现出来。所以,在点碰之后,一定要在回中的位置上稍微等一下,等到点碰的效果显现出来以后,再决定是不是需要做下一次点碰动作,如图 10-58 所示。

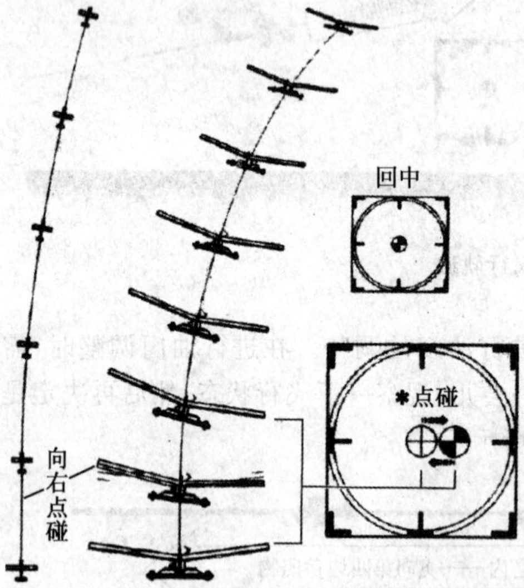

图 10-57 点碰副翼调整航线

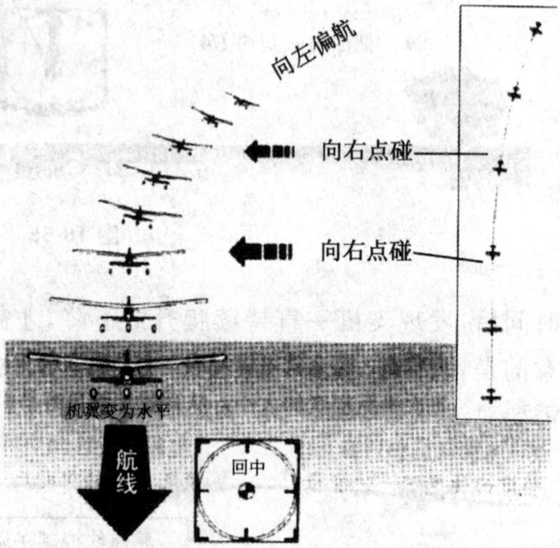

图 10-58 点碰副翼的技巧

(2)转弯与盘旋。

①转弯操控。初学者在开始时会很自然地根据飞机的飞行状况去被动地"反应"。这样的一个"被动反应者"必须要先见到错误之后才能够决定下一步该怎样行动。因此,所有"被动反应者"在开始的时候都会遇到螺旋俯冲的问题。问题产生的原因在于:操纵者在开始转弯的时

候先压一点儿副翼，然后一边观察机翼的倾斜情况，一边用手继续压着副翼。当飞机开始下沉的时候，操纵者的注意力自然会转移到拉升降舵上，以使飞机保持平飞。而在这一过程中，其手指是始终压着副翼的。如此一来，其结果就是让飞机倾斜得更厉害，更加急剧地螺旋俯冲。所以要尽量避免采用这一惯用的见错改错的方式来转弯。

A. 操纵飞机转弯的步骤。

a. 压坡度：利用副翼将机翼向要转弯的方向横滚倾斜。

b. 回中：将副翼操纵杆回中，使机翼不再进一步倾斜。

c. 转弯：立即拉升降舵并一直拉住，使飞机转弯，同时防止飞机在转弯过程中掉高度。

d. 回中：将升降舵操纵杆回中，以停止转弯。

e. 改出：向反方向打副翼，使机翼恢复到水平状态。

f. 回中：在机翼恢复水平的瞬间将副翼回中。

副翼偏转幅度的大小决定转弯的角度，也决定了拉升降舵的幅度。无人机转弯操纵步骤如图 10-59 所示。

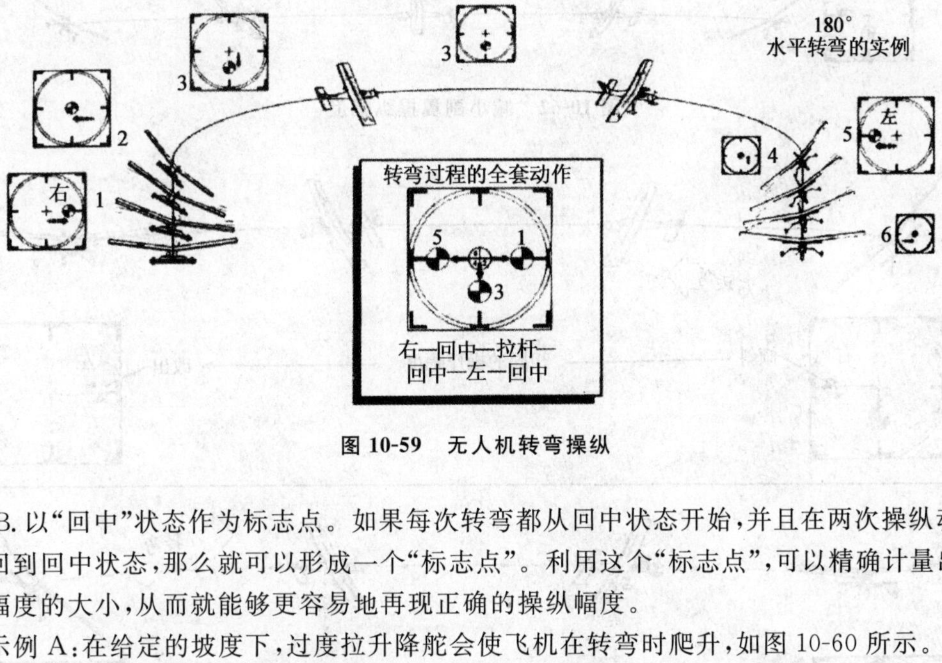

图 10-59　无人机转弯操纵

B. 以"回中"状态作为标志点。如果每次转弯都从回中状态开始，并且在两次操纵动作之间再回到回中状态，那么就可以形成一个"标志点"。利用这个"标志点"，可以精确计量出每次操纵幅度的大小，从而就能够更容易地再现正确的操纵幅度。

示例 A：在给定的坡度下，过度拉升降舵会使飞机在转弯时爬升，如图 10-60 所示。

示例 B：再次使用与示例 A 中相同的幅度操纵副翼，但是要注意以回中状态作为起始点，少拉一点升降舵。这样，就可以完成一个水平的转弯动作，如图 10-61 所示。

示例 C：如果前两个转弯比想象中的急，那么就以回中状态作为起始点，减小副翼的操纵幅度。这样，下一个转弯就会变得缓和，如图 10-62 所示。

C. 确保每次转弯都保持一致的方法。无论左转弯还是右转弯，操纵的模式均相同。在转弯结束时，使用与压坡度（使飞机形成围绕纵轴偏离水平的角度）时幅度相同但方向相反的方式操纵副翼进行改出，即可保证转弯的一致性，如图 10-63 所示。

注意：要预先确定好操纵幅度，尤其是当飞机距离过远，不易观察时，这一点尤为重要。

②180°水平转弯。副翼的操纵幅度较小，因而飞机飞的坡度也较小，转弯也较缓；同时拉升降舵的幅度也要较小，以保证飞机在转弯过程中维持水平，如图 10-64 所示。

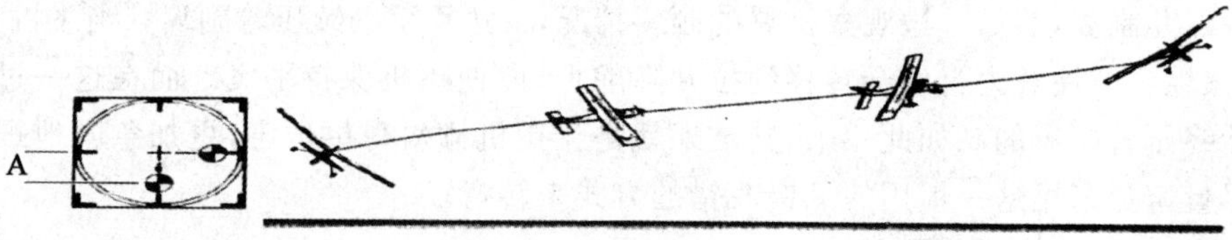

图 10-60　拉升降舵过度

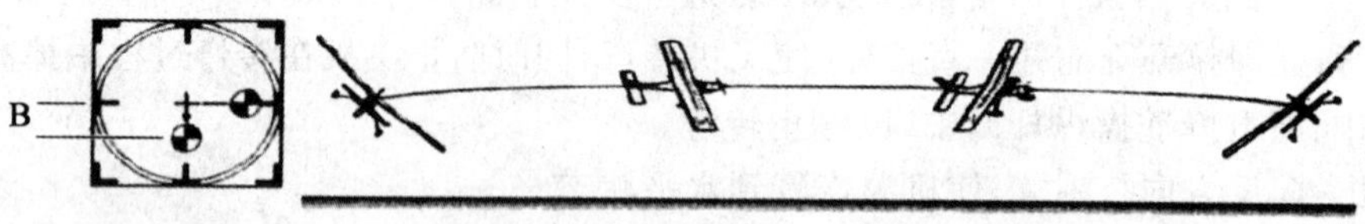

图 10-61　减小拉升降舵的幅度

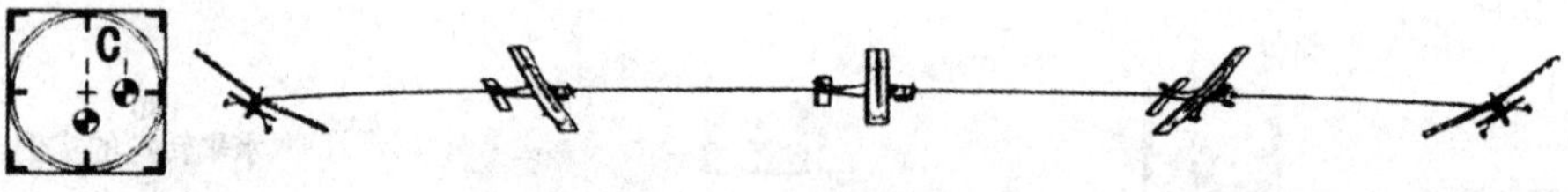

图 10-62　减小副翼操纵幅度

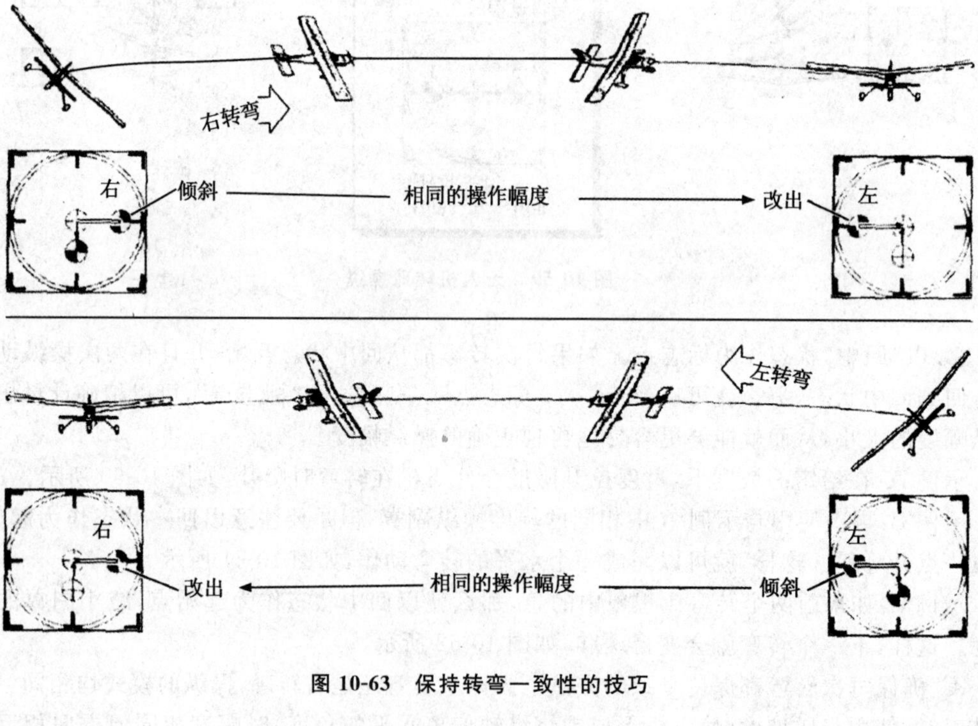

图 10-63　保持转弯一致性的技巧

③360°盘旋。360°盘旋是 180°水平转弯的延伸。只需一直拉住升降舵，即可很容易地完成该动作。

副翼的操纵幅度较大，因而飞机的坡度也较大，转弯也较急：同时拉升降舵的幅度也要较大，以保证飞机在转弯过程中维持水平，如图 10-65 所示。

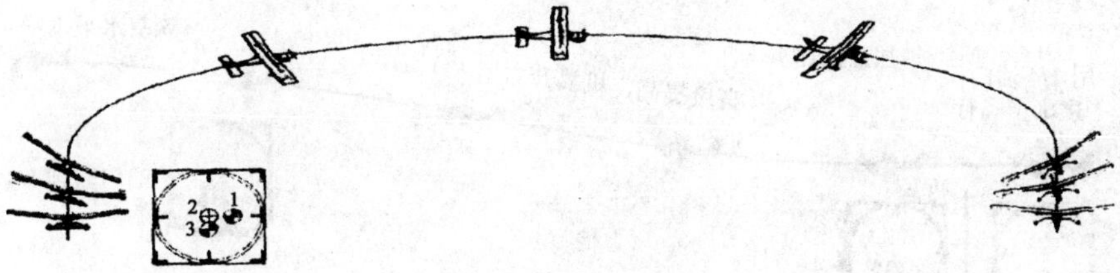

图 10-64　180°水平转弯

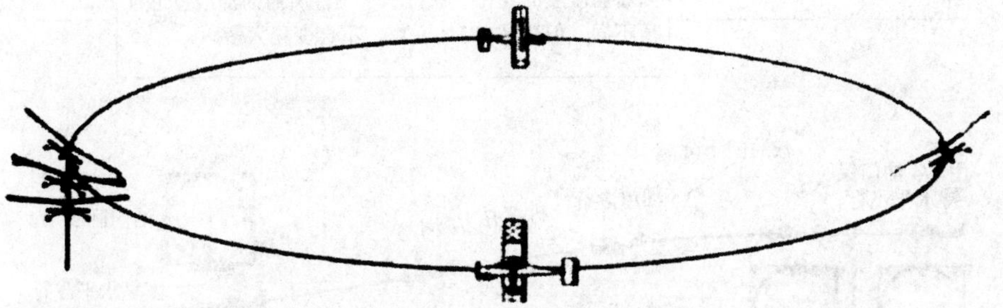

图 10-65　360°盘旋

(3)高度控制与油门。

①通过油门控制高度。在初次学习飞行操控时，应将油门控制在大约 1/4 的位置。因为此时飞机的速度比较理想，既可以让飞机获得足够的速度来保持水平飞行，同时又不会飞得太快，让学员有充分的时间去思考。如果想改变飞行高度，正确方法是：让飞机爬升，则将油门加到比 1/4 大，那么飞机速度就会加快，升力提高而使飞机上升：让要让飞机下降，则可将油门减到比 1/4 小，那么飞机速度就会减小，升力降低而使飞机下降。

在使用 1/4 油门时，并不能像想象中那样利用升降舵来爬升或下降。假如采用升降舵来爬升的话，那么在不加大油门的情况下，飞机向上爬升时速度会逐渐降低。此时升力会逐渐减小，使飞机下降。换句话说，飞机的轨迹就会进入振荡状态，即所谓的“波状飞行”，如图 10-66 所示。

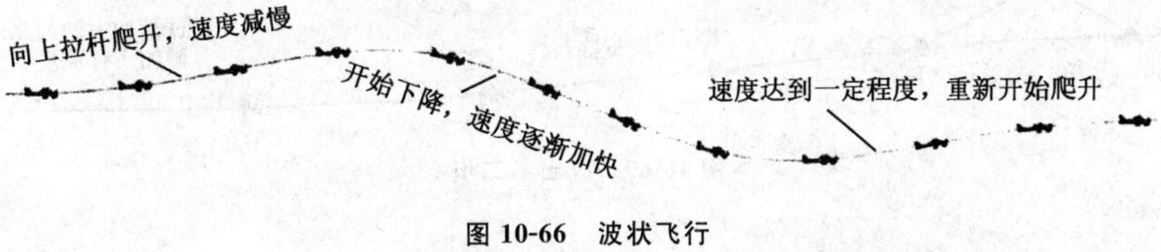

图 10-66　波状飞行

油门使用与高度控制的基本要点如图 10-67 所示。

②改出。改出就是让飞机从非正常飞行状态下，经过操作使其进入正常的飞行状态的过程。改出时不能简单地依靠油门来将飞机拉起，而应先让飞机从非正常状态飞出来。之后，如果还有必要再爬升到原有高度的话，可以再加大油门，如图 10-68、图 10-69 所示。

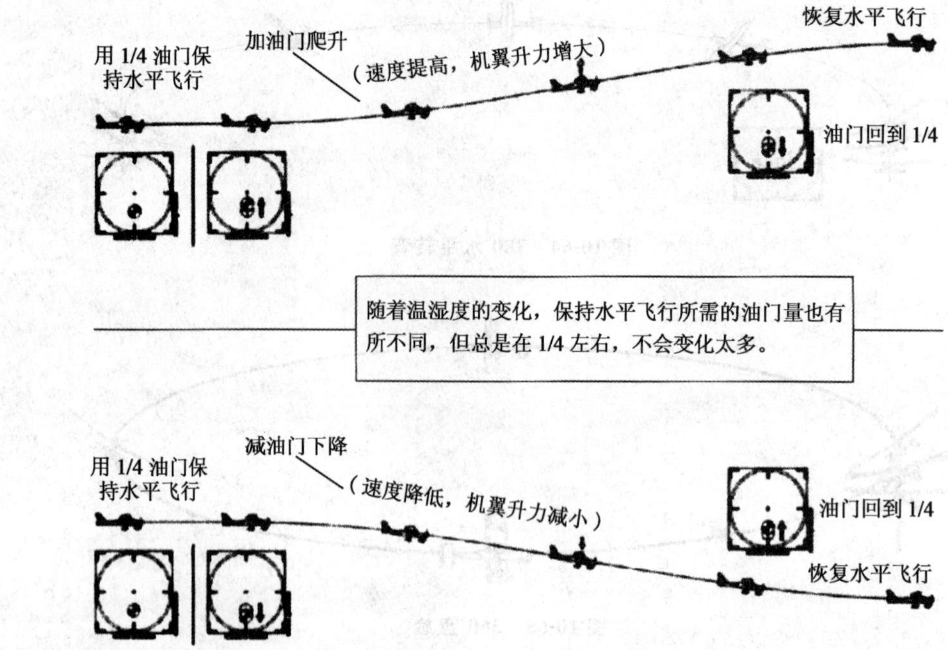

图 10-67　油门与高度控制

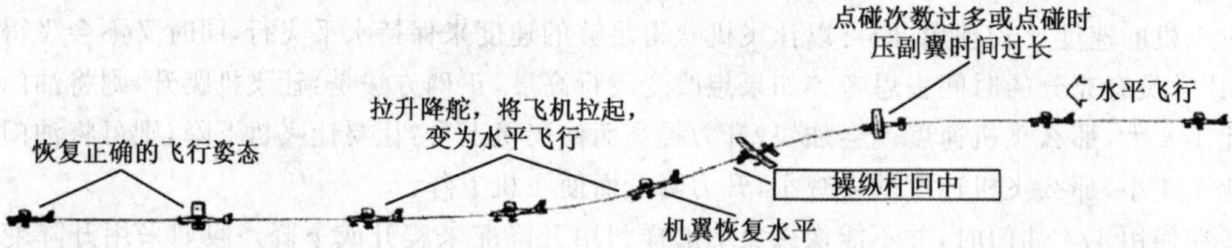

图 10-68　改出第一步

图 10-69　改出第二步

2. 地面站航线飞行操纵

(1)地面站的界面布局。

无人机地面站软件的界面通常可以划分为以下区域：

①菜单栏。菜单栏通常处于整个界面的最上边，主要包括文件、工具、帮助等功能。也有些地面站软件为了方便操作，在菜单栏中会整合一些其他的常用功能。比如设置、数据下载、捕获等，如图 10-70 所示。

②工具栏。与其他常用软件和程序类似，地面站软件界面中通常会包含一个工具栏。工

图 10-70　菜单

具栏一般在菜单栏的下方，通常以图标按钮的方式整合各种常用功能，方便用户操作。工具栏的功能通常包括：显示比例、测距、规划航线、擦除航点、上传航线数据、下载航线数据、标注位置点等。如图 10-71 所示。详见表 10-9。

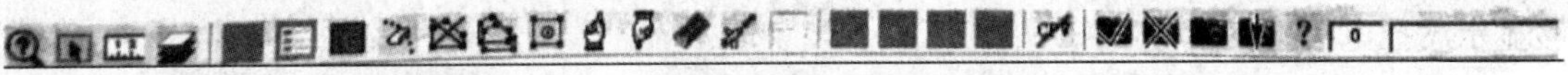

图 10-71　工具栏

表 10-9　工具栏的功能

序号	图标	功能
1		自定义地图显示的比例、窗口显示范围以及地图中心点
2		对地图上的航点或者标志层的内容框选
3		测量距离，距离在“路程”栏中显示
4		打开或者新建航线、标志、扫描地图层，定义电子地图
5		用鼠标在地图上编辑航线
6		显示和编辑航点数据列
7		显示下载的机载航线数据列
8		擦除飞机的飞行轨迹
9		擦除下载的机载航线的显示
10		复制下载的机载航线到当前航线编辑层
11		编辑、上传、下载制式航线
12		上传当前的航线数据
13		下载飞控中的航线数据
14		设定降落跑道
15		设定即时航线
16		四点划定航线
17		当使用了标志层时，添加标志点
18		当使用了标志层时，添加折线段
19		当使用了标志层时，添加直线
20		当使用了标志层时，添加区域
21		在 CPV 飞行时，鼠标指定飞行航向
22		按照设定方式手动启动连续照相
23		手动停止连续照相
24		手动拍照一张
25		下载照片位置数据
26		查询飞机当次飞行拍照数量，仅在关机前有效

③状态栏。状态栏通常位于界面的最下方，主要用于显示鼠标所在的地图位置对应的经纬度和海拔高度等信息。也有的软件能够在状态栏显示数据下传状态，包括通信状态、飞控状

态、卫星状态等，如图 10-72 所示。

图 10-72 状态栏

④数据区。地面站软件界面中通常设有专门显示飞行数据的数据区，主要用于显示飞行高度、速度、航向、距离等数据，如图 10-73 所示。有的地面站数据栏除显示上述数据外，还能够显示飞控电压、转速等。

⑤地图区。显示电子地图、航线、航点、飞行轨迹等信息，如图 10-65 所示。

⑥仪表区。模拟飞机驾驶舱内的仪表面板，显示无人机飞行的主要数据，包括飞行高度、速度、俯仰角、滚转角等，如图 10-74 所示。

图 10-73 数据区

图 10-74 模拟仪表面板

⑦控制区。控制区主要用来执行降落伞开伞、发动机停车、接收机开关、更改目标航点等操作，如图 10-75 所示。

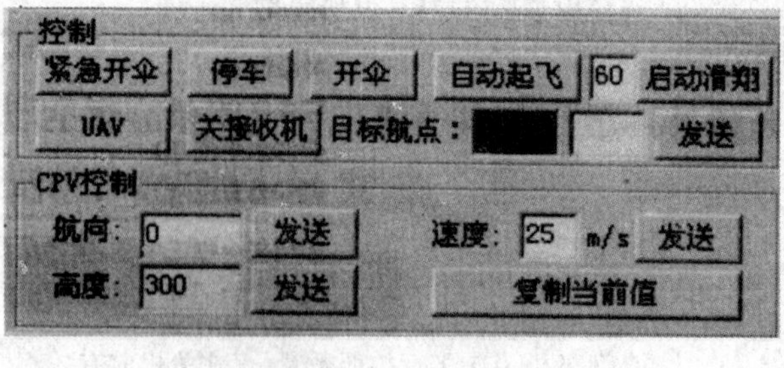

图 10-75 控制区

(2)地面站常用功能操作方法。

①参数设置。在无人机进行航线飞行之前，首先需要对地面站的参数进行基本设置：

高度：无人机每次起飞前需要输入飞控所在的高度值。

空速：将空速管进口挡住，阻止气流进入空速管，点击清零按钮可以将空速计清零。

安全设置：地面站中的基本安全设置主要包括爬升角度限制和开伞保护高度等可能影响飞行安全的参数。根据不同软件的设定，其他可能需要设置的安全参数还包括俯冲角度限制、滚转角度限制、电压报警、最低高度报警等。

②拍照。

a. 拍照模式有两种：“等时间间隔”和“等距离间隔”。

b. 启动拍照的方式有两种：手动和自动。手动拍照时，只要点击地面站界面上相应的拍照控制按钮，自驾仪就会控制相机拍摄一张照片，手动拍照主要用于地面测试。自动拍照时，自动拍照的启动通常也有两种方式，一种是在任务窗口里按下“开始照相”按钮，飞控将按照之前设置好的间隔自动控制相机拍照。另一种是选择任务航点照相功能，一旦飞机到达有照相设置的航点就会自动拍照。

c. 停止自动拍照：按下任务窗口中的“停止拍照”按钮，系统会停止拍照。

③捕获。捕获功能主要用于捕捉各个舵机的关键位置，包括中立位、最大油门、最小油门、停车位等，如图 10-76 所示。

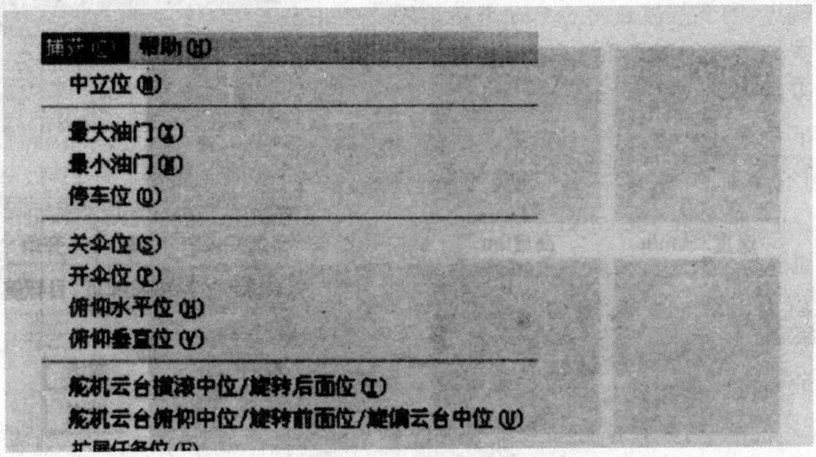

图 10-76　捕获功能

④地图操作。使用地图操作功能可以进行飞行任务的编辑、监视与实时修改。常用操作主要包括：

a. 建立地图。通常可以使用自己的电子地图文件或扫描地图。

b. 视图操作。可以对地图进行放大、缩小、平移等操作。

c. 测量距离。启用测距功能，使用鼠标点击测量相邻点间的距离和总距离。

d. 添加标志。在地图上需要添加标志的地方用鼠标直接操作就可以生成对应的标志对象。

⑤航线操作。

a. 新增航点。如果是从 1 点开始新生成航线，点击相应的“增加航点”按钮，从点下第一点开始，直到最后一点双击鼠标，可以自动按顺序生成一系列航点。

b. 编辑航点。如果当前地图上有规划好的航线，选择该功能之后就会弹出相应的“航线编辑”对话框，如图 10-77 所示。

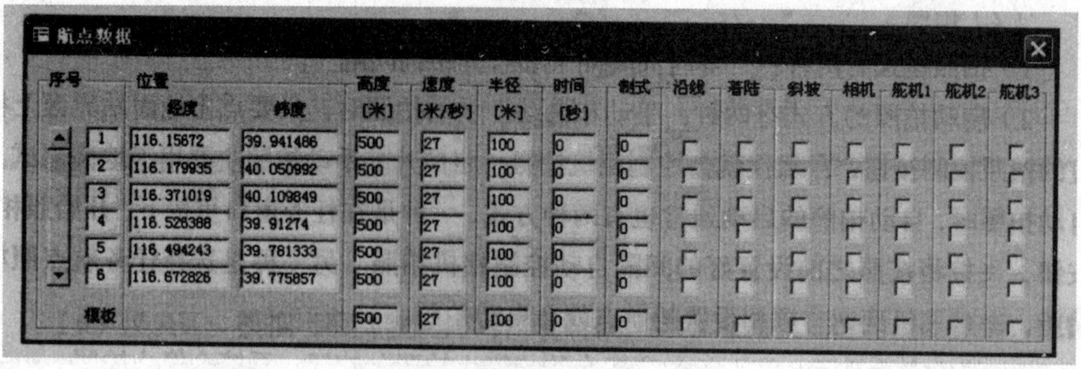

图 10-77　航线编辑对话框

航点数据表中有对应航点的各项数据，可以用鼠标选择并手工输入修改航点的相应参数。对于输入项按回车后确认修改。

c. 删除航点。对于选中的航点，直接按 Delete 键可以删除航点，剩下的航点将会自动重新排序。

d. 上传下载航点。通常可以选择上传或下载单个或全部航点。

e. 自动生成航线。在地图上先随意生成一个起飞航点，选中这个航点；或者打开一个已经建立的航线，选中需要插入的航点。

鼠标右键选择“插入自动航线”，鼠标左键在地图上相应的位置画出第一条航线，会自动跳出一个“自动航线生成器”的对话框，如图 10-78 所示。

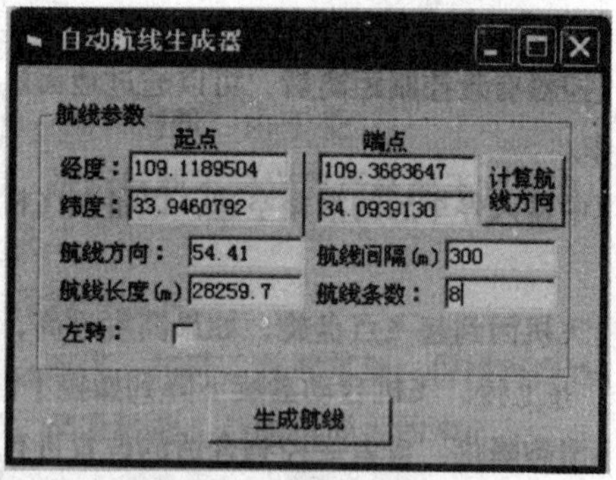

图 10-78　自动航线生成器

在对话框中可以手工设定起点和端点的经纬度、航线方向、航线间隔、航线长度和航线条数等数据。设定完毕后按下生成航线，将会自动生成航拍航线。

⑥飞行记录与回放。

a. 记录。运行软件后，选择“监视”功能，软件将打开串口并进入通信状态。

打开飞控后，飞控初始发送“遥测数据”，软件一旦接收到数据，就会生成记录文件。下传的所有数据都会存入记录文件中。

c. 回放。运行软件后，选择菜单“回放”功能后，软件会跳出选择回放文件的窗口，选择需要回放的文件记录后进入回放状态。按下回放按钮可以开始回放飞行数据，按下暂停按钮可以暂停回放。

(3)地面站航线飞行操作流程。对于已经完成 PID(控制系统)调整的飞机可以按照下面的步骤来进行飞行操作。

①安装并连接地面站。

②安装机载设备，连接电源，连接空速管。

③飞机飞控开机工作 5～10 分钟。由于飞控会受温度影响，所以当室内外温差比较大时，将飞机拿到室外之后，应先放置几分钟，以使其内部温度平衡。

④打开地面站软件，参照飞行前检查表，对各个项目逐一进行检查。主要检查项目包括陀螺零点、空速管、地面高度设置、遥控器拉距测试、航线设置、电压和 GPS 定位。

⑤起飞后，如果飞机没有进行过调整并记录过中立位置，那么则需利用遥控器微调进行飞行调整，调整到理想状态时，地面站捕获中立位置；如果已经进行过飞行调整，则在爬升到安全高度后，切入航线飞行。

⑥当飞机飞出遥控器有效控制距离后，可以通过地面站关闭接收机，以防止干扰或者同频遥控器的操作。

⑦在滑翔空速框中输入停车后的滑翔空速，以备在飞机发动机停车时能够及时按下“启动滑翔空速”。

⑧飞行完成后，飞机回到起飞点盘旋，如果高度过高，不利于观察，可以在地面站上降低起飞点高度，并上传。飞机自动盘旋下降到操控手能看清飞机的高度。

⑨遥控飞机进行滑跑降落，或者遥控到合适的位置进行开伞降落。

(三)无人机进场与降落操控

1. 进场操控

(1)进场方式。无人机进场通常采用五边进近程序。

所谓五边，从起降场地上方看上去实际上是一个四边形，但是在立体空间中，由于起飞离场边(一边)和进场边(五边)的性质和飞行高度都不同，所以这条边应该分成两段来看，就成了五边，如图 3-39 所示。图中一边为离场边；二边为侧风边，方向与跑道呈 90°；三边为下风边，方向与跑道起飞方向反向平行；四边为底边，与跑道垂直，开始着陆准备；五边为进场边，与起飞方向相同，着陆刹车。

对于准备进场着陆的无人机来说，五边实际上就是围绕机场飞一圈。当然，由于受航线、风速等条件限制，进近航线不一定要严格地飞完五边，也可以适时从某条边直接切入，如图 10-79 所示。

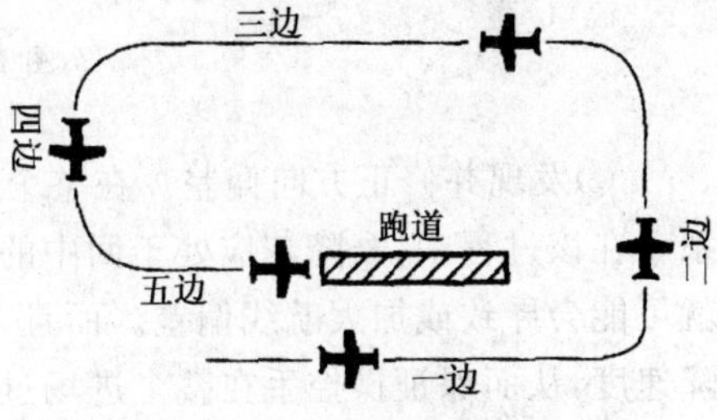

图 10-79　五边进近

完整的五边进近操作程序如下：

一边(逆风飞行)：起飞、爬升，收起落架，保持对准跑道中心线。

二边(侧风飞行)：爬升转弯，与跑道成大约 90°。

三边(顺风飞行)：收油门，维持正确的高度，并判断与跑道的相对位置是否正确。

四边(底边飞行)：对正跑道，维持正确的速度和下降率。

五边(最后的进场边)：做最后调整，保持正确的角度和速率下降、进场、着陆。

(2)正风进场。

①进场的组织。

a. 进入较近、较低的第三边(顺风边)。

b. 稍微减小油门，控制飞行高度逐渐下降。

c. 到达标志点，开始操纵飞机转弯。

d. 进行第四边（基边）水平转弯。

e. 在机身指向跑道的时候，从转弯中彻底改出。

f. 利用自身作为参照物让飞机对准跑道。

注意：在开始第四边（基边）转弯之前就要使无人机逐步下降高度，以便能够集中精力完成稳定的水平转弯。

②确保第四边水平转弯。对于整个着陆环节而言，其中最重要的一环就是要让第四边的转弯保持水平，以便能够更容易地完成改出。同时，也让操控者能够集中精力去对准跑道，如图 10-80 所示。

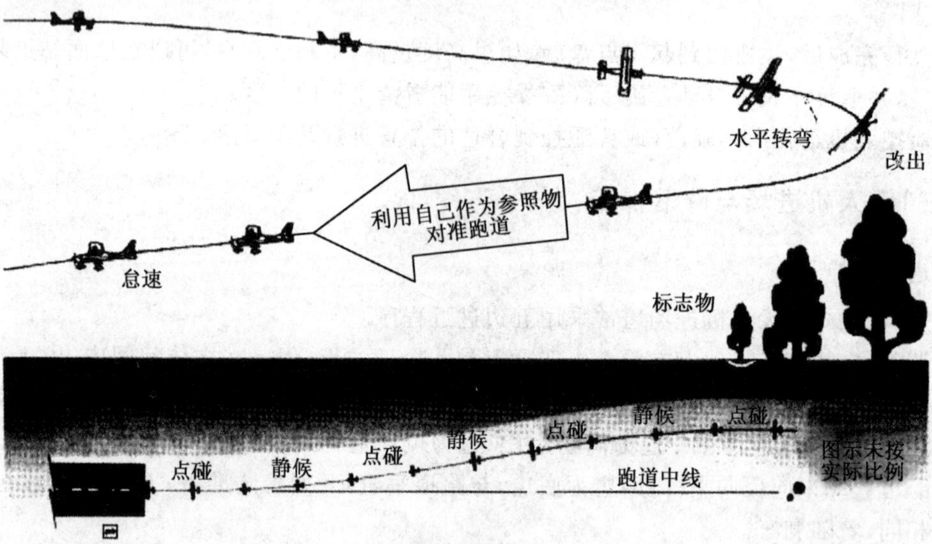

图 10-80　第四边水平转弯

③发现并修正方向偏差。在整个进场过程中，要不断确认无人机和操控手的相对位置关系。在该过程中，升降舵应处于回中的状态。否则，如果升降舵未回中，此时去点碰副翼的话，就可能会导致或加大航线偏差。而且，让升降舵处于回中状态，也可以让无人机保持一定的下降速度，从而保证操控手在整个进场过程中能对无人机进行更好的控制，如图 10-81 所示。

④发动机怠速。为了确保飞机能够在跑道上顺利着陆，必须事先确定好发动机进入怠速的最佳时机，例如，从第四边转弯中改出后，进入降落航线，根据飞机速度确定进入怠速的时机，如果速度高则提前进入怠速。在从第四边转弯中改出时要彻底，并尽早让飞机对准跑道，以便有更多的时间来思考究竟应该何时进入怠速。

（3）侧风进场。侧风进场时需要对飞机的航向进行修正，方法通常有两种：

①航向法修正侧风（偏流法）。航向法就是有意地让飞机的航向偏向侧风的上风面一侧，机翼保持水平，以使飞行航迹与应飞航迹一致。航向法适用于修正较大的侧风。

②侧滑法修正侧风。向侧风方向压杆，使飞机形成坡度，向来风方向产生侧滑，同时向侧风反方向偏转方向舵，以保持机头方向不变。当侧滑角刚好等于偏流角时。偏流便得到了修正。

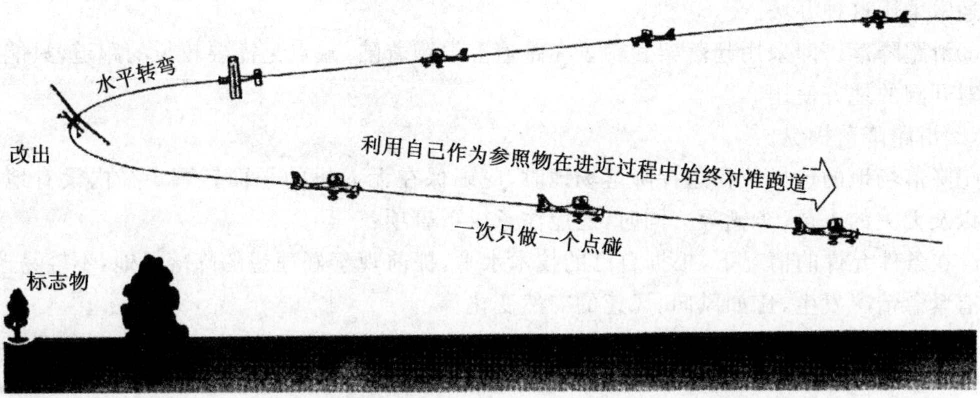

图 10-81　修正方向偏差

2. 降落操控

(1)无人机常用降落方式。多数无人机是可以重复使用的,称为可回收无人机。也有的无人机仅使用一次,只起不落,称为不可回收无人机,例如小型无人侦察机,在执行完任务后,为防止暴露发射地点,自行解体(自炸)。无人机的回收方式通常有以下几种:

①脱壳而落。在这种回收方式中,只回收无人机上有价值的那部分,比如照相舱等,而无人机壳体则被抛弃。这种方法并不多用,因为一来回收舱与无人机分离并不容易,二来被抛弃的无人机造价不菲。

②网捕而回。用网回收无人机是近年来小型无人机常用的回收方法。网式回收系统通常由回收网、能量吸收装置和自动引导设备等部分组成。回收网有横网和竖网两种架设形式。能量吸收装置的作用是把无人机撞网的能量的吸收掉,以免无人机触网发生弹跳而损坏。自动引导设备通常是一部摄像机,或是红外接收机,用于向指挥站报告无人机返航路线的偏差。

③乘伞而降。伞降是无人机普遍采用的回收方法。无人机使用的回收伞与伞兵使用的降落伞并无本质区别,而且开伞的程序也大致相同。需要注意的是,在主伞张开时,开伞程序控制系统必须操纵伞带,让无人机由头朝下转成水平方向下降,以确保无人机的重要部位在着陆时不会损坏。

伞降着陆时,无人机虽乘着回收伞,但在触地瞬间,其垂直下降速度仍会达到 5~8 米/秒,产生的冲击过载很大。因此,采用伞降回收的无人机必须要加装减振装置,比如气囊或气垫。在触地前,放出气囊,起到缓冲作用。

伞降回收通常只适用于小型无人机。对于大型无人机,由于伞降回收可靠性不高,且操纵较困难,损失率较高,所以较少使用。

④气垫着陆。其原理接近气垫船,方法是在无人机的机腹四周装上一圈橡胶气囊,发动机通过管道把空气压入气囊,然后压缩空气从气囊中喷出,在机腹下形成一个高压气垫,支托无人机,防止其与地面发生猛烈撞击。

气垫着陆的最大优点是使用时不受地形条件限制,可以在不平整的地面、泥地、冰雪地或水上着陆,而且不管是大型还是小型无人机都可以使用,回收率高,使用费用低。

⑤冒险迫降。迫降就是选一块比较平坦、开阔的平地,用飞机腹部直接触地降落的一种迫不得已的降落方法。当无人机遇到起落系统出故障,或燃料用完无法回到降落场地时,为保全

飞机通常采用这种办法。

⑥滑跑降落。即采用起落架和轮子在跑道上滑跑着陆，缺点是需要较长的跑道，只能在地势相对开阔的地方使用。

(2)滑跑降落操纵。

①降落场地的选择。在选择降落场地时，应确保在无人机的平面转弯半径内没有地面障碍物以及无关的人员、车辆等。同时，还应注意以下事项：

a.在条件允许的情况下，根据自己的技术水平，提前观察好理想的降落场地，不轻易改变，除非有紧急情况发生，比如风向、风速的突然变化等。

b.选择降落场地应本着便于回收、靠近公路的原则，这样既节省时间，又不会无端消耗体力。

c.尽量避免降落在刚收割的庄稼地里，因为庄稼的茬口会刺破伞布，造成不必要的损失，而且也不易收伞。

e.尽量降落在新修的公路上、沙土地上，或是未耕种的土地里。

f.在降落前要认真观察拟降场地里有无电线杆，看清电线杆走向，特别是对高压线也要避而远之。

②降落操纵方法。在即将进入降落航线时，收小油门，根据飞行速度来确定进入对头降落航线的距离。一般情况下，进入对头降落航线后，通常是将油门放到比怠速稍高一点，因为这样可以有充分的时间来判断降落的速度从而确定是否需要复飞。进入降落航线后，根据降落地点的距离，对飞行高度进行适当的调整。此时需要注意，既要低速飞行，又要确保不失速。通常来说，在对准航线，离降落点不远的时候就应将油门放到怠速，在即将触地的时候，稍拉杆，让飞机保持仰角着陆。注意，前三点式起落架应以后轮着地，而后三点式起落架则以前轮着地为佳。无风或微风降落时必须时刻注意飞行速度，如果飞机着陆时水平速度过高，很容易导致起落架变形，而且对飞机损伤也较大。

(3)伞降操控。

①伞降系统的工作过程。不同无人机伞舱所在的位置不同，开伞条件也不同，所以必须根据具体情况采用不同的开伞程序。对于回收速度较小的无人机，通常直接打开主伞减速即可。而对于回收速度较大的无人机，回收系统一般由多级伞组成，减速伞首先打开，让无人机减速和稳定姿态；当减小到一定速度时，再打开主伞，让飞机以规定的速度和较好的姿态着陆。

②伞降系统的组成。伞降系统通常由下面几部分组成：

引导伞：伞降系统的先行组件，用于拉出下一程序。

减速伞：在大速度条件下开伞时，先对飞机实施减速，以确保主伞的开伞条件；同时在一些大型无人机上，还能起到缩短滑跑距离的作用。

主伞：系统的主要部件，保证无人机以规定的速度及稳定的姿态着陆。

伞包：包装降落伞的容器，能保证回收伞按程序开伞，减小开伞力。

连接带和吊带：伞降系统与无人机之间的连接部件。

分离接头：无人机着陆时的抛伞机构，一般采用电爆的方法分离。

控制系统：用于完成回收工作的流程控制，同时在完成各项控制功能后能够向总体发送反馈信号。伞降控制系统可以与无人机的飞控系统进行集成，由飞控系统发出伞降系统的启动与分离信号。

机械系统：如射伞枪、弹伞筒、牵引火箭、爆炸螺栓等。

③无人机伞降操作流程。无人机比较典型的伞降回收流程通常由以下几个阶段组成：

a. 进入回收航线：调整飞行轨迹以及航向，让无人机按预定的航线进入回收场地。

b. 无动力飞行段：减速到预定速度，发出停车指令关闭发动机，飞机作无动力滑翔。

c. 开伞减速段：发出开伞指令，降落伞舱门打开，带出引导伞，然后由引导伞拉出主伞包。主伞经过一定时间的延时收口后完全充气张满，无人机作减速滑行。

d. 飘移段：无人机以稳定的姿态匀速降落。

(4)复飞操纵。

①复飞的概念。复飞指的是无人机在即将触地着陆前，将机头拉起重新起飞的动作。飞机着陆前有一个决断高度，当飞机下降到这一高度时，如果仍不具备着陆条件，那么就应加大油门复飞，重新进行着陆。如果着陆条件仍不具备，那么则可能再次复飞或改换其他降落场地降落。

②导致复飞的因素。

A. 天气因素：

风向、风速的突然改变，侧风、顺风、逆风超过标准。

进近过程中跑道上空有雷雨过境造成强烈的颠簸、跑道积水超过标准、低空风切变等不利天气条件。

B. 设备与地面因素：

着陆过程中接地过远。

突发系统故障，未做好着陆准备。

进近过程中突然发生的跑道入侵。

C. 操纵人员因素：

进场偏离跑道或下降的高度过低。

当下降到规定高度时，无人机还未建立着陆形态或稳定进近。

D. 其他因素：

紧急情况或其他原因导致必须复飞。

操控人员对操纵无人机着陆缺乏信心。

③复飞操作方法。

A. 复飞的三个阶段：

复飞起始阶段。这一阶段从复飞点开始到建立爬升点为止，这一阶段要求操控人员集中注意力操纵无人机，不允许改变无人机的飞行航向。

复飞中间阶段。这一阶段从建立爬升点开始，以稳定速度上升直到获得规定的安全高度为止。中间复飞段无人机可以进行转弯坡度不超过限制值的机动飞行。

复飞最后阶段。这一阶段从复飞中间段的结束点开始，一直延伸到可以重新做一次新的进近或回到航线飞行为止。这一阶段可以根据需要进行转弯。

B. 复飞的操作步骤：

向拉杆的方向点碰一下升降舵，以防飞机触地。

加大油门，使飞机恢复爬升，并重飞一圈着陆航线，如图 10-82 所示。

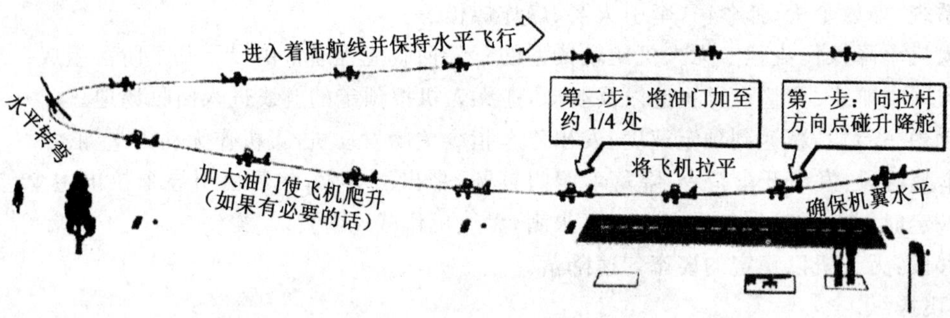

图 10-82 复飞操纵

C. 操作要点：

由于复飞的时候飞机距离地面的高度比较低，所以，务必要先点碰一下升降舵以确保飞机不再下降。此时如果只顾着去加大油门的话，飞机很有可能会来不及恢复水平飞行。

在离地面比较近时，拉升降舵之前首先要确保机翼水平，以防飞机转弯。只要保证机翼水平，即使不采取任何措施，让飞机直接撞到地上，也有可能不产生损伤。

刚开始进入复飞的时候，油门只需加到 1/4 即可。一般情况下，不要一开始就立刻将油门加到 1/4 以上，以免因为飞行速度过快而出现手忙脚乱的情况。

在出现接地过远的情况时，尽量不要通过向下推升降舵的方法来进行挽救。否则，很容易在俯冲中积累过多的速度和升力，而导致飞机冲出跑道。

八、无人机飞行后检查与维护

无人机在结束飞行后，必须进行全面的检查和维护，以确保无人机后续飞行的安全。这些是无人机操控师需要掌握的基本技能。下面介绍飞行后检查和飞行后维护内容。这里涉及的内容仅对常用典型设备及场景进行介绍，其他情况可借鉴执行。

（一）飞行后检查

1. 油量检查计算记录

（1）油位查看。

①常见油箱。早期航空模型发动机大都自带简单油箱，给使用者带来很大方便。随着模型飞机种类的增加和无人机的发展，发动机自带油箱已不能满足要求，需要专门制作合适的油箱。常见的油箱有以下几种：

a. 简单油箱。简单油箱由容器和出油管、通气管及注油管组成，如图 10-83 所示。更为简单的是在容器的顶面钻两个孔，将塑料油管从一个孔插入到容器底部，就可以使用了。这种油箱是依据模型飞机机身的截面形状制作的，常用的形状有立方体、圆柱体和棱柱体等。油箱大多用金属薄板焊成，也可以用塑料瓶改制，如图 10-84 所示。

b. 特技油箱。这种油箱装有两根通气管：一根用于正常飞行；另一根用于倒飞，在倒飞时保证供油。模型飞机在地面加油时，倒飞通气管用作注油管。倒飞油箱一般为金属片焊成，如图 10-85 所示。

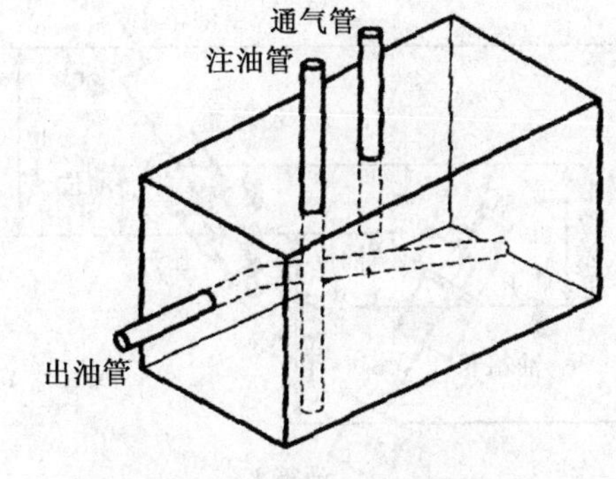

图 10-83 金属板焊制的简单油箱

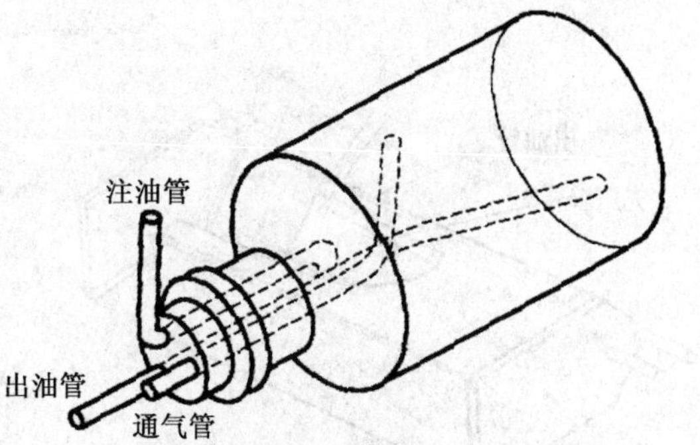

图 10-84 塑料瓶改制的简单油箱

c. 压力油箱。压力油箱如图 10-86 所示，将一定压力的气体充入压力油箱. 即可向发动机加压供油。当充入气体的压力足够大时，便可缓解或消除油箱油量消耗前后的液位差对发动机工作稳定性的影响。压力供油的特点是油箱封闭。前面几种油箱在注满油后将注油口封闭，将通气口与压力气源相接，即可成为压力油箱，实现压力供油。

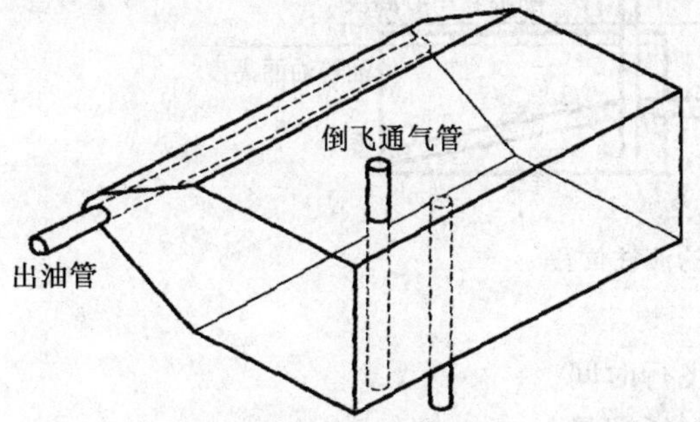

图 10-85 倒飞油箱

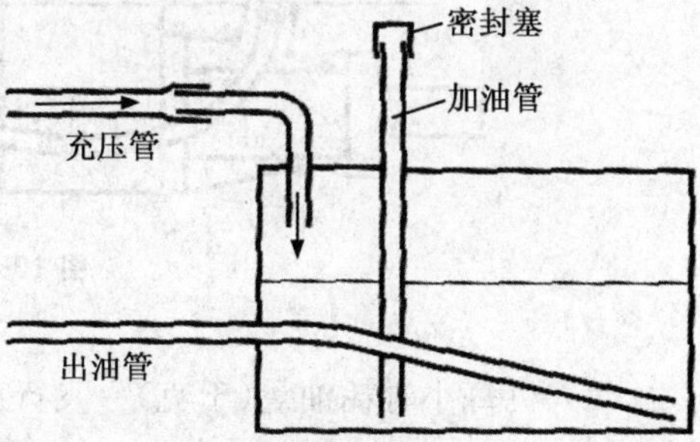

图 10-86 压力油箱

等压油箱也称吸入式恒压油箱，是压力油箱的一种，如图 10-87 所示。其特点是出油管和冲压管进入油箱的部分两管是靠在一起伸向油箱后外方，且充气管略短于出油管。这样的结构在油箱内两管口附近构成了供油的"小油箱"，供油的液位差便在"小油箱"的尺寸范围之内；同时，又有冲 6 压管压力供油，供油液位差非常小，故称等压油箱。

②油箱安装位置。

a. 油箱应尽量靠近发动机，以减少无人机飞行姿态变化时油箱液位的变化量，如图 10-88 所示。

b. 油箱装满混合油后的油面应与发动机汽化器喷油嘴或喷油管中心持平或稍低，如图 10-89 所示。

③油量读取。对于没有刻度的油箱，首先通过手摇泵、电泵或注射器把油箱内的油转入量杯内，通过读取量杯的示值来获得油量。对于有刻度的油箱，直接读取油箱上的刻度即可获得油箱中油量。

(2)油量计算。通过量杯或油量表获得剩余燃油油量后，用于计算飞行时间。

无人机实际耗油量(千克)＝千克推力×耗油率×飞行小时。

无人机飞行后油耗的计算为：飞行前油箱油量－飞行后油箱油量。

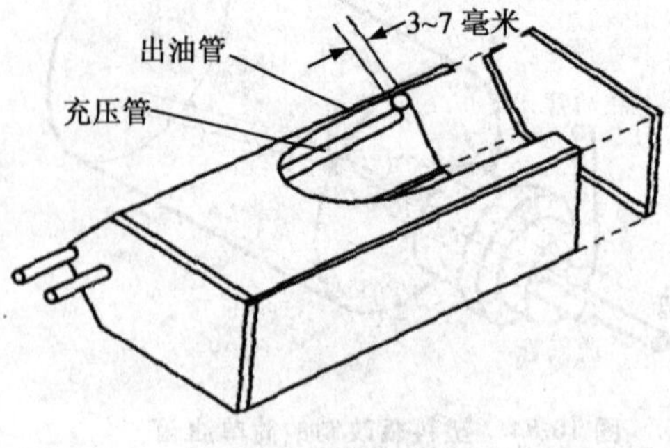

图 10-87　等压油箱

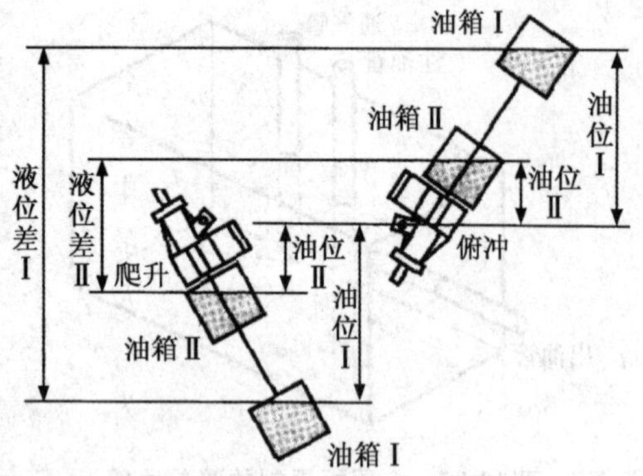

图 10-88　油箱位置与液柱

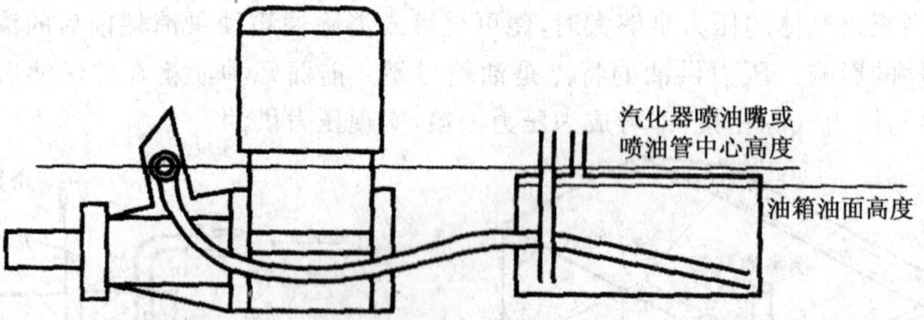

图 10-89　油箱的液柱位置

无人机每小时耗油量(千克)＝飞行后油耗/飞行时间。

无人机可飞行时间＝飞行后油箱油量/每小时耗油量。

【例题】如果无人机飞行前油量为 3 千克，飞行了 1 小时后，油箱内剩余油量为 1 千克，问无人机还能飞行多久？

无人机飞行后油耗＝飞行前油箱油量－飞行后油箱油量＝3－1＝2 千克；

无人机每小时耗油量＝飞行后油耗/飞行时间＝2/1＝2 千克/小时；

无人机可飞行时间＝飞行后油箱油量/每小时耗油量＝1/2＝0.5 小时。

所以无人机还能飞行 0.5 小时。

2. 电气、电子系统检查及记录

(1)无人机电源电压检查。

①无人机常用电池。无人机上的供电设备，除了专用电源外，蓄电池还广泛地用于无人机启动引擎和辅助动力装置，也为必要的航空电子控制设备提供支撑电源，为保障导航设备和飞行线路计算机做不间断电源，鉴于这些功能对执行飞行任务都非常重要，所以对无人机电源首要的要求是安全可靠，性能必须稳定耐久，能为无人机在各种应急环境下维持航行控制系统工作提供支持。目前应用在无人机上的电源主要有太阳能电池和锂离子电池等。

a. 锂电池。锂电池用于小型无人机电力发动机。

b. 蓄电池。当需要更大的功率时就从蓄电池里提取能量。

c. 太阳能电池。太阳能无人机是利用太阳光辐射能作为动力在高空连续飞行数周以上的无人驾驶飞行器，它利用太阳能电池将太阳能转化为电能，通过电动机驱动螺旋桨旋转产生飞行动力。白天，太阳能无人机依靠机体表面铺设的太阳能电池将吸收的太阳光辐射能转换为电能，维持动力系统、航空电子设备和有效载荷的运行，同时对机载二次电源充电；夜间，太阳能无人机释放二次电源中储存的电能，维持整个系统的正常运行。

②蓄电池编号规则。蓄电池的型号都是按照一定标准来命名的，在国内市场上使用的蓄电池型号主要是按照国家标准以及日本标准、德国标准和美国标准等命名的，下面来介绍一下如何识别各类电池编号。

a. 国家标准蓄电池。以型号为 6-QAW-54a 的蓄电池为例，说明如下：

6—表示由 6 个单格电池组成，每个单格电池电压为 2 伏，即额定电压为 12 伏。

Q—表示蓄电池的用途，Q 为汽车启动用蓄电池、M 为摩托车用蓄电池、JC 为船舶用蓄电池、HK 为航空用蓄电池、D 表示电动车用蓄电池、F 表示阀控型蓄电池。

A、W—表示蓄电池的类型，A 表示干荷型蓄电池，W 表示免维护型蓄电池，若不标表示普通型蓄电池。

54—表示蓄电池的额定容量为 54 安培/小时。充足电的蓄电池，在常温下，以 20 小时进行(度量蓄电池放电快慢的参数)放电，蓄电池对外输出的电量。

a—表示对原产品的第一次改进，名称后加 b 表示第二次改进，依此类推。

b. 日本 JIS 标准蓄电池。在 1979 年时，日本标准蓄电池型号用日本 Nippon 的 N 为代表，后面的数字是电池槽的大小，用接近蓄电池额定容量的数字来表示，如 NS40ZL：

N—表示日本 JIS 标准。

S—表示小型化，即实际容量比 40 安培/小时，为 36 安培/小时。

Z—表示同一尺寸下具有较好启动放电性能，S 表示极柱端子比同容量蓄电池要粗，如 NS60SL。

一般来说，蓄电池的正极和负极有不同的直径，以避免将蓄电池极性接反。

L—表示正极柱在左端，R 表示正极柱在右端，如 NS70R(从远离蓄电池极柱方向看)。

到 1982 年，日本标准蓄电池型号按照新标准来执行，如 38820L(相当于 NS40ZL)：

38—表示蓄电池的性能参数。数字越大，表示蓄电池可以存储的电量就越多。

8—表示蓄电池的宽度和高度代号。蓄电池的宽度和高度组合是由 8 个字母中的一个表示的(A 到 H)，字符越接近 H，表示蓄电池的宽度和高度值越大。

20—表示蓄电池的长度约为 20 厘米。

L—表示正极端子的位置，从远离蓄电池极柱看过去，正极端子在右端的标 R，正极端子在左端的标 L。

c. 德国 DIN 标准蓄电池。以型号为 61017 MF 的蓄电池为例，说明如下：

开头 5—表示蓄电池额定容量在 100 安培/小时以下；6 表示蓄电池容量在 100 安培/小时与 200 安培/小时之间；7 表示蓄电池额定容量在 200 安培·小时以上。例如 61017MF 蓄电池额定容量为 110 安培·小时。

容量后两位数字表示蓄电池尺寸组号。

MF—表示免维护型。

d. 美国 BCI 标准蓄电池。以型号为 58430(12 伏、430 安培、80 分钟)的蓄电池为例，说明如下：

58—表示蓄电池尺寸组号。

430—表示冷启动电流为430安培。

80—表示蓄电池储备容量为80分钟。

如果说无人机上的油路如同人体内的血管，那么无人机上的电路就应该比作人体内的神经，给机体内神经（无人机上电路）提供动力的则是蓄电池。因此需要通过对无人机蓄电池类别和型号的认识，选择一款最为合适的电源。

③电源电压检查。对于无人机飞行后的电量检查，主要包括机载电源和遥控器电源电压和剩余电量的检查，其中机载电源包括点火电池、接收机电池、飞控电池和航机电池。

a.根据蓄电池的标准读取编号并进行记录。

b.拔下控制电源、驱动电源、机载任务电源等快接插头；将快捷便携式电压测试仪（图10-90）的快接插头连接到上述各个电源快接插座上；读取数字电压表数值；记录数字电压表数值，如果飞行前电压是7伏，飞行后电压是6伏，则说明电池运行正常，若飞行后电压是4伏，超出了蓄电池的正常工作电压，则说明电池已损坏，需及时更换。

图10-90　快捷便携式电压测试仪

（2）电子系统运行检查。无人机上装有自动驾驶仪、遥控装置等电子系统，无人机上电后，要观察各个电控装置运行是否正常，各指示灯显示是否正常。主要包括：

①检查绝缘导线标记及导线表面质量及颜色是否符合相关要求。

②用放大镜检查芯线有无氧化、锈蚀和镀锡不良现象，端头剥皮处是否整齐、有无划痕等。

③检查线路布设是否整齐、无缠绕，若有问题要详细记录。

④检查电池与机身之间是否固定连接，接收机、GPS、飞控等机载设备的天线安装是否稳固，接插件连接是否牢固。

3.机体检查及记录

（1）机体外观检查。

①无人机机体结构及损伤。无人机机翼翼梁采用主梁和翼型隔板结构，受力蒙皮普遍设计成玻璃钢结构，玻璃钢材料的特点是韧性好，裂纹扩散较慢，出现裂纹后容易发现。

无人机机身采用框板结构，部分翼面的梁、少数加强肋多用木质材料制成，而且承受集中力。木质材料（层板）韧性大，断裂过程比较长，产生裂纹后较容易发现。

机身罩在周边上通过搭扣与第一框连接。第一舱设备支架在端部四个角上与四根机身梁前端的金属加强件用螺纹连接，与第一框之间为胶接加螺栓连接。第五框与机身板件之间胶接，与机身后梁金属接头用螺纹连接。

金属结构元件材料热处理状态的设定，零件形状等细节设计均遵循了有人飞机的设计准则。从材料及连接方式上看，飞机结构的抗疲劳性能较好，出现裂纹、脱胶时容易发现。

铆接结构的金属梁使用久了铆钉可能松动，腹板、缘条可能产生失稳、裂纹，或严重的锈蚀；机身壁板及机身大梁变形或产生裂纹；设备支架与大梁及框板的连接产生开胶；木质框板裂纹甚至折断，机身板件胶接面开胶。

②机体检查。检查前把机体水平放置于较平坦位置。

逐一检查机身、机翼、副翼、尾翼等有无损伤,修复过的地方应重点检查。

逐一检查舵机、连杆、舵角、固定螺钉等有无损伤、松动和变形。

检查重心位置是否正确,向上提伞带使无人机离地,模拟伞降,无人机落地姿态是否正确。

(2)部件连接情况检查。

①各分部件检查

a. 弹射架的检查。采用弹射起飞的无人机系统,应检查弹射架(表 10-10)。此处弹射架特指使用轨道滑车、橡皮筋的弹射机构。

表 10-10 弹射架检查项目

检查项目	检查内容
稳固性	支架在地面的固定方式应因地制宜,有稳固措施,用手晃动测试其稳固性
倾斜性	前后倾斜度应符合设计要求,左右应保持水平
完好性	每节滑轨应紧固连接,托架和滑车应完好
润滑性	前后推动滑车进行测试,应顺滑;必要时应涂抹润滑油
牵引绳	与滑车连接应牢固,应完好、无老化
橡皮筋	应完好、无老化,注明已使用时间
弹射力	根据海拔高度、发动机动力,确定弹射力是否满足要求,必要对测试拉力
锁定机构	用手晃动无人机机体,测试锁定状态是否正常
解锁机构	应完好,向前推动滑车,检查解锁机构工作是否正常

b. 起落架部件的目视检查。不管是日常维护,还是定期检查,检查质量的高低直接影响无人机是否安全,检查质量高会杜绝许多安全隐患。

下面,介绍一下在检查中应当注意的几点:

首先,严格按照工作单卡来进行检查,增强责任心,提高检查标准,做到眼到、手到。比如,在检查起落架的一些拉杆、支撑杆、支架等部件时,要用手推拉晃动结合检查。

因无人机在着陆过程中,起落架受到地面冲击载荷的作用,一些紧固件会松动或丢失,从而加速磨损和损坏。因此,在目视检查时一定要认真仔细,有些紧固件是由油漆封标志,检查时若发现错位,紧固件必然松动。

②部件连接检查。部件连接情况的检查主要是检查无人机机身、机翼、尾翼和起落架之间的连接是否松动,紧固是否牢靠。

a. 逐一检查机翼、尾翼与机身连接件的强度、限位是否正常,连接结构部分是否有损伤。

b. 检查螺旋桨是否有损伤,紧固螺栓是否拧紧,整流罩安装是否牢固。

c. 检查空速管安装是否牢固,胶管是否破损、无老化,连接处是否密闭。

d. 检查降落伞是否有损伤,主伞、引导伞叠放是否正确,伞带是否结实、无老化。

f. 检查伞舱的舱盖是否能正常弹起,伞舱四周是否光滑,伞带与机身连接是否牢固。

e. 检查外形是否完好,与机身连接是否牢固,机轮旋转是否正常。

4. 机械系统检查及记录

(1)舵机的检查。

舵机需要检查的位置有：

①舵机输出轴正反转之间不能有间隙，如果有间隙，用旋具拧紧其顶部的固定螺钉。

②舵机旋臂与连杆(钢丝)之间的连接间隙小于0.2毫米，即连杆钢丝直径与旋臂及舵机连杆上的孔径要相配。

③舵机旋臂、连杆、舵面旋臂之间的连接间隙也不能太小，以免影响其灵活性。

④舵面中位调整，尽量通过调节舵机旋臂与舵面旋臂之间连杆的长度使遥控器微调旋钮中位、舵机旋臂中位与舵面中位对应，微小的舵面中位偏差再通过遥控器上的微调旋钮将其调整到中位。尽量使微调旋钮在中位附近，以便在现场临时进行调整。

(2)舵面的检查。

①舵面经过飞行后是否有破损，破损程度小可以用膜材料和黏合剂修复，破损程度大的则需要更换。

②舵面骨架是否有损坏，如果损坏，建议更换。

③舵面与机身连接处转动是否灵活或脱离，有脱离的应用相应的材料进行连接。

5. 发动机检查及记录

(1)发动机固定情况的检查。以活塞式无人机发动机为例，很多以凸耳或凸缘用螺钉与无人机机架连接并紧固。凸耳安装在机匣两侧，对称布置。用四颗螺钉，每侧两颗，将发动机紧固于平行外伸机架上，如图10-91所示。

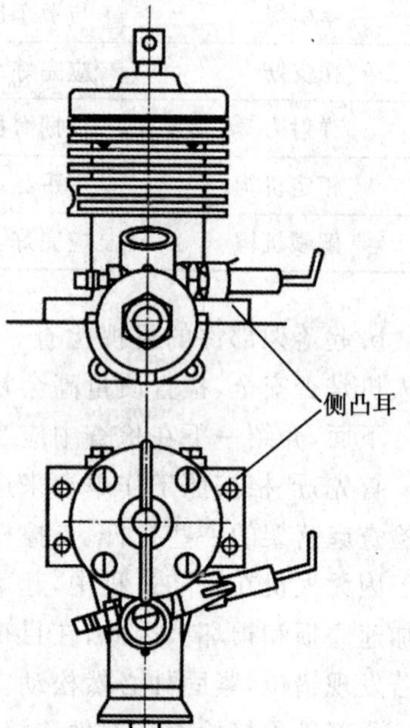

图10-91　发动机紧固

固定发动机的螺钉常用圆柱头螺钉和半圆头螺钉，最好用圆柱头螺钉，也可用一字槽圆柱头或内六角圆柱头螺钉。发动机带有消声器及螺钉直径较大时，最好用内六角圆柱头螺钉。

(2)螺旋桨固定情况的检查。对于所有类型的螺旋桨，在飞行前都要对螺旋桨桨毂附近进行滑油和油脂的泄漏检查，并检查整流罩以确保安全。整流罩是一个典型的非运转部件，但必须安装到位，以产生适当的冷却气流。还要检查桨叶过量的松动(但要注意有些松动被称为桨叶微动，属于设计中固有的)，无论何时在螺旋桨及其附近工作，要避免进入螺旋桨旋转的弧形区域内。

(3)发动机的检查。

①首先进行直观检查，了解这台发动机的型号和以往使用、存放情况，新旧程度和主要问题。

②检查发动机的清洁程度，对于发动机来说，清洁是非常重要的。只要有哪怕是极少的脏物或沙土进入发动机内部，运转后都会引起发动机的严重磨损。检查时，应从排气口和进气口等地方着手；发动机的外部也应保持干净，因为粘在外面的脏物很容易掉入发动机内部，一定

要加以擦拭和清洗，去除油污、脏物或沙土。

③检查有无零件缺少和损坏，根据发动机说明书或前面介绍的内容进行检查。发现缺少或损坏，应设法配齐、调换或修理。容易短缺的零件有桨帽、桨垫、油针和调压杆等。容易损坏的部位包括油针（针尖弯曲、油针和油针体脱焊松动等）、各处螺纹配合（松动或滑牙）和缸体与活塞的配合（漏气）等。

④检查各个零件装得是否正确与牢固，容易装错的地方是喷油管上的喷油孔方向。如喷油管上只有一个喷油孔，此孔应对向曲轴，不能对着进气气流（这会使油喷不出来）；有的喷油管上有两个喷油孔，应使这两个孔都正对进气管管壁。如转动曲轴而活塞不动，这往往是连杆下端没有套上曲柄销或是连杆折断等原因引起的，此时应拧下机匣后盖进行检查。容易拧得不牢或不紧的地方是汽缸或汽缸头和机匣的连接，以及机匣后盖和机匣的连接。

（二）飞行后维护

1. 电气维护

（1）无人机电源的更换。无人机上电源电量不足时，需要把耗完电的电池组从电池仓中拆卸下来，将已充好电的电源安装上去。

（2）无人机电源的充电。将拆卸下来的电源连接充电器，充电指示灯正常，按规定时间充好电后，拔下充电器，将充好电的电池放到规定位置备用。

（3）电气线路的检测与更换。

①检查连接插头是否松动。

②更换破损老化的线路。

③使用酒精擦拭污物，防止引起短路。

④对焊点松脱处进行补焊。

2. 机体维护

（1）机体的清洁保养。无人机腐蚀的控制和防护是一项系统工程，其过程包括两个方面：补救性控制和预防性控制。补救性控制是指发现腐蚀后再设法消除它，这是一种被动的方法。预防性控制是指预先采取必要的措施防止或延缓腐蚀损伤扩展及失效的进程，尽量减小腐蚀损伤对飞行安全的威胁。腐蚀的预防性控制又分设计阶段、无人机制造阶段和使用维护阶段。因此，无人机腐蚀的预防性维护也是保持无人机的安全性和耐久性的一项重要任务。下面主要介绍预防无人机腐蚀的外场维护方法。

①定期冲洗无人机表面的污染物。无人机在使用过程中不可避免地会积留沙尘、金属碎屑以及其他腐蚀性介质。由于这些物质会吸收湿气，加重局部环境腐蚀，因此，必须清除污物，定期清洗无人机，保持无人机表面洁净。定期冲洗去除无人机表面的污染物，是一种简便的、有效的外场防腐蚀措施。

A. 无人机机体的冲洗。冲洗不仅美化了无人机形象，而且也减少产生腐蚀的外因。冲洗能去除堆集在无人机表面上的腐蚀性污染物（如无人机飞行期间所接触到的废气、废水、盐水及污染性尘埃等），从而减缓了腐蚀。

无人机的冲洗，要遵循以下原则：

a. 冲洗无人机所用应是对漆膜不会带来有害影响的水基乳化碱性清洗剂、溶剂型清洗剂。

要严格掌握使用浓度，使用不合适的或配制不当的清洗剂，会产生新的腐蚀。

b. 用清水彻底清洗无人机表面和废气通道的内部区域。若气温在零度以下不能用水清洗，应使用无水、清洁的溶剂清洗表面，然后用清洁的布擦干。

c. 在气候炎热时，应尽可能在阴凉通风的地方清洗无人机，以减少机体表面裂纹的出现。

d. 在冲洗过程中，会冲洗掉部分的润滑油、机油、密封剂和腐蚀抑制化合物，同时高压软管有可能将冲洗液冲进缝隙和搭接处，从而带来新的问题。因此，无人机冲洗后应重新加润滑油。重新加、涂的周期将受冲洗次数和清洗液的清洗强度影响。要十分注意彻底清洗和干燥缝隙处及搭接处。

e. 冲洗次数要适度，不是“多多益善”。无人机的冲洗周期由飞行环境和无人机被污染的程度决定。

B. 酸、碱的清除。酸、碱来自于电池组仓内（充电和维护过程），来自于日常维护工作中广泛使用的酸性、碱性、腐蚀产物去除剂和无人机清洗剂等。

酸的清除：金属表面的褪色及金属表面呈白、黄、褐色等迹象（不同的酸溢到不同金属表面上，沉积色不同），表明可能受到酸侵蚀并应立即调查落实，可采用20%小苏打溶液中和。

碱的清除：可采用5%醋酸溶液或全浓度食醋，用刷子或抹布涂敷在碱外溢区以中和碱的作用。

注意事项：对接缝和搭接处要倍加注意；若酸、碱已侵蚀到接缝和搭接处，应施用压力冲洗；清洗并干燥外溢区域后，涂敷缓蚀剂。

②加强润滑。接头摩擦表面、轴承和操纵钢丝的正常润滑十分重要，在高压冲洗或蒸汽冲洗后的再润滑也不容忽视。润滑剂除了能有效防止或减缓功能接头和摩擦表面的磨蚀外，对静态接头的缝隙腐蚀的防止或减缓作用也很大。对静态接头在安装时使用带缓蚀剂的润滑脂包封。

③保持无人机表面光洁。无人机表面的光洁与否，将直接影响到机件的腐蚀速率。表面如果粗糙不平，与空气接触面积将会增大，也会加大尘埃、腐蚀性介质和其他脏物在表面的吸附，从而促进腐蚀的加快。

(2)机翼、尾翼的更换。机翼、尾翼与机身连接件的强度、限位不正常，连接结构部分有损伤时，需要对机翼、尾翼进行更换。更换步骤如下：

①将机身放置于平整地面，拧下尾翼螺钉，卸下已经损害的尾翼、尾翼插管及定位销。

②安装新的尾翼插管及定位销，安装尾翼并固定尾翼螺钉。

③将与机翼连接的副翼线缆及空速管断开。

④拧下机翼固定螺钉，卸下已经损害的机翼及中插管。

⑤安装完好的中插管及机翼，固定机翼螺钉。

⑥连接空速管及副翼舵机。

(3)起落架的更换。因无人机在着陆过程中，起落架受到地面冲击载荷的作用，一些紧固件会松动或丢失，从而加速磨损和损坏。除此之外，因起落架起落次数多，或者装载质量重，也会使部件产生疲劳裂纹，或使裂纹扩展。起落架损坏过于严重时，需要对其进行更换。

①松开起落架与机身底部的螺钉。

②取下起落架。

③修整起落架或更换新的起落架。

④更换已经磨损的轮子。

⑤将修好或新的起落架重新用螺钉固定到机身底部。

3. 发动机维护

①发动机的拆装。

首先应准备好工具。此外还要有一个盛放拆卸下来的零件及螺钉的盒子，防止碰坏或丢失。

a. 先将无人机机身固定，用相关工具卸下连接发动机和无人机机体的螺钉，并将螺钉、螺帽、垫片等放于盛放零件的盒子内。

b. 螺钉都拆卸完后，把发动机从无人机机身中拿出，放于平坦处。

c. 发动机完成维护保养后，将发动机安装回原位。

②螺旋桨的更换。

螺旋桨安装，将螺旋桨装在发动机输出轴前部的两个垫片间，转动曲轴使活塞向上运动并开始压缩，同时将螺旋桨转到水平方向，然后用扳手(不能用平口钳)拧紧桨帽，并把螺旋桨固定在水平方向上。经验证明，螺旋桨固定在水平方向，有利于拨桨启动；当无人机在空中停车后，活塞被汽缸中气体"顶住"不能上升，螺旋桨也就停止在水平位置上，这就大大减少了模型下滑着陆时折断螺旋桨的可能性。因此，要养成在活塞刚开始压缩时将螺旋桨装在水平方向的习惯。注意不要将螺旋桨装反了。桨叶切面呈平凸形，应将凸的一面靠向前方。

第四节　现代农业智能装备简介

农业智能装备是指综合运用机械电子、光学物理、传感控制、信息通信等现代高新技术，辅助人高效、简便、安全、可靠地完成农业特定目标任务的硬件或基于硬件的系统总称。

一、农业专用传感器

主要围绕空气、土壤、水和植物生理等进行相关传感器。

1. 空气环境传感器

针对我国设施农业特点，适合我国农业生产需要的各种环境传感器和采集器，包括了空气温度、湿度、光照、CO_2、露点等传感器，见图 10-92。

2. 土壤环境传感器

单点土壤水分传感器和多剖面土壤水分传感器(图 10-93)。其中多剖面土壤水分传感器由多个独立的传感器探头组成。每一个传感器探头由两个铜环构成 LC 振荡电路电容的一部分。当土壤水分含量变化时，会引起两个铜环间电容值的变化，进而会引起振荡频率发生变化，通过测量振荡电路的频率值，计算水分含量.将几个数据采集器整合在一个管内安装很方便，不但减少了施工量，而且减少线路利用。

3. 植物生理生态传感器

植物生理生态采集器(图 10-94)将叶面温度传感器、叶面湿度传感器、植物径流传感器、

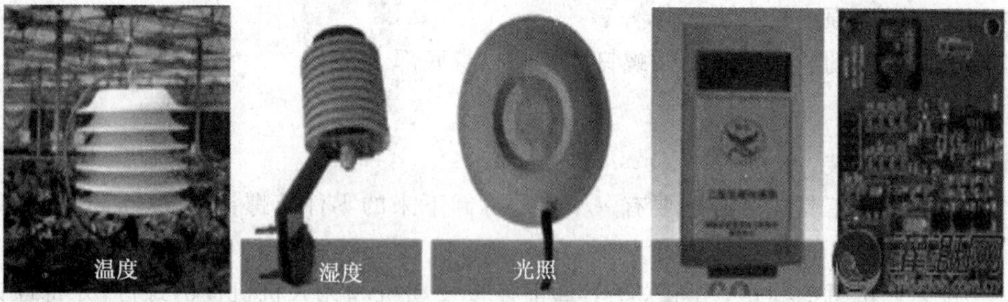

图 10-92　空气环境传感器

果实膨大传感器与无线采集模块集成在一起，可用无线方式采集植物叶面湿度、温度、径流、果实膨大等参数。

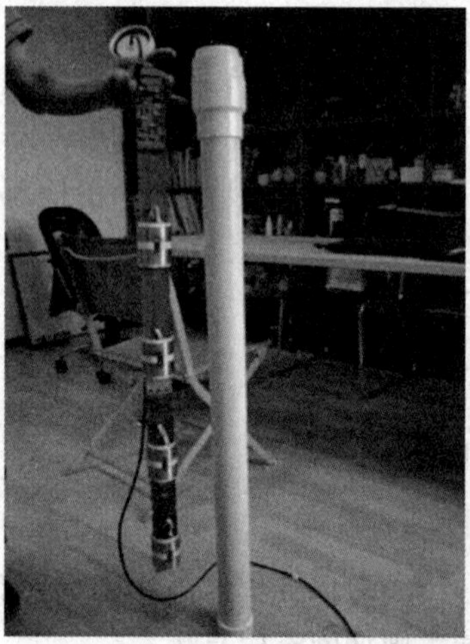

图 10-93　多剖面土壤水分传感器

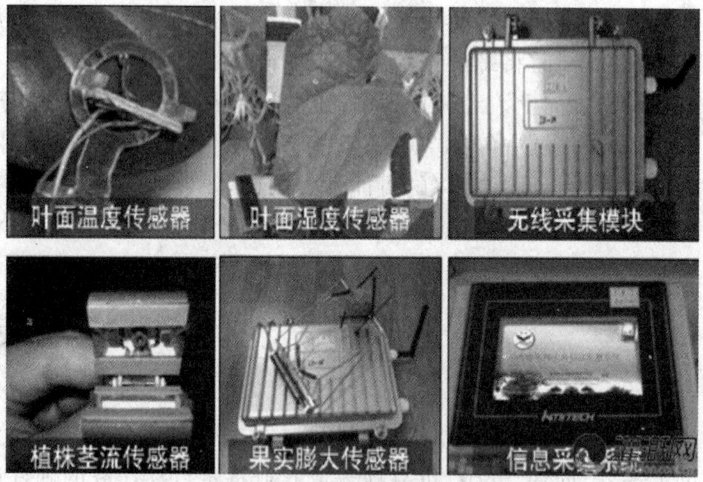

图 10-94　植物生理生态采集器

二、节水灌溉智能控制

节水灌溉控制主要进行了墒情监测、灌溉控制和用水管理。

1. 墒情监测

墒情监测站(图 10-95)通过太阳能供能，可测空气湿度温度，风向风速、降雨量、辐射和 4 个土壤水分，4 个土壤温度等多种土壤墒情参数。

2. 灌溉控制

智能灌溉方面，使用 ASE 可扩展灌溉控制、无线灌溉控制器(图 10-96)等多种类型的灌溉控制器。其中可扩展灌溉控制器以实时操作系统和虚拟机技术为核心、以串行总线技术为基础，具有通道可扩展、控制逻辑可编程、控制设备可扩充的特点，支持定时、定量、智能等多种灌溉控制方式，并集成了短信和无线网络控制功能；分布式无线灌溉控制器采用低功耗无线 Mesh 通信协议，在网络层洪泛通信协议基础上，采用梯度控制算法和时间自同步校正算法，设计实现了多跳通信网全网周期休眠-唤醒机制，延长了节点工作时间，解决了大面积农田的自动灌溉控制问题，具有安装方便、成本低等优点。

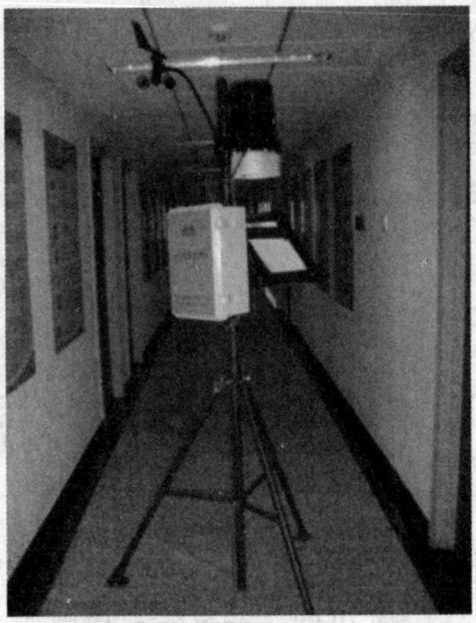

图 10-95 墒情监测站图片

图 10-96 ASE 可扩展灌溉控制器图片

3. 用水管理

用水管理(图 10-97)，有 IC 卡控制器、便携式抄表终端、GPRS/GSM 抄表采集器、无线组网抄表设备等多种用水计量管理设备，设备可同时对水费、电费、时间等参数进行计量。尤其针对设施农业存在的机井集中供水与农民分户用水的矛盾，通过攻克物联网技术中多点路由、低功耗信息测量等技术，开发了设施农业用水计量管理系统，有效解决了用水计量、收费和调度问题。

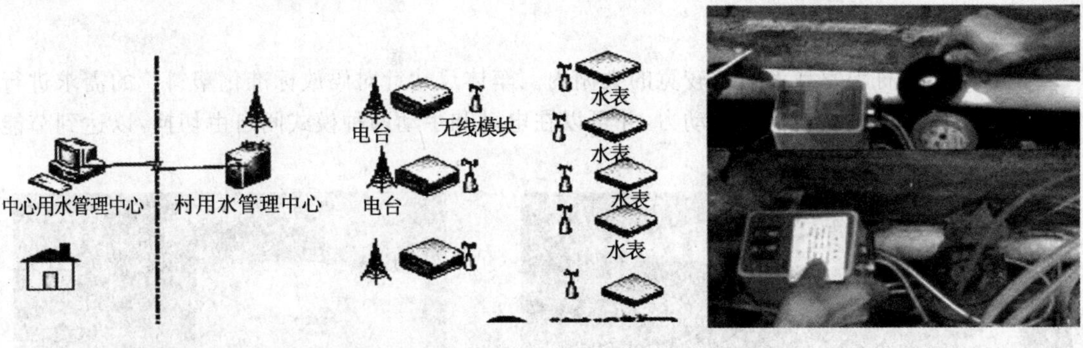

图 10-97 IC 卡水表

三、环境调控

温室环境控制灌溉系统安装在温室操作间内，通过液晶屏显示环境信息，包括土壤水分、空气温湿度等。控制系统中的控制器能够通过无线或有线方式传递数据、远距离发送指令，操作时可定时打开，自动关闭，温室智能控制箱(图 10-98)能控制整个连栋温室的卷膜、天窗开关等，用遥控器或用电脑即可控制。

“温室娃娃”(图 10-99)实际上是温室内环境信息的综合智能采集系统，可采集光照、温度、湿度、低温等参数，可通过语音方式播放通知种植人员，也可现场保持数据，供种植人员或科研人员后期分析使用。数据存储量大，最多可存储 6 万条，随后导入电脑中。

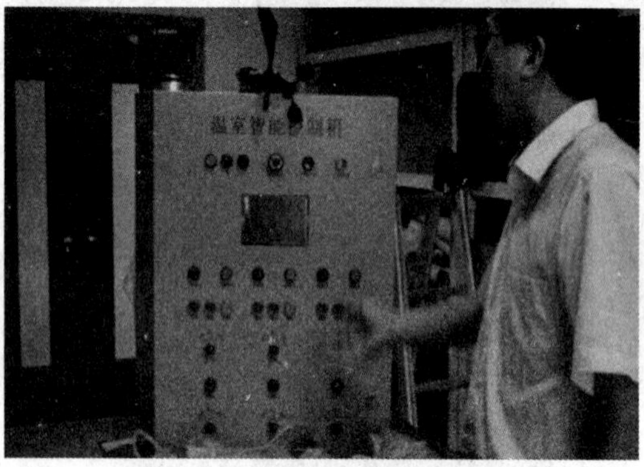

图 10-98　温室智能控制箱

图 10-99　“温室娃娃”图片

四、农业机器人与智能装备方面

1. 嫁接机

适用于瓜科、茄科蔬菜的自动嫁接(如黄瓜、西瓜、茄子等)，可在工厂化育苗中广泛推广使用，该机型采用贴接法，嫁接生产率为 800～1 000 株/小时，嫁接成功率达到 95%，速度快而且节省人力(图 10-100)。

2. 温室果蔬采收搬运车

主要用于连栋温室或者通道较宽的大棚内。车体尺寸针对码放标准化塑料筐的需求进行专门设计。搬运车由蓄电池提供动力，并可以在电动和手动两种模式间自由切换，以达到节能与省力的优化平衡(图 10-101)。

图 10-100　嫁接机图片

图 10-101　温室搬运车图片

3. 智能草莓采摘机器人

用于高架栽培草莓的采摘，依靠双目视觉技术自动搜索和定位成熟草莓果实，利用工业机械臂运送末端执行器到达采收位置，使用吸盘实现对果实外表的无损抓取。将果实剪下后，机械臂将果实自动放回果实筐中（图 10-102）。

4. 小型植物工厂

可用于家庭，亦可用于温室量产。作物的育苗、生长、结实等所有环节都可在小型植物工厂内完成。另外，小型植物工厂配备营养液循环系统，为作物提供生长所需的养分，并利用日光灯、红蓝 LED 灯为作物提供充足的光照（图 10-103）。当前耕地资源越来越紧张，植物工厂是一个发展趋势，首先在中心建立了一个几十万平米的小型植物工厂，如果研究成功，将在小汤山建立一个 1 000 多米^2 的植物工厂。

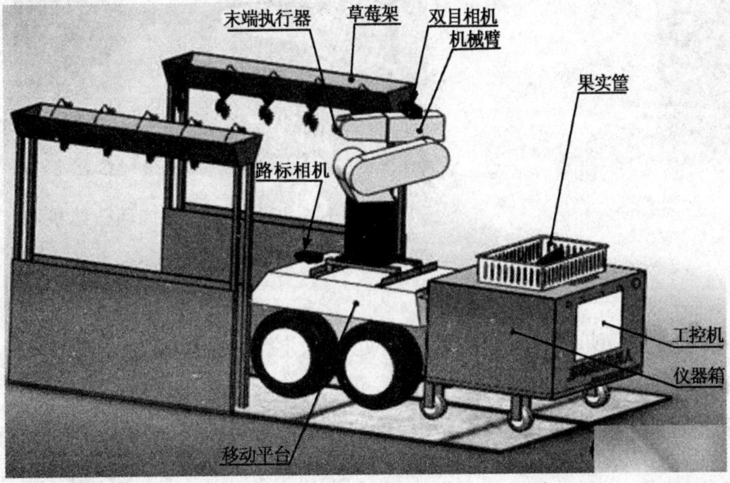

图 10-102　智能草莓采摘机器人设计效果图

图 10-103　小型植物工厂内景

5. 自动导航的小车

机器体型不大，能够在温室大棚垄间自由穿梭，依靠视觉相机和激光测距仪等探测传感设备实现对周围环境的感知和自主定位，能够实现自主避障导航。未来主要的用途是作为农业智能机器人的移动平台，搭载各种设备实现移动式农业智能化作业（图 10-104）。

图 10-104　自动导航的小车图片

6. 语音驱鸟器

驱鸟器通过发出各种声音（包括鸟类天敌的声音、超声等）达到驱鸟的目的（图 10-105）。其工作时可变换声音的类型，也可以定时发声（即设定工作的时间间隔、选择白天还是晚上播放等），从而实现驱鸟音频的无规律播放，使得鸟类不易获得适应能力。使用场景包括果园、农田等，一个驱鸟器的作用范围可达 10 亩地。

7. 灌溉施肥一体机

施肥机的技术难点在于控制施肥的配比，中心也开始进行该方面的研究开发，并且开发成功了移动式精确施肥施药一体机（图 10-106）。该机实现了精确施肥施药的自动控制，并且可以在电动控制和手动控制两种模式间切换，适合果园、大棚、花园等多种农业生产场合。营养液灌溉的消毒器利用臭氧和紫外线进行消毒，保证营养液的长期循环，不需更换。

图 10-105　驱鸟器图片

图 10-106　移动式施肥施药一体机

8. 智能节水灌溉控制

如图 10-107 是智能节水灌溉控制模型，它展示水源利用处理及控制环节实现了种植、采摘、运输、养殖、绿化、物流、居住和游憩为一体的现代化城市发展方向。通过一个控制中心，就可控制整个城市的园林喷泉、路边喷灌、居民区内供水、污水处理、工厂用水、温室喷洒、禽畜饮水等地方的用水情况。

图 10-107　智能节水灌溉控制模型展示水源利用处理及控制环节

9. 物联网展示中心

在这里汇集了全国包括中关村、海淀公园、重庆等 60 多个基地的数据(图 10-108)。一层大厅装有 4 m×6 m 的显示屏,跟踪显示全国各地的基地状况。通过物联网可实现远程控制灌溉,信息传递是通过互联网,及时性、准确性就得以实现。

图 10-108　物联网中心的照片

习题和技能训练

(一)习题

1. 什么是精准农业？当前精准农业应用如何？
2. 说明全球定位系统的构成、特点及用途。
3. 对全球定位导航系统的保养方法有哪些？
4. 说明无人机及其分类、用途和发展趋势。
5. 无人机主要组成有哪些？其功用如何？
6. 说明无人机系统及其组成。
7. 你知道与无人机的相关法律、法规有哪些吗？
8. 无人机的飞行前准备有哪些内容？
9. 无人机操控有哪四个阶段？
10. 分别说明无人飞行后检查与维护有哪些内容。

(二)技能训练

试对全球定位导航系统的软件进行调试。

参考文献

[1] 宫元娟.常用农业机械适用于维修.北京:金盾出版社,2011.

[2] 李烈柳.拖拉机、农用车驾驶与维修技术问答.北京:化工工业出版社,2013.

[3] 马朝兴.联合收割机结构与使用维修.北京:金盾出版社,2013.

[4] 行学敏.联合收割机安全使用读本.北京:中国农业科学技术出版社,2014.

[5] 郝建军.农机具使用与维修技术.北京:北京理工大学出版社,2013.

[6] 汪金营.收获机械适用与维修.北京:中国农业科学技术出版社,2011.

[7] 焦征.联合收割机使用与维修.北京:中国农业科学技术出版社,2011.

[8] 智刚毅.收获机械的作业与维护.北京:中国农业大学出版社,2014.

[9] 智刚毅.农产品加工机械应用于维护.北京:中国农业大学出版社,2014.

[10] 方希修.饲料加工机械选型与使用.北京:金盾出版社,2012.

[11] 何圣力.植保排灌机械的使用与维修.北京:科学普及出版社,2013.

[12] 国家职业资格培训鉴定试验基地天津市全华时代职业培训学校.无人机操控师.北京:中国劳动社会保障出版社,2015.